제5판

재난관리론

조석현 · 이정일 공저

화수목

이 책을 내면서

현재, 인간사회는 디지털 전환과 기술의 비약적 발전 속에서 더욱 복잡하고 예측 불가능한 위험에 직면하고 있습니다. 엘니뇨와 같은 기후변화 현상이 초래하는 자연재해는 그 규모와 파괴력이 과거보다 훨씬 커졌고, 이에 따라 재난관리의 방식도 근본적인 전환이 요구되고 있습니다. 전통적인 대응방식은 여전히 전문성과 대응성의 미비라는 한계를 안고 있으며, 일시적 관심과 반복되는 무관심의 악순환은 관료집단뿐만 아니라 국민 전체에 만연한 문제입니다.

이러한 가운데, AI(인공지능)는 재난의 징후를 조기에 탐지하고 대응책을 자동으로 제시하는 예방 중심의 재난관리 체계구축에 핵심적인 역할을 하고 있습니다. 예를 들어, AI 기반의 빅데이터 분석은 하인리히의 1:29:300 법칙에서 말하는 '사소한 징후'를 실시간으로 감지하고, 이를 토대로 대규모 재난으로의 확산 가능성을 예측함으로써 선제적인 대응을 가능하게 합니다. 또한, 챗봇과 음성인식 시스템을 활용한 위기 커뮤니케이션 체계는 재난 발생 시 국민들에게 정확하고 신속한 정보를 전달하여 대응 속도를 극대화하고 있습니다.

기존의 낡은 교육과 홍보 방식은 빠르게 변화하는 재난 유형에 대응하기엔 역부족이며, AI를 활용한 시뮬레이션 기반 재난 교육, 가상현실(VR) 재난 체험, 맞춤형 위험 경보 시스템은 재해·재난 교육의 새로운 방향성을 제시하고 있습니다. 그러나 여전히 우리 사회는 외국의 재난관리 모델을 단편적으로 모방하는 데 그치는 경우가 많으며, 우리나라만의 사회적·문화적 맥락에 적합한 독자적 모델 개발이 절실한 시점입니다.

이제는 기술 도입 자체보다도 AI를 '어떻게' 활용할 것인가, 인간 중심의 재난관리 시스템에 AI를 어떻게 '통합'할 것인가에 대한 심층적 논의가 필요합니다. 본 교재는 이러한 인식 아래, AI 시대에 부합하는 재난관리의 방향성과 실제 적용 사례를 통해 실질적이고도 지속가능한 재해·재난 대응체계 구축에 기여하고자 합니다.

조석현 · 이정일 올림

CONTENTS

CONTENTS

PART 2 자연재난

CONTENTS

CONTENTS

CONTENTS

CONTENTS

PART 1
재난관리

제 1 장 | 재난의 개관

제1절 재난의 이해

1. 재난의 개념

1) 전통적 재난 개념

재난(Disaster, Mishap, 災難)은 dis의 불일치의 뜻과 aster(라틴어로 astrum 또는 star)라는 별의 의미, 즉 별의 배열이 맞지 않아 생기는 재앙(Calamity)이라는 뜻이다.

재난의 개념은 그 시대와 사회 환경에 따라 유동적으로 인식되고 있는 상대적인 개념으로 그 정의와 분류는 나라와 학자에 따라 다양하다. 현대사회 이전에는 태풍, 홍수, 지진과 같은 천재지변을 재난으로 인식하였으나 최근 물질문명의 발전과 함께 인적 요인에 의한 대형사고까지도 재난의 범주에 포함시키고 있으며, 테러 및 전쟁으로 인한 재해까지도 포함되는 개념으로 정립되고 있다. 즉, 재난은 그 시대적 배경에 따라 발생되는 재난의 종류와 인간생활에 미치는 영향이 서로 다르므로 상황대응적 개념정립이 필요하다고 하겠다.

2) 전통적 재난 개념 vs 인공지능 시대의 재난 개념

표 1-1 전통적 재난 개념 vs 인공지능 시대의 재난 개념

구분	전통적 재난 개념	인공지능(AI) 시대의 재난 개념
주요 원인	자연재해(태풍, 지진 등), 사회재난(화재, 테러 등)	사이버 위협, AI 시스템 오류, 알고리즘 편향, 데이터 조작 등
피해 양상	인명 및 재산 피해	정보 교란, 사회 시스템 마비, 경제 혼란, 신뢰 붕괴
예측 가능성	비교적 낮음 (과거 데이터 기반 예측)	AI 분석을 통한 고도 예측 가능성 존재 (단, AI 자체 오류 위험도 내포)
관리 방식	사람 중심, 매뉴얼 중심	인간-기계 협업 기반, 실시간 분석 및 자동 대응 중심
교육 및 대응	반복 훈련 중심	시뮬레이션, 가상환경 기반의 유연한 대응 체계

3) AI 시대의 재난개념과 주요 특징

(1) 복합 재난(Compound Disaster)

- 자연재해와 사회재난, 그리고 디지털 재난(사이버 공격, AI 시스템 오류 등)이 동시에 발생할 수 있는 상황

(2) 데이터 기반 위기 발생 가능성

- 잘못된 데이터 학습, 편향된 알고리즘, AI 오작동 등이 재난의 직접적인 원인이 될 수 있음

(3) 신뢰의 붕괴를 유발하는 디지털 재난

- 예: 응급의료 AI가 오진을 내리거나, 재난 정보 시스템이 가짜 뉴스를 전달하는 경우

(4) 예방 중심의 자동화 대응 체계

- 재난을 예측하고 자동으로 대응하는 인공지능 기반 시스템이 주요한 관리 수단이 됨

(5) 윤리 및 법적 문제와 결합된 새로운 위기

- AI가 내린 판단에 대한 책임 소재 불분명, 프라이버시 침해, 차별적 대응 등 사회적 갈등을 동반한 재난

2. 재난 관련 유사 용어

재앙, 위기, 위험은 비슷한 맥락에서 사용되지만, 각각 고유한 의미와 특성을 가지고 있으며, 이 용어들은 상황에 따라 서로 다르게 정의될 수 있다.

1) 재앙(Disaster, Calamity)

(1) 정의

재앙은 자연적 혹은 인간의 활동에 의해 발생하며, 사회적, 경제적, 환경적 시스템에 심각하고 광범위한 피해를 초래하는 사건이다. 이러한 사건은 예상치 못한 상황에서 발생하며, 이를 통해 사회는 일시적 또는 지속적인 파괴와 혼란을 겪게 된다.

(2) 특징

대규모 피해를 초래, 인간, 자연, 경제, 사회 시스템에 중대한 영향을 미치며, 예시로 대지진, 대형 화재, 태풍, 핵사고, 팬데믹(전염병) 등이 있다.

(3) 결론적으로 재앙은 피해가 현실화된 사건으로, 이미 발생하여 그 결과를 초래한 상태이다.

2) 위기(Crisis)

(1) 정의

위기는 개인, 사회, 국가 또는 전 세계차원에서 심각한 상황을 의미하며, 그 상황이 빠르게 악화되거나 관리되지 않으면 더 큰 재앙으로 이어질 가능성이 있는 상태이다. 위기는 즉각적인 대응과 결단을 요구하는 불안정한 국면이다.

(2) 특징

단기적이고 급박한 상황이며, 불확실성과 위험이 혼합된 상태, 위기 대응이 실패하면 재앙으로 발전할 수 있다. 예시로 금융 위기, 정치적 위기, 테러 사건, 전염병 확산 초기 등이 있다.

(3) 결론적으로 위기는 재앙으로 발전할 수 있는 잠재적 사건이나 현재 진행 중인 긴급한 상황을 의미한다.

3) 위험(Risk)

(1) 정의

위험은 특정 사건이나 활동에서 발생할 수 있는 부정적인 결과의 가능성을 의미한다. 이는 미래의 불확실성을 포함하며, 예상되는 부정적인 결과가 현실로 나타날 확률과 그 강도에 대한 평가이다. 위험은 예측 가능하고, 통제가 가능할 수 있으며, 미리 준비하거나 예방할 수 있는 가능성을 내포한다.

(2) 특징

확률적 개념(사건 발생 확률에 기반)이며, 미래 지향적(발생하지 않았지만 발생 가능성에 대한 평가)과, 예방 가능성(위험은 예방, 완화, 관리 가능)의 특성을 지닌다. 예시로 자연재해 발생 확률, 사이버 공격의 위험, 질병의 유행 가능성 등이 있다.

(3) 결론적으로 위험은 잠재적인 위협이나 해로운 사건으로, 아직 발생하지 않았지만, 그 가능성을 평가하고 준비할 수 있는 상태이다.

참 고 **종합적 비교**

표 1-2

용어	정의	특성	예시
재앙	예기치 않은 사건으로 사회에 심각한 피해를 초래하는 상황	이미 발생한 피해, 심각한 후유증	태풍, 대지진, 전염병 확산
위기	즉각적인 대응이 필요한 불안정한 상태, 재앙으로 발전할 수 있음	긴급 불안전한 상황, 불확실성, 결단 요구	금융위기, 정치적 위기, 초기 팬데믹
위험	특정 사건에서 발생할 수 있는 부정적인 결과의 가능성	미래에 발생할 수 있는 부정적인 사건의 가능성, 예측 가능, 미리 준비 가능	사이버 공격 위험, 질병 유행 가능성

이 세 용어는 종종 서로 연관되지만, 위험은 예방과 관리가 가능한 반면, 재앙은 이미 발생한 사건으로 위기의 관리와 대응이 중요하다.

3. 제(諸) 학자들의 견해

1) Fritz(1961)의 정의

Fritz는 손실로 인한 기능장애와 통제 불가능의 재난으로 정의하였다. 손실로 인한 기능장애란 "재난은 어떤 사회나 비교적 자족적 사회조직에 심대한 피해를 입혀서 그 사회 구성원이나 물리적 손실로 인하여 사회구조가 교란되고 그 사회의 본질적인 기능수행이 장애를 받게 되는 사건"이라고 정의한다. 통제 불가능이란 "재난은 우연적이거나 통제 불가능하며 시·공간상에 집중적으로 나타나는 실제적 또는 위협적 사건"이라고 정의한다.

2) Kreps(1984)

Kreps는 "재난이란 사회나 그 구성조직이 물리적 피해나 손실 또는 일상적 기능의 장애를 받게 되는 시·공간상에서 관측 가능한 사건으로서, 이러한 사건의 원인과 영향은 사회구조와 사회의 작동과정에 관련된다"고 정의하였다.

3) Haddow and Bullock(2003) 정의

재해를 어느 한 단체 또는 단일 서비스의 범위를 넘어서서 공권력과 공공재원을 사용해야만 하는 상당한 위기대응을 요하는 사건 또는 사태로 정의한다. 또한 모든 재난관리 활동은 재해와 리스크의 규명과 평가에 바탕을 두고 있다.

4) Winsner(2004)의 재해 · 재난 정의

어선이 암초에 충돌하는 사건을 재해라 하고, 재난은 그로 인해 선원이 익사하는 것을 묘사하고, 때로는 생명과 재산이 위험에 처해있는 상황에서 사람이 이를 극복하려고 안간힘을 쓰는 것으로 정의하고 있다.

5) Miller(2020)의 디지털 및 기술 기반 재난

재난을 "인간의 사회적, 경제적 활동 및 환경에 심각한 영향을 미치는, 예측 불가능하거나 갑작스럽게 발생하는 사건"으로 정의하면서, 디지털 기술의 역할을 강조했다. 이 연구는 디지털 재난, 즉 사이버 공격이나 정보 조작, AI 시스템의 오류 등이 현대 사회의 재난에 포함될 수 있음을 지적했다.

6) Hughes(2021)의 기후변화와 재난

재난을 "기후변화와 밀접하게 연관된 자연적, 사회적 사건"으로 정의하며, 기후변화의 심화가 기존의 자연재해를 더 악화시키고 있다는 점을 강조했다. Hughes는 기후변화가 인간사회의 복원력을 침해하고, 그 결과 재난의 빈도와 강도가 증가한다고 주장했다.

7) Cutter(2021)의 사회적 취약성과 회복력

재난을 "사회적, 경제적, 환경적 시스템의 기능을 마비시키는 심각한 사건"으로 정의하면서, 회복력과 취약성의 관계를 강조했다. Cutter는 재난 발생 시 사람들의 회복력이 중요한 요소로, 사회적 약자가 더 큰 피해를 입는다는 점을 분명히 했다.

8) UNDRR(2020)의 지속 가능한 재난관리

유엔 재난경감 국제전략(UNDRR, 2020)은 재난을 "자연적, 인간적 요인에 의해 발생하는 예측 불가능한 사건으로, 지속 가능한 개발 목표(SDGs)와 관련된 피해를 초래하는 사건"으로 정의했다. 이들은 지속 가능한 재난관리의 필요성을 강조하며, 개발과 재난경감이 상호 연계되어야 한다고 주장했다.

9) 실정법상 정의(재난 및 안전관리기본법 제3조)

(1) "재난"이란 국민의 생명·신체·재산과 국가에 피해를 주거나 줄 수 있는 것으로서 다음 각 목의 것을 말한다.

가. 자연재난 : 태풍, 홍수, 호우(豪雨), 강풍, 풍랑, 해일(海溢), 대설, 한파, 낙뢰, 가뭄, 폭염, 지진, 황사(黃砂), 조류(藻類) 대발생, 조수(潮水), 화산활동, 「우주개발 진흥법」에 따른 자연우주물체의 추락·충돌, 그 밖에 이에 준하는 자연현상으로 인하여 발생하는 재해

나. 사회재난 : 화재·붕괴·폭발·교통사고(항공사고 및 해상사고를 포함한다)·화생방사고·환경오염사고·다중운집인파사고 등으로 인하여 발생하는대통령령으로 정하는 규모 이상의 피해와 국가핵심기반의 마비, 「감염병의 예방 및 관리에 관한 법률」에 따른 감염병 또는 「가축전염병예방법」에 따른 가축전염병의 확산, 「미세먼지 저감 및 관리에 관한 특별법」에 따른 미세먼지, 「우주개발 진흥법」에 따른 인공우주물체의 추락·충돌 등으로 인한 피해

(2) "해외재난"이란 대한민국의 영역 밖에서 대한민국 국민의 생명·신체 및 재산에 피해를 주거나 줄 수 있는 재난으로서 정부차원에서 대처할 필요가 있는 재난을 말한다.

(3) "재난관리"란 재난의 예방·대비·대응 및 복구를 위하여 하는 모든 활동을 말한다.

(4) "안전관리"란 재난이나 그 밖의 각종 사고로부터 사람의 생명·신체 및 재산의 안전을 확보하기 위하여 하는 모든 활동을 말한다.

참 고

표 1-3 자연재난과 사회재난의 비교

구분		자연재난	사회재난
비교항목	피해가시성	· 가시적으로 환경의 손상초래	· 가시적으로 피해가 나타나지 않는 경우 존재
	예측가능성	· 어느 정도의 사전예측이 가능 · 어느 정도의 경고가 가능	· 사전예측이 거의 불가능 · 피난의 여지가 거의 없음
	상황전환점	· 식별 가능한 분명한 상황의 전환점이 존재하고 이 시점 이후 시간경과에 따라 상황이 개선되는 경향이 있음	· 분명한 상황전환점이 존재할 수도 있으나 유독물질 사고의 경우 시간경과에 따라 상황이 호전되지 않을 수도 있음
	통제인식성	· 통제 불가능한 것으로 인식	· 통제 가능한 것으로 인식
	영향범위성	· 재난의 희생자에 국한	· 직접적 피해를 받지 않은 사람에게도 영향
	영향지속성	· 비교적 단기간 지속	· 단기적 또는 장기적 지속

10) 유엔개발계획기구(UNDP)의 정의

재난이란 사회의 기본조직 및 정상기능을 와해시키는 갑작스런 사건이며, 큰 재해로써 재해의 영향을 받는 사회가 외부의 도움 없이 극복할 수 없는 상태이다. 정상적인 능력으로 처리할 수 있는 범위를 벗어나는 재산, 사회간접시설, 생활수단의 피해를 일으키는 단일 또는 일련의 사건을 말한다.

4. 재난의 특성[1]

1) Comfort의 재난 특성

Comfort는 재난의 특성을 상호작용성, 불확실성, 복잡성의 세 가지로 나눴고, 이에 덧붙여 재해·재난을 자연재해와 인위적인 재해로 최초로 구분한 Turner의 논의에서 재해·재난의 비가시적인 누적성을 추가하였으며 그 누적성에서 비롯된 것이 인지성이다.

(1) 누적성(累積性)

Turner(1978)는 재해·재난을 맑은 하늘의 날벼락(bolts from the blue)이 아니라 오랫동안 배양(Incubation)의 과정으로 가시적 발생 이전부터 누적되어온 위험요인들이 특정한 시점에서 표출된 결과라고 한다. 비가시적으로 누적되고 있는 위험발발 요인이 재난을 발생시키는 중요한 요인이다.

Turner는 MMD(Man-Made Disaster)모형을 제시하면서 이를 인지적인 것(최근 사회적 인지 혹은 문화적 접근)이라고 하였으며, 기술적·사회적·제도적·행정적 장치들이 재난을 발생시키게 된다고 한다. 대표적인 사례로 삼풍백화점 붕괴사건과 성수대교 붕괴사건을 들 수 있다.

누적성은 자연재해의 예측능력의 부족, 관리체계의 구조적인 결함, 위험에 대한 개인·조직의 타성에 기인한 위험에 대한 낮은 수준의 인지도와 같은 전개과정에서도 나타난다.

(2) 인지성(認知性)

인지적인 차이는 위험의 객관적인(정량적) 차원과 주관적(정성적) 차원 간의 불일치 등으로 표현된다.

[1] 김주찬·김태윤, 2002, "국가재해재난관리체계의 당위적 구조", 「한국화재·소방학회」, 16-1, pp.9~11. 참조

인지성[2]은 의미의 장(Meaning field)과 관련되는데 같은 것을 두고도 서로 다른 시각이나 인지를 하게 된다. 예를 들면 계단을 비상계단으로 이해하는 경우도 있지만 단순한 계단으로 이해하는 경우도 있고, 동일한 재난을 위기관리자는 단순한 기술적인 사고로 여기는데 비해 그 재난의 피해자들은 대재앙으로 인식하는 것도 일례가 될 수 있을 것이다.

(3) 불확실성(不確實性)

불확실성은 누적성이나 복잡성과는 달리 재난관리 전 과정에 걸쳐 나타난다. 재난은 선형적·기계적인 과정만을 따르는 것이 아니라 비선형적·유기적 혹은 진화적인 과정을 따를 수도 있다.

수직적·수평적으로 파편화가 발생하여 위기관리조직은 많은 잠재적인 긴장을 내재하게 되고 참여한 많은 기관과의 협력이 어렵게 된다. 결국 불확실성은 재난 발생 전에는 누적성과 발생 후에는 복잡성과 함께 작용하면서 재난 상황을 특징짓게 된다고 할 것이다.

(4) 복잡성(複雜性)

재난의 복잡성의 원인 중의 하나는 재난이 상호작용성을 지닌다는 것이며, 재난의 강도, 규모 그리고 최초 사건과 관련된 다른 재난의 발생이 그것이다. 예를 들어 지진의 경우 지진의 강도와 규모뿐만 아니라(여진도 포함) 지진으로 인한 전염병의 창궐 같은 것을 생각해볼 수 있을 것이다.

재난의 발생 이후의 관련 기관들 간의 관계에서 비롯되는 복잡성은 두 가지 점에서 살펴볼 수 있다. 우선 재난발생 이전과 비교할 때 재난발생 이후의 단계에서 재난관리 행정의 경계자체가 확대된다. 둘째, 재난발생 이후의 단계에선 기존의 위기관리조직의 개입범위가 축소된다. 따라서 예방·완화단계에서와는 달리 복수의 기관이 참여하게 되고 그에 따라 관련기관들 간의 권한 설정, 역할분담, 조정의 문제가 야기된다.

2 인지성에서 정치적인 면이 포함된 것인가 아니면 배제된 것인가에 따라 전혀 다른 시관을 갖기도 한다. 공중은 재난에 대해 시간·효과의 측면에서 모두 제한적이고 피해 역시 쉽게 회복이 가능하며 재난은 정의가 가능하며 통제가 가능하다고 보아 정치적인 면이 배제되었지만, 재난은 한편으로는 어떤 집단에게는 기회를 제공할 수 있으나 기존의 어떤 공동체의 파괴를 야기하거나 전혀 다른 행동양식을 가진 이방인의 유입을 불러올 수도 있는 정치적 측면을 지니고 있다.

2) 일반적인 재난의 특징

재난의 특성은 다양한 사회적, 환경적, 경제적 요소들이 얽혀 있어 복잡하고 다각적인 특징을 지니고 있다. 재난은 단순한 자연적 사건에 그치지 않고, 인간의 활동, 사회적 구조, 환경적 요소등이 복합적으로 작용하는 사건이며, 이 특성들은 재난의 발생과 그에 대한 대응 및 복구 과정을 이해하는 데 중요한 기준이 된다.

(1) 예측 불가능성 (Unpredictability)

재난은 대부분 예측이 어려운 사건이다. 물론 기후 예측이나 지진학적 연구 등 과학적 방법을 통해 일정 부분 예측이 가능하지만, 정확한 시점과 규모를 알기 어렵우며, 엘니뇨나 태풍같은 자연재해는 특정 지역에서 발생할 확률은 예측할 수 있지만, 정확한 위치나 강도를 예측하는 것은 매우 어렵다. 예측이 불확실하기 때문에 사전 준비가 어렵고, 대응이 신속하게 이루어져야 한다.

(2) 복합성 (Complexity)

재난은 여러 요소들이 복합적으로 상호작용하는 결과로 발생한다. 자연적 요인뿐만 아니라 인간의 활동, 사회적 약점, 기술적 결함등이 함께 작용하여 예기치 않은 결과를 초래할 수 있다. 예시로 기후변화에 의해 발생한 홍수나 산불은 자연적 요소와 인간의 환경파괴가 결합된 복합적 재난이다. 다양한 분야에서 재난의 영향을 분석해야 하므로, 재난 대응에는 다각적인 접근이 필요하다.

(3) 급박성 (Urgency)

재난은 발생하면 즉각적인 대응을 요구하는 사건이다. 시간적 압박이 커서 빠른 판단과 효율적인 대응이 필수적이며, 재난의 영향을 최소화하려면, 초기 대응이 중요한데, 이는 인명 피해와 피해 규모를 결정짓는 중요한 요소이다. 초기 대응이 중요한 이유는 적시에 구조작업과 응급처치가 이루어져야 피해를 줄일 수 있기 때문이다. 급박성은 위기관리 체계 효율성의 결정적 요소가 된다.

(4) 파괴적 영향 (Destructive Impact)

재난은 사회적, 경제적, 환경적 시스템에 심각한 영향을 미치며, 단기적 뿐만 아니라 장기적 피해를 초래할 수 있다. 인프라의 파괴, 생명과 재산의 손실 외에도 사회적 혼란, 경제적 손실 등 다양한 차원의 피해를 발생시킨다. 재난 발생 시 사망자, 부상자, 피해 주민 등 막대한 피해가 발생하며, 산업과 국가 경제에 큰 타격을 미칠뿐만 아니라 자연 환경의 파괴, 생태계 변화 등을 유발할 수 있다.

(5) 불확실성 (Uncertainty)

재난 상황에서는 정보 부족과 혼란으로 인해 의사결정이 매우 어렵다. 또한, 재난 발생 후 대응 과정에서 예상치 못한 변수들이 발생할 수 있어, 정확한 상황판단이 어려울 수 있다. 재난 발생 초기에 정확한 정보가 부족하거나 왜곡된 정보가 퍼질 수 있으며, 재난 상황이 계속해서 변화하기 때문에 대응 방식도 계속 수정될 필요가 있다.

(6) 사회적 영향 (Social Impact)

재난은 사회적 구조와 사회적 관계에 심각한 영향을 미친다. 재난이 발생하면, 사회적 약자들이 더 큰 피해를 보고, 지역사회의 상호작용이나 사회적 신뢰에 문제가 발생할 수 있다. 저소득층, 장애인, 고령자 등이 재난에서 더 큰 피해를 입는 경우가 있어 재난 후 자원 배분의 문제나 대응 방식에 대한 갈등이 발생할 수 있다. 사회가 얼마나 빨리 회복할 수 있는지에 따라 재난의 장기적인 영향이 달라진다.

(7) 반복성 (Recurrence)

재난은 한 번 발생한 후, 다시 일어날 가능성이 크다. 예를 들어, 홍수나 태풍은 반복적으로 발생할 수 있는 자연재해이며, 지진과 같은 사건은 특정 지역에서 주기적으로 발생할 수 있다. 복합적 재난에서는 여러 번의 재난이 동시에 발생할 수 있으며, 반복적으로 발생할 수 있는 재난에 대비하기 위해서는 주기적 훈련과 시설 개선이 필요하며, 재난 발생 주기를 고려한 장기적인 전략적 계획이 요구되어진다.

(8) 확산성 (Spreadability)

일부 재난은 지역적으로 시작하지만 빠르게 확산될 수 있다. 예를 들어, 전염병은 한 지역에서 발생하더라도 빠르게 전 세계적으로 퍼질 수 있으며, 화재, 폭풍 등도 시간이 지나면서 넓은 지역으로 확산될 수 있다. 재난이 한 지역에서 발생하면 다른 국가나 지역으로 빠르게 확산될 수 있기 때문에 전염병, 기후변화, 자연재해 등의 경우, 전 세계적인 대응이 필요하다.

제 2절 재난의 분류

1. Jones의 재해분류

Jones는 재난의 발생원인과 재해현상에 따라 자연재해, 준자연재해, 인위재해(사회적 재해)로 구분하였다. 자연재해는 생물학적 재해와 지구물리학적 재해(지질학적, 지형학적, 기상학적 재해)로 구분하였다.

Jones의 재해 유형분류는 장기간에 걸친 완만한 환경의 변화 현상(공해, 염수화, 토양침식, 파업 등)까지 재해에 포함시키고 있으며, 일반 행정관리의 대상까지도 재해로 분류하고 있어 재난관리 분야에 그대로 적용하기에는 그 범위가 너무 광범위하다.

표 1-4 Jones의 재해분류

<table>
<tr><th colspan="6">재 해</th></tr>
<tr><th colspan="4">자연재해</th><th>준자연재해</th><th>사회재해</th></tr>
<tr><td colspan="3">지구물리학적 재해</td><td>생물학적 재해</td><td rowspan="3">스모그현상
온난화현상
사막화현상
염수화현상
눈사태
산성화
홍수
토양침식 등</td><td rowspan="3">공해
광화학연무
폭동
교통사고
폭발사고
태업, 전쟁 등</td></tr>
<tr><td>지질학적 재해</td><td>지형학적 재해</td><td>기상학적 재해</td><td rowspan="2">세균질병
유독식물
유독동물</td></tr>
<tr><td>지진
화산
쓰나미 등</td><td>산사태
염수토양 등</td><td>안개, 눈, 해일, 번개, 토네이도, 폭풍, 태풍, 가뭄, 이상기온 등</td></tr>
</table>

2. Anesth의 재해분류

Anesth는 재해를 자연재해와 인위재해로 이분하였는데, 자연재해를 기후성 재해와 지진성 재해로 분류하였으며, 인위재해(고의성 유무)는 사고성 재해와 계획적 재해로 구분하였다. 이러한 재해분류는 미국의 지역재난계획에서 주로 적용되었으며, 인명피해를 발생시키지 않는 일반행정관리 분야(대기오염, 수질오염 등)의 재해는 제외시켰다.

표 1-5 Anesth의 재해분류

대분류	세분류	재해의 종류
자연재해	기후성 재해	태풍
	지진성 재해	지진, 화산폭발, 해일
사회재해	사고성 재해	- 교통사고(자동차, 철도, 항공, 선박사고) - 산업사고(건축물 붕괴) - 폭발사고(갱도, 가스, 화학, 폭발물) - 화재사고 - 생물학적 재해(박테리아, 바이러스, 독혈 증) - 화학적 재해(부식성물질, 유독물질) - 방사능재해
	계획적 재해	테러, 폭동, 전쟁

3. Gilbert의 분류(3가지 분류, 1998)

Gilbert는 재난을 유사전쟁모형, 사회적 취약성 모형, 불확실성의 3가지로 분류하였다. 유사전쟁모형(war analogy)은 재난을 사회체계를 방해하는 외부로부터의 공격이라고 본다. 사회적 취약성 모형(repression of social vulnerability)은 재난이 사회의 내부과정에 내재한 취약성에 의해 발생하는 것이라 본다. 불확실성형(entrance into a state of uncertainty)은 재난은 실제 혹은 가상의 위험을 정의하는데 실패하는 데서 기인하며, 현실을 이해하는데 적합한 프레임이 작동하지 않을 때 발생한다고 정의하였다.

4. Posner의 분류(4가지로 유형화, 2004)

Posner는 자연적인 재앙, 실험사고나 그 밖의 과학 관련사고, 인간이 만들어낸 재앙, 고의적인 대재앙으로 구분하였다.

자연적인 재앙은 유행병(전 세계적 전염병), 소행성 충돌 등이 이에 해당하며, 과학기술이 이러한 부류의 위험을 만들어 내거나 증가시키지 않지만 대응에는 결정적으로 중요한 역할을 할 수 있다는 것이다.

실험사고나 그 밖의 과학 관련 사고는 입자가속기, 나노기술, 인공지능 등과 관련된 사고가 여기에 속한다. 과학기술이 원인이 되며, 과학기술의 속도를 늦추는 것이 옳은 대응일 가능성이 높다는 것이다.

인간이 만들어낸 재앙은 천연자원의 고갈, 지구온난화, 생물다양성 감소 등이 해당한다. 지구온난화와 생물다양성의 상실은 에너지 생산, 개간, 유전자 접합, 그 밖에 기후와 유전학적 다양성에 영향을 미치는 인간 활동의 결과이다.

고의적인 대재앙은 핵겨울[3], 생물무기류, 사이버테러, 디지털감시 및 암호화수단 등이 포함된다. 현재로서는 국가가 이러한 수법을 사용하는 경우는 없기 때문에(감시와 암호화의 경우는 제외) 이 부류의 대재앙 위험은 기술적인 테러라고 할 수 있다.

5. Quarantelli의 재앙의 특성

Quarantelli[4]는 재앙을 지역사회의 정상적이고 일상적인 기능의 대부분이 같은 시간에 돌연히 중단된다. 재앙은 전체 주거지의 전부나 대부분의 영향을 받으며, 거의 모든 위기 조직관리의 시설과 작전기지가 직접적으로 타격을 받는다. 또한 대체로 그 지역 공무원이 통상적인 업무를 수행할 수 없으며, 이러한 상황은 회복기까지 계속된다고 하였다.

6. AI를 이용한 재난 분류의 주요 학자 및 연구

1) AI를 이용한 재난 분류의 주요 학자 및 연구

(1) Ying Chen (2020)

- 연구: Ying Chen은 AI를 활용하여 재난 관리와 위험 평가에서 AI의 중요성을 강조하며, 특히 딥러닝 모델을 통해 기후변화와 관련된 자연재해를 예측하고 분류하는 방법을 연구했다. 그는 위성 영상과 기상 데이터를 결합하여 홍수, 태풍, 산불

---

3 핵겨울(nuclear winter)은 핵폭발에 의해 대기 중으로 확산된 많은 양의 먼지가 햇빛이 지표면에 도달하는 것을 차단함으로써, 대기의 일시적인 냉각을 가져올지도 모른다고 추측하여 일부 과학자들이 '핵겨울'이라는 용어를 만들어냈다.

4 Enrico(Henry) L. Quarantelli는 델라웨어(Delaware) 대학의 현재 명예교수이며, DRC(Disaster Research Center)의 창립 이사이다. Quarantelli는 널리 재해분야의 사회과학의 창립 학자 중 하나로 알려져 있다. 그는 시카고 대학에서 국립의견연구센터(NORC)팀에서 연구원으로 첫 번째 체계적인 재해 현장 연구에 참여하게 되며, 1963-1984년까지 오하이오 주립대학교와 1985-1989년까지 델라웨어 대학교의 재해재난연구센터(DRC)공동설립자겸 이사로 재직했다. 교육경력은 1954-1957년 인디아나 대학교에서 강사를 필두로 1966-1984년까지 오하이오 주립대학교 교수로 재직했으며, 델라웨어 대학교에서 1985-1989년까지 교수로 재직, 1989-1998년까지 연구교수, 1999년부터 현재까지 명예교수로 있다. ELQ(Enrico L. Quarantelli)의 업적을 보면 1963년 오하이오 주립대학의 재해연구센터의 창립이사, 1982-1986까지 재해관련 ISA 국제연구위원회 설립자, 1983-1987년까지 대용량 비상사태 및 국제재해저널의 최초의 편집자였다. 그리고 1995년에는 찰스 E. 프리츠 경력 공로상을 수상하기도 했다. ELQ은 많은 국내외 재해 관련 위원회(예를 들면 국립과학아카데미의 자연재해에 대한 과학적인 자문위원회, 재해위험관리를 위한 해외의 세계연구소)를 개최하였다.
ELQ은 재해·재난 주제에 대한 29권의 책과 재해·재난관련 114개 학술 논문을 썼으며, 오늘날 가장 많이 재해·재난분야에 인용될 뿐만 아니라 종합적 시관을 제공하고 있다. 또한 재해·재난과 관련한 150건의 기사와 기타 간행물 101저자 편집이 있다. ELQ의 현재 연구의 초점은 재해 및 재난의 미래 동향, 재난계획 및 컴퓨터 혁명에 대한 영향, 위기의 반사회적 행동, 재해 개념화의 이론적 문제, 시민 보호, 재난관리 및 재해계획 조직의 역사적 진화, 현장조사의 방법론적 문제 등이다.

등 다양한 자연재해를 정확하게 예측하는 모델을 개발했다.

- AI 활용: 딥러닝과 기계 학습을 사용하여 자연재해를 실시간으로 분류하고, 위험 경고 시스템을 자동화하는 방안을 마련할 수 있다.

(2) Sarker(2021)

- 연구: Sarker는 AI와 소셜 미디어 분석을 통해 사회적 재난(예: 전염병, 사회적 폭력)을 감지하는 방법을 제시했다. 그의 연구는 트위터와 페이스북의 텍스트 데이터를 분석하여 소셜 불안, 정치적 폭력, 대규모 집회등을 실시간으로 탐지하고, AI로 이를 분류하는 시스템을 개발했다.
- AI 활용: 자연어 처리(NLP)와 텍스트 마이닝기법을 활용하여 소셜 미디어에서 발생하는 위험 신호를 실시간으로 분석하고, 사회적 재난을 자동으로 분류한다.

(3) García(2022)

- 연구: Garci a는 산업 재해와 사이버 공격과 같은 기술적 재난을 AI로 분류하고 예방하는 시스템을 개발했다. AI를 활용하여 산업 시스템의 고장, 화재 또는 사고를 예측하고 위험 지표를 생성하는 연구를 진행했다.
- AI 활용: 산업 자동화 시스템과 AI 기반 위험 예측 모델을 통해 산업 재해의 가능성을 예측하고, 기술적 재난을 자동으로 분류하여 대응 방안을 제시한다.

2) AI 기반 재난 분류의 기술적 접근

(1) 딥러닝 (Deep Learning)

- 적용 분야: 이미지 분석과 패턴 인식을 통해 위성 이미지, 드론 영상, 지구 물리학적 데이터등을 분석하여 자연재해(예: 산불, 홍수, 지진 등)를 실시간으로 분류하고 예측한다.

(2) 자연어 처리 (NLP)

- 적용 분야: 소셜 미디어와 뉴스등의 텍스트 데이터를 분석하여 사회적 재난(예: 전염병 확산, 사회적 불안, 테러리즘)을 감지하고 분류한다.

(3) 강화학습 (Reinforcement Learning)

- 적용 분야: 재난 대응 시나리오를 모의 실험하여 최적의 대응 전략을 AI 모델을 통해 자동으로 학습하고 개선하는 방식이다.

(4) 빅데이터 분석

- 적용 분야: 다양한 데이터 소스(기상 데이터, 사회적 활동 데이터, 실시간 센서 데이터 등)를 분석하여 기술적 재난이나 사회적 재난을 분류하고 예측한다.

3) AI 재난 분류 대응

AI는 재난 분류와 관리에서 강력한 도구로 자리잡고 있으며, 자연재해, 사회적 재난, 기술적 재난등 다양한 유형을 자동으로 분류하고 예측하는 데 중요한 역할을 하고 있다. AI 학자들은 데이터 분석, 예측 모델, 기계 학습등을 활용하여 재난 대응을 더욱 효율적이고 신속하게 할 수 있도록 돕고 있다. 인공지능의 발전이 재난관리와 대응에 혁신을 일으키는 중요한 요소로 자리잡고 있다는 점에서, 앞으로 더 많은 연구가 이루어질 것이다.

제 2 장 | 재난의 관리

제1절 재난관리의 범위와 원칙

1. 재난관리 범위와 원칙

1) 재난관리 범위[5]

재난관리는 자연재해나 인재 등으로 발생하는 재난에 대해 예방, 대비, 대응 및 복구의 과정 전반을 계획하고 실행하는 시스템이며, 이를 통해 피해를 최소화하고 재난 발생 시 신속하고 효율적으로 대응하여 사람들의 생명과 재산을 보호하는 것이 목적이다. 재난관리는 주로 네 가지 단계로 나눠진다:

(1) 예방(Prevention)

재난이 발생하지 않도록 사전에 위험 요소를 제거하거나 줄이는 활동. 예를 들어, 홍수 예방을 위한 제방 건설이나 지진 위험지역에서의 건축 규제 등이 포함된다.

① 위험 분석 및 평가 : 자연재해나 인재를 분석하여 어떤 지역에서 어떤 유형의 재난이 발생할 수 있는지 파악한다. 예를 들어, 지진 발생 가능성이 높은 지역에서 내진 설계를 의무화하거나, 홍수가 자주 발생하는 지역에 홍수 방지시설을 설치하는 등의 방법이 있다.

② 법률과 규제 : 건축 규제나 환경보호 규제 등을 통해 재난의 발생 가능성을 줄이는 데 집중한다. 예를 들어, 건축물에 대한 안전 규제를 강화하거나, 특정 지역에 건축을 제한하는 등의 조치가 이에 해당한다.

③ 교육과 인식 제고 : 국민들에게 재난 예방에 대한 교육을 제공하고, 개인적인 위험 인식을 높이도록 한다. 예를 들어, 지진이 자주 발생하는 지역에서는 사람들이 일상에서 지진에 대비한 행동 방안을 학습하도록 돕는다.

---

5 재난 및 안전관리 기본법과 E. L. Quarantelli (1994/1998)의 입장을 토대로 작성함

(2) 대비 · 준비(Preparedness)

재난에 대비하기 위한 교육, 훈련, 인프라 구축 등의 준비 작업으로 재난 대비훈련, 비상 대피계획 수립 등이 이 단계에 속한다.

① 재난 대비훈련 : 정부, 기업, 지역사회는 재난 발생 시 행동 매뉴얼을 준비하고, 실제 상황을 가정한 훈련을 정기적으로 실시한다. 예를 들어, 학교에서 화재 대피 훈련이나 지진 대피 훈련을 진행하는 것이 이에 해당한다.

② 비상계획 수립 : 각 기관이나 지역사회는 비상사태 발생 시 어떤 조치를 취할 것인지에 대한 계획을 세운다. 예를 들어, 대규모 화재가 발생했을 때 구조 및 구호 활동을 어떻게 조직할 것인지, 대피소를 어떻게 운영할 것인지 등을 사전에 계획한다.

③ 자원 확보 : 재난 발생 시 필요한 물자와 장비를 미리 준비해 두고, 재난 발생 시 신속하게 활용할 수 있도록 한다. 예를 들어, 긴급구조팀에 필요한 의료 장비나 구호 물품을 미리 준비해 두고, 이를 체계적으로 관리하는 시스템이 필요하다.

(3) 대응(Response)

재난이 발생한 직후 신속하게 피해를 최소화하고, 인명구조 및 피해 복구를 위한 활동으로 구조대 파견, 긴급대피, 구호 활동 등이 여기에 해당한다.

① 구조와 대피 : 재난이 발생하면 사람들의 생명과 안전을 최우선으로 구조한다. 예를 들어, 지진 발생 후 무너진 건물에서 구조작업을 수행하거나, 홍수 발생 후 대피소로 사람들을 대피시키는 활동이 포함된다.

② 긴급 의료지원 : 피해자들에게 빠르게 의료서비스를 제공하여 생명을 구하는 것이 중요하다. 응급처치와 병원 이송, 응급약품 배급 등이 이 단계에서 이루어진다.

③ 위기 커뮤니케이션 : 재난 발생 후 혼란을 최소화하려면 빠르고 정확한 정보전달이 중요하다. 정부와 구호 기관은 국민에게 정확한 정보를 전달하고, 올바른 행동 지침을 제공한다. 예를 들어, SNS나 라디오 방송을 통해 대피 경로, 안전 지침 등을 전달한다.

④ 구호물자 배급 : 재난 발생 직후 긴급 구호물자(식량, 의약품, 텐트 등)가 필요하다. 재난지역에 신속히 구호물자를 전달하고, 임시 대피소를 운영하여 피해자들에게 필요한 지원을 제공한다.

(4) 복구(Recovery)

재난 후 피해를 복구하고, 일상적인 생활로 복귀할 수 있도록 지원하는 단계로 파손된 인프라 복구, 경제적 지원 등이 포함된다.

① 물리적 복구 : 도로, 건물, 전기, 수도 등 파괴된 사회적 인프라를 복구한다. 예를 들어, 홍수로 파괴된 도로를 재건하거나, 전력망을 복구하는 작업이 포함된다.

② 심리적 복구 : 재난으로 인한 트라우마나 정신적 충격을 치유하기 위한 심리적 지원이 필요하다. 이때 전문 상담가와 심리학자가 피해자들에게 지원을 제공하고, 정신건강을 돌본다.

③ 경제적 회복 : 재난으로 인한 경제적 피해를 복구하기 위해 정부는 피해 주민들에게 재정적 지원을 제공하거나, 피해 지역의 기업들에게 복구 자금을 지원한다. 또한 피해자들의 생활을 안정시키기 위해 주거지 복구와 일자리 창출 등의 노력이 필요하다.

2) 재난관리의 원칙[6]

재난관리는 전략적, 체계적이고 효율적으로 진행되어야 하며, 이를 위해 몇 가지 중요한 원칙(여러 학자들의 견해를 종합)들이 있다.

(1) 효율성 (Efficiency)

재난 발생 후 빠르고 효율적으로 대응하는 것이 중요하다. 자원을 낭비하지 않도록 효과적으로 관리하고, 최소한의 시간과 자원으로 최대의 효과를 내는 것이 핵심이다.

- 예를 들어, 구조 활동 중에 어떤 지역이 가장 위험한지, 어디에서 가장 많은 인명이 갇혀 있는지를 파악하여 자원을 집중적으로 배분한다. 또한, 재난 대응과 복구 과정에서 비용–효과 분석을 통해 자원을 적절히 분배하는 것도 중요한 부분이다.

(2) 통합성 (Integration)

재난관리에는 정부, 지방자치단체, 민간 기업, 비정부 기구(NGO), 지역주민 등 여러 주체들이 서로 협력하여 재난에 대응하기 위해 참여한다. 각 주체들이 명확히 역할을 나누고, 상호 협력하여 전체적인 대응을 효율적으로 해야 한다.

- 예를 들어, 정부는 법적/정책적 역할을 하고, 민간 기업은 자원을 제공하며, NGO는 구호 활동을 담당하는 등 협력적이고 통합적인 대응이 필요하다.

[6] E. L. Quarantelli (1994/1998), David Alexander (2002), Kyoo-Man Ha (하규만, 2019/2020) 등의 학자들의 입장을 종합

(3) 사전 대비 (Preparedness)

재난이 언제 발생할지 모르기 때문에, 사전에 모든 가능성을 대비하는 것이 중요하다. 재난 발생 전 준비를 철저히 해두면 피해를 최소화할 수 있다.

- 예를 들어, 대규모 지진이 발생할 수 있는 지역에서는 건축물 내진설계를 의무화하거나, 사람들이 지진 발생 시 어떻게 대처할 것인지에 대한 교육을 꾸준히 실시하는 것이 필요하다.

(4) 공평성 (Equity)

재난 상황에서 모든 사람에게 공평한 대우를 해야 한다. 재난은 특히 취약 계층(노인, 아동, 장애인, 저소득층 등)에게 더 큰 피해를 줄 수 있기 때문에, 이들에 대한 특별한 배려가 필요하다.

- 예를 들어, 대피소를 운영할 때 장애인용 시설을 제공하거나, 저소득층에게는 더 많은 지원을 제공하는 등의 배려가 필요하다.

(5) 지속 가능성 (Sustainability)

재난 대응과 복구과정에서 환경적, 경제적 지속 가능성을 고려해야 한다. 단기적인 피해 복구뿐만 아니라, 장기적으로 지속 가능한 방식으로 지역사회가 회복될 수 있도록 해야 합니다.

- 예를 들어, 재난복구 시 환경을 고려한 재건 작업이 필요합니다. 재난 후 복구과정에서 친환경적 재건을 목표로, 자연 친화적인 방법으로 인프라를 재건하는 것이 좋다.

(6) 책임성 (Accountability)

재난 관리 과정에서 각 주체는 책임을 다해야 한다. 대응과 복구 활동에 대한 투명성과 책임감을 유지하는 것이 중요하다.

- 예를 들어, 정부는 구호 자금의 사용 내역을 공개하고, 민간 기업은 구호물자의 배급과 관련된 문제를 해결하는 등의 책임감을 가져야 한다.

참 고 **학자별 재난관리의 원칙 연구**

학자별 재난관리 원칙과 기준 제안(이론·연구)

- ✓ **E. L. Quarantelli (1994/1998)** *재난계획 · 관리에 대한 평가 기준*
  개발도상국 적용 가능성을 포함해 20개 평가 기준(권한 · 조정 · 정보흐름 · 현실적 가정 등)을 제시, "계획의 질과 실행성"을 가늠하는 잣대를 마련. 재난을 '사회적 과정'으로 본 관점이 이후 거버넌스 · 협력 원칙(협업 · 통합 · 조정)의 토대가 됨.
- ✓ **David Alexander (2002)** *Principles of Emergency Planning and Management*
  비상계획 수립 · 운영의 근본 원칙(명확한 목표 · 책임 · 자원 · 교육훈련 · 평가 · 지속개선 등)을 정리한 고전적 저작. 실제 계획서와 훈련 설계의 지침서로 널리 채택.
- ✓ **Arjen Boin 외 (2005)** *The Politics of Crisis Management*
  위기 리더십의 5대 기능(상황파악 · 의사결정 · 의미부여 · 종결 · 학습)을 제시, 공공조직의 위기관리 원칙에 리더십 · 커뮤니케이션 · 학습의 중요성을 각인.
- ✓ **Omar D. Cardona 외 (2005-2007)** *재난위험 · 관리 지수(RMI 등)*
  위험을 지표화하여 국가 · 도시의 취약성 · 관리수준을 비교평가하는 틀 제시. 위험기반(Risk-driven) · 증거기반 의사결정 원칙을 정량화해 정책 설계에 영향.
- ✓ **Kyoo-Man Ha (하규만, 2019/2020)** *포용적 재난관리*
  전통적 '정부 일방형'에서 시민 · 민관협력 · 지역공동체를 포함하는 포용적 시스템으로 전환할 것을 주장. 한국 사례와 비교연구를 통해 협업 · 참여 원칙의 필요성을 강조.

2. 광의의 재난관리

재난관리는 재난통제에 비해 좀 더 넓은 접근방법을 의미하는 것으로 인간에게 피해를 끼칠 수 있는 폭발적 사건의 위험을 통제하는 것으로 이해된다. 이러한 의미에서 재난관리(disaster management)란 사전에 재난을 예방하고 재난에 대비하며, 재난발생 후 그로 인한 물적·인적 피해를 최소화하고 본래의 상태로 시설을 복구하기 위한 모든 측면을 포함하는 총체적 용어로 재난에 대한 위협과 재난으로 인한 결과를 관리하는 것을 말한다.

3. 협의의 재난관리

광의의 재난관리의 과정 중 완화관리단계와 복구관리단계는 대체로 완만하며 긴급대응을 필요로 하는 관리 분야가 아니라는 점에서 일반 행정관리와 크게 다를 바 없다. 따라서 일반관리와 구별되는 긴급관리의 특징을 갖는 단계는 대응단계라 할 수 있으며, 일반적으로 재난대응계획상의 재난관리는 이와 같이 협의의 재난관리를 지칭한다.

협의의 재난관리개념은 재난발생시 피해를 최소화하기 위해 혼란한 위기상황에 질서를 부여하는 대응 및 복구과정으로 일상적 비상대응기관들의 자원을 관리하고, 조직 간의 의사소통을 원활히 하며 체계적인 사고지휘체계를 구성함으로써 인적, 물적 피해를 최소화하기 위한 일련의 과정을 말한다.

4. 기타

재난관리의 목적은 알려졌거나 알려지지 않는 위험으로부터 국민의 생명과 재산을 보호하는 것이며, 총체적 의미로서의 재난관리는 편의상 완화관리단계 → 준비계획단계 → 대응단계 → 복구단계로 구분되며, 광의의 재난관리는 이러한 4단계의 국면에 걸쳐 순차적인 총체적 관리를 위해 하나의 메커니즘을 구성하여 관리하는 것이다.

5. 재해·재난 예방의 원칙

재해·재난 예방의 원칙에는 손실우연의 원칙(사고의 결과로 생긴 재해손실을 우연성에 의해 결정), 원인계의 원칙(재해·재난은 반드시 원인이 존재), 예방가능의 원칙(원인이 제거되면 반드시 예방이 가능), 대책의 3대 원칙(기술; 공학적 대책, 교육; 안전교육 및 훈련, 규제; 관리적 대책), 3S(단순화; Simplification, 표준화; Standardization, 전문화; Specification)가 있다. 또한 재난관리의 원칙으로는 정보교류의 원칙, 상호협력의 원칙, 사전대비의 원칙, 현장중심의 원칙, 현장지휘통일의 원칙 등이 있다.

제2절 재난관리의 모형[7]과 AI 적용

1. 재난관리모형

1) 페닥(Petak)의 재난관리 모형

재난관리의 과정은 상황에 따라 여러 단계로 나눌 수 있으나 일반적으로 재난발생시점이나 관리시기를 기준으로 구분해볼 수 있다.

Petak은 재난관리과정을 재난의 진행과정과 대응활동에 따라서 재해 이전과 이후, 즉

---

[7] 류충. 재난관리론, 신문사, 1999. p36~37. 재인용

사전재난관리와 사후재난관리로 나눈 뒤 시계열적으로 이루어지는 재해관리과정을 재해의 완화와 예방, 재해의 대비와 계획, 재해의 대응, 재해복구의 4단계[8]로 설명하고 있다.

2) 맥롤린(David McLoughline)의 통합관리 모형

맥롤린은 조직의 생존을 위협하는 사건이나 조건을 재난으로 정의하였다. 미국의 재난관련 대응조직들이 수많은 공공 및 민간조직과 혼합되어 대응단계에서의 협조문제가 재난대응의 전통적인 문제로 반복되는데 관심을 가졌다. 미국의 통합재난관리는 연방, 주, 지방의 협조 하에 일련의 순환과정을 통해 인명과 재산을 보호하고 행정능력을 유지할 수 있다고 하면서 행정이 주가 된 재난관리의 모형을 제시하였다. 이 모형은 완화, 준비, 대응, 복구의 프로그램을 통해서 각 지방정부와 중앙정부가 인명과 재산 그리고 정부기능을 보호하기 위하여 협력해야 한다는 점을 중시한다.

그림 1-1 McLoughline의 통합적 재난관리 과정

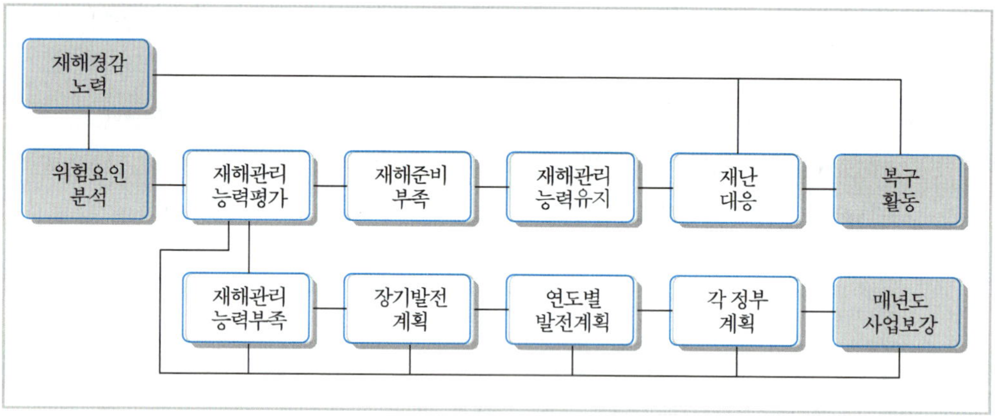

3) 실정법상의 재난관리 개념

재난 및 안전관리기본법 제3조에서는 재난관리의 개념을 "재난의 예방·대비·대응 및 복구를 위하여 행하는 모든 활동"이라고 정의하고 있으므로 재난관리를 광의의 개념으로 해석하고 있다.

8 Petak의 4단계는 상호단절적인 과정이라기보다는 상호순환적인 성격을 갖고 있으며 완화, 준비계획, 응급대응, 복구 등의 과정은 각 과정이 개별적으로 이루어지는 것이 아니고 시간적 활동순서일 뿐이며 따라서 각 과정의 활동결과 및 내용은 다음 단계의 활동에 영향을 미치며 최종의 복구활동의 결과 및 노력, 그리고 경험은 최초의 완화단계의 활동에 환류되어 장기적인 재난관리능력을 향상시키는데 도움을 주게 된다.

2. 분산관리 방식과 통합관리 방식

국가에 따라 재난관리방식은 차이가 있는데 보편적으로 크게 분산관리방식과 통합관리 방식의 형태를 취하고 있다. 재난관리의 단계에 따라 분산관리 및 통합관리를 선택적으로 취하는 혼합형태의 국가도 있다. 현대에 와서는 재난현장에서의 복구 중심의 현장관리방식에서 대응 중심의 전문화된 현장관리방식으로 변화되고 있는 추세이다.

1) 분산관리 방식

(1) 의의

1930년대 전통적 조직이론의 등장과 함께 합리성을 목표로 하는 조직이 전문화의 원리를 택하도록 하는 행정이론적 환경과 일치하는 시기에 생겨났다. 따라서 분산관리 방식은 전통적 재난관리제도로서 재난의 유형별 특징을 강조하며, 재난의 종류에 따라 대응방식에 차이가 있다는 것을 강조하기 때문에 재난계획과 대응 책임기관도 각각 다르게 배정되어 관리하는 방식이다.

(2) 특징 및 장점

분산관리방식은 재난의 유형별 특징을 강조하는 전통적 관리방식이다. 재난의 종류에 따라 대응방식에 차이가 있다는 것을 강조한다. 이 방식은 재난계획과 대응 책임기관도 각각 다르게 배정되어 관리하는 방식이며, 다수 부처 및 기관의 단순병렬방식이다. 또한 정보전달이 다원화되어 있고 소관 재난에 대한 관리책임 및 부담이 분산되어 있으며, 소관부처에서 해당 재해만을 담당하므로 경험축적 및 전문성이 향상된다.

(3) 문제점

분산관리방식은 재난대응기관의 중복이 일어나며, 복잡한 재난에 대한 대처능력에 한계가 있다. 각 부처 간 업무의 중복 및 연계가 미흡하고 과잉대응 및 지휘체계의 분산을 가져온다. 또한 난해한 계획서의 비현실성과 다수기관의 조정, 통제에 대해 여러 가지 반복되는 문제를 야기 시키기도 하며, 자원 준비와 배분의 복잡이 존재한다.

2) 통합관리방식[9]

(1) 의의

모든 재난은 피해범위, 대응자원, 대응방식에 있어 유사하며, 재난유형별 재난계획이 실제 재난상황에서 적응성이 거의 없다는 것이 제기되었다. 이에 따라 재난대응에 참가하는 모든 일상적 비상대응기관 단체들을 통합 관리함으로써 효과적으로 대응할 수 있다는 것이 통합관리방식이다.

표 1-6 재난관리 방식 비교

구분	분산관리방식	통합관리방식
성격	유형별 관리	통합적 관리
재난인지능력	미약·단편적	강력·종합적
효율성	낮음	높음
책임성	책임의 분산	과도한 책임(부담)
신속성	낮음	높음
총체성	산만한 관리	통합적 관리
활동범위	특정 재난	모든 재난
관련부처(기관)의 수	다수 부처(기관)	소수 부처(기관)
정보의 전달(지휘체계)	다양화	단일화
제도적 장치(관리체계)	복잡	보다 간편
장점	* 전문성 제고가 용이 * 한 사안에 대한 업무의 과다방지	* 총괄적 자원동원과 신속한 대응 * 자원봉사자 등 가용자원을 효율적으로 활용
단점	* 각 부처 간 업무의 중복 및 연계미흡 * 재원 마련과 배분의 복잡성	* 시스템 구축의 어려움 * 부처이기주의 작용과 기존 조직들의 반발 가능성이 높음

(2) 특징 및 장점

통합관리방식은 지휘체계가 단일화되어 있다. 단일부처중심으로 조정이 이뤄지며 병렬식 다수부처 및 기관이 움직이게 되며, 기능별 책임기관을 지정하고 통합적인 조정, 통제 및 지휘체계를 갖는다. 그렇기 때문에 모든 재난은 계획, 대응자원, 대응방식에 있어서 유사하다.

9 우리나라는 2004년부터 재난 및 안전관리기본법 및 소방청 설립 이후 통합관리방식을 취하고 있다. 통합재난관리방식이 필요한 이유는 재난대응활동의 유사성, 재난대비계획의 유사성, 대응자원의 공통성 때문이다.

(3) 문제점

통합관리방식은 모든 재난에 대한 관리책임과 과도한 부담을 갖게 되며, 부처 이기주의 및 기존 조직들의 반대 가능성이 높다. 또한 광범위한 체계를 통합적으로 운영해야 되기 때문에 시스템 구축이 어렵다.

3. AI 기반 재난관리 체계(실제 적용과 효과)

1) 국내 사례[10]

(1) 국회미래연구원은 2025년 7월 발간한 브리프에서, 과거 연평균 3.3회였던 10억 달러 이상 규모의 재난이 2020~2024년 23회로 늘어나고, 재난 발생 주기 또한 단축되었다는 점을 지적하며, 인공지능(AI)과 가상융합 기술이 게임 체인저 역할을 할 수 있음을 강조했다.

(2) 행정안전부는 2025년부터 2027년까지 AI 기반 지자체 CCTV 관제시스템 구축을 추진 중이다. 침수 탐지 모델 등 다양한 재난 유형 분석 알고리즘 개발과 CCTV 데이터 비식별화, 데이터 공유 플랫폼 기반조성 등을 포함한다.

2) 국제 사례[11]

(1) AIDR (Artificial Intelligence for Digital Response)플랫폼은 재난 관련 소셜 미디어 메시지를 필터링·분류하도록 개발된 개방형 AI 도구이다(위키백과).

(2) ArXiv(2025) 논문에 따르면, AI 및 생성형 AI는 다양한 데이터(텍스트, 이미지, 영상 등)를 통합해 빠르고 정밀한 피해 평가를 가능하게 하며, 동시에 데이터 프라이버시와 윤리적 사용 이슈도 동시에 고려해야 한다고 분석한다.

(3) Texas A&M 연구진은 AI 기반 심층학습 모델을 활용하여 도로 침수 예측에서 정확도 98%, 재현율 96%라는 뛰어난 성과를 보였다.(engineering.tamu.edu)

(4) Acuity International (2025년 7월 보고)에서는 AI의 역할을 "예측, 준비, 대응, 복구"에 걸쳐 강조하며, 자연어처리 기반 응급 호출 분석, 자원 최적 분배 등 구체적 응용을 소개하고 있다.

---

10 이승환, 2025, 재난이 일상화된 시대, AI와 가상융합 기반 재난관리 패러다임 전환 필요"에코포커스. / 임지혜, 2025, 행정안전부, AI 기반 재난관리 체계 구축 추진, 통일안보전략연구소.

11 Raj, A., Arora, L., Girija, S. S., Kapoor, S., Pradhan, D., & Shetgaonkar, A. (2025). AI and Generative AI Transforming Disaster Management: A Survey of Damage Assessment and Response Techniques. arXiv. 등등

(5) Time (2024년 UN 이니셔티브 보도) : UN은 'AI 활용 재난 회복력 증진(Global Initiative on Resilience to Natural Hazards through AI Solutions)'을 출범했으며, 예측정확도 및 실시간 대응 시스템 강화를 위한 가이드라인을 마련 중이다.
(6) Reuters (2024년 10월)는 AI 예측 능력은 향상되었지만, 정작 커뮤니케이션의 중요성, 물리적 대비 부재, 정치적 의지 부족이 여전히 재난 대응의 큰 장애물임을 지적했다.
(7) The Australian (최근)보도에 따르면, 탬버니아의 AI 기반 산불 조기감지, 대만의 태풍 예측 AI 모델(Typhoon Koinu 5일전 경로 확보), 미국 철도 안전 AI, 보험사들의 장치 예측분석 등 구체 사례들이 소개되었으며, "인간 감독의 중요성"이 함께 강조되었다.

제3절 재난관련 유형의 대표적 이론[12]

재난의 유형을 알기 위해서는 재난의 기본적인 이론들을 토대로 인식하는 것이 문제해결의 중요한 단초가 될 수 있을 것이다. 재난 발발의 원인과 배경에 관하여는 세 가지 대표적인 이론적 접근이 있다. 각각의 이론적 접근이 재난을 이해하는 관점이 다르기 때문에 재난관리에 대한 기본적인 관점도 다르다.

1. 재난배양이론(Disaster Incubation Theory)

재난배양이론은 Barry Turner의 1978년 저작 “인위재난(Man-Made Disaster)”에서 제기된 것으로, 주로 재난 발생의 사회적, 문화적 측면에 주목한다.

터너의 주된 관심은 재난 발전의 초기 단계인 배양(Incubation)단계에서부터 사회 속에는 재난이 잠재되어서 누적되어가고 있다는 것이다. 재난 그 자체보다는 재난을 야기하는 사회적 상황에 대하여 사전적인 관심이 필요하다고 보았다.

“위험평가”에서 흔히 무시되었던 것에 대한 성찰의 필요성을 강조하였는데, 사회문화적인 조건들을 제대로 인식해야하고, 위험과 관련된 조직문화의 맹점, 부적절한 정보, 의사

12 김주찬·김태윤, 2002, “국가재해재난관리체계의 당위적 구조”, 「한국화재·소방학회」, 16-1, pp.11~12. 참조하여 재구성함.

소통의 문제점, 오차수정의 실패, 안전규제 도입의 실패, 불확실성(애매성, 복잡성) 등을 제시하였다.

2. 정상사건이론(Normal Accidents Theory)

정상사건[13]이론은 Perrow의 1984년 저작 "정상사건(Normal Accident)"에 처음으로 소개되었다. 페로우의 핵심주장은 현대사회의 기술적, 조직적 시스템의 특성을 복잡하고 꽉 짜여진 것에서 찾으며, 복잡하고 꽉 짜여진 기술적 체계는 필연적으로 사고를 발생시킨다고 한다. 복잡하고 꽉 짜여진 체계에서는 예기치 않은 조그만 사건이 발생하게 되면 그것은 곧 가속화의 과정을 거쳐 거대한 재난으로 확대되는 경향이 존재한다고 한다.

정상사건이론은 사고의 발생을 불가피하게 만들며 사고의 확대를 촉진하고, 재난 발생의 필연성을 강조하는 것으로 그 관리에 대하여는 일종의 비관적 자세를 취하는 입장이다.

3. 고도신뢰이론(High Reliability Theory)

고도신뢰이론은 미국 버클리(Berkely) 학파에 의해서 연구된 것으로 뛰어난 안전 기록을 성취하고 있는 조직들이 지니고 있는 독특한 조직전략에 중점을 두고 있다.

고도신뢰이론의 핵심은 사고는 예방할 수 있고, 복잡성과 꽉 짜여진 체계[14]에서 사고발생 가능성을 낮출 수 있어서 조직의 안전에 관한 신뢰성도 높일 수 있다는 것이다. 고도신뢰이론은 정상사건이론의 비관적 측면에 대한 반발과 과거 결정론적인 세계관에 근거한 합리적 의사결정의 전통에 대한 수정을 근간으로 한다.

고도신뢰이론의 위기관리전략으로는 현대 재난관리의 핵심적인 내용인 가외성의 전략인 보완적, 실패나 오류 방지, 의사결정 분권화의 전략(신속성)인 문제발생지점으로부터 가장 근접해있는 부서가 문제 해결을 담당하는 것, 그리고 관점의 유연화전략으로 다양한 이론을 조직의 기술과 생산과정에서 동시에 수용(긴밀한 토론과 협상을 통해 최종 행동 양식결정)하는 것, 그리고 조직학습 전략인 학습과정을 통해 신뢰도가 높은 성취를 이룬다.

13 정상사건(normal accident)이란 예측하거나 통제할 수 없는 복잡한 기술의 상호작용에 의해 발생한 피할 수 없는 사고인데, 페로우는 꽉 짜여진 체계에서 발생되는 사고를 정상사고라고 칭하기도 한다.

14 "꽉 짜여진 체계"란 단일성이 높고, 변형이 적으며, 시간 의존적인 생산과정을 거치는 체계를 의미한다. 흔히 전문가 집단으로 구성되어 있고, 각각의 구성요소들의 대체가 쉽지 않은 속성을 지닌다. 이러한 체계는 체계 내에 안전기제가 내장되어 있지만, 그 개선이 용이하지 않다는 문제가 있다.

4. 하인리히 5단계 이론(구 도미노 이론)

1931년 허버트 윌리엄 하인리히(Herbert William Heinrich)가 재난이 일어나는 단계를 5단계로 구분하였다.

1단계는 사회적 또는 가정적(유전자적) 결함(social or family defects)으로 바람직하지 못한 사회적 또는 가정환경에 의한 결함과 인명경시 풍조, 공중도덕 및 준법정신의 결여 등이다.

2단계는 개인적 결함(personal defects)으로서 개인적으로 정신적·신체적 결함이 있거나 안전에 대한 의식이 미흡하여 기능이 부족한 경우 등이다.

3단계는 불안전한 상태 또는 거동(unsafe conditions or behavior)으로서 불안전한 상태란 위험물이 방치되어 있다든가 위험한 장소가 있다든가 안전장치가 구비되어 있지 않는 상태이고 불안전한 거동(행동)은 안전수칙을 지키지 않거나 기계 등을 잘못 사용하는 경우이다.

4단계는 사고(accidents)이고 5단계는 재해(causalities)이다.

위의 5단계 중 어느 하나에 문제가 발생하면 연쇄적으로 영향을 미치는 도미노 현상이 발생한다는 것이다. 1~2단계는 간접원인이며, 재해발생비로 1:29:300의 법칙을 제시하였는데, 1(사망 또는 중산) : 29(경상, 인적·물적 수반) : 300(무상해 사고로 고장 포함)을 말한다. 이 이론의 핵심은 가장 쉽고 효율적으로 제거할 수 있는 3단계의 불안전한 상태 또는 거동을 제거하면 사고는 일어나지 않는다는 것이며, 재해는 항상 사소한 것들을 방치할 때 발생한다는 뜻이다. 사소한 문제들이 발생하였을 때 이를 면밀히 살펴 그 원인을 파악하고 잘못된 점을 시정하면 대형사고나 실패를 방지할 수 있지만 징후가 있음에도 이를 무시하고 방치한다면 돌이킬 수 없는 대형사고로 번질 수 있다는 이론이다.

참고로 하인리히법칙은 1920년대 미국 보험사 직원인 허버트 하인리히가 발견한 법칙으로 대형사고가 1번 발생하기 이전에 이와 관련 있는 소형 사고가 29번 발생하고, 소형사고 전에는 같은 원인에서 비롯된 사소한 징후들이 300번 나타난다는 것이다. 이것을 일명 1대 29대 300법칙이라고 불린다.

5. 플랭크 버드 이론(최신 도미노 이론)

플랭크 버드는 5단계까지 이론을 제시하고 제1단계는 제어의 부족으로 관리이며, 제2단계는 기본원인인 기원, 제3단계는 직접원인인 징후, 제4단계는 사고로 접촉, 그리고 제5단계는 상해인 손실을 강조했다.

재해 발생비는 1(중상; 폐질):10(경상; 인적, 물적 손실):30(무상해 사고; 물적 손실):600(무상해, 무사고 고정; 위험순간)을 제시하고 재해방지를 위해서는 반드시 기본원인을 제거해야 한다는 이론이다.

6. Pidgeon(1997)

Pidgeon은 인위재난(MMD)모형에서 나타나는 위기 상황에 대한 내재적인 문화적 맹목성에 주목하고 문화와 조직 학습은 안전에 있어 매우 중요하다고 강조하였다.

위험도

재난은 그 위험도를 산정할 때 위해성(Hazard), 취약성(Vulnerability), 재난관리(Disaster Manage ment)를 연관시켜 산정하게 된다.

위험도(Risk) = 위해성 × 취약성 ÷ 재난관리

「재난 및 안전관리기본법 시행령」

재난 및 사고유형별 재난관리주관기관 (제3조의2 관련)-2025.1.14.기준

재난관리주관기관		재난 및 사고의 유형
교육부		학교 및 학교시설에서 발생한 사고
과학기술정보통신부	과학기술정보통신부	1. 우주전파 재난 2. 정보통신 사고 3. 위성항법장치(GPS) 전파혼신 4. 자연우주물체의 추락 · 충돌
	우주항공청	인공우주물체의 추락 · 충돌 등으로 인해 발생하는 피해
외교부		해외에서 발생한 재난
법무부		법무시설에서 발생한 사고
국방부		국방시설에서 발생한 사고
행정안전부	행정안전부	1. 정부중요시설 사고 2. 공동구(共同溝) 재난(국토교통부가 관장하는 공동구는 제외한다) 3. 내륙에서 발생한 유도선 등의 수난사고 4. 풍수해(조수는 제외한다) · 지진 · 화산 · 낙뢰 · 가뭄·한파·폭염으로 인한 재난 및 사고로서 다른 재난관리주관기관에 속하지 아니하는 재난 및 사고
	경찰청	일반인이 자유로이 모이거나 통행하는 도로, 광장 및 공원의 다중운집인파사고로 인해 발생하는 대규모 피해
	소방청	소방대상물의 화재로 인해 발생하는 대규모 피해, 위험물의 누출 · 화재 · 폭발 등으로 인해 발생하는 대규모피해
문화체육관광부		경기장 및 공연장에서 발생한 사고
농림축산식품부		1. 가축 질병 2. 저수지 사고
산업통상자원부		1. 가스 수급 및 누출 사고 2. 원유수급 사고 3. 원자력안전 사고(파업에 따른 가동중단으로 한정한다) 4. 전력 사고 5. 전력생산용 댐의 사고
보건복지부		보건의료 사고
보건복지부 질병관리청		감염병 재난
환경부		1. 수질분야 대규모 환경오염 사고 2. 식용수 사고 3. 유해화학물질 유출 사고

재난관리주관기관	재난 및 사고의 유형
	4. 조류(藻類) 대발생(녹조에 한정한다) 5. 황사 6. 환경부가 관장하는 댐의 사고 7. 미세먼지
고용노동부	사업장에서 발생한 대규모 인적 사고
국토교통부 국토교통부	1. 국토교통부가 관장하는 공동구 재난 2. 고속철도 사고 3. 국토교통부가 관장하는 댐 사고〈2019. 8. 27. 삭제〉 4. 도로터널 사고 5. 식용수(광역상수도에 한정한다) 사고〈2019. 8. 27. 삭제〉 6. 육상화물운송 사고 7. 도시철도 사고 8. 항공기 사고 9. 항공운송 마비 및 항행안전시설 장애 10. 다중밀집건축물 붕괴 대형사고로서 다른 재난관리주관기관에 속하지 아니하는 재난 및 사고
해양수산부	1. 조류 대발생(적조에 한정한다) 2. 조수(潮水) 3. 해양 분야 환경오염 사고 4. 해양 선박 사고
중소벤처기업부	전통시장의 화재 등으로 인해 발생하는 대규모 피해
여성가족부	청소년복지시설의 화재등으로 인해 발생하는 대규모 피해, 청소년수련시설의 화재 등으로 인해 발생하는 대규모 피해
금융위원회	금융 전산 및 시설 사고
원자력안전위원회	1. 원자력안전 사고(파업에 따른 가동중단은 제외한다) 2. 인접국가 방사능 누출 사고
국가유산청	문화보호물과 문화유산 보관시설의 화재 등으로 인해 발생하는 대규모 피해
산림청	1. 산불 2. 산사태

비고

1. 재난관리주관기관이 지정되지 아니한 재난 및 사고에 대해서는 행정안전부장관이 「정부조직법」에 따른 관장 사무를 기준으로 재난관리주관기관을 정한다.
2. 감염병 재난발생 시 중앙사고수습본부는 법 제34조의5제1항제1호에 따른 위기관리 표준매뉴얼에 따라 설치·운영한다.

제4절 4차 산업혁명과 재난안전관리

1. 4차 산업혁명과 재난안전의 연계

1) 개요

제4차 산업혁명은 기술적 산업적 측면에서 전 세계적으로 인공지능(AI; artificial intelligence, 생성형 AI), 차세대 네트워크(5G), 빅데이터(Big Data), 모바일(Mobile), 사물인터넷(IoT; internet of thing), 자율주행(automatic driving), 클라우드(cloud), 블록체인(block chain), 디지털 트윈(digital twin), 로봇공학(robot engineering, 휴머노이드), 증강현실(augmented reality), 가상현실(virtual reality), 혼합현실(mixed reality), 나노기술(nano-technology), 메타버스(Metaverse), 생명과학(life science) 등 관련 된 것으로서 이전의 혁명과는 근본적으로 다르다.

이러한 기술은 수십억 명의 사람들을 계속해서 웹에 연결하고 비즈니스 및 조직의 효율성을 획기적으로 향상시키며 더 나은 자산관리를 통해 자연 환경을 재생산할 수 있는 커다란 잠재력을 가지고 있다.

그림 1-2 인공지능의 적용

2) 4차 산업혁명과 재난안전관리의 연계

4차 산업혁명의 특징은 초연결성, 초지능성, 예측가능성, 사이버물리시스템에 기반한 스마트 팩토리(smart factory) 구현과 함께 O2O(online-to-offline) 플랫폼(platform) 기반의 새로운 스마트 비즈니스(smart business)모델의 등장이 촉진될 것으로 전망된다. 또한 급속한 환경변화에 따른 신속한 대응을 위한 유연하고 개방적인 재난안전관리 시스템으로 전환이 요구될 것으로 전망된다.

4차 산업혁명을 기반으로 한 스마트 재난안전관리 전 과정에 적용하여 사고나 재난으로부터 인간·사회·경제·환경 피해 등을 최소화하고 빅데이터를 활용한 위험예측 및 위험징후 모니터링 기술에 의한 예측평가와 재난정보수집분석 및 현장상황 실시간 감지·분석에 의한 5세대 통신시스템의 예방, 가상현실과 증강현실을 활용한 몸으로 기억하는 교육과 훈련에 의한 대비, 재난안전관리 의사결정 지원시스템의 인공지능에 의한 대응, 정찰·탐색 및 방재·구호에 위한 지능형로봇에 의한 복구와 피해규모 분석·현장상황 공유하기 위한 드론을 활용한 조사 분석의 스마트 안전관리 대응체계 구축 및 전략방안이 중요시 될 것이다.

그림 1-3 4차 산업혁명의 기술 융합

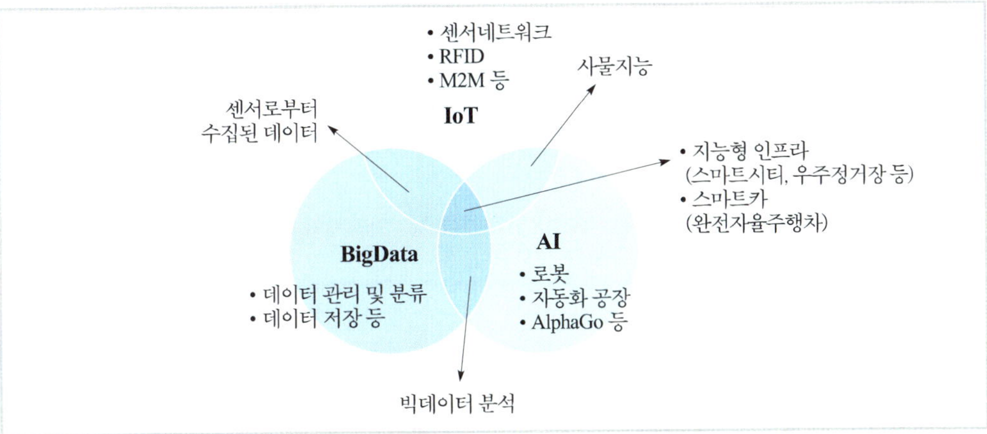

2) 국내 기술개발 동향(재난안전 분야)

(1) 빅데이터(Big Data)

DNA(Data, Network, AI) 기반 재난안전 예측 및 위험평가를 위하여 '재난안전 플랫폼 기술개발' 등의 과제가 진행 중이나 빅데이터 모델링을 통한 예측 성공사례 미흡.

(2) 차세대통신(5G)

재난안전 감시체계 구축 및 재난 전조 감지 능력 확보를 위해 '공간정보 기반 실감형 콘텐츠 융·복합 및 혼합현실(MR) 제공 기술 개발' 등의 과제가 진행 중이나 실질적 사물인터넷(IoT)기술 등과 연계한 실증기술 필요.

(3) 증강현실(AR)과 가상현실(VR)

재난유형별 교육훈련 현장운용을 목표로 '재난안전취약핵심역량 도약 기술개발' 등의 과제 진행 중으로 기술적 완성도는 달성하였으나, 재난 유형에 따른 콘텐츠 부족으로 활용이 매우 제한적.

(4) 인공지능(AI)

'엑소브레인(Exobrain)', '딥뷰(Deep view)' '심층학습(Deep learning)'등 원천기술 개발을 위한 프로젝트가 진행 중이며, 재난 대응 의사결정 지원을 위하여 신규과제 추진 중이며 최근에는 다양한 분야에서 활용되고 있음

■ 생성형 인공지능(AI)

생성형 AI(Generative AI)는 새로운 콘텐츠를 만들어내는 인공지능을 뜻하며, 기존의 데이터(텍스트, 이미지, 오디오, 코드 등)를 단순히 분류하거나 분석하는 데서 나아가, 학습한 패턴과 지식을 바탕으로 새로운 결과물을 생성할 수 있다.

1. 기본 개념
   - 전통적인 AI: 주어진 데이터를 분류하거나 예측(예: 이메일이 스팸인지 아닌지 구분).
   - 생성형 AI : 학습 데이터를 활용해 새로운 문장, 그림, 음악, 코드 등을 만들어냄.

2. 주요 기술
   - 언어 모델 (LLM, Large Language Model) : GPT, BERT 등 → 질문에 답하거나 글쓰기, 번역, 요약 가능.
   - 이미지 생성 모델 : DALL · E, Stable Diffusion, MidJourney 등 → 텍스트 설명을 이미지로 변환.
   - 음성/음악 생성 모델 : 음성 합성(TTS), AI 작곡.
   - 멀티모달 모델 : 텍스트와 이미지를 함께 이해하고 생성.

3. 활용 분야
   - 업무 자동화 : 보고서 작성, 데이터 요약, 이메일 초안 작성
   - 창작 : 소설, 그림, 영상 편집, 광고 콘텐츠 제작
   - 교육 : 개인 맞춤형 튜터링, 문제 출제 및 풀이
   - 개발 : 코드 자동 생성 및 디버깅
   - 엔터테인먼트: 게임 시나리오, 가상 캐릭터 대화
   - 재난관리 : 재난의 예방, 대비, 대응, 복구에 복합적으로 활용 가능

4. 장점과 한계
   - 장점 : 창의적 결과물 생성, 생산성 향상, 비용 절감
   - 한계 : 사실과 다른 정보(환각, Hallucination) 생성, 저작권 문제, 윤리적 이슈

(5) 지능형 로봇(IR)

'국민안전로봇' 등 프로젝트가 진행 중이나 재난 현장 활용이나 국민체감 실증기술 사례는 미흡한 상태에 있음.

■ **휴머노이드(Humanoid)로봇의 재난관리 활용 분야**

휴머노이드 로봇을 재난관리에 활용하는 개념은 최근 로봇공학과 AI가 발전하면서 활발히 연구되고 있다. 주로 사람의 접근이 어려운 위험 환경에서 인간을 대신하거나 지원하는 역할을 하게 되며, 주요 활용 방안은 다음과 같다.

1. 수색 및 구조
   - 무너진 건물이나 화재 현장 등 사람이 접근하기 어려운 장소 진입
   - 휴머노이드 특유의 양팔 · 양다리 형태를 이용해 계단, 잔해물 등 복잡한 지형을 이동
   - 생존자 탐색(열화상 카메라, 생체 신호 센서 활용)

2. 위험 환경 대응
   - 화재 진압 보조(호스 운반, 밸브 조작 등)
   - 화학 · 방사능 유출 구역에서 센서로 오염 수치 측정 및 보고
   - 폭발 위험이 있는 장소에서 원격 조작 수행

3. 정보수집 및 전달
   - 드론이 하늘에서 촬영하는 것과 달리, 휴머노이드는 사람과 비슷한 시선 높이에서 현장 관찰 가능
   - 상황 영상을 실시간 송출하여 지휘 본부의 의사결정 지원
   - 다국어 음성지원으로 재난 현장 민간인 안내

4. 물자 운반 및 응급처치
   - 구호 물품 운반 및 분배
   - 기본적인 응급처치(자동제세동기 사용, 출혈 지혈 도구 전달 등) 가능
   - 고립자에게 물 · 의약품 전달

5. 지휘 · 통제 지원
   - 현장 요원의 보조 인력으로 투입
   - AI 기반 의사결정 시스템과 연계하여 상황별 대응 매뉴얼 제안
   - 피해지역 지형 데이터를 기반으로 대피 경로 안내

6. 현재 연구 · 사례
   - DARPA Robotics Challenge (2015): 휴머노이드 로봇이 문 열기, 차량 운전, 밸브 돌리기, 장애물 넘기 등을 시연
   - 소니, 보스턴 다이내믹스, 현대 등에서 재난 대응 로봇 연구 활발
   - 일본은 후쿠시마 원전 사고 이후 원격 조작형 휴머노이드 로봇을 적극 개발

7. 한계와 과제
   - 고난이도 지형에서 안정적 보행 기술미흡
   - 배터리 지속시간 짧음
   - 고가 장비 → 실제 재난 현장 배치에는 비용 · 효율성 문제
   - 인간 소방관 · 구조대와의 협업 체계 확립 필요

(6) 무인기(드론 등)

'국민안전 감시 및 대응 무인항공기 융합시스템 구축 및 운용' 등의 프로젝트가 진행 중이며 용도에 맞는 기체와 탑재장비를 조합하여 응용 활용하는 기술개발이 필요.

(7) 메타버스(Metaverse)

메타버스 기반 재난 안전관리 기술은 관리자가 시설의 운영, 관리, 점검, 교육 등의 활동을 가상 공간에서 수행할 수 있도록 돕는 솔루션이다. 광범위한 지역을 가상 공간에서 관리할 수 있어 시간과 비용을 절약할 수 있음.

(8) 클라우드 플랫폼(Cloud Platform)

공공클라우드를 활용하여 다양한 재해재난정보의 접근을 쉽게 하고 활용하도록 하며, 다양한 시스템 및 기관을 플랫폼과 연계하여 운영함으로써 재해재난에 신속히 대응해 나갈 수 있는 솔루션

(9) 3D기반 디지털 트윈(Digital Twin)

디지털 트윈은 실제 사물을 가상세계에 동일하게 3차원 모델로 구축하고, 시뮬레이션을 기반으로 분석, 예측, 최적화 등을 적용하여 다양한 의사결정을 지원

예) 3차원 시뮬레이션을 통한 실시간 재난대응체계구축으로 도심지와 저수지의 과거 홍수재해이력, 수문기상 관측자료, IoT 홍수위험 예측모델을 개발하고, 실시간 재난대응체계를 마련

그림 1-4 4차 산업혁명의 지능 정보 기술

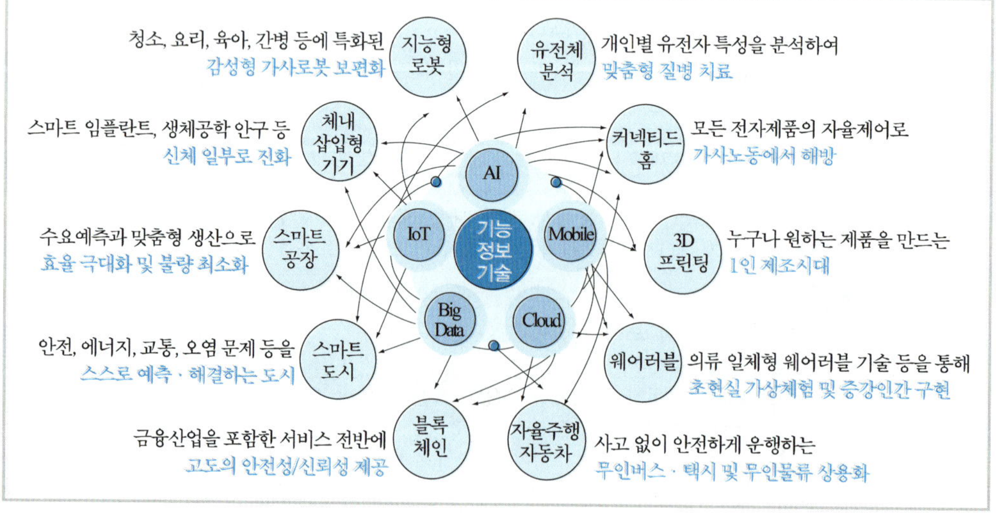

3) 해외 기술개발 동향

(1) 미국

- 빅데이터를 활용한 예측기술에서 성과를 내고 있으며 로봇, 인공지능 기술과 민간역량 활용을 위한 기술도 활발히 개발 중.
- Seismic社의 지진예측, Atlas 로봇, 트위터 지진감지, 해양대기청 빅데이터 등이 재난안전에 활용되고 있음.

(2) 일본

- 빅데이터를 활용하여 빈발하는 풍수해와 지진 예측·경보 기술을 개발하고 있으며, 화재와 지진에 대비한 로봇 기술 개발이 활발함.
- 하천정보시스템, 재해예측시스템, T-52 로봇, 퀸스 로봇 등이 활용되고 있음.

(3) 유럽

- 알프스 인접 국가의 산사태 감시기술 등 국가별 다양한 기술을 개발 중이며, 무인기의 다양한 활용 방안 연구가 활발함.
- 산사태 감시 무인기, 재난탐사용 드론, 가상현실 훈련, 무인수상정 U-Ranger를 활용하고 있음.

2. 4차 산업혁명의 유형과 재난안전 적용 기술

1) 선제적 국민안전 확보 기술개발 적용

(1) 인공지능(AI)기반 위험 재난상황 예보와 경보 기술 적용

① 스마트폰 센서 활용 지진 진동경보 기술 적용

② 인공지능(AI) 기반 재난상황 자동 전파 기술 적용(예: 태풍, 미세먼지, 가축전염병, 지진, 해일, 너울성 파도, 홍수, 집중호우, 대설, 한파, 붕괴위험, 방사능, 화학물질, 가스누출 등)

(2) 빅데이터(Big Data)기반 지능형 재난대비 예측분석 기술 강화

① 빅데이터 기반 풍수해(태풍, 강풍, 홍수, 집중호우 등) 예측 고도화

② 인공위성을 활용한 지진예측 기술개발 필요

③ 인공지능(AI)과 지리정보시스템(GIS)을 활용한 화재취약도 예측모델 개발

④ 빅데이터를 활용하여 응급환자(심정지, 뇌출혈, 중증외상 등)패턴과 빈도 밀집지역 대응모델 구축(의료진 및 응급차량 증차)

⑤ 자살패턴과 자살률이 높은 지역에 자살예방 안내문구나 인력배치

2) 재난현장 대응기술 첨단화

(1) 빅데이터 기반 지능형 재난대응 의사결정지원 시스템 강화

① 지능형 풍수해나 지진 등 피해추정 및 피해조사 기술 적용
② 혼합현실(MR: AR+VR)기반 위험지역 도시 기반시설 점검과 관리 기술 적용
③ 디지털 트윈(Digital Twin)기반 초고층건물 내 요구조자 대피시스템 개발 및 적용
④ 딥뷰(Deep View)기반 재난안전 스마트 관리기술 개발 및 적용

(2) 무인기(드론 등) 및 지능형로봇 기반 재난현장 지원용 기술 적용

① 붕괴 매몰현장 구조 활동에 지원용 로봇 기술개발 및 적용
② 고립지역 물자 수송 및 화재 진압용 무인기 기술개발 및 적용

3) 4차 산업혁명 재난안전 기술 활용 생태계 활성화

- AR/VR기반 재난안전교육 콘텐츠 기술 개발 활성화(국민 참여형 재난안전 정보 활용 기술개발)

그림 1-5 4차 산업혁명의 핵심기술의 생태계 활용도

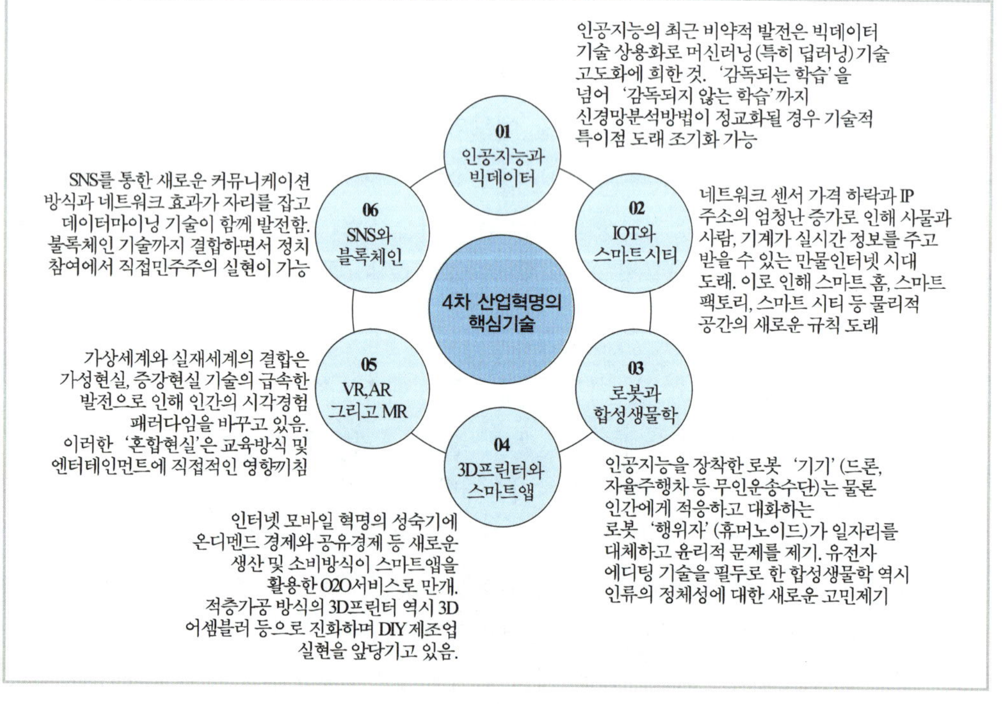

3. 4차 산업혁명과 재난안전 R&D 이슈

4차 산업혁명 대응계획의 행정안전부 재난안전 R&D 이슈는 다음과 같다.

표 1-7 ←표→ 4차 산업혁명 대응계획의 행정안전부 재난안전 R&D 이슈

구분	행안부 R&D 관련 주요 내용
풍수해	예 · 경보 발령 지원 등 AI 기반 통합의사결정지원 체계 구축 · 보급('19~'22) · 국토관측 센서 기반 수재해 관리체계 구축('19.3) - 도시지역 침수 예방을 위한 AI 기반의 예 경보 및 의사결정 지원체계 구축으로 국민의 재산과 인명피해 최소화
지진	위험정보 · 대피정보 지능형 지진대응 의사결정지원 체계 보급(~'22) - 지진피해 저감을 위해, AI 빅데이터 기반의 위험감지와 지능형 의사결정지원 체계 마련으로 국민 안전 확보
소방안전	VR/AR 기반 소방대원 훈련기술 개발·실증('20) 후 교육훈련과정 적용('21) - 소방 대응력 향상을 위해 VR/AR 및 빅데이터 기술을 활용해 소방지휘 능력 및 소방대원 대응능력 향상 제고
재난대응	인공지능형 재난대응 표준플랫폼 개발 및 확산 보급(~'22) - 중대재난 발생 시 재난컨트롤타워(중대본 · 중수본 · 지대본 등)의 상황판단 및 의사결정을 실시간 지원하는 인공지능형 재난대응 표준플랫폼 개발

자료 : 행정안전부(2018.12). 4차 산업혁명 기반 재난안전 연구개발 중장기계획 수립연구, ㈜에이치앤컨설팅, p.107.

표 1-8 혁신성장동력 재난안전 활용 시행계획 상 행정안전부 재난안전 R&D 이슈

구분	행정안전부 R&D 관련 주요내용
예측	(관리목표) ICBM(IoT, Cloud, Bigdata, Mobile) 기반 재난안전 예측 및 위험평가 기술개발 (추진과제) 재난안전 플랫폼 기술개발 등 12개 과제('18년 총예산 : 739억원)가 집행되었으며, '디지털 트윈(Digital Twin) 기반 실시간 재난 확산예측 기술개발' 과제 신규 추진 필요
	- 국가 가뭄정보 통합 예/경보기술 개발 - 딥러닝기반 도시침수 예측 및 분석 기술개발 - 스마트기술을 활용한 승강기 위험 상황 자동 예측판단 기법 개발 - 시나리오 기반 대형복합재난 확산예측 기술 개발
예방	(관리목표) 첨단 과학기술을 활용한 재난안전 감시체계 구축 및 재난 전조 감지 능력 확보 기반 구축 (추진과제) '공간정보 기반 실감형 콘텐츠 융복합 및 혼합현실 제공기술 개발' 등 3개 과제('18년 총예산 : 86억원)가 집행되었으며, '재난안전관리기관 연계 국민생활 안전 정보공유 기술개발' 과제 신규추진 필요
	- 풍수해 직접·간접 피해를 고려한 피해 산정 및 예측기술 개발 - 한반도 단층구조선의 조사 및 평가기술 개발 - IoT 기반 도심지 건설현장 상시안전 관리시스템 개발 - 몰래카메라 범죄 방지를 위한 정밀 복합 탐지기 개발

구분	내용
	- 생활안전 예방서비스 기술 기준 및 표준화 실증 연구 - 생활안전 예방서비스를 위한 지능형 플랫폼 기술개발 - 생활안전 체험교육을 위한 실감형 콘텐츠 기술개발 - 자가격리자 관리 서버 및 보건소 확인용 앱 개발 - 폭발위험지역 근로자 위험인지형 스마트 밴드 개발
	(관리목표) 가상·증강현실 기반 재난유형별 교육훈련 현장운용 신뢰도 확보를 통한 재난안전 대응 역량 증진 (추진과제) '재난현장 대응력 강화지원기술 개발', '시뮬레이션 기반 조직단위 재난훈련 기술' 등 2개 과제('18년 총예산 : 34억원)가 집행 됨.
대비	- 국가 주요 시설물의 내진성능 향상 기술개발 - 댐, 저수지 및 교량의 지진안전성 평가기술 개발 - 복합재난 리스크 평가기법 개발 - 시뮬레이션 기반 조직단위 비상대비 훈련기술 개발 - 재해경감활동 관리체계 구축 지원 프로그램 및 관리기술개발 - 안전약자 맞춤형 재난안전 지원기술 개발 - 지능형 기술기반 급경사지 재해평가 및 재난관리 기술개발 - 지역 기반 메가 가뭄 대비 기술개발
	(관리목표) 인공지능을 기반으로 재난상황에서 신속하게 대응할 수 있는 효율적 의사결정 지원 체계 구축 (추진과제) '재난대응 표준화 및 인공지능 활용 의사결정지원 기반 기술 개발' 신규과제 1개 추진 필요
대응	- Bigdata활용 공간안전 대피 및 관리기술 개발 - 다중이용시설 긴급대피용 경보 단말 기술 - 빅데이터 기반 지능형 재난대응 의사결정지원 기반기술 개발 - 위성·무인기 등 다채널 영상정보를 활용한 연속적 재난상황 인지 및 위험 모니터링 기술 개발 - 재난관리자원 비축관리 예측기술 및 운영모델 개발 - 재난상황관리 표준화 기술 개발 3,500 - 재난안전로봇 현장 활용성 증진을 위한 지원 기술개발 - 한반도 주변 화산분화 위험을 고려한 화산재해 대응체계 고도화/화산재해 대응 시스템 고도화(세부3): 화산재해대응시스템고도화 - 한반도 주변 화산분화 위험을 고려한 화산재해 대응체계 고도화/화산재해 대응 시스템 고도화(세부4): 주변국을 포함한 화산재해 공동대응전략수립 - 해안가 복합재난 위험지역 피해저감 기술개발 - 다중이용시설 긴급대피결정을 위한 경보단말기술 - 위성자료 활용 현업지원 기술개발 - 인명구조용 소방대원 근력 지원장치 개발(1단계: 리프팅) - 재난유형별 의사결정지원 서비스(폭풍해일, 너울성파랑, 지진해일 재난의사결정지원기술 개발) - 재난현장 지원용 소형 운반형 위성중계장비(SNG) 개발 - 차량번호판 인식을 통한 화재 등 재난상황 경보 알림 시스템
복구	(관리목표) 지능형 로봇 등을 활용한 재난현장의 정보 탐색, 방재, 구호 등 종합적 재난복구 체계 구축 (추진과제) '국민안전로봇 프로젝트'가 집행 되었으며('18년 예산 : 186억원), '재난안전로봇 활용 기술개발' 신규과제 추진 필요
	- 재난피해자 안심서비스 구축

	(관리목표) 재난 유형별 무인기, 위성을 활용한 현장대응 지원 및 피해규모 분석을 통한 사고조사 역량 증진 (추진과제) '국민안전 감시 및 대응 무인항공기 융합시스템 구축 및 운용' 등 4개 과제('18년 총예산 : 126억원)가 진행 중이며, '무인기, 위성 활용 재난현장 상황정보 분석 기술개발' 신규과제 추진 필요
조사 분석	- 한반도 주변 화산분화 위험을 고려한 화산재해 대응체계 고도화/화산재해 대응 시스템 고도화(세부1): 한반도 주변국화산재해위험도분석 - 한반도 주변 화산분화 위험을 고려한 화산재해 대응체계 고도화/화산재해 대응 시스템 고도화(세부2): 정량적 화산재취약도 구축 - 빅데이터 기반 안전사고 분석기술 개발 - 재난원인 현장감식 기술개발 - 재난피해 원인규명 연구

자료 : 행정안전부(2018.12). 4차 산업혁명 기반 재난안전 연구개발 중장기계획 수립연구, ㈜에이치앤컨설팅, pp.108~113. 응용

4. 4차 산업혁명의 재난안전 분야 적용에 따른 기대효과

1) 통합적이고 균형 잡힌 연구개발 분야 선정을 통해 재난안전 관리

- 모든 분야에 4차 산업혁명 기술 적용 기반 마련

2) 재난안전 연구개발 투자 우선순위 의사결정에 활용함으로써, 연구개발

- 투자 효율성을 제고하고 재난관리역량 고도화에 기여

3) 체계적인 연구개발 지원을 통해 재난안전 산업 성장에 기여

4) 재난안전 연구개발 과정에 4차 산업혁명 기술개발이 포함되어 부수적으로 4차 산업혁명 관련 산업을 지원하는 효과

5) 재난 및 안전사고로 인한 인명 및 재산피해 감소

- Big data 분석을 활용 예측 기술을 통한 선제적 대응
- 무인기 및 로봇 기술을 활용 현장 대응 및 구조활동 효율성 향상
- VR/AR 기술을 활용 실감형 재난안전 교육훈련을 통한 현장대응 및 분석결과 조치 process 체계화 및 효율화 확보

- 재난안전에 대한 국민체감 및 만족도 개선
- AI, 차세대통신(IoT) 기술을 활용 대국민 정보전달, 정보수집, 인명구조 성공사례 분석, 예측정확도 개선 등을 통해 국민체감도 상승
- 정부가 제공하는 재난안전 관리 서비스에 대해 국민의 만족도 상승

그림 1-6 재난안전 혁신성장동력 기술 관계도

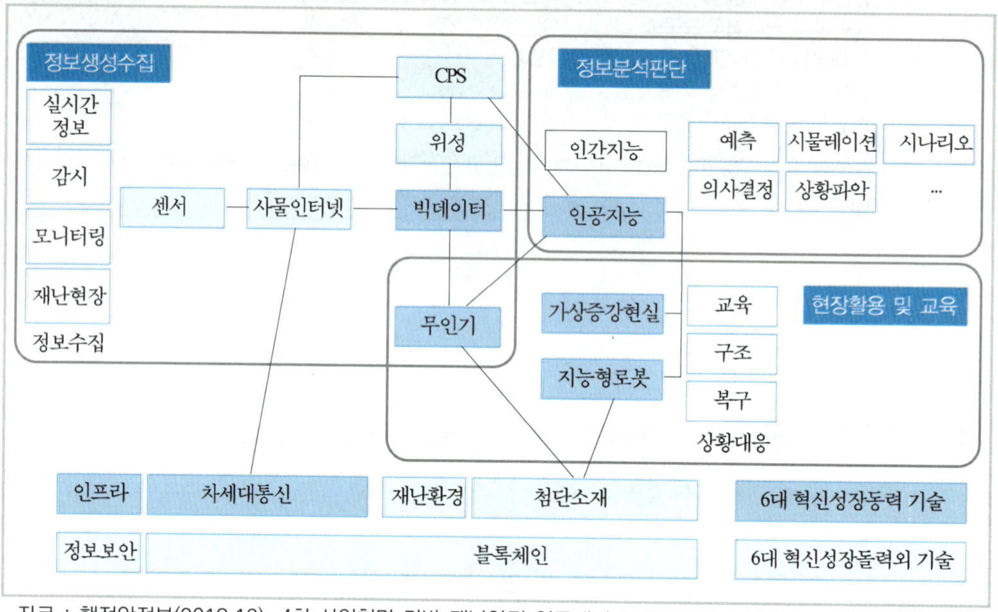

자료 : 행정안전부(2018.12). 4차 산업혁명 기반 재난안전 연구개발 중장기계획 수립연구, ㈜에이치앤컨설팅, p.42, 응용

PART 2 자연재난

제 1 장 | 자연재난과 재난관리

제1절 자연재난의 의의

1. 정의

「재난 및 안전관리 기본법」 제3조에서 규정하고 있는 주요 자연재난은 다음과 같다.

자연재난은 태풍, 홍수, 호우(豪雨), 강풍, 풍랑, 해일(海溢), 대설, 한파, 낙뢰, 가뭄, 폭염, 지진, 황사(黃砂), 조류(藻類) 대발생, 조수(潮水), 화산활동, 「우주개발 진흥법」에 따른 자연우주물체의 추락・충돌, 그 밖에 이에 준하는 자연현상으로 인하여 발생하는 재해이다.

2. 자연재난의 관리(목적)

자연재해대책법 제1조에서 규정하고 있는 자연재난관리는 태풍, 홍수 등 자연현상으로 인한 재난으로부터 국토를 보존하고 국민의 생명·신체 및 재산과 주요 기간시설(基幹施設)을 보호하기 위하여 자연재해의 예방·복구 및 그 밖의 대책을 강구하는 것이다.

제2절 자연재난관리의 용어정리 : 자연재해대책법[1]

1. 풍수해(風水害)

태풍, 홍수, 호우, 강풍, 풍랑, 해일, 조수, 대설, 그 밖에 이에 준하는 자연현상으로 인하여 발생하는 재해를 말한다.

[1] 자연재해대책법 제2조에 근거

2. 재해영향성검토

자연재해에 영향을 미치는 행정계획으로 인한 재해 유발 요인을 예측·분석하고 이에 대한 대책을 마련하는 것을 말한다.

3. 재해영향평가

자연재해에 영향을 미치는 개발사업으로 인한 재해 유발 요인을 조사·예측·평가하고 이에 대한 대책을 마련하는 것을 말한다.

4. 자연재해저감 종합계획

지역별로 자연재해의 예방 및 저감(低減)을 위하여 특별시장·광역시장·특별자치시장·도지사·특별자치도지사 및 시장·군수가 자연재해 안전도에 대한 진단 등을 거쳐 수립한 종합계획을 말한다.

5. 우수유출저감시설

우수(雨水)의 직접적인 유출을 억제하기 위하여 인위적으로 우수를 지하로 스며들게 하거나 지하에 가두어 두는 시설과 가두어 둔 우수를 원활하게 흐르도록 하는 시설을 말한다.

6. 수방기준(水防基準)

풍수해로부터 시설물의 수해 내구성(耐久性)을 강화하고 지하 공간의 침수를 방지하기 위하여 관계 중앙행정기관의 장 또는 행정안전부장관이 정하는 기준을 말한다.

7. 침수흔적도

풍수해로 인한 침수 기록을 표시한 도면을 말한다.

8. 재해복구보조금

중앙행정기관이 재해복구사업을 위하여 특별시·광역시·특별자치시·도·특별자치도(이하 "시·도"라 한다) 및 시·군·구(자치구를 말한다. 이하 같다)에 지원하는 보조금을 말한다.

9 지구단위 홍수방어기준

상습침수지역이나 재해위험도가 높은 지역에 대하여 침수 피해를 방지하기 위하여 행정안전부장관이 정한 기준을 말한다.

10. 기타

"방재관리대책대행자"는 재해영향성검토 등 방재관리대책에 관한 업무를 전문적으로 대행하기 위하여 행정안전부장관에게 등록한 자를 말하고 "재해지도"는 풍수해로 인한 침수 흔적, 침수 예상 및 재해정보 등을 표시한 도면을 말한다.

"자연재해 안전도 진단"이란 자연재해 위험에 대하여 지역별로 안전도를 진단하는 것을 말하고, "방재기술"은 자연재해의 예방·대비·대응·복구 및 기후변화에 신속하고 효율적인 대처를 통하여 인명과 재산 피해를 최소화시킬 수 있는 자연재해에 대한 예측·규명·저감·정보화 및 방재 관련 제품생산·제도·정책 등에 관한 모든 기술을 말한다. 또한 "방재산업"은 방재시설의 설계·시공·제작·관리, 방재제품의 생산·유통, 이와 관련된 서비스의 제공, 그 밖에 자연재해의 예방·대비·대응·복구 및 기후변화 적응과 관련된 산업을 말한다.

제 2 장 | 자연재난의 유형과 재난관리

제1절 풍수해 유형과 재난관리

1. 태풍(太風; Typhoon, Hurricane, Cyclone)

1) 태풍의 정의

열대성 저기압(tropical depression)은 최대풍속이 16m/s 이하로 순화하는 구름과 뇌우로 구성된 상태이며, 열대성 폭풍(tropical storm)은 최대풍속이 17~32m/s(39~73mph, 34~63konts)로 순환하는 강한 뇌우로 구성되는 형태이다.

태풍은 북태평양 남서해상에서 발생하는 열대성 저기압 중에서 중심 최대풍속이 1초당 17m 이상의 폭풍우를 동반하고 있는 기상현상을 말한다. 1950년대를 기준으로 1년간 전 세계 열 소비량을 100으로 볼 때, 태풍은 1의 에너지라고 보면 된다.

2) 태풍의 생성과 강도 분류

태풍의 생성은 위도 5~25도 해역에서 발생하며, 해면 부근의 기온이 27도 이상일 때만 발생한다. 열대지방의 지면이 더워지면 심한 상승기류가 나타나 비가 오게 되고 상승기류가 생긴 곳을 보충하기 위해 주위로부터 공기가 몰려오며, 몰려든 공기는 지구자전의 영향으로 오른쪽으로 맴돌기 시작한다. 이렇게 모여든 공기는 상승하여 다시 바깥쪽으로 흘러나가며 그 양은 들어오는 공기의 양보다 많으므로 중심부는 공기가 희박해져서 강한 열대저기압(태풍)이 된다.

태풍 구조를 살펴보면 공기의 큰 소용돌이인 태풍은 높이가 약 10km, 반경은 수백km에 달한다. 태풍의 눈이라고 불리는 중심은 하강기류에 의해 맑은 날씨를 보이며 진행축의 오른쪽은 위험반경, 왼쪽은 가항반경이 된다. 태풍은 그 강도면에서도 매우 막강하다.

태풍은 처음에는 시속 20km 정도이다가 위도 25도 부근에서 속도가 느려져서 시속 10km 이하가 되며 어떤 때는 며칠 동안 정체하는 경우도 있다. 전향점을 지나서 편서풍대로 들어오면 북동쪽을 향해 급속히 가속되어 시속 60km 이상의 빠른 속도로 진행이 되면서 가장 강하고 큰 비를 내리게 된다. 태풍이 초기에 서·서북서 방향으로 이동하는 것은 저위도상의 무역풍 때문이며 위도 25도 이후에는 편서풍 지역이므로 방향이 북동쪽으로 바뀌게 되어 포물선을 그리게 된다.

태풍주의보는 태풍으로 인하여 강풍, 풍랑, 호우 현상 등이 주의보 기준에 도달할 것으로 예상될 때 내리는 것을 말한다.

표 2-1 태풍의 강도 분류

구분	최대풍속	풍속 15m/s 이상의 반경
약한 태풍(소형)	17m/s(34kt) 이상~25m/s(48kt) 미만	300km 미만
중간 태풍(중형)	25m/s(48kt) 이상~33m/s(64kt) 미만	300km 이상~500km 미만
강한 태풍(대형)	33m/s(64kt) 이상~44m/s(85kt) 미만	500km 이상~800km 미만
매우 강한 태풍(초대형)	44m/s(85kt) 이상	800km 이상

3) 태풍의 규모와 영향

태풍은 저위도에서 발생하여 기압상태에 따라 고위도 쪽으로 이동하며, 7월에서 11월 사이에 발생한 태풍은 서북서 방향으로 진행하다가 차츰 북쪽으로 진행의 진로를 바꾸게 되며 북위 25도 부근에서 진로를 크게 바꾸어 북동쪽으로 진행하게 된다. 태풍은 풍속에 따라 그 영향과 피해의 정도가 상이하게 나타난다.

표 2-2 태풍의 규모와 영향

범주	풍속(mph)	피해	영향	예
1	74~95	미미	건물에는 피해가 없다. 주로 고정되지 않은 이동주택, 관목 및 나무 피해, 일부 해안가 도로의 침수와 교각의 작은 피해	Florence(1988)
2	96~110	보통	일부 건물의 지붕, 문, 창문의 피해, 식물, 이동주택, 교각의 상당한 피해, 해안과 저지대의 대피로가 태풍의 중심도달 2~4시간 전에 침수, 보호되지 않은 정박지의 작은 선박은 계선이 부서짐	Kate(1985) Bob(1991)
3	111~130	심함	작은 거주지와 공공건물에 외벽의 일부손상과 함께 구조적 피해, 이동주택 파괴, 해안근처의 침수로 작은 구조물 파괴 및 부유물에 의한 구조물 피해	Alicia(1983)
4	131~155	극심	작은 거주지의 지붕의 완전한 파괴와 함께 외벽의 심한 손상, 해변의 대규모 침식, 해안 근처 건물의 저층의 피해	Andrew(1992)
5	155 이상	재난	많은 거주지와 도시건물의 지붕 완전파괴, 작은 공공건물의 날아감과 함께 일부 건물의 완전파괴	Camille(1969)

자료 : 이재수, 2012, 『자연재해의 이해』, 구미서관, p.102 참조.
* mph: mile per hour로서 1시간에 몇 마일을 갈 수 있는가이다. 1mile이 1.6km이므로 74mph이면 118.4km를 1시간에 간다는 것

사피어-심프슨 등급(Saffir-Simpson Scale)

사피어-심프슨 열대저기압 등급(Saffir-Simpson Hurricane Scale, 약자: SSHS)은 지속적인 바람의 세기에 따라 열대저기압(또는 태풍)을 분류하는 기준이다. 1969년에 토목공학자 허버트 사피어와 미국의 국립 허리케인 센터 관장, 밥 심프슨이 함께 고안했다. 이 기준계는 열대 저기압(또는 태풍)이 상륙할 때 미칠 피해를 수치적으로 예상하는데 사용된다. 일반적으로 사피어-심프슨 등급은 대서양과 날짜 변경선 동쪽의 북태평양에서 형성되는 열대 저기압(허리케인: 미국에서 부르는 태풍)에 대해서 사용된다.

사피어-심프슨 등급(Saffir-Simpson Scale)

등급	평균풍속		파고	중심기압	사례
1등급	33~42 m/s	119~153 km/h	1.2~1.5 m	980~989 hPa	허리케인 노엘
2등급	43~49 m/s	154~177 km/h	1.8~2.4 m	965~979 hPa	태풍 갈매기
3등급	50~58 m/s	178~209 km/h	2.7~3.7 m	945~964 hPa	태풍 곤파스
4등급	59~69 m/s	210~249 km/h	4.0~5.5 m	920~944 hPa	사이클론 나르기스
5등급	≥70 m/s	≥250 km/h	≥5.5 m	<920 hPa	태풍 매미, 허리케인 카트리나

자료 : 위키백과 응용

4) 우리나라 태풍의 피해사례

우리나라의 태풍은 7월~9월 사이에 집중된다. 태풍경보가 발령되면 빨리 대피를 해야 되는데, 다음 중 어느 하나에 해당하는 경우를 태풍 경보라 한다.

① 강풍(또는 풍랑) 경보 기준에 도달할 것으로 예상될 때

② 총 강우량이 200mm 이상 예상될 때

③ 폭풍해일 경보 기준에 도달할 것으로 예상될 때

표 2-3 우리나라 주요 태풍피해 사례

연대	태풍 이름	인명피해	재산피해	강우량/풍속
1980년대	베라 (86.8.27~29)	34명 사망 및 실종	372여억 원	일 최대강우량 192mm
	셀마 (87.7.15~16)	345명 사망 및 실종	5천 969억 원, 이재민 99, 570명	서울 70mm, 강릉 270mm
1990년대	글래디스 (91.8.22~26)	103명 사망 및 실종	2,630억 원, 이재민 2만여 명	최대 500mm
	로빈호 (93.8.21)	69명 사망 및 실종	2,596억 원	최대풍속 45m/s
	재니스 (95.7.24~28)	157명 사망 및 실종	7,364억 원	최대 보령 361.5mm

연대	태풍 이름	인명피해	재산피해	강우량/풍속
2000 년대	프라피룬 (02.8.23~9.1)	35명 사망 및 실종	6,295억 원	최대풍속 58.3m/s
	루사(누리로 대체) (02.8.30~9.1)	262명 사망 및 실종	5조 1,479억 원, 이재민 63,000여명	강릉 일강수량 870.5mm
	매미 (03.9.12~13)	132명 사망 및 실종	4조 7천여억 원, 이재민 6만 1천여 명	최대풍속 75m/s
	민들레 (04.7.4)	60여명 사망 및 실종	이재민 40여만 명	목포 시간당 64mm
	나비 (05.9.6)	6명의 사망 및 실종	1,385억 원	570mm/ 40m/s
	힌남노 (22,9.5)	11명의 사망 및 실종 1명	2.4조 원	포항 418 mm / 일부 지역 948 mm

5) 태풍이 오기 전에 재난관리[2]

- TV나 라디오를 수신하여 태풍의 진로와 도달시간을 숙지
- 가정의 하수구나 집 주변의 배수구를 점검하고 막힌 곳을 뚫음.
- 침수나 산사태가 일어날 위험이 있는 지역에 거주하는 주민은 대피장소와 비상연락방법을 미리 알아두도록 함.
- 하천 근처에 주차된 자동차는 안전한 곳으로 이동시킴.
- 응급약품, 손전등, 식수, 비상식량 등의 생필품은 미리 준비
- 바람에 날아갈 위험이 있는 지붕, 간판, 창문, 출입문 또는 마당이나 외부에 있는 헌 기구, 놀이기구, 자전거 등은 단단히 고정
- 공사장 근처는 위험하니 가까이 가지 못하도록 함.
- 전신주, 가로등, 신호등은 손으로 만지거나 가까이 가지 않음.
- 감전의 위험이 있으니 집 안팎의 전기 수리는 하지 않도록 함.
- 운전 중일 경우 감속운행
- 천둥·번개가 칠 경우 건물 안이나 낮은 곳으로 대피
- 송전철탑이 넘어졌을 때는 119나 시·군·구청 또는 한전에 신고
- 문과 창문을 잘 닫아 움직이지 않도록 하고, 안전을 위해 집안에 있도록 함.
- 낡은 창호는 강풍으로 휘어지거나 파손될 위험이 있으니 미리 교체하거나 창문을 창틀에 단단하게 고정시켜 틈이 생기지 않도록 보강함.
- 테이프를 붙일 때는 유리가 창틀에 고정되도록 해 유리가 흔들리지 않도록 함.

2 소방청 홈페이지 참조

- 창틀과 유리 사이의 채움재가 손상되거나 벌어져있으면 유리창이 깨질 위험이 있으므로 틈이 없도록 보강해줌.
- 노약자나 어린이는 집 밖으로 나가지 않도록 함.
- 물에 잠긴 도로로 걸어가거나 차량을 운행하지 않도록 함.
- 대피할 때는 수도와 가스 밸브를 잠그고 전기차단기를 내림.
- 집주변이나 경작지의 용·배수로를 점검
- 어업활동을 하지 않고 선박을 단단히 묶어둠.
- 어로시설을 철거하거나 고정
- 주택 주변에 산사태 위험이 있으면 미리 대피
- 위험한 물건이 집주변에 있다면 미리 제거
- 논둑을 미리 점검하고 물꼬를 조정
- 선박을 단단히 묶어두고 어망·어구 등을 안전한 곳으로 옮김.

6) 태풍주의보 때 재난관리

① 도시지역

- 저지대·상습침수지역에 거주하고 계신 주민은 대피를 준비
- 공사장 근처는 위험하니 가까이 가지 못하도록 함.
- 전신주, 가로등, 신호등을 손으로 만지거나 가까이 가지 않도록 함.
- 감전의 위험이 있으니 집 안팎의 전기 수리는 하지 않도록 함.
- 운전 중일 경우 감속운행
- 천둥·번개가 칠 경우 건물 안이나 낮은 곳으로 대피
- 간판, 창문 등 날아갈 위험이 있는 물건은 단단히 고정
- 송전철탑이 넘어졌을 때는 119나 시·군·구청 또는 한전에 신고
- 집안의 창문이나 출입문을 잠가둠.
- 노약자나 어린이는 집 밖으로 나가지 않도록 함.
- 대피할 때는 수도, 가스, 전기는 반드시 차단함.
- 라디오, TV, 인터넷을 통해 기상예보 및 태풍상황을 잘 알아둠.

② 농촌지역

- 저지대·상습침수지역에 거주하고 있는 주민은 대피를 준비
- 공사장 근처는 가까이 가지 않도록 함.
- 감전위험이 있으니 고압전선 근처에 가지 않도록 함.

- 집 안팎의 전기 수리를 하지 않도록 함.
- 천둥·번개가 칠 경우 건물 안이나 낮은 곳으로 대피
- 바람에 지붕이 날아가지 않도록 단단히 고정하고 바람에 날아갈 수 있는 물건을 단단히 묶어둠.
- 송전철탑이 넘어졌을 때는 119나 시·군·구청 또는 한전에 신고
- 집안의 창문이나 출입문을 잠가둠.
- 노약자나 어린이는 집 밖으로 나가지 않도록 함.
- 라디오, TV, 인터넷을 통해 기상예보 및 태풍상황을 잘 알아둠.
- 경작지 용·배수로를 점검하는 행위는 하지 않도록 함.
- 산간계곡의 야영객은 안전한 곳으로 대피
- 비닐하우스 등의 농업시설물을 사전에 점검
- 논둑을 미리 점검하고 물꼬를 조정

③ **해안지역**

- 저지대·상습침수지역에 거주하고 계신 주민은 대피를 준비
- 침수가 예상되는 건물의 지하공간에는 주차를 하지 않으며, 지하에 거주하는 주민은 대피
- 전신주, 가로등, 신호등을 손으로 만지거나 가까이 가지 않음.
- 집 안팎의 전기 수리를 하지 않음.
- 공사장 근처는 위험하니 가까이 가지 않음.
- 해안도로로 운전하지 않음.
- 천둥·번개가 칠 경우 건물 안이나 낮은 곳으로 대피
- 간판, 창문 등 날아갈 위험이 있는 물건은 단단히 고정
- 송전철탑이 넘어졌을 때는 119나 시·군·구청 또는 한전에 즉시 연락
- 집안의 창문이나 출입문을 잠가 두도록 함.
- 노약자나 어린이는 집 밖으로 나가지 않도록 함.
- 라디오, TV, 인터넷을 통해 기상예보 및 태풍상황을 잘 알아두도록 함.
- 바닷가 근처나 저지대 주민은 대피를 준비함.
- 어업활동이나 선박을 묶는 행위는 하지 않도록 함.
- 어로시설을 철거하거나 고정하는 행위를 하지 않음.
- 해수욕장 이용은 하지 않도록 함.

7) 태풍경보 때 재난관리

태풍경보 시 행동요령으로는 강풍으로 유리창이 깨질 수 있으므로 유리창 파손 방지를 위해 젖은 신문지나 테이프를 창문에 붙이고, 가능한 창문 가까이에 접근하지 않아야 한다.

강풍으로 간판 등이 떨어지면서 부상을 입을 수 있으므로 외출은 가능한 자제해야 하며, 산사태 위험지역에 드나드는 것은 자제해야 하고 하천 근처에 주차된 자동차는 안전한 곳으로 이동해야 한다. 또한 감전의 우려가 있는 전신주나 가로등은 만지지 않아야 하며, 천둥이나 번개가 치면 건물 안이나 낮은 곳으로 대피하여야 한다. 아울러 하수구나 배수구는 미리 점검하고 바람에 날아갈 물건은 사전에 치워두며, 위험지역의 경우 사전에 대피장소와 비상연락방법을 갖추고 있어야 한다.

① 도시지역

- 침수가 예상되는 건물의 지하공간에는 주차를 하지 않고, 지하에 거주하는 주민과 붕괴 우려가 있는 노후주택에 거주하고 있는 주민은 안전한 곳으로 대피
- 건물의 간판 및 위험시설물 주변으로 걸어가거나 접근하지 않음.
- 문과 창문을 잘 닫아 움직이지 않도록 하고, 안전을 위해 집안에 있도록 함.
- 낡은 창호는 강풍으로 휘어지거나 파손될 위험이 있으니 미리 교체하거나 창문을 창틀에 단단하게 고정시켜 틈이 생기지 않도록 보강
- 테이프를 붙일 때는 유리가 창틀에 고정되도록 해 유리가 흔들리지 않도록 해야 함.
- 창틀과 유리 사이의 채움재가 손상되거나 벌어져 있으면 유리창이 깨질 위험이 있으므로, 틈이 없도록 보강해주어야 함.
- 집 안팎의 전기 수리를 하지 않도록 함.
- 모래주머니 등을 이용하여 물이 넘쳐서 흐르는 것을 막음.
- 바람에 날아갈 물건이 집주변에 있다면 미리 제거
- 도로에 있는 차량은 속도를 줄여서 운전
- 아파트 등 고층건물 옥상, 지하실과 하수도 맨홀에 접근하지 않도록 함.
- 정전 때 사용 가능한 손전등을 준비하고 가족 간의 비상연락방법과 대피방법을 미리 의논

② 농촌지역

- 모래주머니 등을 이용하여 하천물이 넘쳐서 흐르지 않도록 하여 농경지 침수를 예방
- 논둑을 미리 점검하거나 물꼬를 조정하지 않도록 함.
- 교량은 안전한지 확인한 후에 이용
- 산사태가 일어날 수 있는 비탈면 근처에 접근하지 않도록 함.

- 이웃이나 가족 간의 연락방법과 비상시 대피방법을 확인
- 농기계나 가축 등을 안전한 장소로 옮김.
- 비닐하우스, 인삼재배시설 등을 단단히 묶어둠.

③ 산사태 징후가 있는 때는

장마철에는 어느 때보다도 산사태 발생 위험이 높기 때문에 주변에서 다음과 같은 산사태 발생 징후가 보이면 빨리 안전한 곳으로 대피해야 한다.

첫째, 경사면에서 갑자기 많은 양의 물이 샘솟을 때이다. 이때는 땅속에 과포화된 지하수가 있다는 것을 나타내므로 산사태의 위험이 커진다.

둘째, 평소 잘 나오던 샘물이나 지하수가 갑자기 멈출 때이다. 이때는 산 위의 지하수가 통과하는 토양층에 이상이 발생한 것을 나타내므로 위험이 많다고 볼 수 있다.

셋째, 갑자기 산허리의 일부가 금이 가거나 내려앉을 때이다. 이는 산사태가 발생하는 조짐이므로 미리 대피하는 것이 좋다

넷째, 바람이 불지 않는데도 나무가 흔들리거나 넘어지는 때, 산울림이나 땅울림이 들릴 때이다. 이것은 산사태가 이미 시작된 것으로 즉시 대피하고 행정기관에 신고해야 한다.

④ 해안지역

- 해안가의 위험한 비탈면에 접근하지 않도록 함.
- 집 근처에 위험한 물건이 있다면 미리 치우도록 함.
- 바닷가의 저지대 주민은 안전한 곳으로 대피
- 교량은 안전한지 확인 후에 이용
- 선박을 단단히 묶거나 어망·어구 등을 옮기는 행위를 하지 않음.
- 가족 간의 연락방법이나 대피방법을 미리 확인

8) 태풍이 지나간 후

- 파손된 상하수도나 도로가 있다면 시·군·구청이나 읍·면·동사무소에 연락
- 비상 식수가 떨어졌더라도 아무런 물을 먹지 말고 물은 꼭 끓여 먹도록 함.
- 침수된 집안은 가스가 차 있을 수 있으니 환기시킨 후 들어가고 전기, 가스, 수도 시설은 손대지 말고 전문 업체에 연락하여 사용
- 사유시설 등에 대한 보수·복구 시에는 반드시 사진을 찍어둠.
- 제방이 붕괴될 수 있으니 제방 근처에 가지 않도록 함.
- 감전의 위험이 있으니 바닥에 떨어진 전선 근처에 가지 않음.

재난 발생순서와 엘니뇨

1. 재난발생순서

성수대교 붕괴(1994.10.21) → 삼풍백화점 붕괴(1995.6.29.) → 태풍 루사(RUSA-2002.8.31) → 대구지하철 화재(2003.2.18) → 태풍 매미(MAEMI-2003.9.12.)

2. 엘니뇨(El Niño) 현상

① 엘니뇨는 학자나 국가에 따라 약간씩 다르게 정의하고 있으나 기상학자들은 열대 동태평양 적도부근 해수면 온도가 5개월 이상 평년보다 0.5도 이상 높은 상태가 지속되는 것을 말한다. 세계각지에 홍수나 가뭄 및 폭설 등을 몰고 오는 기상이변의 엘니뇨현상은 남미의 페루연안에서부터 적도에 이르는 태평양상의 수온이 3~5년을 주기로 상승하는데, 정확한 원인은 아직까지 밝혀지지 않고 있지만 일단 발생하면 이상강우나 이상난동을 초래하는 것으로 알려졌다.

② 동태평양 페루 연안의 수온이 상승하고 대류가 강화되어 잦은 호우가 발생하며, 보통 주기가 일정하지 않고 2~8년 주기로 불규칙하게 발생한다.

③ 엘니뇨는 열대지역에서 중·고위도 지역까지 전 지구적 대기 순환에 영향을 준다.

* 참고

풍상지역 : 바람이 불어오는 지역

풍하지역 : 바람을 받는 지역

2. 강풍(强風; Gale)

1) 정의

강풍이란 10분간 평균풍속이 초속 14m(28kt) 이상인 바람을 말한다. 이 풍속은 보퍼트 풍력 계급표(Beaufort wind scale)에서 7 이상으로서, 수목 전체가 흔들리고 해상에서의 파도는 대략 5.5~7.5m이며, 바람을 안고 걷기가 힘들게 된다. 이 풍속은 기상청에서 발표하는 폭풍주의보의 최저기준풍속이다.

2) 강풍경보와 강풍주의보

강풍경보[强風警報]는 기상 경보의 하나로 육상은 풍속이 초당 21미터 이상 또는 순간 풍속이 초당 25미터 이상이 예상될 때, 산지는 풍속이 초당 24미터 이상 또는 순간 풍속이 초당 30미터 이상이 예상될 때 발표한다.

강풍주의보[强風注意報]는 기상주의보의 하나이다. 육상에서 풍속이 초당 14미터 이상 또는 순간 풍속 초당 17미터 이상이 예상될 때, 다만 산지는 풍속이 초당 17미터 이상 또는 순간 풍속이 초당 25미터 이상이 예상될 때 발표한다.

표 2-4 강풍경보와 강풍주의보

구 분	육 상		산 간	
	보통(풍속)	순간풍속	보통(풍속)	순간풍속
주의보	14m/s 이상	20m/s 이상 예상	17m/s 이상	25m/s 이상 예상
경 보	21m/s 이상	26m/s 이상 예상	24m/s 이상	30m/s 이상 예상

3) 보퍼트 풍력 계급(Beaufort wind force scale)

보퍼트 풍력 계급은 1805년 당시 영국 해군 제독 겸 수로학자였던 프랜시스 보퍼트(Francis Beaufort; 1774~1857)가 만들었고, 고안자인 보퍼트의 이름을 따서 '보퍼트 풍력 계급'으로 명명되었다. 보퍼트 풍력 계급(Beaufort wind force scale)은 주로 해상의 풍랑 상태를 기초로 하여 만든 풍력 계급으로 후에 육상에서도 사용할 수 있도록 고안되었다. 보퍼트 풍력 계급이 사용되기 이전인 19세기 초 영국 해군 관리들은 기상관측을 시작하였으나, 관측 규칙이 제대로 정해지지 않아 관측 자료들이 주관적이었다. 보퍼트 풍력 계급은 13개의 계급(0부터 12까지)으로 나뉘어 있다. 초기 보퍼트 풍력 계급을 매길 때 풍속을 가지고 계급을 매기지 않았고, 사령선의 선원들이 직접 바람을 느끼거나, 돛을 이용하여 보퍼트 풍력 계급을 매겼다고 한다. 보퍼트 풍력계급은 1923년에 와서 표준화가 되었다.

표 2-5 보퍼트 풍력 계급표

풍력 계급	명칭	지상 10m에서의 상당풍속 m/s	육상상태	해상상태
0	고요바람 (calm)	0~0.2 m/s	연기가 수직으로 올라감	해면이 거울과 같이 매끈함
1	실바람 (light air)	0.3~1.5 m/s	풍향은 연기가 날리는 것으로 알 수 있으나 풍향계는 움직이지 않음	물결이 생선비늘같이 작고(파고 0.1m) 물거품이 없음
2	남실바람 (light breeze)	1.6~3.3 m/s	바람이 얼굴에 느껴짐, 나뭇잎이 흔들리며 풍향계도 움직이기 시작함	물결이 작게 일고(파고 0.2m), 파의 마루가 부서지지 않고 모양이 뚜렷함
3	산들바람 (gentle breeze)	3.4~5.4 m/s	나뭇잎과 가는 가지가 끊임없이 흔들리고 깃발이 가볍게 날림	물결이 커지고(파고 0.6m), 파마루가 부서져서 물거품이 생겨 흰 파도가 간간이 보임

풍력계급	명칭	지상 10m에서의 상당풍속	육상상태	해상상태
		m/s		
4	건들바람 (moderate breeze)	5.5~7.9 m/s	먼지가 일고 종잇조각이 날리며 작은 가지가 흔들림	파도가 일고(파고 1.0m), 파장이 길어지며 흰 파도가 많이 보임
5	흔들바람 (fresh breeze)	8.0~10.7 m/s	잎이 무성한 작은 나무 전체가 흔들리고 호수에 물결이 일어남	파도가 조금 높아지고(파고 2.0m), 흰 파도가 많이 나타나고 물거품이 생기기 시작함
6	된바람 (strong breeze)	10.8~13.8 m/s	큰 나뭇가지가 흔들리고 전선이 울리며 우산 받기가 곤란함	물결이 높아지기 시작하고(파고 3.0m), 물거품이 광범위해지며 물보라가 생김
7	센바람 (near gale)	13.9~17.1 m/s	나무 전체가 흔들리며, 바람을 안고서 걷기가 힘듬	파도가 높아지고(파고 4.0m), 파가 부서져서 물거품이 생겨 줄을 이루며 바람에 의해 날림
8	큰바람 (gale)	17.2~20.7 m/s	작은 나뭇가지가 꺾이며, 바람을 안고서는 걸을 수가 없음	파도가 제법 높고(파고 5.5m), 파장이 더 길고 마루의 끝이 거꾸로 됨. 물거품이 강풍에 날림
9	큰센바람 (strong gale)	20.8~28.4 m/s	가옥에 다소 손해가 있음. 굴뚝이 넘어지고 기와가 벗겨짐	파도가 높고(파고 7.0m), 물거품이 바람(풍향)에 따라 짙은 줄무늬를 띰. 마루가 흩어져 말리고 물보라 때문에 시계가 나빠짐
10	노대바람 (storm)	24.5~28.4 m/s	내륙지방에서는 보기 드문 현상임. 수목이 뿌리 채 뽑히고 가옥에 큰 손해가 일어남	파도가 옆으로 긴 마루로 되어 몹시 높고(파고 9.0m), 물거품이 큰 덩어리가 되어 강풍에 날림. 파도가 심하게 부서지고 시계가 나쁨
11	왕바람 (violent storm)	28.5~32.6 m/s	이런 현상이 생기는 일은 거의 없음. 광범위한 파괴가 생김	파도는 대단히 높고(파고 11.5m), 주위의 배는 파도에 가려 볼 수 없고 깊게 줄지은 물거품들이 바다를 덮음. 시계가 극히 나쁨
12	싹쓸바람 (hurricane)	32.7 m/s	보기 드문 큰 손해를 일으킴	바다는 물거품과 물보라가 가득 차(파고 14m 이상), 지척을 분간하지 못함

자료 : 기상청

4) 강풍 재난관리

① 강풍 예보 때

- 문과 창문을 잘 닫아 움직이지 않도록 하고, 안전을 위해 집 안에 있도록 함.
- 낡은 창호는 강풍으로 휘어지거나 파손될 위험이 있으니 미리 교체하거나 창문을 창틀에 단단하게 고정시켜 틈이 생기지 않도록 보강해야 함.
- 테이프를 붙일 때는 유리가 창틀에 고정되도록 해 유리가 흔들리지 않도록 함.
- 창틀과 유리 사이의 채움재가 손상되거나 벌어져 있으면 유리창이 깨질 위험이 있으므로 틈이 없도록 보강해주어야 함.
- 유리창이 깨졌을 때의 피해를 줄이기 위해서 유리창에 안전필름을 붙이도록 함.
- 해안지역에서는 파도에 휩쓸릴 위험이 있으니 해안도로나 바닷가에 나가지 말아야 함.
- 라디오, TV, 인터넷, 스마트폰 등을 통해 기상정보를 확인하여 신속하게 대처
- 옥상이나 집 주위의 빨래, 화분 등 작은 물건은 실내로 옮김.
- 간판 등과 같이 바람에 날아갈 위험이 있는 물건은 단단히 고정
- 바람에 의해 농약병이 깨지지 않도록 안전한 곳에 보관
- 비닐하우스는 방풍벽이나 그물 등을 이용하여 단단히 고정

② 강풍 몰아칠(주의보/경보) 때

- 간판이 떨어지고 가로수가 넘어질 위험이 있으니 외출을 삼가
- 노약자나 어린이는 집 밖으로 나가지 않도록 주의
- 대피 시에는 나무나 전신주를 피하고 안전한 건물로 대피
- 창문과 같은 유리창 근처는 유리가 깨지면 다칠 위험이 있으므로 피해야 함.
- 공사장은 바람에 날리거나 떨어질 건축자재 등이 많으므로 가까이 가지 않도록 함.
- 유리창이 깨졌을 때는 신발이나 슬리퍼를 신어 다치지 않도록 주의
- 지붕 위나 바깥에서의 작업은 피해야 함.
- 운전 중에는 속도를 줄여 강풍에 의한 사고에 주의
- 파도에 휩쓸릴 위험이 있으니 해안도로나 바닷가에 나가지 않도록 주의
- 강풍이 지나간 후 땅바닥에 떨어진 전깃줄에 가까이 가거나 만지지 않아야 함.
- 강풍으로 파손된 전기시설 등 위험 상황을 발견했을 때는 119나 시·군·구청에 신고

③ 강풍이 지나간 후

- 피해를 조사하고 사진을 촬영하여 둠.
- 가스, 수도, 전기 등 작동 여부를 확인
- 시·군·구청 등의 지시에 따르도록 함.

3. 풍랑(風浪; Wind Wave)

1) 풍랑이란

바람과 물결을 아울러 이르는 말이다. 즉, 강한 바람으로 바닷물의 표면이 거칠어지고 높아져 일어나는 뾰쪽한 삼각형 모양의 물결을 말한다.

2) 풍랑주의보(wind wave advisory; 風浪注意報)

이전 명칭은 파랑주의보(波浪注意報)였으나, 2004년 7월 1일부터 현재의 명칭으로 변경되었다. 해상에서 10분 동안의 평균 풍속이 14m/s 이상 상태가 3시간 이상 지속되거나 유의파고가 3m를 초과할 것으로 예상될 때를 말한다.

풍랑주의보를 발표하고 이보다 정도가 심할 때는 풍랑경보를 발표한다.

3) 풍랑경보(high seas warning; 風浪警報)

해상에서 10분 동안의 평균 풍속이 21m/s 이상인 상태가 3시간 이상 지속되거나 유의파고가 5m를 초과할 것으로 예상될 때 발표한다.

4) 풍랑이 오기 전에는

(1) 과거의 재해기록을 파악하고, 풍랑 발생 시 어떠한 상황이 예상되는지를 알아둔다.
(2) 만일에 대비하여 대피장소를 정하고 대피 경로를 실제 도보로 확인해 둔다.
(3) 손전등, 라디오, 가정상비약 등 대피준비물을 미리 준비한다.
(4) 크레인 전도방지용 장비 등 안전장치를 점검한다.
(5) 야적장, 조명시설, 급수시설 등을 고정하거나 보강한다.
(6) 컨테이너, 원목, 기타 적재화물 등은 풍랑 피해를 당하지 않도록 이동하거나 결박(고정)한다.
(7) 항만공사 중인 현장은 피복석, 테트라포드(호안용 블록) 등 보강자재를 활용하여 사전에 응급조치를 취한다.
(8) 어망 부설은 중지하고 철거를 한다.
(9) 해안가 주택, 영업점에서는 발화성, 유독성이 있는 가재도구를 안전한 곳으로 이동시키고, 신속히 대피할 수 있도록 준비한다.
(10) 소형어선은 안전한 육지로 인양하고 결박(고정)조치를 취한다.
(11) 항·포구 부두 및 어선에 적재된 어구는 육지의 안전한 곳으로 이동한다.
(12) 인양 가능한 시설물은 신속히 인양하여 안전한 곳으로 이동한다.

(13) 수산생물의 먹이양을 조절하고 사육밀도를 낮춘다.
(14) 양식어류 도피방지를 위한 보호망을 보강 설치한다.

5) 풍랑 특보 시 행동요령

풍랑특보는 풍랑주의보와 풍랑경보를 말한다.

(1) 라디오, TV, 인터넷, 스마트폰 등을 통해 풍랑정보를 수시로 확인하고 재난 예·경보를 청취한다.
(2) 해안가의 낚시꾼, 야영객, 행락객 등은 인근의 안전한 곳으로 대피한다.
(3) 지붕 위나 바깥에서의 작업은 위험하니 피해야 한다.
(4) 장애인, 노약자, 어린이는 외출을 자제하고 해안가에 접근하지 말아야 한다.
(5) 높은 파도가 발생할 위험이 있는 방파제, 방조제 등에 접근하지 말아야 한다.
(6) 해안도로는 유실 등이 예상되므로 통행을 자제한다.
(7) 수산 증·양식시설을 고정하고 지지대로 보강하여 높은 파도와 강풍에 유실되지 않도록 조치한다.
(8) 이동 가능한 양식자재·해상작업대 등은 안전한 장소로 미리 이동 조치한다.

6) 장소별 대응

(1) 해상에서는

항해 중이거나 조업어선은 인근 선박이나 관계기관(어업무선국 등)에 연락하고 대피를 준비하며, 항 내 정박·선박은 충돌, 침몰을 방지할 수 있는 조치를 취한다.

(2) 수산시설에서는

수산 증·양식시설을 고정하고 지지대로 보강하여 높은 파도와 강풍에 유실되지 않도록 하고 이동 가능한 양식자재·해상작업대 등은 안전한 장소로 이동 조치한다.

(3) 항만시설에서는

각종 하역장비별 피해예방활동을 하고 항만공사장의 공사용 장비, 인원은 안전지대로 대피한다.

7) 너울성 파도

일반 파도는 멀리서는 크게 보이지만 지면 가까이 오게 되면 크기가 줄어드는 파도인데 너울성 파도는 멀리서는 작게 보이지만 점차 다른 파도와 반동을 함께 하게 되어 점점 세력이 커져서 큰 피해를 입히는 파도이다. 그래서 바다 가까이 인접해있는 사람이나 상점이 너울성 파도에 휩쓸려 피해를 입는 경우가 종종 있다. 너울성 파도는 일정한 속도의 바람이 필요하다.

너울성 파도는 바닷물 인근에서 부는 바람이 만들어 내는 일반적인 풍랑과 차이가 있다. 너울이란 먼 해상에 자리한 저기압, 태풍 등 기상 상황에 영향을 받아 생긴 거대한 물결이 해안가로 몰려오며 생기는 파도를 의미한다. 너울은 먼 바다에서 시작돼 해안가 지역의 날씨와 밀접한 관계는 없다. 이런 이유로 너울성 파도는 바람이 불지 않는 화창한 날씨에도 예기치 않게 발생해 재산 인명 피해를 발생시키는 '바람 없는 파도'로 불리기도 한다.

너울성 파도의 규모와 파괴력은 일반 파도의 수십 배에 이른다. 먼바다에서 오랜 시간을 거쳐 해안가로 몰려오기 때문에 파도가 품은 해수의 양이 일반 파도의 몇 배에 달하기 때문이다. 어마어마한 양의 바닷물이 수심이 얕은 해안가로 몰려오면 조업 중인 배는 물론 해안가의 방파제도 쉽게 뛰어넘을 정도로 파도가 솟구칠 수 있다.

4. 호우(豪雨; Heavy Rain)

1) 호우의 정의

호우란 일반적으로 많은 비가 오는 것을 말하며, 대우(大雨)·강우(强雨) 등과 같은 뜻으로 사용한다. 한반도의 호우는 주로 여름철 장마전선 상에서 나타나는 경우가 많고, 태풍 내습 시에도 호우를 동반한다. 또한 봄철에 발달한 저기압이 한반도를 통과할 때도 많은 비가 오는 경우가 많다.

단시간에 많은 비가 오는 것을 강우 또는 집중호우라고 하고, 반드시 단시간에 한하지 않고 총강수량이 많은 것을 호우라고 하며, 홍수 및 침수 등의 피해를 발생하게 하는 정도의 많은 비를 가리킨다. 폭우[暴雨]는 한꺼번에 많은 비가 갑자기 쏟아지는 것을 말한다.

2) 집중호우

집중호우에 대한 명확한 정의는 없으나, 일반적으로 1시간에 30mm 이상이나 하루에 80mm 이상의 비가 내릴 때 또는 연강수량의 10%에 상당하는 비가 하루에 내리는 정도를 말한다. 집중호우는 지속 시간이 수십 분에서 수 시간 정도이며, 비교적 좁은 지역(보통 반경 10~20km 정도)에 집중적으로 내린다. 천둥·번개를 동반하기도 한다. 태풍·장마전선·발달한 저기압·수렴대 등에 동반되어 2~3일간 지속되기도 한다. 집중호우는 주로 강한 상승기류에 의해 형성되는 적란운(뇌운)에서 발생한다. 이는 장마전선이나 태풍, 저기압과 고기압 가장자리의 불안정에서 비롯된다. 적란운의 크기는 보통 수평 방향으로 수~

수십km, 연직 방향으로는 대류권의 꼭대기 부분인 권계면(고도 10~15km)에 달한다. 발달한 적란운은 약 1,000~1,500만 톤의 물을 포함하고 있는 거대한 하늘의 저수지라고 볼 수 있다. 이 구름이 한곳에 정체하여 계속 비가 내릴 때 집중호우가 된다. 이 구름은 수명이 1시간 정도밖에 되지 않으나, 주변의 기상 조건이 맞으면 생성하고 소멸하는 과정이 수없이 반복되면서 며칠 동안 계속되는 때도 있다.

세계의 기록적인 호우로는 인도의 체라푼지에서 1876년 6월 14일 24시간 동안에 1,036mm의 강우가 있었고, 필리핀의 바기오에서는 1911년 7월 14~15일의 24시간 동안에 1,168.1mm의 강우가 있었다. 단시간의 기록적인 예는 영국 랭커셔의 프레스턴에서 1893년 8월 10일 단 5분간에 50.6mm의 기록적인 집중호우가 있었고, 또한 1시간의 기록으로는 1819년 7월 26일 미국 뉴욕주 캐츠킬에서 254.0mm의 강우가 관측되었다.

3) 호우주의보와 경보

호우주의와 경보의 기준은 6시간과 12시간의 강우량을 중심으로 구분한다.

표 2-6 호우주의보와 경보

종류	호우주의보	호우경보
호우	• 3시간 강우량이 60mm 이상 예상되거나 • 12시간 강우량이 110mm 이상 예상될 때	• 3시간 강우량이 90mm 이상 예상될 때를 말함. • 12시간의 강우량이 180mm 이상 예상될 때 기상청에서 발표
폭풍우	• 폭풍주의보 기준에 시간당 20mm 이상의 비가 동반될 것으로 예상될 때	• 폭풍주의보 기준에 시간당 30mm 이상의 비가 동반될 것으로 예상될 때

4) 호우주의보 및 경보 때 재난관리

① 도시, 농촌, 해안지역에서 공통된 관리

- 저지대·상습침수지역에 거주하고 있는 주민은 대피를 준비
- 집 안팎의 전기수리는 하지 않음.
- 공사장 근처에는 가까이 가지 않음.
- 도로에 있는 차량은 속도를 줄여서 운전
- 천둥·번개가 칠 경우 건물 안이나 낮은 지역으로 대피
- 물에 떠내려갈 위험이 있는 물건은 안전한 장소로 옮김.
- 송전철탑이 넘어졌을 때는 119나 시·군·구청 또는 한전에 즉시 연락
- 노약자나 어린이는 집 밖으로 나가지 않도록 함.
- 라디오, TV, 인터넷을 통해 기상예보 및 호우상황을 잘 알아둠.

② 도시지역

- 대형공사장, 비탈면 등의 관리인은 안전 상태를 미리 확인
- 가로등이나 신호등 및 고압전선 근처에는 가까이 가지 않도록 함.
- 빌딩이나 건물의 출입문이나 창문을 닫아둠.
- 아파트와 고층건물 옥상이나 지하실 및 하수도 맨홀에 가까이 가지 않도록 함.
- 침수가 예상되는 건물의 지하공간에는 주차를 피하고 지하에 거주하고 있는 주민은 대피

③ 농촌지역

- 집 주변의 산사태 위험이 있는지 살피고 대피 준비
- 모래주머니 등을 이용하여 하천의 물이 넘치지 않도록 하여 농경지의 침수를 예방
- 논 물꼬 조정, 용·배수로 점검 등 야외활동은 하지 않도록 함.
- 교량은 안전한지 확인 후에 이용
- 산사태가 일어날 수 있는 비탈면에 접근하지 않음.
- 농작물을 보호하려는 조치를 취함.
- 집 주변이나 농경지의 용·배수로 점검을 하지 않도록 함.
- 산간계곡의 야영객은 미리 대피
- 이웃이나 가족 간의 연락방법과 비상시 대피방법을 확인
- 농기계나 가축 등을 안전한 장소로 옮김.
- 비닐하우스, 인삼재배시설 등을 단단히 묶어둠.

④ 해안지역

- 해안가의 위험한 비탈면에 접근하지 않도록 함.
- 해안도로로 운전하지 말아야 함.
- 육지의 물이 바다로 빠져나가는 곳 근처에는 가까이 가지 않도록 함.
- 교량은 안전한지 확인한 후에 이용합시다.
- 바닷가의 저지대 주민은 안전한 곳으로 대피합시다.
- 물에 떠내려가는 어망·어구 등을 옮기는 행위를 하지 맙시다.
- 해수욕장 이용은 하지 맙시다.

⑤ 산악지역

- 산사태 발생지역의 주민은 대피 준비를 함.
- 재배시설 등의 피해를 줄이려는 조치를 함.

- 기상정보와 강우상황을 주의 깊게 듣도록 함.

⑥ **호우가 지나간 후에는**

- 집에 도착 후에는 들어가지 말고, 구조적 붕괴 가능성을 반드시 점검
- 파손된 상하수도나 축대·도로가 있을 때 시·군·구청이나 읍·면·동사무소에 연락
- 물에 잠긴 집안은 가스가 차 있을 수 있으니 환기시킨 후 들어가고, 가스·전기차단기가 off에 있는지 확인하고, 기술자의 안전조사가 끝난 후 사용
- 침투된 오염물에 의해 침수된 음식이나 재료를 먹거나 요리재료로 사용하지 않도록 함.
- 수돗물이나 저장식수도 오염 여부를 반드시 조사 후에 사용

5. 홍수(洪水; Flood)

1) 정의

홍수란 비가 많이 와서 강이나 개천에 갑자기 크게 불어난 물을 의미하며, 하천이나 강이 범람하는 형태로 정의할 수 있다.

2) 홍수의 발생

우리나라의 경우 우기에 해당하는 3개월 간(7~9월)의 강수량은 약 720mm로 연강수량의 약 60%를 차지한다. 여름철 강우는 장마전선이 정체할 때, 온대성저기압이 이동하여 올 때, 그리고 태풍이 내습할 때 많은데 특히 피해가 큰 홍수는 태풍과 관련이 있다. 대체로 홍수는 단기간의 집중호우나 장기간 지속적으로 내리는 강우의 결과로 발생하며, 봄에 기온이 급격히 상승하여 겨울철에 쌓였던 눈이 일시에 녹을 때에도 발생한다. 해안저지대에서는 강우가 없어도 먼 지역의 태풍이나 지진에 따른 해일(海溢)에 의한 범람으로 발생하기도 한다.

우리나라는 하계 집중형일 뿐만 아니라 하천의 경사가 매우 급하기 때문에 강우량의 77% 정도가 강우 즉시 홍수로서 유출된다. 홍수가 자주 발생하는 지역은 여름철에 강수가 집중되는 아시아 계절풍 기후지역이나 태풍과 같은 열대 이동성 저기압의 영향을 받는 지역, 봄철 융설수(融雪水)의 영향을 받는 지역으로 알프스산지 주변 일대이다.

우리나라의 한강홍수통제소(漢江洪水統制所)는 한강 수계의 홍수 조절·관리 및 홍수예보·경보를 위해 1974년 설립하였으며, 홍수 피해가 잦은 지역은 낙동강 하류, 섬진강을 중심으로 하는 남해안 지방, 한강 하류 및 안성천(安城川)을 중심으로 하는 서해안 중부지방 등이다.

3) 홍수의 수위-유량곡선(rating curve, 水位-流量曲線)

수위-유량곡선은 하천의 한 지점에 대해 가로축에는 유량, 세로축에는 수위를 나타내 해당하천의 수위와 유량과의 관계를 분석하기 위해 나타낸 도표를 수위-유량곡선이라 한다. 개수로의 경우 정상등류에서 수위-유량 관계는 단일곡선으로 나타나지만, 부정류에서는 루프형으로 나타난다.

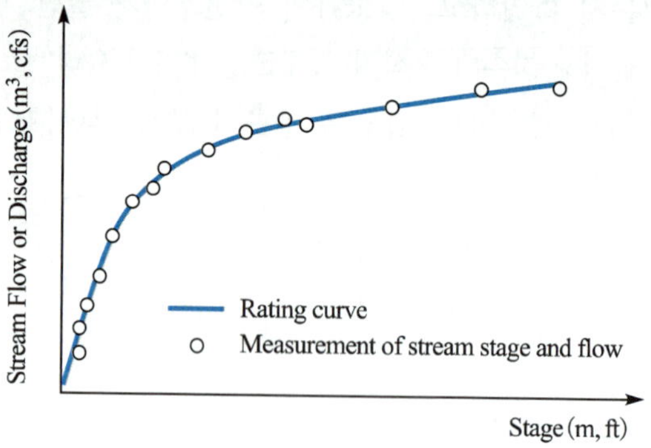

4) 홍수의 종류

홍수의 종류로는 해안홍수, 돌발홍수, 하천홍수, 도시홍수 등이 있다.

표 2-7 홍수의 종류

홍수 종류	원 인	형 태
해안 홍수	태풍이나 강력한 호우 또는 쓰나미에 의해 바닷물이 땅 위로 올라오는 현상	해안 홍수가 발생하면 바닷가 주변의 집과 건물들이 바닷물에 잠기거나 휩쓸림
돌발 홍수	주로 경사가 급한 계곡에서, 높은 지대에 모인 빗물이 순식간에 저지대로 흘러가며 발생	흐르는 물의 속도가 매우 빠르기 때문에 흙, 나무, 바위 등이 같이 휩쓸려 내려가면서 더 큰 피해가 발생
하천 홍수	강을 따라 발생하는 자연적인 홍수	오랫동안 많은 양의 비가 내리면, 강물의 높이가 둑을 넘어서서 마을의 집과 도로를 침수시킴
도시 홍수	각종 지하 시설, 도로와 건물이 있는 도시에서는 흐르는 빗물이 배수처리 문제로 자연스럽게 땅속으로 스며들기가 어려움	강남역과 같은 주차장이나 지하실을 침수시킴

5) 영향

홍수가 발생하면 농작물·토지·공작물·가옥 및 가축 등이 침수되거나 유실되어 재산상의 피해를 입히기도 하고 때로는 인명의 손실을 가져온다. 홍수 피해액이 가장 큰 지역은 낙동강과 한강 유역이다. 왜냐하면 이곳에는 서울·부산 등 대도시와 많은 중소도시가 산재하고 중요한 산업시설 및 방대한 농경지가 펼쳐져 있음에도 불구하고 홍수량을 적절히 조절하거나 억제할 수 있는 홍수 방어 태세가 미비하기 때문이다.

6) 홍수 피해 대책

기상 자료를 신속, 정확하게 분석, 검토하여 홍수의 규모 및 발생시간을 예보하는 것이 중요하며, 하천 상류부의 산림을 보호, 육성하여 수원(水原)을 함양하고 토양보전 기능을 증대해야 한다. 또한 하천의 중상류부에 다목적댐을 건설하여 홍수를 저장함으로써 하류부 홍수량을 감소시켜야 한다.

7) 홍수 재난관리

① 홍수 우려 때

- 피해가 예상되는 지역주민은 대피 준비를 하고 물이 집안으로 흘러들어가는 것을 막기 위한 모래주머니나 튜브 등을 준비해 둠.
- 홍수피해가 예상되는 지역의 주민은 라디오나 TV, 인터넷을 통해 기상변화를 알아둠.
- 어린이나 노약자는 집 밖으로 나가지 않도록 함.
- 홍수 우려 때 피난이 가능한 장소와 길을 사전에 숙지하도록 함.
- 비탈면이나 산사태가 일어날 수 있는 지역에 가까이 가지 않도록 함.
- 잘 알지 못하는 지역이나 무릎 위로 물이 흐르는 지역에서는 걸어 다니지 않으며, 자동차를 운전하지 않는다.
- 바위나 자갈 등이 흘러내리기 쉬운 비탈면 지역의 도로 통행을 삼가고, 만약 도로를 지날 때 주위를 잘 살핀 후 이동
- 연못, 구덩이 등에 관한 안전표지판을 잘 살펴보아야 함.
- 우물은 오염될 수 있으니 마실 물은 미리 준비해 둠.

② 물이 밀려들 때

- 갑작스러운 홍수가 발생하였으면 높은 곳으로 빨리 대피함.
- 시간적 여유가 있다면, 마당에 있는 여러 가지 물건들을 집안으로 옮기고 집 주변을 정비함.
- 전기차단기를 내리고 가스밸브를 잠금
- 상수도의 오염에 대비하여 욕조에 물을 받아둠.

- 홍수에 의하여 밀려온 물에 가까이 가지 않도록 주의
- 흐르는 물에 들어가지 않음.
- 침수된 지역에서 자동차를 운전하지 않음.
- 지정된 대피소에 도착하면 반드시 도착 사실을 알리고, 통제에 따라 행동하도록 함.

③ 물이 빠진 후에는

- 물이 빠져나가고 있을 때 물에서 멀리 떨어짐. 기름이나 더러운 물로 오염되었을 경우가 많음.
- 흐르는 물에서는 약 15cm 깊이의 물에도 휩쓸려 갈 수 있음.
- 홍수가 지나간 지역은 도로가 약해져서 무너질 수 있음.
- 재난발생지역에는 가까이 가지 않음.
- 홍수로 밀려온 물에 몸이 젖었을 때 비누를 이용하여 깨끗이 씻음.
- 집에 도착 후에는 들어가지 말고, 붕괴 가능성을 반드시 점검
- 가스·전기차단기가 off에 있는지 확인하고, 기술자의 안전조사가 끝난 후 사용
- 집안에 진입하면 가스가 새어 축적되어 있을 수 있으므로 성냥불이나 라이터불을 사용하지 말고, 창문을 열어 환기를 하도록 함.
- 침투된 오염물에 의해 침수된 음식이나 재료를 먹거나 요리재료로 사용하지 않도록 함.
- 수돗물이나 저장식수도 오염 여부를 반드시 조사 후에 사용

8) 세계를 휩쓴 대홍수

(1) 2004년 5월 카리브해 연안

2004년 카리브 해를 강타한 폭풍우로 인근 국가인 아이티와 도미니카 공화국에서 1주일 사이에 2천 명에 달하는 사람들이 사망했다. 이 중 도미니카 공화국의 국경 마을인 짐마니에서는 3백 명의 사망자가 무너진 집이나 진흙 더미에 묻힌 채로 발견되었다. 특히 리오 솔레일 강과 리오 블랑코 강 주변의 주민들이 큰 피해를 입었는데, 늘 가물었던 이 강 가까이에 집을 짓고 살던 사람들이 미처 대피하지 못했기 때문이었다.

(2) 2007년 8월 베트남

2007년 베트남 하노이 중부와 서부 지역에 연일 내린 폭우로, 74명이 숨지고 130명 이상이 다쳤다. 뿐만 아니라 1천 8백여 채의 집이 물에 휩쓸려 갔고, 농경지도 모두 물에 잠겼다.

(3) 2007년 7월 중국

2007년 중국 안후이 성과 장쑤 성 등지에 내린 폭우로 홍수와 산사태가 일어나 수백 명의 사망자와 실종자가 생겼다. 당시 이 비로 중남부 지역에서는 약 8천만 명의 이재민이 생겼지만, 반대로 북부 지역에는 지독한 가뭄이 들어 큰 고통을 받았다.

(4) 미국의 홍수

미국 플로리다 주 키 웨스트 가까이에서 일어난 홍수는 2005년 10월, 허리케인 윌마 폭풍 해일 때문에 일어났다.

9) 집중호우나 홍수 피해사례

(1) 1980년 7월 21일 : 3일 동안 중부지방 집중호우. 인명피해 160명, 재산피해 1255억 원. 제주 일 최대강수량 217mm

(2) 1984년 8월 31일 : 9월 4일까지 5일 동안 서울 · 경기 · 강원 일대 한강유역에 발생한 대홍수이다. 경기도 일산과 서울 마포구 피해가 컸다. 속초 최대 일 강우량 314mm. 사망 189명, 실종 150명에 재산피해 2천 502억 원. 이때 북한이 수재물자를 보내줬고 이를 계기로 남북한경제회담이 열렸다.

(3) 1990년 한강대홍수는 9월 9일부터 시작해 9월 12일까지 이어진 집중호우가 중부지방에 집중해 한강으로 과도한 수량이 모여들며 발생하였다. 이 기간 한강 전역에 내린 평균 강우량은 200년 빈도를 상회하는 370mm이고, 한강 본류 유역에 평균 438.6mm의 강우가 쏟아져 한강 인도교지점 수위를 기준으로 검토해보면 1925년 을축년 대홍수에 버금가는 수위를 기록하였다. 1시간 최대 강우량도 10일의 경기도 이천 59.0mm, 수원 56.0mm를 비롯해 홍천 45.0mm, 평창 44.0mm와 11일의 충주 49.0mm, 제천 38.5mm 등은 관측 개시 이래 최대 기록이었다. 강우가 언제까지 이어질지, 댐의 방류량은 얼마로 해야 할지 정부와 언론은 초미의 관심을 쏟았다. 한강 하류의 행주대교 부근 북쪽 제방이 무너져 경기도 고양군 일대가 침수되어 막대한 피해를 입었다. 인명피해 163명, 재산피해 5,203억 원, 서울 · 경기 · 강원 · 충북지역에서 18만 7200여명의 이재민 발생이 발생했는데, 넘치는 한강물에 비해 1980년대 초반보다 상대적으로 피해가 적었던 이유는 목동, 마포 등 상습수해지역에 대한 방재대책이 조금은 성공한 덕분이었다.

(4) 1998년 7월 31일 : 98년 서울 · 경기 · 충청지방 호우가 8월 18일까지 이어졌다. 강화지방은 일 최대강수량 481.0mm의 기록적인 비가 내리기도 했다. 사망 및 실종 324명, 피해액 1조 2,487억 원

(5) 1999년 7월 23일 : 집중호우가 쏟아지다가 28일부터 태풍 올가(Olga)의 내습이 겹쳐 8월 4일까지 경기·강원을 중심으로 큰 피해를 입혔다. 철원지역은 하루 강우량이 280mm를 기록. 사망 실종 67명, 피해액 1조 855억여만원(피해액은 연합신문자료).

(6) 2002년 8월 30일 : 강릉지방은 8월 31일, 일 강수량이 870.5mm(종전 305.5mm/54년 9.14)를 기록하여 전국 기상관서의 기상관측 이래 가장 많은 양으로 기록되었고, 특히 강릉은 1시간 최다강수량이 100.5mm(8.31, 21:41~22:41)를 기록하여 기상관측사상 초유의 극값을 갱신하였다. 8월 31일 하루 강수량은 강릉 870.5mm, 대관령 712.5mm, 동해 319.5mm, 속초 295.5mm 등에 이르렀지만 태백산맥 서쪽의 영서지방에서는 50~100mm에 불과한 강수량 분포를 나타냈다. 제주 고산지역의 순간 최대풍속은 초속 56.7m를 기록했다.

표 2-8 우리나라 집중호우나 홍수 피해 사례

기간	인명피해	재산피해	강우량
1980.7.21 ~ 3	인명피해 160명	1,255억 원	일일 최대강우량 217mm
1984.8.31 ~ 9.4	사망 189명, 실종 150명	2,502억 원 - 북한이 수해물자 보냄	속초 최대 일강우량 314mm.
1990.9.9 ~ 9.12	사망 163명	5,203억 원	한강 본류 유역에 평균 438.6mm
1998.7.31 ~ 8.18	324명 사망 및 실종	2,487억 원	강화지방은 일 최대강수량 481.0mm
1999.7.23 ~ 28	67명 사망 및 실종	1조 855억여만 원	일일 최대강우량 280mm
2002.8.30 ~ 31	-	-	강릉

6. 풍수해(風水害; 태풍, 강풍, 풍랑, 호우, 홍수) 재난관리대책

1) 풍수해저감종합계획의 수립[3]

시장·군수는 풍수해의 예방 및 저감을 위하여 5년마다 시·군 풍수해저감종합계획을 수립하여 시·도지사를 거쳐 대통령령으로 정하는 바에 따라 행정안전부장관의 승인을 받아 확정하여야 한다. 시·도지사는 시·군 종합계획을 기초로 시·도 풍수해저감종합계획을 수립하여 대통령령으로 정하는 바에 따라 행정안전부장관의 승인을 받아 확정하여야 한다.

3 자연재해대책법 제16조

시·도지사 및 시장·군수는 각각 시·도 종합계획 및 시·군 종합계획에 대한 사업시행계획을 매년 작성하여 행정안전부장관에게 제출하여야 한다. 행정안전부장관은 제출받은 사업시행계획을 심사한 후 풍수해저감사업비의 일부를 국고로 지원할 수 있다. 또한 시·군 종합계획과 시·도 종합계획을 수립하기 위하여 필요한 사항은 대통령령으로 정한다.

2) 예방대책

① 기본추진사항

㉠ 풍수해 대비 교육·훈련 및 풍수해 관리예방 홍보
㉡ 풍수해 재난상황의 신속한 대응을 위한 표준대응절차 수립과 시설물의 응급복구체계 확립
㉢ 풍수해로부터 국민의 생명·재산 및 국토를 보호하기 위한 대책 우선 고려
㉣ 풍수해 취약시설물 점검·정비 등 예방대책 수립
㉤ 과학적이고 실용적인 방재연구의 활성화와 정책개발
㉥ 중앙대책본부·지역대책본부·관계 재난관리책임기관·긴급구조기관·기급구조지원기관·민간단체 등과 협력체계 구축
㉦ 풍수해 사전예측 및 정보전달 체계의 활성화
㉧ 가상 시나리오를 통한 실전대비 계획

② 구체적인 계획

㉠ 사전재해영향성 검토 및 풍수해 저감 종합계획
㉡ 조기발령체계를 구축하여 인명피해 최소화 종합대책 수립
㉢ 재난취약시설의 점검과 정비를 강화
㉣ 소하천 정비의 기본방침 및 재난예방대책 마련
㉤ 사전재해영향성 검토 및 풍수해저감종합계획 수립
㉥ 비의 유출저감시설 기준 및 내풍 설계기준 마련
㉦ 상습침수지역이나 인명피해 다발지역에 대한 홍수 예방과 경보시설을 설치하고 체계화
㉧ 외수와 내수 피해 방지사업을 추진
㉨ 해안지역이나 양식, 어선 등에 대한 피해 경감대책 마련
㉩ 급경사나 붕괴 위험지역에 대한 정비계획과 응급대책 수립
㉪ 산사태 피해 위험지역에 대한 지정 및 관리를 통해 재난 저감방지 추진
㉫ 위험도로, 철도, 폐기광산, 전력, 가스 등 안정성 보강 조사조치 및 수급 지원

③ **방재에 대한 국민의 자율의식 고취**

㉠ 재난발생시 주민 대피계획, 야간방재 훈련을 직장, 거주지, 학교 등에서 주기적으로 훈련실시

㉡ 방재의 날이나 아니면 필요시 평상시라도 풍수해 위험성과 방재의식을 고취

㉢ 지역실정에 밝은 지역의 원로나 전문가, 통장, 리장, 시민단체 등으로 구성되는 실효성 있는 자율방재조직체계를 구축

㉣ 기업도 지역사회의 일원으로 받아들여 자율적 재해경감 활동을 유도

④ **풍수해 저감을 위한 연구 및 정보전달 체계구축**

㉠ 종합적이고 과학적인 안전기술 계획을 수립하여 추진

㉡ 기상예보의 정확성과 신속을 제고하기 위한 장비확충과 기술개발

㉢ 기상예측 소프트웨어 개발과 LAN통신망 교체·보강 등 기상정보통신망의 초고속화

㉣ 기상 악화에 대한 기상재난 저감기술을 개발

㉤ 첨단기상관측장비의 도입 및 운영에 관한 선행기술 확보

㉥ 국제집중관측프로그램(CEOP, X-BAIU)과 연계하여 효과적인 기상이변에 대한 감시체계를 구축

㉦ 사전 예보와 경보시스템을 확충하고 운영을 고도화

㉧ 지적, 건물, 지하매설물, 측량도면, 정보도면 등 풍수해 대책연구 및 자료관리

⑤ **지역별 안전도 평가와 함께 재난관리체계 등의 정비 및 평가 실시**

3) 대비대책

㉮ 정보의 수집 및 전달, 구원요청 등 광역단위의 훈련실시

㉯ 조기경보발령체계(EWS; Early Warning System) 구축실태 점검

㉰ 인명피해 최소화를 위한 위험지구 점검 강화

㉱ 방재물자 확보와 비축 및 응급복구용 장비 지정·관리

㉲ 재난정보 현장모니터링과 통신수단의 확보

㉳ 재난 예보와 경보시스템을 체계화하여 점검

㉴ 응급조치에 필요한 구급구조용 장비 및 자재 확보

㉵ 긴급구호용 의약품, 의료기자재 등을 비축

㉶ 이재민 수용과 구호물자 공급을 위한 유관기관과 협력체계 구축

4) 대응대책

㉮ 구조 및 구급활동을 주민이나 자원봉사자에게 자발적으로 부여하고 피해 확대방지
㉯ 언론 등을 통해 방재홍보 강화
㉰ 재난발생 시 현장상황관리관과 중앙수습지원단을 활용
㉱ 재난위험요인이 있는 지역에 주민대피 조치 및 안전대책 강구
㉲ 재난위험지역에 출입통제를 위한 재난안전선을 설치
㉳ 구조·구급활동을 위한 현장지휘소 설치
㉴ 구조·구급활동에 필요한 기자재는 원칙적으로 해당 활동을 실시하는 기관이 보유
㉵ 현장 응급의료소를 설치하고 의약품이나 기자재를 지원
㉶ 교통 및 통신두절지역에 대한 긴급연락체계를 구축
㉷ 도로침수, 낙석, 토사유실, 교통두절 시 응급복구를 하고 필요 시 군부대에 도움을 요청
㉸ 이재민에 대한 대피 및 수용과 구호
㉹ 비상급수 및 생필품 보급
㉺ 국민의 필수시설의 신속한 응급복구
㉻ 전염병 예방과 의연금품, 해외지원 등을 파악하여 피해지역 지원

5) 복구대책

㉮ 피해상황이나 지역의 특성, 관계 공공시설관리자의 의견을 수렴하여 기능복원과 개선복원의 기본방향을 결정
㉯ 중앙합동조사단을 편성하고 운영하여 피해조사 및 복구지원
㉰ 재난복구비용 등의 국고부담 및 지원은 동일한 재난기간에 발생한 피해액이 기준
㉱ 기능복원에 소요되는 비용을 원칙적으로 산정하며, 지구·지역 또는 시설에 대하여는 개선복구에 소요되는 비용으로 산정
㉲ 수요자 중심의 복구체계를 구축하고 과학적인 피해조사가 이뤄져야 함.
㉳ 자동차, 가옥, 시설물 등에 대한 풍수해 보험제도 운영을 활성화해야 함.
㉴ 소나기만 피하면 된다는 식의 단기성 복구보다는 항구적인 복구대책을 강구
㉵ 풍수해 보험을 활성화하여 실질적인 피해복구를 활성화하는 것이 매우 중요

6) 대한민국의 자연재난 피해

대한민국은 호우, 태풍, 폭설 등으로 인해 역사적으로 여러 차례 수해를 당하였다. 많은 수해는 태풍으로 인한 폭풍, 해일 등으로 인한 피해와 홍수로 인해 일어났다. 2010년 현재

까지 수해의 원인을 살펴보면 호우가 28%, 강풍이 27%, 태풍이 19%, 폭설이 11%의 순을 차지하며, 태풍에 의해 부가적으로 발생하는 호우, 폭풍, 해일 등의 간접 피해까지 모두 포함한다면 태풍의 영향력은 더 크다(위키백과).

7) 풍수해보험

풍수해보험이란 행정안전부장관이 관장하고 민영보험사가 운영하는 정책보험으로써 보험가입자가 부담하여야 하는 보험료의 일부를 국가 및 지자체에서 보조함으로써 국민은 저렴한 보험료로 예기치 못한 풍수해(태풍, 홍수, 호우, 해일, 강풍, 풍랑, 대설)에 대해 능동적으로 대처할 수 있도록 하는 선진국형 보험이다.

풍수해보험 개발목적은 풍수해로 국민의 재산피해가 발생하였을 때, 신속하게 실질적 피해복구를 할 수 있도록 현행 피해지원 제도를 개선하여 정책보험인 풍수해보험을 개발한 것이다.

풍수해보험의 특징은 국가와 지자체가 보험료의 55~62%를 지원함으로써 개인의 보험료 부담을 줄여주며, 다양한 자연재해(태풍, 홍수, 호우, 해일, 강풍, 풍랑, 대설)로 인한 피해의 손해를 보상하고 보험가입자 선택에 따라 가입금액의 최고 90%까지 보상하여 실제 복구비에 준하는 보상을 한다.

풍수해보험법

1. 목적

풍수해로 발생하는 재산 피해에 따른 손해를 신속하고 공정하게 보상하기 위한 풍수해보험에 필요한 사항을 규정함으로써 국민의 생활 안정에 이바지함을 목적으로 한다.

2. 정의

1) "풍수해"란 자연재해 중 태풍 · 홍수 · 호우(豪雨) · 강풍 · 풍랑 · 해일(海溢) · 대설 · 지진(지진해일을 포함한다)으로 발생하는 재해를 말한다.
2) "풍수해보험"이란 풍수해로 발생하는 재산 피해에 따른 손해를 보상하기 위한 보험을 말한다.
3) "보험가입금액"이란 피보험자의 재산 피해에 따른 손해가 발생한 경우 보험에서 최대로 보상할 수 있는 한도액으로서 보험계약자와 보험사업자 간에 약정한 금액을 말한다.
4) "보험료"란 보험계약자와 보험사업자 간의 약정에 따라 보험계약자가 보험사업자에게 지불하여야 하는 금액을 말한다.
5) "보험금"이란 피보험자에게 재산 피해가 발생한 경우 보험계약자와 보험사업자 간의 약정에 따라 보험사업자가 피보험자에게 지급하는 금액을 말한다.
6) "손해평가"란 풍수해로 발생하는 재산 피해에 따른 손해액 및 보험금을 사정(査定)하는 것을 말한다.
7) "손해평가인"이란 손해평가인 자격을 취득한 사람을 말한다.

보상하는 재해 상세

구 분		기 준
태풍		태풍의 영향으로 강풍, 풍랑, 호우 또는 해일현상 등이 기상청 기상주의보 발효기준에 도달될 때
호우		12시간 강우량이 180mm 이상될 때
홍수		상기 태풍, 호우로 산간, 하천, 호수 등의 물이 범람하여 통상의 물길이 아닌 곳에 이례적인 급격한 수위의 증가를 초래할 때
강풍		육상에서 풍속 14m/s 이상 또는 순간풍속 20m/s 이상이 될 때. 다만, 산지는 풍속이 17m/s 이상 또는 순간풍속 25m/s 이상이 될 때
풍랑		해상에서 풍속 14m/s 이상이 3시간 이상 지속되거나 유의파고가 3m 이상이 될 때
해일	폭풍해일	전문조, 태풍 · 폭풍 · 저기압 등의 복합적인 영향으로 해수면이 상승하여 기상청 기상주의보 발효기준 이상이 될 때. 다만, 발효기준은 기상청에 의하여 지역별로 별도 지정된 값에 의함.
	지진해일	대규모 해저 지진에 의한 해일이 발생될 때
대설		24시간 신적설이 5cm 이상이 될 때
지진		국내 내륙에서 규모 3.5(인공지진 제외) 이상 또는 국내 해역에서 규모 4.0 이상으로 추정되는 지진이 발생하거나, 국외에서 발생한 지진으로 인하여 피해가 예상되는 경우

제 2 절 기상학적 재해

1. 대설(大雪; Heavy Snow)

1) 정의

폭설이 짧은 시간에 눈이 갑자기 많이 오는 현상이라면, 대설은 시간을 두고 눈이 많이 오는 현상이라고 할 수 있다.

2) 대설의 원인

우리나라에서 적설량이 많은 지역은 대관령을 중심으로 한 강릉, 속초 지역과 울릉도 지역, 군산을 중심으로 한 서해안 지역이다. 강릉과 속초 일대는 동해에서 백두대간 쪽으로 향하는 강한 동풍 계열의 기류가 동해상의 많은 습기를 끌고 오면서 백두대간을 거쳐 설악산과 오대산 등 강원도 산악지대에 폭설을 쏟는다.

겨울 한파의 원인은 시베리아기단의 세력이 강해져서 우리나라에 찬 공기가 남하하기 때문이다. 이 찬 공기가 우리나라의 서해를 지나면 해기차(따뜻한 바닷물과 차가운 공기

사이에의 온도차)에 의해 해수면의 공기가 따뜻해져 상승기류가 발생하여 대류운이 발생하게 된다. 이 구름들은 편서풍을 따라 동쪽으로 이동하면서 우리나라 서해안지방에 폭설을 내리게 한다.

3) 대설주의보와 대설경보

대설주의보는 24시간 신적설량이 5cm 이상 예상될 때를 말하며, 대설경보는 24시간 신적설량이 20cm 이상 예상될 때, 다만 산지는 30cm 이상 예상될 때를 말한다.

표 2-9 대설주의보와 대설경보

구분	대설주의보	대설경보
대도시(특별시·광역시)	5cm 이상일 때	20cm 이상일 때
일반지역	10cm 이상일 때	20cm 이상일 때
울릉도 지방	20cm 이상일 때	50cm 이상일 때

4) 대설의 피해유형

대설로 인한 재해유형을 살펴보면 교통두절, 고립, 눈사태, 농작물 피해 등을 들 수 있다. 도시지역에서는 교통 혼잡 등 사회적 혼란상황이 발생되어지며, 산간지역에서는 교통두절로 인한 고립 등 인명피해가 발생할 수 있다.

5) 대설로 인한 재난관리(일반시민)

① 눈이 많이 내릴(주의보/경보) 때

㉠ 차량운전자는

- 자가용 차량 이용을 억제하고 대중교통(지하철, 버스 등) 수단을 이용
- 고속도로 진입을 자제하고, 국도 등을 이용
- 눈피해 대비용 안전 장구(체인, 모래주머니, 삽 등)를 휴대
- 커브길, 고갯길, 고가도로, 교량, 결빙구간 등에서는 서행 운전
- 라디오, TV 등을 항상 청취하여 교통상황을 수시로 파악 운행
- 간선도로변의 주차는 제설작업에 지장을 주니 삼가
- 지하철 공사구간의 복공판 통행 시에는 바닥이 미끄러우므로 서행
- 차간 안전거리를 확보하여 브레이크 사용을 자제
- 브레이크 사용 시에는 엔진브레이크를 사용
- 눈길에서는 제동거리가 길어지기 때문에 교차로나 건널목(횡단보도) 앞에서는

감속 운전

㉡ 보행자는

- 가능한 외출을 자제
- 외출 시에는 미끄러지지 않도록 바닥면이 넓은 운동화나 등산화를 착용
- 미끄러운 눈길을 걸을 때에는 주머니에 손을 넣지 말고 보온 장갑을 착용
- 걸어가는 중에는 휴대전화 통화를 삼가
- 건널목(횡단보도)을 건널 때에는 차량이 멈추었는지 확인하고 도로에 진입
- 계단을 오르내릴 때에는 난간을 잡고 다니는 것이 안전
- 야간 보행은 매우 위험하므로 조속히 귀가
- 차도로 나와서 차량에 승차하여 타 차량의 주행을 방해하지 말아야 함.

㉢ 가정에서는

- 내 집 앞, 내 점포 앞 도로의 눈은 내가 치우는 건전한 주민정신을 발휘
- 내 집 주변 빙판길에는 염화칼슘이나 모래 등을 뿌려서 미끄럼 사고를 예방
- 어린이와 노약자는 외출을 삼가
- 적설 시 차량, 대문, 지붕 및 옥상 위에 눈을 치움.
- 노후가옥은 안전점검을 하여 붕괴사고를 예방
- 고립지역은 비상연락체계를 유지할 수 있도록 함.

㉣ 직장에서는

- 평상시보다 조금 일찍 출근하고 일찍 귀가
- 출·퇴근 시에는 자가용 운행을 억제하고 대중교통(지하철, 버스 등)수단을 이용
- 직장 주변의 눈은 내가 치우는 건전한 주인정신을 발휘
- 직장 주변 빙판길에는 염화칼슘이나 모래 등을 뿌려서 미끄럼 사고를 예방

㉤ 농촌지역에서는

- 붕괴가 우려되는 비닐하우스 등 농작물 재배시설은 사전에 점검 및 받침대 보강 등을 실시하여 피해를 예방
- 눈이 20cm 정도 쌓이면 전깃줄이 끊어지고, 소나무가지가 부러짐.
- 하우스에 쳐져 있는 차광막 등은 사전에 제거하여 피해를 최소화할 수 있도록 함.
- 피해예방을 위한 비닐 찢기 작업 시 등에는 안전사고에 유의
- 작물을 재배하지 않는 빈 비닐하우스는 비닐을 걷어내어 하우스를 보호
- 고립지역은 비상연락체계를 유지할 수 있도록 함.
- 라디오, TV 등을 청취, 폭설 등 기상상황을 수시로 파악할 수 있도록 함.

㉥ 해안지역에서는

- 각종 선박 등 대피, 입・출항 통제 및 결박(고정) 조치를 함.
- 수산 증·양식시설은 어류 등이 동사하지 않도록 보온조치 해야 함.
- 주민, 낚시꾼, 행락객 등 해안가 접근을 하지 말아야 함.
- 해안도로 운행을 될 수 있으면 지양하고 안전장구 부착 후 통행
- TV, 라디오 등을 시·청취하여 폭설 등 기상상황을 수시로 파악

② 눈이 많이 내려 차량이 고립된 때

- 출발 전 기상정보와 목적지까지 우회도로를 미리 파악하고 월동장비와 연료, 식음료 등을 사전에 준비
- 고립·정체 시에는 될 수 있으면 차량 안에서 대기하면서 라디오 및 휴대전화 재난문자방송 등을 통하여 교통상황과 행동요령을 파악한 후 행동
- 부득이 차량을 이탈할 때는 연락처와 키를 꽂아둔 채 대피
- 인근에 가옥이나 휴게소 등이 있으면 응급환자 및 노인, 어린이 승객을 우선 대피시킴.
- 담요나 두꺼운 옷 등을 걸쳐 체온을 유지하고 가볍게 몸을 움직임.
- 차량히터 작동 시에는 환기를 위하여 창문을 자주 열거나 조금 열어둠.
- 수시로 차량 주변의 눈을 치워 배기관(머플러)이 막히지 않도록 하고, 차량 출발이 쉽도록 함.
- 모두 동시에 잠을 자지 말고, 동승자가 있는 경우 교대로 잠을 자도록 하여 항상 주위 상황을 살핌.
- 제설작업 차량이나 구급차의 진입을 위하여 갓길에 주·정차하지 않도록 함.
- 차량고장 등의 상황 발생 시 즉시 도로관리기관, 경찰서와 소방서 등에 연락을 취함.
- 휴대전화 등을 이용하여 가족과 친지에게 상황을 알린 다음 당황하지 말고 경찰이나 도로관리기관 직원 등 관계자의 통제에 적극적으로 협조
- 비상시를 대비하여 불필요한 휴대전화 사용을 자제

③ 눈보라에 쌓인 경우

- 도로의 대피소로 이동하고, 비상등을 켜야 한다. 그리고 라디오 안테나 또는 창문에 구조용 깃발을 달아 구조대원의 식별이 쉽도록 하여야 한다.
- 눈보라는 당신의 방향 감각을 잃게 만들며, 눈에 쌓인 지역은 육안으로 보기에 가까운 곳도 실제로는 아주 먼 경우가 있으므로, 당신이 고립된 곳이 지형을 확실하게 아는 지역이 아니면 차 내부에 머무르며 구조대를 기다리는 것이 좋다.

- 차내의 온도를 유지하기 위하여 한 시간에 약 10분간은 시동을 켜고 난방장치를 가동시켜야 한다.
- 시동이 걸려있을 때에는 환기를 위하여 창문을 조금 열어두어야 하며, 정기적으로 배기관에 쌓인 눈을 쓸어내려야 된다.
- 체온을 유지하기 위하여 몸을 움직여야 한다. 그러나 과도한 운동은 삼가라. 바람이 강하여 차 내부로 바람이 들어오는 경우, 지도, 시트커버, 바닥의 매트 등을 이용하면 바람을 막을 수 있다.

6) 대설로 인한 행정기관의 기본조치

(1) 신속한 재난처리

행정기관은 무엇보다 중요한 것이 신속한 대응이다. 대설에 대한 효율적 재난관리가 요망되며 그 내용은 표와 같다.

표 2-10 단계별 비상근무

구분	지역별	기상상황	비상근무
1단계 (준비체제)	대도시 기타지역	신적설이 3cm 내외 예상 신적설이 10cm 내외 예상	중앙·지방재해대책본부 및 설해대책기관
2단계 (경계체제)	대도시 기타지역	신적설이 5cm 내외 예상 신적설이 10cm 내외 예상	1단계 비상근무 기관 및 지방행정기관
3단계 (비상체제)	대도시 기타지역	신적설이 10cm 내외 예상 신적설이 30cm 내외 예상	설해대책기관 전 공무원 비상근무

(2) 대설주의보 시 조치사항

㉠ 산하기관 및 유관기관에 기상특보 전파
㉡ 신속한 초동 제설 실시
㉢ 고립지역 구호물자 확보
㉣ 농산물 수송로 우선 제설 실시
㉤ 등산객·야영객 등의 하산 조치
㉥ 월동장구 미부착 차량 통제 실시 등

(3) 대설경보 시 조치사항

㉠ 교통 두절지역 제설작업에 필요한 장비 및 인원 총동원
㉡ 제반 차량의 속도 제한 및 운행통제

㉢ 등산객 하산 조치 및 인명구조대 현지 배치
㉣ 고립지역 주민을 위한 구호물자 배정 및 수송로 확보
㉤ 출·퇴근 시간대 교통 소통 대책 강구 등

7) 대설 재난대책(행정기관)

(1) 예방

㉮ 설해 예방조직 정비, 물자와 자재 비축관리 및 장비 확보
㉯ 도로별 재설 및 수도권 교통대책 수립
㉰ 적설량 10cm 이상일 경우 대중교통대책 수립 추진
㉱ 염화칼슘, 모래, 재설장비 등을 체계적으로 정비
㉲ 산악이나 고립지역 및 등반객 안전대책
㉳ 수산 증·양식시설이나 농림시설 피해 경감 대책
㉴ 설해방지에 대한 국립방재연구소나 대학 및 연구기관들의 연구 활성화
㉵ 재난관리체계 등의 정비·평가 실시

(2) 대비

㉮ 재설장비·자재의 운용을 위한 운영방안을 구축하고 친환경 재설자재 확보
㉯ 고속도로 정체·고립에 대비한 재해구호물자의 확보와 조달
㉰ 설해예방 홍보, 건축물소유자·관리자 등의 보도·이면도로 재설책임 홍보
㉱ 심야시간의 폭설, 기습폭설 등에 의한 설해예방 기술의 고도화와 대국민 예보 전달서비스 구축
㉲ 저기압 및 전선의 활동 등에 의한 적설량, 강설량의 정보의 수집과 전파체계의 정비
㉳ 비상통신체계 정비 및 유·무선통신시스템의 역할분담을 통한 응급대책 확보

(3) 대응

㉮ 비상소집, 재난안전대책본부 설치 운영, 현장상황관리관과 중앙수습지원단을 활용, 비상지원본부 설치
㉯ 주민에 대한 대설 재난예보와 경보를 신속히 전달하고 방재관련 유관기관과 협조체계를 강화
㉰ 기상상화 및 재난상황을 언론, 인터넷, 문자, 카톡 등을 통해 신속히 전달하고 학생수업 여부를 검토하여 보호대책 강구

㉣ 도로별 제설(자동차 전용도로, 주요간선도로, 수도권 위성도시 연결도로) 및 수도권 교통대책을 강구하고 시행

㉤ 폭설 시 농산물, 축산물, 수산물 등에 대한 물류수송지연 방지대책(물가상승 방지를 위한 간선 및 지선도로 제설대책) 강구

㉥ 인명구조를 위한 장비와 동원인력을 확보하여 체계적인 구급활동

(4) 복구

㉮ 피해조사와 복구지원을 위한 관계부처와 합동조사단 편성·운영

㉯ 대규모 재난에 대한 원인분석과 대책 강구를 위한 학계·민간인·전문가 등을 중심으로 편성·운영

㉰ 재난복구비용 등의 국고부담 및 지원

㉱ 사유재산 피해를 최소화하기 위한 대설 피해보험 제도를 활성화

2. 한파(寒波; Cold Wave)

1) 한파의 정의

한파는 뚜렷한 저온의 한랭기단이 위도가 낮은 지방으로 몰아닥쳐 급격한 기온의 하강을 일으키는 현상을 말한다. 이런 현상이 뚜렷한 경우에는 한파주의보를 발표한다.

주로 겨울철에 우세한 시베리아의 한랭한 대륙성고기압이 바이칼호 부근에 중심을 두고 남동쪽으로 그 세력을 강하게 확장하고 있고, 동해 해상에는 발달한 저기압이 있는 경우, 즉 서고동저(西高東低)의 전형적인 겨울형 기압배치 하에 있을 때 한반도는 북서계절풍이 강하게 불고 한파가 몰아닥쳐 전국이 영하의 추운 날씨가 되는 경우가 많다. 이런 현상이 뚜렷한 경우에는 한파주의보를 발표하는데, 그 기준은 최저기온이 전일보다 10℃가 낮거나 낮을 것이 예상될 때이다.

한파라는 용어는 원래 미국에서 사용되었는데, 한파에 대하여 그 방재조치(防災措置)를 취할 필요가 있기 때문에 그 정의가 분명히 주어지고 있다. 24시간 이내의 기온 강하량이 일정 값 이상이 되고, 동시에 최저기온이 정해진 한계 값 이하로 내려가는 두 가지 조건을 만족하는 경우에 한파라고 한다.

바이칼 호

지구상에는 많은 호수가 있지만 시베리아의 오지에 숨어있는 바이칼(Baikai)호만큼 관심을 끄는 호수는 드물다. 이 호수는 달리 부르는 이름도 많아서 '성스러운 바다', '세계의 민물 창고', '시베

리아의 푸른 눈', '시베리아의 진주' 등으로 불린다. 특히 지구상에서 가장 깊은 오지에 묻혀 있고 인간의 손길이 닿지 않아서인지 지구상에서 가장 깨끗한 물로 남아 있다. 바이칼 호는 러시아에 속해 있지만 우리나라와 그리 멀지 않다. 육지의 깊은 곳에 위치한 바이칼 호의 바닥은 바다의 표면보다 약 1,295m 낮으며, 이는 주변 산정으로부터 약 3,750m 낮은 위치에 호수의 밑바닥이 있는 셈이다. 호수의 길이는 636km, 평균 너비는 48km로, 면적이 남한의 1/3이나 된다. 호수의 최대 투명도는 42m로 물 밑이 훤히 들여다보인다.
– 네이버 지식백과 –

2) 한파주의보와 경보의 발령기준

(1) 한파주의보

10월에서 4월 사이의 기간에 다음 중 어느 하나에 해당하는 경우를 한파주의보라 한다.

① 아침 최저기온이 전날보다 10℃ 이상 하강하여 평년값보다 3℃가 낮을 것으로 예상될 때

② 아침 최저기온이 -12℃ 이하가 2일 이상 지속될 것이 예상될 때

③ 급격한 저온현상으로 중대한 피해가 예상될 때

(2) 한파경보

10월에서 4월 사이의 기간에 다음 중 어느 하나에 해당하는 경우를 한파경보라 한다.

① 아침 최저기온이 전날보다 15℃ 이상 하강하여 평년값보다 3℃가 낮을 것으로 예상될 때

② 아침 최저기온이 -15℃ 이하가 2일 이상 지속될 것이 예상될 때

③ 급격한 저온현상으로 광범위한 지역에서 중대한 피해가 예상될 때

(3) 한파의 피해유형

① 개인

- 급작스런 기온 강하에 따른 건강 이상 발생
- 춥고 건조한 날씨 때문에 체내 소모열을 늘리기 위해 심장박동수가 빨라지면서 혈압이 높아지고, 이에 따른 심근경색, 뇌졸중 등 심장, 뇌혈관 질환 발생
- 기온저하 및 건조한 공기 때문에 호흡기 저항력이 약화되어 감기 발생
- 건조한 날씨에 체열이 발산되지 못해 피부염, 가려움, 피부발진 등 발생
- 동상 발생
- 추운날씨에 오랫동안 피부를 노출할 경우 노출부위가 붉게 변하고 부으며 물집이 생기는 동창(凍瘡) 발생
- 차가운 물속에 발을 오래 담그고 있을 때 감각이 마비되고 걸으면 통증이 있는 참

호족(塹壕足) 발생
- 수 시간동안 영하의 온도에 노출될 때 신체 조직이 얼어 차고 창백해지며 만지면 딱딱한 나무를 만지는 느낌이 드는 동상(凍傷) 발생
- 온몸의 체온이 떨어지는 저온증 발생
- 추운 곳에서 자는 경우 발생
- 체온이 떨어지면서 호흡이 약해지고 심장이 불규칙적으로 뛰며 혼수상태에 빠지기도 함.
- 체온이 30도 이하로 내려가면 심장이 멎을 수 있음.

② 가정
- 수도 계량기, 보일러, 자동차 등 피해 발생
- 영하 5℃ 이하의 추운 날씨가 지속되면 수도계량기가 동파되고 수도관이 얼게 됨.
- 보일러 배관 동결 사고가 빈번하게 발생
- 자동차 부동액 및 오일의 동결, 배터리 성능 저하 등에 따른 시동 불능 등 차량고장 발생

③ 농·수산물 피해
- 채소, 과수 등 동결 피해 발생
- 과채류 및 엽채류의 최저한계 온도 이하 기온강하에 따른 동해 및 냉해 발생
- 과수 및 꽃눈의 동결 피해로 인하여 생장장애 및 과실 수확량 감소 등의 피해 발생
- 기온저하에 따른 수산 증·양식 피해 발생
- 월동사육기는 저수온으로 인한 체력의 소모가 크고 동사피해가 발생할 가능성이 큰 시기임. *온수성 어류*는 수온 13℃ 이하 시 먹이 감소 및 행동이 둔화됨.
- 어패류 및 김, 미역 등 혹한기 공기노출 및 수온저하에 따른 동사, 폐사 등 피해 발생

④ 사회전반
- 동절기 저소득층 기초생활 어려움 가중
- 전기, 수도, 가스 등 생활에 필수적인 에너지 공급 중단
- 건설공사 등 동절기 공사 중지에 따른 수입 감소

(3) 한파 재난대책

① 건강관리는
- 손가락, 발가락, 귓바퀴, 코끝 등 신체 말단부위의 감각이 없거나 창백해지는 경

우에는 동상을 조심해야 함.

- 심한 한기, 기억상실, 방향감각 상실, 불분명한 발음, 심한 피로 등을 느낄 때는 저체온 증세를 의심하고 바로 병원으로 가야 함.
- 갑작스런 기온 강하 시 심장과 혈관계통, 호흡기 계통, 신경계통, 피부병 등은 급격히 악화할 우려가 있으므로, 유아, 노인 또는 병자가 있는 가정에서는 난방에 유의해야 함.
- 혈압이 높거나 심장이 약한 사람은 노출부위의 보온에 유의하고, 특히 머리부분의 보온에 신경을 써야 함.
- 외출 후 손발을 씻고 과도한 음주나 무리한 일로 피로가 누적되지 않도록 하여야 하고, 당뇨환자, 만성폐질환자 등은 반드시 독감예방접종을 하여야 함.
- 간동상에 걸렸을 때는 꽉 죄는 신발이나 옷을 벗고 따뜻한 물로 세척 후 따뜻하게 보온을 유지한 상태로 즉시 병원으로 가야 함.
- 동상부위를 비비거나 갑자기 불에 쬐어서는 안 됨.

② 운동 때는

- 운동 전 충분한 스트레칭을 하여 관절의 가동(稼動) 범위를 넓힘으로써 부상을 방지하여야 함.
- 준비운동 강도는 몸에서 약간 땀이 날 정도가 적당하며, 실내에서 실시하여야 함.
- 운동은 가능한 실내에서 하는 게 부상위험을 줄일 수 있음.
- 옷을 겹쳐 입되 많이 입지 말아야 함.
- 고혈압 등 만성병 환자는 오후에 실내에서 운동하는 것이 좋음.
- 겨울엔 체온 유지를 위해 10~15%의 에너지가 더 소비되므로 운동 강도를 평소의 70~80% 수준으로 낮추는 것이 좋음.
- 술은 이뇨(利尿)·발한(發汗) 작용으로 체온을 떨어뜨리므로 등산·스키 등 운동 중에는 술을 마시지 말아야 함.
- 운동 후에는 따뜻한 물로 목욕하고 옷을 갈아입는 등 충분히 보온을 하여 감기를 예방

③ 수도계량기 및 수도관 관리는

- 수도계량기 보호함 내부는 헌옷으로 채우고, 외부는 테이프로 밀폐시켜 찬 공기가 스며들지 않도록 보온
- 복도식 아파트는 수도계량기 동파가 많이 발생하므로 수도계량기 보온에 유의하여야 함.

- 장기간 집을 비우게 될 때는 수도꼭지를 조금 열어 물이 흐르도록 하여 동파를 방지하여야 함.
- 마당과 화장실 등의 노출된 수도관은 보온재로 감싸서 보온해야 함.

④ 보일러 배관 관리는

- 보일러 밑의 노출된 배관은 헌옷 등으로 감싸서 보온하여야 함.
- 장기간 외출 시에는 온수를 약하게 틀어 한 방울씩 흐르게 하여 동파를 방지하여야 함.
- 관이 얼었을 때는 따뜻한 물이나 헤어드라이어 등 온열기를 이용하여 서서히 녹여야 함.

⑤ 외출 때는

- 가급적 대중교통을 이용하여야 함.
- 자동차 이용 시 낮에 외출하고 될 수 있으면 혼자 움직이지 말아야 함.
- 가족에게 행선지와 시간계획을 미리 알려둠.
- 되도록 간선도로를 이용하고 지름길이나 뒷길을 피하여야 함.
- 만약 자동차에서 고립될 때는
- – 가능한 수단을 이용해서 구조연락을 취하고
- – 동승자가 있으면 체온을 이용하여 추위를 막아야 함.
- – 차례로 수면을 취하고 항상 한 사람은 깨어있어, 구조에 대비하여야 함.
- – 야간에는 실내등을 켜 구조요원이 쉽게 찾을 수 있도록 하고
- – 구조요원이나 항공기의 식별이 쉽도록 색깔 있는 옷을 눈 위에 펼쳐 놓아야 함.

⑥ 해안지역에서는

- 각종 선박 등 대피, 입・출항 통제 및 결박(고정) 조치해야 함.
- 수산 증･양식시설은 어류 등이 동사하지 않도록 보온 조치해야 함.
- 주민, 낚시꾼, 행락객 등 해안가 접근을 하지 말아야 함.
- 해안도로 운행을 될 수 있으면 지양하고 안전장구 부착 후 통행해야 함.
- TV, 라디오 등을 시･청취하여 폭설 등 기상상황을 수시로 파악하여야 함.
- – 가능한 수단을 이용해서 구조연락을 취하고
- – 동승자가 있으면 체온을 이용하여 추위를 막아야 함.
- – 차례로 수면을 취하고 항상 한 사람은 깨어있어, 구조에 대비하여야 함.
- – 야간에는 실내등을 켜 구조요원이 쉽게 찾을 수 있도록 하고
- – 구조요원이나 항공기의 식별이 쉽도록 색깔 있는 옷을 눈 위에 펼쳐 놓아야 함.

⑦ 자동차의 안전대책은

- 도로의 결빙에 대비하여 스노체인 등 예방조치를 마련하고, 시트를 높이고 앞 유리 성에를 완전히 제거하는 등 시야를 넓혀 빙판길 등 만약의 돌발 사태에 대비함.
- 미끄러운 길에서 수동변속기 차량은 2단 기어에 반 클러치를 사용하고, 자동변속기 차량은 가속기를 서서히 밟아야 하며, 바퀴가 헛돌지 않도록 앞바퀴는 직진 상태로 출발하여야 함.
- 커브 길을 돌 때는 미리 속도를 줄이고 기어변속을 하지 않도록 해야 함.
- 빙판에서 멈출 때는 엔진브레이크로 속도를 완전히 줄인 후 풋 브레이크를 사용하여 멈춰야 함.
- 평소보다 저속 운행하고, 차간거리를 확보하는 등 안전사고 예방운전을 함.
- 스노체인, 염화칼슘, 삽 등 자동차 월동용품을 준비하고, 부동액, 축전지, 각종 윤활유 등 자동차 상태를 수시로 점검하여야 함.

⑧ 농촌, 축사에서는

- 보리류, 채소류, 과일류 등 종류별로 적절한 보온을 하고, 온실작물 동해 방지조치(난방, 온실커튼, 물 커튼, 축열 주머니 등)를 해야 함.
- 온실출입문은 이중으로 설치하고 북쪽 벽에는 보온벽 및 방풍벽을 설치하여야 함.
- 하우스 주변에 단열재 및 보온덮개를 설치하여야 함.
- 정전으로 보온시설 가동이 불가능한 경우에는 숯 등을 연소하여 보온하여야 함.
- 기온 급강하에 대비하여 보온기자재 등은 사전에 점검·정비를 철저하게 하여야 함.
- 축사 등에는 샛바람 방지를 위한 보온덮개와 난방기를 준비하여야 함.
- 축사, 하우스 등의 급수시설 동파방지를 위하여 사전점검과 보온을 하여야 함.
- 한파 관련 기상특보를 수시로 청취하고, 미리 대비하여야 함.

⑨ 양식장에서는

- 축제식 양식장은 한파가 닥치기 전에 사육지 면적의 1% 이상을 확보하여 월동장을 설치하여야 함.
- 육상 양식장에는 방풍망을 설치하는 등 보온장비를 사전에 확보하여야 함.
- 장기 기상예보를 청취하고 한파 피해가 예상될 때는 양식어류를 조기 출하하여 피해를 예방
- 기상상황을 수시로 확인하여 한파가 예상될 때는 수면의 높이를 높게 하고 어류를 월동장으로 집어하여 동사를 방지
- 어류가 동사하면 냉동 저장하여 판매함으로써 피해를 최소화하고, 피해 발생 시에는 행정기관에 신속하게 신고하여야 함.

⑩ 전기사용 때는

- 과도한 전열기기 사용을 금지하고, 인화물질을 전열기 부근에 두지 않아야 함.
- 대단위 아파트 단지 등에서는 전열기를 사용할 때 1시간 사용 후 15분 휴식을 생활화하여 변압기의 과부하를 방지하여야 함.
- 하나의 콘센트에 다시 여러 개의 콘센트를 연결하는 등 과도한 플러그(문어발식) 사용은 금지하여야 함.
- 전기 고장 시 즉시 한전 또는 한국전기안전공사에 신고하고 개인이 임의 조작하지 말아야 함.
- 퓨즈는 반드시 정품을 사용하고 구리선 등을 멋대로 사용하지 말아야 함.

⑪ 가스시설 관리는

- 가스 잔량을 확인하고자 용기를 뜨거운 물에 담그거나 가열하는 행위는 금지
- LPG 싸이폰 용기(LPG기체와 액체를 공급할 수 있는 용기)는 반드시 기화기가 설치된 시설에서만 사용
- LP가스 사용 시, 이상이 발견되면 가스공급자에 연락하여 점검을 받아야 함.
- 가스보일러 사용 전에 환기구나 배기통이 막혀있는지 확인함.
- 비눗물 등으로 호스·배관 연결부와 같은 이음부의 가스 누출 여부를 수시로 점검함.

⑫ 유류시설 관리는

- 급격한 기온강하로 말미암은 동파예방을 위해 유류이송배관에 대하여 충분한 물빼기 작업과 부동액 주입
- 장치의 동파 때문에 위험물질의 누출, 화재 폭발, 가스중독 등의 재해가 발생하지 않도록 관련시설을 보온 조치함.

⑬ 광산에서는

- 갱 외 주요시설의 노출된 배관에는 보온재, 열선 등을 사용하여 동파를 방지
- 진입로, 운반도로 등에는 모래주머니, 염화칼슘 등을 비치하여 빙판길에 대비
- 한파 대비용 기자재는 사전점검을 철저히 하여 사용 가능 상태로 유지

⑭ 지역난방시설은

- 열원시설 – 겨울철 동파대비 시설물 관리와 보호 상태를 점검
- 열원시설 – 설해 및 동파대비 복구용 장비 작동상태를 점검
- 열원시설 – 자동화재 탐지설비 동작상태를 점검
- 사용자 시설(지역난방) – 동파방지를 위해 난방온수 분배기 입구의 세대별(관리) 밸브를 잠그지 말아야 함.

- 사용자 시설(지역난방) – 온도조절기 고장 시 난방온수 분배기로 조정하고, 즉시 수리·교체하여야 함.
- 사용자 시설(지역난방) – 난방 배관 내 공기빼기 밸브를 열어 공기를 완전히 제거하여야 함.

⑮ 승강기에서는

- 승강기 기계실의 적정 온도 유지를 위하여 기계실 창문 유리의 파손 여부 및 개구부의 손상 여부를 확인하여 손상 시 교체함.
- 피트(최하층 아래의 승강로)의 방수상태를 확인하여 손상 때 교체함.
- 승강장 및 카 바닥 물청소로 말미암은 결빙에 의해 미끄러짐 사고를 예방함.
- 승강기의 운행을 장시간 중지한 후 사용할 때, 충분한 예비운전 등 안전 확인 후 운행을 개시함.

⑯ 한파 시 정전 대비방법은

- 손전등, 라디오, 온열기 등을 준비함.
- 정전이 되면 아파트 관리사무소나 한국전력에 신고함.

지역난방과 동파 가능성

* 지역난방(district heating, 地域煖房)

1개소 혹은 수개소의 중앙난방 기계실에서 넓은 지역에 산재하는 많은 건물에 고압 증기 또는 고압 온수를 난방용의 열원으로서 공급하는 방식. 건물에 있어서의 난방방식은 보통의 난방과 같으나 각 건물에는 각각 보일러를 설치하지 않으므로 각기 굴뚝을 세울 필요가 없어 대기오염원이 적어진다.

* 동파 가능성

동파 가능성	기온 조건
높음	일 최저기온이 영하 5℃ 이하의 날씨가 2일 이상 지속
낮음	일 최저기온이 영하 5℃ 이하인 날씨가 2일 미만 지속
없음	일 최저기온이 영하 5℃ 이상인 날씨가 2일 이상 지속

3. 폭염(暴炎; Heat Wave)

1) 폭염의 의의

폭염(暴炎)은 갑작스럽게 찾아오는 심한 더위를 말한다. 국가 및 지역에 따라 다를 수 있는데 통상 30℃ 이상의 불볕더위가 계속되는 현상이다.

우리나라의 경우 폭염주의보는 일일 최고기온이 33℃ 이상이고, 일일 최고 열지수(Heat Index)가 32℃ 이상인 상태가 2일 이상 지속될 것으로 예상될 때이다.

폭염경보는 6월~9월에 일일 최고기온이 35℃ 이상이고, 일일 최고 열지수(Heat Index)가 41℃ 이상인 상태가 2일 이상 지속될 것으로 예상될 때로 정하고 있다.

2) 폭염의 주요 원인

폭염의 주요 원인은 지구 온난화, 엘니뇨현상, 티벳 고원의 적설량, 열섬 현상 등이다. 아스팔트와 콘크리트 등이 열을 오래 간직하고 있다가 밤에 열을 서서히 방출하는 "도시의 열섬효과"로 인하여 도시지역에 사는 사람들이 전원지역에 사는 사람들보다도 폭염의 피해에 더 위험할 수 있다.

폭염피해에 대한 공식적인 통계는 발표되지 않았으나 국민생활 전반에 불편을 가중하는 등 사회경제적으로 미친 영향이 크다.

3) 폭염의 영향

(1) 열대야

밤 최저기온이 25℃ 이상인 열대야에서는 불면증·불쾌감·피로감 증대 등의 증상이 발생한다. 미국의 경우 수면장애로 인한 개인·사회적 손실은 연간 150억 달러로 추정되고 있다.

(2) 질병

보통 습도에서 25℃ 이상이면 무더위를 느끼며 장시간 야외활동 시 일사병·열사병·열경련·뇌일혈 등 질병 발생 가능성이 증대된다.

열파지수(HI; Heat index)와 불쾌지수(DI; *Discomfort index*)

1. 열파지수(HI; Heat index)

- 열파 : 비정상적이고 불쾌한 느낌을 주는 덥고 습한 날씨가 지속되는 기간
- 열파지수 : 습도와 기온이 복합되어 사람이 실제로 느끼는 기온을 표현(똑같은 기온이라도 습도가 높으면 더 덥게 느껴지는 것을 지수화한 것)

열파지수(HI)	발생 가능한 질병
130HI 이상	지속노출 시 열사/일사병 위험 매우 높음
105~130HI	지속노출 시, 신체활동 시 열사병/일경련/열피폐 높음
90~105HI	지속노출 시, 신체활동 시 열사병/일경련/열피폐 가능성
80~90HI	지속노출 시, 신체활동 시 피로 위험

2. 불쾌지수(DI; Discomfort index)

- 정의 : 온도와 습도의 조합으로 더운 날씨에 개개인이 느끼는 불쾌감의 정도를 측정하는 기준
- 불쾌지수는 여름철 실내의 무더위의 기준으로서만 사용되고 있을 뿐 복사나 바람 조건은 포함되어있지 않아 적정한 사용에는 한계가 있음.
- 불쾌지수값에 따라 불쾌감을 느끼는 정도도 인종에 따라 약간 차이를 보임.

불쾌지수(DI)	온도(℃)	불쾌를 느끼는 정도
68DI 이하	20℃ 이하	전원 쾌적
70DI	21℃	불쾌를 나타냄
75DI	24℃	10% 정도 불쾌
80DI	26.5℃	50% 정도 불쾌

(3) 사망

폭염은 열 조절 능력이 떨어지는 70대 이상의 노인에게서 대부분의 사망자가 나타난다. 2003년 유럽에서는 평년보다 20~30도 상승한 폭염이 2주간 지속되면서 총 3만 5천명 이상의 사망자가 발생했다.

프랑스가 약 1만 4천 명, 독일이 7천 명, 스페인이 4천 2백 명, 이탈리아가 4천 명, 영국이 2천 명, 네덜란드가 1천 4백 명, 포르투갈이 1천 3백 명, 벨기에가 150명 등의 사망자가 발생했다.

표 2-11 2000년대 이후 폭염피해 사례

연도	폭염피해 사례
2000	미국 남부에서 140명의 사망자, 40억 달러의 피해액 발생
2003	· 인도 남부, 한 달간 지속된 폭염으로 198명 사망 · 프랑스 1만 4천 명, 독일 7천 명, 스페인 4천 2백 명, 영국 2천 명, 네덜란드 1천 4백 명 등 유럽에서 사망자 총 3만 5천여 명 발생
2006	· 미국 캘리포니아, 2주간의 집중 폭염으로 140명 사망
2007	· 미국 남동부에서 온열질환자 다수 발생(측정 불가) · 유럽의 마케도니아와 이탈리아, 일 최고기온 45도 이상
2010	· 러시아 서부, 130년만의 최악의 폭염으로 1만 5천 명 사망 · 러시아 모스크바 기온 38.2도로 역대 기록 갱신, 3만 여건의 화재 발생 · 인도 뉴델리, 와르다 등에서 150명의 사망자 발생 · 일본 기온관측 이래 최악의 폭염 발생, 열사병으로 사망자 503명
2011	· 일본, 열사병으로 15명 사망, 7,071명 입원 · 미국, 2011년 33명 사망, 전력 사용량 최고치 경신, 6만 6천여 가구 정전

4) 유럽 폭염

유럽도 폭염을 피해가지 못하고 있는 가운데 2013년 8월 8일 오스트리아 바트 도이치 알텐부르크 지역 기온이 40.5도까지 올랐다. 2013년 8월에 헝가리, 슬로베니아, 폴란드 등에서는 기온이 사상 최고 수준으로 올랐는데, 헝가리 부다페스트 기온은 39.4도까지 올랐고 슬로베니아의 류블랴나도 40.2도까지 기온이 올라갔다.

불가리아의 9개 지역도 폭염주의보가 발령된 가운데 소피아의 낮 최고 기온은 2013년 8월에 최고인 39도까지 올랐다. 독일, 프랑스, 영국 등 서유럽도 뜨겁기는 마찬가지다. 30도 이상으로 온도가 올라가고 있는 독일은 역대 6번째로 뜨거운 여름을 보내고 있다. 프랑스와 영국도 7월 날씨가 역대 2번째로 뜨거웠다.

5) 폭염으로 인한 열사병

폭염 관련 질환 중 가장 시급한 조치가 필요한 것은 열사병이다. 열사병은 체온을 조절하는 기능에 문제가 발생하여 땀이 나지 않기 때문에 뜨겁고 건조한 피부가 특징이다. 인체는 고온에 장시간 노출되어 열 스트레스를 받게 되면 급성 반응과 체온 조절 반응, 열실신 반응 등으로 증상이 나타난다.

일사병이 의심되면 서늘한 곳에서 쉬면서 시원한 음료, 특히 염분이 포함된 음료를 마시는 것이 좋고 맥주 등 알코올이 포함된 음료는 피해야 한다. 차가운 물로 샤워를 하거나 목욕을 하는 것도 좋으며, 증상이 심할 경우는 병원에서 수액을 통해 수분과 염분을 보충하는 것이 도움이 된다.

(1) 일사병

일사병은 열에 의한 스트레스로 인해 염분과 수분이 소실되어 생기는 질환으로 대부분 열에 상당시간이 노출되었으나 제대로 수분 및 염분 섭취를 하지 않아 발생한다. 일사병의 주요 증상으로는 노인에게서 일어나는 경우가 흔하며 땀을 많이 흘리고 창백하며 두통, 위약감, 구역, 구토, 어지럼증 등을 호소한다. 피부가 차고 젖어있으며 체온은 크게 상승하지 않는다.

일사병의 대처방법으로는 일사병이 의심되면 서늘한 곳에서 쉬면서 시원한 음료, 특히 염분이 포함된 음료를 마시는 것이 좋고 맥주 등 알코올이 포함된 음료는 피하는 것이 좋다. 차가운 물로 샤워를 하거나 목욕을 하는 것도 좋으며, 증상이 심할 경우는 병원에서 수액을 통해 수분과 염분을 보충하는 것이 도움이 된다.

그림 2-1 일사병 방지와 에어컨 가동 시

자료: 소방청

(2) 열실신

체표면의 혈액순환이 늘어나면 뇌로 가는 혈액량도 부족한 경우가 생기며 일시적으로 의식을 잃는 경우가 생기는데 이것이 열실신이다. 주요 증상으로는 보통 의식 상실이 주요 증상이며, 열실신이 일어나기 전에 어지럽거나 구역, 발한, 위약감 등이 동반되는 경우가 흔히 있다. 대처방법으로는 대개는 누워서 휴식을 취하면 스스로 회복된다.

(3) 열경련

열경련은 여름에 많은 땀을 배출한 뒤 생기는 질환으로 땀에 포함된 염분과 수분으로 인해 체내의 나트륨 성분이 부족하게 되어 발생하며, 강한 노동이나 운동 후 생기는 것이 일반적이다. 주요 증상으로는 주로 근육의 경련과 통증을 수반한다. 대처방법으로는 열경련이 의심되면 일단 서늘한 곳에서 휴식을 하도록 하면서 스포츠 음료나 나트륨이 포함된 주스 등을 마시는 것이 좋다. 경련이 멈추었다고 해서 바로 다시 일을 시작하면 안 되고, 1시간 넘게 경련이 지속된다면 바로 응급실에 방문해야 한다.

(4) 열부종

외부의 온도가 높으면 우리 몸은 열을 발산하기 위해 체표면의 혈액량을 늘리고 심부의 혈액량은 줄이게 된다. 이런 상태에서 오래 서있거나 앉아있게 되면 체표에 순환하던 혈액의 수분들이 혈관 밖으로 이동하면서 부종을 만들 수 있는데 이것이 열부종이다. 증상으로는 흔히 다리에 부종이 생긴다. 대처방법으로는 다리를 올린 자세로 휴식을 취하면 쉽게 회복된다.

5) 폭염 대책

① 폭염 사전 준비사항

- 라디오나 TV의 무더위 관련 기상상황에 매일 주목함.
- 정전에 대비 손전등, 비상 식음료, 부채, 휴대용 라디오 등을 미리 확인
- 집에서 가까운 병원의 연락처를 확인하고 본인과 가족의 열사병 등 증상을 체크
- 단수에 대비하여 생수를 준비하고 생활용수는 욕조에 미리 받아둠.
- 냉방기기 사용 시는 실내·외 온도차를 5℃ 내외로 유지하여 냉방병을 예방(건강 실내 냉방온도는 26℃~28℃가 적당)
- 변압기의 점검으로 과부하에 사전대비(특히 오래된 공동주택은 각별히 주의)
- 창문에 커튼이나 천 등을 이용, 집안으로 들어오는 직사광선을 최대한 차단
- 차량의 장거리 운행계획이 있다면 도로의 변형 등으로 교통사고 등이 발생할 수 있으므로 신중히 검토

② 폭염주의보

㉮ 일반가정에서는

- 야외활동을 자제하고 외출 시 옷차림은 가볍게 함.
- 카페인성 음료나 주류는 피하고 물을 많이 마시도록 함.
- 냉방이 안 되는 실내는 햇볕을 차단하고 맞바람이 불도록 환기시킴.
- 자동차 안에 노약자나 어린이를 홀로 남겨둬서는 절대 안 됨.
- 탈수 등으로 소금을 섭취 시에는 의사의 조언을 들음.
- 현기증, 메스꺼움, 두통, 근육경련 등의 증세가 나타나면 가까운 의료기관에 문의
- 12시~오후 4시 사이에는 냉방이 가능한 건물에서 2시간 정도 머물도록 함.

㉯ 직장에서는

- 친목도모를 위한 스포츠경기 등 야외행사를 자제
- 점심시간 등을 이용하여 가벼운 낮잠을 청함.
- 자율복장으로 근무하도록 환경을 개선

㉰ 학교에서는

- 초등·중·고등학교에서는 수업단축을 검토
- 운동장에서의 체육활동 및 소풍 등 각종 야외활동을 자제
- 학교 급식 시 식중독 사고가 발생하지 않도록 주의

㉱ 산업·건설현장에서는

- 휴식시간은 짧게 자주 가지도록 함.

- 야외 장시간 근무 시는 아이스 팩이 부착된 조끼를 착용
- 밀폐된 실내작업장은 피함.
- 건설기계의 냉각장치를 수시로 점검하여 과열을 방지
- 현장사무실, 숙소, 식당 등의 청결유지로 식중독 등의 질병을 예방
- 작업 중 매 15~20분 간격으로 1컵 정도의 시원한 물(염분)을 섭취함(알코올, 카페인이 있는 음료는 금물).
- 뜨거운 액체, 고열기계, 화염 등과 같은 열 발생 원인을 피하고 방열막을 설치
- 발한작용을 저해하는 밀착된 의복의 착용을 피함.

㉮ 어류양식장에서는

- 육상양식시설에 차광막을 설치하고 저층수와 상층수를 뒤섞음.
- 양식시설의 창문개폐로 통풍이 잘되게 함.
- 수온이 낮은 지하해수를 공급
- 수온상승에 따른 산소결핍을 예방하기 위하여 액화산소를 공급
- 어체의 생리적 약화에 의한 어병 확산을 방지
- 정전대비 발전기 가동여부를 사전에 점검

㉯ 농가·축사에서는

- 축사 천장에는 스티로폼 등 단열재를 부착
- 창문을 개방하고 선풍기나 팬 등을 이용하여 지속적인 환기를 실시하며 적정 사육밀도를 유지
- 돈사, 계사 천장에 물 분무장치를 설치하여 복사열을 방지
- 모기퇴치기구를 설치하고 축사에 소독을 실시
- 하우스 내 피해예방을 위해 차광시설, 점적관수, 수막시설을 설치
- 병충해 발생 증가에 대비하여 방제를 강화
- 노지 재배채소는 스프링클러를 이용한 관수작업을 실시

㉰ 도로·철로에서는

- 35℃ 이상 예보 시 도로표면 변형방지를 위하여 도로상에 살수차를 동원하여 살수를 실시
- 철로 레일의 순회점검을 강화하고 레일에 살수를 실시

③ 폭염경보

㉮ 일반가정에서는

- 12시~오후 4시 사이에는 야외활동을 금지
- 준비 없이 물에 들어가거나 갑자기 찬물로 사워를 하지 않음(심장마비 위험).

- 선풍기를 창문 쪽으로 돌려 환기를 유도(선풍기를 장시간 연속 사용은 자제)
- 늦은 시간의 과다한 운동은 숙면을 방해하므로 자제하고 정신적 긴장감을 줄 수 있는 드라마 시청, 컴퓨터 게임 등을 삼가
- 넉넉하고 가벼운 옷을 입어 자외선을 방지하고 노출부위는 선크림 등 자외선 차단제를 발라 피부를 보호
- 어린아이를 데리고 야외에 나갈 경우에는 두꺼운 담요나 옷으로 감싸지 말 것
- 거동이 불편한 고령, 독거노인, 신체허약자, 환자 등은 외출을 금지시키고 가족 및 친척·이웃이 수시로 상태를 점검

㉯ 직장에서는

- 각종 야외행사를 취소하고 활동을 금지
- 직원을 대상으로 낮잠시간을 한시적으로 검토
- 기온이 높은 시간대를 피해 탄력시간근무제를 검토
- 정상적인 몸 상태가 아닌 직원에 대하여는 강제휴가 조치

㉰ 학교에서는

- 특히, 초등·중학교에서는 휴교 조치를 검토
- 운동장에서의 체육활동 및 소풍 등 각종 야외활동을 금지
- 학교 급식 시 식중독 사고가 발생하지 않도록 재점검

㉱ 산업·건설현장에서는

- 현장관리자의 책임 하에 공사 중지를 신중히 검토
- 장시간 작업을 피하고 작업시간을 단축하여 야간근무 등 방안을 마련
- 기온이 최고에 달하는 12시~오후 4시 사이에는 되도록 실·내외 작업을 중지하고 휴식을 취하도록 함.
- 수면부족으로 인한 피로축적으로 감전우려가 있으므로 전기취급을 삼가고 부득이 취급할 경우에는 안전장치를 함.
- 특히, 야외에서 작업을 할 경우에는 불필요하게 빠른 동작을 삼가
- 안전모 및 안전띠 등의 착용에 소홀해지기 쉬우므로 작업 시에는 각별히 신경 쓰도록 함.

㉲ 어류양식장에서는

- 양식어류에 대해 꾸준히 관찰하고 질병발생 징후 발견 시 관계기관에 신고하여 질병발생유무 확인 및 치료 등 조치를 취함.
- 사육어의 먹이섭취 행동이나 이상행동을 잘 관찰하고 이상어류는 즉시 제거(질병 전염방지)

- 환수량을 최대한 늘리고 수조 내 얼음을 넣어 수온 상승을 억제
- 사육밀도를 최대한 낮추고 급여량을 줄임.
- 습기 또는 직사광선에 의한 사료의 부패에 주의하고 생사료는 산화가 빠르므로 각별히 신경 쓰도록 함.

㉥ 농가·축사에서는

- 깨끗한 물을 제공하고 비타민, 광물질을 섞은 사료를 먹임.
- 곰팡이가 피거나 오래된 사료는 공급하지 않음.
- 가축 폐사 시는 신속하게 매몰하고 소독을 실시하여 전염병을 예방
- 축사 등의 분뇨제거와 건조 상태를 유지
- 전기누전과 합선, 과열 등으로 인한 화재발생이 우려되므로 냉방과 환기 시는 전기사용량을 수시로 확인

㉦ 도로·철로에서는

- 도로표면 변형 및 교통사고 방지를 위하여 중차량 등 통행제한 및 살수를 실시
- 철레일 온도 상승에 따른 단계별 서행운전·운행중지 및 살수를 실시

표 2-12 각종 주의보와 경보

종류	주의보	경보
강풍	육상에서 풍속 50.4km/h(14m/s) 이상 또는 순간풍속 72.0km/h(20m/s) 이상 예상될 때. 다만, 산지에서는 풍속 61.2km/h(17m/s) 이상 또는 순간 풍속 90.0km/h(25m/s) 이상 예상될 때	육상에서 풍속 75.6km/h(21m/s) 이상 또는 순간풍속 93.6km/h(26m/s) 이상 예상될 때. 다만, 산지에서는 풍속 86.4km/h(24m/s) 이상 또는 순간 풍속 108.0km/h(30m/s) 이상 예상될 때
풍랑	해상에서 풍속 50.4km/h(14m/s) 이상이 3시간 이상 지속되거나 유의파고가 3m 이상 예상될 때	해상에서 풍속 75.6km/h(21m/s) 이상이 3시간 이상 지속되거나 유의파고가 5m 이상 예상될 때
호우	3시간 누적강우량이 60mm 이상 예상되거나 12시간 누적강우량이 110mm 이상 예상될 때	3시간 누적강우량이 90mm 이상 예상되거나 12시간 누적강우량이 180mm 이상 예상될 때
대설	24시간 동안 내려 쌓인 눈의 양이 5cm 이상 예상될 때	24시간 동안 내려 쌓인 눈의 양이 20cm 이상 예상될 때. 다만, 산지는 24시간 동안 내려 쌓인 눈의 양이 30cm 이상 예상될 때
건조	실효습도 35% 이하의 상태가 2일 이상 지속될 것으로 예상될 때	실효습도 25% 이하의 상태가 2일 이상 지속될 것으로 예상될 때
폭풍해일	천문조, 폭풍, 저기압 등의 복합적인 영향으로 해수면이 상승하여 기상청장이 정하는 지역별 발효기준값 이상이 예상될 때	천문조, 폭풍, 저기압 등의 복합적인 영향으로 해수면이 상승하여 기상청장이 정하는 지역별 발효기준값 이상이 예상될 때

종류	주의보	경보
한파	0월~4월 사이의 기간 중에 다음 각 호의 어느 하나에 해당하는 경우 ① 아침 최저기온이 전날보다 10℃ 이상 하강하여 3℃ 이하이면서 평년값보다 3℃ 이상 낮을 것으로 예상될 때 ② 아침 최저기온 -12℃ 이하가 2일 이상 지속될 것으로 예상될 때 ③ 급격한 저온현상으로 중대한 피해가 예상될 때	10월~4월 사이의 기간 중에 다음 각 호의 어느 하나에 해당하는 경우 ① 아침 최저기온이 전날보다 15℃ 이상 하강하여 3℃ 이하이면서 평년값보다 3℃ 이상 낮을 것으로 예상될 때 ② 아침 최저기온 -15℃ 이하가 2일 이상 지속될 것으로 예상될 때 ③ 급격한 저온현상으로 광범위한 지역에서 중대한 피해가 예상될 때
태풍	태풍으로 인하여 강풍, 풍랑, 호우 또는 폭풍해일 현상이 주의보 기준에 도달할 것으로 예상될 때	태풍으로 인하여 다음 각 호의 어느 하나에 해당하는 경우 ① 강풍, 풍랑 또는 폭풍해일 현상이 경보 기준에 도달할 것으로 예상될 때 ② 총 강우량이 200mm 이상 예상될 때
황사	황사로 인해 1시간 평균 미세먼지(PM-10) 농도 400㎍/㎥ 이상이 2시간 이상 지속될 것으로 예상될 때	황사로 인해 1시간 평균 미세먼지(PM-10) 농도 800㎍/㎥ 이상이 2시간 이상 지속될 것으로 예상될 때
폭염	폭염으로 인하여 다음 각 호의 어느 하나에 해당하는 경우 ① 일 최고 체감온도 33℃ 이상이 2일 이상 지속될 것으로 예상될 때 ② 급격한 체감온도 상승 또는 폭염 장기화 등으로 중대한 피해가 예상될 때	폭염으로 인하여 다음 각 호의 어느 하나에 해당하는 경우 ① 일 최고 체감온도 35℃ 이상이 2일 이상 지속될 것으로 예상될 때 ② 급격한 체감온도 상승 또는 폭염 장기화 등으로 광범위한 지역에서 중대한 피해가 예상될 때

자료: 기상청

4. 가뭄(Drought)

1) 가뭄의 정의

오랫동안 비가 오지 않아 강수량이 비정상적으로 적어진 상황을 가뭄이라고 하며, 일일 강수량이 5mm 이하의 일수가 15일 이상 지속되고 1개월 강수량이 50mm 이하인 조건을 말한다.

우리나라는 파머가뭄지수, 평균강수지수, 평균치비율 등의 가뭄지수를 활용한다. 또한 강수량에는 차이가 없어도, 물의 증발이 많아 물 공급이 힘든 상황도 가뭄으로 분류한다.

기후학적으로는 연강수량이 기후 값의 75% 이하이면 가뭄, 50% 이하이면 심한 가뭄으로 분류하기도 한다.

가뭄은 갑작스럽게 타격을 입히는 지진이나 홍수 같은 재해와는 달리, 눈에 띄지 않게 오랫동안 지속되는 '조용한 재해'로, 가뭄이 언제 시작되었는지 시기를 파악하는 것조차 불가능하다. 그러나 가뭄이 닥치면 농작물은 엄청난 피해를 입고, 그에 따르는 식량난 때문에 상상할 수 없을 정도의 끔찍한 상황이 만들어지기도 한다.

2) 가뭄의 기상학적 원인

가뭄은 초여름과 여름의 강수량 부족이 주원인이다. 강수부족에 직접적인 지배 요소인 우리나라 주위의 기압 배치를 살펴보면, 북태평양 고기압이 극히 발달하였거나 오호츠크해 고기압의 세력이 강하여 중심이 남쪽으로 기울어져 우리나라가 그 세력권 내에 들면서 장마전선이 북상하지 못할 때가 가장 많다. 이와 같이 북태평양과 오호츠크해 고기압이 이상 발달을 하여 장마전선이 우리나라 부근에 형성되지 못하면, 중국으로부터 이동해오는 저기압의 진로를 막을 뿐만 아니라 온순 발달을 억제하게 되므로 가뭄이 계속되게 된다. 이상 기압 배치의 직접적인 원인은 해수면 온도 분포 상태의 변화라고 생각되고 있으며, 간접적인 원인으로는 태양 에너지의 변동, 즉 태양 흑점 수의 변동이라 추정하고 있다. 지구대기의 상태와 운동은 태양복사에너지에 의해 결정적으로 지배되고 있고, 태양 흑점 수와 가뭄의 발생빈도 사이에는 높은 통계적 상관관계가 있다고 잘 알려져 있다.

가뭄지수

- 파머가뭄지수(PDSI: palmer drought severity index)
  1965년 파머가 수분지수모형을 도입하여 개발한 것으로 강수량과 증발산량을 이용하여 토양의 월별 수분지수를 분석한다. 단시간의 습윤상태에 영향을 받지 않아 장기간의 가뭄정도를 정량적으로 분석한 가뭄지수를 말하는데, 실제 수분공급이 기후학적으로 필요한 수분공급보다 많고 적음의 기준으로 가뭄상태를 평가한다.
- 평균가뭄지수(SPI: standardized precipitation index)
  시간 간격에 따른 가뭄의 빈도와 지속기간의 관계를 나타낸다.

3) 가뭄의 특이성

가뭄은 진행속도가 늦다. 가뭄은 수개월에서 수십 년까지 형성이 느리다. 가뭄은 최악의 결과를 초래하는데, 물을 가지고 경쟁하는 사람들, 사회, 정부 간의 갈등, 경제에 미치는 영향 등 매우 광범위하다.

가뭄은 비용손실이 크고 개인이나 국가에 막대한 손실을 가져다주며, 대책을 수립하기가 어렵다. 지하수를 양수하는 방법이나 인공 강우를 조성하는 방법 등이 있는데 근본적인 대책이 되지 못하고 있다.

가뭄의 심각한 피해는 간접적인 요소이며, 직접적으로 인명피해를 주는 경우가 드물다. 가뭄은 갈등을 초래하고 개인 간, 조직 간, 지역 간, 사회 간, 국가 간의 갈등까지 파급될 수 있다.

4) 가뭄의 각 기준

표 2-13 건조주의보와 경보

건조주의보	* 실효습도 35% 이하의 상태가 2일 이상 계속될 것이 예상될 때
건보경보	* 실효습도 25% 이하의 상태가 2일 이상 계속될 것이 예상될 때

표 2-14 가뭄판단지수

단 계	지수범위	색 깔	가뭄 상황
매우위험	-2.0 미만	빨강	작물 손실, 광범위한 물 부족 및 제한급수
가뭄	-2.0~-1.0	주황	작물에 다소 피해 발생, 물 부족 시작, 자발적 절수 요구
정상	-1.0~1.0	노랑	식물 성장에 필요한 정도로 강수가 충분함.
습함	1.0 이상	파랑	충분한 강수로 인해 가뭄 상황 없음

자료: 기상청

표 2-15 국내 가뭄단계별 기준

구분		기준	내 용
1단계	1-1단계	10% 감량공급 시	고지대 및 급수 불량지역 운반급수, 방송·캠페인 등을 통한 절수 홍보
	1-2단계	10~30% 감량공급 시	공공건물, 대형빌딩 절수 확대, 격일제 또는 3일제 제한급수 실시
2단계	2단계	30~50% 감량공급 시	수돗물 다량 사용공장 조업 단축, 군부대 인력 및 장비 지원 비상급수
3단계	3-1단계	50~60% 감량공급 시	실정에 따라 3~5일제 제한 급수, 산업용수 공급 감축 및 중단, 개인 및 민방위 관정전용상수도 공동이용 확대
	3-2단계	60% 이상 감량공급 시	최소한의 생활용수만 공급, 수돗물 다량 사업용 격일제 영업
4단계	4단계	급수 중단	먹는 샘물공급, 최소한의 식수배급제 실시

자료: 기상청

5) 가뭄의 분류

가뭄을 각 분야별 관점에서 구분해보면 다음과 같은 기준으로 정의할 수 있다.

① 기상학적 가뭄 : 주어진 기간의 강수량이나 무강수 계속일로 정의

② 기후학적 가뭄 : 월별 또는 연별 평균치와 해당 연도의 강수량과의 백분율로 정의

③ 대기 가뭄 : 기온, 바람 및 습도 등에 의해 정의

④ 농업 가뭄 : 농작물의 생육에 직접 관계되는 토양 수분에 의해서 정의
⑤ 수문 가뭄 : 하천, 저수지, 지하수 등의 수위에 중점을 두고 생활용수나 공업용수 등의 부족을 가지고 정의

6) 가뭄의 4가지 기본형태

① 건조기후에 나타나는 영구적인 가뭄
이 경우에는 건조한 기후에 적응한 몇몇 종류의 식물만 자라며, 인위적으로 계속해서 토지에 물을 공급하지 않는 한 농사를 지을 수 없다.
② 건기와 우기가 뚜렷한 기후에서 나타나는 계절적인 가뭄
이런 지역에서 농사를 제대로 짓기 위해서는 심는 시기를 조절하여 농작물이 우기에 발육하도록 해야 한다.
③ 비정상적으로 강우가 부족하여 생기는 예측불허의 가뭄
이런 종류의 가뭄은 어떠한 기후에서도 나타날 수 있으나, 특히 습윤(濕潤)·아습윤(亞濕潤) 기후에서 가장 흔하다. 대개 이러한 가뭄은 짧은 기간 불규칙하게 나타나며, 영향을 미치는 범위도 좁다.
④ 비가시적(非可視的)인 가뭄
이러한 가뭄은 여름에 기온이 높을 때 증발과 증산작용이 활발히 일어남으로써 생긴다. 이 가뭄에서는 소나기가 자주 내려도 증발과 증산작용으로 뺏긴 물의 양을 회복하지는 못한다. 결과적으로 활용할 물의 여유가 없는 현상을 일으켜 농작물의 수확량이 줄어든다.

7) 가뭄의 영향

(1) 산불

지구온난화로 높아진 기온 때문에 토양과 나무의 수분이 증발하여 건조해지면 산불도 자주 발생한다. 게다가 따뜻한 공기가 대기를 불안정하게 만들어 번개가 잦아지면, 이것 역시 화재의 원인이 된다. 화재의 첫 번째 신호는 냄새와 연기지만, 그전에 동물들의 비정상적인 행동을 보고도 산불을 짐작할 수 있다.

산불화재 시 대피요령으로는 첫째, 대피로를 찾아야 한다. 연기를 보고 바람의 방향을 파악하여, 불길이 사그라질 수 있는 쪽으로 대피한다. 옷은 불이 내뿜는 열기로부터 우리 몸을 보호해 주기 때문에, 옷이 거치적거린다고 벗어던지면 안 된다. 또한 불길은 오르막을 향해 더 빨리 올라가므로, 높은 곳으로 피하는 것은 위험하며, 가장 좋은 대피 장소는 강이므로 산불이 강에 도달하더라도 물속에서 침착하게 머문다면 위험을

피할 수 있다. 둘째는 자동차 안에서의 행동이다. 자동차를 타고 가다 산불을 만났을 때는 창문을 모두 닫고 통풍시스템을 완전히 끈 상태로 차를 운전해서 산불을 벗어나야 한다. 탈출이 불가능할 때는 자동차가 산불의 열기를 어느 정도 차단해주기 때문에 차라리 제자리에 머무는 것이 낫다. 일반적인 산불의 진행 속도라면, 창문이 녹기 시작할 즈음엔 불길이 차를 지나쳐가 재난을 피할 수 있는 가능성이 높기 때문이다. 하지만 그전에 두려움에 질려 차 밖으로 뛰쳐나오는 것은 매우 위험하다. 셋째, 땅속으로 대피하는 방법이다. 저절로 불길이 멈출만한 장소를 찾지 못했을 때는 땅을 파고 안으로 들어가서 입구에 옷을 펼치고 위에 흙을 덮어, 불이 그 위를 지나가도록 한다. 그러나 화재 시에는 열에 의한 피해뿐 아니라 질식의 위험도 있으므로, 가능한 구덩이를 깊게 파고 손으로 입과 코를 막은 상태에서, 조심해서 숨을 쉬어야 한다. 불이 지나갈 때는 호흡기관이 열에 상처를 입을 수 있으므로 숨을 참도록 한다.

산불의 종류

1. 지표화

지표화는 지표에 있는 낙엽과 초류 등의 지피물과 지상관목, 어린나무 등이 불에 타는 것으로서 양석지나 초원등지에 가장 흔히 일어나는 산불이다.

2. 수간화

수간화는 나무의 줄기가 타는 불이며 지표화로부터 연소되는 경우가 많고 낙뢰로 발생할 수도 있다. 간별이나 가지치기 등 육림작업이 부실한 경우 밀생된 가지나 앞으로부터 수간화가 된다.

3. 수관화

수관화는 대개의 경우 지표화 또는 수간화로부터 수관부에 불이 닿아 바람과 불길이 세어지면 수관화로 발전되는데, 한번 일어나면 화세도 강하고 진행속도가 빨라서 끄기가 힘들다.

4. 지중화

지중화는 이탄질이나 낙엽 등 유기물질이 타는 것으로써 산소의 공급이 막혀 연기도 적고 불꽃도 없이 서서히 타나, 강한 열이 오래 계속되어 균일하게 피해를 주며 고산지대 산불 발생 진화 후에 재발의 불씨가 되기도 한다.

(2) 제(諸) 피해

물 부족은 공업용수의 부족과 연결되어 생산을 저하시킬 뿐만 아니라, 농작물의 피해로 심각한 식량난 문제를 유발하며, 하천수의 감소, 지하수 및 토양의 수분을 고갈시켜 식수난을 겪게 된다.

8) 가뭄 대비 방법

① 도시지역에서는

- 가정에서는 식기류 세척·세수·샤워 시 물을 받아 사용
- 가정에서 세탁할 때는 한꺼번에 빨래를 모아서 함.
- 식당 등 물을 많이 사용하는 업소는 물을 적게 사용하는 방법으로 영업
- 정원이나 꽃밭에는 한번 사용한 허드렛물을 재활용
- 개인소유의 우물(관정 포함)은 공동으로 이용

② 농·어촌지역에서는

- 논·밭 토양의 수분 정도와 농작물의 상태를 잘 살펴봄.
- 농작물에 피복(멀칭)이 가능한 곳에서는 볏짚, 비닐 등으로 토양수분 증발을 최소화함.
- 물이 쉽게 고갈되는 곳이나 물이 부족한 지역을 잘 알아둠.
- 가뭄이 오기 전에 우물과 같은 용수원을 미리 개발
- 물을 끌어올 수 있는 시설(수로)이나 물을 퍼 올릴 수 있는 장비(양수기)를 잘 점검
- 수리불안 전답 지역에서는 논물가두기, 사용한 물 재사용 등 물 관리를 철저히 함.

9) 가뭄대처 서바이벌

① 물 저장하기

- 정기적으로 비가 오던 시기에 더위가 계속될 때는 가뭄에 대비하여 미리 물을 저장해두고 나눠 쓰는 지혜가 필요하다.
- 그늘진 곳에 땅을 파서 물 저장탱크를 만들되, 나무뿌리가 있는 곳은 피하고 반드시 뚜껑을 덮어 서늘한 상태로 물을 보존한다.
- 또한 요리할 때 썼던 물을 설거지에 다시 사용하는 등 일상생활에서도 물을 아껴 쓰려는 지혜와 노력이 필요하다.

② 위생 관리하기

- 가뭄이 발생했을 때는 물 공급원이 오염되지 않도록 각별히 주의를 기울이고, 동물의 사체나 먼지바람으로 전염병이 번질 수 있으므로 위생에 신경 써야 한다.
- 모든 음식은 뚜껑을 잘 덮어서 보관하여 먼지가 묻지 않도록 관리한다.
- 동물의 사체는 반드시 땅속 깊이 묻고 물을 마실 때나 화장실을 사용한 후 음식을 만지기 전 · 후에는 손을 깨끗이 닦아야 한다.

③ 화재 예방하기

- 가뭄은 모든 것을 건조하게 만들기 때문에 작은 불도 걷잡을 수 없이 큰 화재로 번질 수 있다.
- 불을 피워야 할 때는 땅을 깊게 파고 불씨는 작게 피우며, 불이 커지지 않도록 주의를 기울여 화재를 예방하도록 한다.

④ 식수 구하기

- 주변에 시내나 웅덩이가 없을 때는 식물이 자라는 땅 아래에 물이 흐르는 경우가 많다.
- 자갈이 많은 지역에서는 시냇물이 지나간 흔적을 파면 샘을 발견할 수 있으며, 그밖에 다양한 방법으로 물을 구할 수 있다.

㉮ 이슬과 비

- 빗물은 마실 수 있으므로 비가 올 때는 반드시 받아 두고, 받아둔 물은 끓여서 먹는 것이 안전하다.
- 일교차가 큰 곳에는 이슬이 많이 생기는데, 이슬을 모아도 식수로 활용할 수 있다.
- 발목에 깨끗한 옷을 묶고 젖은 풀 위를 걸으면 이슬이 옷에 흡수된다. 옷이 이슬에 젖으면, 젖은 옷을 짜거나 핥아서 물을 얻는다.

㉯ 수증기 응결하기

- 식물의 가지에 비닐봉지를 씌우면, 응결된 수증기를 모을 수 있다.
- 나무 전체에 텐트를 덮어씌워서 응결되는 물방울을 모으는 방법도 있다. 이때 바닥에 비닐을 덧씌운 수로를 만들어, 떨어진 물이 모이도록 한다.

㉰ 태양 증류기

- 태양 증류기는 사막 지역에서 효과적으로 사용할 수 있는 방법이다.
- 땅에 구멍을 파고 그 위에 비닐을 덮으면, 태양열이 땅을 가열하여 생긴 증기가 비닐에 응결된다.
- 이때 구덩이 중앙에 그릇을 두면 떨어지는 물방울을 모을 수 있다.
- 게다가 미끄러져 떨어지는 곤충이나 작은 뱀을 잡는 덫의 역할도 한다.
- 오줌과 같이 독성이 있거나 오염된 물에서 깨끗한 물을 추출하는 데도 사용된다.

물 부족 문제

※ 기준 : 국민 1인당 확보된 연간 담수량

* 매년 1,000m^3 미만(물 기근 국가) : 만성적인 물 부족을 경험하며 그 결과 경제발전 및 국민복지·보건이 저해 → 알제리, 바레인, 바베이도스, 부룬디, 카포베르데, 이집트, 이스라엘, 요르단, 쿠웨이트, 리비아, 몰타, 오만, 카타르, 사우디아라비아, 싱가포르, 튀니지, 아랍에미레이트연방, 예멘
* 매년 1,700m^3 미만(물 부족 국가) : 주기적인 물 압박을 경험 → 벨기에, 코모로스, 키프러스, 아이티, 케냐, 모로코, 폴란드, 르완다, 소말리아, 남아프리카공화국, **영국**, **한국**
* 매년 1,700m^3 이상(물 풍요 국가) : 지역적 또는 특수한 물 문제만을 경험 → 미국, 일본, 캐나다 등 131개국

10) 가뭄대책

(1) 예방과 대비대책

- 시설물별 용수관리시스템 개발·운영
- 수리시설, 양수시설 정비점검 및 부족한 장비의 사전보충 실시
- 가뭄 해소 중·장기계획 수립 추진
- 물 절약 대책추진
- 가뭄대책에 관한 연구개발 및 조사 활성화
- 가뭄발생 예상지역 관리

(2) 대응과 복구대책

- 가뭄대응 활동체계 확립
- 단계별 제한급수대책수립
- 긴급 식수원 확보 및 생활용수 공급
- 절수 운동전개 등 대국민 홍보
- 피해농작물에 대한 복구비 지원
- 가뭄대책장비 및 시설구입비 및 동력비 등의 지원
- 재난구호 및 재난복구 비용부담 기준에 관한 규정에 의한 지원
- 가뭄대책에 관한 연구개발 및 인공강우 개발 등

5. 적조(赤潮; Red Tide)

1) 정의

플랑크톤이 이상 증식하면서 바다나 강 등의 색이 바뀌는 현상. 생태계에 문제를 일으키며 인간의 생활에도 여러 가지 피해를 준다.

바닷물 속에서 부유생활(浮遊生活)을 하는 생물(플랑크톤)의 대량번식이나 집적(集積)으로 인해 바닷물의 색깔이 변하는 현상이며, 호소(湖沼)에 생기는 경우는 담수적조라 한다.

일반적으로 물이 붉게 바뀌는 경우가 많아서 붉은 물이라는 의미에서 적조(赤潮)라고 하지만 실제로 바뀌는 색은 원인이 되는 플랑크톤의 색깔에 따라서 다르다. 오렌지색이나 적갈색, 갈색 등이 되기도 하며, 이는 적조를 일으키는 생물이 엽록소 이외에도 카로테노이드(carotenoid)류의 붉은색, 갈색 색소를 가지고 있기 때문이다. 즉, 물빛은 플랑크톤의 종류, 활성도(活性度), 밀도 등에 따라 여러 가지이기 때문에 백조(白潮)·청조·녹조라고도 한다.

적조를 일으키는 플랑크톤은 규조류(珪藻: diatom), 편모조류(鞭毛藻: dinoflagellate) 같은 식물성 플랑크톤이 가장 일반적이며 한국에서의 적조 기준도 이 두 가지 플랑크톤의 양을 이용한다. 이외에도 남조류(藍藻: cyanobacteria)나 원생생물인 야광충(noctiluca), 섬모충(mesodinium)에 의해서 적조가 일어나기도 한다.

2) 적조의 원인

적조가 일어나는 가장 큰 요인은 물의 부영양화, 즉 물에 유기양분이 너무 많은 경우에 있다. 과거에는 비누나 세제에 포함된 인 성분이 문제가 되었으나 최근에는 영양물질이 공급되어 일어나는 원인 이외에도 연안 개발로 인한 갯벌의 감소가 큰 문제로 떠오르고 있다.

갯벌에 사는 여러 생물은 물속에 있는 미생물이나 플랑크톤을 먹이로 함으로써 이러한 수준을 어느 정도 유지해 주는 자연 정화 역할을 담당하고 있었으나, 간척사업 같은 활동에 의해 갯벌이 줄어들면서 부영양화가 심해져서 적조가 더욱 심하게 일어나는 것으로 추측되고 있다. 이외에도 기온의 변화로 인해 수온이 상승하여 미생물이 더욱 왕성하게 번식하는 경우나 바람이 적게 불어서 바닷물이 잘 섞이지 않는 경우에도 적조가 일어나는 것으로 알려져 있다. 특히 최근 엘니뇨 같은 지구환경 변화에 따른 수온 상승으로 적조가 더욱 자주 나타나는 것으로 알려져 있다.

용 어 정 리

*** 호소(lake, 湖沼)**

내륙의 와지에 있는 정수괴를 총칭하는 말로 육수학적으로는 호수, 늪, 소택, 습원으로 분류된다. 호수는 최심부가 5m 이상 되는 것을 말하며 늪은 최심부의 깊이가 5m 이며 침수식물이 무성한 곳을 말하며 소택은 도처에 정수식물이 무성하고 최심부가 1m 이하인 곳을 말한다. 습원은 습지식물이 무성히 덮여 있는 곳을 말한다.

*** 녹조(water-bloom)**

플랑크톤이 대량 번식하여 물색을 녹색으로 변화시키는 현상으로 주로 강이나 하천 및 호소에 일어나고 원인 종은 주로 남조류이며, '담수적조' 라고도 말한다. 녹조가 번식하면 물속의 용존 산소량이 감소, 적조와 마찬가지로 물고기가 떼죽음을 당하고 물에서 썩는 냄새가 나 어업에 피해를 준다. 또한 독소를 가진 남조류가 많은 녹색의 호수 물을 마시면 간에 손상이 가거나 구토, 복통이 일어나며 많이 마시면 죽을 수도 있다. 그리고 수역의 생태계가 파괴되어 먹이사슬 구조에도 문제가 발생한다. 녹조는 악영향을 미치는 경우가 많아 유해적조(HAB : harmful algal-bloom : 어패류의 식중독을 일으키는 패독 현상을 포함시킴)라고 부르기도 한다.

*** 부영양화(eutrophication, 富營養化)**

부영양화는 강·바다·호수 등의 수중생태계의 영양물질이 증가하여 조류가 급속히 증식하는 현상으로 용어는 '영양분이 풍부하게 공급되었다'는 뜻의 eutrophication이라는 그리스어에서 유래되었다. 강이나 바다 등 수중생태계에 유입되는 생활하수나 산업폐수, 가축의 배설물 등의 유기물질이 유입되어 물속의 질소와 인과 같은 영양물질이 많아진다. 영양물질이 늘어나면 영양소의 순환 속도가 빨라져 조류(algae)의 광합성량이 급격히 증가하여 그 성장과 번식이 매우 빠르게 진행되고 최종적으로 대량증식하게 되는데, 이 현상을 부영양화라 한다.

*** 규조류(diatom, 硅藻類)**

규조류는 조류(藻類) 갈색식물문의 한 강(綱)으로서 생종은 6,000~1만 종으로 알려져 있다. 흔히 돌말이라고 부르는 종류이며 황조식물(黃藻植物)의 1강으로 분류하기도 하고, 규조식물문으로 독립시키기도 한다. 민물과 바닷물에 널리 분포하는 플랑크톤이며 수중생태계의 생산자로서 어패류의 먹이로도 중요하다. 모두 단세포이고 규산질로 된 단단한 껍질이 있다. 껍질은 위껍질과 아래껍질로 구별되며 위껍질이 아래껍질을 반쯤 덮고 있어서 마치 벼루상자의 뚜껑과 몸집처럼 서로 가까이 붙어있다. 따라서 위에서 본 모양과 옆에서 본 모양이 다르다. 껍질에는 기하학적인 여러 가지 무늬와 돌기가 있어서 아름다운 무늬를 나타낸다.

*** 어패류(fish and shellfishe, 魚貝類)**

어패류는 어류와 패류의 총칭으로서, 일반적으로는 주로 식품으로서의 생선과 조개 종류를 이르는 말이다. 어패류는 삼면이 바다인 한국의 중요한 단백질 식품으로 우리가 섭취하는 전체 단백질의 30%, 동물성 단백질의 80% 이상을 차지한다. 어패류는 살뿐만 아니라 알·내장까지도 식용으로 하며 한국 고유의 가공품 형태로 옛날부터 전해진다.

*** 플랑크톤(plankton)**

수중생물을 생태적으로 구분한 한 무리로서 부유생물이라고도 한다. 스스로 운동능력이 전혀 없거나 또는 아주 약하고 수동적으로 행동하는 생물을 가리킨다. 식물플랑크톤과 동물플랑크톤으로 크게 나뉘는데,

보통 식물플랑크톤 쪽이 양이 많다.

*** 편모조류(Flagellates, 鞭毛藻類)**

편모를 가지고 수중생활을 하는 단세포생물로서 동물과 식물의 중간적인 성질을 지닌다. 이들은 단독생활을 하거나 한천질에 싸인 군체를 이루기도 하며 때로는 편모를 잃고 아메바운동을 하기도 한다. 세포는 한 개 또는 여러 개의 핵을 가지고, 수축포가 있으며 녹색 또는 황갈색의 색소체를 가지는 것이 보통이다. 또한 색소가 없는 종류는 종속영양생활을 한다. 보통은 이분법으로 증식하지만 유성생식도 한다. 편모조류는 분류학적으로 독립된 분류군을 지칭하는 것은 아니고, 편모를 지닌 단세포 조류를 지칭하는 막연한 말로서 동물계의 편모충류에 속하는 유색편모충류까지 포함하기도 하는데, 분류학적으로는 조류 중 황적조류(Pyrrphyta)·황갈조류(Chrysophyta)·유글레나류(Euglenophyta) 등이 대표적이다. 그 밖에 녹조류(Chlorophyta)의 단세포 또는 군체를 이루는 종류까지 지칭하기도 한다.

*** 남조류(cyanobacteria, 藍藻類)**

원핵 생물계의 한 문(門)으로서, 엽록소와 남조소를 가지고 있는 단세포 생물이다. 남조류는 단세포로서 세균처럼 핵막이 없고, 엽록소와 남조소를 가지고 있어 광합성을 하며 이분법으로 번식한다. 단세포인 남조류는 대부분 여러 세포들이 모여 실모양으로 군체를 이루고 있어 다세포 생물처럼 보인다.
대부분의 남조류는 플랑크톤의 범주에 들어가며 어류의 먹이가 된다. 토양, 바위, 나무 위, 바다, 연못, 수영장 또는 물이 새는 수도꼭지 등과 같은 수중환경에 넓게 분포되어 있으며, 점액질의 껍질을 가지고 있어 건조한 환경에서도 잘 견딘다. 유기물을 많이 포함한 물이 호수나 강물에 유입되면 유기물 속의 인산이나 질산 등이 비료 역할을 하여 남조류가 폭발적으로 번식한다. 이는 강물이 녹색으로 변하는 녹조현상의 원인이 된다.

*** 섬모충류(纖毛蟲類)**

원생동물의 한 강에 속한 동물의 무리로서 일생 또는 생활 주기의 어느 단계에 운동세포기관으로서 섬모(纖毛)를 가진다. 원생동물 중에서 가장 잘 분화되고 체제가 갖추어져 있고 물이나 흙속에 산다. 학명은 Ciliophora이다.

*** 야광충(noctiluca, 夜光蟲)**

몸은 공 모양으로 지름이 약 2mm이다. 껍데기가 없다. 편모공(鞭毛孔)은 거대하고 입처럼 깊이 패여 있으며 1개의 굵은 촉수가 몸 밖으로 나와 원생동물이나 갑각류의 유생을 잡는 것이 특징이다. 세로 편모는 짧고 편모공 속에 있는데 가로 편모는 변형되어 판 모양이다.
세포질 속에 여러 개의 발광성 알갱이가 있어 물리적 자극을 받으면 발광한다. 밤의 해면에서 배가 지나간 뒤 물결이나 파도의 꼭대기가 청백색으로 빛나는 것은 이 종이 있기 때문이다. 이상증식을 하면 적조의 원인이 되며 연안어업에 피해를 주는 일이 있다. 특히 초여름에서 한여름에 걸쳐 바람이 없는 내만(內灣)에서 수온이 다소 높을 경우에 이상번식(異常繁殖)을 하여 바다가 토마토주스와 같은 빛깔이 된다.

3) 적조주의보와 적조경보

적조주의보는 반경 2~5km 수역에 걸쳐 발생하고 어업피해가 우려될 때이고 적조 경보는 반경 5km 이상 수역에 걸쳐 적조가 발생하여 상당한 어업 피해가 예상되는 경우를 말한다.

4) 적조가 미치는 영향과 대책

적조가 일어나면 물속에 녹아 있는 산소 농도가 낮아지기 때문에, 물속의 산소를 이용해서 호흡을 하는 어패류가 질식하여 폐사하는 일이 많이 발생한다. 그뿐만 아니라 물고기의 아가미에 플랑크톤이 끼여 물리적으로 질식하는 경우도 있으며, 적조를 일으키는 플랑크톤 중 독성을 가진 조류(藻類)가 있어서 이 독성 때문에 폐사하기도 한다. 이 때문에 적조가 일어나면 어업, 특히 양식어업에 큰 타격을 줄뿐만 아니라 독성물질이 축적된 어패류를 사람이 섭취함으로써 중독 증상을 보일 수도 있다.

적조가 일어나면 황산구리를 살포하여 대처하기도 하고 황토를 뿌려보지만 별달리 소용이 없는 경우가 많기 때문에 자연스럽게 없어지기를 기다릴 수밖에 없다. 그러므로 하수정비 등을 통해 연안의 부영양화를 억제하는 방식으로 예방하는 것이 중요하며, 이외에도 갯벌을 정비하여 적조를 막기도 한다. 최근에는 플랑크톤에 감염하는 바이러스를 이용하여 적조를 방지하려는 기술이 개발되고 있다.

5) 적조 대책

(1) 일반적 대책

㉮ 선박을 활용하여 양식장 주변 적조생물을 분산시키고 산소를 주입
㉯ 유해성 적조가 양식어장 주변해역에 발생했을 때에는 먹이공급을 중단
㉰ 인근해역에 적조가 발생했을 때에는 적조생물 밀도에 따라 사료 공급량을 조절
㉱ 수심을 조절할 수 있는 시설은 5m 이상으로 수심을 유지
㉲ 주간 적조생물 부상시간에 황토를 살포
㉳ 소규모 적조 시에는 어장유입 전에 황토를 살포

(2) 예방대책

㉮ 중앙적조대책본부(본부장: 제2차관, 지휘총괄: 어업자원관)를 중심으로 유관기관과 협조체계를 구축
㉯ 방제선단을 구성·운영하며, 방제인력 및 장비를 확보
㉰ 양식장별 방제장비점검 및 황토 확보

(3) 대비대책

㉮ 무인선박이나 비행체를 이용하여 예찰활동 강화
㉯ 민·관 예찰에 관한 협력체계 구축하여 지자체별 운영
㉰ 적조피해 우려 품종 양식어업권자에게 E-mail 송부
㉱ 자동응답전화(ARS)와 적조정보 자동 송·수신 운용
㉲ 휴대폰이나 인터넷을 통해 실시간으로 적조 정보제공

(4) 대응대책

㉮ 사육조 내 양식생물 밀도를 가급적 낮게 분산수용하고 성어에 대해서는 조기출하 지도
㉯ 공기 공급장치(공기발생기) 및 적조생물 여과기 등 적조방재를 위한 장비 추가 설치 및 점검
㉰ 헬기에 의한 항공감시 등 적조감시망을 가동, 적조 변동사항을 매일 감시하여 적조 내습에 대비
㉱ 어업인, 유관기관과 합동으로 황토살포 등 적조방제 실시
㉲ 적조발령 시 각 수조에 순환범프나 수중펌프 등을 설치하여 지체순환과 낙차 등을 이용한 상소 보충
㉳ 양식장의 해수 교환 시 여과시설을 통해서 환수하고 여과시설이 없는 경우 환수 중단 또는 환수량 조정
㉲ 휴대폰이나 인터넷을 통해 실시간으로 적조 정보제공

(5) 복구대책

㉮ 지자체별로 폐기물업체와 사전예약 등을 통해 적조 피해 어류의 신속한 처리
㉯ 적조피해 방지를 위한 행정기관의 권고, 지시사항을 미이행하는 경우 피해복구에 감액 지원 가능성 홍보
㉰ 재난지원금 및 간접지원(영어자금 상환연기 및 이자감면)
㉱ 복구실시 지침을 만들어 복구계획서를 작성하고 복구비를 배정

6. 조류대발생(藻類大發生)

1) 정의

녹조현상은 질소, 인과 같은 영양분의 과다, 수온상승, 일조량, 유속 등이 복합적으로 작용하여 발생한다. 녹조류 발생을 쉽게 판별할 수 있는 엽록소(클로로필-a)의 농도와 독성을 지닌 남조류의 세포수를 기준으로 발생정도에 따라 주의보-경보-대발생-해제 등 4단계로 구분 발령하고, 취수·정수장 등 관계기관에 신속하게 전파하여 단계적인 대응조치를 취하는 제도이다.

2) 조류발생신호

(1) 조류 주의보

2회 연속 채취 시 엽록소(클로로필-a)의 농도가 15mg/m^3 이상이고 남조류의 세포수가 500세포/mL 이상인 경우를 말한다.

(2) 조류 경보

2회 연속 채취 시 엽록소(클로로필-a)의 농도가 25mg/m^3 이상이고 남조류의 세포수가 5,000세포/mL 이상인 경우를 말한다.

(3) 조류 대발생

2회 연속 채취 시 엽록소(클로로필-a)의 농도가 100mg/m^3 이상이고 남조류의 세포수가 1,000,000세포/mL 이상인 경우를 말한다.

(4) 해제

2회 연속 채취 시 엽록소(클로로필-a)의 농도가 15mg/m^3 미만이거나 남조류의 세포 수가 500세포/mL 미만인 경우를 말한다.

녹조현상과 적조현상

*** 녹조현상**

영양 염류의 과다로 호수에 녹조류가 대량으로 번식하여 물빛이 녹색으로 변하는 것을 녹조현상이라고 한다. 일단 물에 유입된 영양염류는 제거하지 않으면 수중생태계의 물질 순환 구조 속에 계속 남아 있게 되므로, 녹조현상이 자꾸 되풀이해서 나타나게 된다.

따라서 녹조현상을 막기 위해서는 생활하수를 충분히 정화하여 영양염류가 바다나 호수로 유입되지 않도록 해야 한다. 한편 유입된 영양염류를 제거하기 위해서는 물가에 뿌리를 내리고 사는 풀이나 나무를 강가나 호숫가에 심어 뿌리를 통해 물속의 영양염류를 흡수하게 해야 한다.
또한 우리나라의 서해안과 남해안에 발달한 갯벌은 육지에서 바다로 흘러 들어가는 물을 정화하는 구실을 하기 때문에, 녹조현상의 예방과 해양생태계의 보호를 위해서 갯벌을 보존해야 한다.

* 적조현상
바닷물에 플랑크톤이 많이 생겨서 바닷물이 적갈색으로 변하는 현상이다. 적조현상은 여러 가지 원인에 의해 발생하는데, 특히 해수의 온도가 상승하고 장마나 폭우로 인하여 바닷물에 영양염류가 많아 유입될 때 잘 발생한다. 영양염류의 양이 급증하면 어패류는 아가미가 막히거나 산소 부족으로 떼죽음을 당하기도 한다. 적조는 대개 붉게 보이지만, 번식하는 플랑크톤의 종류에 따라 적갈색, 황갈색 등 다양하게 나타난다.

3) 조류 예보제

조류발생 상황을 사전에 관계기관 등에 신속하게 전파하여 발생정도에 따라 취·정수장의 정수처리 강화와 조류제거 등 단계적인 대응조치로 조류발생으로 인한 피해를 최소화하고 수돗물의 안전성을 확보하는 것이 목적이다. 1996년 처음 도입하였으며, 팔당호·대청호·충주호·주암호·운문호·한강 등에서 실시하고 있다.

조류경보제는 안전한 식수를 공급하기 위해 조류 예방을 위한 관계기관의 경각심을 일깨우는 동시에 출현 시 기민하고 유기적인 대처로 조류의 확산방지 및 제거를 종용하는 데에 그 의의가 있다.

조류주의보가 발령되면 취수·정수장의 활성탄 처리 등 수질관리가 강화되며 경보 이상 발령에는 독성물질검사가 강화되어 급수 중단조치가 내려진다. 한강의 경우 조류주의보 발령에는 한강관리사업소에서 조류제거대책을 수립하고, 한강과 하천에 대한 순찰을 강화하며 폐수배출업소에 대한 관리도 강화한다. 조류경보 발령에는 취수시설 부근에 차단막이 설치되고, 수상스키와 낚시 등 레저 활동이 전면 금지된다. 조류 대발생 예보에는 유람선 등 선박운항이 중단되고 팔당댐 방류량을 늘린다.

4) 대응방안

조류발생의 예방은 배출업소의 질소·인 배출허용기준을 강화하고, 환경기초시설의 질소·인 등의 수질기준을 단계적으로 강화하며, 농어배수·축상폐수 등 오염을 줄인다.

녹색 댐, 즉 산림을 조성하고, 호소유입하천의 환경 친화적 관리로 오염을 감소시키며, 호소퇴적층 준설 등 조류를 제거한다. 또한 정수장과 취수구에 오일펜스를 설치하여 조류 유입을 차단하고 '출현알림(주의보)' 단계에서는 관계기관이 조류 출현 상황을 공유하고 환경기초시설에 대한 지도·점검 및 정수처리를 강화한다.

'조류 경보' 단계에서는 대국민 상황전파와 동시에 배출업소 등에 대한 지도·점검을 강화하고 조류독성 분석 등 본격적인 취·정수장 안전대책이 실시된다. '조류 대발생' 단계에서는 비상 방류 등을 통한 조류제거조치가 본격적으로 작동된다.

7. 황사(黃砂; Yellow Dust)

1) 황사의 정의

중국이나 몽골 등 아시아 대륙의 중심부에 있는 사막과 황토 지대의 작은 모래나 황토 또는 먼지가 하늘에 떠다니다가 상층 바람을 타고 멀리까지 날아가 떨어지는 현상을 말하며, 마그네슘·규소·알루미늄·철·칼륨·칼슘 같은 산화물이 포함되어 있다.

평상시에는 10~50$\mu g/m^3$인 먼지농도가 황사가 발생하면 100~500$\mu g/m^3$으로 증가하고, 황사의 주성분인 Si(규소), Al(알루미늄), Ca(칼슘), K(칼륨), Na(나트륨) 등의 농도가 상승한다.

2) 황사의 크기와 성분

사막지대의 황사에는 큰 모래가 많고, 황토지대의 황사는 대부분 그 크기가 작다. 20μm(마이크로미터)보다 큰 입자는 구르거나 조금 상승하다가 부근에 떨어지고, 그보다 작은 입자는 부유하여 상층까지 잘 올라간다. 한반도와 일본에서 관측되는 황사의 크기는 1~10μm 정도이다. 1μm 입자는 수 년 동안, 10μm 입자는 수 시간~수 일 정도 공중에 부유할 수 있다. 사막지대의 황사는 석영(규소)이, 황토지대의 황사는 장석(알루미늄)이 주성분이다. 철 성분도 많이 함유되어 있다.

황사의 발령기준으로는 약한 황사(1시간 평균 미세먼지 농도가 200~300$\mu g/m^3$ 정도 예상될 때), 보통 황사(1시간 평균 미세먼지 농도가 300~500$\mu g/m^3$ 정도 예상될 때), 강한 황사(1시간 평균 미세먼지 농도가 500$\mu g/m^3$ 이상 예상될 때)가 있다.

* 1μm는 100만 분의 1/μg(마이크로그램) – 양을 표시

3) 황사의 발원지

우리나라에 영향을 미치는 황사의 주요 발원지는 중국과 몽골의 사막지대(타클라마칸, 바다인자단, 텐겔, 오르도스, 고비지역, 만주)와 황하중류의 황토지대이다. 이런 중국의 서북 건조지역은 연강수량이 400mm 이하(우리나라의 연강수량은 약 1100~1700mm)이고, 사막이 대부분이어서 모래먼지가 많이 발생한다.

발원지에서 배출되는 먼지 중 보통 30%가 발원지에 다시 가라앉고, 20%는 주변지역으로 수송되며, 50%는 장거리까지 수송돼 한국, 일본, 태평양 등에 침전된다.

그림 2-2 황사의 발원지

4) 황사의 발생 원인과 과정

봄에는 겨울 내내 얼어있던 건조한 토양이 녹으면서 잘게 부서져 크기 20μm 이하의 작은 모래먼지가 발생한다. 이렇게 발생한 모래먼지 위에 저기압이 지나가면 강한 상승기류에 의해 3천~5천m의 높은 상공으로 올라간 뒤 초속 30m 정도의 편서풍과 제트류를 타고 이동을 한다. 이후 풍속이 느려지는 한국과 일본에서 하강하고 간혹 미국(1998년 4월)까지도 이동하기도 한다. 발원지에서 한반도까지 오는 데 걸리는 시간은 2~3일 정도이다.

5) 황사주의보와 경보의 발령기준

황사주의보는 황사로 인해 1시간의 평균 미세먼지(PM10) 농도가 400$\mu g/m^3$ 이상으로 2시간 이상 지속될 것으로 예상될 때이다.

황사경보는 황사로 인해 1시간의 평균 미세먼지(PM10) 농도가 800$\mu g/m^3$ 이상으로 2시간 이상 지속될 것으로 예상될 때이다.

6) 황사가 미치는 영향

(1) 긍정적 영향

중금속 성분을 포함한 황사 비는 염기성을 띠기 때문에, 산성비와 산성 토양을 중화시킨다. 해양 플랑크톤에 무기염류를 제공해서 생물학적 생산력을 높인다.

(2) 부정적 영향

태양빛을 차단하여 시야를 흐리게 한다. 이 때문에 비행기가 이·착륙할 때 사고 발생 위험이 높아진다. 또한 황사가 태양의 복사열을 흡수하면 냉각효과를 일으켜, 지구 대기의 열 균형에 영향을 끼친다.

황사는 농작물이나 활엽수의 성장을 방해하고, 반도체와 같은 정밀기계에 고장을 일으킨다. 아울러 먼지가 호흡기관으로 들어가면 호흡기 질환을 유발하고, 알레르기와 눈병 등을 일으킨다.

* 황사 위성사진

우리나라를 가로지르는 누런 띠 모양이 황사로, 높이는 약 4km에 이른다. 주로 편서풍을 타고 우리나라를 지나 멀리 북태평양까지 날아간다.

* 미세먼지

환경부는 미세먼지 오염도를 미세먼지(PM10)와 초미세먼지(PM2.5)로 나누어 관리하고 있으며, PM은 입자상물질(Particulate Matter)의 약자입니다. 오염도 단위는 단위체적(1세제곱미터 부피의 공기)에 포함되어 있는 입자상 물질의 마이크로그램 단위 질량을 의미하는 μg(마이크로그램)/m^3로 나타낸다. 미세먼지(PM10)는 입자의 지름이 10μm(마이크로미터) 이하인 입자상 물질의 질량농도($\mu g/m^3$)를 측정한 오염도이며, 초미세먼지(PM2.5)는 지름 2.5μm 이하인 입자상 물질만 별도로 측정한 오염도를 뜻한다.

7) 황사에 대한 국민행동요령

(1) 황사 예보 때는

① 가정에서는

- 텔레비전, 인터넷, 라디오를 통해 기상 정보를 확인
- 황사는 알레르기성 결막염, 비염, 기관지 천식 등을 유발하므로 노약자, 어린이는 가능한 한 외출을 자제
- 노약자, 호흡기 질환자 등은 실외활동을 자제
- 귀가하면 손발을 깨끗이 씻음.
- 채소나 과일은 더욱 깨끗이 씻음.
- 황사가 실내로 들어오지 못하도록 창문 등을 점검
- 실내 공기정화기, 가습기 등을 준비
- 외출 때는 보호안경, 마스크, 긴소매 의복 등을 준비
- 포장되지 않은 식품은 오염되지 않도록 위생용기 등에 넣음.

② 학교 등 교육기관에서는

- 기상청에서 발표한 기상예보를 분석하여 지역실정에 맞게 휴업 또는 단축수업을 신중히 검토
- 학생들의 비상연락망을 점검, 연락체계를 유지

- 휴업 조치 시 맞벌이 부부 자녀에 대해서는 학교에서 자율학습을 하도록 함.
- 학생과 학부모를 대상으로 황사 피해예방 행동요령을 지도·홍보

③ 축산·시설원예 등에서는

- 운동장과 방목장에 있는 가축을 대피시킬 수 있도록 준비
- 노지에 방치·야적된 사료용 볏짚 등을 덮을 피복물을 준비
- 동력분무기 등 황사 세척용 장비를 점검
- 비닐하우스, 온실 등 시설물의 출입문과 환기창을 점검
- 제조업체 등 사업장에서는 자재와 생산제품의 야적을 억제하고, 어쩔 수 없는 경우 포장을 덮음.

(2) 황사 발생(주의보/경보) 때는

① 가정에서는

- 황사가 들어오지 못하도록 창문을 닫고 노약자, 호흡기 질환자 등은 실외활동을 삼가해야 함.
- 가능한 한 외출을 삼가고 외출 시에는 보호안경, 마스크, 긴소매 의복을 착용하고 귀가 후에는 손발 등을 깨끗이 씻고 양치질을 함.
- 물을 자주 마시고 공기정화기와 가습기를 사용하여 실내공기를 쾌적하게 유지
- 황사에 노출된 채소, 과일, 생선 등 농수산물은 충분히 세척 후 요리
- 2차 오염을 방지하기 위하여 식품가공·조리 시 손을 철저히 씻음.

② 학교 등 교육기관에서는

- 유치원생과 초등학생들의 실외활동을 금지하고 수업단축 또는 휴업을 고려
- 실외학습, 운동경기 등을 중지하거나 연기

③ 축산·시설원예 등에서는

- 운동장이나 방목장에 있는 가축은 축사 안으로 신속히 대피시켜 황사에 노출되지 않도록 함.
- 축사의 출입문과 창문을 닫아 황사 유입을 최소화하고 외부의 공기와 접촉을 가능한 한 적게 함.
- 야외에 야적된 사료용 건초, 볏짚 등을 비닐이나 천막으로 덮음.
- 비닐하우스, 온실 등 시설물의 출입문과 환기창을 닫음.

※ 제조업체 등 사업장에서는 불량률 증가, 기계 고장 등의 피해를 당하지 않도록 작업일정 조정·상품포장·청결상태 유지에 유의

(3) 황사가 지나간 후에는

① 가정에서는

- 실내공기를 환기시켜줌.
- 황사에 노출되어 오염된 물품은 충분히 세척 후 사용

② 학교 등 교육기관에서는

- 학교의 실내·외를 청소하여 먼지를 제거
- 학생들의 건강을 살펴서 감기·안질환자, 가려움증 등은 쉬게 하거나 일찍 귀가시키고 전문의와 상의하도록 함.
- 황사 후 발생할 수 있는 전염병에 대한 예방접종을 하거나 식당 등에 대한 소독을 함.

③ 축산·시설원예 등에서는

- 비닐하우스·축사 등 시설물, 방목장 사료조, 가축과 접촉되는 기구류 등은 씻거나 소독을 함.
- 황사에 노출된 가축의 몸에 묻은 황사를 털어낸 후 소독해줌.
- 황사가 끝난 후 2주일 정도 질병의 발생 유무를 관찰
- 구제역 등의 증세가 나타나는 가축이 발견되면 즉시 신고

8) 황사로 인한 질병과 대처방법

표 2-16 황사로 인해 발생 가능한 질환 및 대처방법

질환별	주 증상	대처 방법
호흡기질환 (기관지염, 천식 등)	• 호흡곤란 • 목의 통증 • 기관지, 기도점막의 염증 • 기침 등	• 천식환자는 황사가 심할 때는 가급적 외출을 삼간다. • 창문 등을 닫아 외부공기의 유입 차단 • 공기정화기와 가습기로 실내공기를 정화시키고 습도를 조절한다. • 물을 많이 마신다.
안질환 (알레르기성 결막염) 안질환 (알레르기성 결막염)	• 눈의 가려움증 • 눈물이 남 • 눈이 빨갛게 충혈됨 • 눈에 뭔가 들어간 것 같은 이물감과 통증 • 눈을 비비면 끈끈한 분비물이 나옴	• 부득이 외출해야 할 경우 보호안경을 끼고 콘택트렌즈의 착용을 삼간다. • 귀가 후에는 미지근한 물로 눈을 깨끗이 씻어낸다. • 소금물은 눈을 자극하므로 피해야 한다. • 결막염 초기 증세가 의심되면 깨끗한 찬물에 눈을 대고 깜빡거리거나 얼음찜질을 해주면 증상을 완화시킬 수 있다.
이비인후과질환 (알레르기성 비염)	• 재채기가 계속됨 • 맑은 콧물이 흐름 • 코막힘 등	• 외출 시 마스크를 착용하도록 한다. • 귀가 후에는 미지근한 물로 콧속을 씻어낸다.

질환별	주 증상	대처 방법
피부질환	• 피부의 가려움증 • 두드러기 등	• 외출 시에 황사에 노출되지 않도록 긴소매 옷을 입는다. • 귀가 후에는 반드시 손과 발 등을 깨끗이 씻는다. • 피부에 로션 등을 발라 흙먼지가 직접 피부에 닿지 않도록 한다.

9) 황사재난 대책

(1) 예방과 대비대책

① 예방대책

- 황사방지 조림사업 추진
- 한·중·일·몽 협력체계 구축
- 황사대응 국제협력체계 강화
- ABC프로젝트 참여

② 대비정책

- 황사입체 관측망 구축
- 황사유해대기물질 관측시스템 구축 운영
- 황사예보나 특보 시스템 개선
- 황사예측모델이나 위성탐지 기술 개발
- 건강피해방지 질병 감시체계 구축

(2) 대응과 복구대책

① 대응대책

- 분야별 황사피해 대응체계구축
- 식품제조업, 농업, 산업분야별 행동요령 전파
- 중앙황사대책상황실 운영

② 복구대책

- 황사로 인한 환경호르몬 영향 조사와 피해 경감 근본대책
- 분야별 대책의 성과평가 및 황사영향 조사
- 분야별 전년도 황사피해의 사회경제적 영향 조사
- 부처별 황사피해 지원 대책 수립과 시행

8. 낙뢰(落雷; Thunderbolt)

1) 정의

낙뢰는 벼락이라고도 하는데, 번개와 천둥을 동반하는 급격한 방전현상이다. 일반적으로 강한 소나기를 내리며, 우박을 동반하는 경우도 있다. 낙뢰는 주로 적란운 안에서 발생한다.

2) 낙뢰의 발생조건

낙뢰 방전이 일어나려면 적란운 안에 물방울과 빙정이 공존하여 비가 내려야 한다. 낙뢰는 적란운의 꼭대기가 -20℃ 정도까지 도달했을 때 일어난다는 통계 결과도 있다. 또한 적란운이 발달하려면 대기가 상당히 두꺼운 층에 걸쳐 불안정해야 하며, 더욱이 수증기의 보급이 적당히 있어야 한다. 산악 지대에서 낙뢰가 발생하기 쉬운 것은 지형에 의해 상승기류의 계기가 만들어지기 때문이다.

3) 낙뢰의 종류

(1) 열뢰(熱雷)

열뢰는 지표면이 강한 햇빛으로 데워져 대기 하층의 기온 감률(減率)이 100m에 대해 섭씨 1° 이상 커지며, 격렬한 상승기류를 생기게 하는 낙뢰이다. 여름철 오후에 육지, 특히 산간에서 가장 많이 발생하는데, 이 경우 상공에 차가운 공기가 들어오면 대기 상태가 한층 불안정해지며 강한 열뢰가 된다.

(2) 계뢰(界雷)

계뢰는 한랭전선이 발달한 곳에서 적란운이 발생하여 일어나는 낙뢰이다. 드물게 온난전선의 전선면을 따라 상승해가는 따뜻한 공기가 불안정해질 때 계뢰가 발생하는 경우도 있다. 일반적으로 전선 가까이에서 발생하는 낙뢰를 말하는데, 이런 경우 지표면의 가열이 있으면 대기의 상태가 한층 불안정해져서 대규모 낙뢰가 발생한다. 이를 열계뢰라고 한다.

(3) 전도뢰(顚倒雷)

전도뢰(불안정 낙뢰)는 단순히 강한 차가운 공기가 흘러들어 대기의 상태가 불안정해져서 일어나는 낙뢰이다.

4) 낙뢰의 위험성

낙뢰는 빛의 속도의 10분의 1 정도(1초에 3만 3천 km)로 빠르며, 전압은 1억 볼트로 집에서 쓰는 전기의 50만 배에 달한다. 또한 섬광이 지나가는 곳의 온도는 태양 표면보다 4배나 뜨거운 2만 7000도에 달한다. 일반적으로 사람이 낙뢰를 맞게 되면 약 80%는 즉사한다.

낙뢰 전류가 인체를 통과해 호흡과 심장이 4~5분 이상 지속적으로 멈출 경우 즉사하게 된다. 약 20%는 치료 후에 생명을 건질 수 있다.

적란운과 낙뢰의 전기, 그리고 방전

* 적란운(積亂雲)

적란운은 수직으로 발달하는 구름으로 적운과 비슷하지만, 적운보다 수직으로 더 치솟아 있어 산이나 큰 탑처럼 보인다. 구름 속에 전하가 모여 있어 번개도 동반하므로 뇌운(雷雲)이라고도 하며, 강한 비를 동반하므로 쌘비구름으로도 불린다.

적란운의 윗부분은 빙정, 아랫부분은 물방울로 이루어져 있다. 그리고 중간부분은 빙정과 작은 물방울이 섞여있다. 구름 밑면은 매우 어둡고 높이는 땅에서 2km 이하이나, 꼭대기의 높이는 12km에 이를 때도 있어서 성층권을 넘기도 한다. 때문에 적란운이 더 발달하지 못해 옆으로 퍼지는 모루구름이 생기기도 한다. 적란운은 흔히 소나기를 동반하며, 종종 우박과 뇌우, 매우 드물게 용오름(토네이도)을 동반한다. 짧은 시간 동안 강우량이 시간당 30mm~100mm 정도의 매우 많은 비가 좁은 지역에 내리는 집중호우가 발생하기도 한다. 매우 발달한 적란운은 약 1,000~1,500만 톤의 물을 포함하고 있는 거대한 '하늘의 저수지'라고 볼 수 있다.

* 낙뢰의 전기

적란운 가운데는 온도가 −10℃ 정도인 곳을 중심으로 전하 분리가 일어나 적란운 상부에는 양전하(陽電荷)가 모이며, 적란운 하부에는 음전하(陰電荷)가 모인다. 그러나 구름 아랫부분의 일부에 양전하가 모여 있는 곳이 있다.

첫째, 구름 속에서 커다란 얼음 입자와 작은 얼음 입자가 충돌하면 마찰에 의해 전기가 발생하여 큰 쪽은 양전기, 작은 쪽은 음전기를 띤다. 얼음 입자가 둘로 분열할 때에는 큰 쪽이 양전기, 작은 쪽이 음전기를 띤다. 또 온도차가 있는 얼음끼리 마찰시키면 따뜻한 쪽이 음전기를 띤다. 이와 같이 하여 전하 분리가 일어난 후에 작은 입자는 상승 기류에 의해 구름 밖으로 달아나고, 양전기를 띠는 것은 구름 상부에 머물러 있다고 생각된다.

둘째, 적란운 속에서 전장(電場)은 위쪽이 양전기를 띠고 있으므로 구름 속의 빗방울의 윗면은 유도에 의해 음전기, 아래쪽 면은 양전기를 띤다. 이 빗방울이 낙하할 때 음이온은 빗방울 밑면에 흡착되고 양이온은 반발한다. 그 결과 양이온은 상승기류에 의해 위쪽으로 운반되고 음전기를 띤 빗방울은 아래로 떨어진다.

*모루구름(incus, anvil cloud) : 소나기구름의 윗부분에 나타나는 모루 또는 나팔꽃 모양의 구름

> * 방전(放電)
> 구름 속에서 전하가 분리되어 전위(電位) 빈도가 3,000/cm 정도에 달하면 방전이 일어난다. 방전 속에는 같은 구름 속의 양과 음전하 사이에 일어나는 운내 방전(雲內放電), 구름과 다른 구름 사이에 발생하는 운간 방전(雲間放電)이 있다. 방전은 상당히 장거리에 걸쳐 일어나는데, 이 긴 거리에 한꺼번에 방전이 일어나는 것은 아니다.
> 예를 들어, 낙뢰가 일어날 때 방전을 회전카메라로 자세히 관찰하면 처음에 짧은 거리에 불꽃이 나고 떨어진다. 그 다음에는 이전보다 긴 거리에 불꽃이 난다. 이와 같은 방전이 몇 차례 되풀이되는 동안 양과 음전하 사이의 방전로가 생겨 단번에 구름에서 지면에 이르는 방전이 발생한다. 그 뒤 지면에서 구름으로 향하는 귀환 뇌격(雷擊)이 일어난다. 이와 같이 방향이 다른 한 덩어리의 방전이 몇 차례 이어지면 하나의 낙뢰가 끝난다.

5) 낙뢰에 의한 감전

낙뢰로 사람이 어떻게 감전 당했는지 그 정확한 원리는 알 수는 없다. 하지만 통상적으로 낙뢰가 사람을 충격하는 유형은 다음과 같이 4가지로 나눌 수 있으며, 이 중 어떤 유형도 사람에게 치명적이다. 낙뢰를 맞은 사람이 있다면 즉시 119에 신고하고 심폐소생술을 실시하는 것이 중요하다.

(1) 직격뢰(direct strike)

뇌격전류가 직접 사람을 통해 대지로 흐르는 것으로, 심장마비, 호흡 정지, 신체훼손 등으로 대부분이 중상을 입거나 사망하게 된다.

(2) 접촉뇌격(contact strike)

사람이 지닌 물체에 낙뢰가 떨어졌을 때, 전류는 물체로부터 사람을 거쳐 대지로 흐른다(골프채, 등산 스틱, 우산 등).

(3) 측면 섬락(side flash)

낙뢰가 나무와 같은 물체에 떨어졌을 때 물체와 인근 사람 사이의 전위차가 공기의 절연을 파괴하여 발생하는 것으로, 사람이 뇌격전류가 대지로 흐르는 경로가 되어 전류가 심장 또는 머리를 통해 흐를 경우 사망하게 된다.

(4) 보폭 전압(step voltage)

낙뢰로 뇌격전류가 대지에 흐를 때 근처에 있는 사람의 양발 사이에 걸리는 전압으로 일정 값을 넘게 되면 위험할 수 있다.

6) 낙뢰 피해예방 행동요령

(1) 산에서

① 산은 낙뢰의 안전지대가 아님을 인지하고, 가능한 등산을 삼가한다.
② 낙뢰는 높은 물체에 떨어지기 쉬우므로 정상부에서는 낙뢰발생 때 신속하게 저지대로 이동한다.
③ 낙뢰 발생 시에는 즉시 몸을 낮추고 움푹 파인 곳이나 계곡, 동굴 안으로 대피한다.
④ 정상부 암벽 위에서는 즉시 안전한 장소로 이동한다.
⑤ 키 큰 나무 밑은 낙뢰가 떨어지기 쉬우므로 피한다.
⑥ 등산용 스틱이나 우산 같이 긴 물건은 땅에 뉘어 놓고, 몸에서 떨어뜨린다.
⑦ 야영 중일 때는 침낭이나 이불을 깔고 앉아 몸을 웅크리는 것이 좋다.

(2) 야외에서

① 평지에서 낙뢰가 칠 때는 몸을 가능한 낮게 하고 움푹 파인 곳으로 대피한다.
② 평지에 있는 나무나 키 큰 나무에는 낙뢰의 가능성이 크므로 피한다.
③ 골프장에서는 골프를 즉시 중단해야 하며, 골프채, 골프카트는 몸에 더 떨어뜨리고, 건물이나 낮은 장소로 대피한다.
④ 농촌에서는 삽, 괭이, 트랙터 등 농기구는 몸에서 떨어뜨리고 몸을 낮게 한다.
⑤ 자동차에 타고 있을 때는 차를 세우고 차 안에 그대로 있는 것이 안전하다. 차에 번개가 치면 전류는 도체인 차 표면을 따라 흘러 타이어를 통해 지면에 접지되기 때문이다.
⑥ 낚시꾼은 낚시대를 떨어뜨리고 몸을 낮게 한다.
⑦ 물가 또는 소형보트 주위는 위험하므로 떨어지도록 한다.
⑧ 펜스, 금속파이프, 레일, 철제난간 등의 전기 전도체가 되는 물건과는 떨어져있어야 한다.

(3) 가정에서

① TV, 라디오 등을 통하여 낙뢰 정보를 파악하고 될 수 있으면 외출을 자제한다.
② 집에 번개가 치면 TV 안테나나 전선을 따라 전류가 흐를 수 있으므로 주의해야 한다.
③ 가옥 내에서는 전화기나 전기제품 등의 플러그를 빼어두고, 전등이나 전기제품으로 1m 이상의 거리를 유지해야 한다.

(4) 낙뢰에 맞았을 때 조치방법

① 낙뢰로부터 안전한 장소로 옮긴다.
② 구조해내면 이름을 부르는 등 의식 여부를 살핀다.
③ 의식이 없으면 즉시 기도를 열어 호흡을 하는지 확인하고, 호흡을 하지 않으면 인공호흡과 함께 심장마사지를 한다.
④ 의식이 있는 경우에는 자신이 가장 편한 자세로 안정을 취한다(감전 후 대부분 환자가 전신 피로감을 호소).
⑤ 환자가 흥분하거나 떠는 경우에는 말을 걸든지 침착하게 한다.
⑥ 사고가 등산 중이거나 해서 의사의 치료를 받을 수 없는 장소에서 일어나더라도 단념하지 말고 필요하다면 인공호흡, 심장마사지 등의 처치를 계속한다.
⑦ 환자의 의식이 분명하고 건전해 보여도, 감전은 몸의 안쪽 깊숙이까지 화상을 입는 경우가 있으므로 빨리 응급병원에서 진찰을 받을 필요가 있다.

(5) 기타 예방방법

(1) 야외활동 중인 경우에는 뾰족한 물체나 홀로 서 있는 나무 등으로부터 떨어져있는 게 좋다. 낙뢰는 나무나 깃대 등 뾰족하고 높은 물체에 도달할 가능성이 높기 때문이다. 실제 한국전기연구원이 2대의 차량으로 인공낙뢰 실험을 한 결과, 안테나 같은 뾰족한 물체가 있는 차량으로 낙뢰가 떨어졌으며 비오는 날을 가정해 마네킹으로 실험한 결과 (뾰족한 물체인) 우산을 씌운 마네킹에게 인공낙뢰가 떨어졌다.
(2) 야외활동을 위해 일기예보를 확인하고 낙뢰가 예상되면 계획을 연기하거나 이동 범위 내 적절한 피난장소를 확인한다.
(3) 만일 부득이하게 뇌폭풍우 중 이동해야 한다면, 제방이나 목초지와 같은 지역을 벗어나 한쪽 발만 땅에 접촉하면서 짧은 보폭으로 걷거나 뛰어간다.
(4) 비가 그치거나 천둥소리가 작아져도 성급하게 이동하지 말고 마지막 천둥소리 후 최소 30분 정도 더 기다렸다가 이동한다.
(5) 지붕이 열린 자동차, 오토바이, 자전거, 트랙터, 골프카트, 콤바인 등을 타는 것을 피한다.
(6) 피뢰설비가 없는 헛간, 나무 또는 돌로 된 오두막이나 버스정류장과 같이 부분 개방된 피난처의 경우, 벽면으로부터 가능한 멀리 떨어진 개방된 부분의 중앙에서 웅크린 자세로 피한다.
(7) 차량 운행 시 낙뢰나 천둥 시 안전한 곳에서 잠시 정지하는 것이 바람직하며,

부득이하게 운행할 경우 안전속도로 매우 주의하며 운전한다.

(8) 낙뢰는 어디든지 칠 수 있지만 나무나 깃대 등 높은 물체에 도달할 가능성이 높으며, 홀로 서 있는 나무는 특히 위험하므로 나뭇가지나 줄기로부터 10m 이상 떨어진 거리로 피한다.

(9) 금속 울타리, 철탑 및 가로등 등으로부터 가능한 멀리 떨어져 이동하고 무리지어 운집하는 것을 피한다.

(10) 여러 사람이 모여 있는 경우, 서로 접촉하지 말고 최소 1m 이상 거리를 유지하며, 낮고 움푹 페인 곳을 찾아 대피한다.

(11) 노지 등 개방된 공간에서는 다리는 모으고 손은 귀를 덮고 머리를 가능한 땅에 가깝게 웅크려 앉는다.

(12) 산에서 대피 시 암벽, 균열, 틈새, 불룩하게 도드라진 부분보다는 절벽에서 튀어나온 바위 아래 동굴이나 암벽 아랫부분이 비교적 안전하다.

(13) 숲의 가장자리에 머무는 것은 위험하며, 숲 안쪽 중앙으로 피하는 것이 더 효과적이다.

(14) 야외 캠핑 시 텐트와 캠핑카 사이에 금속선을 설치하지 말아야 하며, 낙뢰 시 금속재질의 텐트 지지대나 캠핑카 주위로부터 최소 1m 이상 떨어져 있는다.

(15) 캠핑카 주차공간으로부터 플러그를 뽑아 모든 전원 선을 차단해야 하며, 외부 안테나 등을 제거한다.

7) 낙뢰 재난안전교육 - 재해에 대비한 평상 시 준비사항

(1) 낙뢰의 특성에 대해 알아둔다.

① 대기가 불안정할 때와 국지적 상승기류에 의해서 뇌운(적란운)이 발생한다.

② 적란운이 뭉게뭉게 성장하는 것이 보이면, 몇 분 후에 낙뢰의 위험이 있을 수 있다.

③ 천둥소리가 희미하게 들리기 시작하면, 근처에 낙뢰가 발생할 위험이 있다.

④ 낙뢰는 비가 내리기 전에도 발생한다.

⑤ 낙뢰의 위험은 뇌운이 소멸할 때까지 계속된다.

(2) 예보·주의보에 귀를 기울인다.

① 낙뢰는 좁은 범위의 단시간의 기상 현상이므로 현재의 기상관측체제에서는 충분한 예측을 할 수 없다. 그러나 옥외 레저나 옥외 작업 전에는 낙뢰가 발생하기

쉬운 기상 상황인지 확인한다.

② 낙뢰의 예보나 주의보는 수시로 변경·발령·해제되기 때문에 옥외에서는 충분한 확인이 불가능하다. 또한, 예보는 빗나갈 가능성이 많고, 주의보가 낙뢰의 발생보다 늦는 일도 많이 있다. 낙뢰주의보가 나와 있어도 실제로 낙뢰가 발생하는 것은 발령 지역 내의 극히 일부이다.

③ 출발 전부터 낙뢰주의보가 발효되어 있는 경우에는 대피장소가 거의 없는 등산이나 하이킹, 숲속에서의 캠프, 바다나 강에서의 낚시 등의 레저는 중지한다.

(3) 낙뢰의 접근을 알아서 사전에 대피한다.

천둥소리가 들렸을 때는 이미 낙뢰의 위험지역에 들어가 버린 것이다. 두꺼운 구름으로 주위가 어두워지거나 적란운의 성장을 발견했을 때에도 대피가 늦어버렸을 가능성이 높다.

(4) 낙뢰와 조우했을 때의 긴급 피난

낙뢰 경보기를 가지고 있지 않기 때문에 천둥소리를 듣고 낙뢰의 접근을 알아차렸을 때는 이미 낙뢰 위험지역에 들어가 버린 경우로 ⑤에 나타낸다. 조금이라도 안전한 장소에 가능한 한 낮은 자세로 대피한다.

(5) 긴급 대피 시에는

① 수목(작은 가지나 잎도 포함해)의 4m 이내로 가까이 있지 않는다.

② 비가 내려도 절대로 우산은 쓰지 않는다. 피켈 등을 머리보다 높게 들어 올리지 않는다.

③ 낚싯대, 골프 클럽 등 긴 물체는 소재에 상관없이 몸에서 떼어 놓고 지면에 눕혀 놓는다.

④ 고무장화·비닐 레인코트를 몸에 걸치고 있다고 해서 안전한 것은 아니다.

⑤ 금속류는 그대로를 몸에 지니고 있어도 낙뢰를 끌어 들이지 않는다.

⑥ 낮은 자세를 취할 때는 엎드려 눕지 말고 양다리의 간격을 좁게 해 주저앉고 손가락으로 양쪽 귀를 막는다(다리를 벌리고 있으면 낙뢰 시에 지면을 흐르는 전류가 몸에 흘러 부상을 당한다).

⑦ 낙뢰 후, 다음 낙뢰가 떨어질 때까지의 안전한 시간간격이란 것은 없다.

⑧ 낙뢰가 일어나기 직전 지면의 전위가 큰 폭으로 변화하기 때문에 입속에 철 맛이 퍼지고 머리카락이 거꾸로 서고, 공기가 정전기를 띤 것처럼 피부가 찌릿찌릿하게 느껴질 때에는 그 자리로부터 가능한 안전한 장소로 반드시 자세를 낮게 하

고 전력으로 대피한다.

(6) 낙뢰 대응

낙뢰는 주위사람에게도 위험을 줄 수 있으므로 대피할 때는 다른 사람과 최소 5m 이상 떨어지되, 무릎을 굽혀 자세를 낮추고 손을 무릎에 놓은 상태에서 앞으로 구부리고 발을 모아야 한다. 갑자기 하늘에 먹구름이 끼면서 돌풍이 몰아칠 때, 특히 바람이 많은 산골짜기 위의 정상 등지에서 낙뢰 위험이 높으므로 신속히 대피해야 한다.

8) 낙뢰 재난안전교육 - 낙뢰에 대한 안전한 장소와 위험한 장소(4단계 구분)

(1) 충분히 안전한 장소

① 철근콘크리트 건축물과 단독주택 등의 목조건축물 옥외 안테나가 연결된 텔레비전이나 무전기에서는 2m 이상 떨어진다.

② 전원선·전화선과 이것으로 연결되는 모든 전기 기구(가전기기·게임기·전등 등)나 유선전화 등에서는 반드시 1m 이상 떨어진다(충전기에 연결되지 않은 휴대전화나 전지로 구동하는 전기 기구의 사용은 안전).

③ 가스관·수도관이나 가스마개·수도꼭지에서는 1m 이상 떨어진다.

④ 기둥·벽·천정으로부터 1m 이상 떨어진다.

⑤ 취사장·세탁실·목욕탕도 지면에 떨어진 전류가 수도 배관 등으로 전해져 올 수 있으므로 금지

⑥ 옥내 풀에도 들어가지 않는다(수영장에 낙뢰 전류가 들어가면 몸이 감전되어 익사한다).

⑦ 다만, 낙뢰에 의한 건축물이나 텔레비전의 화재의 위험성은 남는다.

⑧ 방금 근처에 낙뢰가 떨어졌다고 생각될 때는 건물(지붕·천정과 지붕과의 사이의 공간)이나 전화, 전기 기구, 전기 배선 주위(배전반을 포함한다)를 반드시 확인한다.

⑨ 지붕이 금속으로 되어있는 자동차·버스·열차·비행기 안에서 창은 닫고 차체·핸들·전기기기에는 손대지 않는다.

⑩ 동굴로 대피할 경우 입구에는 서지 않는다. 내부는 어둡기 때문에 충분히 주의하고 또한 산소 결핍·추락·전도에도 주의가 필요하다.

(2) 비교적 안전한 장소

① 높이 5~30m의 물체(수목, 건물, 폴, 전선, 전주)의 보호범위 물체로부터 4m

이상 떨어진다(콘크리트 전주는 2m 이상).

② 옆으로 뻗어 나온 잎이나 작은 가지로부터도 반드시 4m 이상 떨어진다.

③ 물체의 꼭대기를 올려보는 각도가 45도 이상의 위치에서 자세를 낮게 한다(양다리를 가지런히 해서 주저앉고 손가락으로 양쪽 귀를 막는다).

그림 2-3 높이 5~30m의 나무에서 대피요령

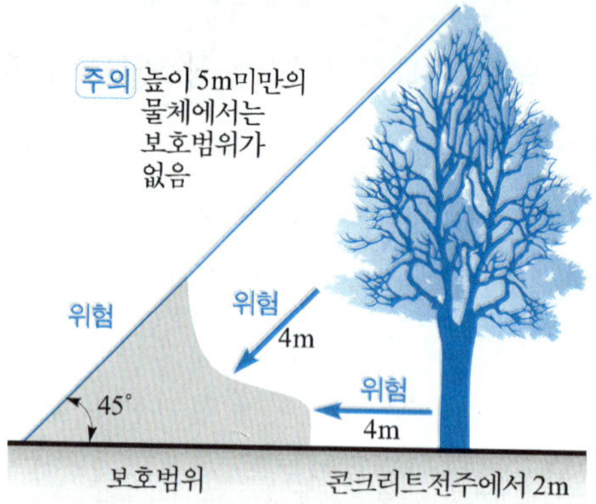

④ 높이 30m 이상의 물체(고층건축물, 대형 크레인, 굴뚝, 송전선의 철탑)의 보호범위 물체로부터 4m이상 떨어진다(송전선의 철탑은 2m 이상).

⑤ 다리 아래·마른 움푹 페인 곳이나 도랑

그림 2-4 높이 30m 이상의 철탑에서 대피요령

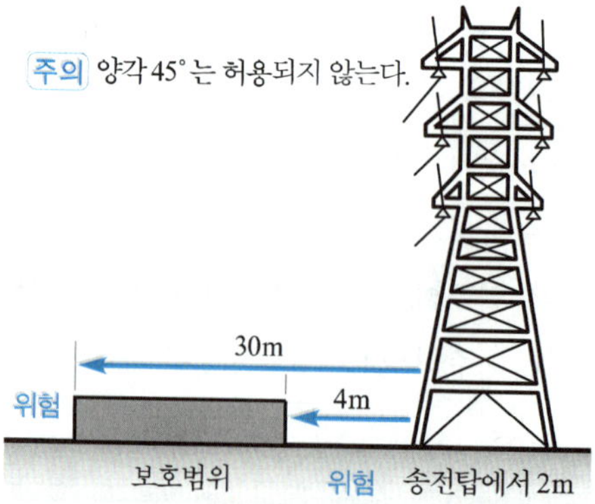

(3) 안전성이 낮은 장소

① 숲이나 숲속에서는 나무가 드문드문한 곳

② 습기 찬 움푹 페인 곳이나 도랑

③ 피뢰침 설비가 없는 오두막·함석지붕의 가옥·정자

(4) 위험한 장소

① 주위에 낙뢰가 격렬하게 발생하고 대피할 수 없을 때는 그 자리에서 양다리를 가지런히 해서 주저앉아 눈을 감고 손가락으로 양쪽 귀를 막는다.

② 높이 5m 미만의 물체(수목·바위 등)의 주위는 보호범위가 없고, 오히려 측격뢰에 의한 사고위험이 높다.

③ 높이 5~30m의 물체(수목, 건물, 폴, 전선, 전주)의 보호범위 밖

④ 높이 30m 이상의 물체(고층건축물, 크레인, 굴뚝, 고압 철탑)의 보호범위 밖

⑤ 숲이나 숲 안(숲이나 숲의 입구 부근도 마찬가지)

⑥ 텐트 가운데나 해변의 파라솔 아래도 위험하다.

⑦ 자전거나 오토바이는 타지 않는다.

⑧ 산 정상, 능선, 제방 위, 하천 부지, 전답, 해변, 바다 위, 호수 위 등의 트인 곳은 피한다.

(5) 대피 해제

① 낙뢰 경보기가 있는 경우, 천둥소리가 들리지 않아도 경보기로 낙뢰의 위험에서 벗어난 것을 확인하고 나서 대피장소로부터 이동을 개시한다.

② 낙뢰 경보기가 없는 경우, 천둥소리가 들리지 않아도 번개가 안보인 후 30분 이상 경과하고 나서 대피장소로부터 이동을 개시한다.

9) 낙뢰 피해자의 구조

(1) 낙뢰의 피해자는 구호자가 손을 대어도 감전되지 않으므로 적극적인 구호행동을 취해야 한다.

(2) 낙뢰로 인하여 움직일 수 없게 된 사람이 발생하면,

① 맨 먼저에 맥박과 호흡을 검사한다.

② 맥박과 호흡이 멈추어 있는 경우에도 절대로 단념해선 안 된다. 일본에서는 4명 이상이나 소생한 적이 있으므로 구급차의 도착을 기다리지 말고, 즉시 심폐소생술을 실시한다. 심폐소생으로 제일 소생하기 쉬운 것이 낙뢰에 맞았을 때인 것을

기억해 둔다.

③ 맥박과 호흡이 있어도 의식을 잃고 있는 경우에는 어깨 아래에 높이 10cm 정도의 물건을 대고 고개를 젖혀 기도를 확보한 다음 구급차를 기다린다.

④ 의식이 있는 경우에 고막이 찢겨있을 수 있고 귀가 들리지 않는 경우가 있다. 피해자가 패닉에 빠지지 않게 진정시키고 구급차를 기다린다.

⑤ 몸에서 화상을 찾아냈을 경우는 물로 차게 하는 것이 우선이지만, 쉽게 치료할 수 있는 경도의 화상이다.

제3절 지질학적 재해

1. 지진(地震; Earthquake)

1) 지진의 정의

지진이란 오랫동안 누적된 변형에너지가 갑자기 방출되면서 지각이 흔들리는 것을 말한다. 지학(地學)에서는 지구 내부의 한 곳에서 급격한 움직임이 일어나 그곳에서 지진파가 시작되어 지표(地表)까지 전해지는 것이라고 표현하며, 진도(震度)에 따라 미진, 경진, 약진, 중진, 강진, 열진, 격진이 있다.

2) 지진이 일어나는 이유

지진은 지하에 축적된 탄성에너지의 급격한 방출에 의해 지구가 진동하는 현상이다. 지각과 상부맨틀은 탄성체인 암석으로 되어있기 때문에 탄성한도 이내에서 변형되면 지각 표층부는 판유리처럼 어느 한도까지는 구부러졌다가 힘이 사라지면 원래대로 돌아간다. 그러나 탄성한도를 넘으면 암석은 깨지게 되고 이때 생겨난 진동이 전달되어 땅이 흔들리게 되는데, 이것이 지진이다.

3) 땅이 움직이고 암석이 깨지는 이유는 무엇일까?

판구조론에 의하면 지구의 외곽부는 80~100km 두께의 단단한 여러 개의 판으로 되어 있는데, 커다란 7개의 판과 여러 개의 작은 판으로 구성되어 있다. 판은 지각과 상부맨틀로 된 암석권인데 이 판들은 맨틀의 대류에 의해 서로 이동한다. 판은 서로 경계를 맞대고 있는데 판의 경계에는 발산경계인 중앙해령, 보존경계인 변환단층, 수렴경계인 해구 등이 있다. 판의 경계는 판이 서로 멀어지거나 부딪치며 이동하는 곳이므로 지진이 많이 발생하게 된다.

지구의 표면인 지각은 끊임없이 움직이는 여러 개의 판으로 구성되어 있다. 지진의 발생지역은 지각 판이 부딪치거나 어긋나고 갈라지면서 나타나는 현상으로, 주로 판과 판이 만나는 경계면에서 발생한다. 지진과 화산활동이 활발한 지진대 화산대는 거의 일치하며 특정한 지역에 띠 모양으로 분포하는데, 이들 지진대와 화산대는 판의 경계에 해당한다. 지진이 활발한 지역으로 환태평양 조산대가 있는데. 태평양판과 주변 판과의 경계면으로 그 범위는 뉴질랜드에서 일본, 남·북 아메리카 서부지역까지 연결된다.

그림 2-5 판구조론

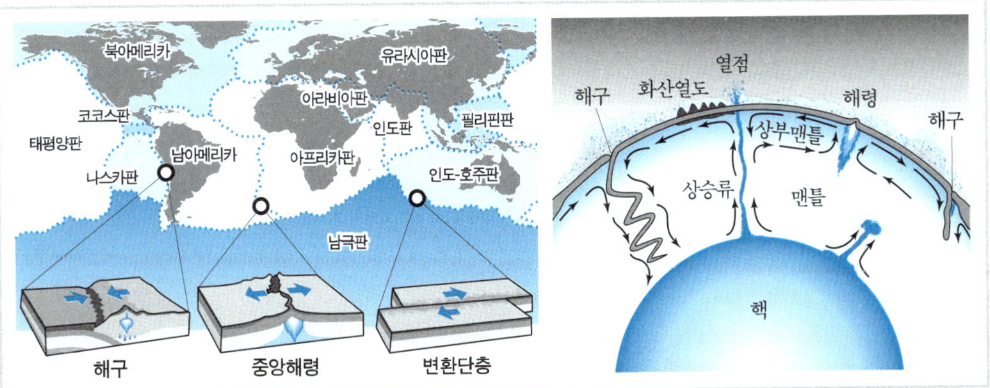

지진이 자주 일어나는 곳과 판구조론

4만 킬로미터에 이르는 세계 최대의 조산대로 세계의 대부분 지진이 이 지대에서 발생하고 있다. 다음으로 알프스/히말라야 조산대가 있는데, 이는 유라시아판과 아프리카판 및 인도/오스트레일리아판의 경계면이다. 그 범위는 알프스 산맥에서 이탈리아, 이란, 히말라야 산맥, 인도네시아까지 연결되어 있다. 이들의 공통점은 지진과 화산활동으로 인한 각종 피해가 발생하고 지열을 이용하여 전력 생산, 온천을 이용한 관광산업이 발달되어 있다. 지열 발전소의 분포지역은 주요 조산대 분포지역과 거의 일치한다.

지층 파괴현상

* 히빙(heaving) 현상 : 느슨하고 포화된 모래로 구성된 연약지반에 구조물이 건축되어 있는 경우, 지진에 의한 진동이나 인위적 충격이 지반에 가해지면 모래지반에 과잉공극수압이 생성되어 전단강도가 급격히 감소한다. 그에 따라 지반에 순간적인 부등침하가 발생하여 구조물이 전도 또는 붕괴되는 재해의 원인을 제공하는 현상으로 흙막이 바깥에 있는 흙이 안으로 밀려들어 불룩하게 되기도 하며, 지반이 연약한 점성토에서 흔히 나타나서 팽상현상이라고도 함.

지층 파괴현상

* **보일링 현상** : 보일링 현상은 물이 솟아오르는 것을 말하는데 지하수위가 높은 모래나 자갈층과 같은 투수성(透水性) 지반에서 흙막이 벽을 강널 말뚝으로 하여 굴착할 경우 굴착 바닥면에서 주로 발생한다. 즉, 모래입자가 마치 끓어오르듯이 지표면 위로 흘러나와 지반이 파괴되는 현상인데, 수압이 흙의 유효중량보다 크면 지반의 지지력이 약해지기 때문에 발생함.

* **파이핑 현상** : 흙막이 벽의 뚫린 구멍 또는 이음새를 통하여 물이 공사장 내부바닥으로 스며드는 현상인데, 이는 흙막이 벽의 부실공사에서 비롯되는 경우가 대부분임.

* **액상화 현상** : 액체와 같이 지층이 물렁물렁해지는 현상으로 지진과 같이 지층이 진동을 받아 강도를 상실할 때 가끔 발생하며, 성토, 매립 등에 의한 인공 지반에서 일어나기 쉽기 때문에 안이한 매립지 조성을 해서는 안 됨.

* **방지대책**
  - 히빙 현상 : 흙막이 벽을 경질지반까지 박거나 강성이 큰 흙막이 벽을 사용
  - 보일링 현상 : 흙막이 벽을 경질지반까지 박거나 배수공법을 이용하여 지하수위를 저하
  - 파이핑 현상 : 차수성이 높은 흙막이공법 시공과 흙막이 벽 밀실 시공

지진의 특징

1. 지진의 특징

가. 지진의 정의

1) 지구적인 힘에 의해 땅속의 거대한 암반이 갑자기 갈라지면서 그 충격으로 땅이 흔들리는 현상을 말한다.

2) 지구내부, 특히 지각에서 장시간 쌓여진 에너지가 순간적으로 방출되면서 그 에너지의 일부가 지진파의 형태로 사방으로 전파되는 자연현상이다.

나. **진원이란** 지진이 발생할 때 지반의 파괴가 시작된 곳으로 지진파 발생지점이다. 진원거리는 지진을 관측한 장소에서 지하의 지진이 발생한 지점까지의 거리를 말한다.

다. 진앙은 진원으로부터 연직방향에 있는 지표상의 지점으로 진앙지는 인근 지명을 주로 사용한다.

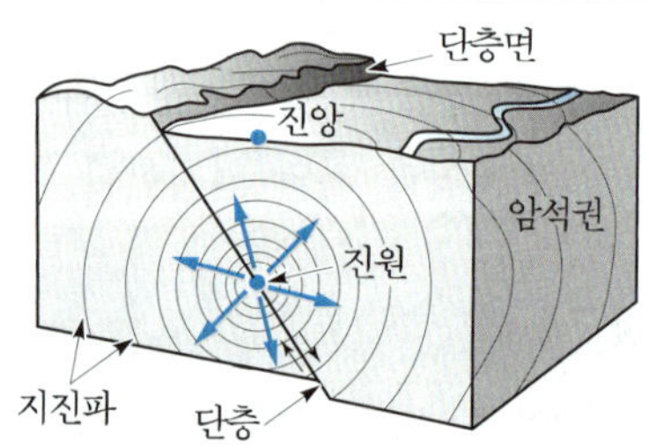

진원과 진앙 : 지진이 발생한 지구 내부의 지점을 진원이라 하고, 진원으로부터 수직으로 올라온 지표면 위의 지점을 진앙이라고 한다.

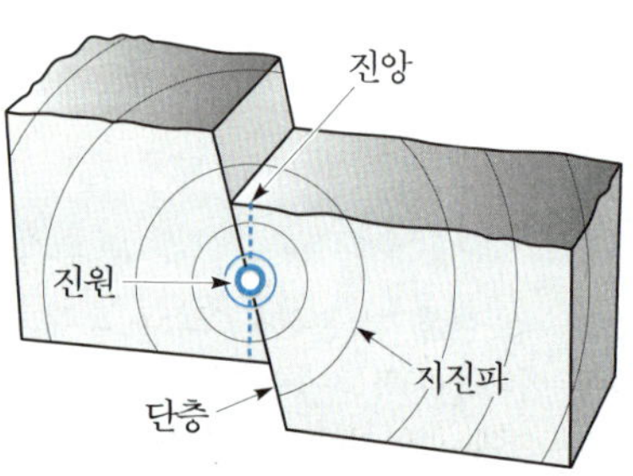

라. 지진의 크기는 규모와 진도로 나타낸다.

1) 규모는 지진이 발생한 지진에너지의 절대적인 크기를 나타낸다. 소수 첫째자리까지 표기한다.

2) 진도는 어떤 장소에서 나타난 지진동의 크기를 의미하며, 사람이 느끼는 정도를 정수단위의 로마숫자로 표기한다.

2. 지진의 원인(설)

가. 탄성 반발설은 지면에 기존의 단층이 존재한다고 가정하고 이 단층에 가해지는 힘(탄성력)에 의해 어느 부분이 견딜 수 없을 때 순간적으로 급격한 파괴를 일으켜서 지진이 발생한다는 학설이다.

나. 판구조론은 두께가 대략 100km 정도 되는 조각판들이 그 하부의 맨틀에서 발생하는 대류현상에 의해 매년 수 cm 정도로 대규모 수평 이동을 할 때 판의 경계에서 판들의 상대운동에 의해 지층이 변형되다가 깨어지면서 지진이 발생한다는 학설이다.

다. 활성단층은 최근 지진시대에 활동을 하였으며, 앞으로도 다시 활동한 가능성이 있는 단층이나 세니기(지질학적 시대 구분 단위로 23만 8,000년 전부터 현재까지)에 지진이 발생한 적이 있는 단층을 말한다. 우리나라의 활성단층을 조사한 결과, 원자력발전소 인근 지역, 양산단층, 울산단층을 따라 남부지역에만 국한되어 있다.

3. 지진파

1) 지진파의 특성

지진파란 암석의 파괴가 일어난 진원으로부터 지구의 내부 또는 표면을 따라 이동하는 전파를 지진파라 한다. 지진계에 기록되는 파형은 지진파가 통과하면서 일으키는 매질의 변형에 의한 것이다. 지진파는 중심파(中心波)와 표면파(表面波)로 이루어진다. 중심파는 지구 내부에서 3차원으로 전파하는 파로, P파(primary wave)와 S파(secondary wave)가 있다. P파는 S파보다 속도가 빠르며, P파는 핵을 통과하지만 S파는 핵을 통과하지 않는다. 즉, P파는 고체, 액체, 기체를 모두 통과하지만 S파는 고체만을 통과한다. 중심파는 지구 내부의 불연속면에서 반사, 굴절을 계속하면서 전파한다. 이 중심파를 실체파(body wave)라고도 한다. 표면파는 지구 표면을 따라 전달되는 지진파를 말한다.

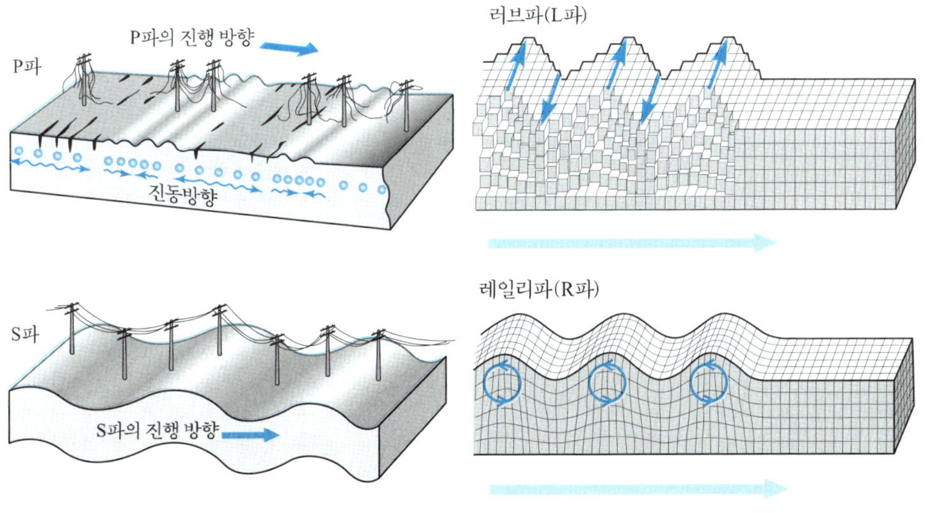

ⓐ P파

전파속도가 가장 빨라 지진관측소에 가장 먼저 도달하는 지진파로, 매질의 진동방향과 파의 진행방향이 같은 종파이며, 고체, 액체, 기체를 모두 통과한다.

ⓑ S파

P파보다 속도가 느려 두 번째로 도달하는 지진파로, 매질의 진동방향과 파의 진행방향이 수직인 횡파이며 고체만 통과한다.

ⓒ L파

전파속도가 가장 느린 파로 지표면을 따라 전파되며, 진폭이 커서 지진 발생 시 피해가 크다.

ⓓ P파, S파는 지구 내부로 진행하므로 전파되는 모양을 보고 지구 내부의 정보를 얻을 수 있으나 L파는 지표면을 따라 전파되므로 지구 내부의 정보를 얻을 수 없다.

지진파	속도	진폭	파의 종류	통과 매질
P파	5~8 km/s (처음 도착)	작다	종파 (중심파)	고체, 액체, 기체
S파	약 4 km/s (두 번째 도착)	중간	횡파 (중심파)	고체
L파	약 3 km/s (세 번째 도착)	크다	혼합 (표면파)	지표면을 따라 전달

- P파는 매질의 진동방향과 파의 진행방향이 같은 종파이며, S파는 매질의 진동방향과 파의 진행방향이 직각인 횡파이다.
- P파는 모든 물질을 전부 통과하나 S파는 고체만 통과하므로 외핵에서의 지진파는 P파만 통과하게 된다. 또한 P파는 외핵, 내핵을 거치며 밀도에 따라 굴절되어 지진파가 도달하지 않는 암영대를 만든다.

지진계에 기록된 지진파

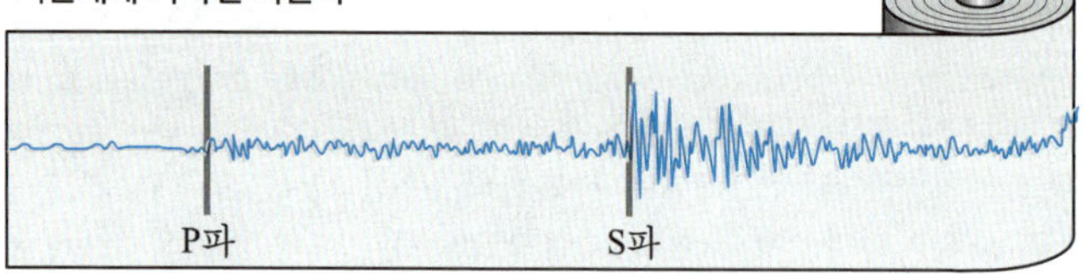

2) 지진 기상

지진계에 기록된 지진파의 모양을 지진 기상이라고 한다. 지진 기상에서 P파와 S파의 도달시간의 차이를 PS시 또는 초기 미동 계속 시간이라고 한다.

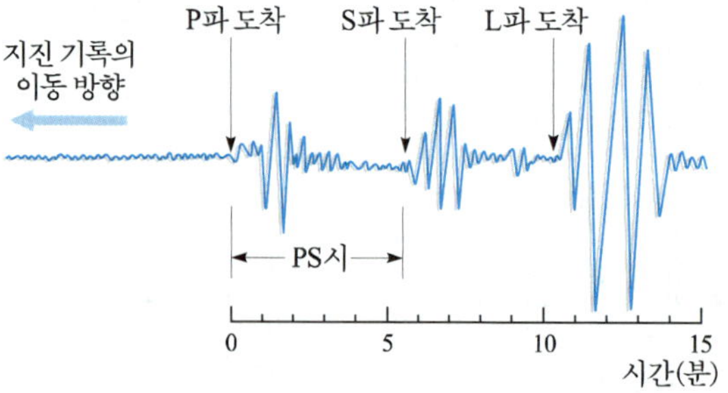

지진기상

3) 지진파의 속도 분포

(1) 깊이 5~35km 지점에서 지진파의 속도가 갑자기 빨라진다. → 모호면(모호로비치치 불연속면) : 지각과 맨틀의 경계면

(2) 약 2,900km 깊이를 기준으로 S파가 통과하지 못한다. → 외핵은 액체 상태이다.

(3) 약 5,100km 깊이를 기준으로 P파의 속도가 갑자기 빨라진다. → 내핵은 고체 상태이다.

(4) S파는 외핵을 통과하지 못하므로 외핵 안쪽의 내핵에서도 관측되지 않는다.

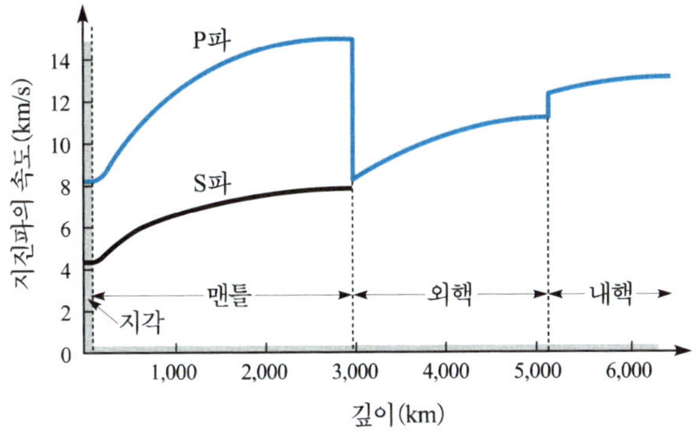

지진파의 속도와 깊이

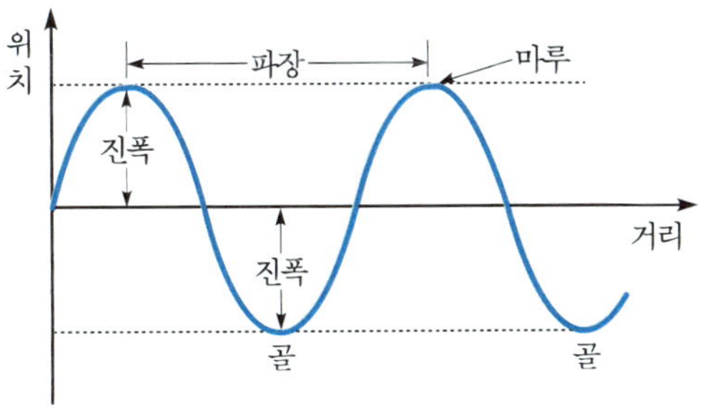

① 마루 : 파동에서 가장 높은 부분

② 골 : 파동에서 가장 낮은 부분

③ 파장 : 마루에서 이웃한 마루, 골에서 이웃한 골까지의 거리

④ 진폭 : 진동의 중심에서 마루 또는 골까지의 거리

⑤ 주기 : 매질이 1회 진동하는 데 걸리는 시간[단위 : 초]
→ 마루에서 다시 마루가 되는 데 걸리는 시간이다.

⑥ 진동수 : 매질이 1초 동안 진동하는 횟수[단위 : Hz(헤르츠)]

4) 진원거리

P파의 속도를 Vp, S파의 속도를 Vs, 진원까지의 거리를 d, PS시를 t라고 하면 다음과 같은 관계식이 성립한다.

$$\frac{d}{Vs}-\frac{d}{Vp}=t, \quad d=\frac{Vp\cdot Vs}{Vp-Vs}\times t$$

5) 주시곡선

지진 자료로부터 진앙과 관측소까지의 거리와 지진파의 도달 시간 사이의 관계를 나타낸 곡선을 주시 곡선이라고 한다. 지진 기상에 나타난 PS시를 이 곡선에 대입하면 진앙 거리를 쉽게 구할 수 있다. 이 주시 곡선에서 진앙 거리가 멀수록 PS시가 길어지는 것을 알 수 있다.

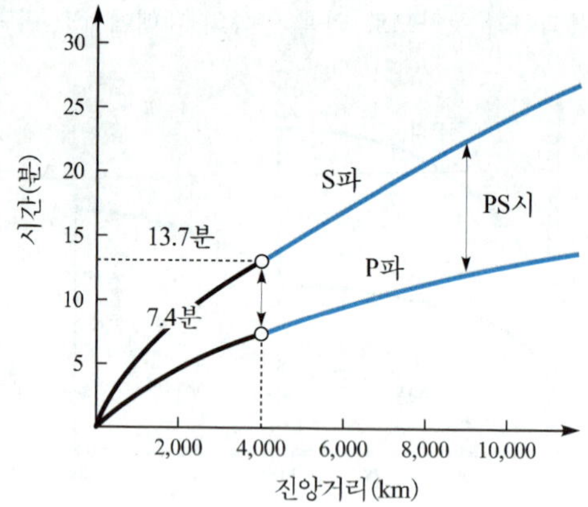

4. 지진의 종류

가. 발생원인 : 단층지진, 화산지진, 함몰지진, 인공지진, 유발지진
나. 지진 발생 시기 및 크기 : 본진, 전진, 여진
다. 진원의 깊이 : 천발지진(~70km), 중발지진(70~300km), 심발지진(300km이상)이 있다.
라. 진앙거리 : 근거리지진(600km 이하), 원거리지진(600km 이상)
마. 사람의 체감 정도 : 무감지진, 유감지진

4) 우리나라 지진 피해 사례

우리나라의 지진은 주로 남쪽에서 많이 발생하며, 서산, 속리산, 평양 부근에서의 발생 횟수가 약간 많으나, 발생지역이 대체로 다양하고 고르게 분포하고 있다.

(1) 경북 울진군 동쪽 58km 해역에서 일어난 지진에 인명, 재산피해

진원시	2001년 11월 24일 16시 10분 31.6초
진앙	북위 36.7도, 동경 129.9도, 울진 동남동쪽 약 50km 해역
규모	4.1
진도	울진, 포항, 강릉, 태백, 대구, 삼척, 동해
피해	쿵하는 소리와 함께 건물이 흔들리고, 어지러움을 느낌 / 창문과 책상, 캐비닛이 흔들림 / 아파트 건물이 약간 흔들림

(2) 인천광역시 백령도 서남서쪽 약 80km 해역에서 일어난 지진에 인명, 재산피해

진원시	2003년 3월 30일 20시 10분 52.8초
진앙	북위 37.8도, 동경 123.7도, 인천광역시 백령도 서남서쪽 약 80km 해역
규모	5.0
진도	백령도, 영종도, 서울, 대전 등 감지범위 : 약 350km, 광주, 전주 등 감지범위 : 약 400km
피해	창문이 심하게 흔들림 / 건물이 흔들림. 인천 영종도 공항의 책상 및 컴퓨터 모니터가 흔들림 / 창문과 침대가 흔들림

(3) 경북 울진 동쪽 약 80km 해역에서 일어난 지진에 인명, 재산피해

진원시	2004년 5월 29일 19시 14분 24.0초
진앙	북위 36.8도, 동경 130.2도, 경북 울진 동쪽 약 80km 해역
규모	5.2
진도	울진, 삼척, 태백, 안동, 의성, 포항, 울릉도, 대구, 강릉, 추풍령, 울산 등 감지범위 : 약 160km 강원 일대, 서울, 경기, 전남, 전북, 충남, 충북 일대, 경남 일대 등 감지범위 : 약 410km
피해	건물이 심하게 흔들림, 거의 모든 사람이 진동을 느끼고 대피한 곳이 있음 / 건물과 바닥이 심하게 흔들림 / 땅이 흔들릴 정도의 진동, 화분이 흔들림, 책상이 약간 흔들림 / 건물이 흔들리고 아파트 주민이 어지러움을 느낌

(4) 경남 거제 동남동쪽 약 54km 해역에서 일어난 지진에 인명, 재산피해

진원시	2005년 06월 29일 23시 18분 05초
진앙	북위 34.5도, 동경 129.05도, 경남 거제 동남동쪽 약 54km 해역
규모	4.0
진도	부산, 거제, 통영, 마산, 양산, 여수, 순천
피해	3층 건물과 아파트가 흔들림 / 바닥이 흔들림, 현기증 느낌 / 소파가 흔들림 / 주택이 흔들림

(5) 최근 우리나라와 세계주요 지진사례

표 2-17 최근 우리나라 지진 사례

이름	날짜	진앙	규모
포항 지진	2017년 11월 15일	경상북도 포항시 북구 북쪽 9km 지역 - 북위 36.12° 동경 129.36°	5.4
경주 지진	2016년 9월 12일	경상북도 경주시 남남서쪽 8km 지역 - 북위 35.77° 동경 129.19°	5.8
흑산도 해역 지진	2013년 4월 21일	전라남도 신안군 흑산면 북서쪽 101km 해역 - 북위 35.16° 동경 124.56°	4.9

표 2-18 2020년 이후 세계 주요 지진 피해사례

발생 시기 (연월일)	지역	규모	피해 요약
2020.01.28	카리브해 (자메이카·쿠바)	7.7	쓰나미 소규모, 피해 없음
2020.10.30	그리스 사모스 인근	7.0	약 119명 사망
2022.06.22	아프간 남동부	6.2	약 1,163명 사망
2022.11.21	인도네시아 중부 자바	5.6	335-635명 사망
2023.02.06	터키·시리아 국경 지역	7.8	수만 명 사망(터키 53,500+, 시리아 6,000+)
2023.09.08	모로코 마라케시 지역	6.8	약 2,960명 사망, 다수 부상
2023.10.07~15	아프간 헤라트	6.3	1,489명 사망, 2,444-2,744명 부상
2024.01.01	일본 노토 반도	7.5	645명 사망, 막대한 재산 피해
2024.04.03	대만 화롄	7.4	10명 사망, 1,011명 부상
2025.03.28	미얀마 사가잉·태국	7.7	피해 수천 명, 부상자 12,300명 등 추정
2025.04.23	터키 이스탄불 인근	6.4	360명 부상, 중규모 건물 피해
2025.07.30	러시아 캄차카 해역	8.8	쓰나미 경보, 여성 1명 사망, 피해 경미

지진 규모 기준

- 0.0~2.9 : 지진계에 의해서만 탐지가 가능하며 대부분의 사람이 진동을 느끼지 못함.
- 3.0~3.9 : 인간은 자주 느끼지만 피해는 입히지 않음, 실내에서 현저하게 느끼며 정지하고 있는 차는 약간 흔들림, 많은 사람들은 지진이라고 인식 못함.
- 4.0~4.9 : 거의 모든 사람들이 지진동을 느끼며, 약간의 그릇과 창문 등이 깨지고 어떤 곳에서는 회반죽에 금이 감, 방안의 물건들이 흔들리는 것을 뚜렷이 관찰할 수 있지만, 심각한 피해는 입히지 않음.
- 5.0~5.9 : 모든 사람들이 밖으로 뛰어나오며, 설계 및 건축이 잘 된 건물에서는 피해가 무시할 수 있는 정도이지만, 좁은 면적에 걸쳐 부실하게 지어진 건물에 심한 손상
- 6.0~6.9 : 최대 160km에 걸쳐 건물들을 파괴하며, 제대로 설계된 구조물에도 상당한 피해를 주고, 잘 설계된 구조물의 골조가 기울어짐, 1년에 약 120건 발생
- 7.0~7.9 : 넓은 지역에 걸쳐 심한 피해를 입히며, 1년에 18건 정도 발생
- 8.0~8.9 : 수백 km 지역에 걸쳐 심한 피해를 입히며, 1년에 1건 정도 발생
- 9.0~9.9 : 수천 km 지역을 완전히 파괴하는데, 약 20년에 1건 꼴로 발생

5) 규모가 가장 강력했던 지진

1960년 칠레지진으로 리히터규모 9.5로 기록되었다. 이 지진이 바로 지진 관측 역사상 가장 큰 규모의 지진이라고 할 수 있으며, 사망자는 약 5,700명으로 규모에 비하여 많지 않았지만 쓰나미가 태평양을 건너 필리핀까지 도달했다고 한다.

6) 지진에 대한 대비요령(소방청 자료)

① 지진이 오기 전에는

- 지진발생 때 위험을 일으킬 수 있는 집안의 가구 등을 정리
  ※ 천장이나 높은 곳의 떨어질 수 있는 물건을 치우고, 머리맡에는 깨지기 쉽거나 무거운 물품을 두지 말아야 함.
- 비상시를 대비해 응급처치법을 알아둠.
- 전열기, 가스기구 등을 단단히 고정해야 함.
  ※ 전기배선, 가스 등을 점검하고 불안전한 부분을 수리
  ※ 가스·전기·수도를 차단하는 방법을 미리 익혀둠.
- 지진 후 가족을 다시 만날 수 있는 장소를 미리 결정해 두고 다른 지역에 사는 친지에게 본인의 안전을 알릴 수 있도록 통신수단을 마련
- 지진이 발생하였을 때 모든 가족은 위험한 장소를 피하여 안전한 장소로 대피
  ※ 집 주위에 대피할 수 있는 공터, 학교, 공원 등도 미리 알아둠.
- 비상시 사용할 약품·비품·장비·식품의 위치와 사용법을 알아두고, 비상 시 가족이 취할 사항과 역할을 미리 정해둠.
- 실내의 단단한 탁자 아래, 내력벽 사이 작은 공간 등 안전한 위치를 파악해둠.
- 각 방에서 위험한 위치(유리창 주변, 책장이나 넘어지기 쉬운 가구 주변)를 확인해 두고 지진 발생 시 위험한 위치에 있지 않도록 함.
- 균열 음, 진동 등 건물이 무너질 조짐이 있거나 균열이 진행되고 있는 것이 발견된 경우에는 전문가에게 문의
- 가족과 함께 지진에 대비한 훈련을 미리 해둠.
- 주택의 기초와 집 주변의 지반 상태를 점검

② 지진 발생 때는

㉠ 집안에서 있을 때는

- 자신과 가족의 안전이 최우선
- 불이 났을 때 침착하고 빠르게 불을 꺼야 함.
  - 불이나면 즉시 소화기 등을 이용하여 불을 끄는 습관과 서로 알리고 협력하여 초기 소화를 해야 함.
  - 평소에 소화기 사용법과 담요 등을 이용하여 불 끄는 방법을 익히도록 함.
  - 가족은 물론 이웃사람들과도 협력해서 초기 소화를 하는 것이 가장 중요하며 지진발생 때 불을 끌 기회는 3번(크게 흔들리기 전, 큰 흔들림이 멈췄을 때, 발화된 직후)

지진발생시 대처[4]

* 가정에서

- 테이블 밑에 들어가서 몸을 보호
- 크게 흔들리는 시간은 길어야 1~2분 정도
- 우선 튼튼한 테이블 등의 밑에 들어가 그 다리를 꽉 잡고 몸을 피함.
- 테이블 등이 없을 때는 방석 등으로 머리를 보호

대지진 발생 때는 소방차에 의한 화재진압이 어려울 수 있으므로, 개개인의 노력에 따라 화재피해를 줄일 수 있도록 해야 함.

* 차량운전 시

대피할 필요가 있을 때는 화재발생 때 차 안으로 불이 들어오지 않도록 창문은 닫고, 자동차 키를 꽂아둔 채로 문을 잠그지 말고 안전한 곳으로 신속히 피신하도록 한다.

* 산에서는

산 근처나 급한 경사지에서는 산사태나 절개지 붕괴 위험이 있으므로 안전한 곳으로 대피함.

㉡ 집 밖에서 있을 때는

- 야외에서는 머리를 보호(낙하물이나 블록 담)하고 위험물로부터 몸을 피해야 한다. 과거 대지진 시 블록 담이나 대문 기둥이 무너져 많은 사상자가 발생하였으므로 블록 담이나 대문 기둥 등에 가까이 가지 않도록 함.
  ※ 번화가나 빌딩가에서 가장 위험한 것이 유리창이나 간판 등의 낙하물
- 손이나 가방 등 드는 것으로 머리를 보호하는 것이 가장 중요
- 또한, 자동판매기 등 고정되지 않은 물건 등도 넘어질 우려가 있으므로 조심
- 빌딩가 등에 있을 때는 상황에 따라서 건물 안에 들어가는 것이 오히려 안전할 수

4 행정안전부 자료

도 있음.

㉢ 백화점이나 극장, 지하상가 등에 있을 때는

- 안내자의 지시에 따라서 행동합시다! 큰 혼란을 일으키지 말고 휩쓸리지도 말자.
- 많은 사람이 모이는 곳에서는 큰 혼란이 발생할 우려가 있으므로 안내자의 지시에 따라서 행동
- 화재가 발생하면 바로 연기가 꽉 차기 때문에 연기를 마시지 않도록 자세를 낮추면서 대피하도록 함.

㉣ 엘리베이터를 타고 있을 때는

- 안전을 확인해서 가장 가까운 층에서 신속하게 대피를! 갇혔을 때도 침착하게
- 지진이나 화재가 발생할 때는 엘리베이터를 사용해서는 안 됨.
- 엘리베이터를 타고 있을 때는 모든 버튼을 눌러, 신속하게 내린 후 대피
- 만일 갇혔을 때는 인터폰으로 구조를 요청

㉤ 전철을 타고 있을 때는

- 큰 혼란에 주의하고, 우선 몸의 안전을! 충격으로 넘어지지 않도록 고정된 물건을 꽉 잡자!
- 차내 방송 등에 따라서 침착하게 행동하며 섣부른 행동은 큰 혼란을 일으킴.
- 전철의 운행이 정지되었다고 해서 서둘러 밖으로 나가면 큰 부상의 위험이 있음.
- 지하철역에서는 정전되었을 때도 바로 비상등이 켜지게 되어 있으므로 서둘러서 출구로 뛰어나가는 것은 위험한 행동이며, 큰 혼란의 원인이 되기에 구내방송에 따라서 침착하게 행동해야 함.

㉥ 자동차를 운전하고 있을 때는

- 자동차는 도로의 오른쪽에 세우고 통제구역에서는 운전 금지
  섣부른 판단에 의한 운전은 혼란의 원인, 자동차 라디오의 정보를 듣고 올바른 행동을 해야 함.
- 지진이 발생하면 자동차의 타이어가 터진 듯한 상태가 되어 핸들이 불안정해지면서 제대로 운전을 못하게 된다. 충분히 주의를 하면서 교차로를 피해서 길 오른쪽에 정차시키도록 함.
- 대피하는 사람들이나 긴급차량이 통행할 수 있도록 도로의 중앙부분을 비워둠.
- 도심에서는 거의 모든 도로가 전면 통행 금지된다. 자동차 라디오의 정보를 잘 듣고 부근에 경찰관이 있으면 지시에 따라서 행동해야 함.

ⓢ 산이나 바다에 있을 때는

- 산사태, 절개지의 무너짐, 지진해일에 주의를 해야 함.
- 해안에서는 지진해일이 발생할 우려가 있다. 지진을 느끼거나 지진해일 특보가 발령되면 지역의 안내방송이나 라디오 등의 정보에 따라 신속히 안전한 곳으로 대피

ⓞ 상처를 입은 사람이 있을 때는

- 서로 협력해서 필요한 때에는 응급구호를 하고 응급구호의 지식을 배워둠.
- 대규모 지진 시에는 많은 부상자의 발생이 예상되며, 정전이나 차량정체 등으로 구조대, 의료기관도 평소와 같은 활동을 못하게 됨.
- 따라서 부상자 가까이에 있는 사람들이 적절한 응급처치를 할 필요가 있기에 평소에 응급처치에 대한 지식을 배워두어야 함.

ⓩ 피난할 때는

- 대피는 걸어서! 소지품은 최소한으로! 대피권고가 나면 서로 협력해서 대피한다.
- 화재가 확대되어서 인명피해가 우려되면 신속히 대피
- 병약자 등의 피난은 지역주민들의 협조가 절대적으로 필요
- 평소에 이웃사람들과 미리 의논해서 결정해두는 것이 필요

ⓒ 올바른 정보, 올바른 행동으로

- 유언비어를 믿지 말고 라디오나 방재기관에 의한 올바른 정보에 따라서 행동
  ※ 대지진 발생 때 사람들은 심리적으로 동요하게 된다.
- 큰 혼란을 피하려면 각자가 올바른 정보에 따라서 행동하는 것이 대단히 중요
- 시·군·구나 경찰, 소방 등 관계기관으로부터 직접 얻은 정보를 신뢰하고, 결코 근거 없는 소문이나 유언비어를 믿고 행동해선 안 됨.
- ※ 기상청 홈페이지(www.kma.go.kr)를 검색하거나 방송을 청취하여 지진 상황을 주의 깊게 파악

③ 지진이 멈춘 직후에는

- 여진은 지진보다 진동은 작지만 지진에 의하여 취약해진 건물에 치명적인 손상을 줄 수 있으므로 여진에 철저히 대비하여야 함.
- 부상자를 살펴보고 즉시 구조를 요청하여야 하며 부상자가 위치한 곳이 위험하지 않다면 부상자를 그 자리에 그대로 두어야 하고, 만약 부상자를 옮겨야만 한다면 먼저 기도를 확보하고 머리와 부상부위를 고정한 후 안전한 곳으로 옮김.

- 의식을 잃은 부상자에게는 물을 주지 않도록 함.
- 만약 부상자의 심장과 폐의 활동이 멈추어 호흡이 정지되었으면 신속하게 심폐소생술(인공호흡)을 실시
- 담요를 이용하여 환자의 체온을 유지하되, 환자의 체온이 너무 올라가지 않도록 주의함.
- 만약 정전이 되었다면 손전등을 사용하고 불(양초, 성냥, 라이터)은 누출된 가스가 폭발할 위험이 있으므로 안전을 확인하고 사용함.
- 유리파편 등에 대비하여 견고한 신발을 신어야 함.
- 주택안전에 대하여 의심이 간다면 집안으로 들어가기 전에 전문가 확인을 받도록 함.
- 건물(굴뚝, 담장, 벽체 등)을 점검하되, 붕괴 우려가 있으므로 최초 진단은 멀리 떨어져서 함.
- 건물 내에 쏟아진 약품, 표백제, 유류 등을 정리하되 양이 많거나 환기가 안 되거나 종류·처리방법을 모를 때에는 그대로 두고 대피
- 전선, 가스관, 수도관 등 주요 관로와 가전제품의 피해상황을 파악해둠.
- 가스 새는 소리가 나거나 냄새가 나면 창문을 열어 놓고 대피하되, 가능하면 메인 밸브를 잠금
- 가스가 누출되면 가스 밸브를 잠근 후, 관계기관(지역 도시가스회사 또는 LPG 공급회사, 한국가스안전공사, 119)에 신속히 신고하고 전문가의 조치를 받은 다음 재사용
- 전기적인 이상이 있다면 전기차단기를 내림.
- 수도관에 피해를 보았다면 집으로 들어오는 밸브를 잠금
- 하수관로의 피해 여부를 확인하기 전까지 수세식 화장실을 사용하지 않음.
- 캐비닛은 물건이 쏟아질 수 있으므로 문은 조심히 염.
- 인명의 위험이 있는 경우를 제외하고는 전화사용을 자제
- 긴급사태 관련 뉴스를 주의 깊게 듣도록 함.
- 거리로 될 수 있으면 나가지 않는 것이 좋으나 반드시 나가야만 한다면, 지진에 의한 피해(떨어진 전선, 붕괴의 위험이 있는 건물·축대·교량·도로 등)에 주의
- 소방관, 경찰관, 구조요원의 도움이 있기 전까지는 피해지역으로 접근하지 않음.
- 해안에 거주하는 주민일 경우 해일에 대비

「지진 · 화산재해대책법」

1. **제2조(정의)** : "지진위험도(地震危險度)"는 내진설계(耐震設計)의 기초가 되는 지진구역을 설정하기 위하여 과거의 지진기록과 지질 및 지반특성 등을 종합적으로 분석하여 산정한 지진의 위험정도를 말한다.

2. **제5조(지진 · 지진해일 또는 화산활동의 관측시설 설치 등)** : 기상청장은 지진 · 지진해일 및 화산활동 관측망 종합계획을 수립하여 추진하여야 한다. 다만, 지진해일 관측망 종합계획에 관하여는 해양수산부장관과 공동으로 수립하여 추진하여야 한다.

3. **제6조(주요 시설물의 지진가속도 계측 등)** : ① 지진으로 인한 피해가 우려되는 주요 시설물을 설치하거나 관리하는 자는 그 시설물의 지진가속도계측을 하여야 한다.
   ② 지진가속도계측을 할 대상 시설과 규모 등에 대한 기준은 내진설계기준이 정하여진 시설 중 대통령령으로 정한다.
   ③ 지진가속도계측을 실시한 자는 다음 각 호의 사항을 포함한 계측 자료를 행정안전부장관에게 제출하여야 한다. 이 경우 자료 제출시기와 방법 등에 관한 기준은 총리령으로 정한다.
   가. 자료 획득일자와 시간
   나. 자료를 획득한 지진가속도계측 장비의 제조회사, 일련번호 및 위치
   다. 자료 획득 시의 특이사항
   라. 지반조건에 대한 정보
   마. 계측위치에 대한 정보
   바. 시설물에 대한 정보 등
   ④ 행정안전부장관은 제3항에 따라 제출된 자료를 관계 중앙행정기관에서 필요로 할 경우 제공하여야 한다.

4. **제9조(지진 · 지진해일 및 화산활동 관측기관협의회의 구성 등)** : 기상청장은 지진 · 지진해일 및 화산활동 관측망 운영, 관측기관 간의 협력 강화, 제5조에 따른 지진 · 지진해일 또는 화산활동의 관측시설 및 관측장비 설치, 관측결과 등의 공유와 통보 등에 필요한 업무협조를 위하여 관측기관이 참여하는 지진 · 지진해일 및 화산활동 관측기관협의회를 설치할 수 있다.

5. **제12조(국가지진위험지도의 제작·활용 등)**
   ① 중앙재난안전대책본부장은 내진설계 등에 활용하기 위하여 전국적인 지진구역을 정한 지진위험지도를 제작하여 공표할 수 있다.
   ② 중앙재난안전대책본부장은 국가지진위험지도를 공표한 날부터 5년마다 그 타당성을 검토하여 필요한 경우에는 이를 변경할 수 있다.
   ③ 국가지진위험지도를 제작하거나 변경하려면 관계 중앙행정기관의 장과 협의하여야 하며, 국가지진위험지도가 제작되거나 변경된 경우에는 이를 관계 중앙행정기관의 장에게 통지하여야 한다.
   ④ 관계 중앙행정기관의 장은 국가지진위험지도를 내진설계 등 지진재해를 줄이는 데에 활용하여야 한다.
   ⑤ 지역대책본부장은 관할구역에 대한 지역지진위험지도를 제작 · 활용할 수 있다.

6. **제15조(기존 시설물의 내진보강기본계획 수립 등)** ① 행정안전부장관은 내진설계 대상시설물 중 관련 법령이 제정되기 전에 설치된 공공시설물이나 관계 법령의 제정 이후 내진설계기준이

강화된 공공시설물의 내진성능 향상을 위하여 5년마다 기존시설물 내진보강기본계획을 수립하여 중앙안전관리위원회에 보고하여야 한다.

「지진재해대책법 시행령」 제5조(지진가속도계측 대상 시설 등)

① 지진가속도계측을 할 시설은 다음 각 호와 같다.

1. 다음 각 목에 해당하는 건축물
   가. 중앙행정기관 및 지방자치단체의 청사
   나. 국립대학교
   다. 높이 200미터 또는 50층 이상 공공건축물
2. 「항공법」 제2조 제8호에 따른 공항시설
3. 「건설기술진흥법」 기준에 따른 내진 특등급의 댐 및 저수지
4. 「건설기술진흥법」 현수교(懸垂橋) 및 사장교(斜張橋)
5. 「도시가스사업법」 가스공급시설 중 내진 특등급 및 1등급의 정압기지와 「고압가스 안전관리법」에 따른 저장시설
6. 「철도건설법」에 따른 고속철도
7. 미래창조과학부장관이 정하여 고시하는 시설
8. 「전기사업법」에 따른 전기설비 중 지진으로 인하여 전력계통 운영에 피해가 우려되는 345킬로볼트(kv) 이상 급의 변전소
9. 「전기사업법」에 따른 발전사업자의 시설 중 발전용 수력설비 및 화력설비
10. 제3호에 해당하지 아니하는 댐 및 저수지로서 내진 1등급의 댐 및 저수지와 그 밖에 노후화 등으로 붕괴가 우려되는 댐 및 저수지 중 행정안전부장관이 지진가속도계측이 필요하다고 인정하여 고시하는 댐 및 저수지

② 제1항에 따른 시설에 설치하는 지진가속도계측기의 위치, 개수(個數) 등에 대해서는 행정안전부장관이 관계 중앙행정기관의 장과 협의하여 정한다.

7) 지진대책(행정기관)

① 예방대책

㉮ 국가 내진성능 목표설정 및 내진설계·내진 보강

㉯ 지진 및 지진해일 관측망 종합계획 수립·운영

㉰ 지진위험지도 제작 활용

㉱ 지진방재관련 대국민 교육·홍보 강화와 종합훈련 프로그램 개발

② 대비대책

㉮ 지진재난 각종 매뉴얼 모완 추진

㉯ 지진재해대응시스템 고도화를 추진하도로 함.

㉰ 대규모 인명피해 위험(공항, 철도, 전기, 가스시설)이 높은 공공시설의 비상대

처계획 수립

㉣ 지진피해조사단 및 피해시설물 위험도 평가단 구성·운영

㉤ 신속한 재난정보체계 마련과 효율적인 재난방송을 위한 지역재난방송시스템 보완

③ **대응대책**

㉮ 대규모 인명피해 지역에 대한 구조와 구급을 우선 실시

㉯ 지진 상황전파와 대응조치를 실시하며 화재진압 활동

㉰ 2차 재난방지대책(시설물의 추가붕괴, 폭발, 가스누출, 독극물 취급시설, 열차시설 응급복구시스템 개발과 적용)을 강구

㉱ 피해상황을 파악하고 보고하며 도로, 교량, 댐, 철도, 전력, 가스, 통신, 상하수도 등 응급조치 및 복구대책

④ **복구대책**

㉮ 전문가로 구성된 중앙지진피해조사단 편성·운영

㉯ 해외로부터의 지원에 대한 접수

㉰ 피해상황, 지역특성, 관계공공시설 관리자의 의견을 수렴하여 기능복원과 개선복구의 기본방향을 결정

㉱ 지진발생시 피해를 최소화할 수 있는 항구적인 대책

그림 2-6 지진 발생 시 대응조직도

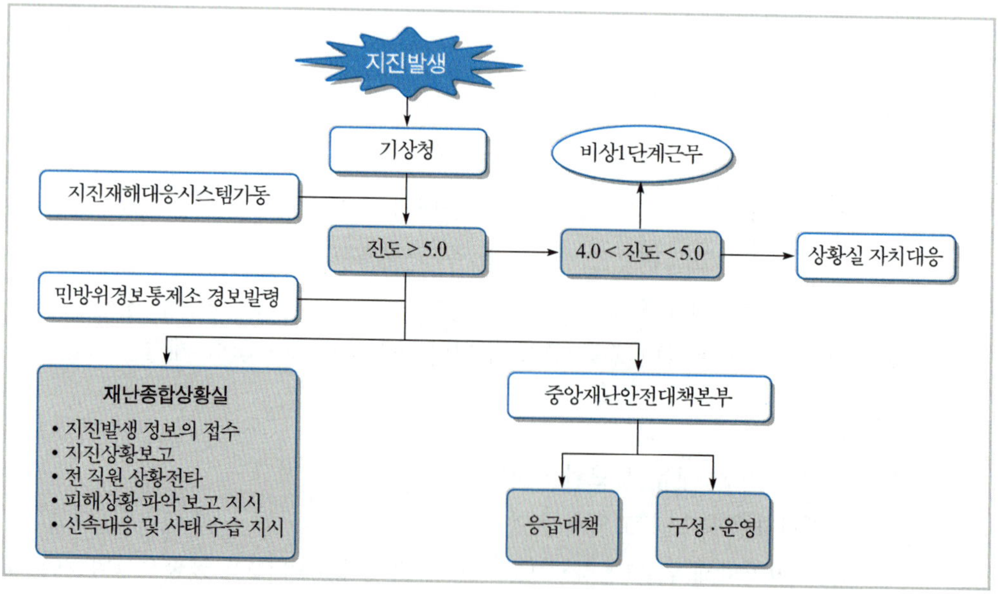

2. 해일(海溢; Surge)

1) 해일의 정의

해일은 폭풍·지진·화산폭발 등이 원인이 되어 바다의 큰 물결이 육지로 갑자기 넘쳐 들어오는 자연현상이며, 거대한 파도가 순식간에 해안일대를 덮쳐 많은 인명과 재판피해를 가져온다.

지진, 해저화산 폭발, 단층운동 같은 급격한 지각변동으로 발생하기도 하지만, 빙하의 붕괴, 핵실험 등의 원인으로도 발생하며, 해소(海嘯), 지진해파(地震 海波, seismic sea wave) 또는 지진 쓰나미(tsunami)라고도 한다. 발생하는 원인에 따라 크게 폭풍해일과 지진해일로 나뉜다.

2) 해일의 종류와 쓰나미

(1) 폭풍해일

폭풍해일은 태풍이나 발달한 저기압에 동반되며, 기압이 낮아지거나 해면의 유동으로 해수면이 높아질 때 발생한다. 해수위의 상승 정도는 대체로 풍속의 제곱에 비례하나, 해안선의 형태나 길이, 물의 깊이 등에 따라 달라진다. 보통 기압이 1hPa 하강하면 해면은 약 1cm 높아진다.

천문조에 의한 만조와 중첩될 경우 수위는 더욱 상승하는데, 특히 우리나라 서해안과 남해안은 조석 간만의 차가 커서 해일이 생기기 쉽다. 폭풍에 의한 해일은 태풍·강풍·강풍고조(强風高潮) 등이 원인이 되어 발생한다.

그림 2-7 폭풍해일의 발생과정

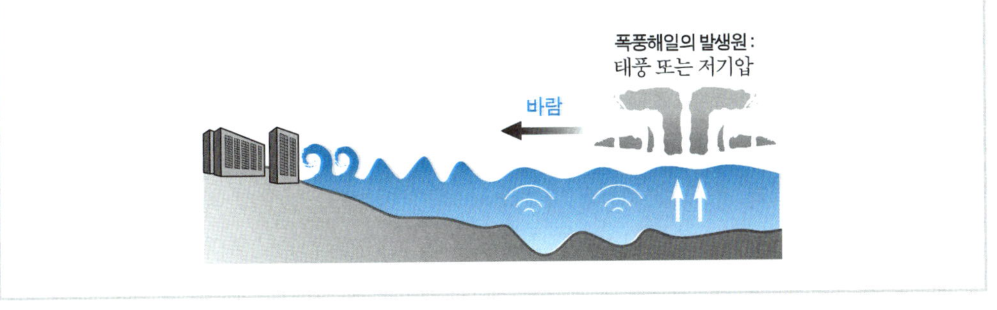

폭풍해일 중 태풍해일은 남해에서 가장 많았고, 동해·황해의 순서로 발생되었다. 강풍에 의한 해일은 동해안은 겨울철에, 강풍고조(强風高潮)에 의한 해일은 서해에서

여름철 만조시간에 가장 많이 발생되었다.

(2) 지진해일

지진해일은 해저 지진이나 해저 화산 분화 등에 의해 해저가 융기하거나 침강하면서 발생한다. 해저 땅속의 대규모 지진으로 단층 현상이 발생할 경우 그 위의 바닷물이 출렁이며 사방으로 너울을 전파시킨다.

규모 6.3 이상의 해저지진이나 진원의 깊이가 80km 이내, 그리고 수직적인 단층운동인 경우에 많이 발생한다. 지진해일의 전파속도는 바다의 깊이가 깊을수록 빠르고, 얕을수록 느리다.

해저지진이나 화산폭발에 의한 해일은 쓰나미(津波, tsunami)라고 하는데, 전파속도가 빠르고 파장과 존속기간이 길어 광범위하게 피해를 준다.

그림 2-8 지진해일의 발생과정

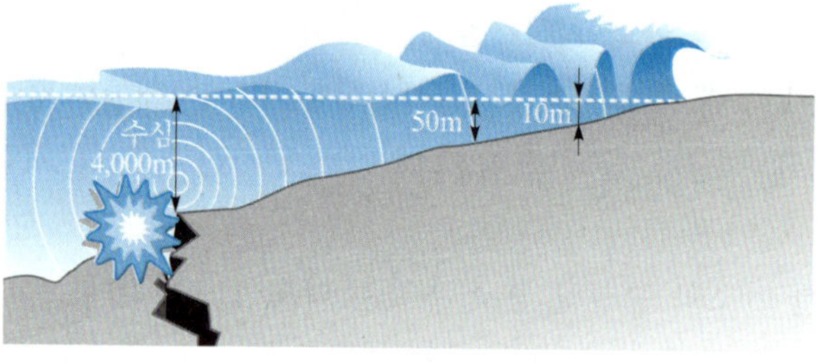

지진해일은 해안에 도달하면 그 파고가 수심과 같아지고, 파도의 산이 무너지며 벽 모양이 되어 밀려온다. 이때, 파고가 10m이고, 속도가 10m/s이면, 그것이 물체에 충돌할 때의 압력은 $5t/m^2$이 된다.

(3) 쓰나미의 어원

'쓰나미(津波·Tsunami)'는 '지진해일'을 뜻하는 일본어이다. 해안(津:진)을 뜻하는 일본어 '쓰(tsu)'와 파도(波:파)의 '나미(nami)'가 합쳐진 '항구의 파도'란 말로 선착장에 파도가 밀려온다는 의미이며, 일본에서는 1930년경부터 사용되기 시작하였다. 그러던 중 1946년 태평양 주변에서 일어난 알류샨열도 지진해일이 당시로서는 자연재해 사상 최대 규모의 희생자를 내자 세계 주요언론들이 '지진과 해일'을 일컫는 '쓰나미(tsunami)'라는 일본어를 사용하기 시작했다. 그리고 1963년에 열린 국제과학회의에서 '쓰나미'가 국제 용어로 공식 채택됐다.

(4) 지진해일 예측가능성

현재의 과학기술로는 지진발생을 예측하기 어렵지만, 먼 거리에서 발생한 지진해일에 대해서는 그 도착시간을 예상할 수 있다.

파동은 심해에서는 파장과 비교하여 파고(波高)가 작아 눈에 잘 띄지 않지만, 해안 근처의 얕은 곳에서는 갑자기 커져서 해안을 내습하여 큰 피해를 입힌다. 특히 리아스식 해안에서는 이 경향이 뚜렷하다.

3) 해일 시 국민행동요령

(1) 해일 발생 전에는

- TV나 라디오를 통한 기상상황이나 해일정보 등을 주의 깊게 들음.
- 해안 저지대 주민은 비상상황 발생 때를 대비하여 대피장소 및 대피방법을 미리 알아둠.
- 해안에서 진동을 느꼈을 경우나 지진해일 경보를 들으면 즉시 높은 곳으로 대피
- 물이나 전기가 끊기는 것에 대비하여 마실 물, 식료품, 손전등, 라디오 등을 준비
- 대피에 대비하여 비상 소지품을 챙겨둠.
- 집 주변에 있는 불건을 치우거나 고정해둠.
- 현관 문턱, 개구멍 등 물이 들어올 수 있는 곳을 막아둠.
- 집 주변 하수구가 흙이나 쓰레기로 막혀있는지 확인하고 제거
- 방이나 거실의 침수에 대비하여 중요한 물건은 높은 곳으로 옮김.
- 외출을 하지 않도록 함.
- 한 번이라도 해일피해 경험이 있었던 지역주민들은 만일의 사태를 대비해 간단히 짐을 싸두고 피난대피시설을 확인

(2) 해일 발생 때는

- 태풍 시에는 해일을 동반하는 경우가 있으므로 태풍 행동요령에 맞춰 행동
- 매우 심한 지면진동을 느끼면 가까운 곳에서 큰 지진이 난 것이므로 해안지역의 주민은 즉시 높은 지대로 대피
- 해일발생 우려 시에는 사전대비와 안전조치를 취함.
- 수영, 보트놀이, 낚시, 야영 등을 즉시 멈추고 바닷가나 주택 및 지하실에서 나와서 대피함.
- 가까운 행정기관의 전화번호는 온 가족이 알 수 있는 곳에 두고 이웃 간의 연락방법을 알아둠.

- 공사 중인 현장에서는 작업을 중지하고 떠내려가거나 파손될 우려가 있는 기자재들은 안전한 곳으로 이동

(3) 미처 대피 못한 때는

- 1층보다는 2층, 2층보다는 3층, 경우에 따라서는 지붕이 안전하니 높은 곳으로 이동
- 목조 주택은 떠내려갈 가능성이 있으니 벽돌이나 철근콘크리트 건물로 이동
- 해안에 가까울수록 위험하므로 해일이 발생하면 해안에서 멀리 떨어진 급경사가 없고 지형이 높은 안전한 곳으로 이동
- 해안에서 멀리 떨어진 곳은 직접적인 파도의 영향이 없으므로 바닥에서 높이가 2~3m만 높아도 비교적 안전

4) 지진해일의 피해사례

(1) 외국

1960년 5월 22일 남아메리카 칠레의 규모 9.5 지진해일로 약 1천여 명의 사망자와 수많은 행방불명자를 낳았다.

2004년 12월 26일 인도네시아 수마트라섬 부근 인도양에서 규모 9.3의 해상지진으로 스리랑카, 타이, 인도 등 해안에서 약 15만 7천여 명이 사망하였다.

2011년 3월 11일 일본 규모 9.0의 지진해일은 약 1만 6천여 명의 사망자와 2만여 명의 부상자, 수십만의 이재민을 낳은 큰 규모의 사건이며 후쿠시마 원전의 폭발로 인하여 현재까지도 복구 작업이 진행 중이다.

그림 2-9 2011년 일본의 쓰나미

(2) 우리나라 피해사례

우리나라에서 발생하는 해일은 대부분 폭풍에 의한 것이며, 지진에 의한 해일도 몇 차례 있었다.

1983. 5. 26~27 일본 혼슈북구에서 발생하여 우리나라 동해안 지역에 인명피해(사망 1명, 실종 2명, 부상 2명)와 선박 및 어망 약 3억 7천만 원의 재산피해가 발생하였으며, 1993. 7. 12~13 일본 홋카이도 오쿠시리섬 북서쪽 근해에서 발생하여 우리나라 동해안 지역에 선박 및 어망 약 3억 9천만 원의 재산피해가 발생하였다.

지진해일 대피요령

1. 지진해일 때 해안가에서는

- 지진해일 특보 등으로 지진해일 내습이 확인되면 모든 수단을 동원하여 서로에게 알리도록 함.
- 일본 서해안에서 지진 발생 후 우리나라 동해안에는 약 1~2시간 이내에 지진해일이 도달하므로 해안가에서는 작업을 중단하고, 위험물(부유 가능한 물건, 충돌 때 충격이 큰 물건, 유류 등)을 이동시키며, 신속히 고지대로 대피하도록 함.
- 항 내 선박은 움직이지 않도록 고정하거나 가능한 한 항 외로 이동시키고, 기상특보를 경청하며 지시에 따르도록 함.
- 해안가에 있을 때 강한 지진동을 느꼈을 경우는 국지적인 해일의 발생 가능성이 있고, 약 2~3분 이내에 해일이 내습할 수 있으므로 지진해일 특보가 발효되지 않았더라도 신속히 고지대로 이동하도록 함.

2. 지진해일 때 선박 위에 있을 때는

- 대양에서는 지진해일을 전혀 느낄 수 없으며, 해안 부근에서 크게 증폭되므로 대양에 있는 경우 지진해일 경보가 발령되었거나 이를 인지하였을 때에는 항구로 복귀하지 않도록 함.
- 항만, 포구 등에 정박해있거나 해안가에서 조업 중인 선박은 지진해일 발생 여부를 인지한 후, 시간적 여유가 있다면 선박을 수심이 깊은 지역으로 이동시키도록 함.

구분	내용
지진해일 주의보	한반도 주변지역 등에서 규모 7.0 이상의 해저지진이 발생하여 해일의 발생이 우려될 때
지진해일 경보	한반도 주변지역 등에서 규모 7.5 이상의 해저지진이 발생하여 우리나라에 지진해일 피해가 예상될 때

- 지진해일이 내습하면 항만 등에서는 파고가 급격히 높아지므로 선박에 대한 안전조치를 하고, 신속히 고지대로 대피하도록 함.
- 방파제 내측 등은 지진해일이 월류(越流)할 위험이 있으므로 가능한 한 선박의 정박은 피하도록 함.

3. 지진해일 일반 상식은

- 해안가 주민들은 항시 지진해일에 대한 관심을 둬야 하고, 현상을 잘 이해하는 것이 바람직하다.
- 일반적으로 일본 서해안의 지진대에서 규모 7.0 이상의 지진이 보고되면, 약 1~2시간 후 동해안에 지진해일이 도달하게 된다.
- 지진해일 도달 가능영역은 동해안 전역이고, 파고 3~4m 정도의 지진해일이 내습할 수 있다.
- 지진해일은 물이 빠지는 것으로 시작되는 일도 있고, 이때 항 바닥이 드러나기도 한다.

- 지진해일은 일반적으로 여러 번 도달하는데 제1파보다 2, 3파의 크기가 더 큰 경우도 있고, 지진해일에 의한 해면의 진동은 10시간 이상 지속되기도 한다.
- 지진해일 내습 속도는 사람의 움직임보다 빠르고, 그 힘이 강력하여 약 30cm 정도의 해일파고라도 성인이 걷기 어려우며, 약 1m 정도의 해일이라면 건물이 파괴될 수 있으며, 이 때문에 인명피해가 발생될 우려가 크다.
- 해안가의 선박 등 다른 물건들이 지진해일에 의해 육지로 운반되어 주택에 충돌하는 때도 있고, 이러한 물체들이 유류탱크 등에 충돌하여 화재가 발생할 수도 있다.
- 지진해일은 바다로 통해 있는 하천을 따라 역상하기도 한다.

4. 고지대로 피난

만약 일본의 북서 근해에서 지진이 발생한다면 1시간에서 1시간 30분 후 대한민국 동해에 영향을 미치기 시작한다. 지진해일이 내습하기 쉬운 해안에서 진도 3~4의 지진이 지속적으로 감지될 때는 고지(高地)로 피난하는 것이 좋으며, 지진해일이 내습할 경우는 지진해일 경보가 발해지므로 주의해서 대처해야 한다.

5) 해일재난 대책

(1) 예방대책

㉮ 해안제방과 수문 정비 등 구조적 대책 및 피난체계 강화 등 비구조적면의 일체화
㉯ 사전 지진해일영향성 검토 및 해안 비상대처계획 마련
㉰ 기상정보를 활용하여 해일예보와 경보체계 강화
㉱ 지역관계자가 동참하는 방재대책
㉲ 해일과 동시에 발생하는 재난을 고려한 대응책 수립(백중사리 예방대책 등)
㉳ 해일대책을 고려한 방재시설 및 주위 관련시설 정비·유지
㉴ 해안시설, 어선, 수산 증·양식시설 피해경감대책 마련
㉵ 재난관리체계 등의 정비·평가 실시
㉶ 해일방재기술의 활성화
㉷ 국민의 자율의식 제고와 교육훈련
㉸ 정보전달이나 기상예보 장비 확충을 통한 관리의 활성화
㉹ 지역별 안전도·재난관리체계 등 평가 및 정책반영

(2) 대비대책

㉮ 정보의 수집·전달, 구원요청 등 광역단위의 방재훈련 실시
㉯ 주위계, 파랑계 정비 및 경계순찰과 정보 접수체계 정비
㉰ 방재관련기관이나 공무원의 응급대비체계 정비
㉱ 피난경로나 유도, 안전대피소 등에 즉시 조치체계 정비
㉲ 재난정보전달체계와 분석체계 강화

㉳ 이상고조, 풍랑, 연안지역 침수 등 2차 재난방지대책

㉴ 구조나 구급대책 수립

㉵ 응급구호용 의약품과 의료기자재 등과 같은 긴급 의료대책과 조정, 수송거점 파악, 긴급수송 네트워크체계 구축

㉶ 이재민 수용 및 구호물자 공급

㉷ 해안 방재림 조성사업 등 해안방재대책 추진

㉸ 지진해일 위험지구 내 주요 시설물 비상대처계획(EAP) 수립

㉹ EAP 대상시설물 고시 및 EAP 수립·운영

(3) 대응대책

㉮ 주민에게 정보제공, 유관기관과 홍보협조 등 대응활동체제 확립

㉯ 재난정보 수집·연락을 위한 통신수단 확보

㉰ 해일발생시 지역본부장이 현장의 신속한 상황파악을 위하여 군CP(당번병) 개념을 도입한 비상지원본부 설치

㉱ 제방붕괴와 같은 2차 피해방지를 위한 대책 강구

㉲ 주민이나 자원봉사자 등과 협력하여 구조·구급활동

㉳ 현장 응급의료소 설치 및 의료활동

㉴ 교통 및 통신두절지역에 대한 긴급연락체계 구축

㉵ 시설물 응급복 및 이재민 대피·수용 및 구호대책 수립

㉶ 비상급수 및 생필품 보급

㉷ 전염병 예방을 위한 방역 및 대량 폐기물 청소

㉸ 의연금품, 자원봉사활동, 해외지원 등을 파악하여 지원

(4) 복구대책

㉮ 민간전문가나 중앙합동조사단을 편성·운영하여 피해조사 및 복구지원

㉯ 피해상황이나 지역특성 등을 고려하여 복구 기본방향 결정

㉰ 국고의 부담금 지원

㉱ 해일재난 복구비용의 산정

㉲ 수요자(피해자) 중심의 복구체계 확립

㉳ 상습피해지역에 대한 근본적 위험요인을 제거하고 항구적인 복구대책을 강구

㉴ 해일에 대한 보험제도 활성화

6) 비상대처계획(EAP)의 기본 이해

비상대처계획(EAP : Emergency Action Plan)은 자연재해대책법 제37조의 규정에 의하여 수립되는 제도이다. 시설물 관리주체가 시설물 붕괴 혹은 위험발생 시 효과적인 대응과 주변 해당지역 피해저감 최소화를 위하여 수립하는 계획으로서, 이에 대한 시나리오별 위험도평가, 대응계획, 재해구호 및 훈련계획 등으로 구성되어 있다. 즉, EAP는 말 그대로 Emergency(비상사태 : 댐, 저수지 붕괴, 폭풍해일, 지진해일, 지진 등) 상황에서 취하여야 할 Action(행동 : 비상상황 관리, 응급조치, 재해구호 및 지역안정 등)에 대한 Plan(계획)을 수립하는 것이다.

현재, 자연재해대책법에 의한 EAP수립은 크게 풍수해EAP와 지진EAP로 구분되어 있다. 풍수해EAP는 또다시 댐, 저수지 붕괴EAP와 해일EAP로 구분된다.

3. 화산폭발(火山暴發; Volcanic Eruption)

1) 화산폭발의 정의

화산이라는 용어인 volcano는 '불의 신'이라는 이름인 'vulcan'에서 유래되었다. 화산은 지하 깊은 곳에 있던 뜨거운 마그마가 지각의 약한 곳을 뚫고 분출되는 현상이며, 높은 열을 가진 화산재와 화산가스의 빠른 이동이다.

화산폭발(volcanism, 火山活動)이란 화산으로부터 대기나 지표면으로 고체, 유체와 기체 형태의 물질이 분출되는 과정, 즉 화산으로부터 마그마와 화산재, 화산가스 등 각종 화산

쇄설물이 대기나 지표면으로 터져 나오는 것을 말한다. 화산폭발은 분화라고도 하며 용암이 서서히 흘러나오는 폭발부터 화산쇄설류가 격렬하게 분출되는 대폭발까지 형태는 매우 다양하다.

화산은 인류에게 직·간접적으로 지대한 영향을 미치고 파괴적인 위력을 갖지만, 그 위험성은 예보 등으로 줄일 수 있다. 화산의 순기능으로는 토양을 비옥하게 하기도 하고, 지열에너지를 제공하며, 유용한 광물도 제공한다. 또한 지난 지질시대 동안 화산은 지구의 수권과 대기권을 재순환시켜왔다.

2) 화산활동의 유형에 따른 분류

(1) 활화산

현재 마그마의 활동이 활발히 이루어지고 있는 화산으로서 언제 폭발할지 모른다.

(2) 휴화산

마그마의 활동이 잠시 중단된 상태로서 화산폭발의 가능성을 지니고 있다.

(3) 사화산

한때 마그마의 활동이 있었으나 현재는 활동이 없는 화산으로서 화산폭발 가능성은 지극히 낮다.

3) 화산활동방식

화산활동방식은 마그마의 화학조성, 마그마에 포함된 기체함량 및 온도 등의 요인에 큰 영향을 받는데, 이 요인들이 마그마의 점성에 영향을 끼친다.

점성은 온도의 영향을 많이 받는데, 용암이 식으면(온도가 하강하면) 점성이 높아지므로 용암은 잘 흐르지 않는다. 반면 규산염 함유량이 적고 온도가 높은 마그마는 점성이 작고 빠르게 움직이므로, 지표면에 분출되어 시속 100km 이상으로 움직일 수 있다.

마그마의 점성은 마그마에 포함된 규소 함량과 관련 있다. 일반적으로 마그마의 규소함량이 많으면 마그마의 점성은 증가하며, 규소 함량이 적으면 점성은 감소한다. 현무암을 형성하는 마그마는 약 50%의 규소를 함유하는 반면, 화강암을 형성하는 마그마는 70% 이상의 규소를 함유하고 있다. 마그마에 녹아있는 가스도 중요하다. 가스의 대부분은 수증기와 이산화탄소로 이루어지는데, 마그마의 점성이 높으면 가스가 상부로 이동하는 것이 지체되며 가끔 폭발적인 화산폭발을 일으킨다.

4) 화산의 분출방식

(1) 스트롬볼리형(Strombolian type)

발작적, 불연속적, 폭발적으로 분출하지만, 화산분출물이 멀리까지 날아가지는 못한다.

(2) 발칸형(Vulcanian type)

스트롬볼리형 분출보다 더 격렬하게 분출하여 고도 10~20km까지 분출기둥이 치솟으며 더 작은 화산 암편들을 멀리까지 날려 보낸다.

(3) 플리니형(Plinian type)

고도 45km까지 분출기둥이 솟으며 많은 화산쇄설물을 빠른 속도로 분출한다. 주로 점성이 큰 안산암질 또는 화강암질 마그마에서 용존가스의 분출에 의해 폭발성 분출을 하게 된다.

(4) 하와이형(Hawaiian type)

분출은 심해에서 점성이 낮은 많은 양의 용암을 분출하여 순상 화산을 형성한다. 천해환경에서 일어난 하와이형 분출은 수르체이형 분출이라 부른다.

(5) 아이스란드형(Icelandic type)

이동성의 용암이 넓은 규모로 분출되는데 지각 내의 인장균열이 있는 곳에서 발생하며 용암이 자유롭게 흘러 큰 판상암체를 형성한다.

(6) 베스비오형(Vesuvian type)

드문 간격으로 폭발적인 분출이 이루어지는데 비활동기간이 길기 때문에 용암에는 기체가 많이 포함되게 되고, 검은 구름이 하늘 높이 펼쳐지며 화산재가 광범위하게 낙하된다.

(7) 펠레형(Pelean type)

가장 심한 폭발을 일으키는 형태로 기존의 화산 상부에 굳은 용암에 의하여 분출이 방해를 받음에 따라 압축된 용암이 화산의 측면에 있는 연약대로 새로 분출하게 된다. 분연이 하늘로 치솟지 않아 조용한 듯 하면서도 열문을 동반하는 폭발식 분화, 유동성이 작은 유문암질 내지 안산암질 마그마의 활동에서 나타난다.

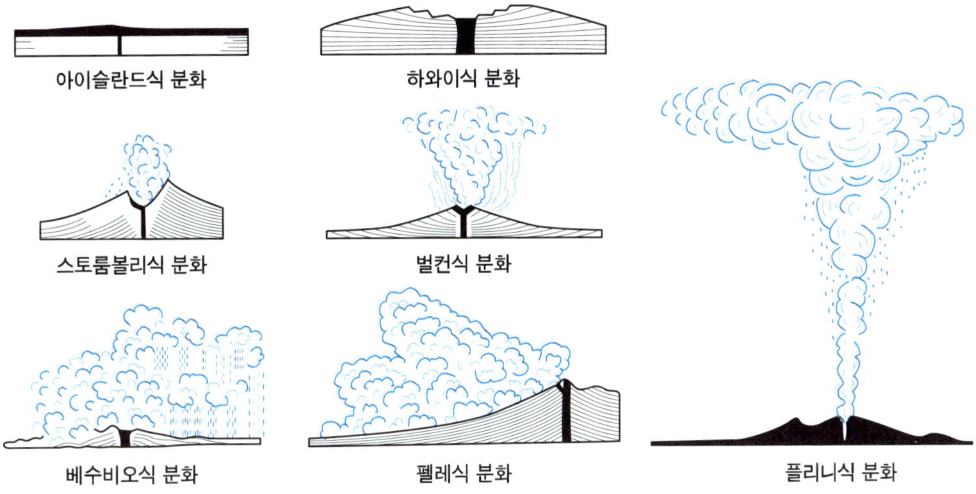

화산의 분출형태와 화구

* **정상분출** : 산정상부에서만 분출하는 경우
* **측면분출** : 정상에서는 작게 분출되며 측면에서 분출하는 경우
* **산복분출** : 정상부에서 주로 분출되며 측면에서 완만하게 분출하는 경우
* **기생분출** : 중심 분화구에서 떨어져있는 기슭이나 산중턱에서 새로 분출하는 경우
* **화구** : 화산 정상에 형성된 깔때기 모양의 窪地이다. 화산이 폭발한 후 생긴 와지, 한라산의 백록담이 이에 해당한다.
* **칼데라(Caldera)** : 지름이 2km 이상으로 화구보다 훨씬 큰 와지를 칼데라라고 한다. 화구의 함몰 또는 폭발에 의해 확대된 와지로 백두산 천지가 대표적이다.
* **화산분포** : 화산은 현재 지각변동이 활발한 대륙의 沿邊(판과 판이 충돌하는 지점)과 대양저의 해령(판과 판이 분리되는 지점)을 따라 집중적으로 분포한다.
* **스텝토(steptoe)** : 용암 평원을 뚫고 섬처럼 솟아있는 기반암의 구릉

5) 화산의 형태

(1) 순상화산

유동성이 매우 큰 현무암질 용암이 하나의 화구를 통하여 조용히 흘러넘칠 때 사면의 경사가 극히 완만하게 형성된 화산, 아스피테라고도 하며 일출식 분화에 의해 형성된다.

예) 용암굴-용암류가 흘러내릴 때 표면이 냉각, 고결(固結)한 다음 용융상태에 있는 중앙부의 용암만이 흘러내려 생긴 굴, 용암굴을 흔히 순상화산의 산록에서 발견되며 내부구조는 석회동굴보다 단순하여 2차 생성물이 없다.

(2) 성층화산

폭발식 분화에 의한 화산쇄설물과 일출식 분화에 의한 용암류가 겹겹이 누적되면서 성장하여 원추(圓錐)형의 성층화산이 형성, 점성이 큰 용암이 분출, 사면의 경사가 급하다.

(3) 분석구

폭발식 분화에 의한 화산쇄설물로만 이루어진 작은 화산, 높이는 200~300m, 사면 경사는 25°~35°, 정상에는 깔때기 모양의 화구가 있는 것이 보통이다.

(4) 용암원정구(종상화산)

안산암 내지 조면암질 용암이 저온의 상태에서 화구 위로 천천히 밀려올라올 때는 도움형의 화산이 형성되는데, 이를 종상화산이라 한다. 사면 경사가 급하고 화구가 없는 것이 특색이나 후에 폭발분화가 일어나면 정상에는 화구가 생긴다.

(5) 복합화산

2개 이상의 화산체가 결합한 것, 거대한 화구 안에 중앙화구구를 가진 화산, 분화구의 위치가 이동하여 몇 개의 화산체가 합쳐진 화산

6) 화산의 위험(화산재난)

(1) 용암유출(lava flows)

용암(熔岩, 이탈리아어: lava-'떨어지고', '미끄러지는' 의미의 라틴말 'labes'에서 유래)은 화산이 분출하는 동안 밖으로 나온 암석의 용융체이다. 처음 화산의 화구에서 빠져나올 때 용암의 온도는 700°C에서 1,200°C이다. 용암은 물에 비해 점성이 약 10만 배로 매우 점성질이지만, 요변성과 전단력으로 얇아지는 특성을 지녔기 때문에 냉각을 거쳐 굳을 때까지 매우 먼 거리를 이동하며 흐를 수 있다.

용암류(Lava flow)는 용암이 유출되어 나오는 것으로 비폭발적인 유출성 분출 중 생긴다. 움직임이 멈추면 용암은 굳어 화성암이 된다. 일부 용암유출은 시간당 80~90km로 이동하지만 다른 용암들은 사람이 걷는 속도나 그보다 작은 속도로 이동한다. 용암유출의 파괴적인 힘은 암석의 높은 온도에 있는데 큰 건물을 삼키거나 부서뜨릴 수가 있다.

(2) 폭발

폭발은 상당한 양의 바위를 수km까지 날려 보낸다. 하지만 화산으로부터 시간당

수백km로 확장되어 그 경로에 있는 모든 것을 뒤덮고 태우는 가열된 폭발구름은 더욱 파괴적이다. 폭발의 파괴적인 힘은 태풍의 속도를 초과하는 높은 풍속과 가스의 높은 온도에 있다. 폭발은 수분 내에 화산 주위 수km 내의 모든 생물을 전멸시킬 수가 있다.

사례) 1980년 5월 18일 미국의 휴화산이었던 세인트헬렌산의 폭발은 수초 내에 600km^2 의 숲을 파괴시켰다.

(3) 화산쇄설물

화산쇄설물은 가스와 용암의 작은 파편이 조밀하게 섞여있는 것으로 화산의 사면을 따라 큰 속도로 흘러 내려온다. 화산쇄설물은 수백km까지 멀리 그리고 시간당 수백 km의 속도로 흘러가기도 한다. 화산쇄설물의 파괴적인 힘은 빠른 유출속도 및 가스와 파편암석의 높은 온도 때문이다.

사례) 1902년 5월 8일 프랑스의 카리브 해 연안에 있는 마르티니크 섬에 생피에르 시에 현대의 폼페이라 불릴 만큼 20세기 최악의 몽펠레 화산폭발이 일어났다. 화산폭발은 30초 내에 시를 파괴시켰으며, 유출의 힘은 사실상 도시전체 건물들을 파괴시켰고, 오직 견고한 석조만이 남아있었다. 생피에르 시는 인구 3만 여명이 있었지만 생존자는 단 2명뿐 나머지는 가열된 짙은 가스에 의해 질식하거나 타죽었다.

(4) 화산재 낙하

화산재는 갈색 또는 흰색을 띄며, 직경 2mm 이하의 부석 조각으로 화산분출에 의해 대기로 뿌려진 뒤 증기구름 속에서 떠다니다가 떨어져 대지를 덮는다. 화산재는 눈과는 달리 녹지 않기 때문에 물리적으로 제거해야 한다. 화산재는 무거워 지붕을 붕괴시킬 수 있으며, 나뭇가지를 부러뜨리고 식물의 잎을 덮어 성장을 방해하기 때문에 농작물의 피해도 크다. 화산재는 항공기의 이륙을 막고, 미세하기 때문에 호흡기질환이나 기계의 오작동을 일으키기도 한다.

(5) 이류(mudflow)

이류는 중력에 의해 언덕 아래로 이동하는 유동성의 진흙 집단으로 라하(Lahar)라고도 부른다. 이류는 정상에 많은 얼음과 눈이 집적되어 있는 화산에서 쉽게 나타나는데 급하게 녹으면서 화산 사면 아래로 빠른 속도로 흘러 토양과 화산재가 혼합되어 모든 것을 휩쓸어 버린다.

사례) 1985년 콜롬비아에 있는 루이스산의 사면에서 이류가 강 계곡 아래로 내려와 인구 2만 5천명의 도시를 휩쓸어 거의 모든 사람의 목숨을 빼앗고 제대로 서있는 것이 아무 것도 없었다.

(6) 독가스

독가스는 화산의 분출 전, 분출하는 동안, 그리고 분출 수년 후에 화산 주위에서 방출된다. 화산에 의해 방출되는 가장 많은 가스는 수증기와 이산화탄소이며, 이들은 직접적으로는 해가 없다. 하지만 화산에서 빠져나온 고농도의 이산화탄소는 꺼진 움푹한 지역에 집적될 수 있는데, 공기 중에 10%만 이산화탄소가 있어도 사람은 질식할 수 있다. 화산가스에는 이산화황(SO2), 3산화항(SO3), 염화수소(HCL), 일산화탄소(CO), 불화수소(HF) 등이 함유되어있어 마시지 않는 것이 좋다.

7) 화산피해 경감대책

(1) 화산가스의 중독을 방지하기 위해 마스크를 착용한다.
(2) 마스크가 없을 경우 물에 적신 수건으로 코를 막는다.
(3) 화산쇄설물에 재해를 입지 않기 위해서는 노출된 모든 피부를 붕대로 또는 젖은 옷가지로 감싼다.
(4) 화산쇄설물이 내려오는 길목인 계곡에 건물을 건축하지 않는다.
(5) 화산쇄설물을 피하는 방법으로는 직경 2m의 대형 콘크리트 관을 산의 능선이나 마을 부근에 매설하거나 낮고 튼튼한 방지벽을 설치한다.
(6) 용암류는 폭약을 사용하거나 차단벽을 설치하여 흐름 방향을 변경시킨다.
(7) 화산이류에 대한 대비책으로 제방이나 자체 댐을 건설하여 저류지를 설치한다.
(8) 화산재가 건물의 지붕에 퇴적되면 붕괴되므로 계속적으로 치우도록 한다.
(9) 화산재의 퇴적을 방지하기 위하여 지붕의 경사를 급하게 설계한다.
(10) 화산재로 인해 실외는 시계가 불량하므로 밝아질 때까지 실내에 있는 것이 좋다.
(11) 화산재로 지상의 물이 오염될 수 있으므로 화산재가 떨어질 위험이 있을 경우에는 사전에 비상용 식수를 마련해야 한다.
(12) 화산가스는 배출공을 삽입하여 배출시키는 방법이나 산성가스를 중화시키는 식물을 경작하는 방법이 있다.

일본 화산정보의 종류

* **긴급화산정보** : 생명, 신체에 관계된 화산활동이 발생한 경우에 수시 발표(경보에 해당됨)
* **임시화산정보** : 화산활동에 이상이 발생하고 주의가 필요한 경우에 수시발표(주의보에 해당됨)
* **화산관측정보** : 긴급화산정보, 임시 화산정보를 보충하는 등 화산활동의 상황을 정기 또는 임시로 자세하게 발표
* **정기화산정보** : 상시 관측화산에 대하여 활동의 상황을 정기적으로 발표

8) 국민행동요령[5]

(1) 화산재 낙하 전 준비사항

화산재 낙하에 대비하여 방진 마스크, 예비 의약품, 손전등 등 필요한 물품을 미리 준비해 둔다. 문이나 창문을 닫고, 물을 묻힌 수건을 문의 빈틈이나 환기구에 두며, 만성기관지염이나 폐기종, 천식일 경우는 실내에 머무르고, 불필요하게 화산재에 노출되지 않도록 한다. 또한 어린이가 있는 경우에는 학교의 방재계획에 관심을 가지고, 실내에서 지낼 수 있도록 게임이나 놀이를 준비한다. 아울러 현금자동지급기나 은행을 이용할 수 없는 경우를 대비하여 소액 현금을 준비한다.

(2) 화산재 낙하 중 해야할 일

공황상태에 빠지지 않고, 냉정하게 행동한다. 실외에 있을 경우, 피난시설(차나 건물 등)을 찾으며, 자신이 있는 지역의 라디오 등 방송을 듣고 화산분출이나 청소 계획의 정보를 모은다. 또한 각막에 손상의 위험이 있으므로 콘택트렌즈(contact lens)를 착용하지 않는다. 아울러 가정 정원에서 재배한 채소는 먹어도 무방하지만 먹기 전에 잘 씻는다.

(3) 화산재를 제거해야 하는 이유

청소를 시작하기 전에 추천 마스크를 사용하고, 만약 없으면 젖은 천을 사용한다. 사다리나 지붕에 오를 때에는 화산재에 미끄러지기 쉬우므로 주의하며, 건물에 들어갈 때에는 밖에서 입었던 옷을 갈아입고, 몸도 깨끗이 씻는다. 또한 단단한 바닥을 청소할 때는 적신 자루걸레나 천을 사용하고 컴퓨터나 TV, 라디오 등은 진공청소기나 압축공기를 사용하여 청소하고, 청소하기 전에 기기의 주 전원을 반드시 끈다. 어린이는 실내에 머무르도록 하고, 화산재가 날리는 중에는 놀지 않도록 지도한다.

5 소방청 자료

제4절 지형학적 재해

1. 산사태(山沙汰; Landslides)

1) 산사태의 정의

산사태(landslides)란 폭우나 지진 또는 화산폭발, 눈사태 따위로 인하여 산중턱의 바윗돌이나 흙 따위가 갑자기 무너져 내리는 현상을 말한다. 우리나라는 여름철 우기에 집중호우나 태풍으로 인해 산사태의 발생빈도가 높다. 특히 지형적·기상학적 영향으로 산지의 경사가 급하고 계곡이 짧아 산사태 가능성과 빈도가 높은 편에 속한다.

일반적으로 흙 입자들은 서로 점착력이나 마찰력으로 인해 어느 정도 결속력이 존재한다. 그러나 강우로 인해 흙 입자 사이에 간극수의 형태로 존재하는데, 이러한 간극수의 부력으로 인해 흙 입자 간의 결속력이 약해지면서 하층을 견디지 못해 경사면이 붕괴되는 것이다.

2) 산사태의 발생원인

(1) 지질학적 원인

연약물질, 예민한 물질, 파쇄된 물질, 절리 또는 균열물질, 악영향을 주는 방향으로 암반의 불연속면(층리, 엽리 등), 반대방향의 구조적 불연속면(단층, 부정합), 특수성 및 강성 등이 있다.

산사태 관련 용어정리

* 절리(joint, 節理) : 암석에 외력이 가해져서 생긴 금을 말하며, 단층과 달리 금을 경계로 양쪽의 전이는 일어나지 않는다. 절리의 종류에는 현무암에서 주로 발견되는 육각형 기둥 모양의 주상절리, 퇴적암 등에서 주로 나타나는 판상절리와 화강암에서 볼 수 있는 육면체 모양의 방상절리가 있다
* 층리 : 지층을 쌓인 면에 대하여 직각으로 잘라보면 퇴적물의 알갱이 크기와 색깔 등의 변화로 생긴 평행한 구조가 보이는데 이를 층리라 한다. 층리는 퇴적물이 쌓이고 쌓인 것이어서 층의 경계가 정확히 보인다.
* 엽리 : 여러 구성광물들이 편압(차등응력이라고도 하며, 어느 특정방향에서 강하게 압력이 작용되는 것)을 받을 시 광물들이 변성작용을 일으켜서 재결정되어 입자가 커지고 뚜렷해져서 생기는 줄무늬를 말한다. 엽리는 퇴적암, 화성암이 높은 열과 압력을 받아 눌러졌기 때문에 불완전성을 가진다. 즉, 줄이 두꺼운 부분도 있고 얇은 부분도 있다.
* 강성(rigidity) : 재료가 탄성변형을 할 때 재료는 그 변형에 저항하는 성질이 있는데, 이 변형에 저항하는 정도를 나타낸 것
* 활락애 : 산사태 지형에서 볼 수 있는 산허리 사면 상부의 말굽형이나 반원형의 급한 벼랑

* 단애(斷崖, cliff, scarp) : 수직 또는 급경사의 암석사면을 말한다. 즉, 깎아 세운 듯한 낭떠러지를 지칭한다.
* 수계망 : 유역 내 하천의 분포 상태, 하천망을 말한다.
* 파단면(fracture, 破斷面) : 재료를 굽히거나 잡아당기거나 하여 파괴하거나 잘랐을 때의 단면
* 전단면 : 대상물 전체를 절단한 단면
* 찰흔 : 자갈이나 기반암의 표면에 생긴 찰상을 말한다.
* 앵커제 : 영구 거푸집 장착용
* 보링(boring) : 땅속 깊이 구멍을 뚫는 일
* 그라우트(grout) : 건축물이나 석축에 갈라진 틈에 묽게 갠 시멘트나 모르타르(mortar–규토질의 물질) 따위를 밀어 넣어 보수하는 일

(2) 지형학적 원인

구조적 또는 화산에 의한 융기, 빙하의 이동, 사면선단의 하천, 파도 및 빙하로 인하 침식, 사면 끝부분의 침식, 지하침식(파이핑, 용해), 사면 또는 사면 상단의 상재하중, 화재 및 가뭄 등으로 인한 초목의 제거 등이 있다.

(3) 물리적 원인

집중호우, 빠른 속도의 눈의 녹음, 홍수 및 조류의 빠른 썰물, 지진, 융해, 동결융해로 인한 풍화, 수축팽창으로 인한 풍화 등이 있다.

(4) 인간 활동에 의한 원인

사면선단의 굴착, 사면 또는 사면 상단의 하중 증가, 저수지의 배수, 벌목 및 벌초, 관개, 광업, 인공진동, 각종 시설물로부터의 누수 등 인간 활동에 의해 발생할 수 있는 모든 원인을 포함한다.

3) 산사태의 형태

(1) 주저앉음(Slump)

회전형태의 주저앉음을 포함한 경사면에서의 물질이 복잡한 이동으로 폭우나 사면 하단부의 제거로 인해 사면 아래의 흙이 꺼지면서 상부의 토양이 주저앉는 것을 말한다. 주변에서 가장 흔히 볼 수 있는 형태로 작은 규모에서 큰 규모까지 다양하다.

(2) 미끄러짐(Slide)

암반이 약한 면을 따라 경사면과 평행하게 이동하는 형태를 말한다. 즉, 층을 이루고 있는 암반이나 토양이 압밀되지 않는 상태로 침식 및 풍화작용을 받은 상태에서 여러 가지 요인으로 인해 절리를 따라 미끄러지듯 이동하는 경우이다.

(3) 점진적 이동(Creep)

경사진 토양의 점진적인 이동으로 연직으로 층을 이루고 있는 암반 위에 토양이 덮여 있는 경우 토양의 하중으로 인해 장기간에 걸쳐 조금씩 토양 전반에 걸쳐 아래로 이동하는 경우이다. 이러한 이동의 징후로 나무나 기둥, 비석 등이 기울어지는 것을 볼 수 있다.

(4) 넘어짐(Topple)

경사면의 끝에서부터 암석이 부서져 내리는 현상으로서 흔히 전도파괴라고도 한다. 대부분의 산사태가 미끄러지거나 흘러내리는 것에 비하여 이 현상은 경사면 아래로 바위가 넘어지는 이동으로 연직방향이나 경사진 절리를 가진 암석이 아래지점부터 차례로 조각조각 떨어져 넘어지는 경우를 말한다. 제주도 해안가의 현무암지대가 대표적인 예로 볼 수 있다.

(5) 떨어짐(Fall)

토양 및 암반이 자유 낙하하는 이동을 말한다. 암반으로 이루어지는 사면에서 침식이나 풍화로 균열이 생겨 모암으로부터 암반이 떨어져 구르거나 미끄러져 내려오다 자유 낙하하는 것을 말한다. 해안가에서 압밀이 안 된 토양이나 연암이 파도에 의해 하단부가 침식되어 상부의 암석이 자중에 의해 떨어지는 경우도 포함된다.

(6) 흐름(Flow)

점성이 높은 포화된 물질이 흘러내리는 현상으로 일반적으로 지반 꺼짐보다 빠른 속도로 발생한다. 진흙처럼 점성이 크기 때문에 돌덩어리나 나무 혹은 자동차를 움직일 정도이다.

(7) 급류(Torrent)

산발적이고 급작스런 물과 잔해물의 하천화된 유출로 폭우가 동반하여 일으키는 산사태가 대부분 이 경우에 속한다. 물이 주를 이루는 흙과 여러 가지 잔해물이 함께 섞여 흘러 내려오는 이류나 잔해물 흐름으로 계곡을 따라 빠른 속도로 이동해 내려오므로 피해가 크다. 우리나라 여름에 발생한 산사태의 유형이 여기에 많이 속한다.

4) 활동성 산사태와 비활동성 산사태를 구분하는 특징(Crozier, 1984)

활동성 산사태와 비활동성 산사태를 구분 짓는 특징을 잘 알아둠으로써 산사태를 예측하고 대비하는 데 중요한 기준이 될 수 있다.

표 2-19 활동성 산사태와 비활동성 산사태를 구분하는 특징

구분	활동성 산사태	비활동성 산사태
식물상	활동부분의 내 · 외부 간에 식물상이 분명히 다름	활동부분의 내 · 외부 간에 식물상이 분명히 차이가 나지 않음
경사지 나무	경사진 나무에 새로이 수직생장 없음	경사진 나무에 새로이 수직생장 있음
균열모서리	활락애, 단애 및 균열의 모서리가 날카로움	활락애, 단애 및 균열의 모서리가 부드러움
수계망	수계망은 교란되고 못과 비배수 분지가 많음	수계망이 완전히 갖추어져 있음
2차 충전물	균열과 함목부분 내에 2차 충전물이 없음	균열과 함목부분 내에 2차 충전물이 있음
2차 사면운동	단애면에 2차 사면운동이 있음	단애면에 2차 사면운동이 없음
지지목	새로운 지지목은 생기지 않고 줄기에 2차조직도 발생하지 않음	새로운 지지목이 생기며 줄기에 2차조직도 발생
식물생장	빠르게 생장하는 식물군이 존재함	느리게 생장하는 생물군이 존재함
찰흔	파단면 및 전단면은 신선한 단층경면과 찰흔을 나타냄	파단면 및 전단면 신선한 단층경면과 찰흔이 없음
토괴의 파괴면	토괴의 파괴면이 신선함	토괴의 파괴면이 풍화되어 있음
접촉	미끄럼 면과 융기부가 접촉하고 있음	가장 자리에 균열이 있고 제방은 방치되어 있음
토층	노출된 파단면에 토층이 발달되어 있지 않음	노출된 파단면에 토층이 발달되어 있음

5) 손상정도에 따른 산사태의 등급(Alexander, 1986)

(1) 0등급(손상 없음)

건물은 완전히 그대로 있다.

(2) 1등급(무시함)

-벽이나 구조물 부재에 실금 균열이 감.

-구조물은 변형이 없거나 외부건물의 상세부가 분리되지 않았음.

(3) 2등급(가벼움)

-건물에 계속 거주가 가능하고 부수가 긴급을 요하지 않음.

-기초의 침하, 구조물의 변형 및 벽의 경사로 인하여 전체 안정성은 충분하지 않음.

(4) 3등급(보통임)

-벽이 1~2도 외부로 기울어짐.

-구조물 부재에 실질적인 균열이 발생되었음.
-기초가 부동침하(적어도 15cm) 중에 침하되었음.
-건물은 대피가 필요하고 계속하여 수명을 유지하기 위해서는 긴급한 주의를 요함.

(5) 4등급(심각함)

-벽은 외부로 약간 기울어짐.
-벽에 개방균열이 있음.
-구조물 부재에 균열이 감.
-조직공은 파괴됨.
-적어도 부동침하가 25cm되므로 기초가 위태로움.
-바닥은 1~2도 기울어짐.
-흙이 융기되어 파괴됨.
-내부 칸막이벽은 보수가 필요함.
-문과 창틀도 변형되어 사용 못함.
-주민은 대피시켜야 하고 주요 보수를 수행하여야 함.

(6) 5등급(매우 심각함)

-벽은 외부로 5~6도 기울어짐.
-구조는 전체적으로 변형되고 부동침하로 벽과 바닥이 심하게 균열이 갔음.
-건물의 대회전을 야기함.
-목조건물은 기초부터 완전히 분리될 수 있음.
-내부 칸막이벽 및 벽돌 접합부 및 지붕은 적어도 부분적으로 붕괴됨.
-주민들에게 재건축이 필요함.
-건물의 복구는 적절하지 않음.

(7) 6등(부분적 붕괴-반파)

-주민의 즉시 대피가 필요하고 조적공(벽돌)이 낙하되는 등의 사고를 예방하기 위하여 현장에 안전책위(접근 금지선)를 하여야 한다.

(8) 7등급(완전 붕괴-대파)

-현장에 대한 철거(청소)가 필요하다.

6) 산사태의 영향

1) 산사태는 사회적으로 심각한 재산피해와 인명피해를 유발할 수 있다.
2) 미국에서는 매년 25명이 산사태로 사망하고 기타 굴착공사 등으로 발생하는 사망자를 포함하면 100~150명 정도이며 피해액은 1~3조원 정도로 집계되고 있다.
3) 산사태는 사람을 매몰시키거나 낙석으로 인한 직접적인 충격을 유발한다.
4) 산사태는 언덕 상부나 근처에 건설된 주택, 도로, 공공시설 등에 피해를 발생시킬 수 있으며, 철도, 도로 등 교통이 장시간 마비될 경우 경제적으로 큰 피해를 유발한다.
5) 간접적인 피해로는 하천을 막아 상류에 홍수를 유발한다든지 전염병을 유발시킬 수 있다.

7) 산사태의 기본 대처요령

(1) 산사태의 경향이 있는 지역

① 개발되어 급하게 된 사면
② 과거에 산사태가 있었던 지역
③ 배수로 움푹 들어간 기초부
④ 과거에 더 돋기한 경사의 정상부나 하단부
⑤ 가파르게 깎은 경사의 정상부나 하단부

(2) 산사태로부터 안전한 지역

① 경사각의 급격한 변화가 없는 비교적 평탄한 지역
② 과거에 이동된 적이 없는 단단하고 이음부가 없는 암반
③ 경사의 정상부로부터 후퇴되어있는 봉우리의 정상이나 기울어진 사면

(3) 산사태 발생 징후

① 기초로부터 토양이 움직이는 경우
② 콘크리트 바닥이나 기초가 기울거나 균열이 가는 경우
③ 전에 습윤하지 않던 지역에 물이 솟아 나오거나 물이 새거나 포화되는 경우
④ 땅, 포장도로 또는 인도에 새로운 균열이 생기거나 비정상적으로 부풀어 오르는 경우
⑤ 수도관이나 지중시설물이 균열되는 경우
⑥ 도로지반이 침하되는 경우
⑦ 전신주나 나무, 유리벽이나 울타리 등이 기울어지는 경우

⑧ 계단이나 테라스 등과 같은 부속구조물이 주요 구조물과 상대적으로 기울거나 이동된 경우
⑨ 탁도의 증가를 수반하는 계곡 수위의 급격한 증가가 발생하는 경우
⑩ 비가 계속 내리거나 그친 경우에도 불구하고 계곡의 물이 급격히 준 경우
⑪ 물이나 창문이 빽빽하거나 문설주나 틀이 눈에 띄게 비틀어진 경우

8) 산사태에 취할 행동

(1) 산사태 발생 전

① 집의 위험도를 최소화한다.
② 소유하고 있는 땅을 점검한다.
③ 산사태에 대비한 의견이나 개선방법을 청취하고 전문적인 지반공학자에게 자문을 구한다.
④ 산사태 징후를 인식할 수 있도록 알아둔다.
⑤ 대피계획을 세워두고 비상연락망을 구축한다.

(2) 산사태 발생 중

① 건물 안에 있을 때는 안에 그대로 머무른다. 책상, 테이블 또는 다른 견고한 가구 아래로 피신한다.
② 건물 밖에 있을 때는 산사태나 이류의 경로 밖으로 피신하고 가장 가까이에 있는 높은 곳으로 뛰어간다. 또한 바위나 다른 장애물이 접근해오면 가까이에 있는 나무나 건물이 밀집해있는 곳으로 대피한다. 만일 탈출이 불가능하면 공같이 몸을 움츠려 머리를 보호한다.
③ 패인 땅은 지하수에 의해 석회암과 같은 취약한 지표가 용해될 때 발생하여 지지력이 없어 지표면이 붕괴되는 것으로 이러한 지역을 피해 견고한 지역으로 피신한다.

(3) 산사태 발생 후

① 추가적인 산사태 발생 위험이 있음으로 주의한다.
② 부상자나 갇힌 사람이 있는지 점검하고 이를 발견 시 할 수 있으면 응급조치를 취한다.
③ 어린아이 노약자, 신체 부자유자와 같이 특별한 도움을 필요로 하는 이웃을 돕는다.

④ 이류나 산사태 발생 후에 침수가 발생할 수 있음을 명심한다.

⑤ 건물의 기초, 굴뚝, 주위의 지역에 피해가 있는지 점검한다.

⑥ 산사태로 인한 지표면 피복의 유실에 의한 침식은 돌발홍수를 야기할 수 있으므로 가능한 빨리 피해를 입은 지역에 나무를 다시 심는다.

9) 산사태 문제의 해결방안

(1) 산사태 방지공법(사면안정공법)

① 안전율 유지법

안전율 유지법(control works)은 바람이나 강우 및 눈에 의한 침식작용과 풍화작용으로부터 사면을 보호하기 위해서 비탈면을 공기 중에 노출되지 않게 여러 가지 방법으로 피복시킬 필요가 있는 것을 말한다.

땅속에 침투한 물은 즉시 배수될 수 있도록 하여 사면의 활동력 증가 혹은 저항력 감소에 물의 영향이 미치지 못하게 처리함으로서 사면의 안전율을 유지시키는 것이다.

㉠ 물리적 방법

가) 배수공 : 물의 영향을 되도록 받지 않도록 하는 것으로서 지하에 물이 침투하지 않도록 하거나 침투한 물을 배제시키는 것을 말한다.

나) 블록공 : 공기 중에 경사면이 노출되어 강우, 눈, 바람, 지하수 등에 의하여 침식될 우려가 있는 경사면을 블록이나 격자모양 블록 등으로 덮어 사면의 안정성을 꾀하는 것을 말한다.

㉡ 생물화학적 공법

가) 피복공 : 경사면을 식물, 인조섬유, 숏크리트 등으로 피복하여 강우나 눈, 바람에 의한 침식을 방지함으로써 경사면을 보호하는 것인데 경제성이나 효과 면으로 볼 때 식물에 의한 식생공이 가장 일반적이며 많이 사용되고 있다.

나) 표면안정공 : 주입재를 주입하여 불안정한 토양의 안정도를 향상시키고 침투수의 유입을 차단하여 경사면의 안정성을 높이는 것을 말한다. 주입재로는 시멘트계, 시멘트 약액제, 약액제 등으로 크게 나누며, 시멘트가 가장 사용하기 쉽고 신뢰성이 높고 경제적이다.

② 안전율 증가법

안전율 증가법(restraint works)은 경사면의 활동에 저항시키기 위한 저항력을 증가시켜주는 방법과 사면이 안전하도록 사면의 활동력을 감소시켜주는 방법이 있다.

㉠ 활동력 감소법

가) 절토공 : 산사태 토괴 중 활동하려는 토사를 제거하여 활동하중을 경감시키는 것으로서 경제성과 시공 면에서 어려운 점이 있으나 중소 규모의 산사태에 효과적으로 사용할 수 있다.

나) 압성토공 : 산사태가 우려되는 자연사면의 선단부에 토사를 성토하여 활동에 저항할 수 있는 저항력을 증가시켜주는 공법이다.

㉡ 저항력 증가법

가) 말뚝공 : 사면의 활동 토괴를 관통하여 부동지반까지 말뚝을 일렬로 설치함으로서 사면의 활동하중을 말뚝의 수평저항으로 부동지반에 전달시키는 공법이다. 이 공법은 사면안전율이 높아 우리나라에서도 많이 사용하고 있다.

나) 앵커(Anchor)공 : 고강도 강재를 앵커제로 하여 보링공 내에 삽입하여 그라우트 주입을 실시함으로써 앵커제를 지반에 정착시켜 앵커제 두부에 적용한 하중을 정착지반에 전달하여 안정시키는 공법이다. 이 공법은 구미에서 오래 전부터 많이 사용되어오고 있다.

다) 옹벽공 : 주로 자연사면 선단부에 도로를 축조하거나 주택단지를 조성할 경우 사용하는데, 이 옹벽 자체로는 배면 자연사면의 안정을 기대할 수는 없다. 그러므로 이 경우는 반드시 배면사면의 안정성을 검토한 후 불안정하다고 판단되면 말뚝공이나 앵커공 등으로 배면사면의 안정을 도모한 후 옹벽을 설치하여야 한다.

③ 산사태 취약지역의 보강 및 이용방법

㉠ 취약지역 보존 및 유지관리방법 : 지표면을 보존하기 위하여 경사면을 다시 변경하고 보강하는 보존 및 유지방법

㉡ 특정사면의 보존방법 : 제방을 쌓거나 토양을 제거하는 등의 보강작업에 의해 형성되는 공간을 이용하는 것이다.

㉢ 지하수 사용에 의한 산사태 보강방법 : 산사태의 요인이 될 수 있는 지하수를 양수하여 산사태 지역을 안정화시키는 방법이다.

㉣ 효과적인 경보시스템 구축 : 오보를 막기 위해 강우자료 분석과 센서를 동시에 사용하는 것이 가장 효과적이다.

(2) 산사태 위험지 관리시스템

① 개념

산사태 피해를 최소화하기 위해 전국의 산지를 GIS(지리정보시스템) 공간분석을 통하여 산사태 위험등급을 구분하여 제공하는 "산사태 공간정보"와 기상청의 기상정보를 실시간으로 분석하여 산사태주의보·경보 예측정보를 제공하는 "산사태 예측정보" 등으로 구성되어 있다.

② 산사태 등급

"산사태 공간정보"에서는 전국의 산지를 산사태 위험판정표와 그동안 구축된 임상도, 입지도, 지질도, 지형도의 GIS DB를 GIS 공간분석을 통해 산림을 산사태 위험등급에 따라 아래와 같이 4개 등급으로 구분하여 제공하고 있다.

㉠ 1등급 : 산사태 발생 가능성이 대단히 높은 지역

㉡ 2등급 : 산사태 발생 가능성이 높은 지역

㉢ 3등급 : 산사태 발생 가능성이 낮은 지역

㉣ 4등급 : 산사태 발생 가능성이 없는 지역

③ 산사태 예측정보

"산사태 예측정보"에서는 기상청의 기상정보(강우량)를 실시간으로 분석하여 산사태주의보와 경보 예측정보를 시·군·구 산림재해 담당자에게 산사태 발생 위험성에 대한 정보를 제공함으로써 효과적인 산사태 대응방안을 수립할 수 있도록 지원하고 있다.

표 2-20 산사태 주의보와 경보

구분	산사태 주의보	산사태 경보	비고
연속강우량(mm)	100~200 미만	200 이상	발령권자 : 시장·군수·자치구의 구청장
시간당 강우량(mm)	20~30 미만	30 이상	
하루 강우량(mm)	80~150 미만	150 이상	

표 2-21 산사태 위기경보의 발령 및 조치 기준

<table>
<tr><th>구분</th><th>발령기준</th><th>조치 기준</th></tr>
<tr><td>관심</td><td>• 산사태 빈발 시기, 산사태 예방지원본부 운영 기간 등 산사태에 관한 관심이 필요한 시기라고 인정하는 경우
• 지진 규모 4.0~4.4의 지진이 발생한 경우</td><td>• 재난관리자원 정비
• 비상연락망정비 및 대피장소 점검 · 정비</td></tr>
<tr><td>주의</td><td>• 산사태 발생위험이 높아져 산사태가 발생할 가능성이 있다고 인정하는 경우
• 산사태 주의보 예측정보가 15% 이상의 시 · 군 · 구에서 발생한 경우
• 지진 규모 4.5~4.9의 지진이 발생한 경우</td><td rowspan="2">• 입산통제
• 산사태취약지역 순찰 강화
• 재난자막방송 및 재난문자 전송
• 주민대피 명령</td></tr>
<tr><td>경계</td><td>• 중 · 소규모 산사태가 발생하였거나 대규모 산사태가 발생할 가능성이 크다고 인정하는 경우
• 산사태 주의보 예측정보가 30% 이상의 시 · 군 · 구에서 발생하거나 또는 산사태 경보 예측정보가 15% 이상의 시 · 군 · 구에서 발생한 경우
• 지진 규모 5.0~5.9의 지진이 발생한 경우</td></tr>
<tr><td>심각</td><td>• 대규모 산사태가 발생하였거나 발생할 것이 확실한 경우 또는 산사태로 인명피해가 발생했을 경우
• 산사태 경보 예측정보가 30% 이상의 시 · 군 · 구에서 발생한 경우
• 지진 규모 6.0 이상의 지진이 발생한 경우</td><td>• 주의 및 경계 단계의 조치
• 피해대책 마련</td></tr>
</table>

자료 : 산림보호법 시행령 [별표 3의 2]

(3) 산사태 예방방법

① 골짜기 배수로 건설(수분이 빨리 빠지게)

② 산사태 예상유로에 사방댐(산사태를 막는 댐) 설치

③ 산사태 가능성이 높은 지역은 주거지 안정지역으로 이주

④ 홍수대책

⑤ 산사태 위험지역에 기반시설을 갖추기 전에는 건축 불허가를 하도록 함.

⑥ 산사태 가능지역에 대한 행정청의 엄격한 관리감독

⑦ 알맞은 수분과 식물의 근압으로 인해 적절한 결속력 유지를 하는 것이 중요

⑧ 낙석방지시설 및 사면보강공법개발이 필요함.

2. 급경사지(急傾斜地; Steep Slope-land)

1) 급경사지 재난관리의 목적

급경사지 붕괴위험지역의 지정·관리, 정비계획의 수립·시행, 응급대책 등에 관한 사항을 규정함으로써 급경사지 붕괴 등의 위험으로부터 국민의 생명과 재산을 보호하고 공공복리 증진에 이바지함을 목적으로 한다.

2) 용어의 정의

(1) 급경사지(急傾斜地)

택지·도로·철도 및 공원시설 등에 부속된 자연 비탈면, 인공 비탈면(옹벽 및 축대 등을 포함한다. 이하 같다) 또는 이와 접한 산지로서 대통령령으로 정하는 것을 말한다.

(2) 붕괴위험지역

붕괴·낙석 등으로 국민의 생명과 재산의 피해가 우려되는 급경사지와 그 주변토지로 지정·고시된 지역을 말한다.

(3) 급경사지 재해

급경사지에서 발생하는 각종 피해를 말한다.

(4) 재해위험도 평가

급경사지의 붕괴 등과 관련하여 사회적·지리적 여건, 붕괴위험요인 및 피해예상 규모, 재해발생 이력 등을 분석하기 위하여 경험과 기술을 갖춘 자가 육안 또는 기구 등으로 검사를 실시하고 정량(定量)·정성(定性)적으로 위험도를 분석·예측하는 것을 말한다.

(5) 관리기관

급경사지를 소유하거나 관리하는 다음 각 목의 행정기관 및 공공기관을 말한다.

(1) 지방자치단체 (2) 지방산림청 (3) 한국농어촌공사
(4) 한국토지주택공사 (5) 한국철도시설공단 (6) 도시철도공사
(7) 국립공원관리공단 (8) 그 밖에 대통령령으로 정하는 행정기관 및 공공기관

3) 붕괴위험지역의 지정 및 관리

(1) 급경사지에 대한 안전점검

① 관리기관은 소관 급경사지에 대하여 연 1회 이상 안전점검을 실시하고, 특별자치도·시·군·구 재난안전대책본부의 본부장에게 그 결과를 통보하여야 한다.

② 시·군·구본부장은 관할구역 안에 있는 급경사지에 대하여 연 1회 이상 안전점검을 실시하되, 결과통보를 받아 붕괴 위험성이 없다고 판단하는 급경사지에 대하여는 안전점검을 생략할 수 있다.

③ 시·군·구본부장은 안전점검의 효율성을 높이기 위하여 필요한 경우 관계 기관 및 전문가와 합동하여 안전점검을 실시할 수 있다.

④ 시·군·구 본부장은 점검결과를 해당 관리기관 및 해당 토지의 소유자·점유자 또는 관리인에게 통보하여 안전에 필요한 조치를 취하도록 하여야 한다.

(2) 붕괴위험지역의 지정 등

① 관리기관은 소관 급경사지에 대하여 안전점검을 실시하여 붕괴위험지역으로 지정할 필요가 있는 때에는 재해위험도평가와 주민의견 수렴절차를 거쳐 그 지역을 관할하고 있는 특별자치도지사·시장·군수·자치구의 구청장에게 붕괴위험지역의 지정을 요청하고, 그 요청을 받은 특별자치도지사·시장·군수·자치구의 구청장은 특별한 사유가 없는 한 즉시 이를 지정·고시하여야 한다. 이를 변경하는 때에도 또한 같다.

② 시장·군수·구청장은 관할구역 안에서 관리기관 외의 자가 소유하거나 관리하는 급경사지에 대하여 직접 재해위험도 평가를 하고 주민의견 수렴절차를 거쳐 붕괴위험지역으로 지정·고시할 수 있다. 이 경우 해당 시장·군수, 구청장은 해당 붕괴위험지역의 관리기관이 된다.

③ 붕괴위험지역의 지정과 관련하여 관리기관의 요청이 있는 경우에는 시장·군수·구청장이 주민의견을 수렴할 수 있다.

④ 시장·군수·구청장은 붕괴위험지역을 지정·고시한 때에는 그 사실을 관계인에게 알려주어야 한다. 다만, 관계인의 주소·거소가 분명하지 아니한 때에는 총리령으로 정하는 바에 따라 고시로써 이를 갈음한다.

⑤ 재해위험도평가의 방법·절차 등에 관한 사항 및 주민의견 수렴절차에 관한 사항은 대통령령으로 정하고, 그 밖에 붕괴위험지역의 지정·고시 및 변경 등에 관하여 필요한 사항은 총리령으로 정한다.

(3) 현지조사의 실시

관리기관의 장이 붕괴위험지역의 지정요청을 하거나 시장·군수·구청장이 붕괴위험지역으로 지정·고시하기 위하여 필요하다고 인정하는 경우에는 소속 직원으로 하여금 현지조사를 실시하게 할 수 있다.

현지조사를 실시하는 자는 필요한 경우 타인의 토지에 출입하거나 토지를 일시 사용할 수 있으며, 나무·흙·돌이나 그 밖의 장애물을 변경·제거할 수 있다.

타인의 토지에 출입하거나 토지를 일시 사용하는 자 또는 장애물을 변경·제거하고자 하는 자는 총리령으로 정하는 바에 따라 관계인의 동의를 받아야 한다. 다만, 관계인의 주소·거소가 분명하지 아니하여 동의를 받을 수 없을 때에는 관할시장·군수·구청장의 허가를 받아야 한다. 타인의 토지에 출입하거나 토지를 일시 사용하는 자 또는 장애물을 변경, 제거하고자 하는 자는 그 권한을 나타내는 증표를 지니고 이를 관계인에게 내보여야 한다.

발생하는 손실의 보상에 대하여는 「공익사업을 위한 토지 등의 취득 및 보상에 관한 법률」에 따른다.

(4) 붕괴위험지역의 계측관리

관리기관은 붕괴위험지역 지반의 침하·활동·전도(顚倒) 및 붕괴 등으로 위치변화를 사전에 감지하기 위하여 필요하다고 판단되는 경우에는 대통령령으로 정하는 바에 따라 지속적인 계측(計測)·자료 관리를 직접하거나 계측업의 등록을 한 자에게 이를 대행하게 할 수 있다.

관리기관은 직접 상시계측관리를 하거나 대행하게 하는 경우에는 계측자료를 관할 시·군·구본부장에게 실시간으로 제공하여야 한다.

시·군·구본부장은 제공받은 계측자료와 자체의 계측자료를 활용하여 긴급상황이 발생하는 때에는 신속히 해당 지역주민을 대피시켜야 한다. 누구든지 상시계측관리를 위하여 설치된 계측관리용 기구·장비 등을 훼손하여서는 아니 된다.

(5) 주민대피 관리기준의 제정·운영

시장·군수·구청장은 상시계측관리의 결과와 강수량·비탈면의 성상(性狀) 등을 고려하여 주민대피를 위한 관리기준을 제정·운영하여야 한다.

행정안전부장관은 관계 중앙행정기관의 장과 협의를 거쳐 관리기준의 제정·운영을 위한 지침을 작성하여 시장·군수·구청장에게 통보하고 그 이행상황에 대하여 지도·감독하여야 한다.

(6) 붕괴위험지역에서의 행위 협의

관계 행정기관이 붕괴위험지역에서 다음 각 호의 어느 하나에 해당하는 행위를 수반하는 허가·인가, 면허·승인·해제·결정·동의·협의 등을 하고자 하는 때에는 미리 소관 관리기관과 협의를 하여야 한다. 다만, 「자연재해대책법」 제4조에 따라 사전재해영향성검토에 관하여 사전협의를 한 경우에는 그러하지 아니하다.

1. 토석의 굴착을 수반하는 관로(管路)의 설치, 철탑의 설치, 도로·교량 등 구조물의 설치 행위
2. 토석의 굴착을 수반하는 건축물을 신축하거나 증축·개축하는 행위
3. 옹벽·축대 및 측구(側溝) 등을 변경하는 행위
4. 수목을 벌채하거나 잔디 등을 제거하는 행위
5. 그 밖에 급경사지의 안정을 저해하는 행위로써 대통령령으로 정하는 사항

관계 행정기관이 협의를 하고자 하는 때에는 대통령령으로 정하는 서류를 갖추어 협의를 요청하여야 하며, 협의를 요청받은 관리기관은 관계 행정기관에 협의결과를 통보하여야 한다.

협의결과를 통보받은 관계 행정기관은 특별한 사유가 없는 한 이를 반영하기 위하여 필요한 조치를 하여야 하며, 조치한 결과 또는 이후의 조치계획을 관리기관에 통보하여야 한다. 협의결과가 해당 행정계획이나 개발 사업에 반영된 경우에 관계 행정기관 및 관련 사업자는 이를 성실히 이행하여야 한다.

관리기관은 협의결과의 이행을 위하여 관계 행정기관 및 사업자에게 공사 중지 등의 필요한 조치를 요청할 수 있다. 이 경우 관계 행정기관 및 관련 사업자는 특별한 사유가 없는 한 이에 응하여야 한다.

관계 행정기관은 협의절차가 완료되기 전에는 인·허가 등을 하여서는 아니 된다.

(7) 위험표지의 설치

관리기관은 붕괴위험지역에 위험을 알리는 표지를 설치하여야 한다. 붕괴위험지역에 설치하는 위험표지의 크기·기재사항 등에 관한 세부사항은 총리령으로 정한다.

누구든지 위험표지를 설치한 자의 허락 없이 이를 이전하거나 훼손하여서는 아니 된다.

4) 붕괴위험지역의 정비계획 수립·추진

(1) 붕괴위험지역 정비 중기계획의 수립

관리기관은 붕괴위험지역에 대하여 대통령령으로 정하는 바에 따라 매 5년 단위의

붕괴위험지역 정비 중기계획을 수립하여 시·군·구본부장에게 통보하여야 하며, 시·군·구본부장은 이를 설치한 시·도 재난안전대책본부의 본부장(특별자치도 재난안전대책본부의 본부장을 제외한다)을 거쳐 중앙재난안전대책본부의 본부장에게 제출하여야 한다.

중앙대책본부장은 제출받은 중기계획에 대하여 필요하다고 인정되는 때에는 중기계획의 수정 또는 보완을 요구할 수 있고 이를 요구받은 관리기관은 특별한 사유가 없는 한 이에 응하여야 한다.

시장·군수·구청장은 중기계획을 수립함에 있어서 급경사지 정비사업에 과도한 예산이 사용되거나 급경사지 정비만으로 근원적인 붕괴위험요인의 제거가 어렵다고 판단되는 경우에는 주민의견수렴 등의 절차와 경제성 분석을 거쳐 이주대책을 수립할 수 있다.

(2) 붕괴위험지역의 정비사업 실시계획

관리기관은 수립된 중기계획을 기초로 대통령령으로 정하는 바에 따라 매년 정비사업 실시계획을 관계 행정기관의 장과 협의를 거쳐 수립하고 이를 고시하여야 한다. 이를 변경하는 때에도 또한 같다.

관리기관이 정비사업 실시계획을 수립함에 있어서 붕괴위험지역에 인접한 지역으로부터의 토석류 유출 및 산사태 등으로 붕괴위험지역에 피해가 우려되는 때에는 그 인접한 지역에 대한 피해방지사업을 포함하여 수립할 수 있다.

관리기관은 특별한 사유가 없는 한 관계 행정기관의 장과의 협의를 거친 사항을 반영하기 위하여 필요한 조치를 하여야 하며, 조치한 결과 또는 향후의 조치계획을 관계 행정기관의 장에게 통보하여야 한다.

관리기관은 수립한 정비사업 실시계획을 관할 시·군·구본부장에게 제출하여야 하며, 시·군·구본부장은 시·도본부장을 거쳐 이를 중앙재난안전대책본부장에게 제출하여야 한다.

특별시장·광역시장·도지사·특별자치도지사 또는 시장·군수, 구청장이 붕괴위험지역에 대하여 정비사업 실시계획을 수립한 경우에는 정비사업에 사용되는 비용의 전부 또는 일부를 국고에서 지원할 수 있다.

행정안전부장관은 정비사업 실시계획에 대한 추진실적을 확인하고 기관평가를 실시한 후 포상을 할 수 있다.

5) 붕괴위험지역에서의 조치

(1) 붕괴위험지역의 안전 확보

붕괴위험지역의 지정을 통보받은 다음 각 호의 관계인은 붕괴위험의 해소를 위하여 자체 안전점검을 실시하고, 응급조치 및 보수·보강 등의 필요한 조치를 취하여 급경사지의 안정성을 확보하여야 한다.

가. 관리주체

나. 관리권자 등 및 관리공단 등

(2) 토지 등의 수용·사용

관리기관은 붕괴위험지역의 정비사업의 시행을 위하여 필요하다고 인정하는 때에는 사업구역 안에 있는 토지·물건 또는 권리를 수용 또는 사용할 수 있다.

수용 또는 사용에 관하여는 이 법에 특별한 규정이 있는 경우를 제외하고는 「공익사업을 위한 토지 등의 취득 및 보상에 관한 법률」을 준용한다.

6) 응급대책 및 응급부담

(1) 재해예방을 위한 긴급안전조치 등

시·군·구본부장은 안전점검을 실시한 결과 붕괴위험이 있는 관할구역의 급경사지에서 재해가 발생하였거나 발생할 우려가 있는 때에는 대통령령으로 정하는 바에 따라 관계인에게 관련시설의 사용을 제한·금지하거나 보수·보강 또는 제거하는 등의 안전조치를 명령할 수 있다.

안전조치명령을 받은 관계인이 안전조치를 이행한 때에는 총리령으로 정하는 바에 따라 그 결과를 시장·군수·구청장에게 통보하여야 한다.

시장·군수·구청장은 안전조치명령을 받은 자가 그 명령을 이행하지 아니하는 경우에는 그에 대신하여 필요한 안전조치를 취할 수 있다. 이 경우 「행정대집행법」을 준용한다.

(2) 대피명령

시장·군수·구청장은 붕괴위험지역에서 재해가 발생하거나 발생할 우려가 있는 때에 사람의 생명 또는 신체에 대한 위해를 방지하기 위하여 필요한 경우에는 해당 지역의 주민이나 위험지역에 있는 자에게 대피명령 또는 강제대피 등의 조치를 할 수 있다.

(3) 토지 등의 시설의 일시 사용

시장·군수·구청장은 관할구역 안의 붕괴위험지역에서 재해가 발생하거나 발생할 우려가 있어 응급조치를 하여야 할 사정이 있는 때에는 당해 재해현장에 있는 자 또는 인근에 거주하는 자에 대하여 응급조치를 하도록 하거나 대통령령으로 정하는 바에 따라 다른 사람의 토지·건축물·공작물, 그 밖의 소유물을 일시 사용할 수 있으며 장애물을 변경 또는 제거할 수 있다.

시장·군수·구청장은 응급조치로 손실이 발생한 때에는 「공익사업을 위한 토지 등의 취득 및 보상에 관한 법률」에 따라 보상하여야 한다.

7) 재해예방을 위한 기술의 축적 및 보급 등

(1) 급경사지에 관한 정보체제의 구축

관계법령에 따른 각종 인·허가 등으로 급경사지를 조성한 자가 관련 사업을 준공한 때에는 준공도서를 관할 시·군·구본부장에게 제출하여야 한다.

관리기관은 관리하고 있는 급경사지의 제원(諸元)·사진·지반조사서 등의 현황자료를 그 급경사지가 위치하는 관할 시·군·구본부장에게 제출하여야 한다.

시·군·구본부장은 준공도서 및 현황자료 등과 관할구역 안에서 시행하는 대통령령으로 정하는 규모 이상의 공사에 대한 토질조사 등의 자료를 제출받아 데이터베이스를 구축하고, 이를 필요로 하는 자에게 해당 정보를 제공하여야 한다.

행정안전부장관은 데이터베이스의 구축에 필요한 시스템을 개발·보급·운영하여야 하며, 각종 설계·시공 및 붕괴위험예측 등에 활용할 수 있는 전국 단위의 지반재해위험지도를 작성하여 보급하여야 한다.

시·군·구본부장에게 제출하는 준공도서 및 급경사지 현황자료에 관하여 필요한 사항은 대통령령으로 정한다.

(2) 데이터베이스의 표준지침

행정안전부장관은 종합적이고 일원화된 정보제공을 위한 체제의 확립을 위하여 제20조에 따라 구축되는 데이터베이스의 통합 및 호환을 위한 표준지침을 마련하여야 하며, 급경사지의 안전관리와 재해예방에 관한 정보와 기술의 축적 및 보급을 위하여 노력하여야 한다.

8) 벌칙

(1) 다음 각 호의 어느 하나에 해당하는 자는 2년 이하의 징역 또는 2천만 원 이하의 벌금에 처한다.

① 등록을 하지 아니하거나 등록이 취소된 자가 상시계측관리업을 한 때
② 등록을 하지 아니하거나 등록이 취소된 자가 성능검사대행업을 한 때
③ 거짓 또는 부정한 방법으로 등록을 한 때

(2) 다음 각 호의 어느 하나에 해당하는 자는 1년 이하의 징역 또는 1천만 원 이하의 벌금에 처한다.

① 영업정지기간 중에 계속하여 업무를 한 때
② 성능검사대행자가 성능검사를 부정하게 한 때
③ 업무정지 기간 중에 계속하여 업무를 한 때

(3) 양벌규정

법인의 대표자나 법인 또는 개인의 대리인, 사용인, 그 밖의 종업원이 그 법인 또는 개인의 업무에 관하여 제34조 또는 제35조의 위반행위를 하면 그 행위자를 벌하는 외에 그 법인 또는 개인에게도 해당 조문의 벌금형을 과(科)한다. 다만, 법인 또는 개인이 그 위반행위를 방지하기 위하여 해당 업무에 관하여 상당한 주의와 감독을 게을리하지 아니한 경우에는 그러하지 아니하다.

4) 과태료

① 다음 각 호의 어느 하나에 해당하는 자에게는 200만 원 이하의 과태료를 부과한다.

가. 상시계측관리용 기구·장비 등을 훼손한 자
나. 위험표지를 이전하거나 훼손한 자
다. 자체 안전점검을 실시하지 아니하거나 응급조치 등 필요한 조치를 취하지 아니한 자
라. 안전조치명령을 이행하지 아니한 자
마. 대피 등 명령을 거부한 자
바. 토지·건축물 등의 일시사용 또는 장애물의 변경이나 제거를 거부 또는 방해한 자
사. 급경사지 관련 준공도서의 제출을 이행하지 아니한 자
아. 계측업의 양도·양수 등에 관한 신고를 하지 아니한 자

② 과태료 부과징수 : 과태료는 대통령령으로 정하는 바에 따라 시장·군수·구청장이 부과·징수한다.
③ 과태료 처분에 불복하는 자는 그 처분을 고지받은 날부터 30일 이내에 시장·군수·구청장에게 이의를 제기할 수 있다.
④ 시장·군수·구청장은 과태료 처분을 받은 자가 이의를 제기한 때에는 지체 없이 관할 법원에 그 사실을 통보하여야 하며, 그 통보를 받은 관할 법원은 「비송사건절차법」에 따른 과태료 재판을 한다.
⑤ 기간 이내에 이의를 제기하지 아니하고 과태료를 납부하지 아니한 때에는 지방세 체납처분의 예에 따라 징수한다.

3. 침하(沈下; Subsidence-싱크홀)

1) 침하현상

침하(subsidence)란 연직방향의 변위 혹은 지구물질이 아래로 가라앉은 지반파괴의 한 형태이다. 경사지나 평지에서 발생하는 이들 지반침하는 원형의 웅덩이를 주로 만들지만 선형 혹은 불규칙한 형태를 만들기도 한다.

2) 침하의 원인

침하는 지하의 석회암과 같은 용해성 암석의 용식작용에 기인하는데 결과적으로는 카르스트지형이라는 특이한 함몰지형을 만든다.

동토의 융해(빙식작용), 퇴적물의 다짐, 팽창성 흙의 수축이 있으며, 간혹 지진과 마그마 방의 처짐도 침하를 발생시키는 원인이 된다. 인위적 유발원인으로는 지하수, 석유 등 지하유체 채취, 채광 등에 의한 폐광갱도 및 습지의 배수 등에 기인하기도 하지만 도시의 지하철공사 등에 의해서 나타나기도 한다.

카르스트(karst)에 의한 침하의 원인이 되기도 하는데 지표면 아래의 암석 용해로 인하여 도처에서 침식이 발생한다. 지표수 또는 지하수가 용해성 암석을 통과할 때 암석 용해가 일어나며, 암염과 석고 같은 일부 암석은 흐르는 지표수에 직접 용해되고 석회암과 백운암은 산성의 물에 용해되는데, 암염은 석회암보다 거의 7,500배나 쉽게 녹으며 석고는 150배 더 잘 녹는다.

탄산은 백운암보다 석회암을 더 쉽게 용해시키기 때문에 석회암 지대는 용해가 쉽게 되어 카르스트 지형이 될 가능성이 많다. 많은 카르스트 지역은 싱크홀뿐만 아니라 기반암의 화학적 풍화에 의한 특이한 지형을 보인다.

카르스트(karst)

카르스트는 불모의 암석지대·동굴·돌리네·지하하천 등이 나타나며, 지표에는 하천과 호수가 발달하지 않는 특성을 지닌 지형으로 괴상의 용해되기 쉬운 석회암이 지하수에 의한 굴착화작용(또는 공동화작용)을 받아 형성된다. 카르스트의 발달을 촉진하는 조건들로는 지표 부근에서 절리가 잘 발달하고 밀도가 큰 석회암의 존재, 중간 또는 많은 양의 강수, 활발한 지하수의 순환 등이 있다. 동굴이 충분히 커져서 동굴 천장이 지표면 가까이까지 확장되면 천장이 붕괴된다.

* 암염(halite) : 천연의 소금 덩어리로 두께는 수m에서 300m 이상 층
* 기반암(bedrock) : 대륙지각을 구성하는 변성암과 화성암으로 구성된 암석이며, 지질학에서는 부정합을 수반하는 피복층 아래의 지층을 말함.

3) 싱크홀

카르스트 지역에서 싱크홀의 크기는 직경 1m에서 수백 미터까지 다양하며, 그 규모는 극히 빠르게 확장될 수도 있다.

(1) 용해형 싱크홀

지하의 기반암 상부가 용해되어 형성되는데 산성 지하수가 절리와 단열을 따라 아래로 침투하면서 용해가 진행된다. 이 싱크홀 지역에서 지하수는 전형적으로 싱크대의 배수되는 물처럼 석회암 상부의 원추형 싱크홀로 유입된다.

(2) 붕괴형 싱크홀

가장 흔한 싱크홀의 형태로 지하 동굴 상부 지표부근의 함몰로 형성되는데 대규모로 발달할 수도 있다.

4) 침하의 영향

(1) 싱크홀의 붕괴

싱크홀은 도로, 주택, 하수설비 등 다양한 구조물에 심각한 피해를 일으킨다. 지하수위의 변화가 싱크홀 붕괴를 촉발하는데 지하수위가 높아지면 동굴천장과 벽의 암석을 용해해서 동굴이 확장된다. 하지만 지하수위가 하강하면 부력에 의한 지지력이 제거되어 동굴의 천정이 함몰하게 된다.

(2) 지하수 상태

카르스트의 발달은 지하수의 다량 이용을 초래하고 또 지하수가 쉽게 오염되는 지질환경을 만든다. 싱크홀과 동굴은 지표수와 지하수의 직접적인 연결통로가 되며, 그로 인하여 지하수가 쉽게 오염되며 지하수의 수위의 변동이 심하게 된다.

오염된 지표수가 동굴이나 단열로 직접 유입될 때도 지하수가 오염되는데, 이 경우 모래나 흙 등 자연적인 여과장치가 없기 때문에 결과는 더 심각하다. 카르스트 지역에서의 지하수의 변동은 인간, 식물 및 야생동물들에게 영향을 주게 된다.

(3) 영구동토 융해 피해

영구동토의 융해가 도로함몰, 활주로 균열 및 건물의 균열과 붕괴의 원인이 되고 있다.

(4) 해안범람과 습지대의 유실

해안 삼각주와 만지역의 침하로 해안지역이 범람하고 습지가 파괴된다.

(5) 팽창성 토양에 의한 피해

팽창성 흙은 주요 환경문제 원인으로 고속도로, 건물 및 여러 구조물에 손상을 끼친다.

5) 침하피해 저감

(1) 지하유동물질의 채취

지하수나 가스, 석유의 채취 등 인위적인 행위와 연관된 침하는 방지할 수 있다.

(2) 광산규제

침하피해를 방지하는 최선의 방법은 도시지역에서의 관상을 규제하는 것인데, 많은 나라는 그와 같은 법률이 있지만 폐광산의 존재는 여전히 문제가 된다.

(3) 동토융해 피해 방지

건물을 조절 가능한 스크류 잭 혹은 격자기초 위에 설치하여 동토의 동결과 융해를 조절할 수 있다.

(4) 삼각주 침하 피해 저감

도시지역을 보호하기 위해 제방은 계속 높여야 하며, 충분한 배수시설을 설치하여 제방 내의 지표수를 배수시켜야 한다.

(5) 유기질 토양의 배수 제한

기존의 습지와 늪의 배수로의 적절한 관리만이 유기질 흙의 침하 피해를 최소화할 수 있는 방편이다.

(6) 팽창성 흙의 피해 예방

적절한 지표배수, 우수로 및 기초설계를 적용하면 팽창성 흙의 피해를 최소화할 수 있다.

6) 침하재해 대책

지하수가 끊임없이 지하 암석을 용해하기 때문에 새로운 싱크홀이 생기지만 잠재적인 침하지역을 알 수 있는 방법이 있다.

(1) 지질도 작성

상세한 지질도는 재해유무를 판단하는데 도움을 준다. 어떤 지역의 지표수 및 지하수와 더불어 지질 상태를 이해하면 침하를 예측하고 피해 저감에 큰 도움이 된다.

(2) 지표면 형상

석회암 분포지역의 지표면 균열은 싱크홀 발생이 임박하였음을 나타내기 때문에 갑작스런 싱크홀 붕괴로 인한 피해나 손상을 방지하기 위하여 균열에 대한 적절한 대책이 필요하다.

(3) 지하지질 조사

카르스트 지역에서 구조물을 건축할 때에는 반드시 지하 환경과 지리 상태에 대하여 잘 알아야 하는데, 지반관통레이더(GPR)탐사나 시추조사가 널리 적용된다. 이 조사를 통하여 얕은 곳에 있는 동굴을 확인하면 그 위에 건축하는 것을 피하고, 건설 중 위험지역이 노출되면 추가 지질조사를 수행하여야 위험정도를 파악하여야 한다.

팽창성 흙이나 영구동토 지역에서는 적절한 기초설계를 위하여 지반조사 및 토질시험이 필요하다.

4. 조수(潮水; Tide)

1) 개념

바닷물은 하루에 2번씩 오르락내리락한다. 이것을 조석 또는 조수라고 하며, 지구·태양·달 사이의 인력 작용으로 해수면이 하루에 2회(때와 장소에 따라 1일 1회) 주기적으로 오르내리는 것을 말한다. 만조 때에는 바닷물이 들어와 해수면이 올라가고, 간조 때에는 바닷물이 빠져나가 해수면이 낮아진다. 그렇다고 동해 바다에 물이 들어오면 서해 바다의 물이 빠지는 것은 아니다. 왜냐하면 바닷물은 물통 안의 물처럼 이리저리 쏠리는 것이 아니기 때문이다.

그림 2-10 조수의 원리

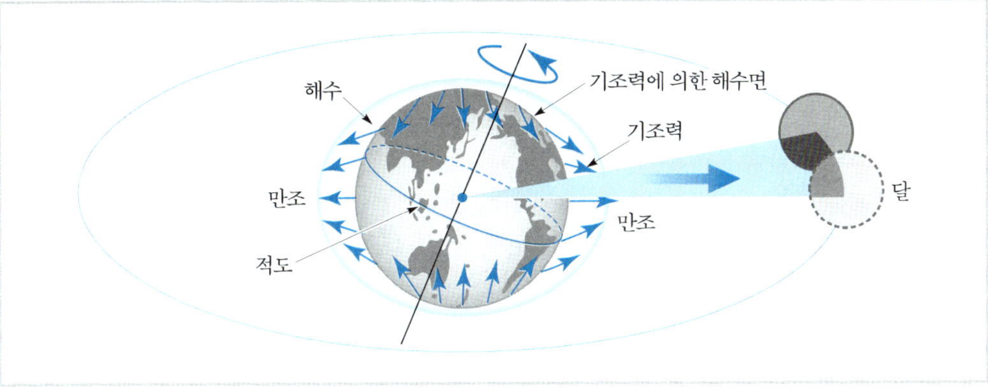

2) 조차

해변에서 물이 빠져나가 해수면이 가장 낮아진 상태를 간조라 하고, 밀물이 가장 높은 해면까지 꽉 차게 들어온 상태를 만조라 한다. 이 간조와 만조의 차이를 조차, 간만의 차, 조수간만의 차라고 한다. 세계에서 조차가 가장 큰 곳은 북아메리카 동안의 펀디 만으로 사리 때의 조차가 최고 16m에 달한다고 한다. 우리나라의 서해안도 조차가 큰 지역으로서, 특히 태안반도 가로림만에서는 최고 11m의 조차가 발생하고 있다.

3) 조차의 위험성

조류는 조차가 클수록 빨리 흐르며 좁은 해협이나 수로를 통과할 때 유속이 빨라진다. 대체적으로 해수면이 가장 낮은 지점에서 높은 지점으로 올라가는 데 약 6시간이 걸리고, 다시 약 6시간 동안 서서히 빠져나간다. 간조 때 드러나는 해저지형을 갯벌 혹은 간석지라 부른다.

우리나라 서해안은 간만의 차가 평균 5m 정도로 세계적으로 큰 편에 속한다. 아산만이 8.5m로 가장 크고 이곳에서 북쪽과 남쪽으로 갈수록 감소하여 인천 8.2m, 남포 6.2m, 용암포 4.9m, 군산 4.4m, 목포 3.1m, 여수 2.5m, 부산 1.2m의 순으로 조차가 줄어든다.

인천만의 큰 조차 때문에 옛날에는 바닷물이 서울의 서빙고까지 올라왔으며, 홍수 때는 빗물이 빠지지 않아 대규모 수해를 당하기도 하였다.

신발에 묻은 흙을 닦는다며 물에 들어갔던 아버지가 조류에 휩쓸려 허우적거리자 18살아들이 바다에 뛰어들었으나 너무 센 조류로 인해 모두 사망한 사례가 있다.

해병대 체험훈련을 갔던 고등학생들이 조차로 인해 많은 학생이 희생되는 사례도 있었다.

4) 조차 대비

조차가 심한 지역은 위험표지판을 설치한다. 조차로 인한 피해사례가 있는 곳은 CCTV를 설치하여 감시하도록 해야 하며, 조차에 의한 위험성을 홍보하고 교육하도록 해야 한다. 또한 밀물 때 너울성 파도가 출몰하는 곳은 항시 감시체계를 강화하고 표지판을 통해 미연에 사고를 예방하도록 한다.

PART 3

사회재난

제 1 장 | 사회재난과 재난관리

제1절 사회재난의 의미

사회재난은 자연재난을 제외한 인간에 의해서 인위적으로 발생되는 재난을 말한다. 사회재난은 국가사회에 미치는 영향이 매우 크고 체제 자체를 위협할 소지가 크므로 이에 대한 예방과 대책이 매우 중요하다.

사회재난은 자연재난이나 인적재난으로 파급되는 경우도 있기에 재난을 어느 한분야만 한정에서 대비를 해서는 곤란하며 통합적 관리체계와 네트워크를 형성해나가야 한다. 최근에는 민·관 파트너십에 의한 재난관리가 중요한 이슈로 등장하고 있어 이에 대한 연구도 활발해지고 있다. 사회재난관리의 궁극적인 목적은 국민의 행복을 잃지 않게 하는 것이다. 그러기 위해서는 철저한 체계와 연구가 있어야 하지만 우리나라 실정은 매우 부정적인 실태에 놓여있다.

2007년 12월 7일 태안 앞바다에서 발생한 허베이 스피리트호 기름 유출사고는 태안지역뿐만 아니라 전 국민에게 충격을 주었던 사건이었다. 이 재난으로 인해 심각한 문제가 나타나기 시작했는데, 태안주민의 건강문제, 자연생태계 파괴문제, 관광자원 상실, 양식어업, 국민들의 부정적 이미지 인식 등 피해사례는 이루 말할 수 없다. 그러나 아직도 주민들에 대한 피해보상은 제대로 이뤄지지 않고 있으며, 심지어는 지역주민의 자살까지 이어지고 있는 실태이다. 이처럼 재난에 대한 대비가 제대로 되어있지 않을 경우 그 피해는 심각할 뿐만 아니라 갈등의 골이 매우 커지게 되어 사회체제를 뒤흔들 수도 있다.

2014년 4월 16일 오전 8시 50분경 세월호 침몰사고(世越號 沈沒 事故)가 일어났다. 전라남도 진도군 조도면 부근 물살이 세기로 유명한 맹골수도(孟骨水道)를 시속 35km로 통과한 세월호는 8시 48분 정전과 함께 선박이 왼쪽으로 기운 뒤 동력을 잃고 조류에 떠밀려 북쪽으로 표류하다 침몰했다. 해상에서 청해진해운 소속의 인천발 제주행 연안 여객선 세월호가 전복되어 침몰한 사고로 탑승인원 476명 중 295명이 사망하고 9명이 실종되었다. 이 사건으로 전 국민에게 엄청난 충격을 주었으며, 정부대응의 무능함을 여실히 보여줬던 대형 재난이었다.

2022년 10월 29일 밤 서울 이태원에서 핼러윈을 앞두고 인파가 몰려 압사 사고가 발생하였다. 사고 발생지는 서울특별시 용산구 이태원로 27가길의 이태원로 173-7일대로 이

곳은 해밀톤호텔 옆 약 50m 거리의 내리막 골목길이다. 길 위쪽은 폭이 5m 이상이지만 아래쪽은 3.2m로 좁아지는데, 사고는 폭 3.2m 골목에서 일어났다. 건축법상 도로는 '보행자의 안전'을 위해 폭이 4m 이상이어야 한다. 해당 지역 건축물 현황에도 도로 너비는 4m로 나와 있어 실제와는 달랐다. 사망자 158명, 부상자 196명(2022년 11월 14일 기준)이 나온 '이태원 참사'는 정부와 용산구청 및 경찰의 무사안일한 대처가 컸다는 국민적 비난이 일었다.

좁은 내리막 골몰길에 인파가 한꺼번에 많이 밀리면서 대형 참사로 이어진 이태원 압사 참사는 사고 1시간 전부터 112로 압사 위험에 대한 신고가 줄곧 있었지만 경찰이 적극적으로 대응하지 않아 문제가 커지게 되었다는 비난도 피하지 못했다.

<table>
<tr><th colspan="4">이태원 참사 158명 사망자 수</th></tr>
<tr><td colspan="2">국가별 사망자 수</td><td>연령 및 사망자 수</td><td>성별 사망자 수</td></tr>
<tr><td colspan="2">대한민국 132명</td><td>10대 12명</td><td rowspan="2">남성 56명</td></tr>
<tr><td colspan="2">이란 5명</td><td>20대 105명</td></tr>
<tr><td colspan="2">중국 4명</td><td>30대 31명</td><td rowspan="2">여성 102명</td></tr>
<tr><td colspan="2" rowspan="2">러시아 4명</td><td>40대 9명</td></tr>
<tr><td>50대 1명</td><td></td></tr>
<tr><td colspan="2">일본 2명</td><td colspan="2" rowspan="2">지역별 사망자 수</td></tr>
<tr><td colspan="2">미국 2명</td></tr>
<tr><td>호주, 오스트리아, 프랑스, 카자흐스탄, 노르웨이, 스리랑카, 태국, 우즈베키스탄, 베트남</td><td>각각 1명</td><td colspan="2">서울 66명, 경기 38명, 인천 5명, 대전 5명, 충남 4명, 울산 3명, 전남 3명, 광주 2명, 대구 1명, 충북 1명, 전북 1명, 경북 1명, 경남 1명, 제주 1명</td></tr>
</table>

제2절 사회재난의 범위

2014년 11월 19일 재난 및 안전관리기본법이 개정되기 전에는 인적재난과 사회재난으로 구분되었다. 인적재난은 주로 화재, 폭발, 붕괴, 화생방, 환경오염 등으로 구분하였다. 사회재난은 에너지, 금융, 통신, 교통, 의료, 전염병, 수도 등으로 구분하였다. 지금은 양자를 구분하는 기준이 모호하여 인적재난과 사회재난을 통합하여 사회재난으로 하였다. 혹자는 금융이나 통신 등을 재난의 범부로 포함시키지 않으려는 입장도 있으나 일반적인 견해는 재해·재난의 범주로 포함시켜 이해하고 있다.

재난 및 안전관리기본법 제3조에 규정하고 있는 사회재난은 다음과 같다.

사회재난이란 "화재 · 붕괴 · 폭발 · 교통사고(항공사고 및 해상사고를 포함한다) · 화생방사고 · 환경오염사고 · 다중운집인파사고 등으로 인하여 발생하는 대통령령으로 정하는 규모 이상의 피해와 국가핵심기반의 마비, 「감염병의 예방 및 관리에 관한 법률」에 따른 감염병 또는 「가축전염병예방법」에 따른 가축전염병의 확산, 「미세먼지 저감 및 관리에 관한 특별법」에 따른 미세먼지, 「우주개발 진흥법」에 따른 인공우주물체의 추락 · 충돌 등으로 인한 피해"라고 규정하고 있다.

제 2 장 | 사회재난의 유형과 재난관리

제 1 절 계획적 재난

1. 에너지(Energy ; 원유, 원자력)

에너지 위기는 국내외의 다양한 요인에 의해 에너지 수급차질이 생기거나 공급부족이 되는 상황을 말하는데, 주로 고유가 또는 원유수급차질로 발생되는 위기상황을 말한다.

유가가 배럴당 300불, 400불처럼 고유가로 인해 정부 통제가 어려운 위기상황, 원유수급에 차질이 발생하여 근본적인 위기상황이 닥칠 경우, 전력이나 원자력 등의 위기상황이 에너지 위기의 대표적이다.

최근 미국의 굳건한 에너지 소비추세, 중국, 인도 등 대규모 에너지 소비국의 국제시장 진입에서 발단이 된 석유가격의 급등과 전 세계적인 에너지 위기의 징후는 더욱 심각해지고 있다. 한국은 에너지 자급률이 2% 정도에 머무르는 '에너지 최빈국(最貧國)'이며, 에너지 안전보장의 필요성은 더욱 커지고 있다(IEA, 2007).

2022년 러시아와 우크라이나의 전쟁으로 에너지 문제가 더욱 심각하게 부각되었다. 러시아는 유렵으로 가는 가스파이프를 잠가 버림으로써 유럽의 에너지 난을 가중시켰다.

에너지 자원을 갖고 있지 못한 한국으로서는 절약과 효율화, 비축 및 국제적 스왑(swap: 어떤 것을 주고 그 대신 다른 것으로 바꾸는 것) 가능성, 자원외교를 통한 안정적 수입 환경개척, 새로운 에너지로의 전환 등 다차원적 노력을 통해 에너지 위기가 가져다 줄 취약성(vulnerability)과 충격을 줄여야만 한다. 그러기 위해서는 에너지 최빈국인 한국으로서는 에너지 안전보장을 위해 자주개발 등 근본적이고 안정적이며 신뢰할 수 있는 공급방안을 확보해야만 한다.

에너지 재난관리의 주요 유형은 원유, 원자력 등이다. 이 중에서도 석유가 차지하는 비중이 매우 높다. 또한 최근에 일본 후쿠시마 원자력발전 사고의 충격으로 원자력 위기관리가 관심을 높이고 있다.

1) 원유(原油)

초 고유가 충격 시 핵심기반에 미치는 영향으로는 공항, 항만, 철도 등의 경우 수송 및 운송의 극심한 위축이 예상되며, 버스, 택시 등의 대중교통 요금도 80% 가까운 인상이 불가피하고 물류파동, 항공운수업과 관련된 관광, 호텔, 여행사업은 도산 위기에 국면하게 된다. 또한 전력산업과 가스산업의 원가상승 요인은 각각 90%, 172%가 되며, 가정은 물론 산업활동의 극심한 부담과 위기가 초래된다.

치안불안, 어업이나 농촌의 위기가 초래되고 도시경제의 황폐화, 중소기업, 소규모 서비스업 도산, 상하수도, 전력, 가스 등의 소비위축으로 서민의 고통이 가중될 것이다.

석유수급 차질 시 에너지 위기상황은 석유운송과정에서 호르무즈 해협의 봉쇄 가능성과 말라카 해협의 봉쇄 가능성이 상존하며, 이것이 장기화될 때 위기상황으로 이어지게 되며 장기적 원유수급차질 시 대북전쟁 억제력의 문제발생, 실질적인 전투준비태세의 약화 및 전투지속능력의 약화를 초래한다.

국가에너지 비상사태(국가 전 분야에서 위기가 초래) 시 단기적 에너지 위기상황에 대한 효과적 종합대책 수립이 필요하고 에너지 안보 강화를 위한 범국가 차원의 전략적 로드맵이 필요하다. 또한 에너지 해상수송 안보능력의 강화와 에너지 정책을 총괄하는 에너지부 신설이 필요하고 에너지 개발 협력을 위한 동북아에너지 허브 창설 주도 및 적극적인 에너지 자원외교의 확대 및 강화가 필요하다.

호르무즈해협과 말라카해협

* 호르무즈해협(Hormuz strait)
이란과 아라비아반도 사이에 페르시아만과 오만만을 잇는 좁은 해협이다. 북쪽으로는 이란과 접하며, 남쪽으로는 아랍에미리트에 둘러싸인 오만의 비지(飛地, 다른 나라의 영토 안에 있는 땅으로 월경지라고도 함)이며 너비는 약 50km이다. 이 해협은 세계적인 산유국인 사우디아라비아, 이란, 쿠웨이트의 중요한 석유 운송로로 세계 원유 공급량의 30% 정도가 영향을 받는 곳이기도 하다. 핵문제와 관련하여 서방의 압력에 대항해 이란이 호르무즈해협 봉쇄로 맞서 전 세계적으로 이슈가 되기도 하였다.

* 말라카해협(Malacca Strait)
동남아시아 말레이반도 남부 서해안과 수마트라섬의 동해안 사이에 있는 해협(海峽)으로 길이는 약 800km, 너비(북부)는 300km, 평균수심은 50m이다. 근세에 수에즈 운하가 개통된 후에는 그 중요성이 더욱 커졌으며, 전략상으로도 큰 비중을 지니게 되었다. 따라서 연안에는 페낭·말라카·싱가포르·팔렘방 등의 많은 역사적인 항구가 발달하였다. 최근에는 중동의 원유를 운반하는 유조선 통과량이 급증하고 있어 수로의 준설과 개량공사, 대형선 규제 등이 문제가 되고 있다. 영해(領海)의 확대에 따라 인도네시아·싱가포르·말레이시아의 영해가 되었으나, 새로운 해양법 조약에 따라 국제해협이 되었다.

2) 원자력(原子力) 발전

(1) 원자력 발전의 문제점

원자력 발전은 현재 우리나라의 발전량 40% 이상을 책임질 만큼 중요한 위치에 있지만 엄청난 잠재된 위험성을 가지고 있다. 원자력 발전은 핵분열을 통한 열 발생으로 증기를 발생시켜 터빈을 돌려 전기를 얻기 때문에 핵분열을 철저하게 제어하는 안전관리가 필수적이다.

㉠ 발전소의 시설 고장이나 사고 : 핵분열 과정에서 나오는 방사능이 유출되면 치명적인 인명피해와 환경파괴를 일으킬 수 있다.

㉡ 발전소 폭발 : 핵폭발과 같은 대형 참사를 일으키게 된다.

㉢ 환경오염 문제도 심각 : 핵분열이 끝나고 남게 되는 방사능쓰레기는 철저하게 사람이 없는 깊은 곳에 묻어버려야 한다. 방치 시 모든 생명체를 죽음으로 몰아넣거나 산다고 해도 암에 걸릴 확률이 매우 높다.

㉣ 지구온난화의 원인 : 원자력발전소는 엄청난 열을 발생시키므로 이를 냉각하기 위해 항상 바다 근처에 자리를 잡고 바닷물을 냉각수로 사용하게 되는데, 이때 사용하는 바닷물의 양이 엄청날 뿐만 아니라 바닷물의 온도가 엄청나게 상승하게 되므로 지구온난화의 원인이 될 수도 있다고 지적받고 있다.

(2) 원자력 재난(안전)관리

원자력 재난관리에는 구역의 설정 및 관리인 관리구역, 보전구역, 제한구역이 있고 작업 및 출입관리인 사람의 출입관리, 관리구역에서 조치, 물품 및 반·출입 관리, 관리구역 내의 구분, 작업관리가 있다. 또한 개인방사선량 관리에는 관리구역의 출입절차, 건강진단, 안전교육, 방사선량 관리가 있다. 방사성폐기물 관리에는 기체폐기물, 고체폐기물, 액체폐기물이 있다. 원자력 재난관리에는 환경방사능 관리도 있다.

① 구역의 설정 및 관리

- 관리구역은 벽, 울타리 등으로 구획하거나 표지를 하여 다른 장소와 명백히 구분하여 관리하고, 바닥, 벽, 그밖에 사람이 접촉할 우려가 있는 물건은 그 표면 오염도가 기준치를 초과하지 않도록 한다. 또한 관리구역에서 사람이 나오거나 물품을 반출하고자 할 때는 그 사람의 신체 및 의복, 신발 등 신체에 착용하고 있는 것들이 오염의 기준치를 넘어서는 안 된다.
- 보전구역은 원자로 건물, 원자로 보조건물 중에서 관리구역 외의 구역과 터빈건물 등을 보전구역으로 설정하여 운영한다.
- 제한구역은 위험지역이라는 것을 알리기 위해서 울타리나 표지를 명백히 하여 다

른 지역과 구별된다.

② 작업 및 출입관리

- 사람의 출입관리는 관리구역으로 출입하는 장소에 출입통제시설을 설치하여 미리 지정된 자만이 출입하도록 제한하며, 관리구역에 출입하는 사람에게는 포켓선량제와 열형광선량제 등 개인선량제를 착용하도록 하여 포켓선량제는 매 출입시마다, 열형광선량제는 매월마다 종사자의 방사선량을 측정하고 있다. 또한 마스크, 공기공급 플라스틱슈트 등 지정된 방호 장구류를 착용토록 하고 관리구역을 벗어날 때는 신체오염 여부를 검사하여 오염된 상태로 관리구역 밖으로 나가는 것을 금지한다.
- 관리구역에서 조치는 관리구역에서는 방사성물질을 경구 섭취할 우려가 있기 때문에 음식 섭취 및 흡연을 금지하고 있다. 방사성물질에 의한 오염이나 오염 확대방지에 필요한 조치를 취하고 신체나 바닥 등이 오염되어 쉽게 제거할 수 없을 때에는 곧바로 방사선 관리담당자가 조치를 취해야 한다. 또한 오염검사 장비로는 전신오염감지기와 손발오염감지기 등을 사용한다.
- 물품의 반·출입 관리는 관리구역에서 물품을 반출할 때는 물품과 오염검사를 하고 그 물품의 표면 방사능오염도가 기준치를 초과하지 않도록 하고 있다.
- 관리구역 내의 구분은 관리구역은 외부 방사선량률, 벽, 바닥의 표면 오염도, 공기 중 오염농도에 따라 공기오염 구역, 표면오염 구역, 방사선 구역, 고방사선 구역 등으로 구분·관리한다.
- 작업관리는 사전에 개인의 피폭이력, 작업환경 및 그 변화를 고려하여 필요에 따라 일시적인 차폐의 사용, 제염 등 방사선량을 저감할 수 있는 계획을 수립한다.

③ 개인 방사선량 관리

- 관리구역의 출입절차는 건강진단과 전신계측 및 방사선 안전교육을 실시하고 방사선 작업종사자로 지정되어 방사선 관리구역에 들어갈 때는 방사선 작업 허가서를 작성하여 승인을 받은 후 개인 선량제 및 방호용품을 착용하고 성명, 선량제 수치, 출입시간 등을 기재한 후 관리구역에 출입하게 되며, 관리구역에서 나올 때는 들어가는 절차의 역순으로 하되 방사능 오염검사가 추가된다.
- 건강진단은 종사자는 매 1년마다 건강진단을 실시하고 최근 3개월간 집적 선량이 1.25램을 초과하였거나 초과할 우려가 있는 종사자는 그때마다 건강진단을 실시할 수 있다.

- 안전교육은 방사선 안전 및 비정상시 행동지침 숙지와 방사선 방어능력 배양을 위해 신규 및 전입자 교육과 정기보수교육(연 1회 실시)을 실시한다.
- 방사선량 관리는 원자력발전소에서는 종사자의 자체 피폭선량 기준치(법정 기준치의 80%)를 초과하지 않도록 관리하고 있다.

④ 방사성 폐기물 관리

- 기체폐기물은 원자력발전소 내의 기체폐기물은 지연, 붕괴법, 농축법(여과 흡착 등)을 이용한 처리계통에서 방사성물질을 제거한 후 방출 감시기의 연속감시 과정을 거쳐 대기로 방출한다. 방출도중 허용치를 초과할 때는 즉시 방출변이 자동 차단되도록 실제 운영하고 있다. 기체폐기물 계통에서 발생되는 폐여과제 및 폐수지 등은 방사성 고체폐기물로 분류하여 처리하고 있다.

그림 3-1 기체폐기물 처리과정

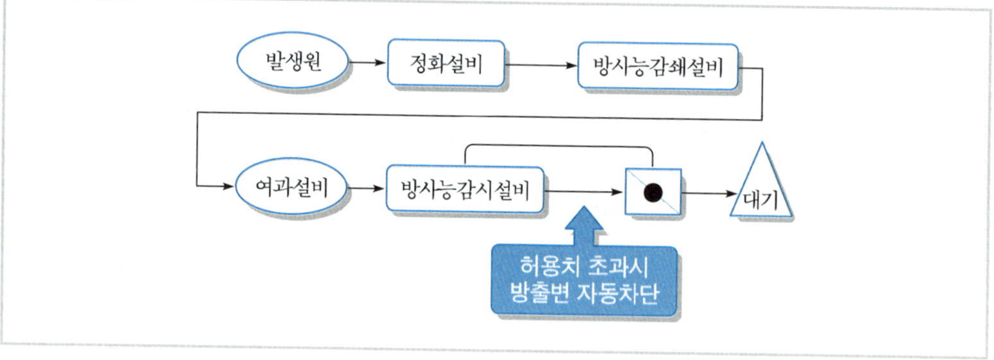

- 고체폐기물은 기체 방사성폐기물 및 액체 처리계통에서 발생하는 폐여과재, 폐수지 등의 처리매체 및 원자력발전소 운전보수과정에서 발생하는 잡쓰레기를 수집, 분류, 감용, 고화처리과정을 거쳐 특수하게 설계된 저장고에 옮겨서 안전하게 저장하고 있으며, 가연성폐기물은 소각처리에 대비하여 압축 감용 후 별도 관리하고 있다.
- 사용 후 핵연료는 내진 설계된 소 내 저장수조에 안전하게 저장·관리되고 있으며 국제원자력기구(IAEA)에서 정기적으로 방문하여 관리 상태를 점검하고 있다.
- 액체폐기물은 액체폐기물 발생원은 격납용기 바닥집수, 화학배수, 세탁 및 샤워 배수 등이며 여과, 탈염, 증발농축 등의 방법을 이용한 처리계통에서 방사성 물질을 제거한 후 방출 감시기의 연속감시과정을 거쳐 해양으로 방출한다. 방출 중 허용치를 초과할 때 즉시 방출변이 자동 차단되도록 설계 운용되고 있으며, 액체

폐기물 계통에서 발생하는 폐여과재, 농축폐액, 폐수지 등은 고체 방사성폐기물로 분류하여 처리하고 있다.

그림 3-2 액체폐기물 처리과정

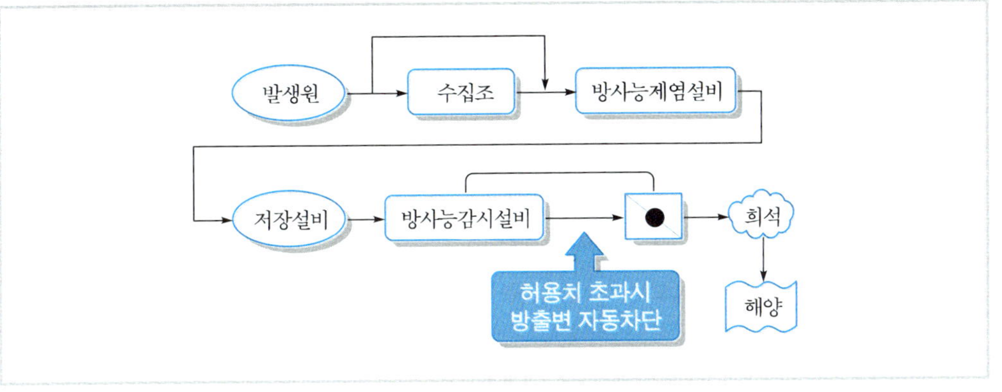

⑤ 환경방사능 관리

- 원자력발전소 주변의 환경방사능 준위가 일반 공중의 방사선 장해를 유발할 수도 있는 최대허용농도 이하임을 확인한다. 주변 환경에서의 방사성 물질 축적 경향을 파악하며 방사성 물질의 방출에 의한 주변 환경의 오염여부를 판단하기 위해 원자력발전소 부지별로 환경방사능 실험실을 운영한다.
- 환경방사능 감시현황을 살펴보면 환경방사선 감시기의 설치 운영에 있어서 인구밀집지역, 대기확산 인자가 최대인 거주지역, 방사능이 높을 것으로 예상되는 상이한 방향의 3개 지점 및 최소 풍하지역인 2개의 비교지점 등 30km 이내에 10대 이상의 감시기를 설치하여 공간 감마 선량율을 연속 감시하고 있으며 온라인으로 연결하여 중앙제어실과 환경방사능 실험실에서 감시가 가능하도록 하고 있다.
- 열형광선량계 설치는 원자력발전소 주변 30km 이내 지역의 방사선량을 측정·평가하기 위하여 40개소 이상의 지점에 열형광선량계(TLD : Thermo Luminescent Dosimeter)를 설치하여 매 분기마다 집적방사선량을 조사하고 있다.
- 환경방사능 시료 채취, 분석, 평가는 환경방사능 채취 및 분석은 과학기술처 고시 제85-8호 "원자력발전소 주변 환경조사 지침"을 근거로 실시하고 있으며 실제로는 더 많은 지점 및 항목을 조사해오고 있다. 또한 주변 주민 방사선량 평가는 의무적으로 실시하고 있다.
- 우리나라는 주기적으로 환경방사능 시료를 채취하여 자체 분석하고 일부 시료는 대외기관인 한국원자력연구소에 의뢰하여 환경방사능 분석결과의 신뢰성 확보

와 객관성 제고를 꾀하고 있다.

(3) 방사선 비상대책

원전의 비상대책은 만의 하나 일어날 수 없는 것일지라도 최악의 사태를 고려, 그러한 경우에도 주변 주민, 종사자 및 제반시설의 피해를 방지하고 보호하는 대책을 강구하는 것이다.

방사선 비상훈련은 비상대응능력을 향상시키고 비상계획의 유용성을 입증하기 위하여 정기적으로 훈련을 실시하고 있으며, 부지별로 매 3년마다 실시하는 합동훈련에는 관할 도, 군 등 대외기관도 참여하고 있다.

비상대응시설은 직통전화, 모사전송기(FAX), 방송설비 등 각종 통신설비를 완비한 비상대비설비(ERF)를 확보하여 만일의 사태에 대비하고 있다.

(4) 원전사고 사례

① 체르노빌 원자력 발전소 폭발

가장 좋은 예가 체르노빌 원전사고이다. 1986년 4월 26일 우크라이나의 키예프 남쪽 130km에 있는 체르노빌 원자력발전소 제4호 원자로에서 방사능이 누출되었던 세계 최대의 참사인데, 이 결과 원자로 주변 30km 이내에 사는 주민 9만 2000명은 모두 강제 이주되었고 그 뒤에도 6년간 발전소 해체작업에 동원된 노동자 5,722명과 이 지역에서 소개된 민간인 2,510명이 사망하였다. 43만 명이 암이나 기형아 출산 등 각종 후유증을 앓고 있다. 이 사고는 일본에 투하되었던 원자폭탄보다도 더 많은 방사능 오염재를 뿌렸다고 한다.

② 후쿠시마 원전 폭발사고

㉠ 사건 개요

- 2011년 3월 11일 오후 2시 일본 동북부 지역 해안에서 대지진과 함께 쓰나미가 발생하였다. 이 쓰나미가 도쿄전력 후쿠시마 제1원자력 발전소를 덮쳤고 후쿠시마 원전은 모든 전원을 상실하고 원자로의 냉각기능이 마비되었다. 이로 인해 원자로에서 발생하는 열을 제어하지 못해 원자로의 온도가 계속 상승되어 용융되어 수소폭발과 방사능이 누출된 사고이다.

㉡ 문제점

- 원자력의 높은 위험성과 안전 우선의 원칙으로 인해 국책민영의 운영방식이 유지되었지만, 이의 보상차원에서 마련된 각종 특혜성 제도가 도쿄전력의 경제우선 논리의 배경이 되었고, 도쿄전력의 경제우선 논리가 간 나오토 수상의 불신,

집행체제의 비효율성, 거버넌스의 비활성화의 원인이 되었다.
- 관경유착의 관료문화가 사익추구집단 형성의 배경이 되었고, 이들의 사익추구 관행이 도쿄전력 편들기 등 관료들의 행동을 제한하여 집행체제의 비효율성과 거버넌스의 비활성화의 원인이 되었다.
- 수상의 독선과 불신이 관료들의 소외와 행동제약(눈치보기)을 초래해 집행체제의 비효율성과 거버넌스의 비활성화를 초래했다.
- 수상의 성급한 판단과 행동이 도쿄전력과의 갈등을 야기시켜 집행체제의 비효율성과 거버넌스의 비활성화의 배경이 되었다.

ⓒ 개선점
- 원자력 폭발과 같은 위험요소가 개입된 위기관리에는 공익과 안전이 절대 우선해야 하며, 국영 또는 이에 준하는 수준의 지휘·통제 권한을 국가가 보유해야 한다.
- 보상적 차원이라도 특혜의 제도화는 신중하게 이루어져야 하며, 관경유착의 관료문화와 공동이익추구집단 및 사익추구집단은 척결되어야 한다.
- 지도층의 솔직한 소통과 투명한 정보공유 그리고 신속한 결정을 바탕으로 위기관리 리더십을 발휘해야 하고 책임 있는 자세로 구체적인 복구계획과 피해보상을 전제로 국민과 피해자들이 신뢰성을 확보함으로써 진정한 정책순응과 사회적 합의를 통한 위기극복의 사회적 에너지를 창출해야 한다.
- 우리나라도 일본의 사례를 통해 반면교사로 삼아야 한다.

원자력과 관련한 내용들

* 차폐(遮蔽)
전기, 자기, 방사선 따위가 바깥으로 영향을 미치지 않도록 차단하는 현상

* 제염(decontamination, 除染)
1) 위험방지를 위해 또는 실험할 때에 background 계수의 증가를 방지하기 위해서 방사성 폐기물 처리나 RI 조작 등에 있어서 잘못해서 오염된 인체·장치·실내시설 등에서 방사성 물질을 제거하는 것
2) 사용 후 핵연료에서 핵분열 생성물을 제거하는 것과 같이 필요한 물질로부터 그 이외의 방사성 물질을 제거하는 것

* 베크릴, 그레이 등
Bq(베크릴)은 1초 동안 방사선을 내보내는 원자의 수를 나타내는 단위
Gy(그레이)는 많은 양의 방사선을 쬐었을 때, 몇 시간~몇 주일 이내에 발생하는 급성 증상(확정

적 영향이라고 해서 백혈구의 감소, 장기의 괴사 등을 말한다)의 추정에 쓰이는 단위
Gy에서 Sv(등가선량) : 그레이에 방사선 가중계수를 곱한 것이 시버트(Sv)

표 3-1 방사능 수치와 인체 영향

방사능 수치	인체 영향
100μSv	가슴 X선 촬영
170μSv	몸속의 칼륨40에 의한 피폭(체중 60kg, 연간)
1mSv	우주에서 하루를 보냄(우주비행사의 피폭량)
1.5mSv	일본의 자연 방사선(평균, 연간)
2.4mSv	1년 간 피폭량의 세계 평균 방사선
10.2mSv	이란에 '람사르'에 자연 방사선
100mSv	암의 위험성 0.5% 상승(확률적 영향), 태아의 선천장애 발생
500mSv	백혈구의 감소(확정적 영향)
2Sv	후쿠시마 원전 1호기의 건물 지하의 오염수(1시간당)
3Sv	불임
6Sv	장기 괴사
7~8Sv	거의 사망

* 주민 방사선량 평가

원자력발전소 가동으로 인해 주민이 받는 방사선량을 평가하기 위하여 부지 내에 기상관측탑을 설치하여 측정한 풍향, 풍속, 대기안정도와 인구분포, 농수산물 생산량, 생활습성 등 사회환경 자료를 조사하여 주기적으로 주민의 방사선량을 평가하고 있으며 평가에는 국제적으로 사용되는 전산프로그램을 사용하고 있다.

국내 원전의 주변 주민 방사선량은 평가 결과 1mrem 미만으로 제한치인 500mrem은 물론 운영목표치 5mrem을 훨씬 밑돌고 있다.

*1mrem(1밀리렘)=10마이크로 시버트(10msv)이다.

*후쿠시마 원전 방사선 노출량이 400msv이다. 0.4sv이면 40rem에 해당되며 1년에 100msv이면 10rem으로 암에 걸릴 확률이 높다. 400msv이면 CT촬영을 50~100번을 하는 숫자이다.

* 방사성폐기물처분장 부안사태

2003년 방사성폐기물처분장(방폐장)의 설치를 반대한 부안사태는 원인이 국가정책의 오류, 즉 일방적인 정부의 밀어붙이기식 행정이 빚어낸 결과이다. 부안사태는 정부가 국가사업인 방폐장을 부안군 위도에 설치하려다 주민 반발로 포기하는 과정에서 발생한 인적·물적 피해와 지역갈등을 일컫는다. 당시 경찰은 반대집회를 주도한 44명을 구속하고 71명을 입건하는 등 110여명을 형사 처벌했다. 또 주민 300여명이 부상한데다 찬반으로 견해가 갈라진 탓에 아직도 후유증을 앓고 있다.

「원자력시설 등의 방호 및 방사능 대책법 시행령」 제19조(방사선비상의 종류에 대한 기준 등)

[별표 3]

방사선비상의 종류에 대한 기준 및 방사선비상별 대응절차 (제19조 관련)

* 방사선비상의 종류에 대한 기준

구 분	기 준	대응절차(대응조치)
백색 비상	방사성물질의 밀봉상태의 손상 또는 원자력시설의 안전상태 유지를 위한 전원공급기능에 손상이 발생하거나 발생할 우려가 있는 등의 사고로서 방사성물질의 누출로 인한 방사선영향이 원자력시설의 건물 내에 국한될 것으로 예상되는 비상사태	1. 원자력안전위원회 등에 보고 2. 방사능 재난 등에 관한 정보의 공개 3. 방사선 사고 확대방지를 위한 응급조치 및 응급조치요원 등의 방사선 피폭을 저감하기 위하여 필요한 방사선 방호조치 4. 비상대응시설의 운영 5. 원자력시설의 부지 내 건물에서 방사능재난 등으로 방사능에 오염되거나 방사선에 피폭된 자와 원자력사업자의 종업원중 방사능에 오염되거나 방사선에 피폭된 자에 대한 응급조치
청색 비상	백색비상에서 안전상태로의 복구기능의 저하로 원자력시설의 주요 안전기능에 손상이 발생하거나 발생할 우려가 있는 등의 사고로서 방사성물질의 누출로 인한 방사선영향이 원자력시설 부지 내에 국한될 것으로 예상되는 비상사태	1. 백색비상란 제1호부터 제4호까지에서 정한 대응조치 2. 원자력사업자의 방사선 비상계획에 따른 방사능 재난 등을 대비하기 위한 조직의설치 · 운영 3. 방재요원의 파견, 기술적 사항의 자문, 방사선 측정장비 등의 대여 등 지원 4. 원자력시설의 부지 내에서 방사능재난 등으로 방사능에 오염되거나 방사선에 피폭된 자와 원자력사업자의 종업원 중 방사능에 오염되거나 방사선에 피폭된 자에 대한 응급조치
적색 비상	노심의 손상 또는 용융 등으로 원자력시설의 최후방벽에 손상이 발생하거나 발생할 우려가 있는 사고로서 방사성물질의 누출로 인한 방사선영향이 원자력시설 부지 밖으로 미칠 것으로 예상되는 비상사태	청색비상란 제1호부터 제4호까지에서 정한 대응조치

3) 에너지 재난대책(원유, 원자력, 전기, 가스 등)

(1) 예방대책

㉮ 재난관리체계

㉠ 재난유형별 중앙사고수습본부를 구성하여 운영해야 함.

㉡ 재난관리책임기관별 재난대책본부를 구성하고 운영해야 함.

㉯ 징후 감시체계 확립 및 과학화

㉠ 국가위기 요인을 사전에 발굴·점검·평가하여 선재적 관리

㉡ 징후 감시체계를 네트워크화하여 적극적인 체계로 전환

㉰ 취약시기 안전관리강화 대책 수립·추진

㉠ 재난관리책임기관들은 철저한 사전의 안전점검실시가 필요

㉡ 24시간 상시 취약지를 감시하고 안전관리활동을 강화함.

㉱ 재난관리체계의 전산화

㉠ One-Stop Service나 Non-Stop Service를 활성화

㉡ 정보화체계를 활용한 신속한 기능을 활성화

㉢ 재난위험 중점관리대상을 데이터베이스(D/B) 구축

(2) 대비대책

㉮ 재난정보·상황관리체계 확립

㉠ 상황보고의 신속화 방안을 강구하고 시행해야 함.

㉡ 상황관리를 위한 부처별 역량강화 제고 지침 제시

㉢ 통합적인 상황관리를 위한 체계를 확립

㉯ 분야별, 단계별 대비대책을 수립하도록 함.

㉰ 에너지 재난대비 책임기관 및 타기관의 자원동원 계획을 확인

㉱ 에너지 시설 재난대응능력을 제고하기 위한 훈련 실시

㉲ 에너지 재난안전관리 역량 제고를 위한 교육이나 워크숍 실시

(3) 대응대책

㉮ 에너지재난 상황보고 및 조기 대응체계 확립

㉠ 에너지재난 상황보고체계 확립

㉡ 에너지재난관리를 위한 상시 보고체계와 유관기관과의 협조체계 구축

㉢ 에너지 대형 재난유형별 신속한 대응 및 비상근무체계 구축

㉯ 유관기관 협조·지원체계 구축

㉠ 중앙과 지방 간의 유기적인 협조와 지원체계를 구축

㉡ 지역별·재난유형별 협조와 지원체계 구축

㉢ 재정확보를 통한 유관기관 간 협조체계 강화

㉰ 긴급구조·구급대책 강화

㉠ 에너지 재난에 대한 긴급구조 업무 추진 계획

㉡ 긴급구조반 조직 설치·임무 부여 계획 수립

㉢ 긴급구조를 위한 민·관 파트너십 구축 강화

㉱ 사고수습본부 구성·운영

㉠ 에너지 재난대응을 위한 중앙사고수습본부를 구성하여 운영함으로써 재난 상황의 신속한 파악과 복구

㉡ 재난의 초기대응과 신속한 복구활동을 위하여 분야별 사고수습본부와 각 기관별 수습본부를 구성·운영

(4) 복구대책

㉮ 에너지 사고수습·처리를 위한 재난합동조사반 설치·운영

㉯ 에너지 재난 피해배상이나 보상대책 수립

㉠ 에너지 재난 발생원인·피해상황·책임소재 조사

㉡ 피해자 대표와 보상협의 추진 및 보상금 지급·정산

㉰ 피해시설에 대한 복구 및 정비대책 수립

㉠ 상황발생단계 출동, 복구 및 지원대책 수립

㉡ 상황안정단계 복구 및 안전조치계획

㉢ 사고현장에 복구지원 대책반 편성·운영

㉣ 유관기관과 협력을 통해 정상가동을 위한 신속한 후속지원 조치

㉤ 해당 지자체와 협의하여 이재민 발생 시 임시수용소 설치 지원

㉱ 에너지 재난 복구 사후평가 및 재발방지대책

㉠ 에너지 재난 피해현황 및 복구대책 등 평가

㉡ 피해재해방지를 위한 항구적 복구대책 수립

4) 원자력 대책

(1) 예방대책

㉮ 원자력시설의 안전관리 강화

㉯ 비상안전운전 관리체계 확립
㉰ 물리적 방호 및 방사능테러 예방 체계화
㉱ 재난상황관리체계 구축

(2) 대비대책

㉮ 국가기반보호 상황실 관련기간 비상대응협력체계 강화
㉯ 주요 기관 간의 연락체계 강화
㉰ 비상식량 점검 등 출입봉쇄사건에 대한 대비책 강구
㉱ 긴급 상황대비 경찰이나 군 등과 협력체계 강화

(3) 대응대책

㉮ 발전소 비상근무조 편성·운영
㉯ 교대근무 경력이 있는 정비부서 직원을 교대근무조로 우선 배치
㉰ 발전소 안전운영으로 대주민 신뢰도 확보
㉱ 원자력 안전문화증진과 안전교육 지속화 확대

(4) 복구대책

㉮ 발전소 출입봉쇄 사태 조기 수습
㉯ 경계시설 및 경계강화 등으로 시위대 발전소 진입금지
㉰ 발전소 이상상태에 의한 방사능사고 발생 시 대책 제시
㉱ 지역사회 일체감 조성 등 지역 합의 경영 적극실천

5) 방사능 방재대책

(1) 예방대책

㉮ 국내 원자력시설 확대에 따른 안전규제 효율화 및 최적화
㉯ 원자력시설 등의 물리적 방호체계 구축·강화
㉰ 방사능테러 예방체계 강화
㉱ 원자력시설에 대한 물리적 성능기반 규제방안 마련

(2) 대비대책

㉮ 국가 방사능방재체계 정비 및 유관기관 간 협력체계 구축
㉯ 방사선 비상대응 인프라 확충
㉰ 방사능 방재와 관련하여 최신 기술 확보

㉣ 방사능 테러에 대한 대비·대응체계 구축

(3) 대응대책

㉮ 방사선 비상 및 방사능 재난 신속보고·전파체계 운영

㉯ 신속한 주민보호조치 이행(의료 및 구호, 출입통제 및 치안유지, 주민구호소 운영)

㉰ 대국민 홍보 및 정보 공개

㉣ 비상대응기구 설치·운영

(4) 복구대책

㉮ 재난조사위원회 구성·운영

㉯ 방사능재난 사후대책의 수립과 시행

㉰ 중장기 방사능 영향평가 및 피해복구계획 수립

㉣ 방사능사고·테러 잔존물의 회수·처리·재염에 대한 대책 수립

2. 금융위기(金融危機; Finance Crisis)

1) 금융위기란?

금융위기란 금융기업들이 연쇄부도를 통해 경제적인 파국을 초래하는 것을 말한다.

2) 금융위기의 원인(IMF를 중심으로)

① 지급준비정책의 변화

1990년대 들어 금융자유화 진전 및 금융시장 발전으로 공개시장 조작을 주된 통화정책수단으로 활용함에 따라 지급준비제도의 역할은 크게 축소되었다. 특히 1996년 이후 금융기관의 대외경쟁력 제고와 공정경쟁을 위해 9%를 상회했던 지급준비율을 1~5% 수준까지 대폭 인하함으로써 통화정책수단으로서 지급준비율의 유용성은 크게 낮아졌다.

② 외환 보유고 관리의 실패

당시 태국, 홍콩, 말레이시아, 필리핀, 인도네시아 등 동남아시아의 연쇄적 외환위기 속에 대한민국정부의 외환관리정책의 미숙과 실패가 IMF 환란의 직접적인 원인이다.

정상적 경제활동을 위한 국가의 외환보유고를 유지·관리하고 책임을 지는 행정시스템이 제대로 작동하지 않았다. 마치 기업의 부도와 마찬가지로 외환보유고가 하락하여

외환지급불능사태의 위기를 초래하였다. 이로 인해 국가신용도가 하향 조정되었고 원화가치의 환율이 급격히 하락하는 등 연쇄적으로 국제적 경제활동에 막대한 지장을 초래하였다.

③ 과도한 해외 단기차입금

IMF 당시 기업들의 과도한 해외 단기차입금과 당시 김영삼 정부와 여당의 잘못된 관치 중심의 경제정책과 불합리한 정치적 판단으로 인해 부실기업이었던 한보와 기아자동차에 대한 처리가 제대로 이루어지지 못했으며 국제적으로 급박하게 움직이는 외환 관리에 실패하였다.

④ 환율 운용정책 실패

1997년 말 주변 동남아시아 국가들의 경제가 어려워지자 외국 투자기관들은 한국의 경제도 곧 어려워질 것이라고 판단하여 투자자금을 대규모로 회수해갔다.

정부는 1997년 9월 이후 계속된 외환시장 불안정속에서 원화가치를 지키기 위한 인위적인 환율 방어를 시작하였고 이에 들어가는 비용이 증가함에 따라서 한국의 외환보유고는 급격히 감소하기 시작했다. 만기가 돌아오는 해외 차입금의 규모는 점차 증가하기 시작하여 외환지급불능사태가 초래하기 직전까지 몰리는 외환 위기가 전면적으로 가시화되었다.

⑤ 금융기관의 부실

1996년까지 24개의 투자금융회사가 종합금융회사로 전환되었고 이후 30개로 늘어나서 해외업무를 시작하였다. 이들은 외채를 끌어와서 어음교환을 시작하게 되었다. 기업이 부도를 일으키게 되자 외채를 끌어서 어음을 할인한 이들 종금사(종합금융회사)들이 연쇄적으로 영향을 받게 되었고, 특히 한보와 기아의 12조 원 가량의 대형 부도사태는 위기를 결정적으로 악화시키는 결과를 가져오게 되었다.

1998년 6월 29일 대동, 동남, 동화, 경기, 충청은행 등 5개 퇴출은행을 발표하고, 국민, 주택, 신한, 한미, 하나은행으로 넘어가게 되었다. 이들은 관치 금융의 그늘 아래에서 부실한 경영을 하였으며, 이들에게 연관된 작은 관련기업들도 연달아 도산의 위기에 빠지게 되었다.

1998년 8월 11일 부실한 4개 생명보험사가 영업정지를 발표하고, 고려, 국제, 태양, BYC 등이 알리안츠생명, 삼성생명, 대한생명, 교보생명으로 넘어갔다. 이러한 위기의 근본적인 원인은 허술한 관치금융체제, 무능한 정부의 예산 낭비, 대기업들의 분식회계와 과도한 차입 부실 경영, 그리고 당시 사회 전체에 만연된 경제적 무능력과 부패, 책임의식의 실종에 의한 결과였다.

용어정리

*** IMF란?**

IMF(International Monetary Fund)는 국제통화기금이다. 하지만 우리나라에서 흔히 칭하는 IMF는 IMF 구제금융 신청을 의미한다. 1997년 말 우리나라의 외환보유액은 89억 달러였다. 이는 우리나라의 대외채무를 갚기에는 너무나도 부족한 상황이었다. 결국 IMF에서 요구한 강력한 경제개혁 요구를 받아들이는 조건 하에 구제 금융을 받기로 결정하였다.

*** 지급준비율정책이란?**

은행이 고객예금의 일정액을 은행창고에 보관해두는 것을 말한다. 예를 들면, 지급준비율이 5%라면 100만원의 고객예금 중 95만원만 대출이 가능하고 5만원은 은행창고에 두어야 한다. 따라서 정부가 지급준비율을 올리거나 내려서 조정해나가는 것을 지급준비율정책이라고 한다.

*** 분식회계(粉飾會計, WDS: window dressing settlement)**

분식회계란 고의로 자산이나 영업이익을 기업이나 집단이 크게 부풀려서 부채를 적게 계산하여 재무상태나 경영성과 그리고 재무상태 변동을 고의로 조작하는 것을 말함.

예) 1,000원어치 재고를 갖고 있는데 10만원어치로 적고, 주식투자를 해서 많은 손실이 났음에도 불구하고 원래 구입한 값으로만 적는 것

*** 우리나라의 금융위기 동인**

- 시대에 뒤떨어진 정부-재벌-은행 간의 관행과 금융시스템의 구조적인 약점
- 과잉투자, 무분별한 금융대출과 도덕적 해이 및 단기외채에 지나치게 의존한 점
- 선진국의 자본들이 아시아지역으로 이동

*** 환율(exchange rate, 換率)**

1국 통화와 타국 통화와의 교환비율(한국의 경우는 달러나 마르크와 같은 외화를 원화와 교환할 때의 비율)로서 외국환 시세(rate of foreign exchange) 또는 외환시세라고도 한다. 환율 인상(평가절하)에 대한 예를 들어보면 1달러에 1,000원과 교환이 가능한 것이 1달러에 1,300원으로 교화하는 것과 같은 것으로 국내 원화가치가 떨어지는 것이다. 이런 경우 우리나라 물건이 상대적으로 싸지기 때문에 수출 증가가 기대된다. 반대로 환율 인하(평가절상)는 우리나라 돈의 가치가 올라가는 것으로 수입은 증대하고 수출은 감소하는 현상이 일어난다.

*** 고정환율제도(fixed exchange rate system)**

외환시세의 변동을 전혀 인정하지 않고 고정시켜놓은 환율제도로서 금본위제도하에서의 환율제도가 그 전형적인 것이며, 변동 폭을 상하 1 % 이내로 한정하였던 국제통화기금(IMF)체제 하의 외환율도 이에 포함된다. 이 제도는 무역거래에 있어서 환리스크(換 risk)를 작게 하기 때문에 무역촉진을 위해 여러 나라에서 채택하여왔으나, 한 나라의 국제 수지에 기초적 불균등이 있는 경우에는 재량적(裁量的)으로 대폭적인 평가변동(平價變動)을 하여야 한다는 단점이 있다.

*** 변동환율제도(Floating exchange rate)**

환율을 외환시장의 수요와 공급에 의해 자유롭게 결정되도록 하는 환율제도이다. 변동환율제도는 환율의 실세를 반영하여 융통성 있게 변동할 수 있는 장점이 있으나 환투기의 가능성이 있을 때에는 환율의 안정을 잃게 되는 단점이 있다.

> *** 서브프라임 모기지**
> 신용등급이 높을수록 우대금리를 적용받을 수 있다. 모기지 신용등급은 신용평가회사인 FICO(Fair Issac and Company)라는 곳에서 대출신청자의 과거 대출실적과 대출 잔액, 거래기간, 신용대출실적과 신용조회 수, 적정수준 대출유지 여부 등 5개 부문을 기준으로 점수를 매긴다. 거래기간이 길수록, 신용점수와 비교할 때 기존 대출이 적을수록, 신용조회 수가 많지 않을수록, 연체가 없고 적정수준의 대출을 유지할수록 신용점수는 높게 나온다. 점수는 최저 300점에서 최고 850점까지 나타난다. 일반적으로 신용점수가 620점 미만에 해당하는 사람들이 서브프라임 모기지를 받는다. 신용점수 620점은 넘지만, 소득증명이 불완전하거나 두 번째 주택을 구입하는 경우는 알트에이 모기지에 해당된다.

⑥ 대외 금융세력의 공격

국가개입 위주였던 아시아 국가들이 개방시장정책을 시작했지만, 외환관리 능력과 외환보유량이 부족하였기 때문에 대외 금융세력의 공격에 무력할 수밖에 없었다.

고정환율을 쓰던 태국이 썰물처럼 빠져나가는 외환을 견디지 못해 변동환율로 선회한 것에 아시아 각국의 외국자본들이 빠져나가는 것은 당연한 일이었다.

규모가 큰 금융세력들이 약속한 듯이 빠져나가 동아시아 전반에 외환 보유량을 부도내려는 의도와 부실기업뿐 아니라 정상적인 기업까지 무너뜨려 인수하려는 의도가 있었다.

3) 미국의 금융위기(서브프라임 모기지 중심)

(1) 서브프라임 모기지(Sub-prime Mortgage)란?

신용등급이 낮은 저소득층을 대상으로 주택자금을 빌려주는 미국의 주택담보대출상품으로 우리말로는 '비우량주택담보대출'이라 한다. 신용도가 낮기 때문에 우대금리보다는 높은 금리가 적용된다.

미국의 주택담보대출시장은 집을 사려는 일반 개인들의 신용등급에 따라 크게 3종류 대출로 나뉜다. 신용등급이 높으면 프라임(Prime), 낮으면 서브프라임(Sub-prime), 그 중간은 알트에이(Alt-A: Alternative-A) 모기지이다.

(2) 서브프라임 모기지 금융위기 원인

서브프라임 모기지를 비롯한 미국의 부동산 담보대출의 경우 담보 여력이 없고 신용상태가 좋지 않은 수많은 사람들에게 대출을 해줬기 때문이다. 은행은 대출을 해줄 돈이 부족하다보니 담보로 잡았던 부동산의 채권을 다시 모아서 이것으로 또 다른 담보를 제공하고 채권을 발행하여 이 채권을 투자자에게 판매하는 형태로 부동산 대출자금을 다시 확보한 것이다. 이 자금은 또다시 신용이 좋지 않은 수많은 사람의 부동산

담보대출로 활용된 악순환이 지속되었기 때문이다.

유럽, 일본을 비롯하여 심지어 한국까지도 미국의 이런 채권에 엄청난 투자를 했고 이로 인한 부실 문제가 발생하자 모든 나라가 마치 꼬리에 꼬리를 물고 부실화되기 시작한 것이다. 이런 구조적 문제를 미국 정부는 어느 정도 알고 있었지만 규제완화정책을 고수하고 있는 터라 규제하지 않고 시장에 맡겼던 것이 화근이 되었다.

그림 3-3 미국의 서브프라임 모기지의 위기 원인

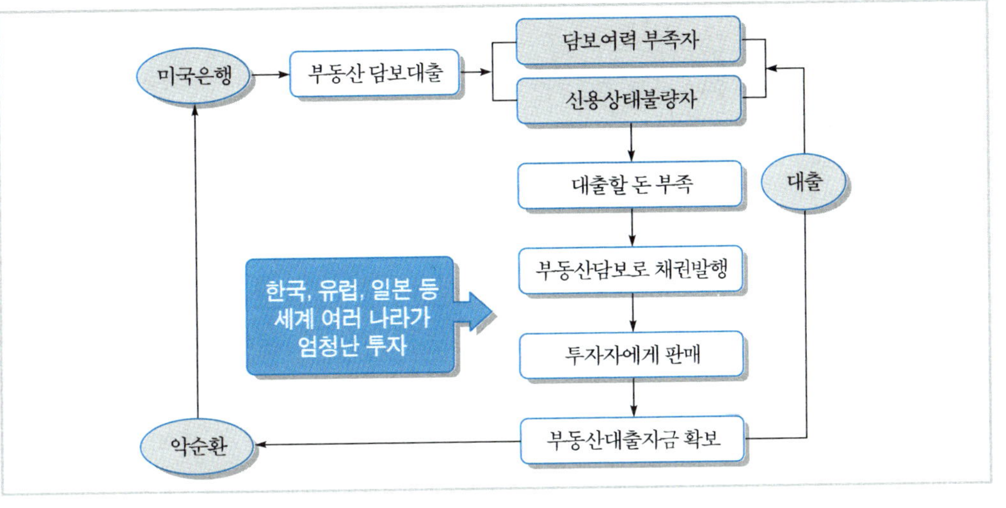

4) 금융위기관리 대응전략

(1) 재벌 지배구조 개혁

급진적인 기업부채비율 축소 시책이나 빅딜, 워크아웃 프로그램 등은 재벌구조가 가져온 것으로 여겨지던 증상을 치유하는 조치라고 할 수 있다.

표 3-2 재벌 지배구조 개편 내역

항목	주요 내용
공정거래규제	① 불공정 내부거래에 대한 제재 강화 ② 계열사 출자총액 그룹 순자산의 25% 이내로 제한 ③ 계열사 지급보증 금지
회계기준	① 통합재무제표 도입(내부거래액수, 주식상호〈순환〉 보유규모를 재벌 내부인 뿐만 아니라 외국인에게도 공개) ② 상장사 및 재벌계열사 외부감사선임위원회 설립 의무화

항목	주요 내용
금융시장을 통한 통제	① 은행대출 규제 * 부채자본비용 200% 실질적 대출한도 상한으로 사용 * 계열사 지급보증에 의한 신규대출 금지 * 신(新)자산분류기준에 의해 기업위험도 상시 감시 ② 기업인수합병(M&A)시장 자유화 * 적대적 인수 허용(모기업의 주식이 하락할 때 대량으로 사두었다가 회복이 되면 시중가보다 비싸게 파는 것) * 외국인 주식보유 규제 철폐
내부지배구조 내부지배구조	① 사외(社外) 이사제도로 전환 * 전체 이사의 1/4 이상 사외 이사 임명 의무화 ② 대주주 책임 강화 * 재벌소유주 그룹 주요 기업의 이사로 등록 의무화 * 회장실 철폐 ③ 소액주주 권한 강화 * 소액주주소송 및 장부열람권 강화, 소액주주의 이사 및 감사 해고 권한 강화 * 누적투표제 도입 ④ 기관투자가 권한 강화 * 투신 및 은행펀드에 편입되어 있는 주식에 대한 투표권을 인정

* 누적투표제(累積投票制)란?

일명 집중투표제(Cumulative Voting)라고도 한다. 누적투표제는 소액주주권 보호 및 기업지배구조 개선을 위한 제도로, 2명 이상의 이사를 선임할 때 주당 이사수와 동일한 수의 의결권을 부여하는 것이다. 예를 들면, 이사 3명을 선임한다면 주당 3개의 의결권을 부여한다. 3명의 이사를 선출할 때 1주를 가진 주주의 의결권은 3주가 된다는 계산이다. 이때 주주는 특정이사에 집중적으로 투표하거나 여러 명의 후보에게 분산해 투표할 수 있다. 즉, 이사 3명을 뽑을 때 한 주를 가진 주주는 3표를 행사할 수 있으며, 이 표를 한 후보에게 몰아줄 수 있다. A, B, C 3명의 임원을 뽑는 주주총회에서 한 주주가 100주를 갖고 있을 경우 예전에는 3명에게 각각 100주의 찬반권을 가졌지만, 이 제도가 도입되면 A임원에게 찬성 또는 반대 300표를 던지고 B, C임원 선임에 대해서는 의결권을 포기할 수 있다. 투표결과 최다수를 얻은 자부터 순차적으로 이사에 선임되기 때문에 이 제도가 의무화되면 소액주주들이 자신을 대표하는 사람을 이사로 선임하거나 대주주가 내세운 후보 중 문제가 있는 사람이 이사로 선임되는 것을 저지할 수 있게 된다.

* BIS비율

- 국제결제은행(BIS; bank for international settlements) 기준 자기자본비율로 은행의 건전성과 안정성을 가늠하기 위해 만들어진 국제기준이다. 국제결제은행(BIS)은 1930년 설립된 국제기구로, 1988년 바젤 합의를 통해 자기자본비율 규제를 정했다. 우리나라도 1993년 이를 도입했다. 이 기준에 따르면 국제적인 업무를 하는 은행은 위험자산에 대해 최소 8% 이상 자기자본을 유지하도록 강제되어 있다. 지난 외환위기 때 BIS 비율 8% 미만은 은행 퇴출의 기준이 되기도 했다.
- BIS비율을 높이기 위해서는 자기자본을 확충하거나 위험자산, 즉 부실채권의 비율을 줄여야한다.

(2) 금융 부문에 대한 구조개혁

금융구조조정은 기업구조조정과 함께 한국에 적용된 IMF프로그램의 중요한 축이었다. 금융부문에 누적된 부실채권이 금융위기를 불러온 직접적인 원인이었으며, 금융기관 내에 쌓인 부실채권을 정리하고 다시 부실채권이 누적되는 일이 없도록 구조조정이 필요했다.

표 3-3 금융부문 구조개혁 주요 조치

항목	주요 내용
금융감독 강화	① 금융감독위원회 신설(1998년 4월) ② BIS비율 금융기관의 건전성 평가기준으로 철저히 적용(상업은행 8% 이상, 중소규모 금융기관 4% 이상)하고 상시감독체계 확립 ③ '세계적 표준'에 맞춰 1999년 신(新)자산분류기준 도입
부실금융기관 정리 및 합병	① 부실금융기관 폐쇄 ② 금융부문에 137조 공적자금 투입과 4개 시중은행과 1개 종금사를 우리금융지주회사에 편입
부분 예금보장제	과거 예금전액보장제도에서 부분예금보장제도로 전환(보증대상 금융기관이 파산할 때 5천만 원 한도 내에서만 예금 보장)
지배구조	① 외부이사회 제도 도입 ② 행장 선임위원회 구성 의무화 ③ 외부 신용평가기관 활용 의무화

(3) 사회약자의 보호

2012년 2월 9일 국회 정무위원회가 부실 저축은행 피해자들을 구제하기 위한 여야 합의에 의한 특별조치법을 통과하였다. 피해자 구제를 위한 재원으로 은행과 보험, 증권 등 다른 금융권역에서 각출한 예금보호기금 특별계정이 동원된다는 점에서 채권자 평등원칙, 자기투자 책임원칙 등 사적재산권 침해에 따른 위헌 가능성이 존재한다.

특정 업권의 부실이 전체 금융업권의 불안요인으로 작용하지 않도록 국회가 앞장서서 예금자보호제도를 공고히 하고, 도덕적 해이가 만연되지 않도록 원칙과 책임에 입각한 제도운영 환경조성이 요구된다.

(4) 위기로부터 탈출할 수 있는 대응책

정부의 책임 있는 정책 실행이 필요하다. 금융기업의 모럴헤저드 방지와 위험에 대한 경각심 고취 및 투자자들에게 위험에 대한 정보를 정부가 제공해야 한다.

자생시스템 구축이 필요하다. 투자자나 금융기관 역시 자체 자생할 수 있는 시스템이나 지역자본의 통합 등을 이루고 미국 월가의 아성에 맹신하며, 좇아가지 말아야 하며 투자자를 보호하는데 중점을 두어야 한다.

세계 탈공동화 노력이 필요하다. 세계시장의 공동화현상으로 이제는 세계가 하나의 경제권으로 묶여버렸다는 점이 너무도 위험한 상황으로 우리 경제가 세계 탈공동화에 노력을 경주해야 한다.

폴 크루그먼[1] 교수가 제시한 아시아국의 8가지 대응전략

폴 크루그먼 교수는 자신의 기고문에서 제시한 아시아 각국이 해결하지 않으면 안 될 8가지의 과제는 매우 주목할 만하다. 그 과제는 다음과 같다.

① 일본은 화폐 발행을 증가시키고 어느 정도의 인플레이션을 감수해야 한다.
② 화폐 증발이 엔화 약세를 초래시키더라도 여타 아시아 국가들은 안정되어야 하며, 디플레이션이 인플레이션보다 더 위험하다는 것을 알아야 한다.
③ 금리를 낮게 유지하고 지출을 증가시키지 않으면 안 된다.
④ 일부 기업(경쟁력이 없는)을 파산시키고 자산을 외국인에게 매각해야 한다.
⑤ 외국은행을 유치해야 한다.
⑥ 성장잠재력이 있는 기업에 대해 자금을 대출해야 한다.
⑦ 아시아 금융위기 당시 자본통제를 실시한 마하티르 말레이시아 총리의 정책이 전혀 부당한 것이 아니란 점을 인정해야 한다.
⑧ 잡지들이 "아시아 경제가 회복되고 있다"고 지적하는 경우에는 1996년의 경제 사태를 기억하라.

3. 통신(通信; Telecommunication)

1) 재난통신망의 중요성

긴박한 재난 현장에서 효과적인 대응을 해나가기 위해서는 신뢰성과 생존성이 높은 재난 통신망이 요구되고 있다.

무선통신망 인프라가 없는 재난현장에서는 협력적 거버넌스를 구축하기가 힘들어져서 때론 생존가능성을 높이기가 어렵다. 따라서 재난의 대응을 높이고 신속한 처리를 하기 위해서는 통합적인 재난안전 무선통신망 구축이 필요하다.

2) 국내 재난안전 무선통신망 활용

재난발생 시 참여하는 재난관리책임기관, 긴급구조기관, 긴급구조지원기관의 현장담당자들은 각 기관이 보유하고 있는 무선장비를 이용하여 현장 대응에 활용하여 왔다.

재난관련 기관이 이용하는 무선통신방식은 UHF, VHF, 아날로그 TRS, 디지털 TRS와

---

1 폴 크루그먼(Paul Krugman | Paul Robin Krugman) : 2008년 노벨경제학상을 수상한 프린스턴대 경제학 교수

같이 다양하다. 같은 종류의 무선통신망을 사용한다 해도 주파수 대역이 달라 기관 간 직접적인 무선통신이 어려운 상황이었다. 이에 대처하기 위해 업무범위가 다르고 지역적으로 분산되어 있는 재난관련 기관들이 현장에서 신속·정확한 의사결정 및 일사 분란한 구조작업이 이루어질 수 있도록 통합된 재난안전 무선통신망 구축이 필요하지만 표류 중에 있다.

3) 국내 재난안전 무선통신 인프라 현황

(1) **목적** : 재난 발생 시 경찰, 소방, 해경 등 공공안전 기관 간의 전용 통신망을 통해 신속하고 안전한 정보공유를 지원

(2) **기술기반** : PS-LTE(Private Secure LTE) 기술을 활용하여 보안성과 통신 품질을 확보

(3) **운영 주체** : 행정안전부가 주관하며, KT와 SKT가 사업자로 참여하여 인프라를 구축하고 운영

(4) **예산** : 2025년 기준, 재난안전통신망 구축 및 운영에 약 1,128억 원이 배정됨

표 3-4 기관별 무선통신망 현황(2025. 기준)

구분	기관명	사용 무선망 종류	주요 용도 및 특징	출처 및 연도
중앙 공공기관	행정안전부	LTE, 5G, Wi-Fi, 전용망	재난 대응, 업무 데이터 전송	행정안전부 공식 문서, 2025년
	경찰청	LTE, 5G, 무전기망(TETRA, APCO)	치안, 긴급 출동	경찰청 통신망 정책, 2025년
	소방청	LTE, 5G, Wi-Fi, 무전기망	재난·구조 대응	소방청 통신망 운영 계획, 2025년
지방 자치단체	서울특별시	공공 Wi-Fi, LTE, 5G, 전용망	스마트시티, CCTV 관리, 재난 대응	서울시 스마트시티 보고서, 2025년
	부산광역시	공공 Wi-Fi, LTE, 5G	공공시설 관리, 재난 대응	부산시 통신망 현황 보고서, 2025년
군사/ 보안기관	국방부	위성통신, 전용 LTE/5G, 무전기망	작전 통신, 지휘	국방부 통신망 정책, 2025년
	군 부대	전용 LTE/5G, 위성통신, 무전기망	현장 지휘, 작전 지원	군 통신망 운영 계획, 2025년
민간 협력기관	의료기관	LTE, 5G, Wi-Fi	원격 진료, 긴급 대응	보건복지부 통신망 연계 계획, 2025년
	통신사	LTE, 5G, Wi-Fi, NB-IoT, LoRaWAN	공공·민간 데이터 통신, IoT 서비스	통신사 통신망 연계 서비스, 2025년

기존의 지상 기반 PS-LTE 통신망은 일부 지역에서 통신 사각지대나 장애물로 인한 신호 저하 등의 한계를 보였다. 이를 보완하기 위해 상용 저궤도 위성 통신망을 활용한 고도화 방안이 제시되고 있다. 이러한 위성 기반 통신망은 재난 발생 시 지상 통신망이 마비되더라도 안정적인 통신을 제공할 수 있는 잠재력을 가지고 있다. 국가재난안전통신망은 전국 주요 지역을 대상으로 구축이 진행 중이며, 특히 재난 발생 시 신속한 대응이 필요한 지역을 우선적으로 커버하고 있다.

무선통신망의 이해

* VHF(very high frequency; 초단파)

초단파 파장이 10m에서 1m까지 전파되고 주파수 30~300MHz로 직진하므로 단파처럼 지구를 둘러싼 전리층에서 반사되지 않고 통과해버리므로 초단파를 이용한 통신은 대상물이 일직선 범위 내로 한정된다.

초단파(VHF)대는 파장이 짧기 때문에 단파대 안테나에 비하여 취급이 편리하고 단파대와 극초단파대의 중간에 있기 때문에 양자의 특징을 이용할 수 있어서 가장 많은 안테나가 있다. 초단파대에서는 FM통신방식이나 TV방송처럼 주파수 대역이 넓은 통신도 사용되므로 광대역 임피던스 안테나도 중요하다.

* UHF(ultrahigh frequency; 극초단파)

전자기 스펙트럼상의 일정 몫에 대한 관용명으로 파장 0.1~1m, 주파수 300~3,000MHz의 전자기파에 대한 총칭이다. UHF파는 채널 14~83 사이의 신호를 전송하며, 상층 대기의 전리층에 의한 반사가 거의 일어나지 않으므로 장파와는 달리 지구 곡면을 따라 거의 굴절되지 않으며, 높은 빌딩이나 산 등에 의해 방해받기 쉽다. 그러나 UHF파는 고지향성의 좁은 빔(beam)으로 집중될 수 있는 특성이 있어 고정밀도를 요구하는 시준작업(視準作業)에 적합하다. 텔레비전 방송에 사용되는 것 이외에도 UHF파는 선박이나 항공기 등의 항해 또는 항공시스템 및 특정 종류의 치안 통신에도 이용되고 있다. 우주선과 지상조정국 사이의 무선통신에 쓰이기도 한다.

* TRS(Trunked Radio System; 아날로그 주파수공용통신)

무선통신을 하는 사람이 특정한 주파수를 전용하던 종래의 무선통신방식과는 달리 중계소에 할당된 소수의 주파수를 다수의 이용자가 공동으로 사용하는 방식을 말한다. 이를테면 은행창구 직원이 3명 있을 때 고객이 세 줄로 나누어 기다리는 것보다 번호표를 받아 기다리는 줄을 하나로 만드는 것이 고객의 대기시간을 훨씬 줄여준다. 이 같은 원리를 이용하여 여러 개의 전파채널을 묶어 다수의 사람들이 동시에 쓰게 하는 것이 TRS이다. TRS는 전체 시스템을 제어하는 제어국과 안테나가 있는 기지국으로 구성된다.

* 디지털 TRS

디지털 TRS(Trunked Radio System)란 한정된 주파수 채널을 효율적으로 이용하기 위해 다수의 사용자가 공동으로 채널을 활용할 수 있게 한 무선이동통신을 말한다. 단일 채널의 업무용 무전기와는 달리 여러 개의 채널 중 사용하지 않는 빈 채널을 다수의 사용자가 공유하기 때문에 매우 효율적인 시스템이다. 디지털 TRS는 보안성과 통화품질이 우수하고, 음성과 데이터 통신을 하나의 시스템으로 통합함으로써 특히 업무용으로 적합하다.

* TETRA(TErrestrial Trunked RAdio)

테트라는 기존 아날로그형 무선 송수신의 한계를 극복하기 위해 유럽통신표준연구소(ETSI)가 공공안전을 목적으로 개방형 프로토콜을 채택한 디지털 통신방식이다.
'테트라'는 주파수공용통신으로 불리는 TRS(Trunked Radio System)의 하나로 볼 수 있다. TRS통신의 기술방식은 △TETRA △APCO-P25 △iDEN 등 크게 3가지로 구분되며 '테트라'는 유럽의 통신분야 표준화기구에서 제정한 디지털TRS 기술표준방식이다.
우리나라는 대구 지하철 방화사건을 계기로 그 필요성이 대두돼 2003년 3월, 당시 정보통신부가 국가통합지휘무선통신망 표준으로 테트라를 채택한 바 있다.
테트라가 비개방형 독자방식인 아이덴에 비해 망 사이의 연동 및 기술발전에 따른 업그레이드, 부품 확보 등이 용이하다는 점에 착안한 것이다.

* 기관별 VHF 주파수 현황
소방 : 160~165MHz, 경찰 : 138~150MHz, 민방위 : 147MHz, 의료기관 : 171MHz, 지하철 : 166~171MHz

* 재난통신망(공공안전) 무선 주파수대역 구분
VHF Low : 32~50MHz, VHF High : 150~174MHz, UHF : 450~470MHz, UHF(800MHz Band) : 806~902MHz, 기타 군사용, HAM 등이 있음.

4) 통합통신망 구축의 중요성과 문제점

(1) 통합통신망 구축의 중요성

가. 재난·긴급 상황 대응 강화

- 각 기관이 별도의 통신망을 사용할 경우, 정보 전달 지연이나 혼선이 발생할 수 있음
- 통합망 구축 시 경찰, 소방, 군, 지자체 등 다양한 기관 간 실시간 정보공유가 가능
- 예: 재난 발생 시 피해 상황, 구조 요청, 현장 지휘 정보를 신속히 공유

나. 효율적 자원 활용

- 개별 기관의 중복 장비 및 통신망 유지 비용 절감
- 전용망, LTE/5G, 위성망 등 자원의 통합 운영 가능

다. 보안 및 관리 용이

- 개별망보다 중앙집중식 관리가 용이하여 보안 정책 적용과 모니터링효율 향상
- 통합망에서는 접근 권한, 암호화, 인증 체계를 표준화 가능

라. 미래 기술 연계 용이

- IoT, 스마트시티, 드론 등 신기술과의 연계 시 통합통신망 기반으로 호환성 확보
- 위성통신망, NB-IoT, LoRaWAN 등 신기술 적용도 통합망에서 효율적임

(2) 통합통신망 구축의 문제점

가. 높은 초기 구축 비용

- 전국 단위 인프라 구축과 장비 통합에 막대한 예산 소요.
- 기존 망과의 연계, 장비 업그레이드 비용 포함

나. 기관별 요구사항 충돌

- 경찰, 소방, 군 등 기관마다 통신 속도, 보안 수준, 전용 기능 요구가 다름
- 단일 통합망에서 모든 요구를 만족시키기 어려움

다. 보안 취약점

- 통합망은 한 번 공격을 받으면 여러 기관이 동시에 피해를 볼 수 있음
- 강력한 암호화, 접근 통제, 침입 탐지 시스템 필요.

라. 망 장애 시 전 기관 영향

- 통합망 장애가 발생하면, 분리망보다 피해 범위가 훨씬 넓음
- 재난 대응, 치안, 의료 등 필수 서비스 마비 위험 존재 .

마. 기존 시스템과의 호환 문제

- 기존 무선망(TETRA, APCO, PS-LTE 등)과 통합 시 장비 호환, 주파수 문제 발생 가능
- 레거시 시스템을 새 통합망에 맞춰 업그레이드 필요

표 3-5 "중앙기관 vs 지방자치단체 vs 민간 협력기관"별 통합망 적용 시 장단점

구분	장점	단점 / 문제점
중앙기관	- 재난·긴급 상황 시 전국 단위 지휘·통제 용이 - 통합망을 통한 신속한 정보 공유 가능- 보안 관리 중앙 집중화로 정책 일관성 확보	- 전국망 장애 시 영향 범위 큼 - 기관별 특화 요구(군·경찰·소방 장비) 충족 어려움- 초기 구축 비용 부담 큼
지방자치단체	- 통합망 활용 시 중앙기관과 신속 정보 연계 가능 - 지역 재난 대응 효율화- 장비·망 유지 비용 절감	- 지역 특화 기능 요구와 통합망 표준 충돌 가능 - 일부 지역 통신 사각지대 문제 존재- 보안·운영 전문 인력 부족
민간 협력기관 (병원, 통신사 등)	- 재난·긴급 상황 시 공공기관과 신속 정보 연계 가능 - 원격 진료, IoT 서비스 등 신기술 활용 가능	- 공공망과 민간망 연계 시 보안 문제 발생 가능 - 통합망 운영·접근 규정 준수 필요 - 기존 민간 시스템과 호환성 문제

5) 외국의 재난안전 무선통신정책 및 인프라 동향

(1) 미국 (FirstNet)

가. 개요

- FirstNet (First Responder Network Authority) : 2012년 설립, 미국 내 공공안전 전용 통신망 구축
- 목적 : 경찰, 소방, 응급구조 등 공공안전 기관의 전국 단위 통합통신망 제공

나. 기술/인프라

- PS-LTE 기반 : Public Safety LTE. LTE를 기반으로 한 공공안전용 광대역 통신망
- 멀티 계층망 구조 : 지상 기지국망, 위성망 연계 (재난 시 지상망 장애 대비), 차량 탑재 이동 통신망
- 데이터 유형 : 음성, 영상, 센서 데이터 등 멀티미디어 정보 실시간 전송 가능

다. 운영 특징

- 전국망 커버리지 확보, 긴급상황 시 우선 통신(Priority Access) 보장
- 상용망(LTE)과 일부 연계 가능, 재난 발생 시 긴급 트래픽 우선 처리
- 보안 강화 : 데이터 암호화, 접근 제어, 침입 탐지 시스템 적용

라. 성과/과제

- 장점: 전국 단위 통합망, 다양한 재난 대응 시 실시간 정보 공유 가능.
- 과제: 초기 구축 비용 높음, 소규모 지역/농촌 커버리지 확보 어려움.

(2) 영국 (ESN: Emergency Services Network)

가. 개요

- 기존 TETRA 기반 Airwave망에서 LTE 기반 ESN으로 단계적 전환
- 목표: 상용 LTE망을 활용하면서도 공공안전 요구를 충족하는 전국망 구축

나. 기술/인프라

- LTE 기반 데이터 중심 통신망
- 전국 상용망 활용, LTE 미지원 지역은 별도 기지국 설치
- TETRA 망과 병행 운영하면서 점진적 전환

다. 운영 특징

- 음성, 영상, 데이터 통합 지원

- 네트워크 슬라이싱(Network Slicing) 기술 활용 가능 → 공공안전 트래픽 우선 처리
- 재난 상황 시 민간 LTE망과 연계, 서비스 연속성 확보

라. 성과/과제

- 장점: 기존 상용망 활용으로 구축 비용 절감, LTE 기반 서비스 제공
- 과제: 상용망 의존으로 일부 농촌/외곽 지역 커버리지 불완전, 완전 전환 지연

(3) 일본 (방재무선통신망)

가. 개요

- 일본은 지진, 태풍 등 자연재해가 빈번하여 재난 대응 특화 무선망구축
- 지자체 + 중앙정부 + 민간 연계모델

나. 기술/인프라

- 기존 TETRA 유사 시스템 + 위성 통신망 연계
- 내진 설계 중심: 재난 발생 시 기지국 파손 최소화
- 긴급 재난 알림(Emergency Warning System, EWS)과 연계

다. 운영 특징

- 재난 발생 시 지상망 + 위성망 병행으로 통신 안정성 확보
- 각 지역별 재난 대응 센터와 연계
- 다중 주파수 사용, 장거리 커버리지 확보

라. 성과/과제

- 장점: 자연재해 대응에 강점, 위성 연계로 안정적 통신
- 과제: 시스템 통합 복잡, 일부 지역 장비 유지관리 비용 높음

표 3-6 국가별 통신망 비교 요약

국가	기술/망	장점	과제
미국	PS-LTE (FirstNet)	전국 단위 통합망, 지상+위성+차량망 연계, 멀티미디어 실시간 공유	초기 구축 비용 높음, 일부 농촌 커버리지 부족
영국	LTE 기반 ESN	상용망 활용, 비용 절감, 음성·데이터 통합	일부 지역 LTE 미지원, 완전 전환 지연
일본	TETRA/위성망	내진 설계, 지상·위성망 연계, 안정적 통신	시스템 통합 복잡, 장비 유지관리 비용 높음

6) 통신망의 운영에 대한 시사점

가. 상호운용성 중요 : 기관 간, 민간망과 연계 가능성이 핵심

나. 재난 상황 우선 통신 보장 : 긴급 트래픽 우선 처리 기능 필요

다. 망 안정성 확보 : 위성망 또는 이동 기지국 등 다중 계층망 필요

라. 비용 효율성과 점진적 전환 : 기존 인프라와 신기술 병행 운영 모델이 일반적

Wibro,Wi-Fi, WCDM 그리고 LTE의 차이

1) Wibro(Wireless Broadband Internet; 무선광역인터넷)

Wibro(기기간통신사업)는 전기전자기술자협회(IEEE)계열의 4G 이동통신방식이다. IEEE계열은 802.11의 Wi-Fi, 즉 WLAN을 주로 서비스하던 단체이다.

휴대폰은 노트북이 주로 쓰던 WLAN에 접속해서 무선인터넷을 하기 시작하면서 Mobile WiMAX(= Wibro)가 이동통신시장에서 꽃을 피우게 되었다. 무선인터넷을 지원하는 것이므로 Packet Data 만을 송수신하며 "전화(Voice)" 기능은 없다. Wibro는 Wi-Fi와 달리 이동통신방식이다. 그러므로 Zone은 존재하지 않지만, 이동통신망이 갖추어진 곳이면 어디서든 사용할 수가 있다.

2) Wi-Fi(Wireless-Fidelity)

Wi-Fi는 IEEE 계열의 WLAN이며, WLAN의 경우 "공유기"가 있어야만 접속할 수 있다. 기술적으로 이야기하면 AP(Access Point) 근처에서만 접속할 수 있는 방식이며, AP 근처를 Wi-Fi Zone이라고 한다. 단말기가 기지국과 통신하는 방식이 아니며 설치된 AP와 무선으로 Packet Data를 송수신한다. AP부터 Packet이 처리되는 것은 결국 지하에 깔아둔 유선망을 이용하는 Fiber Communi cation(광통신)이다.

3) WCDMA(Wideband Code Division Multiple Access)

WCDMA는 3세대 이동통신방식이며 Voice(전화기능) + 간단한 Packet Data(MMS 등) 사용이 가능하다. 그리고 WCDMA는 전 세계적으로 이동통신시장의 85%가 사용하고 있는 표준화된 이동통신기술이다. WiBro와는 망 자체가 다르며 WCDMA는 CDMA를 기반으로 하는 비동기식 통신방식이다. 한국에서는 SKT/KT가 3G 서비스를 이 방식으로 하고 있다. 사업자가 한번 투자했던 3G 네트워크는 천문학적인 금액이 사용되었고, 대한민국의 4천만 가입자가 이 망을 사용하고 있기 때문에 이 방식을 계속 사용할 수밖에 없다.

지금은 Wibro는 세계적으로 대세에 밀려서 LTE 방식이 4G 방식이 인정을 받고 있다.

4) LTE(Long Term Evolution; 4세대 이동통신방식의 첨단 핵심 칩)

LTE 방식 역시 Wibro처럼 Packet Data만 전송이 가능하고, 전화(Voice)가 불가능하다. 그래서 핸드폰에서 인터넷을 할 때는 LTE를 사용하고, 전화통화를 할 때는 WCDMA를 사용해서 전화통화를 하게 된다. 그리고 LTE 신호가 약하면 3G로 데이터를 송수신하게 되는데 이때도 WCDMA가 사용된다.

지금은 기술이 발전해서 VoLTE(Voice over LTE)가 도입된 단말기인 LTE를 이용해서 전화통화가 가능하기도 하다.

iDEN과 APCO-25

* iDEN(integrated Digital Enhanced Network)
디지털 휴대전화, 양방향 무선, 문자 페이저, 데이터/팩스 기능을 단일 통신망에 결합시킨 무선 솔루션. 800MHz, 900MHz, 1.5GHz대의 주파수를 사용하고 시분할 다중접속(TDMA)과 GSM 구조에 기반을 둔 모토로라사 개발시스템이다. 위의 4가지 기능을 하나로 통합한 포켓사이즈 크기의 iDEN 핸드셋을 사용하여 단추 하나만으로 전화, 인터넷 접속, 문자메시지 전송, 전자메일 송수신을 할 수 있고, 1명 또는 수백 명과 즉시 정보를 공유할 수 있다.

* APCO-25
최적 성능의 통신 표준: 공공안전통신위원회(APCO)는 무선통신 사용자의 요구를 만족시키고 조직 내외에서 효과적이며 신뢰성 있는 통신을 가능케 하기 위해 음성 자기망 APCO Project 25를 만들었다. 그 목적은 디지털기술의 미래 지도를 양방향 무선통신으로 제공하는 구조를 만드는 것이다.

* RFP(Request for Proposal) : RFP란 말 그대로 발주자가 제안에 참가할 업체를 모으기 위해 업체들에게 발송하는 제안참여 요청문서

* 유럽의 연동 : 스웨덴-노르웨이 간 연동계획, 스웨덴-노르웨이-에스토니아 간 연동계획(포세이돈 프로젝트), 스웨덴 국가 내 망간 연동, 남아프리카공화국 경찰망 연동, 스페인 마드리드 지하철 연동 등의 예에서 볼 때 세계적인 추세는 이기종망 간 연동을 요구하고 있는 추세이나 원활한 이기종망 간 연동, 보안문제 등이 완전히 해결되지 않은 상태이다.

6) 디도스(DDoS) 공격

DDoS(distributed denial of service)는 일명 분산서비스 거부라고도 한다. 해킹수법의 하나로 1명 또는 그 이상의 사용자가 시스템의 리소스를 독점하거나 파괴함으로써 시스템이 더 이상 정상적인 서비스를 할 수 없도록 만드는 공격방법이다. 이 수법은 특정 컴퓨터에 침투해 자료를 삭제하거나 훔쳐가는 것이 아니라 목표 서버가 다른 정당한 신호를 받지 못하게 방해하는 작용만 한다. 쉽게 말해 대량의 접속을 유발해 해당 컴퓨터를 마비시키는 수법이다.

일반적으로 개인 컴퓨터들이 디도스 공격에 동원되는데, 대부분 사용자가 열어본 이메일이나 파일 등을 타고 들어온 악성코드에 의하여 감염된 컴퓨터이다. 컴퓨터 사용자는 악성코드에 감염된 사실을 전혀 인식하지 못한 채 웹서핑 등 일상적인 용도로 컴퓨터를 사용하게 되고, 악성코드에 감염된 컴퓨터는 마치 좀비처럼 주인이 시키지 않았는데 멀리 있는 공격명령서버의 명령에 따라 특정 사이트를 초당 수 백~수 천 번씩 방문하며 범행을 저지른다.

공격자들은 자동화 프로그램을 통해서 한 번에 여러 PC에 명령을 내릴 수가 있으며, 이를 위해서 공격자들은 사전에 몰래 다른 사람들의 PC에 악성코드를 설치해 원격에서 제어가 가능하도록 만들어놓는다.

그림 3-4 디도스 공격의 형태

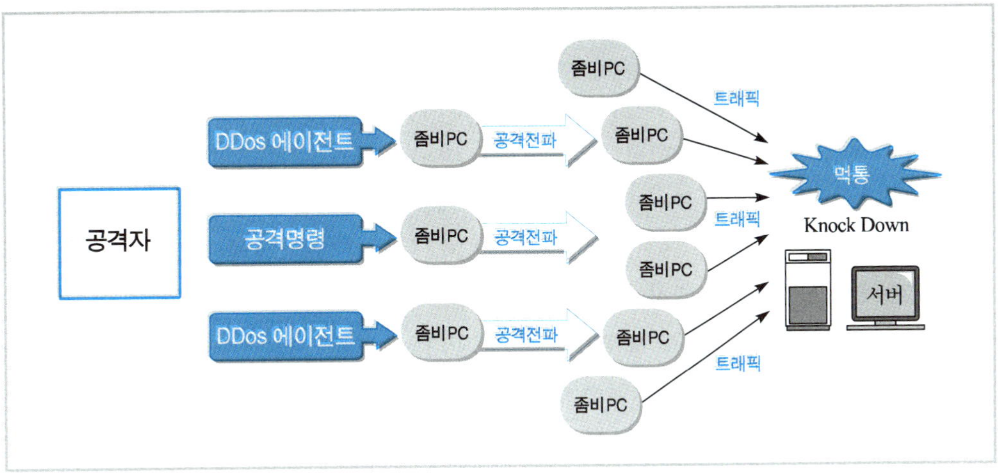

(1) 국내 사례

국내사례로는 청와대·국회·국방부 등의 주요기관의 홈페이지 등 25개 사이트가 2009년 7월 7일 발생한 디도스 공격에 의해 일시적으로 다운되는 사건이 발생한바 있다.

2013년 3월 20일 오후에 신한은행과 KBS, MBC 등 2개 지상파 방송, 케이블 뉴스채널 YTN의 정보전산망이 마비되는 사고가 발생하기도 했다.

디도스 공격 증상은 컴퓨터가 갑자기 느려지거나 파일에 암호가 걸리고 압축이 된다. 또한 인터넷이 끊어지거나 원하지 않은 컴퓨터의 실행반응이 나타나며, 저장했던 파일이 지워지거나 변경이 된다. 이와 같은 증상 중 2가지 이상 해당된다면 디도스 공격을 위한 좀비PC에 감염되었을 수 있으므로 백신으로 검사를 해봐야 한다.

(2) 디도스 공격 방어

최근 디도스 공격들은 빠르게 진화하고 있는 것이 특징이며, 매번 공격 전략이 다르다. 매번 역량이 향상되고, 첨단기반과 애플리케이션 공격 툴을 사용하고, 공격을 자동화하는 전략들을 활용한다. 그러므로 다음과 같은 전략들이 필요하다.

실시간 조정을 통한 방어 역량을 준비해야 한다. 디도스 공격은 다차원일뿐더러 실시간으로 전술이 변하는 것이 특징이다. 해커들은 다른 포트, 프로토콜, 사이트의 반응, 다시 온라인 상태가 되는 시기를 감시해 공격방법을 조정, 새로운 공격을 가한다. 그렇기 때문에 조직들은 신속하고 탄력적으로 방어를 할 수 있는 역량을 확보해야 한다.

방어선 방어에만 의지하지 않는다. 방화벽, 침입방지 시스템, 로드 밸런스 등 전통적인 내부 보안기기에 의존한 전문가들은 이런 공격을 차단할 수 없었다. 디도스 공격이 기기에 미치기 이전에 공격을 경감할 역량을 확보해야 한다. 공격 경감활동의 일환으로 상위 네트워크 공급자나 관리형 보안서비스 공급자를 활용, 네트워크 방어선 멀리서부터 공격을 방해해야 한다.

애플리케이션 공격에 즉시 대처한다. 특정 애플리케이션을 대상으로 한 공격은 통상 은밀하고, 볼륨도 적고, 크게 목표 지향적이며, 들키지 않은 상태에서 공격이 되도록 설계된다. 따라서 심층 패킷검사를 실시해 애플리케이션 전체를 확인할 수 있는 방법으로 데이터센터나 내부를 보호할 필요가 있다.

협력한다. 조직들 간의 드러난 사실을 주의 깊게 보호하고, 서로 간에 엄격히 공유를 하며 협력해야 한다. 디도스를 당한 업체뿐만 아니라 통신서비스 제공업체와도 협력해야 하며, 서비스 공급자와도 직접적인 협력을 해야 한다. 서비스 정보공유 및 분석센터에게 위협에 대한 정보공유와 지원이 요구된다.

계획과 전술을 수립한다. 조직들은 애플리케이션 및 네트워크 서비스 공격을 예측하기 위해 최선을 다해야 하며, 공격을 완화시킬 긴급 대응계획을 수립해야 한다. 내부적으로 공격 정보를 더 효과적으로 수집하고, 여기에 벤더들이 제공하는 정보를 활용하여 공격에 맞서 싸워야 한다. 내부 애플리케이션 및 네트워킹 팀을 통합해 공격에 대한 대처 수준을 높일 필요가 있는 시기를 판단한다. 대부분의 조직들은 서비스 공급업체와 관리형 보안서비스 공급업체에 대한 의존도를 높이는 것이 중요(서비스 복원성과 잠재적인 공격에 대비 및 적절한 보호대책 수립을 위해)하다.

2차 공격을 주시한다. 디도스의 초기 공격은 많은 손해를 초래할 수 있다. 그러나 때때로 더 큰 공격을 숨기기 위한 유인책 역할을 하는 공격도 있음을 인지해야 한다. 디도스가 다른 방향에서 시도되는 더 심각한 공격에서 시선을 돌리게 만드는 유인 전술일 수도 있다. 디도스 공격이 다차원적인 공격의 일환일 수 있다는 점에 유념을 해야 한다. 아주 중요한 정보를 훔치기 위한 공격의 일환일 수 있기 때문이다.

정부조직, 금융권, 방송사가 아니라도 걱정해야 한다. 해커들은 서로 정보를 공유한다. 사실 처음 공격을 한 해커가 똑똑한 해커이다. 이후는 소프트웨어를 실행하는 것에 불과하기 때문이다. 디도스는 마음만 먹으면 어떤 조직이나 공격을 감행할 수 있다. 공격이 무차별적이고 무자비하다는 것이며, 모든 조직은 스스로 위험을 평가하여 디도스에 대한 인식과 교육 및 방어체계를 습득해야 한다.

표 3-7 해커의 주요 공격 방법

공격 유형	설명	예시
서비스 거부 공격 (DoS / DDoS)	통신망에 과도한 트래픽을 보내 정상 서비스 마비	특정 기지국 또는 핵심 서버 트래픽 폭주, 응급통신 지연
무선 신호 간섭 / 스푸핑 (Jamming / Spoofing)	무선 주파수 간섭이나 가짜 신호 전송으로 통신 방해	TETRA, LTE, PS-LTE 신호 방해, 위성망 신호 변조
중간자 공격 (Man-in-the-Middle, MITM)	통신 경로 중간에서 데이터 탈취/변조	긴급 메시지 변조, 위치 정보 가로채기
악성코드 / 랜섬웨어 공격	통신 장비나 서버에 악성 소프트웨어 설치	네트워크 제어 서버 감염, 기지국 제어 불가
권한 탈취 / 내부자 공격	인증 절차를 우회해 통신망 접근	관리 계정 탈취, 긴급 통신망 조작
제로데이 / 취약점 공격	알려지지 않은 소프트웨어/하드웨어 취약점 이용	라우터, 기지국, LTE EPC 장비 취약점 이용

표 3-8 해커공격에 대한 대응 전략

대응 영역	구체적 조치	설명
망 구조 및 설계	다중 계층망 구축	지상망 + 이동 기지국 + 위성망 연계, 단일 장애 지점 제거
암호화 & 인증 강화	종단 간 암호화(E2EE), 강력 인증	LTE/PS-LTE, TETRA 데이터 및 음성 암호화, 인증서 기반 접근
침입 탐지/방지(IDS/IPS)	이상 트래픽 모니터링	DDoS, MITM, 스푸핑 탐지, 자동 차단
보안 패치 & 취약점 관리	정기적 소프트웨어 업데이트	EPC, 라우터, 기지국, 위성 통신 장비 패치
접근 제어 & 권한 관리	최소 권한 원칙	내부자 공격 예방, 관리 계정 2FA/다단계 인증
재난 상황 대비	백업 통신망, 복구 계획	긴급용 이동 기지국, 위성망 대체, 통신 우선순위 설정
보안 교육	직원/기관 대상 정기 교육	피싱, 소셜 엔지니어링 예방, 긴급 대응 훈련

참 고

* 2023년 11월 전국 행정전산망 마비
- 발생일 : 2023년 11월 17일부터 20일까지
- 영향 기관 : 지방자치단체, 정부24, 조달청, 한국조폐공사 등
- 주요 증상
  - 지방 행정망 '새올' 장애로 민원 업무 지연
  - 정부24 서비스 중단
  - 조달청 전산망 과부하로 1시간 마비
  - 한국조폐공사 모바일 신분증 시스템 일시 중단
- 원인 : 행정안전부는 정확한 원인을 파악하지 못했으며, L4 스위치 이상이 발단으로 지목됨
- 조치 및 결과 : 사흘간의 장애 후 정상화 선언

* 2025년 6월 우체국 전산망 마비
- 발생일 : 2025년 6월 23일 오전 9시 30분경
- 영향 기관 : 전국 우체국
- 주요 증상 : 전국 우체국 전산망 마비로 업무 전면 중단, 민원인들의 불편과 항의 폭주
- 원인 : 전산망 업그레이드 후 시스템 다운으로 인한 장애 발생
- 조치 및 결과 : 정상화까지 시간이 소요되었으며, 민원인들의 불만이 제기됨

* 시사점 및 대응 방안
- 시스템 안정성 강화 : 중요 기관의 전산망에 대한 정기적인 점검과 업그레이드를 통해 시스템의 안정성을 확보해야 함
- 비상 대응 체계 구축 : 전산망 장애 발생 시 신속한 대응을 위한 비상 대응 매뉴얼과 훈련이 필요
- 보안 강화 : 외부 공격이나 내부 오류로 인한 장애를 예방하기 위해 보안시스템을 강화해야 함
- 투명한 원인 분석 및 공개 : 장애 발생 시 원인 분석을 투명하게 공개하고, 재발 방지를 위한 대책을 마련해야 함

7) 재난통신 재난대응 방향

① 재난안전 지휘무선망 구축 대안

② TETRA, WiBRO, iDEN의 활성화

③ 사업의 효율적 추진을 위한 경쟁 도입

④ 지하구간 통화권 확보

⑤ 주파수 확보

⑥ 편익 산출의 방향성 등 경제적 타당성 제고 방안 마련

⑦ SOP/BPR의 효율적 추진

⑧ 장비 노후화에 따른 교체

⑨ 유관기관들과 공감대 형성

⑩ 통합지휘통신망 구축

8) 재난통신 재난대책

(1) 예방대책

㉮ 통신 안전관리 대책 수립

㉠ 위기대응 매뉴얼 작성 및 개정이 필요

㉡ 통신재난관리 기본계획 수립과 시행

㉢ 계절별 안전관리대책 수립과 시행

㉯ 시설물 안전관리

㉠ 통신 국가기반시설에 대한 안전실태 점검

㉡ 특정관리대상시설 지정 및 관리

㉢ 옥외통신설비 보호 및 출입통제

㉣ 통신주 및 가공선 정비

㉰ 통신재난담당자 교육 실시

㉠ 소속기관 및 통신사업자 재난담 당교육 실시

㉡ 통신재난교육을 위한 유관기관의 협조와 강의참여 유도 등

(2) 대비대책

㉮ 사전재난대처능력 강화 필요

㉠ 재난유형별로 분류하여 실질적인 모의연습

㉡ 통화횟수의 급증에 대한 대응 강화

㉢ 통신장애와 재난사례에 대한 분석

표 3-9 예보기준 단계별 조치사항

구분		기준	조치사항
1단계 (Green)	유선	교환기 CPU부하율 80% 이하	통화량 급증 징후활동 감시
	무선	사업자별 운영 한계치 65%~70% 도달 시	대국민 예보 및 사업자별 내부경계태서 구축
2단계 (Yellow)	유선	교환기 CPU부하율 80~95%	통화량 급증 징후 발견
	무선	사업자별 운영한계치 기준 10% 초과 시	기간통신사업자 간 협조체계 가동
3단계 (Red)	유선	교환기 CPU부하율 95% 이상	통화량 급증으로 인한 통화연결 불능 감지
	무선	사업자별 운영한계치 기준 20% 초과 시	통화량 급증 제어를 위한 채널 증설 및 교차 수용을 통한 가입자·기지국 수용변경 등

㉯ 효율적인 재난 대응 환경조성

㉠ 위험을 분산시키기 위해 전송로를 이원화

㉡ 안전성 확보를 위한 전원공급루트 이원화

㉢ 취약지역 예비전원 보강

㉣ 공동화 기지국 비상발전기 공동 활용

㉤ 낙뢰에 대비한 접지설비 보강

㉥ 긴급통신수단 및 긴급복구물자의 확보

(3) 대응대책

㉮ 통신재난관리와 지휘체계 강화

㉠ 재난발생에 대비 사전 비상근무계획 확립 및 위기단계별 자체 재난관리조직 구성·운영

㉡ 태풍·호우주의보, 대설주의보 등 전국적인 기상특보 발령 시 재난대비 비상근무 실시

㉢ 자연재해 외 호폭주·설비 고장 등으로 광범위한 서비스 장애 발생 시에도 비상근무체제 운영 및 상황보고

㉯ 유관기관과의 협조체계 강화

㉠ 재난발생 시 교통두절지역에 긴급통신 및 복구물자 수송지원 협조 강화

㉡ 통신 가복구 및 노출케이블 보호 협조 요청 : 한국전력공사, 도로공사 등

㉢ 행정안전부 : 재난방송 및 긴급재난문자방송(CBS) 관련 협의

㉣ 한국전력 : 통신장애의 주원인인 정전사고에 대비 상호 정전 정보공유관계 구축·운영

(4) 복구대책

㉮ 긴급복구지원체계 확립

㉠ 통신재난대책본부 구성·운영

㉡ 긴급복구 우선순위 지정·관리

㉢ 긴급복구 물자의 공동 활용

㉯ 피해지역 이재민 대책 및 고객지원

㉠ 재난 시 통신사업자와 피해지역 주민 지원방안 협의

㉡ 민·관 협동체계를 구축하여 신속한 복구

그림 3-5 긴급복구 우선순위

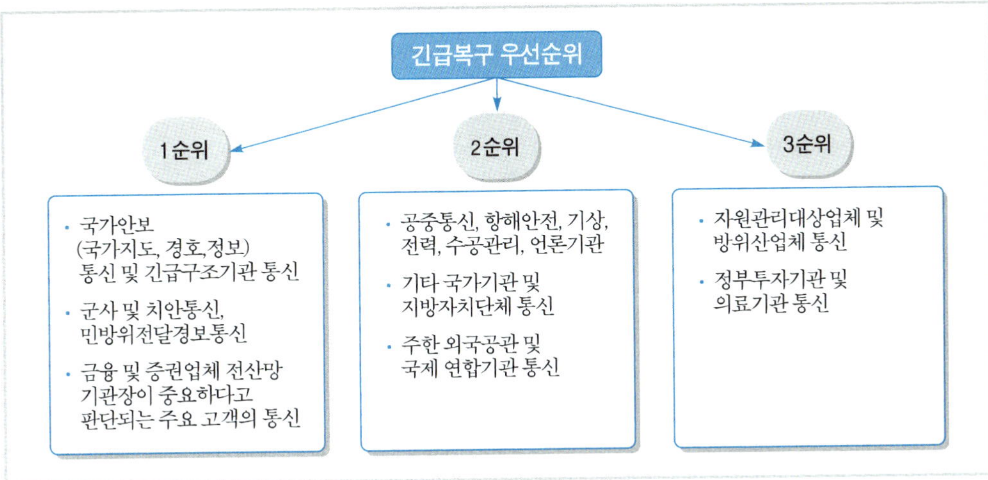

9) 전산망 보호대책

(1) 예방대책

㉮ 재난·재해에 대비한 안정적 인프라 구축

㉠ 진도 5 이상의 건물내진설계 및 구조보강 설계, 이중화 배관방식의 공조 설비, 청정 소화약제를 사용한 전산실, 소방시설 등으로 재난·재해에 대비한 건물시설 구축

㉡ 전력 인입선의 이중화, 무정전전원장치(UPS), 비상발전기 설치를 통해 전산망 예비 전원 확충

㉢ 업무 중단에 대비하여 중앙행정기관의 핵심 업무에 대한 재해복구시스템을 구축하여 재난·재해 시에도 센터의 기능 유지가 가능토록 조치

㉣ 중앙행정기관 일반 업무에 대해서도 대전·광주센터 간 상호 백업 및 소산체계를 구축하고 핵심데이터에 대하여는 센터 이외의 별도 장소에 소산매체 보관·운영

㉯ 통신회선 및 장비 이중화

㉠ 센터로 인입되는 통신망 사업자로 경로 이원화와 스위치, 라우터, 방화벽 등 주요장비 이중화 구성으로 물리적인 무장애 통신망을 구성하고 장애발생 시 즉각적 복구가 가능하도록 구성

㉡ 트래픽 증가에 대비하여 장애 발생 시 안정성 확보를 위해 구성장비의 운용률을 일정수준 이하로 유지

㉢ 국가정보통신망의 핵심노드(대전센터, 중앙별관)에 주요 장비(스위치, 라우터, 방화벽 등) 등을 동일하게 구성하여 서비스 연속성을 확보하고, 핵심노드를 중심으로 PTP(point to point)형으로 전송망을 구성하여 통신망 마비에 대비한 중단 없는 전자정부서비스 기반 제공

㉣ 국가정보통신망 핵심노드인 대전센터, 중앙별관 중 1개 핵심노드가 장애발생 시 이중화로 구성한 타핵심노드로 기존 트래픽을 전환하는 등의 분산정책 설정

참 고

* 무정전전원장치(UPS)

UPS(uninterruptible power supply)는 컴퓨터와 주변장치에 대한 전력공급을 조절하는 장치로서 전기회로의 전압이 끊어지거나 갑자기 올라가거나 내려가는 경우를 제한한다.

* PTP(point to point)

한 지점에서 다른 지점으로 무선을 이용해서 메시지를 보내는 일. 마이크로 전파나 케이블을 이용해서 두 지점 사이에서 신호를 전송하는 것. 초기 라디오는 방송이 아니라 두 지점 간에 메시지 송수신을 행하는 비즈니스였다.

* 7.7 DDoS란

2009년 7월 7일에 분산서비스거부공격(DDoS)이 최초로 청와대, 네이버 등 국내 주요 사이트에 접수 장애를 유발해서 붙여진 이름

* 업무연속성계획(BCP; Business Continuity Planning)

재난 발생 시 비즈니스 연속성을 유지하기 위한 방법론이다. 지난 9·11 미국 테러사건 이후 급부상하고 있는 개념으로 이는 재해, 재난으로 정상적인 운용이 어려운 데이터 백업과 같은 단순 복구뿐 아니라 고객 서비스 지속성 보장, 핵심 업무기능을 지속하는 환경을 조성해 기업 가치를 최대화하는 것을 말한다. 이를 위해선 우선 기업이 운용하고 있는 시스템에 대한 평가와 비즈니스 프로세스를 파악, 재해에 따른 업무 손실을 최소화하기 위한 방법을 구축하는 작업이 필요하다.

㉰ 안전관리 협조체제 구축

㉠ 센터 재난·재해 발생에 대비한 대한 기술협조를 위해 한국정보화진흥원, 통신망사업자, 유지보수업체, ETRI와 안전관리점검 결과 조치 의견교환 및 재난 시 즉각적인 대처가 가능하도록 비상전담조직 구성·운영

㉡ 입주기관 및 지방자치단체 담당자의 협의회 등을 통해 협조체제 구축 및 운영의 안정성 확보

㉱ 내부운영 및 유지보수 인력에 대한 관리 강화

㉠ 분야별(정보시스템, 보안, 네트워크) 내부운영 및 유지보수 인력에 대한 교

육 및 훈련을 정기적으로 실시하여 비상 시 숙련된 기술과 절차에 의한 대비 철저

㉡ 분야별(정보시스템, 보안, 네트워크) 위탁운영 및 유지보수 인력에 대한 비상연락망을 수시로 현행화하며 분기 1회 이상 점검

㉶ DDoS, 해킹 등 사이버테러 대비 유관기관과 협조체제 구축

㉠ 웹 해킹, 웜/바이러스 등 사이버 침해유형 및 탐지패턴에 대하여 국정원, KISA 등과 정보공유 및 적용

㉡ 침해 사고방지를 위한 보안관제 정보를 입주기관과 공유

표 3-10 7.7 DDoS 대응 사례

구분	내 용
공격 유형	· DDoS는 공격자가 해킹에 성공한 좀비PC들을 이용하여 목표 시스템으로 대량의 접속을 시도, CPU·대역폭 등 자원을 고갈시켜 서비스 장애를 유발하는 공격임
상황 개요	· 2009.7.7 18:00부터 3차례에 걸쳐 국내·외 주요 웹사이트가 DDoS공격을 받아 홈페이지 서비스 장애 · 센터입주기관 및 국가정보통신망 이용기관 등 4개 웹사이트도 공격을 받았으나, 조기 정상화 · 2013년 3월 20일 MBC, YTN, 신한은행이 DDoS 공격을 받음
예방 활동	· "7방어 3분석" 체계 적용 및 상시 모니터링체제 운용 * 7방어 : DDoS 대응시스템, 스팸/바이러스 차단, 침입탐지, 침입차단, 웹 방화벽, DB보안접속, 서버보안 * 3분석 : 유해트래픽 분석, 취약성 분석, 종합보안 분석 · 유해트래픽 패턴 분석 및 접속 트래픽 과다 유입 시 차단
대응 조치 결과	· 통합센터 내 "DDoS 대응 종합상황실" 긴급구성 · NCIA-CERT(침해사고대응팀) 소집 · DDoS공격에 대한 지속적인 관제 및 추이 분석 · 통합센터 DDoS 대응 실무가이드 본격 적용 · 공격유형분석 및 센터 정보보호시스템의 특성을 고려 · DDoS 공격 유형에 최적화된 단계별 세부조치 방안 적용 · 이를 통해 통합센터에서 관리하는 기관의 서비스 조기 안정화 · 관계기관 간 정보공유 및 공동대응활동 강화 · 사이버해킹 7방어 3분석 체계 대응 수위 강화 · 인터넷 등 외부에서 유입되는 유해트래픽 선별 및 차단

(2) 대비대책

㉮ 센터 BCP체계 수립을 통한 재난·재해 대비태세 확립

센터 업무연속성계획(BCP) 관리지침 제정과 분야별 통신망, 보안, 정보시스템 센터 업무연속성계획(BCP)의 수립으로 체계적 재난경감활동 및 대응복구활동을 수행

㉯ 상시 모니터링체제 구축

㉠ 센터 내 통압보안관제센터를 설치·운영하여 비상상황 및 장애에 대비한 24시간 365일 통합관제(정보시스템, 보안, 통신망)를 통해 재난·재해에 대비한 신속한 초기대응체계 확립 및 웹 해킹, 웜/바이러스 유포 등 외부로부터의 사이버 공격 시도의 사전탐지·차단

㉡ 통신망, 보안, 정보시스템 관련기관 및 관제시스템(SMS, NMS, ESM)을 통해 장애 및 침해상황 인지 시 즉시 보고토록 하고, 피해 및 복구상황·대책 수시 보고

㉢ 사이버침해에 대비한 "7방어 3분석" 체계 적용으로 외부에서 유입되는 유해트래픽에 대하여 사전선별 및 차단

㉰ 긴급복구계획 수립 및 긴급복구지원체계 확립

㉠ 재난·재해 발생에 대비하여 긴급복구 기본계획, 분야별 재난유형에 따른 업무연속성 계획(BCP)을 수립

㉡ 재난응급대책과 스위치, 라우터, 방화벽, CPU 등 필수기능 유지를 위한 소요자원에 대한 대체장비, 예비 부품, 케이블 등 복구에 필요한 물자 및 자재를 비축·보관

㉢ 장애 및 사고유형에 따른 기관 정보시스템, 방화벽, 네트워크 장비에 대한 운영 및 유지보수 인력의 동원 계획 수립

㉱ 재난대응 교육·훈련

화재, 정전, 테러 등의 가상의 상황을 설정한 시나리오를 통해 연 1회 이상 모의훈련을 실시하여 재난·재해 상황에 대한 대응능력 향상

㉲ 긴급복구조직 구축·관리를 통한 장애상황 대비

㉠ 비상조정팀 : 재난상황 관리, 피해현황 분석 및 유관기관 협력업무 수행

㉡ 비상대응팀 : 인명구호, 장비구매 및 조달업무 수행

㉢ 서비스대응팀 : 입주기관 정보시스템에 대한 업무재기 및 복원업무 수행

㉣ 보안통신망대응팀 : 통신망 및 보안시스템에 관한 업무재개 및 복원업무 수행

㉳ 업무복원에 필요한 문서기록물 소산

센터통신망 구성도, IP체계, 시스템 계정, 기관 방화벽 정책 등 업무복원에 필요한 문서기록물에 대하여 센터 상호 간 내화금고실에 보관하여 재난 시 업무재개 및 복구에 활용을 위한 대비

㉳ 각종 자료의 현행화 및 보관으로 비상사태 대비태세 완비

㉠ 분기별 1회 이상, 통신망 구성요소(장비, 회선), 통신망 구성도, 통신장비 Configuration, 복구매뉴얼, 사이버 대응절차서, DDoS 대응절차서, 통합보안시스템 가동절차서, 예비 기자재, 비상연락망의 변경사항 발생 시 즉시 현행화하고 주기적 점검

㉡ 기관 정보시스템의 관리자 계정 및 패스워드, 정보시스템 운영매뉴얼 및 재해복구절차서, 비상연락망 등 업무수행에 필요한 내용의 현행화 및 주기적 점검

㉢ 관제시스템(SMS, NMS, ESM)의 데이터 및 응용 S/W의 백업·보관으로 재난 시 복구 대비

참 고

* SMS(short message service)

이동통신 세계화시스템(GSM)의 규격을 따른 양방향 데이터 무선호출서비스로, 단말과 단말 간에 최대 150바이트의 속도로 데이터를 전송하는 서비스다. 별도의 부가장비 없이도 40자 내외의 짧은 문장을 주고받을 수 있는 문자서비스이다.

* NMS(network management system) : 네트워크관리시스템

* ESM(Enterprise Security Management) – 통합보안관리시스템

EMS란 방화벽, 침입탐지시스템(IDS), 가상사설망(VPN) 등 다양한 종류의 보안솔루션을 하나로 모은 통합보안관리시스템이다. ESM은 최근 통합관리 수준에서 벗어나 시스템자원관리(SMS), 네트워크자원관리(NMS) 등 전사적 자원관리시스템까지 포함하는 형태로 개발되는 추세여서 ESM이 상용화되면 기업들은 다른 기종의 보안솔루션들을 설치하면서 중복 투자를 하거나 자원을 낭비하는 것을 막을 수 있다. 그리고 또 하나, 솔루션 간 상호 연동을 통해 전체 정보통신시스템에 대한 보안정책도 수립할 수 있다는 점이 ESM가 주목받는 이유 중의 하나이다.

* 구성(configuration, 構成)

① 정보처리시스템이나 네트워크를 그 기능 단위의 개수, 성질, 상호 접속, 기본적인 특성에 따라 편성하는 것 또는 그렇게 편성된 상태. 편성의 대상에 따라 하드웨어 구성, 소프트웨어 구성 등으로 분류된다.

② 단일 마이크로컴퓨터의 구성은 중앙처리장치(CPU)와 기억장치, 디스크 구동기, 키보드 및 표시장치를 포함하는 내부·외부 구성요소의 편성을 말하며 일반적으로 마우스, 모뎀, 인쇄기와 같은 부가 하드웨어는 포함되지 않는다.

* 침해사고대응팀(computer emergency response team coordination center)

약어로는 CERTCC이라고도 하며, 운영되고 있는 전산망의 침해사고 대응 활동을 지원하고, 전산망 운영기관 등에 대해 통일된 협조체계를 구축하여, 국제적 침해사고 대응을 위한 창구를 제공하기 위해 설립된 조직

(3) 대응대책

㉮ 재난종합상황관리체계 확립

㉠ 방재실 및 통합보안관제센터에서 비상연락망 체계에 따라 재난상황에 대한 신속한 보고·대응체계 확립

㉡ 재난발생의 일시·장소와 재난의 원인, 재난으로 인한 피해내역에 대한 파악 및 응급조치, 재개 및 복구, 향후 조치계획 등 신속한 조치

㉢ 통합보안관제센터 내에 재난대책상황실을 임시로 설치·운영하여 재난상황과 관련된 현지상황에 대한 신속한 파악 및 상황관리

㉯ 통신망 및 보안업무의 긴급 대응활동 수행

㉠ 재난 발생시 2개의 핵심노드(대전센터, 중앙별관) 중 정상가동 중인 업무망/인터넷망 핵심노드로 우회경로를 전환하여 서비스를 제공

㉡ 재난이 발생한 핵심노드에 대하여 통신장비, 보안장비 등 유지 보수업체에서 상시 확보 중인 대체장비를 활용하여 긴급복구

㉢ 장애 및 사고유형에 따른 스위치, 라우터 등 주요 통신장비, 방화벽 등 보안장비, 서버, 스토리지 등 전산장비 및 운영 인력 등 적정수준의 긴급복구에 필요한 자원 확보 및 효율적인 인력·물자의 동원

㉣ 신속한 장애 원인 파악 및 대응을 위하여 담당공무원, 관련 사업자와의 비상공조체제를 유지하고 지속적인 상황 모니터링을 통해 추가 재난상황 대비

㉤ 국가정보통신망의 통신사업자 국사이원화체계를 사전 구축하여 재난발생 시 우회경로 전환을 통한 통신망 긴급 복구

㉥ 침해사고대응팀(NCIA-CERT)을 가동하여 사이버 침해사고 발생 시 상황전파, 대응조치, 피해범위분석 및 확산방지·복구, 대외기관 공조 등 컨트롤 타워 기능을 수행하고, 센터의 정보보호체계인 "7방어 3분석 체계"의 대응수위를 강화하여 침해사고에 대한 효과적 대응

㉰ 국가 중요업무의 재해복구시스템 전환 가동

㉠ 주센터의 업무기능 마비로 국가 중요업무의 정상 서비스 불가 시 재해복구센터로의 통신망 우회경로 전환 및 방화벽의 보안정책 설정 후 재해복구시스템의 전환가동을 위한 디스크 전환, DB상태 점검 및 기동

㉡ 재해복구시스템 전환가동 후 고객기관의 업무담당자와 업무테스트 및 데이터 정합성을 검증하고, 업무재개 실시

㉱ 관련기관·업체 협조 및 지원체제 구축

㉠ 분야별(통신망, 보안, 정보시스템) 관련기관 및 지방자치단체의 담당자와의 유기적 협조체제를 통한 상호 지원체계 마련

㉡ 분야별(통신망, 보안, 정보시스템) 유지보수업체 및 위탁운영사업자와의 비상연락망을 가동하여 신속한 연락 및 협조체제 강화

(4) 복구대책

㉮ 통신망 및 보안시스템 정상 복구

㉠ 스위치, 라우터 등 주요 통신장비에 대해 대체장비 확보 또는 긴급 구매하여 손상된 핵심노드 통신망을 복구하고, 업무서비스 트래픽을 재난발생 이전상태로 분산 처리하여 통신 기반환경 정상 복원

㉡ 손상된 통신사업자 경로를 신속 복구하여 재난발생 이전 상태로 복원하여 상시 통신사업자 국사이원화 경로체계 유지

㉢ 방화벽, SMS, NMS, ESM 등 주요 보안장비 및 시스템에 대한 대체장비 확보 및 긴급 구매를 통환 복구

㉯ 주 시스템 복원 및 가동

㉠ 주 센터로의 통신망 우회경로 전환 및 재해복구시스템에서 주 시스템으로의 데이터 복제, 주 시스템으로의 디스크 전환 및 DB상태 점검

㉡ 주 시스템 가동 후 고객기관의 업무담당자와 업무테스트 및 데이터 정합성 점검 및 업무복원이나 별도 소산장소에 보관 중인 전자기록물 소산매체 데이터를 이용하여 업무의 정상복원

㉰ 복구활동에 대한 평가 및 재발방지대책 마련

㉠ 재난상황 종료 후 긴급복구활동 평가단을 구성하여 복구활동의 내용 및 긴급복구계획서의 실효성 등을 평가하고, 재발방지를 위한 예방 및 대비활동 등 개선사항 도출

㉡ 긴급복구계획서에 복구활동 평가결과를 반영하여 재발방지를 위해 필요한 사항을 자체적으로 조정

4. 테러(Terror)

1) 테러의 정의

테러란 특정목적을 가진 개인 또는 단체가 살인, 납치, 유괴, 저격, 약탈 등 다양한 방법의 폭력을 행사하여 사회적 공포상태를 일으키는 행위를 말한다.

테러의 유형으로는 사상적, 정치적 목적 달성을 위한 테러와 뚜렷한 목적 없이 불특정 다수와 무고한 시민까지 공격하는 맹목적인 테러로 구분된다.

테러리즘이란 용어가 최초로 사전에 등장한 것은 1798년에 프랑스에서 발간된 한 사전(Dictionnaire of the Academie Francaise)의 증보판으로 조직적인 폭력의 사용으로 정의되어 있다. 현대에 와서의 테러리즘은 1960년대 이후 또는 제2차 세계대전 후에 일시적으로 나타났다가 오늘날에는 지속화되는 경향이 있다.

2) 테러의 유형

(1) 일반적인 유형

폭파, 요인의 납치, 유괴, 인질, 건물의 점거, 암살, 자살폭탄, 무장공격, 항공기 납치, 생화학 테러, 묻지마 테러, 사이버 테러, 차량폭발, 핵 테러, 해적 등이 있다.

(2) 정치적인 신념에 의한 분류

㉮ **허무주의 :** 파괴주의를 찬양하며 미래에 대한 비전이 없고 테러리스트는 정신병자가 많다.

㉯ **이데올로기적(이념) 테러리즘 :** 마르크스주의, 파시스트, 무정부주의 등 이념을 기초로 한 경우이다.

㉰ **민족주의적 테러리즘 :** 특정지역의 독립이나 자치, 민족의 독립의 쟁취를 위해서 행하는 테러이며, 민족주의자나 종족주의 신념에 기초하기에 끈질긴 투쟁으로 목적달성 가능성이 높다.

㉱ **사이버 테러리즘 :** 해킹, 바이러스 유포, 고출력전자총 등을 통신망에서 사용하여 컴퓨터시스템 운영을 방해하거나 정보통신망을 침해하는 행위로 국가적, 사회적 공포심과 불안감을 야기하는 행위이다.

㉲ **정책적 쟁점 :** 특정한 정책적 쟁점을 중심으로 테러를 행하는 것으로 기간은 짧다.

(3) 테러의 주체/대상에 의한 분류

㉮ **국가적 테러리즘 :** 한 국가 내에서 정부에 의하거나 정부의 지원과 통제를 받는 조직에 의해 행해지는 테러이다.

㉯ **국가 간 테러리즘 :** 테러행위의 대상이 다른 나라의 국민이나 영토, 테러행위의 주체가 국가나 정부당국의 직접적인 지지와 통제를 받는 경우이다.

㉰ **초국적 테러리즘 :** 특정국가의 통제로부터 비교적 독립된 테러 단체에 의하여 행해지는 구제적인 테러리즘이다.

㉱ **국내 테러리즘 :** 테러행위의 대상이 한 국가의 국민의 영토에 국한된 것이다.

(4) 목표 및 동기에 따른 분류

㉮ 혁명적 테러리즘
㉯ 정치적 테러리즘
㉰ 목표지향적 테러리즘
㉱ 환경주의적 테러리즘
㉲ 국가가 지원하는 테러리즘

(5) 테러리스트 형태(핵커의 분류)

㉮ **광인형 :** 정신이상자형으로 타인들이 이해할 수 없는 테러행위이다.

㉯ **범죄형 :** 범죄형적인 테러리스트로 개인의 이익을 얻기 위해 행하는 테러이다.

㉰ **순교형 :** 십자군형 테러리스트라고도 하며, 특정한 이상을 기초로 정치적 목적을 달성하기 위하여 행하는 이상주의형 테러이다.

(6) 페쳐의 분류

㉮ **소수 인종에 의한 테러 :** 핍박받은 소수민족이 기존 질서에 도전하는 행위로서 오랫동안 지속되어온 테러이다.

㉯ **환경 변화나 환경에 저항한 테러 :** 이념이 잘 무장되어 있고 정예화되어 있으나 국민의 광범위한 지지를 받지 못하며, 테러는 증오심과 사회의 부정으로 시작된다.

(7) 미코러스의 분류

미코러스는 현대사회에 존재하는 테러리스트들을 8가지로 분류하였다.

㉮ 전위혁명을 갖는 집단
㉯ 민족혁명가
㉰ 세계적 무정부주의
㉱ 영토복고주의
㉲ 범죄 집단
㉳ 정신착란자
㉴ 장난꾼
㉵ 질서유지를 위한 자원

미국의 9.11 테러

2001년 9월 11일, 토요일 오전 8시 40분에 이슬람 무장테러단체 알카에다 테러리스트들에 의해 납치된 4대의 여객기가 미국 뉴욕의 세계무역센터와 워싱턴의 미국 국방부 청사 펜타곤에 자살 충돌한 사건이다. 4대 중 2대는 뉴욕의 세계무역센터 2개 동에 각각 충돌했으며, 1대는 워싱턴의 펜타곤에 충돌했다. 4대 중 나머지 비행기 1대는 미국 동부의 펜실베이니아에 추락했다.

무역센터 실종 4972명, 사망 152명 / 아메리칸 항공 AA11편 탑승객 사망 92명 / 유나이티드 항공 UA175편 탑승객 사망 65명 / 미국 국방부 청사 사망 또는 실종 125명 / 아메리칸 항공 AA77편 탑승객 사망 64명 / 유나이티드 항공 UA93편 탑승객 사망 44명, 총 사망 / 실종 5514명. 이 사건은 뉴욕 시민들과 미국 국민들은 물론 전 세계에 큰 충격을 주었고, 이후 미국 부시정부는 테러리스트들과의 전쟁을 선포했다. 미국은 즉각 이라크를 공격했고 이라크 후세인 대통령은 숨어 지낸 동굴에서 끌려나와 재판 후 교수형 당했다.

2015년 11월 프랑스 IS 테러

2015년 11월 13일 중앙유럽 표준시 21시 16분에 프랑스 파리의 1 아롱디스망, 10 아롱디스망, 11 아롱디스망, 파리 북부의 일드프랑스, 프랑스와 독일의 친선 축구경기가 열린 생드니의 스타드 드 프랑스 근처 등 최소 7곳에서 발생한 동시다발 연쇄 테러사건이다. 최소 3건의 폭발과 6번의 총격이 있었고 11구에 위치한 바타클랑 극장에서는 관객 1,500명이 있는 가운데 미국 록밴드 이글스 오브 데스 메탈의 공연이 진행되는 도중 인질극이 일어났다. 최소 60여명의 인질이 붙잡혔던 것으로 알려졌다. 인질극 과정에서 130여명이 사망했다. 또한 프랑스 경찰은 테러과정에서 2건 이상의 자살 폭탄테러가 발생했다고 밝혔다. 이 테러로 프랑수아 올랑드 대통령은 중앙유럽 표준시 23시 58분에 국가비상사태를 선포하고 국경 봉쇄를 단행했다. 이슬람국가(IS)는 이번 사건이 자신들의 소행이라고 밝혔다.

–위키백과–

3) 테러의 사례

테러 시 사고대응의 우선적 조치 포함사항으로는 인명 안전, 주요 시스템보호, 사고의 안정화이다. 대표적인 테러의 사례를 살펴보면 아래 표와 같다.

표 3-11 세계 주요 테러 사례

테러	시간과 장소	가해자	이유	사망
민헨 올림픽 테러	1972. 9. 5 민헨 이스라엘 선수 숙소	팔레스타인 검은 9월단	팔레스타인 포로 석방 요구	11명
아웅산 묘소 폭탄 테러	1983. 10. 9 미얀마 아웅산 묘지	북한 당국	전두환 암살기도	한국 17명, 미얀마 7명, 북한 1명
대한항공 858편 폭파사건	1987.11.29 인도양 상공	북한 당국	1988년 서울올림픽 방해	115명 사망

테러	시간과 장소	가해자	이유	사망
오클라호마 폭탄 테러	1995.4.19 연방정부청사 주차장	티모시 멕베이 (미국인)	연방정부의 웨이코 진압에 불만	168명 사망
9.11 테러 비행기 이용	2001.9.11 세계무역센터와 미국방부 펜타곤 비행기 충돌	알카에다 (오사마 빈라덴)	보복성 테러	사망/실종 5514명
노르웨이 연쇄 테러	2011.7.22 정부청사, 노동당 청년캠프	아네르스 베링 브레이빅	노르웨이 집권여당인 노동당에 불만	정부청사: 8명 청년캠프: 68명
보스턴 마라톤 폭탄 테러	2013.4.15 보스턴	타메를린(26)과 조하르(19) 차르니예프 형제	체첸출신으로 미국 부적응 불만	사망 4명
파리 테러	2015.11.13. 파리 7곳	IS집단	이슬람과 프랑스인의 융합문제(왕따), IS과시	사망 130명
미국 롭 초등학교 총기 난사	2022.5.24. 미국 텍사스주 유밸디 롭 초등학교	총기 난사(학교내 대량 살상) / 살바도르 라모스(당시 18세)	개인적인 난동 및 정신적 문제, 명확한 정치·종교적 동기는 공식 발표되지 않음	학생 19명, 교사 2명 등 총 22명 사망, 18명 부상
콜롬비아 연쇄 폭발물 테러	2025.6.10. 콜롬비아 칼리, 코린토 등 남서부 도시 여러 곳	동시다발 폭발물·총격 테러 / 마약 밀매 갱단(마약 카르텔 등으로 추정)	조직적 위협, 공포 조장, 범죄 조직 간 세력 다툼	공식 집계 최소 3명, 다수 부상

참 고

*** 방사능테러 대책**

방사성물질은 구하기가 상대적으로 쉽고 소량으로도 치명적인 경제, 사회적 피해를 입힐 수 있기 때문에 테러리스트들의 좋은 표적이 되고 있다. 특히 도심에서 방사성물질을 폭발물과 같이 폭발시켜 비산하게 하면 넓은 지역에 복구하기 힘든 피해를 줄 수 있다. 방사성물질을 이용한 테러로부터 인체 및 환경을 보호하기 위해서는 예방이 가장 좋은 방법이다. 방사능테러를 예방하기 위해서는 방사성물질의 관리 및 보관을 철저히 하고 방사성물질이 분실되지 않도록 보관시설이나 이동 중 방호 조치를 충분히 해야 한다. 예방에 대한 대책뿐만 아니라 도심 내에서 방사능 테러가 발생했을 경우 피해를 최소화할 수 있는 대책의 수립이 필요하다. 도심 내에서 방사성물질이 폭발물에 의해 폭발되었을 경우 피해규모는 방사성물질의 종류, 폭발물의 세기 및 풍속 및 풍향 등 기상조건에 의해 결정된다. 방사능 테러로 인한 피해를 최소화하기 위해서는 가능한 한 빠른 시간 내에 방사능 피해규모를 예측하여 방재대책을 수립하는 것이 필요하다. 이를 위해서는 발생 가능성이 높은 시나리오를 작성하고 이에 따른 인적, 환경적 피해규모를 예측하여 필요할 경우 즉시 관련 자료를 제공할 수 있는 체제가 구축되어있어야 한다.

*** 바이오테러리즘**

바이오테러리즘(Bioterrorism)은 세균(Bacteria), 바이러스, 독 등 생물학적 작용제를 고의적으로 살포하거나 보급해서 일으키는 테러이다. 자연적으로 발생할 수도 있지만, 인위적으로 발생하기도 한다. 전쟁에서 이용되는 생화학 무기와도 관련이 있다.

*** 우편폭탄테러 발생 시**

① 경비원은 의심스러운 우편물을 발견한 경우 즉시 경찰에 신고하고 어떠한 경우에도 운반하거나 손을 대지 않고 우편물이 있는 방 주변에 있는 사람들을 신속히 대피시킨다.

② 폭발물로 의심되는 우편물인 경우 폭발효과를 최소화하기 위해 가능한 모든 창문과 출입문을 개방하고, 전자파가 폭발물에 설치된 기폭장치일 수 있으므로 휴대폰 사용을 자제하여야 한다.

※ 의심스러운 우편물 확인요령

- 겉봉에 "OO만 개봉할 것", "비공개" 등 표시가 있을 때
- 주소가 틀리거나 조잡한 필체 등으로 쓰여진 경우
- 내용물이 출렁거리는 소리가 들리는 경우
- 소포에서 시계소리 등 이상한 소리가 들릴 경우
- 끈. 비닐테이프 등이 지나치게 많이 붙어있는 경우
- 우편물에서 화학약품 등 이상한 냄새가 날 경우

*** 전략적 목표 및 전술적 목표 선정**

전략적 목표 : 올바른 대응결과를 도출해내기 위해 일반적인 대응방향에 대한 지침서
㉮ 시민들과 대응자들의 인명피해 예방

전술적 목표 : 전략적 목표달성을 위한 대응 기능들과 특수한 작전
㉮ 위험지역 고립 및 출입 통제

*** 테러 시 소방작전의 표준적 접근방법**

1. 사고평가(사고요인의 영향에 대한 평가)
2. 전략선정
3. 다양한 전술적 임무수행
4. 지속적이고 전반적인 대응활동의 평가 및 환류

*** 테러현장통제의 5단계**

① 1단계 : 사고평가 ② 2단계 : 상황분석 ③ 3단계 : 사고대응의 우선 조치사항 설정
④ 4단계 : 사고의 잠재 위험성 평가 ⑤ 5단계 : 전략적 목표 및 전술적 목적 선정
* 테러현장통제의 상황분석의 대상

4) 테러단체의 전략과 전술

(1) 정치적 선전

테러리스트 단체가 테러를 통해서 얻고자 하는 핵심은 단순한 파괴보다는 행위를 통한 정치적 목적을 달성하려는 전략적 시도의 선전이다. 팔레스타인 테러단체들은 일련의 테러리즘 캠페인을 통해서 그들이 처해있는 정치상황을 전 세계에 알림으로써 국제사회의 여론을 환기시키고자 했다. 1972년 뮌헨올림픽 당시 선수촌에 침입하여 이스라엘 선수들을 살해한 사건은 전 세계에 알려져 그들이 목표하는 바를 달성하였다. 이 사건 이후 국제사회는 팔레스타인들이 누구인가? 팔레스타인 문제가 무엇인가? 팔레스타인이 원하는 것이 무엇인가? 라는 물음에 대한 관심을 기울이는 계기가

되었음은 물론이다.

(2) 공포의 확산

공포의 확산이란 전술목표를 달성하기 위해 테러조직은 민간인에 대한 무차별적 공격을 감행한다. 팔레스타인 인민해방전선(PELP)의 설립자인 조지 하바시가 “전시에 전투원 수만 명을 사살하는 것보다 평화 시에 민간인 1명을 살해하는 것이 효과 면에서 더 우수하다”라고 언급한 것은 테러조직이 공포의 확산을 위해 민간인에 대한 무차별 공격을 자행할 수 있다는 논리근거로 작용하고 있다.

(3) 인간무상 심리메시지 전달

테러범들은 아무런 죄도 없는 무고한 사람들을 선택하여 살해 등 무자비한 공격을 감행함으로써 “너도 공격의 대상이 될 수 있다”라는 메시지를 통한 인간무상 심리를 전달하려고 한다. 그렇게 함으로써 결국 평화를 추구하는 모든 사람들에게 공포심을 심어주고자 노력하는 것이다.

(4) 테러단체 과시

테러사건을 통하여 자신들의 주의, 주장, 목표, 이념 등을 널리 선전하고 과시하며 홍보하려는 전략을 추구하게 되는 것이다. 이러한 점에서 테러사건 발생 시 언론매체의 역할은 중요한 위치에 놓이게 되는 것이다. 예) 2015년 11월 13일 파리 IS테러

(5) 정부의 무능 유도

1979. 11. 4~1981. 1. 20까지 444일 동안 이란의 미 대사관 점거사건에서 효과적으로 대처하지 못한 지미 카터(Jimmy Carter) 대통령의 위기관리능력 부재는 대선에서 로널드 레이건(Ronald Reagan)에게 패하는 결정적인 원인이 되었다. 테러사건 대응과정에서 나타난 실수로 인한 인질의 부상 및 살해, 위기관리능력의 부재노출 등으로 결국 정부의 무능함을 노출시키고 정치적 부담을 가중시켜 국민의 불신을 만들려는 테러조직의 전술은 카터 정부를 무너지게 만들었다.

(6) 동료 테러리스트의 석방 및 자금조달

테러단체는 인질극 혹은 폭탄공격에 대한 위협을 통해 작전에 투입되어 체포된 동료 테러리스트의 석방을 꾀하거나 인질의 석방에 대한 대가로 현금을 요구하여 그들 단체의 원활한 활동을 위한 자금을 충당하고 있다.

5) 테러범의 식별요령

(1) 일반적인 테러범의 특징

① 외관

- 마스크나 수염 등으로 얼굴을 가리거나 모자 또는 짙은 색깔의 안경을 착용하고 다른 사람들과 접촉을 피하려고 하는 사람
- 신체의 다른 부위에 비해 지나치게 배가 나왔거나 계절에 맞지 않는 두껍고 긴 상의를 입고 땀을 많이 흘리거나 눈초리가 불안한 사람

② 행동

- 공항만, 호텔, 철도역사, 백화점 등 다중이용시설 쓰레기통이나 화장실, 휴게실 등에 가방이나 봉지를 방치하고 현장을 급히 이탈하는 사람
- 위 시설 인근에 오토바이나 차량을 방치하고 현장을 급히 이탈하는 사람
- 경찰 등 보안요원을 의도적으로 피하거나 갑자기 뛰는 등 비정상적인 행동을 보이는 사람
- 지불수단으로 신용카드나 수표 대신 현금을 사용하는 사람
- 국적이나 숙소를 묻는 질문에 거부감을 보이거나 신경질적인 반응을 보이는 사람

(2) 폭탄테러범과 장비의 특징

① 폭발물 적재차량

- 차량바퀴가 눈에 띄게 내려앉았을 때
- 창문이 어둡거나 가려져있을 때
- 차량 안에 의심스런 물건(스위치, 송신기, 기폭장치나 전선줄 또는 밧줄) 등이 실려 있을 경우
- 차량에 보조안테나가 달려있을 경우
- 주차할 장소가 아닌 곳에 방치되어있는 경우

② 자살 폭탄테러범

- 계절에 맞지 않는 복장 착용
- 젊은 남녀가 일행이 아니면서도 복장과 행동을 맞추어 행동
- 비정상적으로 허리나 아랫배가 불룩한 복장
- 스트레스를 받은 듯이 소심한 모습에 비정상적으로 땀을 흘림.
- 천천히 걷다 주위를 두리번거리며 살피다 갑자기 뛰는 행동
- 의도적으로 보안요원들에게서 멀리 떨어지려고 시도

- 가방이나 의복 속에서 전선이나 전기장치가 보일 경우

테러 시 폭발물

* TNT
① 마찰이나 불꽃에 의해 점화되는 백색 또는 황색결정체
② 폭발로 인한 부상 예방조치 필요

* 다이너마이트
나트륨과 질산암모니아와 같은 우드밀과 혼합된 다양한 비율의 니트로글리세린으로 구성

* 흑분과 화약
① 질산칼륨·숯·황의 혼합물
② 점화기·추진 장치·뇌관·수류탄용 폭발장전제로 사용
③ 화재진압에 실패할 경우 즉시 대피

* 폭발젤라틴
① 비군사용 폭발물 중 가장 강력
② 화재진압 금물
③ 노출부위를 덮는 방향을 취하는 것이 바람직

* 군용폭탄
① 파열폭탄: 화재 시 300m 이상의 안전거리 유지
② 화학폭탄: 화재진압 시 호흡장구 착용 및 빌람의 영향권 내에 있는 건물거주자 대피

6) 테러에 대한 대책

① 폭발물이 발견된 현장에서는

- 폭탄으로 추정되는 물건이 발견될 시에는 절대 손을 대지 말고 경찰에 신고한 후 신속히 대피해야 한다.
- 휴대전화나 라디오는 전자파가 폭발물 기폭장치를 작동시킬 수 있으므로 사용하지 않는 것이 좋다.
- 폭발음이 바로 옆에서 들리면 즉시 바닥에 엎드려 정황을 살핀다.
  엎드릴 때 양팔과 팔꿈치를 옆구리에 붙여 폐·심장·가슴을 보호하고, 귀와 머리를 손으로 감싸 목 뒷덜미·귀·두개골을 보호해야 한다. 발이 2~3회 연쇄적으로 일어날 수 있으므로 몇 분 정도 시간이 지날 때까지 엎드려 있다가 피하되, 되도록 멀리, 큰길의 한가운데 등 개활지 쪽으로 피하는 것이 좋다.

② 총격테러 때는

- 총기 난사 때 일단 엎드린 후 동정을 살피는 것이 최선이며, 안전한 장소로 피한다

고 갑자기 일어나 뛰면 표적이 될 수 있기에 꼭 이동해야 할 경우에는 낮은 포복 자세를 유지해야 한다.

- 총격을 받을 때는 자세를 낮추어 경비요원이나 작전요원의 시계(視界)를 방해하지 말아야 한다.
- 상황이 끝나면 경찰과 구급차를 부르고 부상자를 구조해야 한다.

③ 억류·납치 때는

- 만일 인질로 억류되었거나 납치 감금을 당했다면 저항하지 말고 순순히 하라는 대로 응하고 급작스러운 행동을 피해야 한다.
- 탈출 성공 가능성이 아슬아슬하다고 판단될 때는, 다시 말해 100% 탈출할 자신이 없으면 탈출을 시도하지 않는 것이 좋다.
- 납치된 사람이 여럿(많은 수의 사람)일 때는 눈에 잘 띄지 않도록 처신하고, 납치범에게 위협적인 인상을 쓰는 것은 금물이며, 납치범과 눈이 마주치는 것도 피해야 한다.
- 납치범들이 무엇인가를 물어올 때는 답은 되도록 짧게 자연스러운 자세로 대답하고, 화를 내서는 안 된다.
- 납치범이 무엇인가 지시할 때는 공손하게 순응하고, 그들을 자극할 수 있는 언행을 삼가며, 육성녹음을 요구할 때 기꺼이 응하도록 한다.
- 어떠한 상황에서건 외부에서 구출을 위한 모든 수단이 동원되고 있으므로 자제력을 잃지 말고 절망감을 느껴서는 안 되며, 탈출로 등 자신이 유리하게 활용할 수 있는 여건을 파악해야 한다.

  ※ 눈을 가리면 주변의 소리·냄새·피랍로 경사와 거리·범인 음성 등 기억
- 건강 유지를 위해 계속 운동하고, 주는 것은 모두 먹고, 몸이 아플 때는 약을 요구하도록 한다.
- 납치범과 대화를 할 수 있다면 그들과 대화를 하는 것이 좋으며 우호적 관계를 유지하도록 노력해야 한다.
- 석방시기가 임박할 때도 자제력을 잃지 않도록 하며, 갑작스러운 태도 변화를 보여서도 안 된다.
- 구출작전이 전개될 때는 즉시 엎드려야 한다.

④ 생물테러 의심물건(물체) 발견 때는

- 건드리지 말고 그대로 두고 당국에 신고한다.
- 손수건·휴지 등을 여러 겹으로 겹쳐 코와 입을 가리고 호흡하면서 즉시 그 자리를

피해야 한다.

- 대피 후에는 즉시 비눗물 샤워로 오염물질이 신체에 부착되지 않도록 한다.
- 입었던 옷, 신발 등은 소독 후 폐기하여야 한다.
- 생물테러의 증상은 고열·구역질·복통·설사·콧물·인후염·피부 발진 및 피부염·안구충혈·무기력증 등 여러 가지가 있으나 즉시 나타나지 않고 시일을 두고 나타나므로 조기에 대처하는 것이 가장 중요하다.
- 테러에 사용되는 물질들은 이미 치료제가 개발되어있기 때문에 조기에 치료하면 치유가 가능하므로 침착하게 행동하도록 한다.
- 생물테러 징후가 보이면 방송이나 보건당국의 인터넷 홈페이지를 통해 관련정보를 수시로 파악하도록 한다.
- 인근지역에 생물테러 경보가 발령되었을 때, 질병의 확산을 방지하고자 보건 및 청결상태 등을 유지하고 보건당국의 지시를 따라야 한다.

⑤ 화학테러 발생 때는

- 방독면을 착용하거나 손수건 등으로 입과 코를 가리고, 옷 등으로 피부를 감싸서 노출되지 않도록 한다.
- 실외는 바람을 안고 이동하되 높은 곳으로 대피하는 것을 원칙으로 힌다.
- 바람을 안고 대피하려는 방향이 오염지역일 때 바람이 부는 방향의 직각(좌·우측)으로 이동한다.
- 오염된 장소가 지하철, 건물 등 실내공간은 신속히 실외로 대피한다.
- 차를 타고 사건현장 통행 때에는 창문을 닫고, 에어컨·히터 등의 작동을 중지한다.
- 오염지역을 벗어났으면, 맑은 공기를 찾아 호흡하거나 샤워를 하고 옷을 갈아입도록 한다.
- 벗은 옷은 비닐봉지에 넣어서 폐기하여야 한다.
- 오염지역 내의 식수나 음식물은 먹지 말고 오염 물체를 맨손으로 만지지 않아야 한다.
- 구토, 피부의 변화 등 몸이 이상한 경우 전문의에게 진료를 받아야 한다.

⑥ 방사능테러 발생 때는

- 라디오, TV 등을 통한 정부 지시에 따라 행동한다.
- 건물 내 방사능이 유출경고가 있으면 방독면을 쓰거나 코와 입을 손수건 또는 휴지 등으로 가리고 방사능에 오염되지 않은 건물 안으로 대피한다.
- 실내에 있을 때는 건물이 방사능에 오염되었는지를 확인하고 오염되지 않았다면

바깥으로 나오지 말고 그대로 있는 것이 좋다.

- 건물이나 대피소에 있는 경우에는 창문을 잠그고 에어컨·히터·환풍기를 끈다.
- 오염지역이나 오염예상지역에 출입을 삼가고 방사능에 오염된 먼지를 흡입하거나 직접 접촉하지 않도록 주의한다.
- 대피 지시를 받았을 때는 절대로 음식물을 지참하여서는 안 되며, 애완동물도 동반은 금지한다.
- 방사능에 노출되었다고 판단되면 신속하게 오염된 옷을 벗고 온몸을 깨끗하게 씻도록 한다.
- 가축들은 될 수 있으면 밀폐된 장소에 두고, 사료는 밀폐된 장소에 저장하고 비닐 등으로 덮는다.

⑦ 우편물테러 대처요령은

– 의심스러운 우편물 식별요령은

- 겉봉에 "본인개봉요망", "비공개" 등 표시
- 우표를 규정요금 과다하게 부착
- 해외에서 보내거나 항공·특수우편물로 송부
- 테이프·포장줄 등을 과다 사용하여 봉인
- 조잡한 필체로 주소 기재
- 발신주소 누락으로 보낸 사람 불명
- 발신 우체국인과 발신 주소가 다르게 표시
- 수취인이 불명확하거나 직책만 표시
- 회사이름만 기재되고 직책·이름을 잘못 기재
- 직접 배달하거나 낯선 사람이 전달
- 포장 내부 일부분이 유난히 단단
- 주변이 찌그러졌거나 표면이 울퉁불퉁
- 포장이 매끄럽지 못하고 불균형

– 우편물테러 유형별 식별요령은

▶ 사제폭발물이나 화학테러 물질

- 건전지·전선 등의 내용물 동봉
- 포장 외부로 얇은 줄이나 전선 노출
- 포장지가 기름·얼룩 등 이물질 오염
- 우편물 크기에 비해 무거운 중량

- 건전지·전선 등의 내용물 동봉
- 포장 외부로 얇은 줄이나 전선 노출
- 포장지가 기름·얼룩 등 이물질 오염
- 우편물 크기에 비해 무거운 중량

▶ **생물테러 물질**

- 말랑말랑한 가루가 만져지는 봉투
- 포장지에 백색가루 흔적 등 발견
- 가루가 새지 않게 비닐 등으로 이중 포장

▶ **방사능 물질**

- 우편물에 정체불명의 금속물질 포장
- 만졌을 때 주위보다 뜨거운 열기 감지

– 우편물테러 대처요령은

▶ **의심 우편물 최초 발견할 때**

- 냄새를 맡거나 맨손으로 만지지 않음.
- 조심스럽게 우편물을 내려놓음.
- 던지거나 흔드는 등 충격을 주지 않음.
- 라이터 등 가연성 물질을 가까이하지 않음.
- 외부로 노출된 얇은 줄이나 전선을 잡아당기거나 자르지 않음.
- 휴대전화 등 전자파 발생 방지장치를 사용하지 않음.
- 백색가루 등 화생방 물질로 의심되면 외부로 누출을 방지하고자 비닐 등에 넣음.
- 우편물 보관 장소를 떠남.
- 인근 경찰서나 소방서에 신고함.
- 비눗물을 사용하여 손을 깨끗이 씻음.

▶ **우편물 개봉 후**

- 사제폭탄 이용 우편물
  - 개봉 시에는 즉시 그 장소를 떠남.
  - 경찰서나 소방서 등에 신고함.
- 총기·도검류 동봉 우편물
  - 만지지 말고 원상태로 보존
  - 인근 경찰서나 소방서 등에 신고함.
- 화생방 물질 이용 우편물
  - 접촉하지 말고 수건 등으로 코·입을 막음.

- 창문을 닫고 우편물 개봉장소를 즉시 떠남.
- 화생방 물질이 묻었으면 신속히 옷을 벗고 흐르는 물에 씻되 피부를 문지르거나 긁지 않도록 함.
- 오염 확산방지를 위해 다른 사람과 접촉을 피함.
- 경찰서·소방서 또는 화생방 전문기관에 신고함.

5. 수도(水道; Waterworks)

1) 수도의 정의

"수도"란 관로(管路), 그 밖의 공작물을 사용하여 원수나 정수를 공급하는 시설의 전부를 말하며, 일반수도·공업용수도 및 전용 수도로 구분한다. 다만, 일시적인 목적으로 설치된 시설과 농업생산기반시설은 제외한다.

(1) 일반수도

광역상수도·지방상수도 및 마을상수도를 말한다.

(2) 광역상수도

국가·지방자치단체·한국수자원공사 또는 국토교통부장관이 인정하는 자가 둘 이상의 지방자치단체에 원수나 정수를 공급하는 일반 수도를 말한다. 이 경우 국가나 지방자치단체가 설치할 수 있는 광역상수도의 범위는 대통령령으로 정한다.

(3) 지방상수도

지방자치단체가 관할지역 주민, 인근 지방자치단체 또는 그 주민에게 원수나 정수를 공급하는 일반수도로서 광역상수도 및 마을상수도 외의 수도를 말한다.

(4) 마을상수도

지방자치단체가 대통령령으로 정하는 수도시설에 따라 100명 이상 2천 500명 이내의 급수인구에게 정수를 공급하는 일반수도로서 1일 공급량이 20세제곱미터 이상 500세제곱미터 미만인 수도 또는 이와 비슷한 규모의 수도로서 특별시장·광역시장·특별자치시장·특별자치도지사·시장·군수(광역시의 군수는 제외한다)가 지정하는 수도를 말한다.

(5) 공업용수도

공업용수도 사업자가 원수 또는 정수를 공업용에 맞게 처리하여 공급하는 수도를 말한다.

(6) 전용수도

전용상수도와 전용공업용수도를 말한다.

(7) 전용상수도

100명 이상을 수용하는 기숙사·사택·요양소, 그 밖의 시설에서 사용되는 자가용의 수도와 수도 사업에 제공되는 수도 외의 수도로서 100명 이상 5천명 이내의 급수인구(학교·교회 등의 유동인구를 포함한다)에 대하여 원수나 정수를 공급하는 수도를 말한다. 다만, 다른 수도에서 공급되는 물만을 상수원으로 하는 것 중 일일 급수량과 시설의 규모가 대통령령으로 정하는 기준에 못 미치는 것은 제외한다.

2) 수도 관리의 목적(수도법 제1조)

수도(水道)에 관한 종합적인 계획을 수립하고 수도를 적정하고 합리적으로 설치·관리하여 공중위생을 향상시키고 생활환경을 개선하게 하는 것을 목적으로 한다.

3) 수도 관리의 책무(수도법 제2조)

국가는 모든 국민이 질 좋은 물을 공급받을 수 있도록 수도에 관한 종합적인 계획을 수립하고 합리적인 시책을 강구하며 수도사업자에 대한 기술 지원 및 재정 지원을 위하여 노력하여야 한다.

특별시장·광역시장·특별자치시장·도지사·특별자치도지사(이하 "시·도지사"라 한다)와 시장·군수·구청장(자치구의 구청장을 말한다. 이하 같다)은 관할 구역의 주민이 질 좋은 물을 공급받을 수 있도록 상수원의 관리 등에 노력하여야 한다.

특별시장·광역시장·특별자치시장·특별자치도지사·시장·군수(광역시의 군수는 제외한다)는 관할구역의 주민에게 수돗물이 안정적으로 공급되도록 수도시설의 관리 등에 노력하여야 하며, 도지사는 관할구역의 수도사업자에게 기술적·재정적 지원을 하여야 한다.

수도사업자는 수도를 계획적으로 정비하고 수도 사업을 합리적으로 경영하여야 하며 수돗물을 안전하고 적정하게 공급하도록 노력하여야 한다.

모든 국민은 국가가 추진하는 수도에 관한 시책에 협력하고 수돗물을 합리적으로 사용하도록 노력하여야 한다.

국가, 지방자치단체 및 수도사업자는 빈곤층 등 모든 국민에 대한 수돗물의 보편적 공급에 기여하여야 한다.

4) 수도정비기본계획의 수립

국토교통부장관과 특별시장·광역시장·특별자치시장·특별자치도지사·시장·군수(광역시의 군수는 제외한다)는 일반수도 및 공업용수도를 적정하고 합리적으로 설치·관리하기 위하여 10년마다 수도의 정비에 관한 종합적인 기본계획을 수립하여야 한다. 국토교통부장관의 경우에는 국가나 한국수자원공사가 설치·관리하는 광역상수도 및 공업용수도에 관한 수도정비기본계획의 수립, 특별시장·광역시장·특별자치시장·특별자치도지사·시장·군수(광역시의 군수는 제외한다)의 경우에는 그 특별시·광역시·특별자치시·특별자치도·시·군이 설치·관리하는 일반수도 및 공업용수도에 관한 수도정비기본계획의 수립하여야 한다.

국토교통부장관은 수도정비기본계획을 수립하려면 시·도지사의 의견을 들은 후 관계 중앙행정기관의 장과 협의하여야 한다. 수립된 수도정비기본계획을 변경(대통령령으로 정하는 경미한 사항의 변경은 제외한다)하려는 경우에도 또한 같다.

특별시장·광역시장·특별자치시장·특별자치도지사·시장·군수(광역시의 군수는 제외한다)는 수도정비기본계획을 수립하려면 미리 일반수도는 환경부장관의 승인을, 공업용수도는 국토교통부장관의 승인을 각각 받아야 한다. 대통령령으로 정하는 중요한 사항을 변경하려는 때에도 각각 승인을 받아야 한다.

국토교통부장관 또는 특별시장·광역시장·특별자치시장·특별자치도지사·시장·군수(광역시의 군수는 제외한다)가 수도정비기본계획을 수립하거나 변경하려면 「국토의 계획 및 이용에 관한 법률」에 따른 도시·군기본계획을 기본으로 하여야 한다.

국토교통부장관 또는 특별시장·광역시장·특별자치시장·특별자치도지사·시장·군수(광역시의 군수는 제외한다)는 수도정비기본계획을 수립하거나 변경하면 지체 없이 고시하고, 그 내용을 환경부장관에게 통보하여야 한다.

수도가 둘 이상의 특별시·광역시·특별자치시·특별자치도·시·군(광역시의 군은 제외한다)의 관할구역에 걸치거나 그 밖에 특별한 이유가 있으면 대통령령으로 정하는 도지사 또는 특별시장·광역시장·특별자치시장·특별자치도지사·시장·군수(광역시의 군수는 제외한다)가 수도정비기본계획을 수립한다.

수도정비기본계획에 포함 사항

1. 수도(전용수도는 제외한다)의 정비에 관한 기본방침
2. 수돗물의 중장기 수급에 관한 사항
3. 광역상수원 개발에 관한 사항
4. 수도공급구역에 관한 사항
5. 상수원의 확보 및 상수원보호구역의 지정·관리

6. 수도(전용수도는 제외한다)시설의 배치·구조 및 공급 능력
7. 수도사업의 재원 조달 및 실시 순위
8. 수도관의 현황 조사 및 개량·교체에 관한 사항
9. 광역상수도와 지방상수도를 연계하여 운영할 필요가 있는 지역의 통합 급수구역에 관한 사항
10. 수돗물의 수질개선에 관한 사항
11. 수도시설의 정보화에 관한 사항
12. 기술진단 결과에 따라 수도시설을 개선하기 위한 사항
13. 인접 지방자치단체와의 지방상수도사업의 연계 운영에 관한 사항

환경부장관이나 국토교통부장관이 제3항에 따른 승인을 하려면 미리 서로 협의하여야 한다. 이 경우 환경부장관이 공업용수도가 포함된 수도정비기본계획에 관하여 국토교통부장관과 협의하여 승인하면 그 공업용수도에 관한 국토교통부장관의 승인을 받은 것으로 본다.

국토교통부장관 또는 특별시장·광역시장·특별자치시장·특별자치도지사·시장·군수(광역시의 군수는 제외한다)는 수도정비기본계획을 고시한 후 5년이 지나면 수도정비기본계획의 타당성을 재검토하여 이를 반영하여야 한다.

5) 전국수도종합계획의 수립

환경부장관은 국가 수도정책의 체계적 발전, 용수의 효율적 이용 및 수돗물의 안정적 공급을 위하여 수도정비기본계획을 바탕으로 하는 전국수도종합계획을 10년마다 수립하여야 한다.

종합계획

1. 인구·산업·토지 등 수도 공급의 여건에 관한 사항
2. 수돗물의 수요 전망
3. 수도 공급 목표 및 정책방향
4. 광역상수도의 수요 전망 및 개발계획
5. 지방상수도의 수요 전망 및 개발계획
6. 마을상수도의 수요 전망 및 개발계획
7. 농어촌 생활용수의 수요 전망 및 개발계획
8. 공업용수도의 수요 전망 및 개발계획
9. 상수원의 확보 및 대체수원(代替水源)의 개발계획
10. 기존 수도시설의 개량계획
11. 수도사업의 경영체계 개선계획
12. 수도기술의 개발계획
13. 수도인력의 확보 및 교육훈련계획
14. 수도사업의 투자 및 재원조달계획
15. 수돗물의 수질개선에 관한 사항

16. 수도시설의 정보화에 관한 사항
17. 수도사업의 연계 운영에 관한 사항

환경부장관은 종합계획을 수립하기 위하여 관계 중앙행정기관의 장, 시·도지사 및 관계되는 기관·단체의 장에게 종합계획의 수립에 필요한 자료의 제출을 요청할 수 있다.

환경부장관은 종합계획을 수립하려면 관계 중앙행정기관의 장 및 시·도지사(이하 이 항에서 "관계기관의 장"이라 한다)와 미리 협의하여야 하며 수립된 종합계획을 관계기관의 장에게 알려야 한다.

환경부장관은 수도 공급정책의 변경 등으로 종합계획의 중요한 사항이 변경되면 국토교통부장관 또는 특별시장·광역시장·특별자치시장·특별자치도지사·시장·군수(광역시의 군수는 제외한다)에게 수도정비기본계획의 변경을 요청할 수 있다.

환경부장관은 종합계획이 수립된 날부터 5년이 지나면 그 타당성을 재검토하여 이를 변경하여야 하며, 종합계획을 수립하였거나 종합계획을 변경하였을 때에는 이를 환경부의 인터넷 홈페이지 등을 통하여 지체 없이 공개하여야 한다.

6) 상수원보호구역 지정 등

환경부장관은 상수원의 확보와 수질 보전을 위하여 필요하다고 인정되는 지역을 상수원보호를 위한 구역으로 지정하거나 변경할 수 있다.

환경부장관은 상수원보호구역을 지정하거나 변경하면 지체 없이 공고하여야 한다. 지정·공고된 상수원보호구역에서는 다음 각 호의 행위를 할 수 없다. 수질오염물질·특정수질유해물질, 유해화학물질, 농약, 폐기물, 오수·분뇨 또는 가축분뇨를 사용하거나 버리는 행위나 그 밖에 상수원을 오염시킬 명백한 위험이 있는 행위로서 대통령령으로 정하는 금지행위를 해서는 안 된다.

7) 상수원보호구역의 관리

상수원보호구역은 해당 구역을 관할하는 특별자치시장·특별자치도지사·시장·군수·구청장이 관리한다. 상수원보호구역이 둘 이상의 시·군·구의 관할구역에 걸치거나 그 밖에 특별한 이유가 있으면 대통령령으로 정하는 시·도지사 또는 시장·군수·구청장이 관리한다.

환경부장관은 상수원보호구역의 관리 상태를 환경부령으로 정하는 바에 따라 평가하고 관계 행정기관의 장에게 그 구역의 적정한 관리를 위하여 필요한 조치를 요청할 수 있다.

8) 상수원보호구역에 대한 수질관리계획

특별자치시장·특별자치도지사·시장·군수·구청장은 5년마다 관할 상수원보호구역에 대한 수질관리계획을 수립·시행하여야 한다.

환경부장관은 수립된 수질관리계획의 타당성 등을 검토하여 필요한 경우 보완을 요구할 수 있다. 환경부장관은 수립된 수질관리계획의 추진실적을 매년 평가하고 특별자치시장·특별자치도지사·시장·군수·구청장에게 필요한 조치를 요청할 수 있다.

9) 수도시설의 보호

누구든지 일반수도사업자의 사전 동의를 받지 아니하고는 일반수도의 기존 수도관으로부터 분기(分岐)하여 수도시설을 설치하거나, 일반수도의 수도시설을 변조하거나 손괴하여서는 아니 된다.

10) 수도시설의 관리

일반수도의 수도시설관리권은 일반수도사업자가 가진다. 다만, 급수설비의 수도시설관리권은 대통령령으로 정하는 자가 가진다. 일반수도사업자는 해당 급수설비의 소유자 또는 관리자의 동의를 받아 급수설비의 상태와 수돗물의 수질을 검사할 수 있다. 다만, 수돗물을 신규로 공급할 때에는 해당 급수설비의 소유자 또는 관리자의 동의를 받아 해당 시설에 급수설비가 적정하게 설치되었는지를 검사하여야 한다. 일반 수도사업에 의하여 수돗물을 공급받는 자는 그 수도사업자에게 급수설비의 상태와 공급받는 수돗물의 수질에 대한 검사를 요구할 수 있으며, 급수설비의 검사기준 및 절차 등 필요한 사항은 환경부령으로 정한다.

일반수도사업자는 검사 결과 급수설비가 검사 기준에 못 미치거나 수돗물이 수질기준에 위반된 경우에는 해당 지방자치단체의 조례로 정하는 바에 따라 그 급수설비의 소유자 또는 관리자에게 급수설비의 세척·갱생 또는 교체 등 필요한 조치를 하도록 권고할 수 있다. 이 경우 일반수도사업자는 해당 지방자치단체의 조례에 따라 세척·갱생 또는 교체에 필요한 비용의 일부를 보조하거나 융자할 수 있다.

11) 수질기준

수도를 통하여 음용을 목적으로 공급되는 물에는 다음 각 호의 어느 하나에 해당하는 물질이 함유되어서는 아니 된다.

1. 병원성 미생물에 오염되었거나 오염될 우려가 있는 물질

2. 건강에 해로운 영향을 미칠 수 있는 무기물질 또는 유기물질
3. 심미적(審美的) 영향을 미칠 수 있는 물질
4. 그 밖에 건강에 해로운 영향을 미칠 수 있는 물질

수질기준에 관하여 필요한 사항은 환경부령으로 정하며, 환경부장관은 수질기준의 설정 등을 위하여 원수·정수 중의 미량(微量)유해물질 등 감시가 필요한 항목을 먹는 물 감시항목으로 지정할 수 있다. 이 경우 먹는 물 감시항목의 지정대상·지정절차, 먹는 물 감시항목별 감시기준 및 검사 주기 등에 관한 세부사항은 환경부장관이 정하여 고시한다.

시·도지사는 주민의 건강보호 등을 위하여 필요한 경우 해당 시·도의 조례로 다음 각 호의 어느 하나에 해당하는 사항을 정할 수 있다. 다만, 둘 이상의 시·도에 원수 또는 정수를 공급하는 광역상수도에 대해서는 그러하지 아니하다.

12) 병원성 미생물의 분포 실태조사

일반수도사업자는 정수시설의 효율적인 운영을 위하여 정수 처리된 물에 대하여 바이러스 등 병원성 미생물의 분포 실태를 조사하고, 그 결과를 환경부장관에게 보고하여야 하며, 조사의 대상시설, 조사 시기·항목·방법, 결과보고의 내용·절차 등에 관한 사항은 환경부령으로 정한다.

13) 수질검사와 수량분석

일반수도사업자는 원수 및 정수가 환경부령으로 정하는 기준에 맞는지를 파악하기 위하여 환경부령으로 정하는 바에 따라 수질검사를 실시하여야 하고, 취수량·정수량 및 공급량 등에 대한 수량분석을 실시하여야 한다. 일반수도사업자는 수질검사를 하기 위하여 대통령령으로 정하는 기준에 맞는 검사시설을 설치하여야 한다. 일반수도사업자가 수질검사 및 수량분석을 실시하면 환경부령으로 정하는 바에 따라 이에 관한 기록을 작성·보존하여야 하며, 즉시 인터넷 홈페이지 등에 수질검사 및 수량분석 결과를 공개하여야 한다.

환경부장관은 수질검사 및 수량분석에 관한 기록을 전산처리할 수 있는 전산망을 설치·운영하여야 한다. 환경부장관은 일반수도사업자가 수질검사 및 수량분석 결과를 거짓으로 발표하거나 환경부장관에게 거짓으로 보고하면 그 수도사업자에게 그 업무를 담당한 자의 징계를 요구할 수 있다. 이 경우 그 수도사업자는 특별한 사유가 없으면 이에 따라야 한다.

14) 급수 의무

① 일반수도사업자는 수돗물의 공급을 원하는 자에게 대통령령으로 정하는 정당한 이유 없이 그 공급을 거절하여서는 아니 된다.

② 일반수도사업자가 부득이한 이유로 일시 수돗물을 공급할 수 없는 경우에는 미리 그 구역과 기간을 정하여 공고하여야 한다.

③ 일반수도사업자는 수돗물의 공급을 거절하려는 경우에는 2개월 이상의 유예기간을 두고 공급 거절의 사유와 이를 시정하지 아니하면 수돗물의 공급을 거절한다는 사실을 서면으로 통지하여야 한다.

15) 관할구역 외의 급수

환경부장관은 일반 수요자의 편익 증진, 그 밖에 공익상 필요하다고 인정하면 수도사업자인 지방자치단체에게 그 지방자치단체로 하여금 관할구역 외의 지역에 물을 공급하게 할 수 있다.

16) 긴급 급수 지원

시·도지사는 천재지변이나 그 밖의 비상시에 긴급히 수돗물을 공급할 필요가 있다고 인정하면 수도사업자에게 기간·수량 및 방법을 정하여 수돗물을 다른 수도사업자에게 공급하게 할 수 있다. 다만, 수도사업자가 시·도지사이면 환경부장관이 명한다.

제2절 우발적 재난

1. 교통사고(交通事故; Traffic Accident)

교통사고 재난관리는 도로, 철도, 항공, 항만, 지하철, 화물로 구분해볼 수 있다.

1) 도로(道路)

도로의 재난은 여러 요인들에 의해 버스, 택시 및 기타 교통수단들이 극도의 혼란과 마비를 초래하는 것을 말한다.

(1) 기본적인 대책

① 도로재난에 대비한 자원동원계획을 수립

② 도로재난에 대비한 재난관리체계를 구축하고 전산망을 통한 유기적 정보교류체계를 확립

③ 중앙과 지자체 간의 원활한 의사소통을 확립하고 지역 실정에 맞는 도로재난을 수립하여 수시 및 특별점검을 실시

④ 현장질서유지를 위한 인원배치 또는 신호수와 차량통제, 안내간판 및 휀스, 전광등 차량 유도설치를 해야 함.

⑤ 상시 응급구조 및 구난체계를 구축하고 시설 개선이나 안전시설을 설치하도록 함.

⑥ 신속한 수습과 복구를 위해 복구방법, 인원, 소요자재, 복구 장비를 구축하고 응급조치를 시행

⑦ 재난의 대응에 맞는 법 정비가 필요

⑧ 교통안전시민단체(녹색어머니회, 모범운전자회 등)를 활성화하여 민·관 협력체계를 구축

(2) 도로재난관리 대책

① 예방대책

㉮ 도로재난을 사전에 예방하기 위한 점검 및 관리

㉠ 위험지역을 주기적으로 시간을 정해 점검

㉡ 취약 시설물에 대한 철저한 관리와 점검

㉯ 안전시설물 설치와 개선

㉠ 노후위험시설에 대한 성능보강과 개선

㉡ 낙석위험지구와 산사태 위험지역 항시 점검 및 보강

㉢ 도로안전진단을 수시로 함.

㉰ 응급상황에 대비한 구조팀과 구난체계를 상시 갖춤

㉠ 인명사고 발생 시 인명구조, 사상자 후송, 영현(英顯: 죽은 사람의 영혼을 높여 부르는 말이다. 같은 말은 영령(英靈)이 있다) 운반 및 처리 등에 관한 책임자를 지정, 유사시에 대비토록 조치

㉡ 인명사고 발생 시 긴밀한 협조체계를 갖추기 위해 인근 소방서, 응급구조대, 군부대, 경찰서, 민간구조대 등과 네트워크를 구축

㉢ 사소발생 시 신속한 환자 후송과 치료·보상체계 등을 구축하기 위하여 관할

구역의 병원을 지정

㉱ **도로교통 안전문화운동 추진**

㉠ 졸음운전의 위험성을 지속적으로 홍보

㉡ 고속도로에서 운전 중 쉬어갈 수 있는 장소 정보제공

㉢ 안전의식의 제고를 위한 캠페인이나 세미나 개최

㉣ 교통안전과 기초질서 준수를 위한 홍보

② 대비대책

㉮ **자원동원 계획**

㉠ 사고 시 긴급복구에 필요한 인력이나 자재 및 장비 동원계획 수립

㉡ 자체 인력·장비, 기타 재원이 부족 시 인근 사무소나 관련 지자체와 상호지원체계를 구축

㉯ **체계적인 도로재난정보 관리**

㉠ 고속도로 종합재난대책 구축

㉡ 콜센터를 통한 고속도로 재난상황 신고접수

㉢ 시설물 점검, 관리감독 강화 및 비상소집연락체계 개선

㉣ CCTV 및 VMS 등 정보수집과 정보전달 설비 추가설치

㉤ 우회도로 ITS 확대 구축

㉥ 사면붕괴 예보나 경보시스템 구축과 운영

㉦ 개인 휴대통신시스템을 이용한 경보전달체계 구축

㉧ 재난관리시스템을 개발 및 운영을 통한 재난정보 통합관리

㉰ **재난관리체계의 전산화**

㉠ CCTV설치를 확대하여 모니터링 범위 확대

㉡ 도로재난 정보 DB

㉢ 고속도로 종합관제시스템 구축을 통한 재난관리시스템화

㉣ TRS 전국망을 통한 무선통신에 의한 재난상황 지휘체계 구축

㉱ **도로재난 대응훈련**

㉠ 도로재난 유형별 대응대책을 익힐 수 있도록 훈련 실시

㉡ 재난관리 자체조직 및 유관기관과의 합동훈련

㉢ 도로재난대비 도상 또는 실제 훈련 연 1회 실시

지능형 교통시스템(Intelligent Transportation System·ITS)
– 정보기술(IT)을 교통체계에 접목시킨 지능형 교통시스템 –

1. 기존 교통체계에 첨단 IT 및 자동차 기술을 복합하여 실시간 교통정보를 다각적으로 제공하는 차세대 교통정보시스템
2. 기존의 교통정보시스템은 영상·전자기기파 등의 기술을 이용하여 특정지점을 통과하는 차량을 인식하여 주행정보를 파악하였지만 ITS를 사용하면 차량에 설치된 단말기와 도로에 설치된 노면기지국(RSE; road side equipment–노면에 설치되어 운영되고 있는 전기전자통신 개별시설물 또는 복합시설물) 간 통신을 통해 차량의 정보를 산출하는 방식도 병행
3. 전기, 전자, 정보, 통신, 자동차 기술을 교통에 적용하여 교통체증과 비경제 등 심각한 교통문제에 효과적으로 대응하기 위해 선진 각국에서 추진하고 있는 종합 교통정보의 수집/가공/전파시스템
4. 전국의 도로, 차량, 운전자 및 여행객들을 대상으로 교통관련 정보와 기상정보, 도로상태 정보 등을 수집, 처리, 가공하여 이를 유/무선 통신수단을 이용해서 도로변 교통 단말기, 차내 단말기, 교통방송, PC 통신, 전화 등으로 차량 운전자 및 여행객들에게 전달함으로써 통행의 편의와 교통량의 원활한 소통을 이루기 위한 시스템이다.
5. 이 시스템의 구성요소는 다음과 같다.
   ① 첨단 교통관리시스템(Advanced Traffic Management System : ATMS) : 도로구간의 교통 여건·신호체계·고속도로 진입 통제 등 모든 교통상황을 통합·관리하는 시스템으로 실시간으로 수집된 정보를 바탕으로 도로구간의 교통 혼잡을 예측하고 각 차량에게 대체 도로에 대한 정보를 전달해준다.
   ② 영업용 차량 운영(Commercial Vehicle Operation : CVD) : 화물차·버스·택시·긴급차량 등의 생산성을 높이며, 이들 차량이 안전하고 효율적으로 운영될 수 있도록 하는 것이다. 차량위치를 운송정보센터에서 알 수 있도록 하는 자동 차량위치시스템이나 통행료를 자동으로 부과하는 자동 차량인식시스템 등을 통하여 교통흐름을 개선하고 배차 등을 적절하게 조정할 수 있다.
   ③ 첨단 차량제어시스템(Advenced Vehicle Control System : AVCS) : 운전자가 안전하고 효율적으로 운행할 수 있도록 차량에 내장된 장치가 운전자를 제어하는 것이며, 충돌 우려가 있을 때 주의경보를 줄 수 있고 속도 조절을 하여 사고방지 및 사고로 인한 지체를 감소시킬 수 있다.
   ④ 첨단 여행자정보시스템(Advenced Traveller Information System : ATIS) : 통행자가 승용차 또는 대중교통수단을 이용하여 최종 목적지까지 도달하는데 필요한 정보, 즉 교통여건에 대한 정보, 새로운 교통경로에 대한 정보 및 기타 유용한 정보를 적시에 공급하는 것을 목표로 한다. 주행 도중이나 통행 전에도 정보를 획득하여 상황파악이 가능하기 때문에 미리 여행계획을 세우는데 유용하다.
   ⑤ 첨단 대중교통시스템(Advenced Public Transportation System : APTS) : 대중교통수단 이용자에게 통행 스케줄 및 비용·환승정보 등을 알려주고 대중교통수단 운전자에게는 도로상황 정보 등을 제공하여 운행 효율을 극대화시킨다. 이에 따라 대중교통수단의 배차관리·운행시간 단축에 기여할 수 있으며, 버스노선의 관리가 용이해진다.
6. 지능형 교통시스템에 관한 기술정보 교환과 발전을 모색하기 위한 국제기구. 이 기구는 매년 1회 지능형 교통시스템 세계총회(ITS World Congress)를 개최하고 있다.
7. 기타

* VMS(Voice Mailing System)
부서별, 개인별, 기능별로 사서함을 할당하여 메시지를 녹음하거나 청취 및 통보할 수 있는 기능을 갖고 있으며 전하고자 하는 수화자가 통화 중이나 부재 중일 경우 간접으로 통화가 이뤄지도록 가능하게 해주는 시스템이다. 컴퓨터의 데이터 처리능력을 이용하여 송화자의 voice를 mailbox에 저장시키고 수화자가 언제 어디서나 메시지를 확인하고 청취할 수 있도록 해주는 서비스이다.

* VSM(Vehicle Stability Management)
주행 노면이 미끄러워 정상적 주행이 어렵거나 급가속 등에 의한 차량 불안정 시 차체 자세제어장치(VDC)와 전동식 파워 스티어링(MDPS)이 제동 및 조향기능을 통합적으로 제어함으로써 차량의 안정적인 자세를 유지시켜주는 상시 통합 제어시스템

* VDC(Vehicle Dynamic Control)
급제동, 급선회 등 운전자가 차량을 제어하기 힘든 상황에서 전자제어장치(ECU)와 함께 엔진과 차량바퀴의 제동력을 능동적으로 제어하는 차체 자세제어장치

* TRS(trunked radio service)
하나의 주파수 채널을 다수의 가입자가 공동으로 이용하는 무선통신방식이다. 디지털 TRS는 코드분할 다중접속(CDMA) 방식의 디지털 이동전화 등 주요 무선통신서비스가 광대역의 주파수를 필요로 하는 것에 반해 협대역의 주파수로도 많은 가입자를 수용해 주파수 고갈 현상을 해결할 수 있다. 디지털 TRS는 보통 2백 50Mhz 정도로 2천명의 가입자를 수용할 수 있다. TRS가 각광받게 된 것은 최근 디지털 방식이 개발됐기 때문이다. 1970년대 상용화한 아날로그 방식의 TRS는 무전기와 별 차이 없이 폐쇄무선통신으로 사용돼왔으나 최근 상용화한 디지털 방식은 서비스 반경이 20~50km로 3~10km의 차량전화나 5~10km의 업무용 무전기에 비해 훨씬 넓다. 또 개별 호출 및 그룹 호출이 가능하고 음성 및 데이터는 물론 영상정보도 제공할 수 있어 개인휴대통신(PCS)에 버금가는 종합 무선서비스로 떠오르고 있다.

③ 대응대책

㉮ 사고 수습본부 구성 및 운영

㉠ 중앙, 광역자치단체와 기초자치단체에 재난안전대책본부 설치

㉡ 도로재난 규모별 비상근무체계에 따라 필요 시 사고본부 설치 및 운영

㉢ 사고현장 실태 파악 및 대응체제 가동을 위해 중앙사고수습본부·중앙사고수습지원본부 등을 설치

㉣ 중앙안전관리위원회 소집, 기관별 임무 협의·조정

㉯ 정부 위기관리 활동 대국민 홍보

㉠ 주민대비, 현장접근 통제, 교통 통제 등 긴급한 사항 홍보

㉡ 필요시에는 사고개요 및 협조사항만 우선 보도 요청

㉢ 긴급구조 활동상황의 보도·안내

㉰ 신속한 상황보고·전파 및 유관기관과의 협조체계 유지

㉠ 기관별 대응관리체계 가동 및 대응

㉡ 사고현장 상황파악, 신속보고·전파 및 사고형태와 인명 피해규모 파악

㉢ 유관기관과 공조 및 역할분담을 통해 긴급구조의 실효성 제고

㉱ 차량통제 및 우회조치

㉠ 현장질서유지를 위해 부분통제

㉡ 전면통제는 우회도로를 지정하여 운영

④ 복구대책

㉮ 응급복구

㉠ 복구장비, 인원, 자재 소요 파악 및 복구방법 결정

㉡ 조속한 응급복구 시행 및 산고 잔재물 소거 처리

㉢ 화재·폭발 등 2차 피해 유발요인 진단 및 제거

㉣ 자체 인원장비를 우선 활용하며 부족 시 유관기관과 협조체계 구축

㉯ 사고원인 조사

㉠ 증거 보존 자료를 우선 수집하는 것이 중요

㉡ 항구복구대책을 위해 정밀안전진단과 안정해석 요망

㉢ 사고원인 규명을 위해 합동조사단을 구성하여 현장을 조사하고 점검

㉰ 피해배상 또는 보상대책

㉠ 중재를 적극화하여 조기 협상을 유도

㉡ 도로재난 원인과 피해현황을 조사

㉢ 배상과 보상의 기준을 설정하여 계획 수립

㉱ 재난의 재발방지를 위한 대책

㉠ 인식이나 구조 및 제도 개선을 통한 종합대책 마련

㉡ 사고결과를 바탕으로 설계단계, 시공단계, 유지관리 단계별 재발방지대책을 수립하고 시행

2) 철도(鐵道)와 지하철

철도재난은 열차 탈선, 테러에 의한 폭파, 기관고장으로 인한 정지, 다른 물체와의 충돌, 낙석이나 산사태 등으로 인한 피해, 철도 함몰 등을 들 수 있다.

(1) 기본적인 대책

① 재난 위험요인이 있는 재난취약시설 및 지역에 대하여는 관리책임자를 지정하고 관리 강화

② 안전운행을 위한 열차 차량개조 및 성능개선 등 철도차량의 안정성 강화

③ 열차 노후차량은 연차적으로 교체하여 사고 대비

④ 안전관리실태검사, 철도종사자 안전교육, 위험시설물 관리, 유형별 매뉴얼 개발, 모의훈련 등 예방안전관리 감독 강화
⑤ 특별수송대책본부와 사고수습대책본부를 설치하여 단선운전, 우회수송, 타절, 운휴, 합병운전 등 운행 정리
⑥ 지하철 안전 관련시설 및 차량설비 확충, 안전점검 시행
⑦ 지하철 사고 시 비상대응계획 수립과 모의훈련 실시
⑧ 차량 및 역사 내 안전시설 수시 점검, 승객구호 활동용 개인보호 장비 확보
⑨ 지하철은 화재 및 테러에 의한 폭파가 가장 위험하므로 이에 대한 대비훈련과 초동조치 모의실험을 수시로 해야 함.
⑩ 분야별 소요인력·장비 및 차량, 전기, 통신, 등 필요 소모품 확보 등 응급조치에 일시 사용할 장비 및 인력의 소요판단 및 관리

(2) 철도재난관리 대책

① 예방대책
㉮ 철도사고 관리의 전문성과 과학적 관리체계 확립
㉯ 체계적인 안전교육으로 종사자의 전문성 확보
㉰ 안전시설 및 개선·보완, 사고요인 사전 제거
㉱ CCTV 안전 감지장치 설치
㉲ 열차운행선 공사 시 안전대책 수립 및 시행
㉳ 교량·터널 등 철도운행관련 취약시설 집중 운행
㉴ 철도차량의 안전성 제고를 위해 성능개선과 유지보수의 과학화
㉵ 철도위험물 안전 운송체계 확립
㉶ 폭발물이나 테러 등 안전정보 입수 및 대처
㉷ 해외 우수사례를 벤치마킹하여 대응기법 분석이나 활용

② 대비대책
㉮ 긴 터널이나 긴 교량에 대한 승객대피소 확보 및 관리
㉯ 긴급구조·구난차량 및 장비 진입로 확보 및 신속 출동체제 구축
㉰ 비상복구장비나 인력 배치 및 협력체계 구축
㉱ 철도 대형사고 예방 감시·신고·전파체계 구축 등 비상연락체계를 구축하고 유관기관과 협력체계 구축
㉲ 사고유형별 대처방안 교육과 모의훈련, 대응방안에 대한 홍보

③ 대응대책

㉮ 철도사고에 대한 즉각 보고체계와 조사보고(사고발생 시 1시간 이내 국토교통부 및 항공·철도사고조사위원회에 구두로 보고, 사고발생 보고는 2일 이내, 사고 보고서는 15일 이내에 제출)

㉯ 사고형태, 인명피해 규모 등 사고현장상황 파악, 신속한 보고와 전파

㉰ 기관별 대응관리체계를 가동하고 대응하며 유관기관과 협력

㉱ 사고열차 및 전후방 관계열차 비상정차, 2차사고 방지(실패사례-대구지하철 사고)

㉲ 초동조사상자 응급조치 등 긴급구조 활동 전개(의료구호소 설치, 열차화재 발생 시 자체 진압 및 긴급구조기관 출동)

㉳ 재난안전대책본부 및 중앙사고수습지원본부를 설치하고 중앙안전관리위원회를 소집하고 기관별 임무를 협의 조정해야 함.

㉴ 국토교통부장관이 중앙재난안전대책본부장과 협의하여 담화문 발표

㉵ 비상홍보센터를 필요시에 설치하여 운영하고 사고 상황 등에 대한 정부 대응 활동 브리핑 및 대국민 홍보활동 전개

④ 복구대책

㉮ 예비군·민방위·군 및 사회단체에 의한 복구활동 통합지원

㉯ 각급 기관과 긴급 대응반과 연계하여 효과적인 수습

㉰ 사고의 수습·복구활동에 대한 기록관리 및 결과 종합보고

㉱ 사고원인분석·평가 및 문제점 도출 등 재발방지대책 수립

㉲ 사상자 처리 및 장례 등에 대한 지원 대책 강구

㉳ 합동분향소를 설치하고 합동·개별 장례여부와 유가족 편의제공

㉴ 피해자 정부 지원과 철도나 지하철 운영 및 안전관리 대한 개선 대책 홍보

열차와 지하철사고 사례

* 부산 구포역 열차사고

1993년 3월 28일 오후 5시 30분께 부산시 북구 덕천2동 381의 8 빅토리아 호텔 뒤 덕천천 교량 2백여 미터 앞 경부선(구포역 기점 서울방향 2.5km) 철로 지반이 침하돼 이곳을 지나던 서울발 부산행 제117호 무궁화호 열차 8량 가운데 기관차와 발전차, 객차 2량이 탈선해 깊이 5m, 너비 15m 가량의 무너진 구덩이에 빠져 사고가 났다. 기관사의 말에 따르면 시속 85km로 사고지점 부근인 구포역 쪽으로 운행하던 중 사고지점 50여m 앞에서 철로 지반이 내려앉기 시작하는 것을 발견, 급제동을 걸었으나 철로가 깊이 5m 가량 내려앉으면서 기관차 머리가 먼저 흙속으로 박히고 연결된 발전차와 6, 5호 객차가 잇따라 탈선하면서 서로 충돌했다는 것. 이 사고로 총 78명이 숨지고 198명이 중경상을 입고 주변 한중병원과 부산대학병원, 백병원 등 시내의 13개 병원에

분산 수용되었다.
2011년 12월 9일 인천국제공항철도 계양역 인근서 근로자 충돌, 5명 사망
2012년 11월 22일 부산도시철도 3호선 열차추돌사고, 100명 부상
2013년 8월 31일 경부선 대구역에서 무궁화호와 KTX 열차 추돌사고, 경부선 상하행선 전면 운행 중단

* 대구지하철화재참사(大邱地下鐵火災慘事)
2003년 2월 18일 화요일 오전 9시 53분 대구지하철 1호선 중앙로역 지하 3층 승강장에 정차한 안심방향 1079호 전동차 내부에서 50대 남자승객이 시도한 방화사건으로 인해 맞은편 승강장에 진입한 대곡방향 1080호 전동차와 지하 1~2층 대합실을 비롯한 역사 전체에 화재가 번져 대규모 인명 피해가 발생하였다.
방화 직후 몸에 화상을 입고 병원으로 이송된 56세의 정신지체장애인 김대한이 방화범으로 체포되었다. 김대한은 사회에 대한 불만과 신병을 비관하여 자살을 시도할 목적으로 지하철역 인근 주유소에서 플라스틱 통에 휘발유를 구입하였다. 그리고 송현역에서 1079호 전동차 1호 객차에 탑승한 뒤 열차가 중앙로역에 진입하자 소지하고 있던 가스라이터로 휘발유에 불을 붙였고, 옷과 좌석에 불길이 옮겨 붙으며 전동차 내부에서 화재가 진행되기 시작하였다.
이에 승객들이 긴급히 대피하자 소화기로 객차 내 불길을 진압하려던 1079호 전동차 기관사가 미처 지하철공사 종합사령실에 화재 발생사실을 보고하지 않은 채 대피하였고, 종합사령실에서 뒤늦게 화재경보를 확인했음에도 모든 전동차에 중앙로역 진입 시 서행 운행을 고지하는 수준의 미미한 대응에 그쳤다. 그러나 이미 연기로 가득 차 암전 상태가 된 중앙로역 상행선 승강장에 9시 56분경 1080호 전동차가 그대로 진입하였는데 화재로 전원공급이 차단되면서 발차하지 못한 채, 1079호에서 번진 불길은 전체 역사로 급속히 확산되었다. 게다가 전력 차단으로 출입문이 폐쇄되자 승객들이 출입문 수동개폐방식을 인지하지 못한 탓에 초기 대피가 어려워지며 많은 인명 피해를 초래하였다.
오전 10시경 중앙로역 출입구 옆 환기구를 통해 인근 도로까지 유독가스가 유출되며 중앙로 일대 차량출입이 전면 통제되었고, 119구조대가 사고현장에 출동했으나 극심한 화염으로 초기 화재 진압과 인명구조가 지연되었다. 이후 10시 30분경 지하철공사에서 모든 전동차 운행이 중지되었고, 오후 1시 40분경이 되어서야 중앙로역 화재 현장이 완전히 진압되었다.
이로 인해 각 6량의 1079호와 1080호 전동차 2대의 총 12량 객차가 모두 전소되었고, 343명의 사상자(사망자 192명·부상자 151명)와 614억 7700만 원의 재산 피해가 발생하였다. 당시 전동차 내부의 바닥, 좌석시트, 벽면, 광고판 등 내장재가 전부 난연재로 제작되어 인체에 유해한 유독성 가스와 매연을 다량 생성, 질식사를 유발하고 대피로 확보를 위한 시야 제한 등의 2차적인 사고로 이어졌다. 특히 종합사령실에서 중앙로역 화재경보를 미리 확인하지 못한데다가 다른 전동차의 중앙로역 진입금지 등의 적절한 재난방제조치가 실시되지 못하였다는 점에서 지하철공사 측의 미흡한 대처로 인명피해가 확대된 대표적인 인재(人災)라고 할 수 있다.
정부는 대구지하철 사고현장을 특별재난지역으로 선포했으며, 국내외에서 구호 성금으로 668억 원이 모금되기도 하였다. 이 사고로 인해 중앙로 일대 도로의 지반 구조물이 손상되며 2003년 2월 26일부터 버스 및 차량통행이 일시적으로 금지되었다가 2003년 4월 10일 해제된 바 있다. 그리고 사고로 운행이 중단되었던 대구지하철 1호선은 2003년 10월 21일 전 구간 운행을 재개하고, 2003년 12월 31일 중앙로역이 10개월 만에 복구를 마치며 정상화되었다.
한편 방화범 김대한은 무기징역형을 선고받고 경남 진주교도소에서 복역 중이던 2004년 8월 30일 지병인 정신질환 및 뇌중풍 후유증으로 사망하였다.

열차사고 대응활동

1. 모든 전력 차단
2. 주요 참관기관들은 현장지휘소 또는 통제소를 소방의 현장지휘소 인근에 설치
3. 각종 구조 및 지압장비 구비
4. 구급차는 병원이송 전 또는 중간에 이동할 병원에 부상자가 이송될 것임을 통보
5. 근거리 병원에는 긴급환자 또는 응급환자 배치
6. 원거리 병원에는 경상환자 또는 귀가환자 배치
7. 화물열차사고의 경우 위험물 적재여부·폭발과 오염에 의한 안전사고·환경오염 등의 상황 통제

참 고 **자율주행차 운행과 재난안전 대응 방안**

1. 자율주행차 운행 현황과 특징

- 정의 : 운전자 개입 없이 차량이 스스로 주행 가능한 기술을 탑재한 차량
- 주요 기술 : 센서(LiDAR, 레이더, 카메라), AI/딥러닝(주변 환경 인식, 판단), V2X 통신(차량-차량, 차량-인프라 통신)
- 운행 특징 : 실시간 교통 및 주변 상황 분석 가능, 사람 운전자의 휴먼 에러 최소화, 일정 제한 속도 내에서 안정적인 주행 가능

2. 재난 상황에서 자율주행차의 역할

- 재난 상황 예시 : 지진, 홍수, 태풍, 산불, 교통사고, 대규모 화재 등
- 가능한 활용
  (1) 재난 대응 차량으로 활용 : 구조 인력 접근이 어려운 지역에서 구조물 자재 운반, 응급 구호품 및 의료 장비 신속 전달
  (2) 대피 지원 : 시민 대피 경로 안내 및 이동 지원, AI 기반 최적 대피 경로 탐색
  (3) 실시간 상황 모니터링 : 차량 센서 데이터를 재난 상황 지도화, 통신망을 통해 재난 관제센터에 정보 제공

3. 재난안전 대응방안과 정책적 고려

(1) 자율주행차 재난 대응 프로토콜 수립 : 재난 발생 시 자율주행차 우선 경로 확보, 차량-재난 관제센터 간 데이터 연동 표준 마련
(2) 인프라 구축 : V2X 통신망 강화, 재난 지역 내 긴급차량 전용도로 설정, 센서 및 통신 장비 내구성 강화
(3) 운영 및 안전 관리 : 재난 상황 시 AI 판단 알고리즘 안전성 검증, 사이버 공격 및 시스템 장애 대비 백업 시스템, 실시간 모니터링과 원격 제어 시스템 병행
(4) 훈련 및 시뮬레이션 : 재난 대응 시 자율주행차 운용 시나리오 테스트, 긴급 대피, 의료 운송, 화재 대응 등 다중 시뮬레이션
(5) 법적 · 윤리적 고려 : 사고 책임 범위 명확화, 시민 안전 최우선 원칙 기반 운영, 개인 정보 보호 및 데이터 활용 규정

4. 기대 효과

재난 대응 속도 및 효율성 향상, 인명 피해 최소화, 재난 상황에서 인력 위험 감소, 장기적으로 스마트시티 재난관리 체계와 연계 가능

3) 항공기(航空機)

항공기 사고는 대부분이 추락이다. 추락하는 경우는 기체결함, 운전미숙, 벼락, 테러에 의한 폭발 등이 있다.

(1) 기본적인 대책

① 항공기 운항·관제정보, 항공사 감독정보 등 각종 정보를 체계적으로 관리·분석할 수 있도록 통합정보시스템 운영
② 국제민간항공기구(ICAO)에서 제정한 국제표준이행 여부 확인을 위한 지속적인 모니터링 시행으로 미비점 보완 및 정비
③ 항공사 등에 대한 상시 안전감독 안전점검 실시(연 1,700회 이상)
④ 국토교통부 및 항공사 간 분기별 항공안전감독 결과 평가회의를 개최하여 문제점 토의 및 개선방안 마련
⑤ 사고대비 종합훈련 2년에 1회 실시, 도상훈련은 6개월마다 하도록 한다.
⑥ 사고대비 모의훈련과 교육은 수시로 시행해야 함.
⑦ 전국 공항의 항해안전시설의 확충 및 보강, 안전위험요소 최적화

(2) 항공기 사고 사례

항공기 사고는 대형 인명피해를 유발하기에 철저한 안전운항과 점검이 필수적이다. 80년대 이후 세계적인 항공기 주요 사고 사례를 살펴보면 다음과 같다.

① 대한항공 괌 추락사고

대한항공 801편 추락사고는 1997년 8월 6일 대한민국 김포국제공항에서 출발한 801편이 미국의 괌에 있는 앤토니오 B. 원 팻 국제공항에서 착륙에 실패, 추락하여 승객 231명과 승무원 23명을 합쳐 총 254명 중 총 225명이 사망하였고 총 29명이 부상을 입은 사고이다.

② 아시아나 항공기 사고

아시아나 항공 OZ214편은 한국시간 2013년 6월 6일 16:35에 인천공항을 출발해 샌프란시스코로 향했다. 미국 현지시간 6월 6일 11:28에 샌프란시스코 국제공항 28번 활주로에 착륙하는 과정에서 사고가 났으며, 291명의 승객(비즈니스 19석, 일반석 272석)과 16명의 승무원이 타고 있었다. 한국인 77명, 중국인 141명, 미국인 61

명, 일본인 1명, 프랑스 1명, 베트남 1명, 미확인 3명 등으로 사망 3명, 부상자 182명이 발생하였다.

③ 독일 항공기 알프스 추락사고

2015년 3월 24일 독일 저가항공사 저먼윙스의 에어버스 A320 항공기가 프랑스 남부 알프스 지역에 추락했다. 이 사고로 탑승객과 승무원 등 150명이 모두 사망한 사건이다. 프랑스 항공 당국은 스페인 바르셀로나에서 독일 뒤셀도르프로 가던 이 여객기가 프랑스 동남부 바르셀로네트의 산악지대에 추락했다. 저먼윙스는 독일 루프트한자 계열사의 저가항공사이다. 사고의 원인은 부조종사의 우울증으로 인한 고의사고로 밝혀져 더욱 충격을 줬던 사고이다.

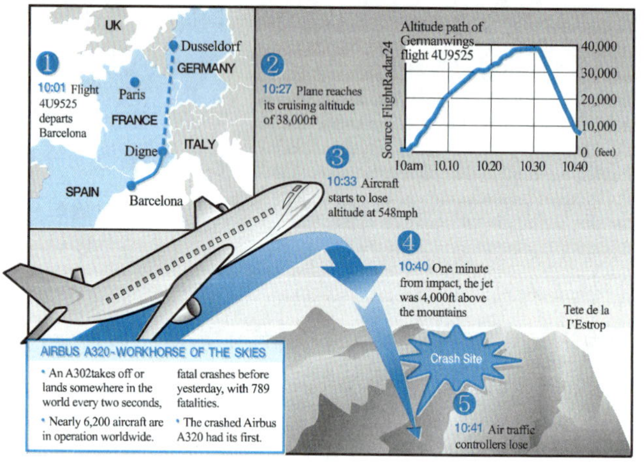

표 3-12 1980년대 이후 세계 주요 항공기 사고 사례

시대	연도	항공	지역	원인/형태	사망
1980년대	80. 8. 19	사우디 트리스타 항공	리야드공항	화재로 문 잠김	301명
	83. 9. 1	대한항공	사할린 상공	구소련 전투기 피격	269명
	85. 8. 12	일본항공	도쿄와 오사카 사이 산악지대	부품 누실	520명
	85. 12. 12	에로우항공	캐나다 뉴파운드 랜드	이륙 후 추락	256명
	88. 12. 21	팬암항공	스코틀랜드 상공	폭탄테러	270명

1990년대	96. 11. 12	사우디항공 / 카자흐스탄 항공	뉴델리 인근	비행기끼리 충돌	349명
	97. 8. 6	대한항공	괌	착륙 중	228명
	98. 2. 16	중국항공	대만	착륙 중	203명
	99. 10. 31	이집트항공	Nantucket 추락	부조종사 실수	217명
2000년대	01. 11. 12	아메리칸항공	뉴욕 JKF공항	이륙 후 퀸즈에 추락	265명 (지상까지 포함)
	02. 5. 25	중국항공	대만 해협	공중폭발	225명
	03. 2. 19	이란 군용기	이란	산에 충돌	275명
	09. 6. 1	에어프랑스	대서양 상공	번개로 부작동	228명
	15. 3. 24	저먼윙스	프랑스 알프스 지역	부조종사의 우울증	150명
	20. 5. 25	파키스탄 국제항공 8303	카라치의 밀집주택가에 추락	조종사 과실	98명
	22. 3. 21	중국동방항공	랑난진 모랑촌	고의 추락	132명
	23. 1. 15	예티항공 ATR 72-500	네팔 카스키지구 (포카라 공항)	착륙 직전 추락 (조종실 실수 가능성)	71명 (탑승 72명, 1명 실종)
	24. 12. 25	아제르바이잔 항공 J2 8243	카자흐스탄 상공	추락 (기체결함 및 기타 추정)	38명 (탑승 67명)
	24. 12. 29	제주항공 2216편 (방콕 출발, 무안 도착)	전라남도 무안군 무안국제공항	버드 스트라이크(조류 충돌)로 인한 유압계통 및 랜딩기어 고장, 기체 결함 가능성	179명 사망, 2명 중상(승무원)

표 3-13 무안 제주항공 사고

구분	내용
사고 원인	2024년 12월 29일 조류(새떼) 충돌로 인한 엔진·유압계통·랜딩기어 고장, 기체 결함 가능성, 공항 구조·관리 문제
사망 및 부상	사망 179명, 중상 2명
사고 대책	조류 퇴치 시스템·관제 강화, 활주로 구조·장애물 개선, 기체 정비 및 안전점검 강화
문제점	철새 도래지 인근 입지, 조류 경보 및 대응 미흡, 활주로 끝 장애물, 사고관리 체계 미비
해결 방안	공항·활주로 안전 인프라 및 설비 보강, 조류 퇴치·관제 체계 실질 강화, 비상대처 시스템 개선
시사점	국내 항공안전 기준 재정립, 자연·구조적 위험 대비 강화, 관리 인력 및 시설 투자 필요성

그림 3-6 무안 공항의 위치 논란과 제주항공사고 사진

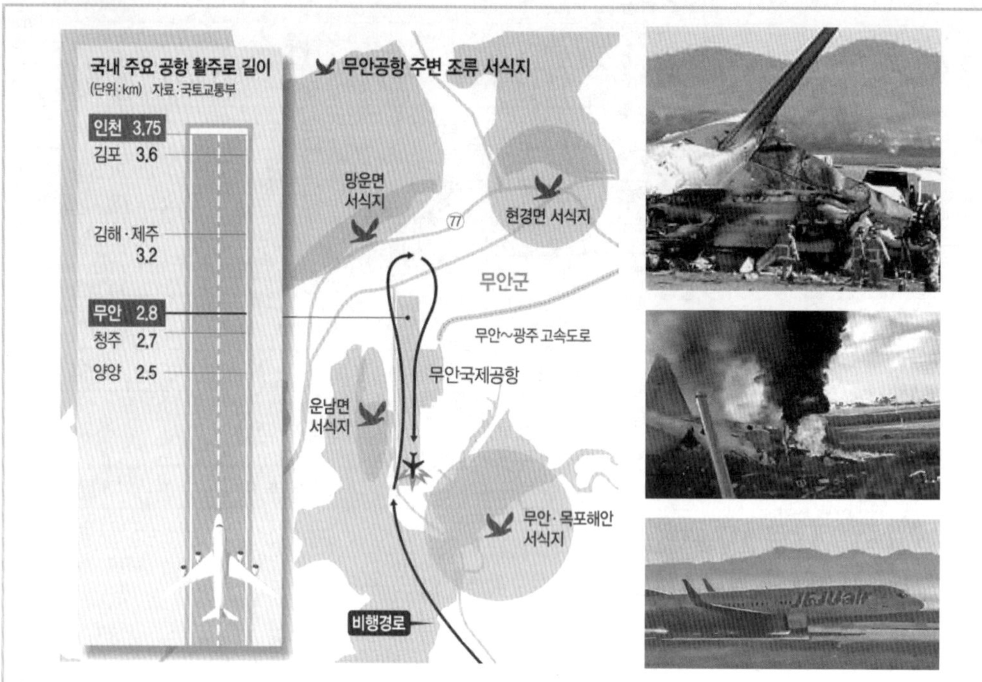

(3) 항공기 재난관리 대책

① 예방대책

㉮ 분야별, 계절별로 안전감독 활동 추진

㉯ 민간항공기 취항 군비행장(9개소)에 대해 연 1회 또는 필요시 군·관 합동 점검

㉰ 국토교통부와 항공사 간의 안전증진방안을 협의, 문제점 개선

㉱ 국제표준이행 여부 확인을 위한 지속적인 모니터링과 국제항공안전기준의 국내 규정 반영

㉲ 항공기 운항·관제정보, 항공사 감독정보 등 각종 정보를 체계적으로 관리·분석할 수 있도록 통합정보시스템 운영

㉳ 성능 기반형 신항법체계를 구축

㉴ 항공이동통신, 공항레이더, 착륙시설, 공항접근시설을 현대화

㉵ 공항시설을 국제기준에 적합하도록 하여 안전위험요소를 최소화

㉶ 항공안전·인력양성·환경보호 등 안전부문에 대한 세부계획 추진

② 대비대책

㉮ 공항별 비상계획 수립하고 자체 소방능력 모의훈련을 통해 문제점 수정과 반영

㉯ 실제 상황과 유사한 상황 설정 및 항공기 사고관련 모든 기관이 참여

㉰ 2년에 1회 종합훈련과 1년에 1회 부분훈련을 통해 문제점 보완

㉱ 공항 내부도면 및 가상시나리오에 의한 관련기관별 임무 설명 및 확인을 위한 매년 6개월마다 도상훈련 실시(처리절차, 장비현황, 비상연락처, 무선통신주파수 및 담당자 확인 등)

③ 대응대책

㉮ 공항공사의 사고수습대책본부, 기계처리본부 및 사고대책반 등 현장대책반과 항공철도 사고조사위원회가 소속된 중앙사고수습본부를 구성

㉯ 제반 네트워크 체계를 가동시켜 신속한 대응체계를 구비하고 실행

㉰ 인명구조를 최우선으로 하도록 함.

㉱ 관련 유관기관 및 민간협력조직을 동원하여 현장중심의 효율적 대응

④ 복구대책

㉮ 항공기 사고가 발생한 때에 행하는 화재진압, 인명구조 등 긴급 구조, 응급조치, 항공기 잔해 및 위험물의 처리, 피해시설의 복구, 사고 희생자 유가족의 지원 등 사고를 신속하게 수습

㉯ 중앙사고수습본부장(국토교통부장 또는 차관)은 수습 및 복구체계를 총괄

㉰ 중앙사고수습본부부본부장은(항공정책실장)은 상황반, 홍보반, 관리반, 조사반, 지원반을 관할

㉱ 조치사항은 아래 표와 같다.

표 3-14 항공기 사고 조치사항

조치사항	세부 내용	비고
상황접수	• 접수부서 및 연락망 • 상황관리대장 작성	• 주간 : 항행표준관리센터 • 야간 : 항공안전본부 당직실
상황보고 및 조치	• 보고서 작성 내용 • 보고의 종류 • 근무시간 중 상황보고 • 근무시간 외 상황보고	• 필요시 선 구두 보고

조치사항	세부 내용	비고
초동조치	• 비상소집 • 사고내용 보고 • 사고조사 요청 및 현장출동	• 현황 파악 • 사고조사 실시
긴급구조 및 현장출동	• 공항 내에서 사고 • 공항 외 장소에서의 사고 • 현장지휘소 운영 • 지방항공청 및 공사의 임무	• 공항별 공항운영규정(비상계획)에 의한 구조활동 • 국민안전처 협조

표 3-15 세부적 조치사항

조치사항	세부 내용	비고
사고수습본부 설치운영	• 임무 및 설치시기 • 상황실 편성 • 상황실 운영	• 근무편성 • 실무반 운영
사상자(부상자) 조치 및 유가족 처리 등	• 긴급 이송 조치 • 승무원 등 탑승자 가족 연락 • 유가족 처라 및 담당자 지정	• 사상자 및 부상자 이송 • 부상자 치료
사고관련 병원지정 및 비상연락망 구성	• 병원 지정 • 비상연락망 구성	• 연락망 구성 등
중간상황 보고 및 언론 브리핑	• 중간상황 보고 • 언론 브리핑	• 보도자료 명시
사고수습 및 대책마련	• 사고수습 • 대책마련 • 비행검사 방안마련 및 시행	• 재발방지대책 • 비행검사

• 관제탑이 제공하는 정보의 유형 : ① 항공기의 기종, ② 현 위치, ③ 탑승객 수, ④ 착륙을 시도할 활주로 위치 ⑤ 정확한 도착시간, ⑥ 풍향, ⑦ 비상상황에 대한 개요

㉮ 사고유형별 대책기구

㉠ 대형사고(인명과 재산피해가 매우 크며 그 영향이 광범위하여 범정부적 종합대처가 필요한 사고)

- 기구명칭(중앙재난안전대책본부, 중앙사고수습본부, 지역사고수습본부)
- 위원장 또는 본부장(행정안전부장관, 지방행정기관장)

㉡ 중형사고(국민의 관심이 집중되어 주무부처 또는 지방행정기관이 대처가 필요한 사고)

- 기구명칭(중앙사고수습본부, 지역사고수습본부)
- 위원장 또는 본부장(제2차관, 지방행정기관장)

4) 해상교통(海上交通)

해상(해양)사고는 선박화재, 뒤집힘, 침몰, 폭발이 주된 사고 유형이다.

(1) 해양사고

국제적으로 표준화된 해양사고에 대한 정의는 다음과 같다.

① 선박의 운용과 관련하여 사람이 사망하거나 중상을 입은 경우
② 선박의 운용과 관련하여 사람이 행방불명된 경우
③ 선박의 멸실, 추정 멸실 또는 구조를 포기한 경우
④ 선박에 손상이 발생한 경우
⑤ 선박의 좌초, 운항불능 및 충돌
⑥ 선박의 운용과 관련하여 시설에 손상이 발생한 경우
⑦ 선박의 운용과 관련하여 환경 피해가 발생한 경우

(2) 기본적인 대책

① 항만시설에 대한 안전점검 실시
② 너울성 파도 및 이상 파랑 등에 노출된 위험지역 안전시설 보강
③ 경보스피커, 감시카메라 등 위험경보 및 안전시설 설치
④ 관광선 같은 경우 구명조끼 착용, 음주가무 금지, 화재나 침몰 시 대처능력에 대한 사전교육 실시
⑤ 낚싯배 같은 경우 무리한 운행을 하지 않도록 사전교육 실시
⑥ 선박충돌이나 화재 등에 대한 안전교육을 선원들에게 주기적으로 실시
⑦ 사고 발생 시 유기적인 협력체계를 구축(해군, 해양경비안전본부, 국토교통부, 지방자치단체, 민간단체 등)

(3) 해상교통 재난대책

① 예방
㉮ 해양사고 예방을 위한 안전의식 고취 방안
㉯ 북서계절풍 등 기상 악화로 인한 소형선박 안전대책
㉰ 겨울철 화기 사용 증가에 따른 선박화재 예방대책
㉱ 사고수습보다는 사전예방이 우선이며, 각종 시설물 및 선박에 대한 철저한 사전점검이 중요

② 대비 – 종합상황실 업무

㉮ 해양수산관련 사건·사고 등에 대한 상황종합관리·보고 및 담당부서·외부기관 전파

㉯ 지진·해일 등 자연재난 발생·예보 시 관련정보 전파 및 선박안전인

㉰ 해적위험(예비)해역 통항선박 안전운항 지원 및 최신 해적정보 제공

㉱ 아덴만 통항선박에 대한 청해부대 함정 호송 지원

㉲ 해양안전종합정보시스템(GICOMS) 운용

㉳ 선박모니터링시스템(VMS)·선박보안경보시스템(SSAS)·선박장 거리위치추적시스템(LRIT)의 운용

㉴ 연근해 출어선의 조업현황 파악, 기상특보 발효 시 출어선 안전대피 권고 및 어선 나포 시 신속한 석방조치 지원

㉵ 어업지도선 일일배치 및 주요 활동상황 파악

㉶ 북한 도발·위협 등 우발사태 발생 시 선박 안전대피 권고 및 피해유무 파악

㉷ 해양수산 분야 재난관련 특별대책반 설치 시 상황 지원

㉸ 유관기관과의 비상연락체계 유지 등

③ 대응과 복구

㉮ 사고 발생 시에는 가장 가까운 경비함정 및 항공기를 우선 투입, 신속하고 입체적인 수색구조 활동을 전개

㉯ 해양사고 발생 시 기관·단체별 협조체계를 구체적으로 전개

㉰ 재난·사고 등에 대한 상황종합관리, 어선안전조업지도 및 해양안전종합정보시스템(GICOMS) 운영 등을 위하여 종합상황실을 설치·운영

㉱ 태풍 발생 시에는 조업선 및 항행선박 대상 태풍정보를 지속적으로 홍보하고, 기상청 특보 발효상황에 따라 단계적으로 선박출항을 통제

㉲ 태풍이나 풍랑 시 여객선, 유·도선, 소형어선 등을 안전지역으로 대피

세월호 침몰사건과 찬물에서의 생존시간

*세월호 여객선 침몰사고

세월호 여객선 침몰사고는 2014년 4월 16일 오전 8시 48분경 전라남도 진도군 조도면 부근 황해상에서 청해진해운 소속의 인천발 제주행 국내선 여객선 세월호가 전복, 침몰한 사고이다. 이 사고로 295명이 사망하고 9명이 실종되었다. 사고와 관련한 문제는 화물의 과적, 고박 미흡, 침몰과정에서 탈출보다는 방에 있으라는 안내방송, 승객은 뒤로 한 채 선원들만 도망치는 어처구

니없는 행동, 정부의 대응자세의 문제, 사고 초기 적은 수색인원 투입, 민간 잠수사 배제 논란, 최첨단 수상 구조함 통영함 투입 배제, 조직 간 업무의 비협조와 관피아 행태, 책임공방 등 이루 말할 수 없는 재난관리의 총체적 부실을 드러냈다. 세월호에는 단원고등학교 2학년 학생 325명과 선원 30명 등 총 476명이 탑승하였다고 알려졌다.

* 찬물에서의 생존시간

수온	소진 또는 의식불명	예상 생존시간
0.3℃	15분 이하	15~40분 이하
0.3~4℃	15~30분	30~90분
4~10℃	30~60분	1~3시간
10~16℃	1~2시간	1~6시간
16~21℃	2~7시간	2~40시간
21~27℃	3~12시간	3시간~일정하지 않음
27℃ 이상	일정하지 않음	일정하지 않음

2. 정전(停電; Black Out; 대정전, 순환정전)

1) 블랙아웃의 정의

블랙아웃은 전기가 부족해 갑자기 모든 전력시스템이 정지한 상태 또는 그러한 현상을 말한다. 블랙아웃(대규모 정전) 사태를 가리키는 용어로, 보통 특정지역이 모두 정전된 경우를 일컫는다.

전국 단위 블랙아웃(total blackout)을 막기 위해 지역별 전력을 돌아가며 차단시키는 것은 롤링 블랙아웃(rolling blackout, 순환정전)이라고 부른다.

2) 원인

대정전의 직접적인 원인은 다양하다. 그중에서도 자연재해나 우연찮은 사고도 원인이 될 수 있다. 대정전의 원인은 발전소 1~2곳이 갑작스럽게 멈추거나, 전력거래소에서 실수로 전력수요를 잘못 계산하거나, 천재지변으로 고압전선이 차단되는 경우 등이다. 하지만 어떤 경우든 대정전이 생기는 가장 근원적인 이유는 '전기가 부족한 상황'이라고 할 수 있다.

블랙아웃은 왜 일어날까?

한국에서 팔리는 전자제품은 모두 교류전기로 일정한 주파수에 맞춰 전기가 파도처럼 흐름을 타고 움직이며, 220V의 전압을 초당 60번의 리듬(60Hz의 주파수)에 맞춰 실어 보낸다. 만약 어떤 원인 때문에 전기 공급이 부족해진다면, 전기는 그 특성상 전체 전력량을 유지하기 위해 저절로 주파수가 떨어지게 된다. '최저 작동전압'이나 '최저 작동주파수'가 정해져있기 때문에 대부분의 장비는 보통 규격 전압이나 주파수보다 10~20% 이상 차이가 나면 동작을 멈춘다. 정밀기기는 그보다 더 작은 차이가 나도 정지하거나 고장나버리게 된다. 만약 이 기준에서 크게 벗어난 전기가 가정으로 들어온다면 정전을 피할 수 없을 것이다.

세계의 대정전 사례

2008년 5월에는 영국 전역에 전력 공급이 차단됐다가 2시간 만에 전력공급이 재개된 적이 있다. 2008년 2월에는 미국 플로리다 지역에 정전이 발생했다. 대정전은 규모의 차이가 있을 뿐 세계에서 끊이지 않고 일어났다. 2006년엔 유럽 전역 주택의 10%가 38분 동안 전기를 공급받지 못했고, 2006년 8월에는 일본 도쿄의 23개구에 3시간 동안 전기가 공급되지 않았다. 이밖에 러시아 모스크바(2005), 호주 동남부(2005), 그리스 아테네(2004), 이탈리아 전역(2003), 스웨덴 남부 및 덴마크 동부지역(2003) 등에서 대정전사태가 벌어졌다. 이밖에도 크고 작은 대정전이 전력 사정이 좋지 못한 후진국부터 미국, 유럽 등 선진국까지 예외 없이 발생하고 있다. 우리나라가 안심할 수 없는 것도 이 때문이다.

승강기 사고

- 승강기 설치대수 50만대(2014. 2. 기준)
- 정전, 고장, 사용 미숙으로 1차 사고로 갇히고 나면 폐쇄공포증이나 공황장애로 강제로 문을 개방하여 추락하는 2차 사고가 발생
- 승강기는 예비전력공급 장치가 1시간 동안 가동됨.
- 1시간 이후 공포로 인해 강제로 문을 개방하여 사고
- 2009년~2013년까지 갇힘 사건 통계
  15분 미만(41.6%), 15분~30분(44.2%), 30분~60분(12.7%), 1시간 이상(1.5%; 15,249건 중 228건)

3) 문제점

(1) 정상지역까지 마비

블랙아웃의 무서운 점은 멀쩡한 지역까지 함께 마비시킨다는 것이다. 마치 암 덩어리가 온몸에 퍼져나가는 것과 같다. 국가적으로는 전기에너지가 충분해도 한 지역전력망에서 전기가 부족하면 일단 그곳에서 블랙아웃이 일어난다.

(2) 파급효과

한 곳의 대정전은 주변에 영향을 미쳐 차례로 전력망이 사망한다. 그리고 정전지역이 점점 넓게 퍼져나간다.

사례) 2003년 8월 14일은 미국 역사상 최악의 대규모 정전사태가 벌어진 날이다. 미국 동부와 캐나다 일부지역에서 벌어진 블랙아웃 현상은 삽시간에 뉴욕, 뉴저지 등 미국 동북부 전역, 미시간, 오하이오 등 중서부 지역, 캐나다 온타리오 주 등으로 퍼져나갔다.

(3) 전압과 주파수의 변화

블랙아웃은 전력망에서 전압과 주파수가 심하게 변하면서 발생한다. 일부지역이라도 전기 사용량이 공급량보다 많아지면 전력망 전체의 전압과 주파수가 크게 떨어진다. 그 결과 전력망을 관리하는 시스템마저 정지해버리면 결국 전력망 전체가 '사망'한다. 마지막엔 모든 발전기마저 전기를 공급받지 못해 전기를 만들지 못하면서 정지되고, 결국 완전한 암흑으로 빠져든다.

4) 우리나라 사례

2011년 9월 15일 서울 강남과 여의도 일대를 비롯해 경기, 강원, 충청 등 제주를 제외한 전국 곳곳이 기습적으로 정전되는 사상 초유의 사태가 발생했다. 이날 오후 3시 10분 시작된 정전사태는 약 5시간 뒤인 오후 7시 56분에야 정상화됐으며, 정전 규모는 전국적으로 순간 최대 162만 곳(오후 6시 반)에 달했다. 이처럼 국지적인 정전이 아닌 전국 동시다발적인 블랙아웃(blackout, 대규모 정전사태)이 빚어진 것은 국내에서 처음이었다.

5) 블랙아웃을 예방하는 방법

(1) 발전소 확보

블랙아웃을 예방하는 방법은 발전소를 충분히 짓고, 지역에 따라 전력 예비량에 차이가 생기지 않도록 안전한 전력관리시스템을 갖추는 것뿐이다.

(2) 국민동참

국민이 함께 전기 낭비를 줄여야 한다.

(3) 제한송전

만일 문제가 발생된다면 전기 사용이 가장 많은 오후 2~4시에 전기 공급을 중단하는 '제한송전'을 하거나, 전국을 수십 개 구역으로 나눈 다음에 한 곳씩 돌아가면서 전기를 차단하는 지역순환정전도 방법 중 하나로 볼 수 있다.

(4) 문제의 전력망 차단

천재지변으로 고압송전선이 끊어지거나, 전력관리시스템이 고장 나면 충분한 발전량을 확보하고 있어도 블랙아웃이 일어날 수 있다. 이때는 즉시 문제가 생긴 전력망을 외부 전력망에서 끊어버리는 것이 최선이다. 이렇게 하면 일부지역의 정전만으로 끝낼 수 있다. 최신 전력관리시스템에선 전력망 연결과 차단을 컴퓨터 화면을 보면서 할 수 있으며, 전력망을 정비한 뒤 다시 연결하면 된다.

6) 불시 정전에 사전대비방법

불시 정전에 대비 가정 내 손전등, 비상식 음료, 휴대용 라디오 등을 사전에 준비해 둔다. 전기기기(전열기, 난방기, 에어컨 등)의 과부하 사용은 정전과 화재의 원인이 될 수 있으니 동시 사용을 자제하고 별도의 전용회로를 구성 또는 전용콘센트를 사용한다.

컴퓨터 등 정밀기기를 사용하는 곳에서는 무정전전원공급장치(UPS)를 설치하면 피해를 예방할 수 있다. 경보기 등 정전을 감지할 수 있는 시설을 갖추는 것이 좋다.

(1) 불시에 정전

① 우리 집만 정전

정전이 되면 플러그를 뽑고 스위치를 꺼두며 옥내 주택용 분전반의 누전차단기 또는 개폐기의 이상 유무를 확인한다. 또한 옥내 전기설비에 이상이 있으면 전기공사업체에 의뢰하여 수리를 하고 옥내 전기설비에 특별한 이상이 없을 때에는 한전에 연락한다.

② 이웃집과 같이 정전

대부분 한전 선로 고장인 경우로 신속히 복구되나, 사고의 유형에 따라 다소 시간이 소요될 수가 있으므로 동요하지 말고 잠시 기다린다. 아파트는 단지 내 선로 및 전기설비의 고장일 수 있으니 관리사무소에 연락한다.

③ 엘리베이터 내에서 정전

정전 등으로 조명이 꺼지면 당황하지 말고 인터폰으로 연락하고 정전으로 운행이 정지되면 인터폰으로 구조 요청하고 임의 탈출을 시도하지 말아야 한다.

(2) 불시에 정전이 복구된 후

전기가 재공급되면 가전제품 하나하나마다 플러그를 순서대로 꼽는다. 시간 간격을 조금씩 두고 실시하는 것이 과전류에 의한 손상 방지가 가능하며, 냉동식품의 경우에는 식품이 얼어있는 상태라면 재냉동이 가능하지만 고기 등의 빛깔이 변했거나 냄새가 난다고 판단되면 바로 버리도록 한다.

3. 화재(火災; Fire)

1) 화재의 정의

불은 어떠한 용도에 쓰이느냐에 따라 이로운 것과 해로운 것으로 분류할 수 있는데 화재란 해로운 재앙의 불로서 인간이나 동식물의 신체에 영향을 미치거나 재산상 피해를 수반하는 연소현상을 말한다.

화재를 소방의 학문적 차원에서 정의하면 화기를 취급 사용하는 사람의 과실로 인한 실화 또는 고의에 의한 방화 등으로 인하여 발생하는 것으로서 거대한 연소현상을 멈추게 하기 위하여 소화하여야 할 필요성이 있는 것으로 정의하기도 한다.

2) 화재의 분류

화재는 자연발화에 의한 화재, 일반화재, 유류화재, 전기화재, 금속화재, 가스화재가 있다.

(1) 일반화재

① 화기 또는 열원을 취급 사용하는 아궁이 연소장치 등에서의 취급 부주의
② 어린이들의 불장난
③ 타다 남은 불티의 취급 부주의
④ 발화원인 성냥, 양초 사용 시의 취급 부주의
⑤ 흡연 장소가 아닌 곳에서의 담뱃불 취급 부주의
⑥ 고온의 화기 또는 열원을 사용하는 공장작업장에서의 취급 부주의
⑦ 감정에 의한 방화

(2) 유류화재

① 유류화재는 대부분이 관리 소홀로 발생되는데 석유난로나 보일러 등의 유류기구를 장시간 과열시켜 놓고 자리를 비우거나 무심결에 습관적인 잘못된 관리로 인해 부근의 가연물질에 인화되었을 때 화재가 일어남.
② 점화원인 열 또는 화기에 접촉되었을 때 유류화재가 발생되는데 일반적으로 유류표면으로부터 발생된 증기가 공기와 적당히 혼합되어 연소범위 내에 있는 상태에서 발생됨.
③ 유류를 주유하던 중 조작하는 사람의 부주의로 인하여 흘러나온 유류 또는 난방기기 기구에서 새어나온 유류에 점화원인 화기나 열이 접촉되었을 때 발생
④ 실수나 고의로 연소기구 난방기구의 전도 가연물질의 낙하 등에 의해 발화될 때

(3) 전기화재

① 단락(합선)
② 전기스파크
③ 과전류
④ 접속 과열부
⑤ 지락(도체와 대지가 접촉)
⑥ 낙뢰

⑦ 누전
⑧ 열적경과(시간이 지나면서 열이 누적)
⑨ 절연 불량
⑩ 정전스파크(spark)

(4) 금속화재

나트륨(Na), 칼륨(K), 알루미늄(Al), 마그네슘(Mg), 철(Fe) 등 금속의 가공·연마·세공작업 시에 발생되는 분·박·리본이 점화원과 접촉하는 경우

(5) 가스화재

① 아파트 주택 등에 설치된 가스용품의 취급 사용 시의 부주의
② 가스용기의 운반 중 용기취급자의 안전관리기술 부족으로 인한 충전용기의 전도 낙하 등의 충격
③ 가스배관의 부식 파열 등으로 인한 가스폭발
④ 가스배관의 정압기 고장으로 인한 과량의 가스가 공급되어 가스의 압력이 증가된 경우
⑤ 가스를 취급 사용하는 사람들의 안전수칙 미숙지로 인한 경우
⑥ 가스기기 기구 등의 제품 및 시설 불량
⑦ 가스기기 기구를 다량으로 취급 사용하는 음식점, 다방, 공장, 작업장 등에서 가스안전관리자의 안전관리기술 부족으로 인한 관리 소홀

표 3-16 화재의 분류

구분	A급	B급	C급	D급	E급
화재 종류	일반화재	유류화재	전기화재	금속화재	가스화재
표시색	백색	황색	청색	무색	황색
연기색	백색	검은색			

3) 건물화재의 현상

(1) 훈소

훈소는 톱밥이나 매트리스가 타는 것과 같이 산소의 부족으로 불꽃을 내지 않고 연기만 나는 연소를 말하며, 내부에서는 기본적으로 백열연소를 하고 있다는 점에서 표면연소와 같다. 공기 중에 산소와 고체연료 사이에서 발생하며 비교적 느린 연소과정으로 공기가 많이 필요치 않으며 속도는 1~5mm/min 정도이다.

연소과정이 불완전하여 CO_2 대신에 높은 CO의 상태가 되어 인체에 치명적인 손상을 준다.

표면은 불꽃 없이 작열하고 숯이 생성되며 작열현상에 의해 1,000℃ 이상이 된다.

(2) 플래시오버와 백드래프트

① 플래시오버(Flashover)

플래시오버를 순발연소라고도 하며, 고층건축물 화재 시 흔히 나타나는 양상으로서 실내의 가연물이 연소에 의해서 온도를 높이고 동시에 다량의 가연성 가스를 수반하는 연기를 방출하며, 어느 시간에 그 실내의 온도 상승에 의해서 일시에 연소하여 화재의 진행을 순간적으로 실내 전체에 확산시키는 현상이다.

이때는 보통의 화재가 실내의 모든 가연물이 포함되는 완전성장 상태로 도달하는 원인이 되며, 실내의 공기가 거의 소모되어 공기 공급이 제한되기 때문에 환기지배화재(ventilation controlled fire)로 되고 개구부가 열리지 않는 한 실내의 모든 연료가 연소될 수는 없다.

플래시오버 시점에서 실내의 온도는 약 800~900℃가 된다. 플래시오버를 '구획 내 가연성 재료의 전 표면이 불로 덮이는 전이 현상'으로 정의하고 있다. 즉, 화재가 발생하는 과정에 있어서 화원 가까이에 한정되어 있던 연소영역이 조금씩 확대된다. 이 단계에서 발생하나 가연성 가스는 천정 근처에 체류한다. 이 가스 농도가 증가하여 연소범위 내의 농도에 달하면 착화하여 천장이 화염에 싸이게 된다. 그 이후에는 천장 면으로부터 복사열에 의하면 바닥면 위의 가연물이 급속히 가열 착화하여 바닥면 전체가 화염으로 덮이게 된다.

플래시오버의 발생으로 개구부에서 농연 혹은 화염의 분출이 시작되고, 상층 또는 인접 건물에 대한 연소 위험이 높아진다. 국부화재로부터 구획 내 모든 가연물이 연소되기 시작하는 큰 화재로 전이되며, 연료지배 화재로부터 환기지배 화재로의 전이와 천장 아래에 집결된 미연소 가스나 증기를 통한 갑작스런 화염의 전파가 일어난다.

② 백드래프트(backdraft)

백드래프트 현상은 공기 부족으로 훈소 상태에 있을 때 신선한 공기가 유입되어 실내에 축적되었던 가연성 가스가 단시간에 폭발적으로 연소함으로써 화재가 폭풍을 동반하여 실외로 분출되는 현상을 말한다.

사전에 실내가 충분히 가열되어 다량의 가연성 가스가 축적되어있는 것이 백드래프트가 일어날 수 있는 전제조건이 되며, 백드래프트의 결과에는 농연의 분출, 파이어 볼의 형성, 건물의 벽체 도괴 등이 있다.

③ 플래시오버와 백드래프트의 차이점

표 3-17 플래시오버와 백드래프트 차이

구분	플래시오버	백드래프트
공급요인	열의 공급	산소의 공급
폭풍 또는 충격파	급격한 가연성 가스의 착화로 폭풍이나 충격파는 없다.	진행이 빠른 화학반응으로 대기의 급격한 온도 상승, 팽창, 압력상승을 일으키고 폭풍 또는 충격파를 수반
화재발생 단계	화재성장기(제1단계)	감쇠기(제3단계)

④ 플래시오버 대책

㉠ 천장의 불연: 천장 및 측벽을 불연화하여 화재의 발전을 지연시킨다.

㉡ 가연물 양의 제한: 건물 내에 가연물이 많으면 단시간 내에 연소하고 다른 가연물의 연소 매체가 된다.

ⓐ 건물 내 가연물의 양을 제한한다.

ⓑ 수용 가연물을 불연화, 난연화한다.

㉢ 개구부의 제한: 개구인자가 작으면 플래시오버의 발생 시기는 늦어지므로 개구부의 크기를 제한함으로써 플래시오버를 지연시킨다.

⑤ 백드래프트의 대책

백드래프트에 대한 실용적인 전술은 출입문 부근의 상태로부터 위험성을 평가하여 조기에 백드래프트의 발생을 방지할 수 있을 것이다.

㉠ 폭발력의 억제: 실내의 온도 상승과 함께 화재의 형태를 출입문을 통하여 감지할 필요가 있다. 실내의 온도 상승이 높고 출입문이 안쪽으로 열릴 때에는 출입문을 닫아둔 채로 두거나 조금만 열어 다량의 신선한 공기의 유입을 막는다.

㉡ 환기: 출입문을 개방하기 전에 천장의 환기구를 개방함으로써 백드래프트의 폭발력을 억제할 수 있다. 천장에 유리창이 있으면 이를 이용하여 고온의 가스를 건물 위로 방출함으로써 백드래프트가 발생하여도 이를 약화시킬 수 있다.

㉢ 소화: 2층 이상인 건물의 1층에서의 화재 시 출입문을 개방할 때 방수를 한다. 출입문 개방과 동시에 방수하면 폭발적인 연소를 방지할 수 있다.

㉣ 격리: 소방대가 쇼 윈도우를 파괴하고 나서 신속하게 후퇴하고, 그 후에 전진하여 연소 물체를 방수한다. 이렇게 해야 백드래프트로부터 소방대의 안전

을 도모할 수 있다.

(3) 가연물질 화재 시의 이상 현상

㉠ 오일 오버(oil-over)

오일 오버는 액체 가연물질인 제4류 위험물의 저장탱크에서 화재가 발생하는 경우 나타나는 이상 현상으로서 저장탱크 내에 저장된 제4류 위험물의 양이 내용적의 1/2 이하로 충전되어있을 때 화재로 인하여 저장탱크 내의 유류를 외부로 분출하면서 탱크가 파열되는 것을 말한다.

오일 오버는 액체 가연물질인 제4류(인화성 액체)의 화재 시 나타나는 이상선 상인 보일 오버(boil-over), 슬로프 오버(slop-over) 및 프로스 오버(froth-over)에 비하여 그 위험성은 상당히 크며 인명피해를 수반하므로 저장탱크의 화재 시에는 화재의 초기 단계에서 소화가 이루어지도록 하여야 한다.

㉡ 보일 오버(boil-over)

액체 가연물질인 제4류 위험물 중 석유류가 혼합되어 있는 원유를 저장탱크에 저장하는 경우 물 또는 수분이 외부로부터 침투하거나 원유 자체에 함유되어 물이 저장탱크 표면에서 발생된 화재의 열을 공급받게 된다.

물이 급히 증발하여 대량의 수증기가 되면서 상층의 유류를 밀어 올려 거대한 화염을 일으키는 동시에 다량의 기름을 탱크 밖으로 불이 붙은 채 방출시킨다.

㉢ 슬로프

슬로프 오버는 물보다 끓는점(비점)이 높은 점성을 가진 석유류나 식용유에 물이 접촉될 때 석유류 식용유의 표면온도에 의해 물이 수증기가 되어 팽창 비등합에 따라 주위에 있는 뜨거운 일부의 석유류 식용유를 외부로 비산시키는 현상을 말한다.

특히 슬로프 오버 현상은 수분이 들어있는 밀가루 또는 쌀가루를 입힌 고기류를 끓는 식용유에 넣어 튀기거나 야채를 끓는 식용유에 넣어 익힐 때 발생되며, 이때 고기류나 야채 내에 들어있는 수분이 비등하면서 주위에 있는 뜨거운 식용유를 밖으로 튀어나오게 한다.

원유나 중유와 같은 중질유 화재는 상당히 넓은 비점을 가지고 있기 때문에 이런 탱크가 화재를 일으키면 고온의 열류층(고온층)을 유면 아래쪽으로 형성하고 그 층의 두께는 연소시간의 경과와 더불어 증대한다.

고온층의 표면에서부터 소화 작업 등에 의한 물, 포말이 주입되면 수분의 급격한 증발에 의하여 유면에 거품이 일거나 열류의 교란에 의하여 고온층 아래의 찬 기름이 급히 열 팽창하여 유면을 밀어 올려 유류는 불이 붙은 채 탱크 벽을 넘어서 일출한다.

이것은 유류의 점도가 높고 유온이 물이 비등점보다 높아지려는 온도에서 일어난다. 이 현상을 슬로프 오버(slop-over)라 하며, 중질유 탱크 화재에서 항상 주의해야 한다.

ㄹ 프로스 오버(froth-over)

프로스 오버는 인화성 액체인 석유류 화재 시에 발생되는 이상 현상인 오일 오버, 보일 오버에 비하여 위험성이 적으며, 점성을 가진 뜨거운 유류 표면의 아랫부분에서 물이 비등할 경우 비등하는 물이 저장탱크 내의 유류를 외부로 넘쳐흐르게 하는 현상이다.

다른 이상 현상보다는 발생횟수가 많으나 직접적으로 화재를 발생시키지는 않는다. 이것은 화재 이외의 경우에도 물이 고점도 유류 아래에서 비등할 때 탱크 밖으로 물과 기름이 거품과 같은 상태로 넘치는 현상이다. 전형적인 예로는 뜨거운 아스팔트가 물이 약간 태워진 무개 탱크차에 옮겨질 때 일어날 수 있는데, 처음엔 아스팔트가 조금 냉각될 뿐 아무런 변화가 없다가 탱크차 속의 물이 가열되고 끓기 시작하면 아스팔트가 상당량 주입되며, 프로스 오버(froth-over)가 발생한다.

(4) 환기량과 연소 속도의 관계

건축 공간에서 발생하는 화재의 크기는 플래시오버 현상 발생유무와 더불어, 만약 플래시오버가 발생하여 실전체적인 화재로 되면 환기지배 화재 및 연료지배 화재가 된다. 플래시오버 현상의 유무에 대해서는 실내 가연물의 연소 확대에 의해 발생하는 발열속도가 한계를 초과할 것인가가 중요하며 환기지배와 연소지배의 선별은 연소 속도가 개구의 크기(통로 인자 = 통로 면적 × 통로 높이의 평방근)로 결정되는 상한치 도달 여부를 통하여 판단할 수 있다.

4) 열 및 화염의 전달방식

(1) 전도

하나의 물체가 다른 물체와 직접 접촉하여 분자 충돌 등에 의해 전달되는 열의 현상을 말한다.

예) 뜨거운 커피 잔 속에 스푼을 넣고 저을 때 열이 스푼으로 전달되는 형태

(2) 대류

기체 또는 액체의 온도가 서로 다를 때 그 물질 순환운동에 따라 열이 이동하는 현상을 말한다.

예) 실내에 난로를 피우면 따뜻한 공기는 상승하고 찬 공기는 내려와 순환되는 현상

(3) 복사

화염의 전파에 가장 크게 작용하는 것으로 물질을 매개치 않고 전자기파 형태로 옮겨지며 가연물에 흡수되어 그 표면온도가 발화점에 도달하면 연소하기 시작한다.

예) 태양열이 지상의 물체를 따뜻하게 해주는 현상, 유류탱크 화재 시 인접된 화재 확산

5) 연소가스

화재로 인하여 생성되는 연소가스, 열, 연기 등의 연소생성물은 인간에게 많은 위험을 준다. 이러한 위험성 중에는 열, 연기의 밀도 혹은 눈의 염증으로 인한 시각장애, 질식 흡입에 따른 신경마비, 그리고 호흡곤란 등의 현상이 생긴다.

가연물이 발화되어 화재가 발생하게 되면 연소생성물(연소가스, 화염, 열, 연기)이 발생하기 시작한다. 이 중에서도 사람의 생명에 치명적인 영향을 미치는 것이 연소가스이다.

(1) 연소가스 형태

연소가스는 보통 다음의 3가지 형태로 분류된다. 질식제(asphyxiants) 혹은 마취성의 유독물질, 감각기관(sensory)이나 폐 기능을 자극하는 자극제, 기타 독성을 가진 것으로 질식제 혹은 마취성의 유독성 물질의 영향은 흡입량, 즉 접촉된 농도와 시간에 의해 결정된다. 흡입량이 많으면 그 효과도 크다. 물질의 연소로 많은 질식제가 방출되지만, 일산화탄소(CO)와 시안화수소(HCN)는 독성이 매우 심하다.

(2) 독성가스

독성이 큰 순서대로 분류하면 아크로레인, 포스겐, 이산화질소, 염화수소, 아황산가스, 황화수소, 시안화수소, 암모니아 등이 있다.

ⓐ 일산화탄소(CO)

탄화수소·셀룰로오스로 구성된 가연물질이 종이·나무·석탄·석유류·고무류 등이 불완전 연소할 때 발생되는 유독성 가스로서 독성의 허용농도는 50ppm (g/m^3)이다. 또한 일산화탄소는 무취·무미의 환원성이 강한 가스로서 상온에서 염소와 작용하여 유독성 가스인 포스겐($COCl_2$)을 생성하기도 하며, 인체 내의 헤모글로빈과 결합하여 산소의 운반 기능을 약화시켜 질식하게 한다.

표 3-18 일산화탄소 농도

공기 중의 농도	흡입 시간과 중독 증상
0.02%	2~3시간이면 앞머리 부분에 가벼운 두통 증상을 느낀다.
0.04%	1~2시간이면 앞머리에 통증, 구토 증세가 나타나고, 2.5~3.5시간이면 뒷머리에 통증을 느낀다.
0.08%	45분이면 두통·현기증·구토증·경련이 일어나고, 24시간이면 실신한다.
0.16%	20분이면 두통·현기증·구토 등이 일어나고, 2시간이면 사망한다.
0.32%	5~10분이면 두통·현기증이 일어나고, 30분이면 사망한다.
0.64%	1~2분이면 두통·현기증이 일어나고, 15~30분이면 사망한다.
1.28%	1~3분이면 사망한다.

ⓑ 이산화탄소(CO_2)

㉮ 탄화수소·셀룰로오스로 구성된 가연물질인 종이·나무·석탄·석유류·고무류 등이 완전 연소할 때 발생하는 연소생성물로 독성의 허용농도는 5,000ppm (g/m^3)이다. 또한 이산화탄소는 무색·무미의 기체로서 비중이 공기보다 무거우며, 불연성이고 지연성(조연성)도 없다.

㉯ 이산화탄소 자체는 독성이 거의 없으나 다량이 존재할 때 사람의 호흡속도를 증가시키고 혼합된 유해가스의 흡입을 증가시켜 위험을 가중시킨다. 이산화탄소 농도가 5%일 경우 호흡이 과중해지고 심한 고통을 느끼며, 9% 정도일 경우는 10분 이내에 의식을 잃게 된다.

표 3-19 이산화탄소 농도

이산화탄소의 농도 범위	이산화탄소의 주요 영향
3%	호흡곤란, 두통, 현기증, 구토, 약한 마취성, 청각 감퇴, 혈압·맥박의 증가
4%	30분 후 두통의 발생
5%	30분 후 피로 징후, 두통, 현기증 발생
8%	현기증, 혼수, 인사불성 상태
9%	명료한 호흡곤란, 혈압상실, 혈압발진, 의식불명
10%	이상 시력장애, 경련, 과호흡, 혈압발진, 의식불명

ⓒ 황화수소(H_2S)

고무, 동물의 털, 가죽 등 유황이 함유되어있는 물질이 불완전 연소할 때 발생하며, 계란 썩는 듯한 냄새가 후각을 마비시켜 유해가스의 흡입을 증가시킨다(허용농도 10ppm).

ⓓ 아황산가스(SO_2)

유황이 함유되어있는 물질인 중질유·동물의 털·고무 등이 연소할 때 발생되는 연소생성물로서 무색의 유독성이 있어 눈 및 호흡기 등에 점막을 상하게 하고 질식사할 우려가 있다. 0.05% 농도에 단시간 노출되어도 위험하므로 유황을 저장 또는 취급하는 공장에서는 호흡을 방지하고 화재에 유의해야 한다.

ⓔ 암모니아(NH_3)

질소함유물(멜라민수지·나일론·요소수지·아크릴·실크·나무 등)이 연소할 때 발생하는 연소생성물로서 유독성이 있으며, 상온·상압에서 강한 자극성을 가진 무색의 기체로서 물에 잘 용해된다. 특히, 비료공장·냉매공업 분야에서 많이 사용되고 있으므로 이러한 공장에서는 암모니아를 흡입하지 않도록 주의하여야 한다(허용농도 25ppm).

ⓕ 시안화수소(HCN)

질소성분을 가지고 있는 합성수지, 동물의 털, 인조견, 모직물 등의 섬유가 불완전 연소할 때 발생하는 무색의 맹독성 가스이며 가연성이다. 특히, 시안화수소의 독성의 허용농도는 10ppm(g/m^3)으로서 0.3% 이상의 농도에서는 즉시 사망한다.

ⓖ 아크로레인(CH_2CHCHO)

석유제품·유지류 등이 연소할 때 발생되는 연소생성물로서 자극적인 냄새가 나는 무색의 액체(또는 기체)성 물질이고, 산화하기 쉬우며 공기와 접촉하면 아트릴산으로 된다. 인체에 대한 허용농도는 0.1ppm이고 10ppm 이상의 농도에서는 생명에 지장이 있다.

ⓗ 불화수소(HF)

합성수지인 불소수지가 연소할 때 발생하며 무색의 자극성 기체로, 우독성이 강하다. 특히, 모래·유리를 부식시키는 성질이 있으며, 독성의 허용농도는 3ppm(g/m^3)이다.

ⓘ 염화수소(HCL)

염소성분이 함유되어 있는 염화비닐수지(PVC), 건축물에 설치된 전선의 피복이 연소할 때 발생하며, 유독성이 있어 독성가스로 취급하고 있다. 특히, 염화수소는 물에 녹아 염산이 되는 것으로 독성의 허용농도는 5ppm이며, 향료·염료·의약·농약 등의 제조에 이용되고 있으며, 부식성이 강하여 철근콘크리트 내의 철근을 녹슬게도 한다.

ⓙ 취화수소(HBr)

방염수지류 등이 연소할 때 발생되는 연소생성물로서 유독성이 있어 독성가스로 취급되며 독성의 허용 농도는 5ppm이다. 상온·상압에서 무색의 자극성 기체로 물에 잘 용해된다.

ⓚ 포스겐($COCl_2$)

연소성 수지인 폴리연화비닐(PVC), 수지류 등이 연소할 때 발생되는 연소생성물로서 발생량은 그리 많지 않다. 유독성이 큰 가스로서 독성의 허용농도는 0.1ppm이다.

ⓛ 산화질소(NO)

질소성분이 함유되어있는 폴리우레탄·질산셀룰로오스(셀룰로이드) 등이 완전(불완전) 연소할 때 발생되며, 유독성이 강하여 작은 양의 기체를 흡입하여도 단시간 내에 인체에 치명적이다. 또한 이산화질소는 질산암모늄·질산염류 등의 화재 시에도 발생되며, 질산을 가열하여도 발생되므로, 이산화질소의 흡입 방지에 주의하여야 한다.

ⓜ 연소가스의 독성

표 3-20 연소가스의 독성

유독성 연소가스	TLV(ppm)	LC50(ppm)
이산화탄소(CO_2)	5,000	-
일산화탄소(CO)	50	1,807
암모니아(NH_3)	25	-
벤젠(C_6H_6)	25	-
황화수소(H_2S)	10	713
시안화수소(HCN)	10	-
염화수소(HCL)	5	970
아황산가스(SO_2)	5	-
이산화질소(NO_2)	5	-
불화수소(HF)	3	1,276
염소(Cl_2)	0.5	873
삼염화인(PCl_2)	0.2	-
포스겐($COCl_2$)	0.1	-
아크로레인(CH_2CHCHO)	0.1	-

* TLV(Threshold Limit Value)
평균적으로 성인 남자가 매일 8시간씩 주 5일을 연속해서 이 농도의 가스(증기)를 함유하고 있는 공기 중에서 작업하더라도 작업자의 건강에는 영향이 없다고 생각되는 한계농도(허용농도)

* LC50(Lethal Concentration)
반수 치사농도로 이 농도의 가스를 동물에게 1시간 이상 흡입시켰을 때, 실험동물의 반수가 일정기간(14일) 후에 사망하게 되는 공기 중의 가스(증기) 농도

6) 인간의 피난본능

(1) 귀소본능(歸巢本能)

인간은 본능적으로 비상시 자신의 신체를 보호하기 위하여 원래 온 길 또는 늘 사용하는 경로에 의해 탈출을 도모하고자 한다. 따라서 일상의 경로, 즉 복도나 계단 등이 그 말단까지 알기 쉽고, 안전하게 보호되는 것이 중요하다.

(2) 지광본능(指光本能)

화재 시 정전 또는 검은 연기의 유동으로 주위가 어두워지면 사람들은 밝은 곳으로 피난하고자 한다. 따라서 채광이 나쁜 옥내의 피난 경로는 집중적으로 밝게 하고, 이와 혼동하기 쉬운 장식등 등은 제한 또는 소등될 수 있도록 하여야 한다. 출입구·계단 등을 가능한 외부에 접하게 한다.

(3) 추종본능(追從本能)

비상시에는 많은 군중이 한 사람의 리더를 추종하는 경향이 있다. 불특정 다수인이 모이는 시설에서는 피난유도를 할 수 있는 리더의 육성이 중요한 문제가 된다.

(4) 퇴피본능(退避本能)

이상 상황이 발생하면 확인하려 하고, 긴급사태가 확인되면 반사적으로 그 지점에서 멀어지려고 한다. 건물의 중심부에서 연기와 불꽃이 상승하면 외주(外周)방향으로, 외주부가 위험하면 중앙방향으로 퇴피하려고 한다.

(5) 좌회본능(左廻本能)

오른손잡이인 경우 오른손, 오른발이 발달해있기 때문에 왼쪽으로 도는 것이 자연스럽다. 피난로 관리에 이를 적용할 수 있을 것이다.

(6) 기타의 본능

이상의 본능 이외에도 가능한 한 넓은 공간을 찾아서 이동하다가 위험성이 높아지면 의외로 좁은 장소, 즉 목욕탕이나 화장실 등을 찾는다든지(폐쇄공간지향 본능), 비상시에는 상상도 못할 힘을 내는 본능(초능력 본능) 또한 거주자의 이상심리현상으로 구조용 헬리콥터를 부수려고 한다든지 무차별 인명의 살상을 하는 것(공격 본능) 등이 그 예이다.

4. 폭발(暴發; Explosion)

1) 폭발의 의미

(1) 폭발의 정의

① 폭발(explosion)

폭발은 충격파(shock wave)가 발생하여 둘러싸고 있는 주위의 물질과 구조물의 파괴를 초래하는 급격한 에너지의 팽창 현상으로, 공정별로 분류하면 핵폭발, 물리적 폭발과 화학적 폭발과 병립에 의한 폭발이 있다.

화재가 폭발과 구별되는 점은 방출하는 에너지의 양이 다르기 때문이다. 이러한 폭발은 화염이 얼마나 전방으로 확산되느냐에 따라 폭굉(detonation)과 폭연(deflagration, explosive burning, 爆燃)으로 나누어진다.

폭굉은 불꽃 전단(앞부분)의 속도가 음속 이상이고, 충격파를 발생시키는 경우를 말하는 반면 폭연은 불꽃 전단의 속도가 충격파가 전달되는 속도보다 느리지만 상당한 압력을 발생시키는 경우를 말한다.

폭발은 대량의 가스를 갑자기 그리고 순식간에 방출하는 현상으로 저장용기의 파괴나 파열, 충격파(shock 또는 blast:폭발로 인한 폭풍), 열 또는 화재, 유독가스의 누출 등으로 손상을 일으킨다. 고압용기나 보일러 등의 폭발도 화학폭발과 같은 결과를 초래하므로 폭발로 취급하기도 한다. 폭발은 폭연(deflagration)이나 폭굉(detonation) 중의 하나에 해당된다.

② 고준위 폭발(high-order explosion)과 저준위 폭발(low-order explosion)

높은 반응속도 때문에 모든 물질에 동시에 반응하는 것을 고준위 폭발이라고 하며, 물질의 반응속도가 느려서 처음 반응하는 물질이 인근의 물질을 날려 보내 동시에 반응하지 않는 폭발을 저준위 폭발(low-order explosion)이라고 한다.

③ 폭약(explosive)

폭약은 폭발을 일으켜 폭발에너지를 사용하고자 하는 물질이다. 폭약은 화학적으로 급격한 연소(combustion)나 분해(dissociation)반응을 하며, 대량의 가스와 열을 발생하는 발열반응을 한다.

(2) 폭발의 조건

밀폐된 공간에 연소의 3요소가 있으면 폭발이 일어날 수 있다. 즉, 밀폐된 공간과 가연성 가스, 증기, 분진이 폭발범위(연소범위)에 있고 점화원이 존재하면 폭발한다.

가연성 가스는 대부분 유기화합물이지만, 암모니아, 히드라진과 같이 산화되기 쉬운 무기화합물도 포함된다. 폭발물이 고체인 이유는 작고, 밀도가 높고, 다루기 쉽기 때문이다.

(3) 폭발한계를 측정하는 장치

폭발물을 측정하는 장치는 전파법과 버너법이 있다. 전파법은 원통형 또는 구형의 용기 내에 혼합가스를 넣고 한쪽에서 점화하여 화염이 전체에 확산되는 한계조성을 결정하는 방법이고, 버너법은 버너 위에 안정된 화염이 가능한 혼합가스 조성의 한계치를 결정하는 방법이다.

(4) 혼합가스의 폭발 하한계 계산방법

르샤틀리에(Le Chateilier)의 법칙에 의한 폭발한계로 아래와 같다.

$$\frac{100}{L} = \frac{V_1}{L_1} + \frac{V_2}{L_2} + \frac{V_3}{L_3} + \cdots$$

L : 혼합가스의 폭발한계(vol%)
V_1 : 각 단독성분의 혼합가스 중의 농도(vol%)
L_1 : 혼합가스를 형성하는 각 단독성분의 폭발한계(vol%)

(5) 폭굉유도거리(DID)

최초의 완만한 연소에서 격별한 폭굉으로 발전하는데 필요한 거리를 말한다. 폭굉유도거리(DID)가 짧아지는 조건(위험도가 크다)은 점화에너지가 강할수록 짧아지며, 연소속도가 큰 가스일수록 짧아지고 관경이 가늘거나 관속에 이물질이 있을 경우 짧아진다. 또한 압력이 높을수록 짧아진다.

(6) 폭발등급 및 안전 간격

폭발등급 및 안전거리는 아래 표와 같다.

표 3-21 폭발등급 및 안전거리

폭발등급	기준	종류
폭발1등급	0.6mm 초과	메탄, 에탄, 일산화탄소, 암모니아, 아세톤, LPG
폭발2등급	0.4mm 초과 0.6mm 이하	에틸렌, 석탄가스
폭발3등급	0.4mm 이하	아세틸렌, 이황화탄소, 수소

2) 폭발의 분류

(1) 공정별로 분류

① 화학적 폭발

㉠ 산화반응에 의한 폭발

우리가 주로 취급 사용하는 위험물 중에서 인화성이 강한 가솔린, 벤젠 등 주로 인화점이 낮은 액체연료에서 기화된 증기가 신속하고 민감한 산화반응에 의하여 순간적으로 빠른 속도에 의해 착화될 수 있는 상태에서 화재와 폭발이 동시에 발생되는 현상을 말한다.

산화제에 의한 폭발은 대부분 상온에서 액체상태의 산화제의 경우로서 이와 같은 원인이 되는 산화제는 액체산소, 과산화수소, 진한 질산, 발연질산, 니트로메탄, 과산화질소 등의 산화작용에 의한 폭발이다.

공업용 30% 과산화수소는 산화력이 강하므로 환원성의 약품과 혼합 시 폭발이 일어나고, 압축산소는 산화력이 강하므로 유기물과의 접촉을 금지하며, 발연질산, 농질산 등 어느 것이나 발화와 폭발의 원인이 되는 강력한 산화제이므로 유기물과 접촉 시 폭발이 일어난다.

㉡ 분해반응에 의한 폭발

혼합 또는 화합에 의하여 제조된 물질이 압력과 운도의 영향을 받아 분해되며, 분해반응 시 발생하는 열과 압력에 의해서 주위에 많은 재해를 주는 폭발을 말한다.

분해반응에 의해서 폭발을 일으키는 물질에는 과산화물, 염소산칼륨, 아세틸렌, 다이너마이트, 디아조화합물, 히드라진 등이 있다.

아세틸렌은 연소범위가 공기 중에서 2.5~81%로서 연소범위가 넓은 점에서도 폭발을 일으킬 위험성이 높은 가스이며, 압축하면 $C_2H_2 \rightarrow 2C+H_2+54kcal$의 분해방정식과 같이 분해를 일으키므로 이 열에 의하여 폭발이 일어난다.

㉢ 중합에 의한 폭발

불포화탄화수소 등이 특히 중합하기 용이하며, 급격한 중합반응을 일으키고 이때 중합열에 의해 폭발하는 경우가 있다.

예) 산화에틸렌, 부타디엔, 염화비닐, 시안화수소 등

㉣ 반응폭주 등에 의한 폭발도 화학적 폭발에 해당된다.

② **물리적 폭발**

물리적 폭발이란 물리 변화를 주체로 한 것으로 고압용기의 파열, 탱크의 감압 파손, 폭발적 증발 등이 있다. 액체가 들어있는 밀폐용기가 화재 시에 외부로부터 가열되면 증기압은 상승한다. 용기가 파열되면 액체는 과열상태에 있기 때문에 기액 간의 평형이 깨어지고 과열액체의 증기 폭발이 일어날 가능성이 있다.

미세한 금속선에 큰 용량의 전류가 흘러 전선의 온도 상승으로 용해되어 갑작스런 기체의 팽창이 짧은 시간 내에 발생하는 전선의 폭발도 물리적 폭발에 해당된다.

(2) 기상폭발과 응상폭발

① **기상폭발**

기상폭발에는 가스폭발(혼합가스 폭발), 분무폭발, 분진폭발, 가스의 분해폭발(가스의 폭발적 분해) 등이 포함된다. 분무폭발이나 분진폭발은 이들의 미세한 액적 또는 미분이 공기 중에 부유, 현탁하여 있을 때 폭발하는 것은 착화에너지에 의하여 액적 또는 미분이 기화, 증발, 열분해, 건류 등의 물리적·화학적 작용을 받아 이들로부터 가연성 가스가 발생하여 이 가연성 가스와 공기의 혼합기체가 폭발하는 것이므로 기상폭발로서 취급한다.

㉠ **가스폭발**

수소, 일산화탄소, 메탄, 프로판, 아세틸렌 등의 가연성 가스와 지연성 가스(공기 또는 산소)와의 혼합기체가 존재할 때 항상 폭발이 발생하는 것이 아니고 다음의 2가지 조건이 동시에 만족될 때에 발생하는 것이다.

제1의 조건은 조성조건(농도조건)이라고 불리워지는 것으로 혼합기체 중 가연성 가스의 농도가 어떤 농도범위(가연성 가스의 종류와 혼합기체의 온도에 의해 정해진 농도범위) 내에 있는 것이 필요하다. 이 농도범위를 폭발범위라고 부르고, 폭발범위 내의 혼합기체를 가연성 혼합기체(폭발성 혼합기체)라고 부른다. 그리하여 가연성 가스의 저농도측의 한계를 폭발하한계, 고농도측의 한계를 폭발상한계라 하지만 가스폭발은 연소의 한 형태이므로 폭발범위, 폭발하한계, 폭발상한계를 각각 연소범위, 연소하한계, 연소상한계라고도 한다.

제2의 조건은 발화원의 존재로서 이것을 어니지 조건이라 한다. 가연성 혼합기체는 그 상태로서는 폭발하지 않고 여기에 어떤 외부에너지가 주어지면 그 부분에서 연소반응이 개시되어 화염이 발생하고 미연소의 혼합기체 중을 전파하며 간다. 이때 가해지는 에너지를 가연성 혼합기체의 전체를 가열하는 경우와 부분적으로 가열하는 경우가 있다.

㉡ **분무폭발**

공기 중에 분출된 가연성 액체의 미세한 액적이 무상으로 되어 공기 중에 부유하고 있을 때 발생한다.

분무폭발은 고압의 유압설비의 일부가 파손되어 내부의 가연성 액체가 공기 중에 분출되어 이것이 미세한 액적이 되어 무상으로 되고 공기 중에 현탁하여 존재할 때에 어떤 원인으로 인해 착화에너지가 주어지면 발생한다.

㉢ **분진폭발**

분진폭발은 가연성 고체의 미분이 공기 중에 부유하고 있을 때에 어떤 착화원에 의해 에너지가 주어지면 폭발하는 현상으로 탄광에 있어서의 분진폭발이 그 전형적인 예이다.

대부분의 물질들은 분진폭발을 일으키나, 석회석 가루(생석회), 시멘트 가루, 대리석 가루, 탄산칼슘 등은 분진폭발을 일으키지 않는다.

분진이 발화 폭발하기 위한 조건으로서는 가연성, 미분상태, 지연성 가스(공기) 중에서의 교반과 운동, 점화원의 존재 등이 있다.

미분탄, 소맥분, 플라스틱과 같은 가연성의 고체가 미분말도 되어 공기 중에 현탁하여 있을 때 외부의 점화불꽃에 의해 착화되어 일어나는 폭발이다. 예) 유황, 플라스틱, 사료, 석탄, 알루미늄, 철 등 분진폭발의 순서는 공기 → 날림 → 분산 → 발화원 발생 → 전면 폭발 → 2차 폭발이다. 분진 입자가 작을수록 폭발력이 우수하며, 연소 속도나 폭발압력은 가스폭발에 비교하여 작으나 연소시간이 길고, 발생 에너지가 크기 때문에 파괴력과 연소 정도가 크다. 또한 발생 에너지는 최고치로서 비교한 경우, 가스폭발의 수배 정도이고 온도는 2000~3000℃ 정도까지 올라간다고 한다. 분진폭발을 일으키는 분진 입자의 크기는 약 100미크론(μ) 이하이다.

㉣ **분해폭발**

분해폭발은 분해할 때에 발열하는 가스, 예를 들어 석유화학공업에서 다량으로 취급하는 에틸렌, 산화에틸렌이나 금속의 용접, 용단에 널리 이용되고 있는 아세틸렌 등이 어떤 조건 하에서 분해하는 경우가 있고, 이 때문에 상당히 큰 발열을 동반하기 때문에 분해에 의해 생성된 가스가 열 팽창되고, 이때 생기는 압력 상승과 이 압력의 방출에 의해 폭발이 일어난다.

ⓜ 증기운 폭발

대기 중에 대량의 가연성 가스가 유출하거나 대량의 가연성 액체가 유출하여 그것으로부터 발생하는 증기가 공기와 혼합해서 가연성 혼합기체를 형성하고 발화원에 의하여 발생하는 폭발을 "증기운 폭발"이라고 부른다.

② 응상폭발

㉠ 수증기 폭발(과열액체의 증기 폭발)

폭발사고로서 대표적인 응상폭발은 수증기 폭발이다. 용융금속이나 슬러그 같은 고온물질이 물속에 투입되었을 때 그 고온물질이 갖는 열이 저온에 물에 짧은 시간에 전달되면 일시적으로 물은 과열상태로 되고 조건에 따라서는 순간적으로 짧은 시간에 급격하게 비등하여 이러한 상변화에 따라 폭발현상이 나타나게 된다. 즉, 상평형이 순간적으로 깨질 때 폭발이 발생한다.

보일러의 관체가 어떤 사고에 의하여 일부분이라도 파손되면 대기압 하에서의 비범 이상으로 과열되어 평형상태에 있던 물(액상)이 순간적으로 대기압으로 방출됨으로써 평형상태가 파괴되고, 이때 발생하는 상변화로 폭발현상을 나타내는 경우가 있다.

㉡ 증기 폭발

저온 액화가스(LPG, LNG 등)가 사고로 인해 물 위에 분출되었을 때에는 조건에 따라서 급격한 기화에 동반하는 비등현상을 나타내는 것으로, 액상에서 기상으로의 급격한 상변화에 의한 폭발현상에 수증기 폭발을 포함시켜 증기 폭발이라고 부른다.

가 증기 폭발은 단순한 상변화에 의한 폭발의 발생과정에서 착화를 필요로 하지 않으므로 화염의 발생은 없으나 증기 폭발에 의하여 공기 중에서 기화한 가스가 가연성인 경우에는 증기 폭발이 발생할 위험이 있다.

㉢ 혼합위험에 의한 폭발

혼합위험은 과학적으로 엄격하게 정의된 것은 없으나, 2종 이상의 주로 액체인 물질이 혼합된 경우에 양자 간의 확산, 상호 용해 등의 물질이동에 의한 혼합열이 발생하고, 때로는 화학반응을 수반하여 발화폭발과 같은 위험성이 일어나 원래의 물질보다 위험성이 증대되는 것이 혼합위험의 현상이다.

혼합위험물은 단독으로도 폭발성, 인화성, 가연성, 금수성, 강산화성의 일정 성질을 갖는 것이 많이 있기 때문에 이들 성질을 갖는 물질의 취급에 신중을 기해야 하며, 또한 새로운 화합물을 합성, 제조하여 공업적으로 이용할 때에는 그 화합물이 다른 물질과 혼합되었을 때 어떤 반응을 일으키는지에 대한 연구가 사전에 실시되어야 한다.

표 3-22 혼합에 의한 폭발

구분	제1류	제2류	제3류	제4류	제5류	제6류
제1류		×	×	×	×	○
제2류	×		×	○	○	×
제3류	×	×		○	×	×
제4류	×	○	○		○	×
제5류	×	○	×	○		×
제6류	○	×	×	×	×	

(3) 폭굉과 폭연

① 폭굉(detonation)

반응물질을 통과하는 반응속도가 음속을 초과하는 경우를 폭굉이라고 한다. 폭연에서의 압력 증가는 일반적으로 수기압 정도이나, 폭굉인 경우는 압력 상승이 일반적으로 10배정도 또는 그 이상으로 높아진다.

반응면이 혼합물을 자연발화온도 이상으로 압축시키는 강한 충격파에 의해 전파된다. 동시에 충격파는 연소반응에 의해 방출되는 열에 의해 유지된다. 반응의 전파속도가 그 물질 내에서의 음속보다 빠르며, 혼합기체의 폭굉속도는 1,000m/sec~3,500m/sec이다.

폭굉파는 음파와 달리 폭굉파가 통과한 곳은 화학적 조성이 변하므로 가역적인 탄성파로 취급되지 않는다. 반응이 용기나 공간에 밀폐되지 않아도 발생한다. 대체로 수소가스는 2,800m/sec, TNT는 7,000m/sec, 니트로글리세린은 8,000m/sec의 반응속도를 보인다. 따라서 니트로글리세린이 가장 강력한 화약임을 알 수 있다.

② 폭연(deflagration)

폭연은 인근의 물질이 반응하거나 반응을 일으킬 수 있는 온도와 열을 방출하는 급격한 반응을 말한다. 반응속도는 매우 높으나 음속 이하인 경우이다. 그 반응속도는 0.1~10m /sec 정도이다.

폭연은 열의 분자확산 반응물과 연소 생성물의 난류 혼합에 의해 전파된다. 내연기관 안에서 가솔린과 공기의 혼합물은 거의 1/300초 안에 완전연소가 일어나는데, 이것이 폭연이다.

③ 폭굉과 폭연의 차이점

표 3-23 폭굉과 폭연의 차이점

구분	폭굉	폭연
전파속도	1,000~3,500[m/s]로 음속보다 빠르게 이동한다.	0.1~10[m/s]로 음속보다 느리게 이동한다.
압력	초기압력의 20배 이상(충격파 형성)	초기압력의 8배 이하
폭발방지장치 효력	무효	유효
화재로의 파급효과	적다	크다
폭발환경 및 연소형태	개방계/확산연소	밀폐계/예혼합연소
전파에 필요한 에너지	충격파 에너지	전도·대류·복사 에너지
완전연소 소요시간	1/300초	1/1,000초
폭발전달기구	충격파에 의한 에너지 반응(자연발화온도 이상으로 압축시키는 형성) 반응성 라디칼에 의한 형성	열분자 확산이나 난류 확산에 의존하는 반응
발생 가능성	수소, 아세틸렌 등 반응성이 큰 연료에서 발생가능 중간 정도의 반응성 연료라도 고밀도 장애물과 밀폐율을 가진 가스운, 배관 내에서는 발생 가능	대부분의 폭발 형태

④ 폭굉 전이 방지 및 방호대책

관내 화염방지기를 설치하여 폭발 화염을 초기단계에서 소멸시켜 화염의 전파를 저지할 목적으로 사용한다. 파열판을 설치하여 과압에서는 용기 내의 압력을 줄인다.

장치의 강도는 최소한 3.5Mpa($35kg/cm^2$) 이상의 압력에 견딜 수 있도록 설계하도록 하고, 장치의 형상을 폭굉으로 전이되지 않도록 해야 한다. 그러기 위해서는 장치의 지름에 대한 길이의 비를 10 이하로 줄이고, 공정 라인에서 방향 전환이 요구되면 가급적 완만하게 전환한다. 또한 파이프 안에서 가급적 오리피스 같은 장애물을 두지 않으며, 엘보, 티 등의 입구와 같은 중요한 관의 위치에서는 관을 확대하는 등의 조치를 취한다.

3) BLEVE(Boiling Liquid Expanding Vapor Explosion)

직접 접촉한 불꽃에 노출되는 직화에 의해 가열된 용기 또는 탱크가 강도를 상실하면서 폭발하는 경우이다. 탱크가 가열되면 액위 이하의 탱크벽은 액에 의하여 냉각되나, 액의 온도는 올라가고 탱크 내의 압력이 증가된다. 탱크 내 가스가 증발되어 증발잠열에 의하여 스스로 냉각되므로 얼마동안은 온도변화가 없지만, 계속 가열되면 탱크로 가열되는 열량이 증발잠열보다 높아져 증발량이 더욱 증가하게 된다. 안전밸브로 방출되는 양보다 증발량이 많아질 경우 내부압력이 증가하게 되고, 직접 열을 받는 부분이 탱크의 인장강도를 초과할 경우 마침내 파열하게 된다.

불연성 물질의 저장탱크는 BLEVE 발생 후 다른 2차적인 위험이 계속 일어나지 않으나, 만약 액체가 가연성이고 BLEVE의 원인이 화재에 기인한 것이라면 탱크가 파열될 때 점화될 것이다. 이때 탱크 내부의 액상가스가 급격히 증발하면서 Fire Ball을 형성해 엄청난 복사열을 발산한다. Fire Ball은 주위의 공기와 섞이면서 상승하다가 공 모양에서 차츰 버섯 모양으로 변한다. BLEVE의 규모는 파열 시 액체의 기화량, 탱크의 용량에 따라 차이가 있다.

4) 방폭구조

(1) 안전증가방폭구조(安全增加防爆構造, Icreased safety type "e")

정상운전 중에 폭발성 가스 또는 증기에 점화원이 될 전기불꽃, 아크 또는 고온이 되어서는 안 될 부분에 이런 것의 발생을 방지하기 위하여 기계적, 전기적, 구조상 또는 온도상승에 대해서 특히 안전도를 증가한 구조이다.

(2) 압력방폭구조(壓力防爆構造, pressureized type "f")=내압(內壓)방폭구조

점화원이 될 우려가 있는 부분을 용기 내에 넣고 신선한 공기 또는 불연성 가스 등의 보호기체를 용기의 내부에 넣어줌으로써 용기 내부에는 압력이 형성되어 외부로부터 폭발성 가스 또는 증기기 침입하지 못하도록 한 구조이다.

(3) 본질안전방폭구조(本質安全防爆構造, Intrinsic safety type "I")

정상 시 및 사고 시(단선, 단락, 시락 등)에 발생하는 전기불꽃, 아크 또는 고온에 의하여 폭발성 가스 또는 증기에 점화되지 않는 것이 점화시험, 기타에 의하여 확인된 구조를 말한다.

(4) 내압방폭구조(耐壓防爆構造 , Explosion proof type "d")

전폐구조로 용기 내부에서 폭발성 가스 또는 증기가 폭발하였을 때 용기가 그 폭발압력에 견디며, 또한 접합면, 개구부 등을 통하여 외부의 폭발성 가스에 인화될 우려가 없도록 한 구조이다.

(5) 유입방폭구조(油入防爆構造, Oil immersed "o")

전기기기의 불꽃, 아크 또는 고온이 발생하는 부분을 기름 속에 넣고 기름면 위에 존재하는 폭발성 가스 또는 증기에 인화될 우려가 없도록 한 구조이다.

5. 붕괴(崩壞; Collapse)

1) 붕괴의 정의

붕괴란 일반적으로 무너지고 깨어짐을 뜻하며, 붕퇴 또는 붕궤라 말하기도 한다. 붕괴는 도괴와 같이 넘어지거나 무너짐 또는 넘어뜨리거나 무너뜨림을 뜻하기도 한다.

2) 붕괴의 원인

붕괴는 부실시공이나 신공법 및 신기술의 부족에서 찾을 수도 있고 작업 자체의 위험성과 하도급에서 발생되는 문제 및 안전의식의 결여에서도 기인할 수 있다.

3) 건물 붕괴의 징조

(1) 갑자기 창이나 문이 뒤틀리고 여닫기가 곤란할 때
(2) 바닥의 기둥부위가 솟거나 중앙부위에 쳐진 현상이 발생되는 때
(3) 건물 바닥이 갈라지거나 함몰되는 현상이 발생할 때
(4) 철거 중인 구조물에 화재가 발생하거나 화염에 철강재가 노출된 때
(5) 벽이나 바닥의 균열소리가 얼음이 깨지는 듯이 나는 때
(6) 개 등 동물이 갑자기 크게 짖거나 평소와 달리 매우 불안해하는 때
(7) 기둥이 휘거나 대리석 등 마감재가 부분적으로 떨어져나가는 때
(8) 기둥 주변에 거미줄형 균열이나 바닥슬래브의 급격한 처짐 현상이 발생한 때
(9) 계속되는 지반 침하와 석축·옹벽에 균열이나 배부름 현상이 나타나는 때

4) 붕괴 패턴의 4가지 형태

(1) 팬케이크(pancake) 형태

기둥이나 내력벽이 완전히 부서지고 높은 바닥이 낮은 바닥 위로 단순한 방법으로 붕괴를 일으키며 무너져 내려앉았을 때의 형태

(2) V자 형태

무거운 짐과 같은 것이 바닥중심 가까운 곳으로 붕괴되도록 했을 때 형성되는 것

(3) 기댄 형태

1개 이상의 지지벽이나 바닥 조이스트가 부서지거나 한쪽 끝에서 분리되었을 때 한쪽 바닥의 끝을 다른 쪽 낮은 바닥 위로 쓰러지게 하면서 형성되는 것

(4) 캔틸레버(Cantilever) 형태

1개 이상의 벽이 무너지고 그 바닥의 다른 쪽 끝은 아직 벽에 매달려있기 때문에 바닥의 한쪽 끝이 그냥 허공에 매달려있을 때 형성되는 것

5) 붕괴의 방지조치

(1) 예방조사

예방조사는 건물붕괴 예방조사와 토사붕괴 예방조사가 있다. 건물붕괴 예방조사는 해체 시 주의해야 할 취약부분, 평면구조상태, 폭·벽·층고 배치상태, 철근이나 철골 콘크리트조, 건물 노후 정도와 화재유무 등 해체 시 떨어질 우려가 있는 내·외장재 등의 조사이다.

토사붕괴 예방조사는 매설물 등의 유무 또는 상태, 지반의 지하수위상태, 형상·지층 및 지질상태 등 지표수·지하수·균열·함수·동결의 유무 또는 상태 점검 등이다.

(2) 2차 붕괴 방지조치

붕괴물 굴착, 붕괴물 해체작업 전 점검, 표면 배수공을 설치하여 지표수의 침투를 방지, 말뚝을 박는 공법·앵커에 의한 공법·옹벽 또는 낙서방지공법 등 적용, 경사면 하단 성토, 경사면 상부의 잔해물 제거 등이다.

(3) 붕괴사고 대비 교육

건물붕괴 징조를 감지한 경우 즉시 건물 밖으로 대피해야 하고 건물 안에 있을 때 각종 도괴 등에 대비하여 안전한 곳으로 대피해야 한다. 또한 건물 밖에 있을 때는 건물 밖 안전한 지역으로 대피해야 하고 2차, 3차 붕괴가 있을 수 있기 때문에 붕괴지역으로부터 멀리 이동하는 것이 바람직하다. 아울러 응급의료체계를 확립하여 즉각 대응하도록 해야 한다.

(4) 붕괴에 따른 행동요령

① 건물 내부에 있을 때

㉠ 계단실이나 엘리베이터 홀 등과 같이 견디는 힘이 강한 벽체가 있는 안전한 곳으로 임시 대피

㉡ 평소에 밧줄, 손전등, 완강기 등 탈출에 필요한 물품이 있는 것을 확인해둠.

㉢ 건물이 붕괴한 경우 당황하지 말고 빠른 속도로 주변을 살펴서 대피로를 찾음.

㉣ 부상자는 가능한 빨리 안전한 장소로 옮기고 탈출 후 응급처치를 하도록 함.

② 건물 외부에 있을 때

㉠ 붕괴지역 주변을 보행하거나 이동할 때는 유리파편 등에 다치지 않도록 책이나 방석 또는 가방 등으로 머리를 보호하며, 될 수 있는 한 위험지역이나 불안정한 물체가 있는 곳으로 가지 않도록 해야 함.

㉡ 추가 붕괴나 가스폭발 및 화재 등의 위험이 항시 존재할 수 있으니 사고현장에 접근하지 않도록 해야 함.

㉢ 건물 밖으로 나오면 폭발, 2차 붕괴, 화재, 가스 등으로부터 멀리 피하도록 하여 위험이 존재하지 않는 곳으로 신속히 대피해야 함.

③ 붕괴·매몰된 경우

㉠ 입과 코를 옷이나 천으로 가려서 먼지를 흡입하는 것을 최소화시켜야 함.

㉡ 휴대전화 전파는 매몰자를 탐색하는데 도움이 되므로 배터리가 오래 유지되도록 전원을 관리해야 함.

㉢ 불필요한 활동이나 고함으로 체력을 소모하지 않도록 해야 함.

㉣ 음식이나 물을 찾아서 먹도록 하며, 저체온 증에 걸리지 않도록 체온 유지에 각별히 신경을 써야 함.

㉤ 어떠한 극한 상황에서도 구조될 수 있다는 희망을 버리지 않도록 해야 함.

6. 화생방(化生放; Chemical, Biological, Radiological)

1) 정의

우리나라에서 화생방이란 화학물질과 세균과 같은 생물학적 요인 및 방사능무기의 첫 글자를 따서 붙여진 이름이다. 영어로는 '화학·생물학·방사능·핵무기'의 약자인 CBRN (Chemical, Biological, Radiological and Nuclear weapons)이라 부른다. 오늘날 생화학무기는 핵무기나 방사능무기와 함께 대량살상무기(WMD, Weapons of Mass Destruction)에 속하는 것으로서 말 그대로 한 번에 많은 인간을 살상할 수 있다.

2) 위험성

(1) 위험인자

유독성 화학물질, 병원성 세균 및 바이러스, 방사성 물질을 원인체로 하여 사고를 발생시킨다.

(2) 화학무기

화학무기는 화학물질을 사용해 인명을 살상하는 무기이다. 이른바 독가스(독성작용제, 무능화작용제, 제초제, 연막제, 폭동진압제, 신경작용제, 질식작용제, 혈액작용제)라 불리는 기체 형태가 일반적이다. 강한 유독성 물질로 마시거나 피부에 닿으면 사망하거나 합병증을 포함한 심각한 장애를 일으킨다.

화학물질관리법 제2조(정의)

1. "화학물질"이란 원소·화합물 및 그에 인위적인 반응을 일으켜 얻어진 물질과 자연 상태에서 존재하는 물질을 화학적으로 변형시키거나 추출 또는 정제한 것을 말한다.
2. "유독물질"이란 유해성(有害性)이 있는 화학물질로서 대통령령으로 정하는 기준에 따라 환경부장관이 정하여 고시한 것을 말한다.
3. "허가물질"이란 위해성(危害性)이 있다고 우려되는 화학물질로서 환경부장관의 허가를 받아 제조, 수입, 사용하도록 환경부장관이 관계 중앙행정기관의 장과의 협의와 「화학물질의 등록 및 평가 등에 관한 법률」 제7조에 따른 화학물질평가위원회의 심의를 거쳐 고시한 것을 말한다.
4. "제한물질"이란 특정 용도로 사용되는 경우 위해성이 크다고 인정되는 화학물질로서 그 용도로의 제조, 수입, 판매, 보관·저장, 운반 또는 사용을 금지하기 위하여 환경부장관이 관계 중앙행정기관의 장과의 협의와 「화학물질의 등록 및 평가 등에 관한 법률」 제7조에 따른 화학물질평가위원회의 심의를 거쳐 고시한 것을 말한다.
5. "금지물질"이란 위해성이 크다고 인정되는 화학물질로서 모든 용도로의 제조, 수입, 판매, 보관·저장, 운반 또는 사용을 금지하기 위하여 환경부장관이 관계 중앙행정기관의 장과의 협의와 「화학물질의 등록 및 평가 등에 관한 법률」 제7조에 따른 화학물질평가위원회의 심의를 거쳐 고시한 것을 말한다.
6. "사고대비물질"이란 화학물질 중에서 급성독성(急性毒性)·폭발성 등이 강하여 화학사고의 발생 가능성이 높거나 화학사고가 발생한 경우에 그 피해 규모가 클 것으로 우려되는 화학물질로서 화학사고 대비가 필요하다고 인정하여 제39조에 따라 환경부장관이 지정·고시한 화학물질을 말한다.
7. "유해화학물질"이란 유독물질, 허가물질, 제한물질 또는 금지물질, 사고대비물질, 그 밖에 유해성 또는 위해성이 있거나 그러할 우려가 있는 화학물질을 말한다.
8. "유해화학물질 영업"이란 유해화학물질 중 허가물질 및 금지물질을 제외한 나머지 물질에 대한 영업을 말한다.
9. "유해성"이란 화학물질의 독성 등 사람의 건강이나 환경에 좋지 아니한 영향을 미치는 화학물질 고유의 성질을 말한다.
10. "위해성"이란 유해성이 있는 화학물질이 노출되는 경우 사람의 건강이나 환경에 피해를 줄 수 있는 정도를 말한다.
11. "취급시설"이란 화학물질을 제조, 보관·저장, 운반(항공기·선박·철도를 이용한 운반은 제외한다) 또는 사용하는 시설이나 설비를 말한다.
12. "취급"이란 화학물질을 제조, 수입, 판매, 보관·저장, 운반 또는 사용하는 것을 말한다.
13. "화학사고"란 시설의 교체 등 작업 시 작업자의 과실, 시설 결함·노후화, 자연재해, 운송사고 등으로 인하여 화학물질이 사람이나 환경에 유출·누출되어 발생하는 일체의 상황을 말한다.

* 화학물질 유출시 대피요령

- 방독면이 있으면 착용하고, 방독면이 없다면 가능한 우의나 비닐로 직접 피부가 노출되지 않도록 하고, 수건, 마스크 등을 이용하여 코, 입을 감싸고 최대한 멀리 대피해야 한다.
- 화학사고로 발생한 독성 가스는 대부분 공기보다 무겁기 때문에 실외에 있는 경우 높은 곳으로 대피해야 하며, 관계기관이 제공하는 정보에 따라 움직이는 것이 안전하다.
- 내 위치를 중심으로 사고발생지역 쪽으로 바람이 불 때는 바람이 불어오는 방향으로 대피한다. 사고발생지역에서 내 위치 쪽으로 바람이 불 때는 직각방향으로 대피한다.

자료 : 소방청

- 실내로 대피한 경우에는 창문 등을 닫아 젖은 수건이나 테이프를 이용하여 밀봉하고, 외부공기와 통하는 설비(에어컨, 환풍기 등)의 작동은 중단해야 한다.
- 만약 자동차를 타고 사고지역 주변을 지나게 된다면 창문을 닫고, 에어컨 등을 반드시 꺼 외부공기가 차량 내부로 들어오는 것을 방지해야 한다.
- 안전한 곳으로 대피한 후에는 비눗물로 샤워를 철저히 한 후 깨끗한 옷으로 갈아입어야 한다.
- 화학물질에 노출되었다면, 즉시 병원에 가서 의사의 진찰을 받아야 한다.
- 대피소로 대피하라는 안내가 없는 한 실내에 머물면서 스마트폰, 방송 등을 통해 외부상황을 파악하도록 한다.

* 화학사고 발생 시 대피하는 경우 노출을 최소화하는 방법

- 화학물질이 흡수되는 경로는 입, 호흡기, 피부이므로 화학사고가 발생한 경우 제일 좋은 조치는 화학사고 발생지역으로부터 멀리 떨어져있는 것이다. 직접 피부가 노출되지 않도록 우의나 비닐을 착용하고, 수건, 마스크, 장갑 등을 이용하여 코, 입 등을 감싸고 대피한 후 안전한 곳에 와서는 새 옷으로 갈아입어야 되며, 옷에도 소량의 독성물질이 묻어 있어 건강을 해칠 수 있다.

(3) 생물무기

생물무기로 사용 가능한 범주에는 탄저균과 천연두, 콜레라, 에볼라와 같은 바이러스성 출혈열 등이 있다. 또한, 병원균 등에서 추출한 독소도 생물무기에 포함한다. 독소는 사람의 세포를 파괴하거나 신경을 마비시켜 사망에 이르게 한다. 클로스트리디움 보툴리눔(Clostridium Botulinum) 세균이 만드는 보툴리눔 독소 등이 생물무기 범주에 속한다.

(4) 방사능무기

방사능 유출사고는 핵무기에 의한 대량 살상 및 방사능 물질을 사용하여 사람이나 동물에게 살상을 주거나 지역의 사용을 제한하는 전쟁 형태이다. 핵무기는 핵분열 연쇄반응을 통제하지 않고 오히려 촉진시킴으로써 급격한 연쇄반응을 일으켜 일시에 최대한의 에너지를 방출할 수 있도록 만든 장치로서 고농축우라늄(90% 이상)을 쓴다.

(5) 세계의 협약

전 세계적으로 생화학무기 제조를 금지·제한하고 있다. 1975년 생물무기 및 독소무기의 개발과 생산 및 비축 금지와 폐기에 관한 협약인 생물무기금지협약(BWC, Biological Weapons Convention)이 발효되었다. 한국은 1987년 6월 가입했으며, 2015년 기준으로 가맹국은 182개국이다. 1997년에는 한국을 포함한 65개국이 비준한 화학무기금지협약(CWC, Chemical Weapons Convention)이 발효되었다. 화학무기금지협약은 화학무기의 개발과 비축, 사용을 금지하는 국제협약이다. 또한 방사능과 관련하여 핵확산금지조약(NPT; Nuclear nonproliferation treaty)이 있는데, 1968년 7월 1일 유엔에서 채택되어 1970년 3월 5일에 발효된 다국 간 조약이다. 북한은 1985년 12월 12일 NPT에 가입했으나 1993년 3월 12일에 탈퇴하였다.

3) 공격 시 행동요령

(1) 화학무기 공격 시

화학무기 오염 시 호흡곤란, 근육경련, 피부화상, 폐염증, 구토, 피부발진, 등의 증상을 유발한다.

화학 가스는 공기보다 무겁기 때문에 건물 상층부나 고지대로 대피하며 내 위치에서 오염지역으로 바람이 불어오는 쪽으로 대피한다. 또한 오염지역에서 내 위치로 바람이 불 때는 좌/우측 방향으로 대피하여야 한다.

(2) 생물학무기 공격 시

생물학 공격 시 공격 발생 사실을 감지하고 병원체를 규명, 치료방법을 찾는 데는 많은 시간이 소요된다. 비슷한 증세의 급성환자가 대규모로 발생하거나 지역이나 계절에 맞지 않는 질병이 발생, 뚜렷한 원인 없이 동물이나 가축 등이 집단 폐사하면 생물학 공격으로 의심해봐야 한다.

주된 병원체는 탄저균, 페스트, 천연두, 바이러스성 출혈, 보튤리즘 등이 있는데 대부분 호흡곤란과 고열, 근육마비 등으로 7일 내에 사망한다.

의심스러운 물질, 오염 환자에게는 접근이나 접촉을 피하도록 하며, 마스크나 손수건 등으로 항상 코와 입을 보호한 후 대피해야 한다. 그리고 대피 후 안전지역에서 예방접종 및 전문적인 치료를 받아야 한다.

위생관리를 철저히 하고 물이나 음식은 끓여서 먹도록 하며, 의심스러운 우편물은 개봉하지 않고 비닐 같은 곳에 보관 후 보건소나 행정기관에 신속히 신고하도록 한다.

(3) 핵·방사능무기 공격 시

핵무기는 방사선이 15%, 열복사선(섬광, 3천~4천℃로 2.5km 이내 완전 연소)이 30%, 폭풍이 55%(4km 이내 건물파괴 및 인명피해)이며, 초기 잔류방사선(낙진)으로 최소 30km 이내 인명 피해가 발생한다. 40° 각도로 15km는 4시간 내 심각한 오염이 되며, 24시간 내 30km 이내에 상당한 오염을 유발한다.

지하철이나 터널, 건물 지하, 동굴 등 지하대피시설로 신속히 대피한다. 또한 시간적 여유가 없을 때는 도랑, 배수로, 계곡 등 주변시설을 이용해야 한다. 대피 시에는 방독면, 비닐 옷 등을 준비하고 정부의 안내방송을 듣는다.

폭발섬광을 느끼면 즉시 도랑 등 은폐물을 이용하고 핵폭발 반대방향으로 엎드리되 양손으로 눈과 귀를 막고 입은 벌리며 배는 바닥에 닿지 않게 해야 한다. 또한 방사능에 대한 신체 노출을 최소화하고 핵공격 이후에는 방사능 낙진을 최대한 피하도록 해야 한다.

7. 환경오염(環境汚染; Environmental Pollution)

1) 정의

환경오염은 인간들의 무차별한 자원개발과 생산, 소비과정에서 배출되는 다양한 물질들에 의해 물, 땅, 바다, 공기 등의 자연환경 등이 피해를 입게 된다.

환경오염은 크게 매개물에 따라 대기오염, 수질오염, 해양오염 및 토양오염 등으로 나누어지며, 원인 물질에 따라 중금속·농약오염 등으로 구분된다.

2) 환경오염의 원인

대표적으로는 대기 중의 이산화탄소 및 메탄 등 이른바 '온실가스'의 농도가 증가함에 따라 기온이 상승하고 극지방의 빙산이 녹아 해수면이 상승하며 해안지대가 침수되는 온실효과가 있다. 인간과 동물의 배설물, 농작물의 폐기물 등은 강과 호수오염의 원인이며, 산업폐기물의 투기, 선박사고, 기름 유출 등이 해수오염의 주요 원인이다.

토지오염은 과도한 농약, 화학비료의 사용이 주요 원인이라고 할 수 있다.

3) 대기오염과 대책

(1) 종류

대기오염이란 사람, 동식물, 기타 여러 환경에 나쁜 영향을 주는 물질들이 대기에 포함되어 있는 상태를 말한다. 대기오염물질로는 황산화물(SOx), 질소산화물(NOx), 일산화탄소(CO), 이산화탄소(CO_2), 휘발성 유기 화합물(VOCs), 탄화수소, 중금속화합물, 염화플루오르화탄소(CFCs), 암모니아(NH_3), 악취, 방사성 물질, 지표 오존(O_3), 질산과산화아세틸(PAN), 잔류성 자유 라디칼(PFRs), 입자상 물질(PM)(매연, 그을음, 먼지, 황사 등 포함) 등이 있다.

(2) 1차 오염물질과 2차 오염물질

1차 오염물질은 배출원에서 대기 중으로 직접 배출되는 대기오염물질로 이산화황(SO_2), 일산화질소(NO), 일산화탄소(CO), 탄화수소, 먼지 등의 입자상 물질, 중금속화합물 등이 있다.

2차 오염물질은 1차 오염물질이 대기 중에서 대기의 조성물과 물리적, 화학적 반응을 일으켜 생성되는 오염물질이 2차 오염물질로서 질산, 황산, 오존(O_3), 질산과산화아세틸(PAN), 황산염 등이 있다.

(3) 영향

① 산성비

대기오염은 산성비를 만들어 PH를 변화시키고 금속이나 건축물을 부식시키며, 인간의 호흡기를 자극하고 토양을 산성화시켜 식물을 고사시키기도 한다.

② 오존층 파괴

오존층은 지상에서 60km까지의 대기권에 존재하며 성층권의 20~30km 부근에 많은 양이 존재하여 태양의 자외선을 차단하고 복사성실에 의하여 지구의 온도를 분포한다.

하지만 오존층의 파괴는 피부암의 발생률을 증가하고 피부 노화를 촉진하며, 동물의 면역세포를 파괴하고 식물의 성장을 억제하기도 한다.

③ 지구온난화

이산화탄소나 오존, 메탄가스 등의 오염물질로 적도와 양극 간의 대류현상이 감소함으로써 기후패턴이 변화하고, 이로 인해 농작물의 피해, 해수면의 상승, 엘니뇨와 라니뇨 현상 등의 문제가 발생하고 있다.

④ 스모그

스모그는 공장이나 대도시에서 배출되는 입자상 물질을 함유하는 안개로서 연기(smoke)와 안개(fog)의 합성어이다. 스모그는 눈과 목의 점막을 자극하기도 하며 기침, 가래 등 호흡기 질환을 유발하며, 급성중독 땐 폐 수송을 유발하여 목숨을 위태롭게 하기도 한다. 또한 식물의 잎을 마르게 하기도 하며, 산림을 황폐화시키고 고무제품을 부식시키기도 한다.

⑤ 열섬효과

도시의 매연, 가옥과 건물, 차량 등에서 뿜어져 나오는 인공 열은 습도를 떨어뜨리고 온도 상승을 촉발한다.

(4) 대기오염의 대책

대기오염을 줄이기 위해서는 전 세계의 협력과 올바른 인식이 선행되어야 한다. 기본적인 대기오염의 저감대책은 자동차 배출가스의 규제 및 산업체의 배출 규제가 필요하다. 또한 친환경 에너지 관리대책과 친환경 상품의 판매와 구매가 이뤄질 필요가 있다.

「서울특별시 대기오염 예보 및 경보에 관한 조례」의 규정

대기오염 경보단계별 대기오염물질의 농도기준 (제6조 관련)

대상 물질	경보 단계	발령기준	해제기준
미세 먼지 (PM-10)	주의보	기상조건 등을 고려하여, 해당지역의 도시대기측정소 PM-10 시간당 평균농도가 150㎍/m³ 이상 2시간 이상 지속인 때	주의보가 발령된 지역의 기상조건 등을 고려하여, 도시대기측정소의 PM-10 시간당 평균농도가 100㎍/m³ 미만인 때
	경보	기상조건 등을 고려하여, 해당지역의 도시대기측정소 PM-10 시간당 평균농도가 300㎍/m³ 이상 2시간 이상 지속인 때	경보가 발령된 지역의 기상조건 등을 고려하여, 도시대기측정소의 PM-10 시간당 평균농도가 150㎍/m³ 미만인 때는 주의보로 전환
미세 먼지 (PM-2.5)	주의보	기상조건 등을 고려하여, 해당지역의 도시대기측정소 PM-2.5 시간당 평균농도가 90㎍/m³ 이상 2시간 이상 지속인 때	주의보가 발령된 지역의 기상조건 등을 고려하여, 도시대기측정소의 PM-2.5 시간당 평균농도가 50㎍/m³ 미만인 때
	경보	기상조건 등을 고려하여, 해당지역의 도시대기측정소 PM-2.5 시간당 평균농도가 180㎍/m³ 이상 2시간 이상 지속인 때	경보가 발령된 지역의 기상조건 등을 고려하여, 도시대기측정소의 PM-2.5 시간당 평균농도가 90㎍/m³ 미만인 때는 주의보로 전환
오존	주의보	기상조건 등을 고려하여 해당지역의 도시대기측정소 오존농도가 0.12 ppm 이상일 때	주의보가 발령된 지역의 기상조건 등을 고려하여 도시대기측정소의 오존농도가 0.12 ppm 미만일 때
	경보	기상조건 등을 고려하여 해당지역의 도시대기측정소 오존농도가 0.3 ppm 이상일 때	경보가 발령된 지역의 기상조건 등을 고려하여 도시대기측정소의 오존농도가 0.12ppm 이상 0.3ppm 미만일 때는 주의보로 전환
	중대 경보	기상조건 등을 고려하여 해당지역의 도시대기측정소 오존농도가 0.5 ppm 이상일 때	중대경보가 발령된 지역의 기상조건 등을 고려하여 도시대기측정소의 오존농도가 0.3ppm 이상 0.5ppm 미만일 때는 경보로 전환

〈비고〉

1. 해당 지역의 도시대기측정소 PM-10 농도 또는 PM-2.5의 권역별 농도가 경보 단계별 발령기준을 초과하면 해당 경보를 발령할 수 있다.
2. 오존 농도는 1시간 평균농도를 기준으로 하며 해당지역의 도시대기측정소 오존 농도가 1개소라도 경보단계별 발령기준을 초과하면 해당 경보를 발령할 수 있다.

2) 수질오염과 대책

(1) 유형

① 점오염원과 비점오염원

점오염원(point source)은 오염물질의 배출지점을 확실히 식별할 수 있기 때문에 오염 경로나 오염물질의 양 측정이 가능한 것으로서 생활오염원, 산업오폐수, 축산폐수 등이 있다. 점오염원의 원인 제공은 가두리양식장, 공장, 축산농가, 분뇨처리장, 가정하수 등이다.

점오염원은 인위적이며 배출 기능만 수행하고 수역의 한 지점에만 집중적으로 배출시키는 것이 특징이다. 또한 차집이 용이하고 처리 효율이 높으며, 자연적 영향력이 크지 않아 계절적인 변화가 적다.

비점오염원(non-point or diffuse source)은 배출지점을 확실하게 식별할 수 없거나 확산되면서 오염을 일으키는 것으로서 강수에 의한 유출로 넓은 면적에서 발생하는 특징을 지니고 있으며, 발생영역으로는 대기 및 강수, 산지, 농지, 매립지, 광산촌, 도시권 등이 있다.

비점오염원의 원인 제공은 논, 도로, 대지, 임야, 밭, 대기강하 물질이다. 인위적·자연적이며, 배출기능과 정화능력의 양면성을 지닌다. 희석되거나 확산되면서 넓은 지역으로 배출되어 나가고 차집이 어렵고 강우의 영향을 받아 처리 효율이 일정하지 않으며, 자연적인 영향을 받아 계절에 따른 변화가 크다.

② 하천오염

㉠ 생활하수

생활하수로 발생하는 하천오염은 당연히 촌락보다 인구가 집중된 도시에서 더 심하다. 가정에서 배출되는 가정오수와 상업시설 및 각종 공공기관에서 배출되는 폐수, 각종 음식 찌꺼기류, 각종 세탁폐수, 화장실 분뇨가 대부분이다.

㉡ 산업폐수

인간의 다양한 산업 활동에 따른 산업폐수는 각종 중금속을 비롯하여 고농도의 유기성 물질, 고도처리를 요하는 난분해성 물질 등을 배출한다. 특히 중금속 함유 폐수는 생물농축(bio·magnification)과정에 의해 결국 인간에게 되돌아와 환경질환이나 공해병을 일으키게 된다. 주된 산업폐수 발생원은 피혁 금속, 섬유, 펄프, 광산 등이다.

㉢ 축산폐수

가축 1마리당 배출되는 오염물질이 보통 사람의 10배 이상이며, 농지에 퍼진 축산분뇨는 우천 시 하천을 오염시킬 뿐 아니라 악취나 해충 피해 및 세균의 서식처로서 쾌적한 생활환경을 저해하고 전염병의 근원이 된다. 더욱이 축산시설물들이 상수원 가까이에 위치하면 피해가 더욱 커진다. 축산폐수는 유기물질 함량이 높아 발생량에 비해서 수질오염 부하량이 매우 큰 특징을 지닌다.

㉣ 비료와 농약

식량 증산을 위해 사용되는 비료와 농약 중에서 분해되지 않는 잔류성 화합물은 중금속과 마찬가지로 토양을 오염시키고 생물체로 흡수되는데, 결국 인간의 몸체에 축적되어 만성적인 중독현상을 발생시킬 수 있다.

(2) 수질오염의 영향

① 부영양화(富營養化, eutrophication)

비료, 하수 등에 포함된 오염물질이 하천을 통해 호수나 못 등으로 유입 → 필요한 적정량 이상의 유기물, 질소화합물, 인산염이 물속에 과도하게 축적 → 자연정화로는 제거될 수 없는 과잉영양상태 → 식물성 플랑크톤의 빈번한 발생과 호기성 세균류의 발생 등으로 인하여 용존산소가 감소 → 수질이 악화 → 노조와 적조현상 발생 → 적당한 나무(소나무, 버드나무, 습지성 참나무, 생강나무, 단풍나무, 자작나무, 오리나무 등)로 영양분을 흡수하여 완충벽이 형성된다.

완충벽으로 적당한 나무로는 버드나무, 자작나무, 물푸레나무, 단풍나무, 케팔란투스, 생강나무, 층층나무, 습지성 참나무 및 소나무, 양버즘나무, 오리나무 등이 있다. 이들 식물은 침식을 방지하는 동시에 과다한 영양분을 흡수하는 역할도 한다.

② 생명체의 변이

물이 오염되면 유기성 물질, 세균 등이 증가 → 이를 영양원으로 하는 생물인 원생동물도 따라서 증가 → 광합성을 하는 식물계는 상대적으로 감소 → 산소농도가 낮은 곳에서도 메기나 잉어 등을 볼 수 있으나, 오염이 더욱 심해지면 세균이나 곰팡이 이외의 다른 생물은 보기 힘들다.

③ 인간에게 피해

수질오염 → 어패류나 식물 등이 직접 피해 → 사람이 섭취하여 피해를 받는다. 유독물질에 의한 피해로 급성피해는 확인이 용이하고 만성피해는 조금씩 축적되어 서서히 나타나는데, 수은에 의한 미나마타병, 카드뮴(Cd)에 의한 이타이이타이병은 그 대표적 만성피해의 예이다.

(3) 수질오염의 대책

① 오염방지의 전환

해양의 오염보다 호소·하천 등의 오염방지 및 정화가 더욱 시급하며, 보다 가까이에 있는 수자원의 오염원을 제거하면 자연히 호소·하천·해양에 대한 수질오염의 확대를 막을 수 있다.

② 정보공개

행정적인 차원에서는 지역수계별로 수질·대기·토양 등의 상호관계에 대한 정보를 공개하여 일반인들의 물질소비가 환경에 어떤 영향을 미치는가를 알 수 있도록 정보체계를 재정비해야 한다.

③ 화학물질의 종합적인 총량규제

인간 활동에 크게 영향을 받는 비특정오염원(非特定汚染源)이 문제가 되고 있으므로 화학물질에 대한 종합적인 총량규제를 통해 오염범위를 확대하지 않는 하수처리계획을 수립해야 한다.

3) 토양오염

(1) 정의

토양오염이란 인간의 다양한 산업 활동 및 다양한 유형의 활동으로 인해 토양이 오염되는 것을 말하는데, 직·간접적으로 생명체의 생명을 위협하거나 환경에 피해를 주는 것을 말한다. 토양오염은 폭넓은 의미로 정의하면 흙의 오염뿐만 아니라 지하수나 지하 공기의 오염까지도 포함하는 일반적인 견해이다.

토양오염물질에는 수많은 유해물질들이 포함되어 있는데, 그중에서도 산업쓰레기에 포함된 중금속류와 농업에 사용되는 비료나 농약, 그리고 생활쓰레기에 포함된 다양한 물질 등이 포함된다.

토양에 물질들이 유입되면 토양에 살고 있는 다양한 미생물에 의해 분해되며, 중금속 등 무기물은 토양을 구성하고 있는 입자들에 흡착 또는 흡수되어 유해물질들이 정화된다. 하지만 유입되는 오염물질의 양이 토양이 스스로 정화시킬 수 있는 능력의 한계를 벗어나면 토양오염이 발생한다.

(2) 토양오염의 특징

① 비유동성

공기나 물은 시간의 흐름이나 환경의 변화 등에 의해 유동성을 가지고 있지만 오염된 토양의 경우는 유동성이 거의 없으며, 심하지 않으면 겉으로 잘 드러나지 않는다.

② 공극률

다양한 크기의 광물 및 암석 파편으로 이루어져 있는 토양은 일반적으로 틈을 가지고 있는데, 이러한 것들은 수십 %의 공극률을 가지고 있어 오염물질들이 쉽게 잔류하며, 한번 오염되면 좀처럼 빠져나가지 않는다.

공극과 공극률

* 공극

공극이란 토양이나 퇴적물 입자 사이의 틈을 말하는 것으로 입자가 작을수록 공극의 크기도 작아지는 경향이 있다.

* 공극률(porosity)

1) 암석 또는 토양 전체 부피에 대한 공극의 비율로 보통 퍼센티지(%)로 계산하여 나타낸다. 입자 크기의 다양성, 입자의 모양 등에 따라 공극률이 달라진다.
2) 토양이나 암석의 전체 부피에 대한 공극의 부피 비율인 공극률(%)은 일반적으로 입자의 크기가 작고 고를수록 공극률도 커진다. 보통 흙 55%, 점토 50%, 모래 25%, 자갈 20% 정도이다.

③ 흡착성

모래층과 같이 투수성이 좋은 토양은 오염물질이 지하수에 씻겨 지하로 이동하기 때문에 오염된 상태가 표면에서는 잘 드러나지 않고, 토양의 대부분을 차지하고 있는 점토 광물들은 미세 공극이 잘 발달되어 있어 중금속 등 오염물질을 쉽게 흡착시킨다.

④ 비용 증가

토양은 공기나 물에 비해서 오염 정도를 파악하기가 곤란할 뿐만 아니라 오염물질의 제거가 물이나 공기에 비해 어려워 더 많은 비용이 든다. 또한 토양오염은 장기적으로 물이나 공기오염의 원인이 되기 때문에 오염 방지에 세심한 주의가 필요하다.

(3) 토양오염의 원인

① 2차 오염

토양오염원에는 생활폐기물, 산업폐기물, 농업과 관련된 화학물질이나 유기물 등이 있으며, 대기와 물에 포함된 오염물질이 토양을 2차적으로 오염시키기도 한다.

망간·비소·구리는 식물의 생육에서 필요한 다양한 다른 영양소들의 결핍을 유발하는 작용을 하며, 연·몰리브덴·납·크롬·니켈·아셀렌·스트론튬은 직접 식물의 세포에 해를 끼친다.

② 폐기물

폐기물에는 생활폐기물, 산업폐기물, 농업 및 축산업이 있는데, 생활폐기물은 인간의 소비로 인해 발생되는 대표적인 생활폐기물로 음식물 쓰레기, 폐전자제품, 폐전지, 플라스틱 및 비닐 제품 등이 있다.

산업폐기물은 산업폐기물에는 폐금속 광산, 폐기물 매립지, 금속공장 등 산업시설 주변 지역에서 배출되는 유해물질과 석유류 저장시설에서 유출된 유류 등을 들 수 있다.

농업 및 축산업은 농업 및 축산업과 관련된 토양오염으로는 비료의 오남용으로 인한 토양의 오염, 가축의 배설물에 의한 오염 등이 있다.

(4) 토양오염의 대책

① 폐수 및 폐기물의 관리 철저

무엇보다 오염원을 잘 관리하는 것이 중요한데, 토양을 오염시키는 축적성의 중금속이나 유해화학물질이 배출되는 공장 주변 지역과 광산지역은 제조 공정상에서 오염물질이 발생하는 것을 줄이도록 노력해야 한다. 발생한 폐수나 폐기물을 적극적으로 관리하여 토양오염의 피해가 발생하지 않도록 노력하여야 한다.

② 오염된 토양을 정화, 처리하는 기술의 개발

㉠ 오염된 토양을 차단하여 자연적으로 회복할 때까지 사용하지 않는 방법
㉡ 오염된 토양을 제거하여 열처리, 화학처리, 증기처리 등을 실시
㉢ 산화, 환원, pH 조절 등의 조치가 가능
㉣ 오염된 토양을 화학적으로 개량하는 방법도 고려
㉤ 오염된 농작물은 경작 지목을 바꾸어나 윤작, 휴작을 통해 지력을 회복하거나 오염물질을 흡수하는 작물(중금속 흡수 식물 등)을 재배하고 나서 폐기처분하는 방법

ⓗ 오염물질을 흡착하거나 씻어내는 기술을 사용

③ 농약 사용의 제어

보편적인 측면에서 토양 및 작물에 잔류하여 인체에 위해를 가져오는 주요 유독성 농약 및 살충제를 법적으로 제조, 사용을 금지하고, 더불어 각종 농작물에 대한 안전사용기준을 설정하여 사용 시기 및 사용 범위 등을 준수하도록 한다.

④ 토양오염 측정망의 설치 운영

전국 단위에서 각 지역에 토양오염 측정망을 설치 → 정기적으로 토양 오염도를 측정 → 주요 원인 물질, 발생원인 금속 광산과 제련소에 대해 특별 점검 → 토양오염을 감시, 관리가 필요하다.

제 3 절 확산적 재난관리

1. 감염병

1) 감염병의 정의

원충, 진균, 세균, 스피로헤타(spirochaeta), 리케차(rickettsia), 바이러스 등의 병원체가 인간이나 동물에 침입하여 증식함으로써 일어나는 질병을 통틀어 이르는 말이다.

병원체가 인간이나 동물에 침입하여 그 장기(臟器)에 자리 잡고 증식하는 것을 총칭하여 감염(感染)이라고 하며, 이 감염에 의한 증세의 발현을 감염증이라고 한다.

감염에는 전혀 증세가 없이 면역만 생기는 불현성(不顯性) 감염과 증세가 나타나는 현성 감염이 있으며 때로는 감염증과 전염병을 동의어로도 쓰나, 전염병은 감염증 중에서도 그 전염력이 강하여 소수의 병원체로도 쉽게 감염되고 많은 사람들에게 쉽게 옮아가는 질병을 말한다.

물의 오염(汚染)으로 인한 장티푸스나 이질(痢疾), 공기 전염에 의한 홍역·감기·디프테리아·결핵, 모기에 의한 일본뇌염과 말라리아(학질), 성 접촉에 의한 성병(性病) 등은 흔히 볼 수 있는 전염병의 예이다.

2) 법정 감염병

(1) 정의

사회적 파급력이 큰 감염병에 걸린 환자를 격리, 수용하고 적절한 방역 조치를 해야 할 필요성이 있는 감염병을 법으로 정하여 놓고, 환자가 발생하였을 때 의무적으로 신고하도록 되어있는 감염병을 법정 감염병이라고 한다. 제1군부터 제4군으로 분류된다.

(2) 분류체계

① 제1급 감염병 : 생물테러감염병 또는 치명률이 높거나 집단 발생의 우려가 커서 발생 또는 유행 즉시 신고하여야 하고, 음압격리와 같은 높은 수준의 격리가 필요한 감염병

② 제2급 감염병 : 전파가능성을 고려하여 발생 또는 유행 시 24시간 이내에 신고하여야 하고, 격리가 필요한 감염병

③ 제3급 감염병 : 그 발생을 계속 감시할 필요가 있어 발생 또는 유행 시 24시간 이내에 신고하여야 하는 감염병

④ 제4급 감염병 : 제1급 감염병부터 제3급 감염병까지의 감염병 외에 유행 여부를 조사하기 위하여 표본감시 활동이 필요한 감염병

표 3-24 법정 감염병 분류

구분	제1급 감염병	제2급 감염병	제3급 감염병	제4급 감염병
특성	생물테러감염병 또는 치명률이 높거나 집단 발생의 우려가 커서 발생 또는 유행 즉시 신고. 음압격리와 같은 높은 수준의 격리가 필요한 감염병 (16종)	전파 가능성을 고려하여 발생 또는 유행 시 24시간 이내에 신고. 격리가 필요한 감염병(23종)	발생을 계속 감시할 필요가 있어 발생 또는 유행 시 24시간 이내 신고하여야 하는 감염병 (26종)	유행 여부를 조사하기 위하여 표본감시 활동이 필요한 감염병 (23종)
종류	1. 에볼라바이러스병 2. 마버그열 3. 라싸열 4. 크리미안콩고출혈열 5. 남아메리카출혈열 6. 리프트밸리열 7. 두창 8. 페스트 9. 탄저 10. 보툴리눔독소증	1. 결핵 2. 수두 3. 홍역 4. 콜레라 5. 장티푸스 6. 파라티푸스 7. 세균성이질 8. 장출혈성대장균 감염증 9. A형간염	1. 파상풍 2. B형간염 3. 일본뇌염 4. C형간염 5. 말라리아 6. 레지오넬라증 7. 비브리오패혈증 8. 발진티푸스 9. 발진열 10. 쯔쯔가무시증	1. 인플루엔자 2. 매독(梅毒) 3. 회충증 4. 편충증 5. 요충증 6. 간흡충증 7. 폐흡충증 8. 장흡충증 9. 수족구병 10. 임질

구분	제1급 감염병	제2급 감염병	제3급 감염병	제4급 감염병
	11. 야토병 12. 중증급성호흡기증후군(SARS) 13. 중동호흡기증후군(MERS) 14. 동물인플루엔자 인체감염증 15. 신종인플루엔자 16. 디프테리아	10. 백일해 11. 유행성이하선염 12. 풍진 13. 폴리오 14. 수막구균 감염증 15. b형헤모필루스 인플루엔자 16. 폐렴구균 감염증 17. 한센병 18. 성홍열 19. 반코마이신내성황색포도알균(VRSA) 감염증 20. 카바페넴내성장내세균속균종(CRE) 감염증 21. E형간염 ~~22. 코로나 19~~ ~~23. 원숭이 두창~~	11. 렙토스피라증 12. 브루셀라증 13. 공수병 14. 신증후군출혈열 15. 후천성면역결핍증(AIDS) 16. 크로이츠펠트-야콥병(CJD) 및 변종크로이츠펠트-야콥병(vCJD) 17. 황열 18. 뎅기열 19. 큐열 20. 웨스트나일열 21. 라임병 22. 진드기매개뇌염 23. 유비저 24. 치쿤구니야열 25. 중증열성혈소판감소증후군(SFTS) 26. 지카바이러스 감염증 27. 매독	11. 클라미디아감염증 12. 연성하감 13. 성기단순포진 14. 첨규콘딜롬 15. 반코마이신내성장알균(VRE) 감염증 16. 메티실린내성황색포도알균(MRSA) 감염증 17. 다제내성녹농균(MRPA) 감염증 18. 다제내성아시네토박터바우마니균(MRAB) 감염증 19. 장관감염증1) 20. 급성호흡기감염증2) 21. 해외유입기생충감염증3) 22. 엔테로바이러스 감염증 23. 사람유두종바이러스 감염증
신고 주기	즉시	24시간 이내	24시간 이내	7일 이내

자료출처 : 「감염병의 예방 및 관리에 관한 법률」 제2조 (정의)

1) 장관감염증 : 살모넬라균 감염증, 장염비브리오균 감염증, 장독소성대장균(ETEC) 감염증, 장침습성대장균(EIEC) 감염증, 장병원성대장균(EPEC) 감염증, 캄필로박터균 감염증, 클로스트리듐 퍼프린젠스 감염증, 황색포도알균 감염증, 바실루스 세레우스균 감염증, 예르시니아 엔테로콜리티카 감염증, 리스테리아 모노사이토제네스 감염증, 그룹 A형 로타바이러스 감염증, 아스트로바이러스감염증, 장내 아데노바이러스 감염증, 노로바이러스 감염증, 사포바이러스 감염증, 이질아메바 감염증, 람블편모충 감염증,작은와포자충 감염증, 원포자충 감염증

2) 급성호흡기감염증 : 아데노바이러스 감염증, 사람 보카바이러스 감염증, 파라인플루엔자바이러스 감염증, 호흡기세포융합바이러스 감염증, 리노바이러스 감염증, 사람 메타뉴모바이러스 감염증, 사람 코로나바이러스 감염증, 마이코플라스마 폐렴균 감염증, 클라미디아폐렴균 감염증

3) 해외유입기생충감염증 : 리슈만편모충증, 바베스열원충증, 아프리카수면병, 샤가스병, 주혈흡충증, 광동주혈선충증, 악구충증, 사상충증, 포충증, 톡소포자충증, 메디나충증

표 3-25 기타 감염병 분류

구분	기생충 감염병	세계보건기구 감시대상감염병	생물테러 감염병	성매개 감염병	인수공통 감염병	의료관련 감염병	검역 감염병
정의	기생충에 감염되어 발생하는 감염병 (7종)	세계보건기구가 국제공중보건의 비상사태에 대비하기 위하여 감시대상으로 정한 질환 (9종)	고의 또는 테러 등을 목적으로 이용된 병원체에 의하여 발생된 감염병 (8종)	성접촉으로 전파되는 감염병 (7종)	동물과 사람 간에 서로 전파되는 병원체에 의하여 발생되는 감염병 (11종)	환자나 임산부 등이 의료행위를 적용받는 과정에서 발생한 감염병 (6종)	외국에서 발생하여 국내로 들어올 우려가 있거나 우리나라에서 발생하여 외국으로 번질 우려가 있어 검역법에서 검역대상감염병으로 지정한 감염병
종류	1. 회충증 2. 편충증 3. 요충증 4. 간흡충증 5. 폐흡충증 6. 장흡충증 7. 해외유입 기생충감염증	1. 두창 2. 폴리오 3. 신종인플루엔자 4. 중증급성호흡기증후군 (SARS) 5. 콜레라 6. 폐렴형 페스트 7. 황열 8. 바이러스성 출혈열 9. 웨스트 나일열	1. 탄저 2. 보툴리눔 독소증 3. 페스트 4. 마버그열 5. 에볼라바이러스병 6. 라싸열 7. 두창 8. 야토병	1. 매독 2. 임질 3. 클라미디아 감염증 4. 연성하감 5. 성기 단순포진 6. 첨규콘딜롬 7. 사람유두종 바이러스 감염증	1. 장출혈성대장균감염증 2. 일본뇌염 3. 브루셀라증 4. 탄저 5. 공수병 6. 동물인플루엔자 인체감염증 7. 중증급성 호흡기증후군(SARS) 8. 변종크로이츠펠트-야콥병(vCJD) 9. 큐열 10. 결핵 11. 중증열성 혈소판 감소 증후군 (SFTS)	1. 반코마이신 내성황색 포도알균 (VRSA) 감염증 2. 반코마이신 내성장알균 (VRE) 감염증 3. 메티실린내성황색포도알균 (MRSA) 감염증 4. 다제내성녹농균 (MRPA) 감염증 5. 다제내성아시네토박터 바우마니균 (MRAB) 감염증 6. 카바페넴내성장내세균속균종 (CRE) 감염증	1. 콜레라 2. 페스트 3. 황열 4. 중증급성 호흡기증후군 (SARS) 5. 동물인플루엔자 인체감염증 6. 신종인플루엔자 7. 중동호흡기증후군(MERS) 8. 에볼라바이러스병 9. 그 외 보건복지부장관이 긴급 검역조치가 필요하다고 인정하여 고시하는 감염병 - 급성출혈열증상, 급성호흡기증상, 급성설사증상, 급성황달증상 또는 급성신경증상을 나타내는 신종감염병증후군 - 세계보건기구가 공중보건위기관리 대상으로 선포한 감염병

자료출처 : 질병관리청 감염병관리사업안내 지침서

3) 감염병 대책

(1) 예방대책

㉮ 법정 감염병 관리보고체계 구축 운영 및 개선

㉯ 감염병 신고체계 : 민간의료기관 등 → 보건소 → 시·도나 시·군·구 → 질병관리본부 감염병관리팀(즉시사항), 감염병감시팀(전자문서교환; EDI보고), 역학조사팀(사례조사서 및 역학조사서)

㉰ 신고주기 : 즉시(제1군 감염병), 24시간 이내(제2군 감염병), 제3군 감염병(24시간 이내) 7일 이내(제4군 감염병)

㉱ 신종이나 재출현 전염병 감시체계나 위기대응 구축

㉲ 가축전염병 발생 시 가축방역기관과 정보공유체계 구축

㉳ 감염병 예방교육 및 대국민 홍보서비스

㉴ 해외발생동향과 정보파악 및 확인 등

(2) 대비대책

㉮ 유행 우려 질병에 대한 집중감시 및 정보체계 가동

㉯ 인플루엔자 일일감시체계 운영, 급성설사질환 실험실, 감시망 등 위기유발 가능 주요 신종감염병 감시체계 강화

㉰ 환자 조기발견을 위한 전국 전염병 관리요원 24시간 비상 감염병 관리체계 돌입

㉱ 격리병원, 격리소, 격리장비, 보호 장구 등의 적기 공급에 차질이 없도록 준비태세 점검

㉲ 항바이러스제, 개인 보호복, 마스크, 조기진단 장비 확보

㉳ 신종 인플루엔자 전파 차단 및 사망 감소를 위한 예방백신 확보·접종

㉴ 수해 등 재난발생 대비 침수지역 감염병 예방활동을 위한 살균제, 살충제 등 중앙비축약품 확보

㉵ 전국 방역요원에 대한 전염병 및 위기대응요령 교육 실시

㉶ 유관기관 등과 합동으로 전염병 위기대응 모의훈련 실시

(3) 대응대책

㉮ 범정부적·국가적 총력대응으로 위기상황을 조기에 식별하고 신속하게 대응

㉯ 일일 감염병 관리상황 모니터링 실시

㉰ 역학조사

- 제1단계 : 기 확인환자 조사

- 제2단계 : 접촉자 조사
- 제3단계 : 추정할 수 있는 원인 조사
- 제4단계 : 질병 모니터링 강화
- 제5단계 : 역학조사결과 분석

㉱ 감염병 관리활동 실시

- 제1단계 : 조기치료 및 확산방지를 위한 환자 관리
- 제2단계 : 확산방지를 위한 접촉자 관리
- 제3단계 : 추정원인 혹은 전파경로에 대한 관리

㉲ 입국자에 대한 검역을 강화하고 국가감염병 관리시스템 및 인적·물적자원 총가동 운영

㉳ 감염병 재난극복을 위한 전 국민 동참과 대응능력 향상 및 국민 불안심리 해소

(4) 복구대책

㉮ 재난기간 중 발생한 각종 피해사례의 문제점 파악 및 복구대책 마련

㉯ 검역장비, 비축물자, 진단시약 비축 및 관리 등 안정적 확보를 위한 방안

㉰ 해외공조체계 구축을 통한 선진 감염병 관리시스템 도입

㉱ 유사사례 대응을 위한 국가감염병 관리, 인프라 보완

㉲ 재난수준 및 단계별 조치사항 평가

㉳ 국민들의 대응능력 및 인식변화 모니터링 조사

㉴ 비상대응조직 및 관계부처 간 협조체제 강화

㉵ 해외감염병 발생동향 지속 감시

4) 가축전염병 대책

(1) 예방대책

㉮ 가축질병 중앙·지역 예찰 협의회 운영 및 예찰 활성화 등 상시 방역 추진

㉯ 신종인수공통전염병의 국내 유입 차단을 위해 해외여행자 등에 대한 검색활동 협조 추진

㉰ 가축질병 예방대책 총괄 및 위기대응 프로그램 총괄

㉱ 축산농가의 자율소독 등 차단 방역활동 강화

㉲ 비상훈련 등을 통해 방역관 교육 및 사전 점검

㉳ 특별 방역 및 소독의 날 운영 등 예방활동 전개

㉴ 예방약품 비축·확보, 가축질병 검사장비·진단기술 확보

㉵ 양축 농가 및 국민에 대한 가축질병 예방교육 홍보

㉶ 정확한 정보제공 및 홍보활동 등을 통해 가축질병 예방에 대한 범국민적 공감대 형성

(2) 대비대책

㉮ 관심(Blue)

- 가축질병 차단을 위한 예찰활동, 홍보 및 교육 강화
- 위기상황 모니터 및 위기경보 발령
- 국가비상방역체계 운영 준비(비상연락망 확인, 예방약품 비축확인 및 진단체계 점검, 가축방역협의회 개최 준비 등)
- 위기상황 조기 파악을 위한 정보수집(해외공관 및 국제기구를 통한 해외 가축질병 동향 파악, 지역예찰협의회 운영 활성화)
- 공항·항만 등 검역 및 해외 여행객에 대한 홍보활동 강화

㉯ 주의(Yellow)

- 가축방역협의회 개최 및 대책 강구(방역지역 설정, 이동통제 등)
- 위기상황 모니터링 및 위기경보 발령
- 중앙역학조사반 현장 파견(지자체 공동조사 및 방역기술 지원)
- 중앙가축방역대책본부 및 가축방역대책상황실 설치
- 생산자 단체 등과 합동방역체계 구축 및 역할분담 병행 추진
- 전국 공항·항만 등 검역 및 해외 여행객에 대한 홍보 강화
- 가축질병정밀진단 시행(필요시 국제표준검사소에 확인 검사)

㉰ 경계(Orange)

- 위기상황 모니터 및 위기경보 발령
- 중앙역학조사반 현장파견
- 국민의 불안심리 해소를 위한 홍보활동
- 중앙가축방역대책본부 운영 강화 및 비상체제 가동
- 가축질병 차단을 위한 전국 공항·항만 및 수·출입 검역 철저
- 가축방역협의회 개최 및 방역대책 조치(살처분, 예방접종 여부 등)
- 세계동물보건기구(OIE)에 상황 전파

㉱ 심각(Red)

- 범정부적 가축방역 대응체계 가동(상황실 운영 강화 등)

- 역학조사 강화(전파경로 분석), 혈청검사 및 진단에 생산·공급 강화
- 가축방역협의회 개최 및 방역조치대책 검토·시행

구제역과 조류인플루엔자, 아프리카돼지열병(ASF)

* 구제역(foot-and-mouth disease, 口蹄疫)

구제역 바이러스에 의해 전염되는 전염성이 높은 급성전염병으로, 발굽이 2개인 소·돼지 등 우제류 동물의 입과 발굽 주변에 물집이 생긴 뒤 치사율이 5~55%에 달하는 가축의 제1종 바이러스성 법정전염병이다.

국제수역사무국(OIE, Office international des épizooties) 또는 세계동물보건기구(World Organi sation for Animal Health)에서는 가축 전염병 가운데 가장 위험한 A급 바이러스로 지정하였다. 소의 경우 잠복기는 3~8일에 불과하며 감염되면 증상이 빠르게 나타난다. 특별한 치료법이 없고 조직배양 백신을 이용한 예방법이 이용되고 있다.

* 조류인플루엔자(avian influenza)

조류독감은 닭, 오리, 야생 조류에서 조류 인플루엔자 바이러스(Avian influenza virus)의 감염으로 인해 발생하는 급성 바이러스성 전염병이며, 드물게 사람에게서도 감염증을 일으킨다. 2003년 말부터 2008년 2월까지 고병원성(사람에게 전염될 수 있는) 조류 인플루엔자 바이러스(highly pathogenic avian influenza A, H5N1)가 인체에 감염된 사례가 376건 보고되어 있다. 이 중 약 25%는 조류독감의 원인이 된 조류와 연관이 있는 사람들에서 발생하였으나 사람 사이의 감염이 가능한지는 아직 확실히 밝혀지지 않았다. 인체에 감염된 경우 높은 사망률을 보였으며, 향후 조류독감이 사람의 전염병으로 바뀔 가능성에 대해 세계 각국의 의학계가 주시하고 있다. 국내에서는 아직까지 사람에게 감염된 사례가 보고된 바 없다.

가장 흔하게 나타나는 증상은 기침과 호흡 곤란 등의 호흡기 증상이며 발열, 오한, 근육통 등의 신체 전반에 걸친 증상이 동반된다. 설사 등의 위장관계 증상이나 두통 및 의식 저하와 같은 중추신경계 관련 증상이 동반될 수 있다. 호흡기 증상 없이 위장관계 증상이나 중추신경계 관련 증상만 나타난 사례도 있다.

* 아프리카돼지열병(ASF) - 자료 : 농림축산식품부

1. 개요

   아프리카돼지열병(African Swine Fever, ASF)은 치명적인 바이러스성 출혈성 돼지 전염병이다. 증상으로는 임신돈 유산과 더불어 고열, 귀 · 배 · 사지 충혈, 청색증, 식욕 결핍, 호흡곤란, 구토, 코 · 항문 출혈, 혈액성 설사 등의 증상을 보인다. 중국-북한-한국으로 전파된 아프리카 돼지열병은 2019년 9월에 경기도 파주와 연천, 김포에 이어 인천 강화에서도 확진 판정이 나왔다(2019년 9월 25일 기준).

2. 특성

   아프리카돼지열병은 이병률이 높고 급성형에 감염되면 치사율이 거의 100%에 이르기 때문에 양돈 산업에 엄청난 피해를 주는 질병이다. 따라서 이 질병이 발생하면 세계동물보건기구(OIE)에 발생 사실을 즉시 보고해야 하며 돼지와 관련된 국제교역도 즉시 중단되게 되어있다. 우리나라에서는 이 질병을 가축전염병예방법상 제1종 법정전염병으로 지정하여 관리하고 있다.

3. 숙주

   사람이나 다른 동물은 감염되지 않고 돼지과(Suidae)에 속하는 동물에만 감염되는데, 사육돼지와 유럽과 아메리카대륙의 야생멧돼지가 자연숙주이다. 아프리카 지역의 야생돼지인 혹멧돼지(warthog), 숲돼지(giant forest hog) 또는 bushpig는 감염이 되어도 임상증상이 없어 아

프리카돼지열병 바이러스의 보균숙주 역할을 하고 있다. 돼지 말고는 유일하게 Ornithodoros spp. 에 속하는 물렁 진드기(soft tick)가 이 바이러스를 보균하고 있다가 돼지나 야생멧돼지를 물어서 질병을 전파하는 역할을 하는 매개체로 작용한다.

4. 전파

아프리카돼지열병은 1921년 케냐에서 최초로 보고 된 이래 아프리카, 유럽, 아시아 대륙을 차례로 괴롭혔다. 지금도 일부 국가에서는 수십 년째 퇴치되지 않고 풍토병으로 계속 진행 중이다. 아프리카돼지열병은 1957년 포르투갈을 통해 유럽 대륙으로 건너갔고 유럽에 상륙하자 먼저 포르투갈 · 스페인 등 이베리아반도 전체를 초토화했고 이어 벨기에 · 프랑스 · 이탈리아 등 주요국에 퍼졌다. 국가에 따라 30년 넘도록 현지 방역 당국을 괴롭혔으며, 1960~1995년 유럽에서 발병하는 기간에 이 바이러스는 브라질, 도미니카 공화국, 쿠바, 아이티 등 남아메리카와 카리브해 국가로도 전파됐다.

특히 이탈리아 남부 사르데냐 섬에서는 1978년 발병 이래 41년이 지나도록 아프리카돼지열병이 잡히지 않은 채, 아예 지역 풍토병으로 남기도 했다. 2018년 8월 중국 상륙 이후 아시아 각국서도 6천400여건이 발생하였다.

(3) 대응대책

유관기관 행정안전부, 소방청, 경찰청, 외교부, 환경부, 보건복지부(질병관리본부), 기획재정부(관세청), 해양경찰청, 해양수산부 등과 차단방역활동에 적극 협조하고 농림축산식품부(국립수의과학검역원), 시·도(가축방역기관), 시·군·구 축산담당부서는 구제역, 고병원성 조류인플루엔자(AI; Avian Influenza), 신종 가축질병의 확산 차단과 조기 종식 및 축산물 수급안정, 농가 등 지원, 국민의 불안심리 해소를 위해 필요사항을 조치해야 한다. 또한 유관기관들과 긴밀한 협조체계를 구축하고 유관기관(관계부처 및 기관)은「가축질병」위기관리 표준매뉴얼,「가축질병」위기대응 실무매뉴얼,「가축질병」현장조치 행동매뉴얼에 따라 적극 협조·지원 체제를 가동하도록 한다.

(4) 복구대책

살처분 축산농가 등 피해 농가에 대한 재활 및 관련 산업 피해에 대한 복구를 지원한다. 가축질병 분야 위기에 대한 재발방지를 위한 제도 개선 및 운영체계를 보완하는 등 종합적인 방역과 가축질병 분야 위기발생기간 중 사례 종합 및 평가가 필요하다. 또한 가축발병 예찰활동 및 근절 확인을 수시로 해야 한다.

2. 응급처치(應急處置;Emergency Treatment)

1) 응급처치의 의의

갑자기 발생한 외상이나 질환(이것을 응급외상, 응급질환이라고 한다)에 대해서 주로 발생한 장소 또는 반송된 의료기관에서 최소한도의 치료를 행하는 것을 응급처치라고 한다.

위급한 환자(다친 사람 또는 급성질환자) 발생 시 사고현장에서 전문 의료진의 진료 전에 행하는 즉각적이고 임시적인 처치를 말한다.

예를 들면 외상에 대해서 지혈, 창상의 청정화, 골절의 간이고정 등을 행할 것, 호흡·순환이 정지하고 있거나 대단히 약해지고 있는 경우에 각종 인공호흡, 심장마사지법을 행할 것(이것을 소생법이라고 한다) 등이 전형적인 것이라고 할 수 있다.

본격적인 치료로 옮기기 전의 처치인데 응급처치의 양부가 환자의 예후에 중요한 관계를 지니고 있다.

2) 응급처치의 필요성과 구명 4단계

(1) 응급처치의 필요성

응급환자의 생명을 구하고 상태를 최단시간 내에 정상 내지 이에 가까운 상태로 회복시켜 계속되는 치료나 수술, 재활의 치료효과를 높이는데 있다. 위급상황에 대처하는 처치자의 신속·정확한 행동 여부에 따라 부상자의 생명이 좌우되기도 하므로 평소 응급처치방법을 알아두어야 한다.

(2) 응급처치 구명 4단계

㉮ **기도 유지(Airway keep)**

- 생명 유지에 필수적이며, 쓰러져 의식이 없는 환자는 기도 유지부터 실시
- 기도 내에 이물질 여부 확인

㉯ **지혈(Hemostasis)**

- 동맥성 출혈은 즉시 지혈 처치하고, 안정시키며, 병원으로 후송
- 인체 혈액량은 1/13이고, 50% 이상 출혈하면 사망 초래

㉰ **쇼크(Shock) 예방**

- 쇼크는 어떤 질환이 아니라 여러 원인에 의해 나타날 수 있는 임상증후군
- 저산소증과 대사성 산증으로 세포가 파괴되고 기관의 기능이 상실되어 결국 사망함.
- 변형된 트렌델렌 버그 체위(응급상황 시 자세) 하지를 45℃ 상승

㉱ **상처 보호**

- 부상환자는 상처에 세균의 오염이 초래, 상처부위 청결히 관리
- 혈액이 응고된 부위라면 떨어지지 않도록 함부로 만지지 말며 자극을 금함.

쏘이거나 물린 경우

1. 벌에 쏘였을 때
- 벌침이 보이면 신용카드 등을 이용하여 벌침을 제거한 뒤 비눗물로 깨끗이 씻어준다.
- 얼음 등으로 냉찜질을 하여 통증을 감소시키고 부기를 가라앉혀준다.
- 일반 벌의 경우 약알칼리(예 : 베이킹소다, 약암모니아)를 발라 독소의 산성을 중화시켜줄 수 있으며 말벌의 경우 약산(예 : 식초, 레몬즙)을 발라주어 독소의 알칼리성을 중화시켜줄 수 있다.

☞ 주의사항
- 벌침을 손으로 뽑으려고 하면 독침이 더 깊숙이 들어가거나 터질 수 있으므로 주의한다.
- 벌에 쏘이고 급속하게 의식 저하, 호흡 곤란이 나타날 경우 신속히 병원으로 이송해야 한다.

2. 뱀에 물린 경우
- 흥분해서 뛰면 독이 더 빨리 퍼지기 때문에 환자를 안정시키고 활동을 최소화한다.
- 비누와 물이 있다면 물린 부위를 깨끗이 씻어낸다.
- 물린 부위를 심장보다 아래에 위치하게 하고 항독소가 있는 병원으로 신속하게 이송한다.

☞ 주의사항
- 팔을 물렸을 때는 부어오르면서 혈액순환을 방해할 수 있으므로 반지, 시계 등을 제거한다.
- 현장에서 상처 절개를 하거나 입으로 빨아내는 행위는 절대 하지 말 것
- 지혈대를 세게 묶으면 동맥혈 차단으로 조직 괴사가 올 수 있으므로 주의

3. 개나 고양이에 물린 경우
- 환자를 안정시키고 활동을 최소화한다.
- 물린 부위를 깨끗이 씻고 소독한다.
- 현장에서 동물을 잡아두고 관찰한다.

☞ 주의사항
- 동물의 치아에는 세균이 많아 감염이나 염증에 대한 세심한 관찰이 필요하며 이에 따라 항생제 치료나 광견병 예방주사가 필요할 수 있다.

3) 응급처치의 중요성

① 사고 및 질병의 예방

㉮ 첫째 목적은 응급처치법을 배움으로써 위급상황에 대한 대응방법과 그 상황의 발생 원인을 알게 되므로 사고나 질병의 예방에 힘쓰게 된다.

㉯ 생활안전에 대한 높은 의식을 갖게 되어 항상 자신과 다른 사람의 안전에 관심을 갖고 대비한다.

② 적절한 응급처치

㉮ 적절하게 실시된 응급처치와 적당한 구조(운반)방법은 부상자나 환자가 입은 손상의 악화를 방지하며 그의 회복에 도움이 된다.

㉯ 응급처치의 잘못에 따라 그 환자의 생사, 회복 또는 입원기간, 신체의 불구 정도가 결정된다.

㉰ 응급처치법 교육은 각기 상황이 다른 부상자나 환자에게 무엇을 해야 되며, 무엇을 해서는 안 된다는 것을 알 수 있게 한다.

③ **응급환자 신고 시 전달할 기본정보**

환자가 발생한 위치, 주소 및 전화번호를 전달하고 응급상황이 발생한 경위와 환자 상태 및 주위의 위험요소 유무(화재, 사고, 위험물질 등)와 환자의 수를 전달해야 한다.

4) 응급처치의 일반원칙

① **당황하지 않음** : 침착하고 냉정한 판단이 응급처치의 최우선이다.

② **부상과 질병의 정도를 냉정하게 판단** : 어떤 종류의 질병인가, 환부는 어디인가 등을 재빨리 조사하여 처치한다.

③ **문외한의 치료법은 하지 않음** : 적절한 판단을 할 수 없는 경우에는 문외한의 치료법을 피하고, 아무 것도 하지 않는 편이 좋다.

④ **안정을 취함** : 악화되는 것을 막기 위해서는 의사나 구급차가 올 때까지 환자를 움직이지 않게 한다.

⑤ **위급한 처치부터 실시** : 심장정지에는 인공호흡과 심장마사지, 출혈이 심한 경우에는 지혈법, 호흡 독을 마셨을 때는 토하게 한다.

⑥ **기도를 확보** : 구토하고 있다던가, 의식불명인 경우에는 질식할 위험이 있기 때문에 기도를 확보한다.

⑦ **의식이 없을 때는 음료를 주지 말아야 함** : 액체가 기도에 들어가기 쉽고, 위험하다.

⑧ **체온 유지에 주의** : 몸이 식지 않도록 충분히 보온한다.

⑨ **환자를 격려** : 환자를 불안하게 하는 말은 금물이다.

⑩ **이동할 경우에는 올바른 방법으로** : 악화를 방지하기 위해서는 질병과 부상에 알맞은 방법으로 운반한다.

5) 현장조사

㉮ **현장조사에서 할 일**

㉠ 구조자 자신이나 부상자, 그리고 현장에 있는 사람들에게 어떤 위험요소가 있는지 살핀다.

㉡ 사고 또는 부상의 발생 원인을 조사한다.

㉢ 부상자의 수를 조사한다.

- 환자의 상태를 살펴보고, 의식이 있는 경우 직접 환자에게 물어본다.

- 외상의 원인을 조사하고 이를 응급 구조자에게 알리고 의사가 상해 정도를 초기에 파악할 수 있도록 한다.

㉣ 현장조사는 보다 나은 병원치료를 받을 때까지 일시적으로 도와주는 것과 적절한 조치로 회복상태에 이르도록 하는 것을 포함한다.

㉤ 부상자 수를 정확하고 신속하게 파악하도록 한다. 여러 명의 부상자가 있을 수 있으므로 주위를 둘러보고 사고와 관계된 사람에게 물어본다.

㉯ 반드시 119에 연락해야 할 경우

㉠ 심한 출혈이 있을 때

㉡ 물에 빠져 익사가 의심될 경우

㉢ 전기 감전사 또는 심장마비로 보이는 환자가 있을 때

㉣ 호흡곤란 및 호흡정지·질식·마비 증세를 보일 때

㉤ 약물중독이나 자살기도의 경우

㉥ 경련이나 발작 시(구급차의 도움이 필요하지 않은 경우가 대부분)

㉦ 화상의 정도가 심하거나 척추 손상이 의심될 때 등

㉰ 119에 연락 시 해야 할 일

㉠ 부상자의 위치 알리기 : 주소 또는 근처의 큰 건물·이름 등 위치를 확인할 수 있는 지형·지물이 있으면 알려준다.

㉡ 부상자에 대한 지속적인 정보가 필요하기 때문에 전화번호와 이름을 남기는 것이 좋다.

㉢ 무슨 일이 일어났는지를 설명한다.

㉣ 부상자 수와 기타 특별히 알려야 할 사항이 있으면 알린다.

㉤ 부상자의 상태를 구체적으로 알리고 지금까지 실시한 응급처치에 대하여도 구체적으로 설명한다. 구급차가 도착하기 전까지는 119로부터 부상자에 대한 응급처치법에 대한 도움을 받을 수 있으므로 전화를 끊지 않는다.

㉥ 자신의 위치를 구조요원들이 쉽게 찾을 수 있도록 행동한다(예 : 집 안과 밖의 불을 모두 켜놓는 방법 등).

㉱ 환자의 의식이 있는 상태

㉠ 말을 할 수 있는 경우에는 기침을 유도하며, 지속적으로 기침을 해도 이물질이 배출되지 않을 때에는 즉시 119로 연락한다.

㉡ 말을 할 수 없는 경우에는 119에 신고한 후 하임리히법을 실시한다.

응급처치요령

* 화상을 입었을 때

1) 즉시 차가운 물로 20분 이상 화상 입은 곳을 식힌다.
2) 일광화상의 경우에도 찬물이나 찬 수건을 이용해서 하루에 3~4회 20분씩 냉찜질한다.
3) 물집이 생긴 화상은 병원에 가서 치료한다.

* 경련, 발작

1) 경련이나 발작을 하는 경우 구토물 등에 의한 기도 폐쇄를 막기 위해 머리를 옆으로 돌려준다.
2) 옷은 느슨하게 하고, 조이는 것은 풀어준다.
3) 부딪히면 다칠 수 있는 물건들을 치운다.
4) 입속에 아무것도 넣지 않는다.
5) 안색이 새파래지거나(청색증이 보이거나) 숨을 쉬지 않으면 1339에 도움을 요청한다.

* 저체온증 대처요령

1) 사람은 체온이 2도만 떨어져도 심각한 증세가 온다. 저체온증 초기에는 피부가 차가워지고 몸을 떨며, 질문에 제대로 답을 못하는 등 반응속도가 느려지는 증상이다. 그러다 두통, 시력 저하, 갑작스러운 발작 등을 일으킨다. 악화되어 체온이 35℃ 이하로 떨어지면 주요 장기의 기능이 저하되어 사망에 이를 수 있다.
2) 저체온증은 비를 맞고 옷이 젖은 채 산행하다 탈진한 경우 흔히 찾아온다. 바람과 비, 낮은 기온, 심한 피로, 영양 부족, 정신적 스트레스 등이 저체온증을 유발한다.
3) 저체온증 증세가 있을 때 추운 곳에서 그대로 잠들면 사망할 수 있다. 그러므로 비나 바람이 불지 않는 따뜻한 장소로 옮겨야 한다. 옷이 젖었다면 마른 옷으로 갈아입히고 불을 지피고 따뜻한 물을 마시게 하고, 당분이 있는 음식을 먹여 기운을 차리도록 해야 한다.
4) 이때 술을 줘서는 안 된다. 술은 남아 있는 에너지를 소모시킬 뿐 체온을 올리지 못한다. 핫팩처럼 뜨거운 것이 있다면 배, 팔꿈치 안쪽, 목 뒤, 손목을 찜질한다. 이곳은 혈관이 피부와 가까운 곳이므로 열을 빠른 시간에 온몸으로 전달할 수 있다.
5) 환자를 침낭 속에 눕히고 사람의 체온을 나누어주는 것도 한 방법이다.

하임리히법(Heimlich maneuver 또는 abdominal thrusts)

1) 정의

① 하임리히법은 헨리 하임리(Henry Heimlich)에 의해 고안된 것으로 기도 폐쇄가 발생하였을 경우 할 수 있는 응급처치를 말한다.

② '하임리히법은 이물질만 제거되면 자가 호흡이 가능한 의식이 있는 상태에서 실시하는 방법이며, 일단 호흡기능과 심장박동이 정지된 상태이면 이물질이 제거되어도 호흡이 돌아오지 않으므로 심폐소생술을 실시해야 한다'는 것이다.

2) 상태

쵸킹싸인, 즉 기도에 음식물이나 덩어리 같은 것이 막혔을 때 기침이나 호흡할 수 없어 목을 부여잡는 행동으로 안면부가 새파랗게 되는 증상이 나타나기도 한다.

3) 방법

(1) 의식이 있는 경우

① 응급환자의 뒤에 서서 양팔로 환자의 허리를 껴안는다.
환자가 서 있는 경우 환자의 양쪽다리 사이에 발을 넣어 넘어지지 않게 지탱해준다.

② 한쪽 손을 움켜쥐어 주먹을 만들고 복부(배꼽 위)에 엄지손가락을 갖다 댄다.
③ 다른 한 손으로 주먹을 감싸고 나서 복부 안쪽으로 빠르게 세게 밀어 올린다.

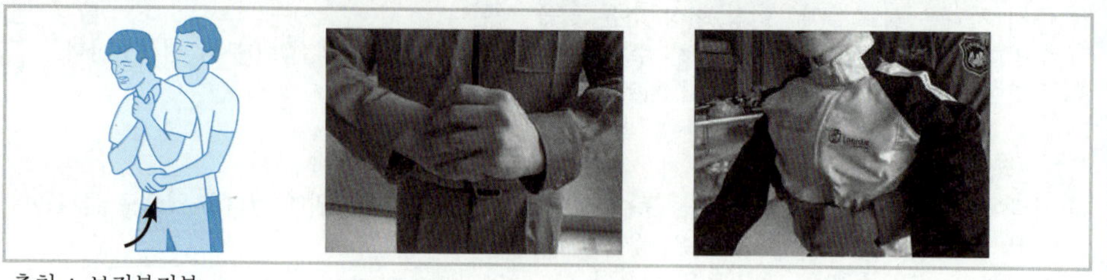

출처 : 보건복지부

(2) 의식이 없는 경우
① 환자를 눕혀 놓고 명치와 배꼽 사이를 손바닥으로 강하게 올려준다.
② 막힌 물체가 나올 때까지 또는 의식이 돌아올 때까지 반복하면 된다.
③ 환자가 의식이 없는 경우에는 환자를 바닥에 눕히고 119신고센터 또는 응급의료기관에 전화한다.

* 유아 하임리히법
1세~2세 또는 10kg 이하인 영아의 경우 자신의 허벅지에 지지를 한 후 턱을 잡고 등을 5회 쳐준다.

6) 응급처치요령

① 기도폐쇄 시 응급처치

기도폐쇄의 원인으로는 이물질로는 혈액, 음식물, 구토물 등이 있으며, 혀 또는 후두개가 이완되어 기도가 막히게 된다.

증상으로는 두 손으로 목 부분을 쥐면서 기침을 하려하며, 목 부분에서 심한 천명음('쌕~쌕'하는 소리)이 들리고 얼굴이 파랗게(청색증) 변한다.

기도가 완전히 폐쇄된 경우에는 3~4분 이내 의식을 잃게 되며, 4~6분이 경과하면 뇌세포의 영구적인 손상이 발생하여 생명이 위험에 빠질 수 있으므로 빠른 시간 내에 응급처치를 시행해야 한다.

② 성인 응급처치

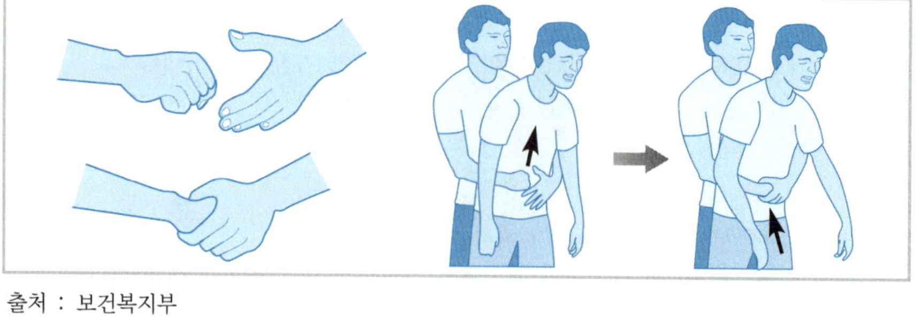

출처 : 보건복지부

환자의 의식이 있는 상태에서 말을 할 수 있는 경우에는 기침을 유도하며, 지속적으로 기침을 해도 이물질이 배출되지 않을 때에는 즉시 119로 연락한다. 말을 할 수 없는 경우에는 119에 신고한 후 하임리히법을 실시한다. 의식이 없는 완전기도폐쇄 환자는 심폐소생술을 실시하고 임산부나 비만환자는 상복부가 아닌 흉부를 압박한다.

③ 유아 응급처치

영아의 머리를 아랫방향으로 향한 후 등을 5회 두드리며, 흉부압박법을 5회 반복한다. 또한 입안의 이물질이 확인되면 제거하고 흉부압박 후에도 의식이 없으면 심폐소생술을 실시한다.

7) 심폐소생술(cardiopulmonary resuscitation, 心肺蘇生術)

(1) 정의

심장과 폐의 활동이 갑자기 멈추었을 때 실시하는 응급처치이다.

(2) 심장과 폐의 정지현상의 원인

심장과 폐의 정지현상은 급성심부전 및 폐부전증 등에 의하여 생기므로 그 원인을 분석해서 처치에 적용해야 한다.

호흡부전증의 원인으로는 저산소, 호흡기로 폐쇄 또는 폐질환, 혈액의 산소운반능력 이상, 중추성 호흡조절능력 마비 등이 있다.

심부전증의 원인으로는 심근수축력 억제, 흥분, 관상동맥혈류량 부족 등이 있다.

(3) 상태

소생술은 심장과 호흡이 멈춘 지 4분 이내에 시작하면 살아날 가능성이 높으며, 시간이 갈수록 뇌가 손상되어 사망하게 된다. 시간에 따른 환자의 상태는 다음과 같다.

㉮ 0~4분 : 소생술을 실시하면 뇌 손상 가능성이 거의 없다.

㉯ 4~6분 : 뇌 손상 가능성이 높다.

㉰ 6~10분 : 뇌 손상이 확실하다.

㉱ 10분 이상 : 심한 뇌 손상 또는 뇌사상태가 된다.

(4) 심폐소생술의 목적

심폐소생술의 주된 목적은 우리 몸에 가장 기본이 되는 장기인 심장, 뇌, 그리고 그 외의 장기에 산소를 공급하자는 데 있다. 이때 가장 중요하게 기억해야 할 것이 시행하는 속도이며, 이것이 또한 심폐소생술의 성공 여부를 결정하는 중대한 열쇠이다.

심장마비가 일어난 후에도 우리 몸속의 폐와 혈관 내에는 6분 정도까지는 생명을 유지시킬 수 있는 산소의 여분이 있다. 만약 숨이 먼저 그쳐도 수 분 동안은 심장이 뛰게 되어 폐 속의 산소는 계속 이용되게 된다. 그러나 심장이 멈추게 되면 폐와 혈관속의 여분의 산소가 더 이상 순환될 수가 없으므로 이때 심폐소생술이 그 위력을 발휘할 수 있다. 심장과 폐가 멎고 나서 즉시 4분 이내에 심폐소생술이 시행되면 거의 대부분 완전소생의 기회가 높다. 그렇지만 4~6분 이상 혈액순환이 안 되면 뇌에 손상이 올 가능성이 크다. 6분 이상 이러한 상태가 계속되면 거의 전부에서 뇌의 기능이 완전히 정지되고 생명을 잃게 된다.

이러한 이유에서 유사시에는 무엇보다도 중요한 것이 바로 심폐소생술을 해야 하는지의 여부를 파악해야 하고, 필요한 경우로 판단되면 즉시 올바른 심폐소생술을 실시하여 환자를 소생시키거나 혹은 전문 의료진이 도착할 때까지 생명을 연장시켜야 한다.

주의할 사항

* 인공호흡 시 주의사항

인공호흡으로 혈액을 순환시켜 조직으로 산소를 공급함으로써 뇌의 손상 또는 사망을 지연시키고자 현장에서 신속하게 실시하는 기술이다. 머리를 뒤로 젖히고 턱을 위로 들어 올려 기도를 열어준다.

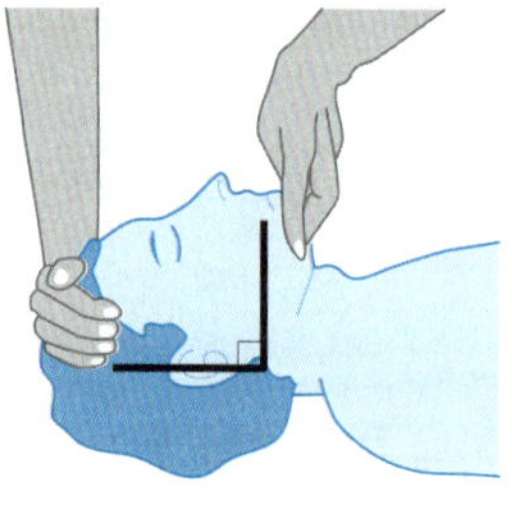

- 심정지 환자의 경우 간혹 숨 쉬는 듯한 양상을 보이기도 하나 이는 비정상적인 호흡이며 심정지가 발생하는 현상의 하나이다. 얕게, 빠르게, 가슴운동이 명확하지 않는 등의 호흡패턴 양상을 보고 환자가 숨을 쉰다고 섣불리 판단하여 응급의료체계 활성화를 늦추어서는 안 된다.
- 흥분하면서 가슴 압박을 매우 빠른 속도(분당 150회 이상)로 시행하지 않도록 한다. 가슴을 눌러주는 것도 중요하지만 누른 가슴 부위를 다시 원상태로 팽창시키는 것도 중요하기 때문이다.
- 가슴 압박 후 인공호흡으로 넘어가는 과정에서 환자의 맥박이 만져지는지 확인하지 말고 즉시 인공호흡을 하도록 한다.
  인공호흡은 반드시 턱을 들고 머리를 뒤로 젖힌 기도 개방유지 상태에서 시행하도록 한다. 단, 영아의 경우 턱을 너무 높이 들면 오히려 숨길이 막힐 수 있으므로 귀와 바닥이 서로 평행할 정도로 턱을 들어 올려야 한다.
- 인공호흡 시 환자의 가슴 상승이 관찰되지 않더라도 2회만 시행한다. 인공호흡을 2회 연속으로 성공하고자 계속 지속하는 것은 환자에게 도움이 되지 않는다. 가슴 압박이 가장 중요하므로 인공호흡을 잘 하려고 가슴 압박을 연기시켜서는 안 된다.

* 심폐소생술의 미실시 기준

- 심폐소생술을 실시하려는 시행자에게 심각한 부상이나 사망의 위험이 있는 상황
- 확실하게 회복 불가능한 사망의 임상적인 징후(사후경직, 시반, 참수, 신체절단, 부패 등)
- 심폐소생술을 원하지 않는다는 확실한 지시 또는 DNR 표식이 있는 경우

* 심폐소생술의 중단 기준

다음은 성인 환자의 경우에만 적용된다. 아직 신생아나 소아의 경우에는 명확한 지침이 없다.

- 효과적이고 지속적인 순환 회복
- 전문 구급대에 환자를 인계한 경우
- 심폐소생술 시행자가 지치거나, 위험에 빠지거나, 다른 사람들을 위험하게 하여 더 이상 심폐소생술을 지속할 수 없는 경우
- 회복 불가능한 죽음의 확실한 징후가 있거나 명백할 경우

* 주의!!

그러나 회복 불가능한 질환을 가진 사람이나 오랫동안 심장이 멈추어 살아날 가망이 전혀 없는 경우에는 시행하지 않는다. 단, 예를 들어 물에 빠져서 낮은 온도에 노출된 사람이나 어린아이는 시간이 어느 정도 지나더라도 뇌 기능이 정상으로 돌아올 수 있으므로 이러한 경우에는 시간이 경과했더라도 시행해야 한다.

(5) 올바른 심폐소생술의 기본

무엇보다도 심폐소생술의 기본적인 3요소를 아는 것이 중요하겠는데, 이 기본적인 3요소는 기도의 확보, 호흡, 순환이다.

㉮ 기도의 유지(Airway)

가장 중요한 소생술의 기본이다. 무의식환자에서는 혀가 기도를 막는 가장 흔한 원인이다. 그러므로 아래턱을 앞쪽으로 올려서 혀를 앞쪽으로 오게 하면 기도를 열게 할 수 있다.

출처 : 보건복지부

㉯ 호흡(Breathing)

기도가 유지되어도 호흡이 멎으면 장기에 필요한 산소가 부족내지는 없어지게 된다. 그러므로 인공호흡은 환자의 폐에 산소를 공급하는 기본이 된다. 내쉰 숨에도 호흡이 없는 사람에게 필요한 충분한 양의 산소가 있으므로 전문팀에 의한 인공호흡이 실시되기 전까지는 계속 호흡을 유지시켜주는 것이 이상적이다.

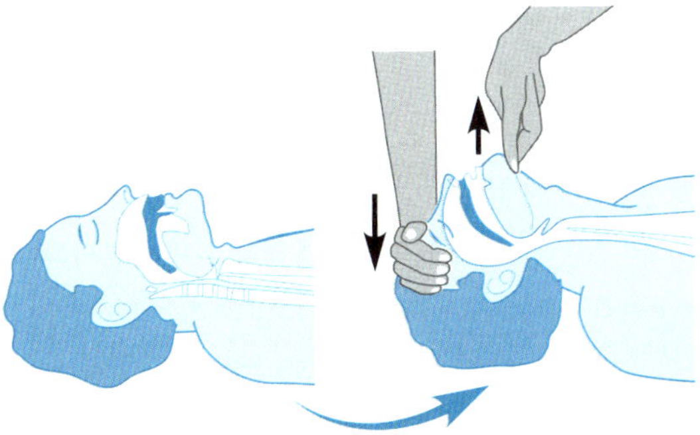

㉰ **순환(Circulation)**

심장박동이 멎은 경우, 가슴을 압박하여 다시 심장박동을 소생케 하려는 시도이다. 이로서 혈액을 뇌와 다른 기본 장기에 공급하게 된다. 인공호흡과 함께 실시해야 효과가 있다.

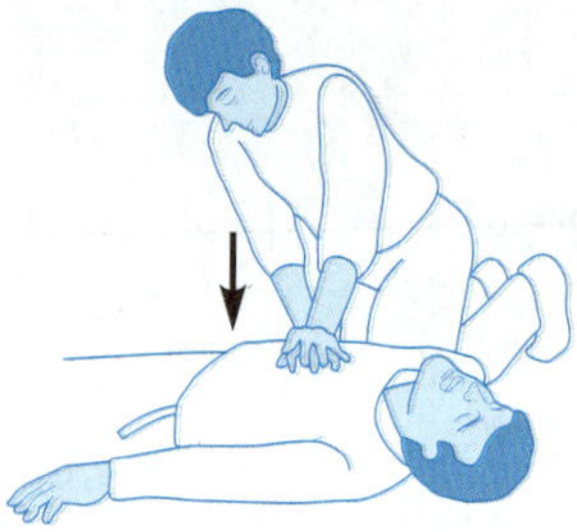

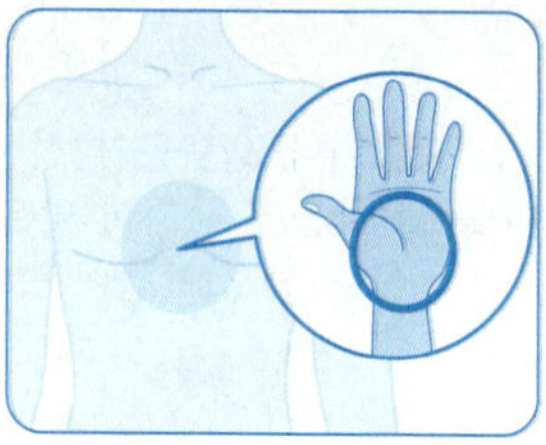

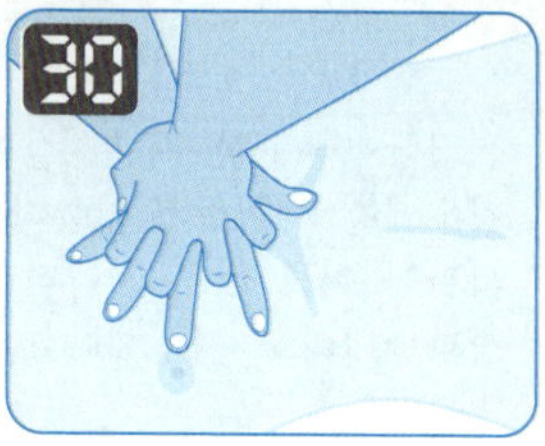

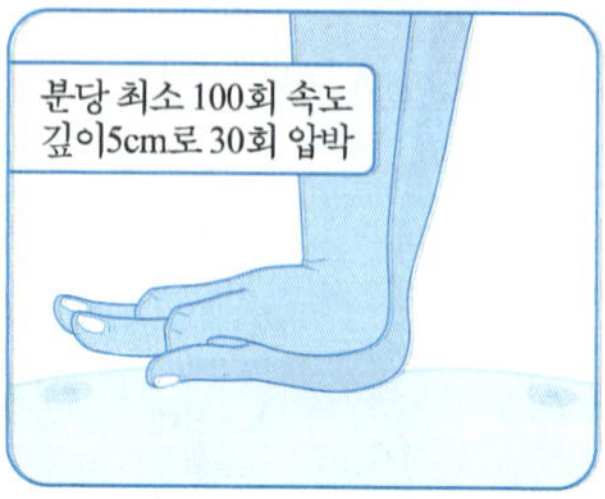

방법은 손꿈치 중앙을 양쪽 젖꼭지 사이의 흉부의 정중앙에 놓고 손가락이 늑골에 닿지 않도록 하며, 다른 손으로 나머지 손을 덮어준다. 팔을 쭉 펴고 수직으로 분당 최소 100회 속도로 30회 흉부를 압박하며 최소 5cm 깊이로 환자의 가슴을 눌러준 다음 힘을 뺀다. 흉부 압박 때는 환자 가슴에서 양손을 떼지 않도록 주의한다. 흉부 압박과 인공호흡의 비율은 1분에 30회 : 2회이다.

(6) 자동심장충격기 사용법

㉮ **자동심장충격기 도착**

심폐소생술 시행 중에 자동심장충격기가 도착하면 지체 없이 적용한다.

㉯ **전원 켜기**

자동심장충격기를 심폐소생술에 방해가 되지 않는 위치에 놓은 뒤 전원버튼을 누른다.

㉰ **2개의 패드 부착**

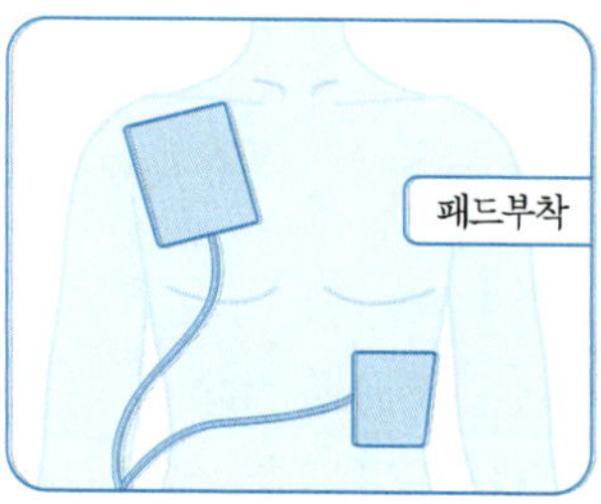

- 패드 1 : 오른쪽 빗장뼈 바로 아래
- 패드 2 : 왼쪽 젖꼭지 앞 겨드랑이

*** 패드와 심장충격기 본체가 분리되어 있는 경우에는 연결한다.**

(7) 심장리듬 분석

㉮ "분석 중…"이라는 음성 지시가 나오면, 심폐소생술을 멈추고 환자에게서 손을 뗀다.

㉯ 심장충격이 필요한 경우 "심장충격이 필요합니다"라는 음성 지시와 함께 자동심장충격기 스스로 설정된 에너지로 충전을 시작한다.

㉰ 심장충격이 필요 없는 경우 "심장충격이 필요하지 않습니다"라는 음성 지시가 나오며, 즉시 심폐소생술을 다시 시작하여야 한다.

(8) 심장룽격 실시

심장충격이 필요한 경우에만 심장충격 버튼이 깜박이기 시작하며, 깜박일 때 심장충격 버튼을 눌러 심장충격을 시행한다.

*** 주의사항 : 심장충격 버튼을 누르기 전에는 반드시 다른 사람이 환자에게서 떨어져 있는지 다시 한 번 확인하도록 한다.**

(9) 즉시 심폐소생술 다시 시행

심장충격을 실시한 뒤 즉시 가슴 압박과 인공호흡 비율을 30 : 2로 심폐소생술을 다시 시작한다.

(10) 2분마다 심장리듬 분석 후 반복 시행

회복되었거나 119구급대가 도착할 때까지 2분마다 심장리듬 분석 및 반복 시행하도록 한다.

(11) 영유아 심폐소생술

㉮ **기도열기(입안의 이물질 제거)** : 입안의 이물질 여부를 확인하여, 이물질이 확실하게 보이면 손가락으로 이물질을 쓸어낸다.

㉯ **압박 위치(영아)** : 흉골 중앙 바로 아래의 두 손가락을 위치하여 눌러준다.

*** 주의사항 : 명치를 누르지 않도록 한다.**

㉰ **압박 위치(유아)**

연령에 따라 한손으로 압박하는 경우도 있다(대부분 유아의 경우).

㉣ **흉부 압박**

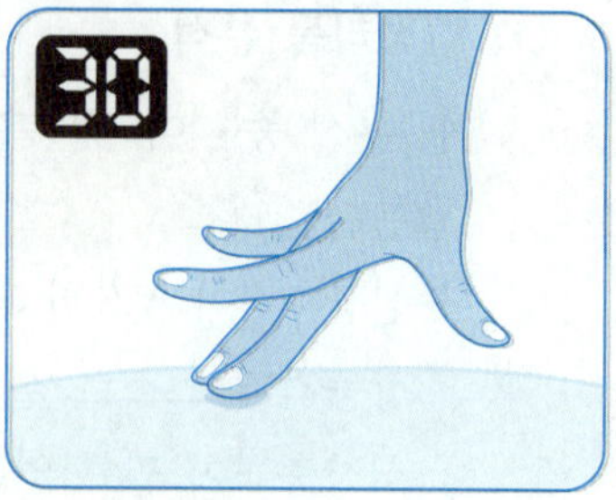

흉곽의 최소 1/3 깊이로 분당 최소 100회 속도로 30회 흉부를 압박한다. 흉부 압박 때는 환자 가슴에서 양손을 떼지 않는다.

※ '하나, 둘, 셋, …, 서른'하고 세어가면서 시행하며, 압박된 가슴은 완전히 이완되도록 함.

㉤ **기도 유지**

한 손은 이마, 다른 한 손은 턱을 들어주되 중립 위치를 유지하도록 한다.

㉥ **인공호흡 2회 실시**

처치자의 입으로 영아의 코와 입을 동시에 막아서 인공호흡 2회 불어넣기를 실시하도록 한다.

㉦ **2분마다 심장리듬 분석 후 반복 시행**

회복되었거나 119구급대가 도착할 때까지 2분마다 심장리듬 분석 및 반복 시행하도록 한다.

자동심장충격기

1. 의의

자동심장충격기는 심실세동이나 심실빈맥으로 심정지가 되어 있는 환자에게 전기 충격을 주어서 심장의 정상리듬을 가져오게 해주는 도구로, 의학 지식이 부족한 일반인도 쉽게 사용할 수 있도록 만들어져 있다.

이미 선진국에서는 사람이 많이 모이는 공공장소에 자동심장충격기를 비치하고 있으며, 이를 통하여 많은 심정지 환자들의 생존율이 극적으로 증가한 것이 많은 연구에서 밝혀져 있다. 국내에서도 응급의료에 관한 법률에 의해 공공보건의료기관, 구급차, 여객 항공기 및 공항, 철도 객차, 20톤 이상의 선박, 다중이용시설에 자동심장충격기의 설치가 의무화되었다.

※ 기도 유지 시 주의사항

영유아의 경우 너무 과도한 신전(늘여서 폄침)은 기도를 오히려 막을 수 있으니 주의하도록 함.

2. 순서와 방법

전원 켜기 → 패드 부착 → 심장리듬 분석 → 전기 충격

1) 전원 켜기

자동심장충격기의 전원을 켠다. 전원이 들어오면 음성이 나오면서 절차를 안내해준다.

2) 패드 부착

- 각 패드의 표면에는 부착할 위치가 어디인지 그림으로 표시되어 있으므로 참고한다.
- 상체를 노출시킨 후 우측 쇄골 아래쪽에 패드를 부착한다.
- 또 다른 패드는 좌측 유두 바깥쪽 아래의 겨드랑이 중앙선에 부착한다.

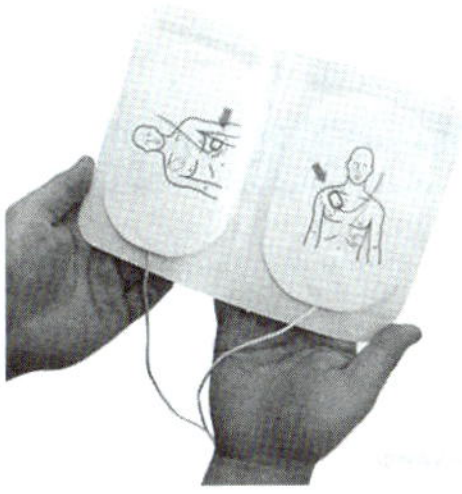

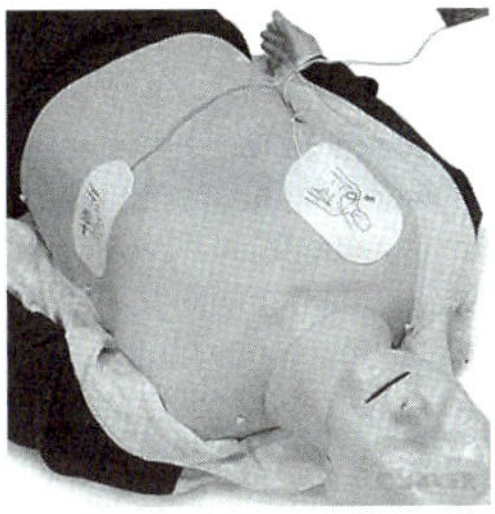

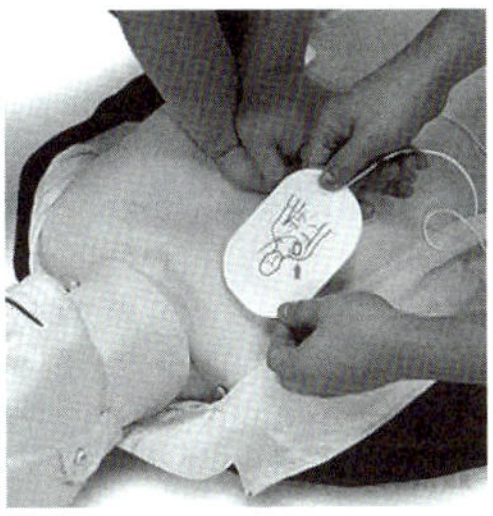

3) 심장리듬 분석

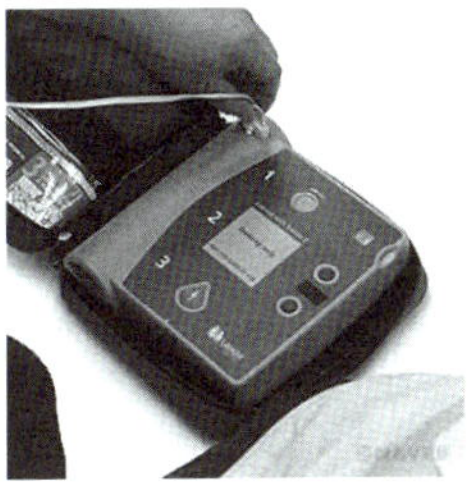

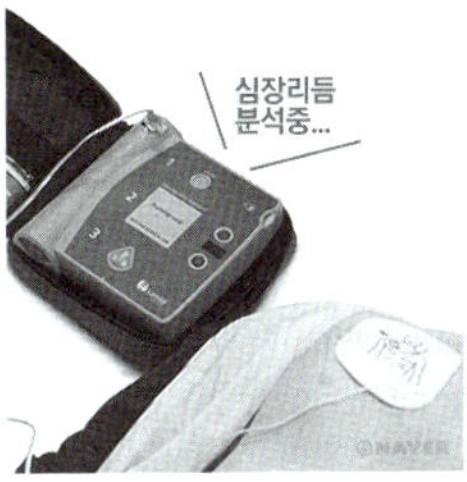

- 패드에 연결된 선을 기계에 꽂는다.
- 기계에서 자동으로 심장리듬 분석 중이라는 말이 나온다.
- 심장 분석에 오류가 나지 않도록 환자에게 닿지 않도록 떨어진다.

4) 전기 충격

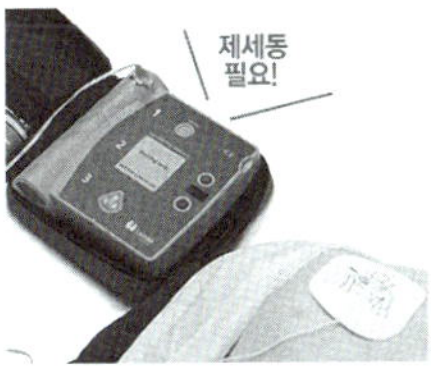

- 심장충격이 필요하다면 기계가 자동으로 충전을 하며, 충전 후 심장충격 버튼을 누르라는 메시지가 나온다.
- 버튼을 누르기 전 주변 사람들에게 환자와 떨어지도록 다시 주의를 준다.
- 심장충격 버튼을 누르면 환자에게 심장충격을 위한 전기충격이 가해지게 됨.

3. 무한 반복
- 전기충격이 필요 없거나, 전기 충격이 주어지고 나서는 즉시 심폐소생술을 시행한다.
- 기계는 2분마다 심장리듬을 분석한다. 심폐소생술 도중에 기계에서 음성 지시가 나오면 기계의 지시에 따라서 위의 절차를 반복하도록 한다.

* 자동심장충격기 작동 시 주의사항
- 움직이는 자동차 안과 같이 흔들림이 많은 장소에서 심장충격기를 작동할 경우에는 기계가 흔들림을 심장충격이 필요한 리듬으로 판단하여 잘못된 심장충격을 시행할 수 있다. 자동차 안에서 기계를 작동할 때에는 차를 정지시킨 이후에 작동하도록 한다.
- 심장충격 시행 시 감전의 우려가 있으므로 시행자와 환자 간의 접촉이 없음을 확인한다.
- 기계의 표면에는 작동방법에 대하여 그림과 글로 설명이 되어 있으므로 당황하지 말고 차분히 내용을 참조하여 기계를 작동하도록 한다.

8) 대상별 심폐소생술

표 3-26 대상별 심폐소생술

	성인	아동	신생아
식별	의식 없음(모든 연령)		
심폐소생술 시행 순서	흉부 압박-기도 유지-인공호흡		
압박속도	분당 최소 100회		
압박길이	최소 5cm(2인치)	흉부 전·후 직경의 최소 1/3 약 5cm(2인치)	흉부 전·후 직경의 최소 1/2 약 4cm(1.5인치)
흉벽 반동	흉부 압박 간 반동이 가능하게 함. 의료진은 2분마다 흉부 압박을 재시행함		
압박중단	흉부 압박 시 중단을 최소화 함(중단시간이 10초 미만이 되도록)		
기도	**head tilt-chin lift, 경추손상 의심 시 jaw thrust 사용**		
흉부 압박 :인공 비율	30:2(1~2인 구조자)	30:2(단일 구조자), 15:2(2인 의료 구조자)	
인공호흡	교육받지 않았거나 능숙하지 않은 경우 흉부 압박만 시행		
전문기도 유지 장치로 환기	6~8초마다 인공호흡 1회(분당 호흡 8~10회), 비동시성 흉부 압박, 호흡당 약 1초, 가시적인 흉부 상승		
심장충격	가능한 빨리 자동심장충격기 부착 및 착용, 전기충격 전·후 흉부 압박 중단을 최소화함, 각 전기충격 직후 흉부 압박으로 심폐소생술 재개		
*** 심장정지 원인이 거의(항상) 질식성인 신생아 제외**			

자료 : 보건복지부

9) 인공호흡법

① **인공호흡법(성인)**

㉮ **제1단계**

환자의 이마에 한 손을 대고 이마를 가볍게 젖힌다. 이때 엄지와 검지는 환자의 코를 막는다. 다른 한 손으로 턱을 가볍게 들어올린다.

㉯ **제2단계**

천천히 2번 숨을 불어 넣어준다. 이때 환자의 가슴이 부풀어 오르는 것을 확인하면서 숨을 불어넣는다.

㉰ **제3단계**

맥박을 확인한다. 만약 맥박이 있는데 환자가 호흡을 하지 않을 경우 실시한다.

㉱ **제4단계**

5초에 한 번씩 천천히 숨을 불어넣는다(1분에 12회).

㉲ **제5단계**

맥박과 호흡을 1분마다 다시 확인한다. 환자가 호흡은 없지만 맥박이 있는 한

계속인공호흡을 실시한다.

② **인공호흡법(영아)**

구조대에 연락을 한 후 환자를 관찰하였을 때 영아가 의식이 없는 상태라면 다음과 같은 순서로 인공호흡을 실시한다.

㉮ **제1단계**

영아의 이마에 한 손을 대고 이마를 가볍게 젖힌다. 다른 한 손가락(검지)으로 턱을 가볍게 들어올린다.

㉯ **제2단계**

구조자의 입이 영아의 입과 코를 모두 덮도록 한다.

㉰ **제3단계**

천천히 2번 숨을 불어넣어준다. 이때 환자의 가슴이 부풀어 오르는 것을 확인하면서 숨을 불어넣는다.

㉱ **제4단계**

맥박(상완동맥)을 확인한다. 만약 맥박은 있는데 영아가 호흡을 하지 않을 경우 실시한다.

㉲ **제5단계**

3초에 1번씩 천천히 숨을 불어넣는다(1분에 20회).

㉳ **제6단계**

맥박과 호흡을 1분마다 다시 확인한다. 환자가 호흡은 없지만 맥박이 있는 한 계속 인공호흡을 실시한다.

참 고

* head tilt-chin lift

턱은 들고 고개를 살짝 뒤로 넘기는 방법

* 하악견인법(jaw thrust maneuver)

- 두부를 후굴시키지 않고 하악견인을 하는 방법은 경부 손상이 의심되는 환자의 기도 확보에 가장 안전한 시술이다.
- 구조자의 팔꿈치는 환자가 누워있는 바닥에 닿게 한 후 양손으로 하악각을 잡고 들어 올리며 입술이 닫혀 있으면 아래 입술을 엄지로 당길 수 있다.
- 만약 구강 대 구강 호흡이 필요하다면 구조자의 뺨을 가까이 밀착해서 콧구멍을 막는다. 기도를 확보하는 데는 효과적이나 피로하기 쉽고 어렵다.
- 두부는 뒤로 경사지지 않게 하거나 옆으로 돌리지 않도록 조심스럽게 지지한다.

10) 지혈법

(1) 출혈이 심하지 않은 경우

출혈이 심하지 않는 상처에 대한 처치는 병균의 침입을 막아 감염을 예방한다. 상처를 손이나 깨끗하지 않은 헝겊으로 함부로 건드리지 말고 엉키어 뭉친 핏덩어리를 떼어내지 말아야 한다. 흙이나 더러운 것이 묻었을 때는 깨끗한 물로 상처를 씻어주고 소독된 거즈를 상처에 대고 드레싱 한다. 이후로 의사의 치료를 받게 한다.

(2) 출혈이 심한 경우

출혈이 심하면 즉시 지혈을 하고 출혈 부위를 높게 하여 안정되게 눕힌다. 출혈이 멎기 전에는 음료를 주지 않는다. 수술 받게 될지도 모르기 때문이다.

(3) 출혈을 지혈시키는 방법

지혈방법은 직접압박법, 지혈점 압박법, 지혈대 사용법 등이 있다. 직접 압박법은 상처 부위를 직접 압박하면 대부분의 출혈을 멈추게 할 수 있다. 출혈이 멈춘 후에도 소독거즈를 덮고 압박붕대로 감아준다. 만약 출혈이 멈추지 않으면 더 세게 압박하여 본다. 사지에서 출혈이 될 때는 출혈 부위를 심장보다 높여줌으로써 출혈량을 줄일 수 있다.

지혈점 압박법은 팔이나 다리에서 직접압박으로 지혈되지 않으면 동맥의 근위부를 압박함으로써 심한 출혈을 조절할 수 있다. 상지의 출혈은 상완동맥을 압박하고, 하지의 출혈은 대퇴동맥을 압박하여 지혈시킬 수 있다. 상지나 하지는 여러 동맥에 의하여 혈액을 공급하므로 하나의 동맥을 차단하여도 지혈되지 않는 경우가 있으므로 가급적 사용하지 않는다.

지혈대 사용법은 다른 방법으로도 출혈을 멈출 수 없을 때 사용되는 방법이다. 출혈 부위보다 심장에 가까운 부위에 지혈띠를 감는다. 손과 팔은 상완부에, 다리의 출혈은 대퇴부에 감는다. 지혈띠는 5cm 너비의 삼각건, 타월, 스카프, 넥타이 등을 이용한다. 주의할 것은 가느다란 끈과 철사는 사용하지 않는다. 지혈시간을 기록하며, 지혈대는 신경이나 혈관에 손상을 줄 수 있고 팔이나 다리에 괴사를 초래할 수 있으므로 30분에 한 번씩 느슨하게 한다.

(4) 코의 출혈

코의 출혈은 두개골 골절, 안면손상, 축농증, 감염, 고혈압, 출혈성 질환의 원인에 의해 일어날 수 있다.

환자를 앉혀놓고 안정을 시키며, 손가락으로 코끝을 잡아주거나 윗입술과 잇몸 사이에 붕대를 대고 눌러준다. 가능하면 코 주위로 얼음찜질을 해준다. 외상 후 코나 귀로부터 출혈은 머리에 골절이 있다는 것을 의미한다.

11) 운반법

(1) 들것으로 옮길 때 기본원칙

다친 사람의 발을 앞(아래쪽)으로 해서 옮기는 것을 원칙으로 한다. 단, 발을 다쳐서 피가 많이 날 때는 머리를 앞으로 한다. 다친 사람의 옷이나 신발, 허리띠를 느슨하게 하고 다친 사람을 따뜻하게 한다. 다친 사람의 상처와 얼굴을 자주 살펴보고 갑자기 더 나빠지는 것에 주의한다. 다친 사람은 원래 바로 눕혀서 옮기지만 의식이 없을 때나 토할 염려가 있을 때는 옆으로 눕혀서 토한 것이 호흡을 막지 않도록 한다. 다친 사람을 들것과 완전하게 붙들어 매어 어떤 경우에도 떨어지지 않도록 해야 하며, 경사가 급한 곳이나 바위 능선같이 위험한 곳을 지날 때는 들것에 로프를 묶어 안전하게 확보하고 들것을 들고 있는 사람들도 들것에 자기 몸을 묶어 떨어질 것에 대비한다.

(2) 들것을 만들 때 주의할 점

먼 거리를 옮길 때나 험한 곳에서도 망가지지 않도록 튼튼하게 만든다. 내려갈 길을 생각해서 들것의 폭과 길이를 정한다. 또한, 가지고 있는 장비와 사고가 난 곳의 여건, 그리고 구조할 수 있는 사람 수를 생각해서 들것의 모양과 크기를 정한다. 다친 사람을 들것으로 옮겨놓기 전에 들것이 튼튼한지 꼭 확인한다(더 무거운 사람을 눕혀서 들고 움직여 본다).

(3) 다친 사람을 들것에 고정하는 방법

다친 사람을 가장 편안한 자세로 눕힌다. 가슴과 허리, 다리와 발을 들것과 수직으로 묶고 몸 전체를 윗몸과 다리 2부분으로 나누어 비스듬히 여러 번 묶는다. 들것이 어느 방향으로 기울어져도 묶여있는 사람이 빠져나오지 않도록 확실하게 붙잡아 맨다. 들것이 곧게 세워져도 빠져나오지 않도록 발을 걸칠 수 있어야 한다.

중상자를 붙잡아 맬 때는 배를 피하는 것이 좋고, 붙잡아 맨 줄이 상처 가까이에 걸쳐지지 않도록 한다.

(4) 산악사고 시 구조기술 - 환자이송법

① 장비가 없을 때

㉠ 두 사람이 추켜들어 옮기기

뼈가 부러지지 않은 사람을 짧은 거리에 옮길 때 사용하며, 한 사람은 다친 사람의 뒤쪽에서 겨드랑이 아래로 손을 넣어 다친 사람의 윗몸을 추켜든다. 두 손을 길게 뻗쳐서 다친 사람의 무릎 위에서 바지를 움켜잡아 다친 사람의 두 다리를 자기 쪽으로 당기면서 두 무릎을 벌린다. 한 사람은 다친 사람의 두 다리 사이에 서서 무릎을 꿇고 앉아 다친 사람의 무릎 뒤를 두 팔로 낀 다음, 두 사람이 동시에 일어선다.

ⓛ **손 맞잡고 걸터앉기**

두 사람이 손을 엇갈리게 해서 맞잡고 그에 다친 사람을 걸터앉도록 한다. 무릎을 펴면서 같이 일어선다. 다친 사람은 균형을 잡기 위해서 구조하는 사람의 어깨를 감싸 잡는다. 힘이 많이 드는 방법으로 발목이나 정강이뼈가 부러졌을 때, 짧은 거리 이동에 사용된다.

ⓒ **엇갈려 안아 올리기**

두 사람과 한 사람이 서로 반대로 선 다음 다친 사람의 몸 아래로 손을 넣어 손목을 맞잡고 다친 사람을 안아 올리는 방법이다. 다친 사람을 안아 올렸을 때 편안한 느낌을 줄 수 있다. 산 아래로 옮길 때는 다친 사람의 다리가 아래쪽으로 향하도록 하는 것이 좋다.

② **장비 이용**

㉠ **로프를 이용해서 업어 나르기**

로프를 지름이 1m 정도 되게 둥글게 사려서 둘로 나누어 8자 모양으로 만든다. 매듭부분이 다친 사람의 엉덩이에 걸치도록 다친 사람의 두 다리에 끼운다. 업는 사람은 배낭을 매듯이 두 어깨에 로프를 끼고 몸을 앞으로 숙이면서 천천히 일어선다. 주의할 것은 로프를 사릴 때 전체 길이를 똑같이 해야 한다. 다친 사람의 두 손을 가슴 앞에서 엇갈리게 해서 잡거나, 윗몸을 자기에 긴 연결줄로 묶는다.

ⓛ **배낭을 이용해 업어 나르기**

작은 배낭을 거꾸로 해서 배낭 등판과 멜빵 사이에 다친 사람을 걸친 다음 멜빵끈을 늘려 다친 사람을 업는다. 멜빵끈이 없으면 옷 같은 것을 끼워 넣어 아프지 않도록 해야 오랫동안 업고 다닐 수 있다. 큰 배낭은 배낭 아래 부분의 박음질 실을 뜯어내고 다친 사람을 배낭 안에 넣어 두 다리를 배낭 바깥으로 나오게 해 업는다. 지게배낭을 쓸 때는 받침대에 침낭이나 매트를 깔고 그 위에 다친 사람을 앉힌다. 다친 곳을 따라 다친 사람을 앞쪽 또는 뒤쪽으로 향하도록 하게하고 다친 사람의 몸과 발을 묶어두기 위해 또는 편안하게 해주기 위해 줄사다리나 연결줄을 건다. 다친 사람의 안전과 업는 사람을 바꾸기가 쉬워 먼 거리를 갈 때 쓸 수 있다.

㉢ **들것 만들기**

ⓐ **넓은 천과 받침목을 이용하는 방법**

넓게 펼친 천에서 1/3되는 곳에 받침목을 세로로 놓고 좁은 쪽 천을 넓은 쪽으로 접는다. 그 위에 또 다른 받침목을 천 가운데에 놓아 좁은 쪽 천이 받침목 위로 겹쳐지도록 천을 접는다.

ⓑ **웃옷과 받침목을 이용하는 방법**

3m쯤 되는 굵고 긴 받침목을 한 사람이 두 손으로 잡고 허리를 깊이 숙인 다음, 다른 사람이 옷자락을 두 손으로 움켜잡고 받침목 쪽으로 벗긴다. 벗겨진 웃옷은 몸 부분과 소매가 받침목 가운데까지 끼워지도록 당긴 다음 다시 받침목 끝으로 당겨 몸 부분과 소매가 겹쳐지도록 만든다. 한 사람의 옷을 다 끼웠으면 다음 사람이 앞사람과 같은 방법으로 웃옷을 끼워 넣는다.

ⓒ **간이 들것으로 끌어내리는 방법**

받침목과 두꺼운 천으로 만든 간이 들것으로 다친 사람을 들것에 담아 내리는 방법이다. 천에 달려 있는 긴 연결줄로 다친 사람을 받침목에 묶고 어느 한쪽으로 치우치지 않도록 무게중심을 잘 잡으면서 내린다. 바위에 닿거나 걸리지 않도록 구조하는 사람이 들것을 잡아주면서 같이 하강한다.

12) 로프 매듭법

(1) 8자형 매듭

8자형 매듭은 매듭 중에서 가장 강한 강도를 가지고 있는 매듭으로서, 강한 충격을 받은 다음에도 쉽게 풀 수 있다. 이 매듭은 로프 중간에 등반자의 안전벨트에 걸려있는 카라비너에 걸 때, 나무나 움직이지 않는 확보물에 로프를 직접 묶거나 로프를 서로 묶을 때에도 많이 쓰인다. 구조 활동에 가장 많이 사용되는 매듭이다.

(2) 2개의 로프 연결하기

① **8자 매듭**

2개의 로프를 묶을 경우 플래쉬미트형으로 알려진 8자형 매듭을 사용할 수 있다. 특히 이 중핏셔맨 매듭(겹장구매듭)보다 힘이 가해진 후에 풀기가 더 용이하며, 주로 안전매듭으로 사용된다.

② **피셔맨 매듭(장구매듭)**

최소한의 용적으로 매듭을 할 수 있기 때문에 가장 안전하다. 자체 묶임 때문에 안전매듭은 사용할 필요가 없다. 이 매듭은 두 줄을 이을 때 가장 많이 쓰이며, 가장 확실한 매듭이다. 강한 충격을 받은 다음에는 풀기 어렵고 장시간 고정시켜두어야 할 상황에 주로 사용한다.

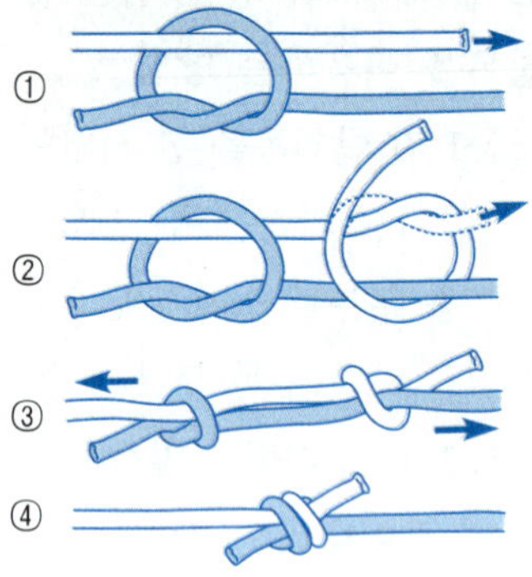

③ **옭매듭(접친 매듭)**

이 매듭은 굵기가 서로 다른 로프를 이을 때 쓰는 매듭으로 다른 매듭보다 강하다. 두 겹 옭매듭(겹접친매듭)을 이용하면 한 겹 옭매듭보다 더 단단하게 묶을 수 있고, 매듭부분의 마찰을 줄여 안정성을 높일 수 있다. 이 매듭의 끝은 꼭 절반매듭으로 마무리해야 한다.

④ **아카데미매듭**

굵기가 다른 로프를 서로 이을 때 쓰는 매듭으로서 다른 매듭과 비슷하지만 로프를 한 번 더 올려 매듭을 해야 한다. 일반적인 매듭은 겨울철에는 잘 풀리지 않는데, 이 매듭은 쉽게 풀 수가 있다. 마찬가지로 매듭의 끝을 절반매듭으로 처리해야 한다.

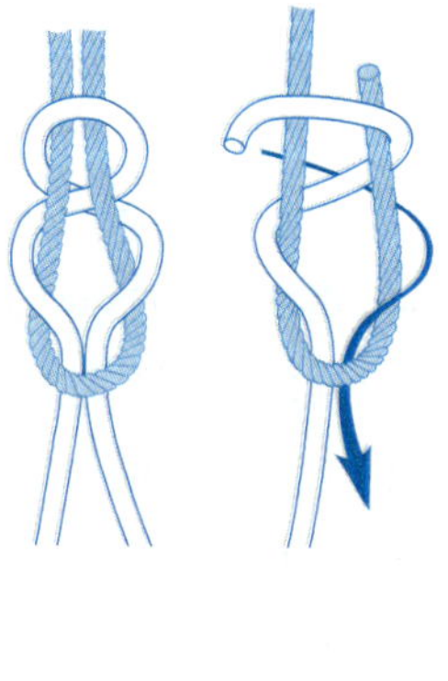

참 고

*** 4차 산업혁명과 재난관리**

사회가 급속도로 발전하면서 재난관리 분야에도 최신 기술을 활용한 효율적인 재난관리가 활성화되고 있다. ICBM(IoT, Cloud, Big-Data, Mobil)의 기술을 활용한 재난관리가 주목을 받고 있는데, 경보, 피난 소화설비 등에 적용하는 사물인터넷(IoT), 보안이나 성능 서비스의 클라우드(Cloud), 재해·재난에 정성적 · 정량적 분석 등에 적용하는 빅데이터(Big Data), 예방, 대비, 대응, 복구서비스에 공유 활용한 모바일서비스가 있다. 또한 인공지능(AI)을 활용한 종합적인 분석과 효율적 관리시스템의 제공이 있고 현실과 가상을 연결하여 업무의 연속성과 효율성을 높이는 증강현실(AR)의 활용도 급속도로 증가하고 있다.

PART 4 위기관리

제 1 장 | 위기관리의 의의와 이론적 고찰

제1절 위기관리의 의의

1. 위기의 의미

1) 위기의 개념

위기(Crisis)의 어원은 그리스어의 Krinein(분리)에서 유래되었는데, 원래 회복과 죽음의 분기점이 되는 돌연한 결정적 병상(病狀)변화를 시사(示唆)하는 의학용어로 사용되어 왔다.

사전적 의미로 보면 위기는 어떤 사건의 과정에서 결정적인 시기 혹은 상황, 전환점, 불안정한 상황, 갑작스런 변화, 저항의 긴장상태라고 정의한다.

위기란 보통 어떤 상태의 안정에 대해 부정적으로 영향을 줄 수 있는 정세의 급격한 변화 또는 어떤 사상의 결정적 또는 중대한 단계를 보여주는 분수령으로 볼 수 있다. 위기는 인간 개인의 육체적·정신적인 면을 비롯하여 한 나라의 정치·사회체제, 나아가 국가간의 관계에서도 발생하며, 각 상황의 변화가 많은 사람을 순식간에 흥분시키거나 물의를 일으키는 형태로 나타내는 말로 쓰이기도 한다.

시계열적으로 위기관리를 정의하면 사전에 위험요인을 발견·예방하고, 위기발생위험성에 대비하며, 위기발생 후의 국가(국민) 또는 지역사회(주민)의 인적·물적 피해를 최소화하고 본래의 일상적 상태로 복귀하기 위한 모든 측면을 포함하는 총체적 용어로 정의할 수 있다.

현대에 와서 위기라는 말은 정치, 경제, 사회, 문화 그리고 군사 등 모든 분야에서 사용하게 되었고, 특히 1962년 쿠바 위기 이래로 매일 생활 속에서 사용되었던 낱말이 되어 왔다.

2) 위기의 특징

위기는 체계의 일상적인 능력으로 해결하기 어려운 상황을 가져오기 때문에 관련된 기관이나 사람들의 협조와 노력이 필요하다. 위기는 사회구성원 어느 누구도 원치 않는 상황으로 돌발 사건적 성격과 사회의 제반가치와 규범·문화 그리고 관계들을 변화시키는 역할을 한다.

위기 대상은 한정되어있지 않고 어떤 국가나 사회·조직·가정 그리고 개인에 이르기까지 누구도 위기로부터 자유로울 수 없다. 위기는 반복적으로 발생하는데 과거에 발생한 위기에 대한 학습과 관리가 미흡할 때 동일 유형의 위기가 발생할 가능성이 높다. 또한 위기는 시·공간적인 제약을 받지 않으며, 발생 원인이 복잡·다양하다.

2. 위기관리(Crisis management) 개념의 확대

1) 위기관리 개념

위기를 사전에 예방하거나 효과적인 대응 및 복구를 통하여 그 피해의 영향을 최소화시키고, 조기에 위기 이전의 상태로 복귀시키는 모든 활동이라고 정의할 수 있다.

2) 위기경보

위기가 발생하면 바로 위기관리가 이루어져야 한다. 효과적인 위기관리를 위하여 위기 이전단계부터 그 진행과정을 관찰하는 것이 중요하다. 위기 이전단계부터 위기가 발생되기까지 체계적이고 효과적인 관찰과 대비를 위해서는 위기경보체계가 필요하다.

관심은 적정한(Moderate)상태, 주의는 상당한(Substantial), 경계는 극심한(Severe) 상태이며 심각은 위기(Critical)상태이다.

표 4-1 위기경보 구분

구 분	내 용	비 고
관심 (Blue)	징후가 있으나 그 활동수준이 낮으며 가까운 기간 내에 국가위기로 발전가능성 낮음	징후 감시활동
주의 (Yellow)	징후 활동이 비교적 활발하고 국가위기로 발전가능성이 나타남	협조체제 가동
경계 (Orange)	징후 활동이 매우 활발하고 전개속도, 경향성이 현저하여 국가위기발전 가능 농후함	대비계획 점검
심각 (Red)	징후 활동이 매우 활발하고 전개속도, 경향성이 매우 심각하며 위기가 확실시됨	즉각 대응태세

자료 : 「재난 및 안전관리기본법」, 「국가위기관리 기본지침」, 2022.

3) 위기의 유형

국가위기의 유형은 여러 가지 기준에 따라 다양하게 분류할 수 있다. 위협에 사용된 폭력성 정도에 따라 고강도 또는 저강도 위기, 지속 정도에 따라 단기적 또는 장기적 위기, 위협 내용의 성격에 따라 군사적 혹은 비군사적 위기, 위협요소의 발생 소재에 따라 사회적(인위적) 또는 자연적 위기, 원인 유발 종류와 개수에 따라 인위적 또는 복합적 위기, 발생빈도에 따라 일회적 또는 반복적 위기 등이 있다.

국가적 차원에서 국가위기의 유형은 기능적 분류와 실용적 분류로 구분할 수 있다.

(1) 위기의 기능별 분류

표 4-2 위기의 기능적 분류

위기 유형	위기 종류
• 정치·외교적 위기 • 사회·심리적 위기	① 극한적 정치적 대립, 사회적 혼란 및 마비 ② 국가주요시설의 폭파 및 화재 ③ 테러, 폭력 행위, 마약 등을 포함하는 범죄 ④ 철도, 항공, 선박 등 산업 및 공공기관의 파업 ⑤ 물가의 폭등, 부정 및 부패 만연 ⑥ 각종 공해 및 환경 파괴, 감염병 만연 ⑦ 대규모의 지진, 해일, 풍수해, 가뭄 ⑧ 심각한 인간기본권 파괴, 대규모 피난민 사태 ⑨ 대외적 국가이익 및 정치·외교적 갈등, 역사 왜곡, 사상, 종교, 심리전을 포함하는 간첩 침략
• 경제적 위기 • 과학기술적 위기	① 식량, 축산, 수산, 식수, 공업용수 부족 ② 주요 에너지, 자원 부족 ③ 경제파탄, 금융 붕괴 ④ 컴퓨터, 통신, 방송, 정보체계 마비 ⑤ 핵심 과학기술 해외 유출 및 과학기술력 부족
• 군사적 위기	① 무력에 의한 직접 침략 ② 핵무기 및 미사일, 살상무기 개발 및 위협

자료 : 조영갑, 「국가위기관리론」 선학사, 2006, p.30를 2022년 재편집

(2) 위기의 실용적 분류

표 4-3 위기의 실용적 분류

전통적 안보분야 위기	국가 핵심기반 분야 위기	재난 분야 위기
• 국가외교관계에 따른 위기상황 • 적의 군사적 위협 • 전쟁, 폭동, 쿠데타, 테러 등	파업 및 태업, 원자력 사고, 해킹, 사이버 테러, 전산망 파괴, 통신망 파괴, 화재, 폭발, 주요산업 시설 화재, 금융위기, 주요시설 테러 등	가뭄, 지진, 산사태, 폭설, 폭우, 이상기온, 황사, 적조, 생태계 파기행위, 건물붕괴, 식량위기, 대형 교통사고, 산불 등

자료 : 조영갑, 「국가위기관리론」 선학사, 2006, p.30를 2022년 재편집

(3) 위협과 위기 형태 - David K. C Jones

표 4-4 위협과 위기 형태

위협 대상	위협 내용	위기 형태
국가 존립	정치적 주권상실, 국가안보, 국토 침략 또는 유린, 국민생명 및 재산 침해	전쟁, 점령, 약탈, 테러, 요인 암살
체제 존속	통치이념과 정치체제 부정제도 및 기구전복 시도	내란, 혁명, 폭동
정권 유지	정권의 정통성 시비, 공공정책의 집행 방해	반란, 소요, 과격시위
국가사회 안정발전	식량 및 전략자원 수급실패, 경제성장 둔화, 사회갈등 심화, 인명손실 및 생계유지 곤란	각종 제재, 외교 고립, 실업, 인플레이션, 노사분규, 자연재해, 사고
자연환경보호	생태계의 질서 파괴, 생활공간의 침해	자원고갈, 환경오염
개인 안전 삶의 질	각종 범죄, 마약·약물 해악, 노인·정신질환문제, 사회복지	비행, 자해(살), 정신병, 마약중독 등

표 4-5

위기관리의 업무
1. 산업동원분야(먹는샘물, 환경업체, 수처리제) 중점관리업체 지정·관리
2. 자원조사 및 비상대비 중점관리업체 임무고지서 교부
3. 을지연습 준비·시행·평가
4. 국가중요시설 확인점검 및 안보교육 실시
5. 위기상황실 운영
6. 국가지도 통신망(전화, 팩스)관리

자료 : 위기·재난·안전관리 업무에 관한 규정 제5조

4) 확대된 위기관리

확대된 위기관리의 실제적인 형태는 대체로 다음 3가지로 나타난다.

첫째, 전쟁 및 내란에 대비하는 비상대비 동원체제 수립의 형태로 이는 군사대응 및 사상·조직·인원·물자동원 등의 수단을 사용한다.

둘째, 체제·정권 유지, 사회 안정, 국가존립 등에 관련된 위기와 그 대응으로서 국가안녕 질서유지를 위한 각종 치안 및 안전관리정책 및 조치이다.

셋째, 각종 자연적·인적 재난재해에 대비하는 긴급재난관리체계수립이다. 이는 재난대비 및 인력·장비·지휘체계의 확립 등이 수단으로 사용된다. 참고로 NSC가 2004년 7월 제정한 국가위기관리 기본지침에서는 국가위기관리의 대상을 군사 등 전통적 안보, 재난, 국가핵심기반 등 3개로 규정하고 있다.

3. 국가의 위기관리 필요성

국가 위기관리 차원에서는 위기를 "체제의 존립을 위태롭게 하면서 그 구성원의 건강·생명과 재산에 손상을 줄 수 있는 사건이나 상황"으로 정의할 수 있다. 이 같은 위기 정의는 위기를 관리대상으로 설정하는 것을 전제로 한다.

슈나이더(Schneider : 1995.18)는 위기란 잠재적으로 심각한 사회적 문제들을 야기시키기 때문이다. 이러한 위기관리는 경제적·물리적·정서적 비용이 크기 때문에 국가는 위기관리를 무시하거나 간과할 수 없으며, 이를 예방하고 준비하며 대응할 책임이 있다.

위기는 매우 정치적(Politicized) 쟁점으로 정치인들로 하여금 시민의 욕구에 적극적으로 대응하게 함으로써 위기 자체가 정치적 쟁점으로 전환된다.

자연재해는 민간영역의 해결능력을 벗어나는 문제를 야기하는 것으로서 이를 다루려는 노력은 공공 성격이나 집합적 특성을 지니게 된다. 위기 자체가 공중의 관심을 끄는 주제인 동시에 정부의 합법적인 권한영역 내의 문제로 인식되기 때문이다.

위기관리는 완화, 준비, 대응, 복구의 4단계 과정 : 여기에는 많은 자원과 인력의 동원이 필요한데, 정부야말로 이러한 자원동원 능력과 합법적인 물리적 강제력을 지니기 때문에 위기관리에 개입해야한다는 것이다.

사회적·경제적 변화와 기술발전이 가속화되고 환경의 불확실성이 더욱 심화될 미래에는 예측하기 힘든 새로운 유형의 위기가 더욱 빈번하게 출현하는 한편, 더더욱 위기의 심각성이 증대될 것이다. 따라서 안전은 하나의 중요한 사회적 자산으로서 그것의 파괴는 공동체구성원 모두의 손실로 이어질 수 있기 때문이다.

국가의 위기관리 필요성을 간략히 정리해보면 위기는 심각한 사회문제이고 정치적 쟁점이며, 민간의 해결능력 한계가 있기 때문이다. 또한 위기는 정부권한영역 인식이고 인적·물적 동원 가능성과 위기의 심각성의 증대, 그리고 안전은 사회자산이라는 측면으로 정리해볼 수 있다.

국가안전보장회의(NSC)

1. 역사적 배경

국가안전보장회의(國家安全保障會議, National Security Council)는 박정희 정권 초기인 1963년에 설치되었으나, 박정희 정권 후반기에는 중앙정보부와 국방부의 비중 확대로 인해 유명무실해졌다. 전두환 정부에서 김영삼 정부에 이르는 기간에도 이 회의의 역할은 유명무실했다. 김대중 정부 출범 직후인 1998년 국가안전보장회의는 외교·국방·통일정책을 총체적이고 통합적으로 협의·운영하기 위한 정책기구로 그 위상과 역할이 강화되었다. 노무현 정부 출범 직후인 2003년 국가정보원의 비중을 축소하면서 국가안전보장회의를 한층 더 확대 강화했다. 국가안전보장회의에 상임위원회, 실무조정회의, 정세평가회의, 사무처를 설치하고 그 기구들의 역할을 강화했다.

2. 주요 역할

국가안전보장회의는 대통령, 외무장관, 국방장관이 지하벙커에서 모여 전시 작전권을 행사하는 곳이다. 대통령에 대한 비상자문회의체이며, 대통령이 최종적으로 전시 작전권을 행사한다. 전 세계 원조 NSC로서, 전 세계 언론에 자주 보도되는 것은 1947년 창설된 미국 NSC 이다. 주로 백악관 의 지하에 마련된 백악관 상황실 에서 소집된다. 한국은 대한민국 헌법 91조에 의해 설립되어 있으며, 역시 미국과 같은 청와대 지하벙커 가 있다.

4. 위기관리의 원칙

불확실한 상황에서 효과적이고 구체적인 획일화된 위기관리 원칙은 존재하지 않으나 보편적인 입장을 취하고 있는 리차드슨(J. K. Richardson)의 7가지 원칙을 소개하고자 한다.

1) 다양한 의견수렴

위기상황의 규정과 대응방안 판단을 위해 다양한 의견을 듣고 토론하며 상이한 견해를 조정해나가는 것이 중요하다.

2) 정치적 통제력 발휘

결정한 정책을 집행할 때에는 시행착오나 오류가 발생하지 않도록 철저히 통제가 필요하다. 특히 일사분란하고 효율적인 정책의 집행이나 단합된 힘의 과시를 위해서라도 강력한 정치적 통제력이 요구된다.

3) 명확한 목표 제시

정책결정자는 분명하고 구체적인 위기관리 목표를 설정하고 제시해야 한다. 그래야 위기협상의 경우나 방안 선택에 있어서 양보와 타협이 가능하고 최적의 선택을 할 수 있게 한다.

4) 유연하고 점진적인 전략 선택

상황에 따라 탄력적인 대응이 필요하고 가능한 범위 내에서 점진적인 위기관리전략이 필요하다. 극단적인 선택 대신 유연한 전략을 선택함으로서 상대의 운신 폭을 넓히고 위신을 세워줌으로써 위기를 진정시킬 수 있다.

5) 여유 있는 대응책 강구

시간에 쫓겨 대안들을 충분히 검토하지 못한다면 성공적인 위기관리가 될 수 없다. 그러므로 상대방에게도 충분히 생각하고 판단할 수 있도록 시간적 여유를 허용해야 원만한 위기대응이 될 수 있다.

6) 상대방의 의도와 입장 고려

상대방의 의도를 정확히 파악하고 상대방의 관점과 입장을 고려해야 한다. 그래야만 문제가 되는 이해관계의 상충부분과 상호 간의 최후 양보선을 정확히 파악하고 대처할 수 있기 때문이다.

7) 정확한 의사소통

정확한 의사전달과 절차상의 오해방지에 유의해야 한다. 흔히 위기 시 상대의 행동이나 신호를 잘못 파악하여 위기가 더욱 악화되는 경우는 피해야 한다.

* 위기관리는 7가지 원칙 외에 상대의 기득권 인정, 지나친 모험적 행동 자제, 미래지향적인 결정 등이 있다.

8) 위기관리 원칙의 한계

너무 일반화되고 단순화되어 있으며, 현실적인 제약점들을 충분히 감안하지 않고 있다. 또한 너무 단기적 시각에서 제한적인 목표 달성에만 집착을 하고, 위기 이후의 생존기회 개선에 소홀하기 쉽다. 아울러 정책결정자들에 대한 심리적, 정치적 제약요소가 제대로 반영되지 않아 무분별하게 적용하면 오류를 범할 수 있다는 비판이 제기된다.

제2절 위기관리 최신 경향과 이론적 고찰

1. 최근의 경향과 흐름

1) 9 · 11테러

미국은 2001년 9월 11일 테러를 기점으로 위기관리체제에 대한 보다 근본적 개편작업이 이루어지게 된 계기를 마련하였다. 9·11테러 직후 미국의 위기관리체제 개편을 선도하기 위해 구성된 The Heritage Foundation Homeland Security Task Force Team은 이러한 뉴테러리즘에 대응하기 위해서는 지금까지 사용해온 전통적 개념의 위기관리체제는 이제 더 이상 유용하지 않음을 지적하고 있다. 즉, 미국의 안전을 강화하기 위해 새로운 수단들이 긴급하게 필요함을 인식시켜주었다.

2) 테러리스트들의 다국적 연계조직

최근의 테러리스트들은 전 세계적으로 구축되어있는 정보통신 인프라를 활용하여 위성전화시스템과 암호화된 이메일을 사용하면서 다국적 연계조직의 형태로 빠르고 은밀하게 활동하고 있다. 불특정 다수 시민을 대상으로 무차별적 테러를 저지르는 등 뉴테러리즘 양상이 전 세계적으로 확산되고 있는 추세이다.

3) 자연재난의 대규모화

최근 자연재난의 발생형태도 대규모 재앙으로 발전하고 있는데, 2004년 12월 인도네시아, 스리랑카, 인도 등 동·서남아 11개국 등에서 발생한 지진해일(쓰나미)로 희생자는 15만 여명과 이재민 수백만 명이라는 세기의 재앙을 가져왔다.

2005년 8월 29일에 발생한 허리케인 카트리나는 미국 루이지애나 주(州) 등 4개주와 뉴올리언스시를 강타하여 희생자가 2,541명이었고, 도시의 80%가 물에 잠기고 수백만 명의 이재민을 발생시키는 등 자연재난에 대한 위기관리역량의 한계를 노출시켰다. 2021년 7월에는 중국 장저우에 100년에 한 번 있을 법한 대홍수가 발생하여 12명이 사망하고 10만명이 넘는 이재민이 발생했다.

2011년 3월 11일 일본 도호쿠[東北] 지방 앞바다의 대지진과 지진해일(쓰나미)로 인하여 후쿠시마 제1원자력발전소에서 발생한 사고는 발전소가 침수되어 전원 및 냉각시스템이 파손되면서 핵연료 용융과 수소폭발로 이어져 다량의 방사성물질이 누출되었다.

우리나라도 지난 2002년의 태풍 루사, 2003년의 태풍 매미, 2011년 우면산 산사태,

2020년 8월 섬진강 제방붕괴사건과 같은 자연재난을 경험하면서 결코 안전지대가 아님이 입증되고 있다. 또한 국군의 이라크 파병과 국력 신장에 따른 국제관의 다원화, 복잡화로 뉴테러리즘의 발생 위험성이 과거에 비해 높아졌고, 매년 대규모 인적재난의 반복적 발생과 국가핵심기반시설 마비와 같은 신종 위기사태의 발생으로 우리나라 위기관리체제에 대한 사후 복구적 접근에 대한 문제점이 노출되어왔다. 이러한 근본적인 문제점을 개선하기 위한 유관부처 간의 네트워크 시스템의 실효성 확보와 전담기구의 통합개편이 절실하게 필요한 시점이다.

2. 위기관리의 이론적 고찰

1) 위기와 위기관리

위기는 어떤 사건의 과정에서 결정적인 시기 혹은 상황·전환점·불안정한 상황·갑작스런 변화·저항의 긴장상태라고 정의할 수 있다(조영갑, 2006). 국가위기관리차원에서 위기는 "체제의 존립을 위태롭게 하면서 그 구성원의 건강, 생명과 재산에 손실을 줄 수 있는 사건이나 상황이라고 정의할 수 있다. 또한 위기란 "적대행위나 대규모 재난재해 등으로 인하여 개인이나 국가의 생존이 심각하게 위협받을 가능성이 현저하게 증가하여 의사결정자들이 시간적 제약을 받고 불확실성이 높은 상황에서 중대한 결정을 해야 하는 상황이나 사태"라고 정의할 수 있겠다. 따라서 위기관리는 "위기발생을 예방하고 위협을 최소화시키며 이미 발생한 위기에 대해서는 신속하고 효과적으로 대응하여 가능한 한 빠르게 정상상태로의 복귀를 돕는 것이라고 볼 수 있다.

이러한 위기관리 행위는 당면한 위기의 악화를 방지하기 위하여 가능한 모든 수단을 동원하여 사태를 수습함으로써 원상회복 또는 상황개선을 추구하는 것이다.

2) 위기관리의 특징

(1) 허먼(Charles F. Herman)의 입장

허먼은 국가의 상위 가치에 대한 위협(threat to high values)과 상황발단의 돌발성 또는 의외성(surprise), 그리고 대응방안결정에 필요한 시간의 제한성(limited time available for response) 및 사태 진전의 불확실성(uncertainty)이라고 하였다. 이러한 위기가 지닌 근본적 특징 때문에 위기는 행위자로 하여금 심각하고 긴급하며 불확실한 여건 하에서 보다 신속하고 정확한 판단과 선택을 강요함으로써 행위자를 더욱 불안하고 힘들게 만든다.

(2) 채경석의 입장

① 공공재적 성격

국가나 사회의 안전은 모든 구성원이 공유하는 공공적 가치를 지니며, 위기발생 시 그 원인과 책임 소재와 무관하게 모두에게 영향을 미친다.

위기관련 비용은 시장과는 달리 포괄적이고 지속 가능한 가치로 환산되어야 하는 공공재적 성격(비시장성, 비경쟁성, 비경합성, 비배제성, 무임승차, 무형성, 비축적성, 등량소비성, 소비선택의 제약성)을 갖기 때문에 위기관리 서비스의 제공을 시장보다는 정부가 직접적인 활동을 할 수밖에 없다.

② 경계성(警戒性)과 가외성(加外性)의 원리

위기관리는 최악의 상태에 대비할 수 있도록 인력·예산·장비·물자 등을 확보·비축하고 그것을 전혀 사용하지 않도록 유도하는 경계성의 원리(principle of alertness)를 따라야한다. 위기관리 업무는 일상화·표준화가 불가능할 뿐만 아니라 소관업무에 상호 중첩되어 있어야만 각종 위기사태에 효율적으로 대응할 수 있다.

우리나라는 위기관리 분야를 일반 행정서비스처럼 능률의 논리를 적용하다보니 위기관련 조직과 예산 그리고 예방 및 대응의 약화를 초래하고 있는 실정이다. 위기관리는 우발사태에 대비하여 여분의 자원을 보유할 수 있는 가외성(redundancy)의 장치가 필요하다.

③ 결과위주의 조직 운영

위기발생 시 신속한 대응과 조치를 위해 현장출동과 지휘통제는 매우 중요하지만 우리나라는 법체계와 환경이 미흡하여 위기관련 공무원들에게 자유재량과 즉시강제조치 권한이 부여되지 않고 있다.

소방차나 구급차 출동 시 교통체증으로 인한 사고 발생은 해당 차량운전자가 책임지도록 되어 있다. 그러다보니 담당자가 적극적인 행동이나 방법으로 대응하지 않으려는 책임회피 문제가 발생하게 된다. 실질적인 효율적 위기관리를 위해서는 일반 행정처럼 과정위주보다는 결과위주로 운영되어야 한다. 현장관리자에게 최대한 많은 재량권을 허용해 필요한 조치를 취할 수 있도록 해야 한다.

④ 현장위주

위기관리는 현장과 사무실에서 업무처리를 하는 사람과 괴리가 발생할 수 있기 때문에 현장에 위치한 관리자에게 최종 권한을 주어서 상황이나 사태 변화를 보아가며 적절한 대응조치를 하도록 여건을 마련해주는 것이 중요하다.

우리나라는 법규에 관할지역 긴급구조 통제단장인 소방본부장·소방서장 등이 현장을 지휘하도록 명시되어 있음에도 여전히 시·도지사 및 시장·군수·구청장 등 상급 기관장이 나타나면 현장지휘권을 이양하고 책임에서 물러나는 경향이 있다.

시시각각 변화하는 환경에 대응해나가기 위해서는 현장지휘관이 일사분란하게 위기관리를 할 수 있도록 여건을 보장해주어야 한다.

⑤ 불확실성

위기관리는 언제 어떤 형태로 발생할지 모르는 미래 위기상황에 대비하기 위해 인력·장비·기술을 구비하고 항시 즉각 태세를 갖추고 있어야 한다.

위기관리조직은 일반조직보다는 조직의 규모와 예산 등도 커야 하고, 조직평가도 경제적 효율성이나 능률성보다 경계성의 원리에 따라야 한다.

불확실성에 대비하기 위해서는 기존의 사후대응개념을 사전예방으로 패러다임을 전환해야 하며, 위기관련 예산을 과거비용개념에서 투자개념으로 전환하고 연구개발(R & D) 인프라를 확대해야 한다.

⑥ 기타

위기관리는 상호작용으로 위기가 발생한 경우 위기 자체와 피해 국민 및 피해지역 각종 기반시설이 서로 영향을 미치면서 여러 가지 상황이 전개된다. 또한 조직대응관계를 다차원으로 구축하며, 관련기관 간 유기적인 협력과 정보의 공유가 필요하고 누적성에 대비하기 위한 통합된 위기관리조직체계가 필요하다.

3) 위기관리의 연구 경향

위기관리의 연구의 경향은 크게 국제체제적, 정책결정적, 적대적 상호작용의 세 가지 이론적 시각에서 이뤄졌다.

(1) 국제체제적 시각

국제체제적 시각은 위기와 국제체제 간의 상관관계에 대한 분석을 강조하며, 기존 상호작용을 특징으로 하는 상황이다. 체제적 국제체제구조의 급격한 변화 및 붕괴를 야기할 수 있는 국가 간의 적대적이고 불안정한 시각은 위기가 국제체제구조의 변화를 가져오거나 안정과 균형을 위협할 수 있다.

국가 간 동맹·연합의 유형, 국제규범과 같은 국제체제의 구조는 위기당사국들의 속성과 함께 위기의 성격과 진행과정 및 국제체제에 대한 실제적인 영향을 결정하는 주요 요인을 갖고 있다.

국제체제적 시각은 과거 냉전기의 위기관리 연구에는 적합한 시각이었을지 모르나, 지구화와 자유주의가 확산되어 있는 탈냉전기의 포괄적 안보 상황에서는 적절하지 않아 보인다.

(2) 정책결정적 시각

정책결정적 시각은 개별국가수준에서 이뤄지는 위기상황에서 위기관리정책결정과정에서 의사결정자들의 인식과 행태 연구에 초점을 둔다.

정책결정자들에 의해 인식되는 위기상황의 여러 속성이 그들의 심리, 행태 그리고 정책결정 구조·과정·결과에 어떠한 영향을 미치는가하는 것에 대한 경험적 분석과 일반화를 추구하는 것이다.

위기상황에서 정책결정자들이 경험하게 되는 스트레스는 개관적(槪觀的; 전체를 대충 살펴보는 것)인 대내외적 환경이 아니라 정책결정자에 주관적으로 인식되어지는 심리적 환경이라는 것이다.

(3) 적대적 상호작용

위기상황에서 진행되는 동안 국가 간의 적대적·경쟁적인 상호작용의 분석에 초점을 두는 것이다. 위기 당사국 간 상호작용의 핵심을 매우 치열한 협상의 과정으로 보고 이러한 맥락에서 국가들의 행위를 설명하려는 것이다. 국가 간의 갈등과정, 특히 적대행위의 증폭과정에 대한 분석을 시도하는 것이다.

스나이더(G. H. Snyder)와 디싱(P. Diesing) 등은 위기를 "전쟁발발 가능성이 높다고 인식되어지는 심각한 갈등상태에 처해있는 둘 이상 국가 간의 일련의 상호작용"이라고 정의한다.

4) 위기관리에 대한 분석

위기관리에 대한 분석은 체제접근 분석, 의사결정접근 분석, 통합적 접근 분석 등 세 가지로 나눈다.

(1) 체제접근 분석

위기는 국가들 사이에서 기존에 이루어지고 있는 상호작용의 크기·성격·강도 등에 중대한 변화를 일으킴으로써 국제체계의 변혁을 초래할 수 있는 사건으로 간주하는 현실주의(realism) 주장과 부합한다.

스나이더(G. H. Snyder)는 위기를 "비록 전쟁보다는 미약하지만 심각한 갈등을 겪고 있는 둘 또는 그 이상의 국가들 사이에서 일어나는 일련의 상호작용"으로 정의한다.

허먼(Charles F. Herman)은 "국제위기란 국제체계나 하위체계에서의 불안정요소가 정상수위를 넘어 폭력사용 가능성을 증가시키는 일련의 사건과 상황"이라고 정의한다.

김열수 교수는 "국제정치관계에서 국가라는 행위자를 중심으로 국가 간 절박한 시점"이라고 정의한다. 어떤 사건의 발생으로 인한 위험한 시기의 도래로 전쟁과 평화를 구분 짓는 시점"이라고 정의한다.

(2) 의사결정접근 분석

단일국가의 시각에서 위협에 대한 인식과 행태에 주목하여 위기상황을 규정한다. 대안 선택에 영향을 미치는 정책결정자들의 주관적 위기인식이 강하고 의사결정 작성자들이 기본적 가치들에 대한 위협, 대응을 위한 한정된 시간 그리고 군사적 적대행위의 높은 가능성을 인식하게 되는 상황이라고 할 수 있다.

(3) 통합적 접근 분석

체계적 접근과 의사결정접근법을 절충하여 결합한 것으로 국제위기 정의에 대한 단일적 측면을 비판하고 국가 간 관계나 체계변화와 동시에 정책결정자의 위기인식에 중점을 두는 시각이다.

브레처(Michael Brecher)는 국제위기를 사전적 정의가 아닌 운용적 개념에서 이해할 것을 요구한다. 그는 체계 접근을 통해 "국제위기는 높은 군사적 적대감의 개연성 또는 적들 간의 분열적 상호작용의 강도 증가와 유형 변화 그리고 심각한 갈등적 상호작용으로 인한 국제구조에 대한 위협"으로 정의한다.

윌리엄스(Phil Williams)는 "국제위기는 두 국가 또는 그 이상 국가들 간의 대결이고, 보통 짧은 기간의 상황 속에서 전개되며, 이러한 상황 속에서 참여자 간에 전쟁발발 가능성에 대한 인식이 급격히 높아지는 상황으로 참여자의 가치나 목표를 크게 위협하는 상황 속에서 전개된다"라고 정의한다.

우리나라는 「국가위기관리지침」에서 국가위기를 "국가주권 또는 국가를 구성하는 정치·경제·사회·문화체계 등 국가의 핵심요소나 가치에 중대한 위해가 가해질 가능성이 있거나 가해지고 있는 상태"라고 정의한다.

3. 위기관리 체제

위기관리 체제는 위기가 발생하면 신속하게 국력을 결집하여 효율적으로 대응하여야 하기 때문에 일반 행정체제와는 다른 구조적 특성들을 가질 필요가 있다. 위기관리 체제가 가져야 할 구조적 특성으로 통합성, 유기성, 협력성, 학습성의 4가지 특성을 고려해볼 수 있다.

1) 통합적 구조

전통적인 분산관리방식이 전문성과 합리성을 강조하지만 환경대응이나 중복대응 등의 한계를 극복하지 못하였다. 이러한 단점을 극복하고자 대두된 것이 통합형 관리방식이다.

2) 유기적 구조

번즈와 스토커(T. Burns & G. M. Stalker)는 공식화된 규범이나 중앙집중적 의사체계를 지닌 관료적 특성의 조직을 기계적 조직으로, 중앙집중도나 공식화의 정도가 낮고 구성원의 활발한 참여가 가능한 특성의 조직을 유기적(organic) 조직으로 구분하고 있다.

위기는 그 발생 원인이 상호작용을 갖고 있기 때문에 개별적 파악이 어렵고 예측과 통제가 제한된 불확실 상황에서 발생되는 위기를 관리하기 위해서는 전문화된 조직원들의 능동적 활동이 필수적으로 요구된다.

3) 협력적 구조

위기관리는 혼자 힘으로 해결하기가 매우 어렵고 효과적 대응을 위해서는 의사교환이 활발히 이루어져야 한다. 전문요원들과 긴밀한 상시협조체계를 갖추고 민간단체 및 자원봉사자들의 참여와 활동을 보장할 수 있는 법적·제도적 장치를 마련해야 한다.

4) 학습적 구조

위기관리 체제는 경직과 폐쇄적인 체제를 지양하고 현장과 경험의 축적과 더불어 학습을 통해 새로운 환경에 적응하고, 이를 통제할 수 있는 구조로 발전되어가야 한다.

4. 위기관리 단계

1) 갈등관리 단계

위기란 갈등현상에서 비롯된다. 갈등이란 어떤 주장, 견해, 이해 등이 복잡하게 뒤엉킨 관계에서 손실이나 위해가 생길 우려가 있는 대립적 위험시기이다. 갈등은 어떤 동기나 목표를 충족시키는데 필요한 하나의 구체적인 반응이 다른 하나의 동기나 목표를 충족시키기 위한 반응과 양립 또는 조화될 수 없는 경우에 발생하게 된다.

갈등은 국가, 사회 그리고 조직과 같은 개념과 밀접한 연관성이 있으며, 인간의 사회생활을 이해함에 있어 통합의 개념과 상대되는 내용이 된다. 이러한 측면에서 위기관리의 절차는 상황전개 – 위기평가 – 방책개발 – 방책선정 – 실행계획 수립– 실행의 순으로 이뤄진다.

(1) 갈등관리의 필요성

갈등관리는 갈등의 목표를 달성하기 위해서 갈등관계에 있는 행위자들이 상충된 이익에 대한 대립적·개념적·비가시적 행위로 이루어지기 때문에 그 행위가 위기로 확대되지 않도록 갈등관리 전략을 적용해야 한다.

(2) 집단 간 갈등의 원인

공통적·집단적 상호의존성과 순차적 상호의존성, 교호적 상호의존성 및 목적의 차이, 그리고 지각의 차이와 의사소통의 왜곡, 계선과 참모(막료)의 갈등 등이 주된 원인이 된다.

(3) 집단 간 갈등의 결과

집단 간 갈등은 집단 내부의 변화를 가져오는데, 집단응집력 증가, 독재적 리더의 등장, 활동의 강화, 충성심의 강조 등으로 나타난다. 또한 집단 간의 관계가 변화하는데, 지각의 왜곡(distorted perceptio ; 자기집단이 더 중요하다고 지각), 상동적 태도(negative stereo typing ; 상대집단에 대한 경직된 편견이 확대), 그리고 의사소통의 감소 등이 나타난다.

(4) 집단 간 갈등 해결방안

일반적 해결방안으로는 문제의 공동해결, 상위목표의 설정, 집단 간 상호의존성 감소, 자원의 확충, 청원시스템, 공식적인 방법, 상호작용의 촉진, 평가기준과 보상시스템, 갈등집단의 통합, 공동경쟁대상의 설정 등이 있다.

갈등의 촉진적 해결방안으로는 의사소통에 의한 방법, 새로운 구성원의 영입, 경쟁의 조성 등이 있다.

(5) 복수주체 갈등의 해결방안(Simon, March)

집단 스스로 해결하는 복수주체의 갈등해결방안은 문제해결, 설득, 협상, 정략 등이 있다. 문제해결은 갈등 당사자 간의 목표합의를 통해 새로운 대안의 고안과 탐색에 치중하는 것이며, 설득은 문제해결의 경우보다 정보수집에 의존하는 비중이 낮으며 하위목표와 전체적인 상위목표와의 모순을 제거하고 일치성을 추구하는 데 중점을 두며, 공동목표에 입각하여 하위목표에 대한 의견대립을 설득을 통해서 조정하는 것이다. 협상은 목표에 대한 의견대립 인정으로 설득 없이 상호 간의 합의를 추구하는 것이다. 정략은 외부환경과의 접촉을 통해 새로운 세력을 끌어들여 협상을 유리하게 하려는 전략(제3자 조정으로서 여론 및 대중의 지지 중시)이다.

(6) Thomas의 갈등관리전략(대인적 갈등의 해결)

Thomas는 자신의 주장을 충족시키려는 욕구가 단정적인가 아닌가, 그리고 상대방의 주장을 만족시키려는 욕구가 협조적인가 아닌가에 따라 다음 5가지 갈등관리전략을 제시하고 있다.

① 회피전략 : 갈등상황으로부터 벗어나는 것으로, 사소한 문제이거나 자신의 욕구만족의 기회가 없을 때 나타난다.
② 수용전략 : 상대방의 주장을 받아들이는 것으로 자신의 결정이 잘못되었거나 상대방과 화합하고 조직의 안정과 신뢰를 중요시할 때 나타난다.
③ 타협전략 : 단정과 협력의 중간수준으로서 극단적인 전략을 피하는 것이다. 당사자들이 동등한 권력을 보유하거나 시간적 여유가 없을 때 나타난다.
④ 강제(경쟁)전략 : 자신의 욕구만 충족시키고 상대방의 주장을 일축하는 것으로 위기상황이나 한쪽의 권한이 우위일 때 나타난다.
⑤ 협력전략 : 당사자 모두의 만족을 극대화하려는 전략으로서 갈등을 긍정적인 현상으로 받아들인다. 조직의 목표가 학습에 있고, 다양한 관점과 정보를 바탕으로 한 통합적인 해결전략이 필요할 때 적합한 전략이다.

2) 분쟁관리단계

이 단계는 위력으로 윽박지르고 협박하는 대결적인 위협시기로서 위기의 문턱에서 보다 강력한 저항과 도전 속에서 자극적인 행위가 시작되어 분쟁의 위기가 시작된다. 이때는 대결 속의 분쟁관리전략이 필요하게 된다.

이 단계에서는 쌍방 간에 상대방의 위협을 어떻게 인지했느냐의 문제와 그 인지된 위협에 대하여 어떻게 대처할 것이냐의 대안선택문제를 놓고 초기단계에서는 의사결정단위 내부에서 개인 및 단체 간에, 그리고 마지막 정책이나 전략선택단계에서는 최고 의사결정자의 내부갈등이 일어나게 된다.

이때의 전략은 양측 간의 분쟁과정에서 최대의 이익을 추구하거나 혹은 어떻게 하여 손실을 최소화할 것인가에 주안을 두고 후퇴·부담·타협·전환·대립 등의 분쟁관리전략을 구사해야 한다.

갈등의 고조는 극단적 행동으로 이어져

1959년에 미국 바로 턱밑인 쿠바에 사회주의 정권이 들어서고, 61년 미국이 망명쿠바인을 주축으로 한 군대를 파견했다가 이들이 모두 생포되고 만다. 이에 부담을 느낀 쿠바 정부는 62년 소련과 무기원조협정을 맺고 미사일 기지를 건설한다. 이를 미국은 핵미사일 기지로 규정하고 쿠바해상봉쇄에 들어간다. 핵전쟁과 세계3차대전의 위기가 고조되는 가운데 미국대통령 케네디와 소련의 흐루시초프 서기장 사이에 밀고 당기는 협상이 벌어진다. 결국 온건파들의 중재노력이 결실을 거둬, 소련 턱밑에 있던 터키 미사일 기지를 철거하는 조건으로 쿠바 미사일 기지 건설도 중단되었으며, 결과적으로 이러한 경험 하에 미소 간의 핫라인 설치와 핵무기 감축협상 등이 시작되는 계기가 되었다.

3) 위기관리단계

위기관리단계는 대결이 더욱 치열화된 충돌로서, 위기관리가 실패하여 전쟁으로 돌입하든가 아니면 평화적으로 위기를 종결짓든가를 결정하는 전환점이 된다.

위기관리단계에서는 전쟁보다는 평화적인 수단과 방법으로 해결하는 것이 중요하기 때문에 군사력은 직접적·물리적 사용이 아니라 간접적·심리적 수단으로 이용한다. 여기서 쌍방은 모든 강압적인 외교수단을 동원하게 되는데, 여기서 군사적인 전개, 위협, 경고 등이 뒷받침해 준다.

5. 위기관리의 유형

1) 교섭적 위기관리

다른 국가 또는 국외의 정치집단에 의해 고의적이고 직접적인 도발행위로 발생한 위기를 해결하는 위기관리 유형이다. 각 국가는 상호교섭을 통하여 자기의 이익을 양보 또는 관찰하거나 또는 상호조정을 위한 흥정과 협상에 의하여 상호작용적으로 위기 해결을 시도한다.

여기서 협상을 얼마나 잘 이끌어내느냐가 관건이며, 각 국가의 이익 확보 정도가 달라지게 됨으로써 협상력이 대단히 중요하다.

2) 수습적 위기관리

타국가의 실수와 오판 또는 무의식적인 행위로 인해 발생한 우발적인 사건에서 위기가 연유된 경우나 자연적 재해, 인위적 재난 또는 대형사고로 인해 발생된 긴급사태에서 위기가 야기된 경우에 적용한다. 이 경우는 위기관리 요체는 조속하고 효과적인 사태 수습이 중요하며, 사태 수습의 최종목표는 상황에 따라 원상회복 차원을 넘어 원래보다 발전되거나 개선된 상태를 지향하는 경우도 있다.

3) 적응적 위기관리

위기의 발단이 국제 및 지역 주변질서나 구조의 갑작스런 변화에 기인한 경우에 적용되는 위기관리 유형이다. 이런 경우는 위협의 근원은 새로운 무기체계의 개발이나 도입, 지역 또는 세계적 세력분포나 판도의 변화, 주요 동맹관계의 변화, 인접국가의 정치적·경제적·사회적 질서의 급작스런 변화 등이다.

대응전략은 당면 상황에 대한 신속·정확한 실체 파악과 상황분석이 필요하고 단기적 또는 중·장기적으로 대응방안수립을 통해 변화된 새로운 환경과 질서에 적시적이고 효과적인 적응이 가능하도록 하여야 한다.

6. 위기관리 절차

인간생활에서 일어나는 모든 위기는 절차나 상황에 따라 다를 수 있다. 아래 내용은 미국 합동참모본부에서 적용하고 있는 절차를 중심으로 서술한다.

1) 상황전개

국가안보의 위해를 미칠 수 있는 문제나 사건이 발생하게 된 상황으로 상황감시 강화 → 문제의 정확한 인지 → 위기 징조에 대한 신속한 보고가 이뤄져야 한다. 정치적·군사적 측면에서 적용한다면 예하부대 및 관련정보기관을 통하여 상황을 인지하는 과정이다. 정치·군사기구에서는 위기조치제도 시행여부를 검토해야 하며 상황보고를 작성하여 상부(대통령이나 관련 장관 등)에 보고해야 한다.

2) 위기평가

위기관리 정책결정기구나 정책건의 또는 자문가에 기초적인 첩보 분석과 상황보고가 이뤄진 상태이며, 위기평가는 정책결정기구나 건의기구에 의한 문제의 인식과 의미 분석, 지속적인 정보의 수집과 종합적 분석, 상황에 대한 사정 및 평가, 국가이익에 상반되거나 군사적 충돌 가능성이 있는 상황으로 발전되는 과정 등을 정치·군사적 관점에서 상황을 분석·평가하고, 위기평가서를 작성하여 상부에 보고해야 한다.

3) 방책개발

상황분석과 평가에 기초하여 가용한 대응방안들을 정리하고 비교·평가해야 한다. 주요 활동으로는 가능한 방안들의 정리 및 평가, 각 대안별로 집행담당부서에 의한 실행가능성의 평가분석과 결과보고, 대안에 대한 종합적 검토 및 평가가 필요하다. 이 단계에서는 군사적 방책으로 발전시켜야 한다.

4) 방책선정

하위부서나 실무담당부서의 분석과 평가를 토대로 종합한 대응·대안들을 최종적으로 평가하여 최고결정자에게 건의하여 최종결정을 내리도록 해야 한다. 주요 활동으로는 우선 순위화된 방책의 작성 및 제출, 최고 정책결정자에게 실무적 차원의 조언 제공, 최종적인 방책의 선택이 필요하다. 또한 예하사령관의 위기판단서상 건의된 방책을 평가, 발전시켜 위기판 단서를 작성하여 상부에 건의해야 하며, 상부는 건의된 군사적 방책을 검토 후 최종 결정한다.

5) 실행계획 수립

이 단계는 세부적인 행동계획을 만들고 최종적인 실행준비를 한다. 주요 활동으로는 비상대기명령 및 계획 수립 명령하달, 사전계획된 담당부서의 임무부여 또는 확인, 담당부서의 대비태세에 관한 보고가 필요하다. 정치·군사적 기구는 상부에서 군사작전시행 결심 시 승인된 방책을 기초로 시행계획을 세부적으로 작성하여 상부에 보고 및 예하 사령부에 하달하여야 한다.

6) 실행

이 단계는 실행에 옮기는 단계이다. 구체적 행동으로는 최종 정책결정자에 의해 선택된 방책의 실행결심 및 실행명령 공포, 담당부서별로 부여된 임무의 실시, 실행현황의 통제 및 지속적인 보고가 필요하다.

제3절 위기관리전략의 결정

1. 위기관리전략 결정의 유형

위기를 극복하기 위해서는 여러 관리전략과 유형 및 고려 요소들을 고려해볼 필요가 있다. 여기서는 엘리슨 모형, 허만의 모형, 정치지도자 참여의 모형, 일반적 모형을 중심으로 살펴보고자 한다.

1) 엘리슨(Allison) 모형

집권적 의사결정을 성질별로 분류하여 국가적 정책결정에 적용한 경우 중에서 가장 알려진 것이 Allison의 3가지 모형이다. Allison은 쿠바 미사일사건과 관련된 미국의 외교정책과정을 설명·예측하기 위한 분석의 틀로써 과거에 논의된 정책결정에 관한 여러 가지 모형을 크게 합리모형과 조직모형으로 대별해서 재정리하고 관료정치모형을 새로이 제시하였다.

표 4-6 Allison의 3가지 모형

구 분	합리모형(Ⅰ)	조직모형(Ⅱ)	관료정치모형(Ⅲ)
조직관	조정과 통제가 잘된 유기체	하위조직들의 연합체	독립적인 개인적 행위자들의 집합체
권력의 소재	조직의 두뇌와 같은 최고 지도자가 보유	반독립적인 하위조직들이 분산 소유	개인적 행위자들의 정치적 자원에 의존
행위자의 목표	행위자의 목표	조직전체의 목표와 하위조직들의 목표	조직 전체의 목표와 하위조직의 목표 및 개별적 행위자들의 목표
목표의 공유도	매우 강함	약함	매우 약함
정책결정의 양태(樣態)	최고지도자가 직접 명령하고 지시	SOP에 대한 프로그램 목록에서 대표 추출	정치적 타협, 흥정, 지배
정책결정의 일관성	매우 강함(항상 일관성)	약함(일치)	매우 약함(불일치)
적용 계층	조직의 전계층	조직의 하위계층	조직의 상위계층

* 쿠바 미사일 사건 : 1962년 미국과 구소련 간의 쿠바에 핵미사일 설치를 놓고 13일간 이루어진 극단적 대치상황을 말한다. 당시 미국 안보에 중대한 영향을 미친 사건으로서, 당시 케네디대통령은 '해상봉쇄', '쿠바침공'이라는 두 가지 극단적 대안 중 덜 극단적인 해상 봉쇄(미사일 운반 저지)를 채택함으로써 위기를 극복하였다.

* 엘리슨 모형과 허만의 모형은 공통적으로 위기 시의 위기관리전략의 결정행위에 대하여 다양한 시각을 가지고 연구 및 분석할 수 있게 하고 있으며, 위기관리전략결정에 있어서 합리적 판단이 매우 어려운 일임을 지적하고 있다.

2) 허만(C.F. Hermann) 모형

허만은 국가 간 위기발생 시 위기관리전략결정 행태를 설명하기 위하여 4가지 모형을 제시하였다. 개인 긴장 모형, 조직반응 모형, 적대적 상호작용 모형, 비용계산 모형을 제시하였다.

(1) 개인 긴장 모형

정책결정자들이 국가목표를 자기의 것으로 받아들여 개인적 목표로 다루고자 하였고 위기상황에 직면하여 정책결정자들의 심리상태에 분열적 긴장이 증가하게 됨을 지적하였다. 분열적 결정이란 정책결정자들이 인식과정에 있어서 위기 시 고려되어야 할 대안이나 정보의 수를 감소시키거나 학습능력을 감소시켜 정책결정자들의 정상적인 능력이 손상된 상태에서 전략을 결정하는 것이다.

(2) 조직반응 모형

위기행태에 관한 이론적 관점을 소집단에 집중시킨다. 정책결정자는 전략을 결정함에 있어서 자기가 신임하고 자기의 판단에 존경심을 갖고 있으며, 문제에 관해 실질적인 지식을 갖고 있다고 느끼는 소수의 사람들을 선택하는 경향이 있다. 이러한 소집단은 임시적 기관으로 설치되며 그 규모도 구성원이 쉽게 의견을 발표할 수 있는 대면적 의사교환이 가능할 정도로 작아야 한다.

소집단이기 때문에 의사결정단위에는 지연성이 없는 반면 각 개인의 신속한 참여로 인해 중요한 요원이 제외되거나 계속적 참여가 방해 당하는 사건이 발생하는 등 의사결정기관을 심각하게 무력화시킬 수 있다.

(3) 적대적 상호작용 모형

위기 시 한 국가의 행동은 그 국가가 이전에 상대국가로부터 받았다고 인지되는 적대감에 의한 반작용이 기능이라고 주장한다. 위기를 촉발시키는 행동이 보다 위협적이라고 인지할수록 반응은 보다 적대적 행동으로 나타난다.

상대방에 의한 행동을 인식함에 있어 점차 보다 적대적이라고 인식하게 되면 위기가 나선형으로 점점 상승하여 결국 전쟁과 파괴로 종결됨을 상정하고 있다. 이 모형의 문제점은 한 가지 위기행태를 약정하며 모형 개발에 있어서 본질적으로 얼마나 많이 그리고 어떤 조건에서 확전의 나선형이 깨지는가 하는 것이다.

(4) 비용계산 모형

정책결정자가 어떠한 상황에서 계획된 행동이 초래할 비용과 이익을 국가적인 차원에서 비교한 후에 행동을 취하는 것을 말한다.

국제위기가 한 국가의 생존목표를 더욱 위협할수록 해결을 달성하려는 노력은 더욱 커질 것이고 반대일 경우 적대적 행동이 취해질 가능성이 더욱 커진다.

적대적 행동이 커질 때 정책결정자들은 더욱 심화된 갈등 속에서 실제적인 행동을 주도하게 된다.

정책결정자들은 외부로부터 가해지는 한 국가의 영토, 국민 및 주권과 그 국가 내의 합법적 정치집단에 의해 고려되는 핵심가치들의 위협을 차단하기 위한 공약을 하게 된다.

3) 정치지도자 참여의 모형

이 모형에는 정형적 정책결정 모형, 경쟁적 정책결정 모형, 합동적 정책결정 모형의 3가지가 있다.

(1) 정형적 정책결정 모형

정형적 정책결정은 정책결정을 함에 있어서 선례(先例)나 업무처리규칙 등이 있기 때문에 그것에 의거할 수 있는 결정으로, 비정형적 결정과 상반되는 정책결정의 유형이다.

정형적 정책결정이란 과거에 그와 유사한 정책결정이 몇 번씩이나 되풀이된 선례가 있거나 또는 문제해결을 위한 명확한 방법이나 기준이 컴퓨터의 프로그램처럼 미리 정해져 있어서 문제가 제기될 때마다 선례나 프로그램에 따라 정책을 결정하는 것을 말한다. 이러한 유형의 정책결정은 조직계층의 하부로 내려갈수록 많이 볼 수 있다. 미국 트루먼(Harry S. Truman) 대통령이 채택하였다. 대통령의 행태는 대통령은 각료와 보좌관을 통하여 특정 정보와 조언을 듣게 되며, 대통령은 개인별 각료가 안보정책 및 국방정책 분야의 전문가가 되기를 바라고, 각료 및 보좌관들로부터 보고된 정보와 조언을 종합하여 최종적으로 정책을 결심하고 책임을 진다.

(2) 경쟁적 정책결정 모형

이 모형은 다양한 의견, 다양한 조언이나 다양한 분석에 의해 정책을 결정하는 모형이다. 경쟁적 구조에 의해 창의적인 대안이 제시되어 정책결정이 될 수 있도록 한다. 이 모형은 미국 루즈벨트(Franklin D. Roosevelt) 대통령이 채택하였다. 주요 특징으로는 대통령은 각료들에게 중첩된 임무를 부여함으로써 경쟁과 갈등을 고의적으로 조장시키고 각료들과 보좌관들은 상호의사교환이나 협조를 하지 않는다. 대통령은 독자적인 정보와 조언을 얻기 위하여 하위관료들과 직접 접촉하지만 각료들은 창의적·독자적인 정책대안을 보고해야 한다. 대통령은 과도한 업무를 회피하기 위하여 선별적으로 중요 정책문제만을 결심하고 처리한다.

(3) 합동적 정책결정 모형

이 모형은 정형적 모형과 경쟁적 모형의 장점만 절충한 형태로서 대통령은 각료와 보좌관들로 하나의 팀을 구성하여 다양한 의견을 수렴하여 정책을 결정하고 문제를 해결한다. 이 모형은 미국 케네디(Jhon F. Kennedy) 대통령이 채택하였다. 주요 특징으로는 대통령은 모든 정책결정자들의 중앙에 위치하여 공동으로 정책을 토의하고 결정한다. 정책결정자들은 정책 문제의 일부만을 다루는 기능적 전문가로서가 아니라 모든 문제를 다룰 수 있는 일반 이론가로 행동해야 한다. 모든 정보는 합동적 팀으로 관리 및 보고하고 대통령은 많은 정보와 독립된 조언을 얻기 위하여 때로는 하위관료와 직접 접촉한다.

* 합동적 정책결정 모형 사례
합동적 모형은 최적의 정책대안과 실천 가능한 방책을 동시에 추구할 수 있는 장점이 있으며 케네디 대통령은 쿠바 위기관리 시에 합동적 정책결정으로 위기관리전략을 성공시킬 수 있었다. 또한 2001년 9·11 테러 위기관리와 2003년 이라크 전쟁 결정 시 조지 W. 부시 대통령도 합동적 정책결정 모형을 적용하여 위기관리전략을 결정하고 수행했다.

4) 일반적 모형

이 모형은 독립변수, 매개변수, 결정단위의 상호작용관계를 묘사한다. 독립변수란 위기사건뿐만 아니라 위기의 배경을 구성하게 되는 국제환경과 국내환경의 요인들을 포함한다. 매개변수는 주요 정책결정자들이 보유한 종합적·개별적 이미지를 비롯하여 정책결정단위에 참여한 행위자들의 정책결정행위를 망라한다. 종속변수는 정책결정단위에서 고려한 여러 가지 대안 중에서 선택된 정책을 말하며, 이 정책이 국내외적으로 미친 영향도 포함된다.

다시 상황에 따라 독립변수로 환류(feedback)된다.

표 4-7 위기관리전략 결정과정

독립변수	매개변수	결정단위	종속변수
위기사건, 국제환경, 국내환경	인지·이미지 : 주요 행위자 → 대통령, 안보회의, 외교부, 통일부, 관련부서, 정보기관, 국회, 기타	소규모 고위 정책결정집단	위기관리 → 건설적 외교활동, 무력적 군사행동, 비군사적 활동

자료 : 조영갑 「국가위기관리론」, 선학사, 2006. 참조

2. 위기관리전략 결정자의 심리적 영향

1) 스트레스 영향

스트레스를 받게 되면 여유를 못 찾아 대안의 폭이 좁아지고, 빨리 결정하다보면 가장 유리하거나 바람직한 것을 못 찾게 된다는 문제점도 있다. 그러나 대개는 초기 얼마간에 강한 스트레스를 느끼지만 곧 위기상황에 적응하여 합리적인 결정을 내리는 경우도 있다.

스트레스의 원천은 정책결정을 위한 시간적 여유가 극히 짧을 때, 정책결정의 중대성과 곤란성(자국의 존망, 세계평화와 관련), 불면, 불휴식의 육체적, 정신적 활동을 강요당할 때 일반적으로 주된 원인이 된다고 한다.

스트레스의 증상을 살펴보면 우선 신체적 증상으로는 두통, 어지러움, 심계항진(심장이 뜀), 가슴이 답답, 가슴의 통증, 식욕부진, 소화불량, 전신근육의 경직이나 통증(주로 뒷목이나 어깨), 사지가 저리거나 차가움, 피로, 상열감이나 안면홍조, 땀 등이 있다.

정신적 증상으로는 불면, 집중력 저하, 기억력 감퇴, 우유부단, 마음이 텅 빈 느낌, 혼동, 유머감각 소실 등이 있다.

감정적 증상으로는 신경과민, 불안초조, 우울증, 분노, 좌절감, 근심, 걱정, 성급함, 인내 부족 등이 있다.

행동적 증상으로는 안절부절, 신경질적인 습관(손톱 깨물기, 발 떨기), 과음이나 과식, 흡연 과다, 울거나 욕설, 비난이나 물건을 던지거나 때리는 행동의 증가 등이 있다.

스트레스의 영향에 대한 여러 학자들의 입장은 다음과 같다.

㉠ 쉐링(Thomas C. Schelling)

"어쩔 도리가 없는 위험을 수반한다고 확신할 수 있는 위기는 위기가 아니다. 아무리 정력적인 활동이 행해져도 어떤 상황이 완전하다고 믿어지는 한 위기는 존재하지 않는다. 그리고 또 큰 재해나 큰 손실을 초래할 것이 분명한 위기나 완전히 예측할 수 있는 대변화는 위기가 아니다. …… 참가자들이 사태를 충분히 통제하고 있지 않다는 것이야말로 위기의 본질이다. 그들은 위기를 높이거나 낮추거나 하는 결정을 행하며, 조치를 취하지만 그것은 위험과 불확실성의 영역에 있어서이다."

㉡ 헨리 키신저(Henrt A. Kissinger)

위기에 있어서 정책상의 적절성은 학문적인 진리뿐만 아니라 스트레스에서 행해질 수 있는 것에도 의존한다.

㉢ 허먼 칸(H. Kahn)

위기에서 정책결정자는 학문적인 학자와 보통 사람보다는 가설적, 비현실적 복잡 또는 곤란하다고 생각되는 것을 쉽고 빠르게 창조하거나 능숙하게 처리해나갈 수 있다.

2) 시야의 협소화

객관적으로 보아 당면한 문제처리에 전력을 경주해야 하지만 장기적 고려 없이 눈앞의 이해타산만으로 선택한다면 차후 커다란 정치적 대가를 지불해야 할 처지에 빠질 수 있다.

3) 사고의 경직화

과도한 스트레스에 있는 정책결정자는 너무 복잡하고 애매한 요소가 많은 사태에 직면하면 선입관적인 고정관념에 의존하여 복잡한 상황을 극단적으로 단순화시켜 단순한 대응책을 세우거나 또한 어지러운 사태에 현혹되면 정책결정과정에서 제출된 어떠한 대안도 사태에 맞지 않는다고 생각하여 익숙해온 방식이나 절차에 따라서 융통성이 없는 획일적인 처리를 하게 된다.

3. 위기관리전략 결정의 고려 요소

1) 위기관리 목적의 선택

상황에 따른 목적 선택이 중요하다. 단기적 목적과 장기적 목적의 선택을 구분해 보면 다음과 같다.

(1) 단기적 목표의 선택

위기관리전략을 취하는 쪽의 장기적인 정치 안목과 그때의 위기상황 및 그 배경에 있는 국제정세 등을 고려하여 선택한다.

(2) 장기적 목표의 선택

자국의 안전보장 유지와 강화와 국제적 힘의 균형 유지와 강화 및 전쟁이 없는 국제적 상태라는 의미에 있어서의 평화 유지와 관련이 있다. 모든 것을 위기발생 이전의 상태로 되돌린다는 의미에 있어서 위기 진정화 후에 있어서 의지와 의지와의 투쟁의 새로운 단계에 대비한 유리한 입장의 확보 등을 생각할 수 있다.

2) 통제된 압박과 단계적인 실천

위기상황은 단기간에 급진전해가는 것이 보통이므로 위기관리전략은 어떠한 상황이 급변해도 대응할 수 있는 유연성을 유지하지 않으면 안 된다. 유연성을 유지하기 위해서는 통제된 압박(협박이나 압력)이나 행동의 자유를 확보하는 것이 중요하다.

3) 상대방의 위기확산 억제를 위한 계산된 행동

상대방의 입장에 서서 자국이 상대의 행동에 대한 대응조치를 선택할 경우에는 자국이 취할 수 있는 각 선택이 상대의 정책결정자에게 어떠한 정치적, 심리적 영향을 줄 것인가를 선택해야 한다.

4) 비대칭의 이용과 인식

모든 수단의 정치적, 심리적 이용을 보다 효과적인 것으로 하기 위해서는 상대에게 불리하고 자기 쪽에 유리한 점, 즉 자기에게 유리한 유형·무형의 비대칭을 찾아내거나 만들어 내어 이를 활용해야 한다.

5) 주도권의 활용

주도권을 계속 잡아야하는 이유는 주도권을 잡으면 최대한 행동의 자유가 보장되어 자신의 의지대로, 자신이 생각한대로 전쟁을 수행할 수 있지만 그것을 잃으면 상대의 의도에 휘말려 상대의 뜻대로 농락당하게 되는 것이다.

6) 기타

기타의 위기관리전략 결정의 고려 요소로는 공통이익 탐구의 노력, 정치지도자의 문민통제와 군사 지도, Communication의 이용과 협상, 내외 여론에 호소 및 상대의 지각작용 이용, 위기관리의 종결 등이 있다.

7) 위기관리전략의 한계

합리적인 계산을 전제로 하는 위기관리전략에는 자연이 한계가 있기 마련이다. 신뢰성 있는 정보가 결핍된 긴박한 위기상황에서 아무리 정확성을 기한다 해도 상대의 의도, 기대, 결의 등에 관한 오산의 가능성을 완전히 배제할 수는 없다. 또 아무리 세심한 주의를 기울여도 우발적 사건의 발생을 완전히 방지하는 것은 불가능하다.

4. 위기관리전략의 분류 및 적용

위기관리전략은 위기상황과 위기관리전략에 따라 공세적·수세적 위기관리전략을 상호 보완적·복합적·단계적으로 적용할 수 있다.

1) 공세적 위기관리전략

이 전략은 위기단계에서 상대적으로 우위에 있는 쪽이 다양한 공세적 전략을 구사하여 순응을 강요하고 위기 확대를 촉발하지 않고 유리한 상황을 조성하면서 위기를 해결하는 것이다. 여기에는 공갈전략, 탐색전략, 통제된 압박전략, 기정사실화 전략, 소모전략으로 구분할 수 있다.

(1) 공갈전략

방자(방어를 하는 자)가 공자(공격을 하는 자)의 요구를 거절하거나 회피했을 때는 심각한 불이익이나 응징을 받게 될 것이라는 협박을 통하여 위기 행위를 포기시키는데 적용한 전략이다. 이 전략은 무력의 사용 없이 목적을 달성할 수 있으며 성공 시에는 원하지 않는 위기 확대의 가능성을 축소시킬 수 있다. 그러나 공갈전략은 공갈자에 대한 손해와 자신의 위신을 희생하면서 굴복하는 것이 두려워 적당한 요구조건조차 수용을 거부하려고 하기 때문에 공자는 방자의 체면(명예와 위신)을 고려하여 일정한 외교적 절차를 따른 체면을 유지한다. 공갈에 대한 항복 표시를 완화시키는 협정 형태를 수락하고 적 스스로가 양보하도록 하는 방안을 제시해야 한다.

(2) 탐색전략

제한적이고 전환 가능한 탐색전략은 공자가 현재의 상태를 유리한 상황으로 전환시키면서 원하지 않은 위기확대를 회피하는 방향으로 탐색 행위를 시도하여 위기를 타개하려는데 적용한 전략이다. 이 전략은 적이 현재 상태를 변화시키려는 노력이 불확실할 때 시도하는 전략으로서 적의 모호한 의지를 명확하게 파악할 수 있게 하는데, 이때의 성공요건은 공자의 탐색행위 노력이 명확하고 충분히 위협적이어야 한다.

그러나 제한사항은 정책결정자들의 통신상 오해와 정보 부족으로 상황의 오산, 정책결정자의 가치관이나 신념체계 때문에 객관적 정보를 개인의 소망적 사고에 입각하여 해석함으로써 발생하는 오판으로 공자 또는 방자의 행위 의도에 대한 파악을 하지 못하고, 이에 대응할 필요가 없는 것으로 생각할 수 있다.

(3) 통제된 압박전략

통제된 압박전략은 공자가 방자의 현 상황을 유지하려고 노력하는 사실을 알면서도 방자의 노력을 잠식하는 방안을 채택하여 현 상황을 변경시키려는데 적용한 전략이다.

갈등·분쟁·위기상황 구조가 공자에게 유리하고 방자에게는 불리한 불균형 구조에서 압박을 가하는 것인데, 이 전략은 공자가 방자와 어떤 포괄적인 합의를 해놓고, 이를 사안별로 공자가 바라는 대로 하나씩 하나씩 먹어 들어가는 전략이다. 예컨대 논쟁이 되고 있는 영토에 대한 방자의 접근 봉쇄, 간섭 등 비군사적인 침해와 일련의 온건한 행동에 의한 방자의 권리를 서서히 먹어 들어가는 전략이며, 방자가 대응한다면 통제 불가능한 위기확대를 촉발시킬 수 있다고 엄중한 경고를 발령하는 것 등이 이 전략에 속한다.

(4) 기정사실화전략

기정사실화전략은 상대방이 현 상황을 고수하려고 노력하지 않는다고 믿고 있을 때에 위기 고조의 위험성을 무시하고, 현 상황을 변경시키기 위해 신속하고 결정적인 행위로 얻어진 이익을 기정사실화하려는데 적용한 전략이다. 이때 공자는 현상타파를 위해 도발을 행동화했을 때 잃을 수 있는 손실보다는 얻을 수 있는 이익이 더 크다고 믿으며, 이때 야기된 상황은 충분히 통제할 수 있다는 계산에서 이루어진다. 예컨대 1962년 구소련 후르시쵸프 수상은 쿠바에 은밀하게 미국을 겨냥한 미사일을 배치하면 미국 케네디 대통령은 핵전쟁의 위기 상황으로 확대하지 않을 것이라는 오산 아래 쿠바의 미사일 배치를 기정사실화하려는 전략을 적용했다.

* 북한의 김일성은 1950년 6.25전쟁에서 미국이 전투 병력을 증파하기 전에 한국군을 섬멸하고 남한을 속전속결 전략으로 해방시켜 공산화되면 미국은 남한을 포기할 것이라는 오판된 기정사실화 전략을 시도했지만 북한의 기대와는 반대로 미국은 신속히 전략을 변경하여 남북한의 현 상태를 고수하려고 노력함으로서 실패로 돌아갔다.

(5) 소모전략

소모전략은 동기는 강력하지만 상대적으로 약한 행위자가 자신보다 강하기는 하나 동기나 약한 적으로부터 양보를 얻어내기 위해 장기적인 행동으로 적의 유리한 상황을 거부하는 전투 제한요소의 창출을 위한 행위전략으로서 테러 및 게릴라 활동 등이 있다.

2) 수세적 위기관리의 전략과 적용

수세적 위기관리전략은 위기단계에서 방자는 공자의 유리한 상황조성 노력을 방해하기 위한 대응이 원하지 않는 위기 고조를 유발할 가능성에 민감할 수 있는데, 이러한 상황에서 위협받는 이익을 보호하면서 동시에 위기 확대를 원하지 않을 때 선택하는 전략이다.

수세적 위기관리전략은 강압외교전략, 제한적 확대전략, 동일보복전략, 능력시험전략, 한계설정전략, 공약과 결의 전달전략, 시간벌기전략 등이 있다.

(1) 강압외교전략

강압외교전략은 위기단계에서 전쟁으로 발전하는 것을 방지하면서 적의 행동을 강제적으로 중지시키거나 물리적으로 대응하는 것이 아니라 설득과 위협(당근과 채찍)의 적절한 배합을 통해 상대에게 이미 한 행동을 중지시키거나 원상회복시키는 전략이다.

강압외교전략은 적의 의도대로 현 상황을 변화시키려는 노력에 관한 대응전략으로서 적의 도발행위에 무력사용보다는 설득에 의하여 적의 행동을 중지시키고, 무력 위협과 제한된 군사력의 시위적 사용 등을 통하여 행동을 포기시키는 수세적 전략이다. 따라서 강압외교는 적의 행동을 목표로 한 공갈과 적이 어떤 행위를 하도록 강요하는 강제 등의 공세전략과 구별되며 강압외교전략은 협상과 교섭, 절충을 요구하며, 군사력의 절제된 사용과 심리적 도구로 사용이 필요하다. 예컨대 이라크 사담 후세인 대통령은 1990년 쿠웨이트를 침공하게 됨에 따라 미국은 처음에는 이라크에 대한 경제제재 및 해안봉쇄 등 군사력의 간접적·심리적 사용인 강압외교전략을 구사했으나 이라크의 경제재재효과와 해상봉쇄효과의 미흡으로 강압외교가 실패함에 따라 군사력을 직접적·물리적으로 사용하여 1991년 걸프전쟁을 통해 쿠웨이트를 구원했다.

(2) 제한적 확대전략

대항적 확대 저지를 동반한 제한적 확대전략은 방자가 위기관리 협상을 위한 보다 유리한 상황을 조성하기 위하여 공자에게 유리한 기본규칙을 변경시키고자 하는 시도로서 더욱 새롭고 보다 유리한 기본 규칙을 만들거나 적의 대항적 확대를 저지하여 이 규칙을 공고히 하려는 제한적·선별적 확대를 시도하는 전략이다. 따라서 이 전략은 양측이 수용 가능한 요구 제한 및 설득적인 노력 등으로서 위기가 발생한 지역이나 그 밖의 지역에서 도전 국가에 피해를 입히거나 위협을 조성하고 보상하여 국지적인 상황 변경과 봉쇄하는 것 등이 있다.

(3) 동일 보복전략

적의 확대 저지를 동반한 동일 보복전략은 처음에는 협조를 하고, 그 다음부터는 상대방의 움직임에 따라 상응하는 행위를 한다는 전략이다. 이 전략은 협력하면 보상하고 그렇지 않으면 동일 수준의 보복이 적의 위기확대를 저지할 수 있다는 전략이다.

그 예로 이스라엘 독립전쟁 때부터 시작된 아랍 국가들과 이스라엘의 군사 보복이 반복되는 중동사태를 볼 때 '눈에는 눈, 이에는 이'라는 대응방식의 동일 보복전략이 적용되었다.

(4) 능력시험전략

적의 확대 저지를 동반한 능력시험전략은 방자가 보다 유리한 기본규칙을 유지하기 위해 제한된 확대전략을 사용하는 것이 너무 위험하고 정치적으로 유지하기 위해 제한된 확대전략을 사용하는 것도 너무 위험하여 정치적으로 용인될 수 없을 때 기본규칙과 제한요소의 기본 틀 내에서 상대방의 능력을 시험하는 전략이다. 예컨대 베를린 봉쇄 위기 시에 구소련의 베를린 봉쇄에 대한 미국의 공수작전과 대만해협 위기 시에 금문도, 마조도에 중국의 봉쇄전략에 대한 미국의 대응전략 등이 있다. 중국의 대만해협 위기 시에 군사력의 위력 시위는 미국의 의도를 시험해보기 위한 시도로 시작되었다. 중국은 미국의 단호한 군사적 대응 결의와 능력을 알아차린 후 대만해협 위기를 완화시켰으며, 금문도, 마조도를 중국 통제에 두기 위한 봉쇄작전을 단념하고, 그 목적달성도 포기하였다.

미국은 중국이 제한된 군사력 강압에 대하여 중국 본토를 공격하는 방법이 아닌 금문도 연안 3마일 이내에 대만정부의 보급 수송선을 엄호함으로써 중국과의 직접 충돌을 회피하면서 중국의 도서 폭격을 포기하도록 했다.

금문도와 마조도

* 진먼섬〈金門島(금문도)〉

중국 푸젠성[福建省] 아모이섬 동쪽에 위치한 섬으로 면적은 131.7km^{2}이고, 인구는 약 4만 명(1993)이다. 원래 해적 및 밀무역의 근거지로 명(明) 때에 해적에 대비하여 성을 쌓은 적이 있고, 그 후 정성공(鄭成功)이 이곳을 근거지로 하여 명의 회복을 꾀하다가 실패하여 타이완으로 건너간 일도 있다. 그동안 타이완의 대륙 반공(反共)기지로 요새화되었으나 1992년 11월부터 계엄통치를 해제하고 군사위원회를 폐지, 민간정부가 들어섰다.

* 마쭈섬〈馬祖島(마조도)〉

중국 푸젠성[福建省] 민장강 하구 앞바다에 있는 마쭈열도의 주도(主島)로서 난간탕섬[南竿塘島]이라고도 한다. 진먼섬[金門島]과 더불어 중국 대륙에 인접해있으면서 그 관할권이 타이완에 속해 있어서 두 섬이 모두 타이완의 제1선 군사기지가 되어왔으며, 1992년 11월까지 40여 년 동안 계엄통치 하에 있었다. 주민의 주 생업은 어업이며, 고구마가 재배된다.

(5) 한계설정전략

한계설정전략은 공자의 추가적인 행동이 방자의 강력한 대응을 야기시킬 것이라는 의지를 표시하기 위해 한계를 설정하여 반응하는 전략이다. 이 전략의 효과를 위해서

방자는 반드시 지켜야 할 이익과 덜 중요한 이익을 구별해서 공자에게 전달하는 것이다.

(6) 공약과 결의 전달전략

적의 오판을 피하기 위한 공약과 결의 전달전략은 공자가 현재 상황을 변화시키기 위해 위기 확대를 시도할 경우가 있다고 판단될 때 수세적인 방자는 그러한 도발에 대해서 반대한다는 공약과 의지를 전달하는 경고전략이다.

어떠한 도발이나 공격에 대해서도 반대할 것이라는 공약과 의지를 전달하는 경고활동은 방자가 억제 전략을 우선적으로 표시하였을 경우 경고를 보강하기 위해 사용하며, 억제전략을 채택하지 않았을 경우에는 억제전략의 채택 기회를 제공한다.

(7) 시간벌기전략

협상타결을 타진하기 위한 시간벌기전략은 공자의 도전 가능성에 직면하거나 이미 완만한 속도로 도전해올 때 위기 확대를 방지하고, 어느 한편의 이익을 보호하거나 위험을 극소화시키기 위하여 공자의 요구를 부분적으로 충족시킬만한 협상기회를 제공하는 시간벌기전략이다.

방자는 정치외교적·군사적으로 불리하고 적이 협상유지에 대한 불만족을 지니고 있음을 인식하고 있으며, 군사적인 전략을 시도하기 전에 협상을 통해 안전을 도모하는 것이 가장 중요한 이익임을 인식하는 경우에 적용된다.

이 전략의 선호 경향은 다음과 같다.

㉠ 위기에 대하여 방자의 준비가 미흡하거나 다른 전략을 효과적으로 사용할 수 없는 결점이 있을 때
㉡ 다른 전략이 전쟁을 촉발할 위험성이 크다고 판단할 때
㉢ 이익과 동기가 적에게 유리한 방향으로 현저한 불균형을 이룰 때
㉣ 현안문제를 적과의 전반적인 관계 개선을 향한 방안이라고 생각할 때

제 2 장 | 위기관리체계와 훈련

제1절 우리나라 위기관리체계

1. 조직체계

1) 청와대 국가안보실

북한의 천안함 폭침 후 강화된 청와대 '국가위기관리센터'가 연평도 포격 이후 '국가위기관리실'로 확대·개편되었다. 정부는 2010년 12월 28일 청와대에서 기존의 청와대 국가위기관리센터를 국가위기관리실로 확대·개편하는 내용의 「대통령실과 소속기관 직제 일부 개정령안」을 심의·의결했다. 개정안 통과로 국가위기관리센터가 국가위기관리실로 격상되면서 책임자는 비서관급에서 수석비서관급으로 바뀌었다. 하지만 2013년 3월 22일 개편된 정부조직도를 살펴보면 국가안보 및 국가위기관리를 책임지는 국가위기관리실을 국가안보실로 강화·개편하였다.

그림 4-1과 같이 개편된 윤석열 정부의 국가안보실은 '6비서관·1센터장' 체제로 운영되며 1차장 산하에는 안보전략비서관, 외교비서관, 통일비서관, 경제안보비서관이, 2차장 산하에는 국방비서관, 사이버안보비서관, 위기관리센터장이 배치되었다.

경제안보비서관을 1차장 산하에 신설해 전통적 안보와 경제안보를 통합적으로 다룰 수 있도록 하였다. 또 청와대 위기관리센터장 산하에는 현 정보융합비서관실의 일부 기능을 수행할 정보융합팀을 신설하였다.

그림 4-1 국가안보실 현황

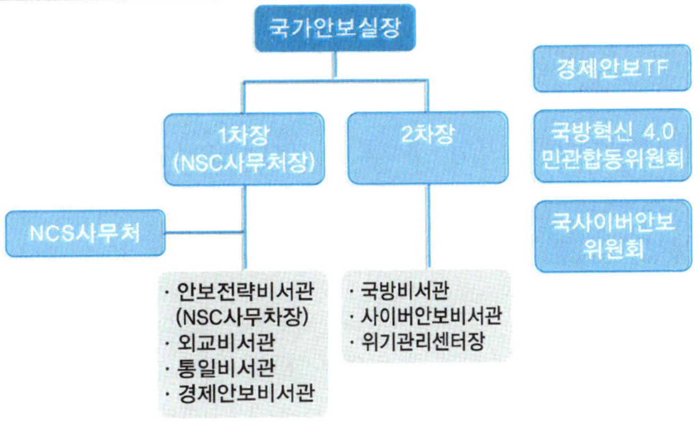

자료 : 연합뉴스, 2022.05.01 참조 / 대한민국 대통령실(2022. 11. 30기준)

① 위기관리비서관실 : 북한의 핵실험과 미사일 발사, 국지도발 같은 긴급 상황에 대한 대처와 함께 테러를 포함한 국가재난에 대처하는 업무를 맡는다.

② 정보융합비서관실 : 외교안보 분야의 다양한 정보를 수집, 분석의 다양한 정보를 수집, 분석 및 판별하는 업무를 맡는다.

③ 국제협력비서관실 : 한반도 주변국들과의 핵심 외교현안 협의 및 조율 등을 담당하게 된다.

2) 국가안전보장회의

국가안전보장회의(National Security Council, 國家安全保障會議)는 대통령 자문기관인 동시에 국무회의의 전심기관(前審機關)으로, 국가안전보장에 관련된 대외정책·대북정책·군사정책 및 국내정책사항은 국무회의 심의에 앞서 될 수 있는 한 이 회의의 자문을 거쳐야 한다. 그러나 대통령이 자문을 거치지 않고 바로 국무회의의 심의에 붙인 경우에도 효력에는 영향이 없다. 따라서 법적인 면에서는 그 존재의의가 별로 없지만 실제로 국가안전보장에 관하여 신중한 검토, 특히 전문적 입장에서의 검토를 할 수 있는 계기를 마련하는 데 의의가 있다.

대통령·국무총리·통일부장관·외교부장관·국방부장관·국가정보원장과 대통령이 정하는 약간의 위원으로 구성하며, 대통령이 의장이다. 의장은 회의를 소집하고 주재(主宰)하며, 국무총리로 하여금 그 직무를 대행하게 할 수 있으며, 필요하다고 인정한 때는 관계부처의 장과 비상기획위원회 위원장, 합동참모회의 의장과 기타 관계자를 회의에 출석시켜

발언하게 할 수 있다.

「헌법」 제91조 제1항에는 "국가안전보장에 관련되는 대외정책·군사정책과 국내정책의 수립에 관하여 국무회의의 심의에 앞서 대통령의 자문에 응하기 위하여 국가안전보장회의를 둔다"고 규정되어있다.

「국가안전보장회의법」에 따르면 이 회의는 그림 4-2와 같이 대통령, 국무총리, 외교부장관, 통일부장관, 국방부장관 및 국가정보원장과 대통령령으로 정하는 약간의 위원으로 구성되며, 대통령이 의장을 맡게 된다.

국가안전보장회의법

제2조(구성) ① 국가안전보장회의(이하 "회의"라 한다)는 대통령, 국무총리, 외교부장관, 통일부장관, 국방부장관 및 국가정보원장과 대통령령으로 정하는 위원으로 구성한다.
② 대통령은 회의의 의장이 된다.

*국가안전보장회의 운영 등에 관한 규정

제2조(위원) 「국가안전보장회의법」 제2조제1항에 따라 행정안전부장관, 대통령비서실장, 국가안보실장, 국가안전보장회의사무처장 및 국가안보실의 제2차장은 국가안전보장회의의 위원이 된다.

국가안전보장에 관련되는 대외정책·군사정책 및 국내정책에 관한 사안을 협의하기 위해 상임위원회를 두며, 위원장은 국가안보실장이 맡는다. 상임위원은 대통령, 국무총리, 행정안전부장관을 제외한 나머지 위원들이 그대로 맡는다.

그림 4-2 국가안전보장회의(NSC) 조직도

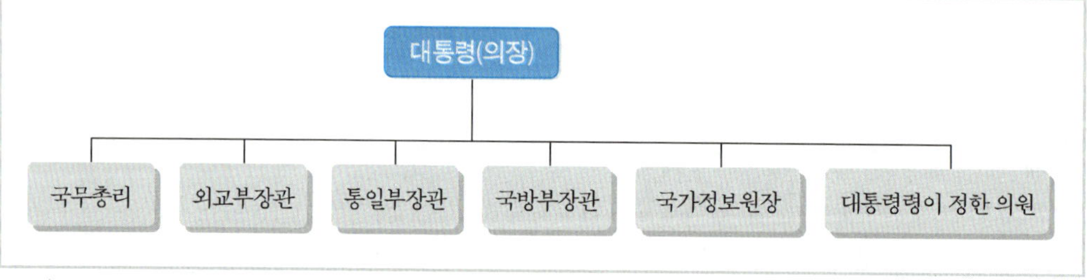

4) 대한민국 대통령실 비서실 조직도

아래 그림 4-3과 같이 대한민국 대통령실 비서실 조직도는 기존에 9수석을 두었으나 6수석으로 축소하였다. 특히 시민사회수석과 사회수석을 새롭게 신설하였다.

그림 4-3 대한민국 대통령실 비서실 조직도

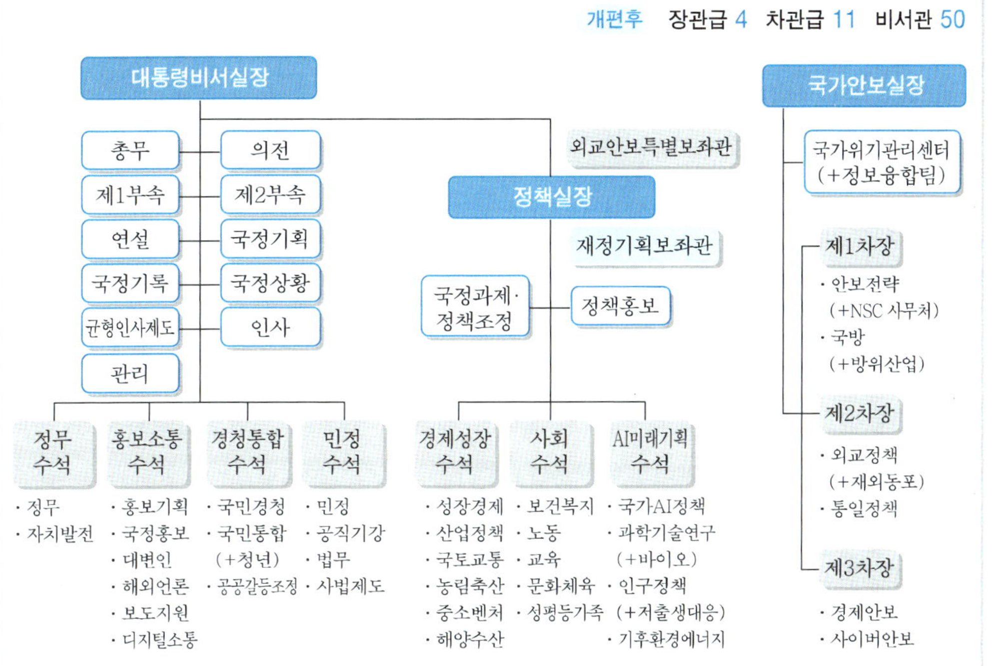

자료 : 이재명 정부 대통령실(2025.8.18. 기준)

2. 법체계

1) 헌법

「헌법」 제10조와 제34조에서 국민의 기본권을 보장하고 인간다운 생활을 할 수 있도록 해야 할 국가의 의무에 대하여 규정하고 있고, 동법 제66조 제2항에서는 대통령은 국가의 독립·영토의 보전·국가의 계속성과 헌법을 수호할 책무를 진다고 규정하고 있다. 또한 동법 제76조에서는 대통령의 긴급명령권을, 제77조에서는 계엄의 선포권을 규정하고 있다. 동법 제91조는 국가안전보장에 관련되는 대외정책·군사정책과 국내정책의 수립에 관하여 국무회의의 심의에 앞서 대통령의 자문에 응하기 위하여 국가안전보장회의를 둔다고 규정하고 있다.

제37조 제2항에서는 국가의 안전보장·질서유지 또는 공공복리를 위하여 필요한 경우에 한하여 법률로써 국민의 자유와 권리를 제한할 수 있도록 하고 있으며, 제한하는 경우에는 자유와 권리의 본질적인 내용을 침해할 수 없도록 규정하고 있다. 이 규정이 국가위기 시 국민의 기본권을 제한할 수 있는 근거 규정이 될 수 있다.

2) 국가안전보장회의법

「국가안전보장회의법」은 「헌법」 제91조에 따라 국가안전보장회의의 구성과 직무 범위, 그밖에 필요한 사항에 대하여 규정함을 목적으로 한다.

국가안전보장회의는 대통령, 국무총리, 외교부장관, 통일부장관, 국방부장관 및 국가정보원장과 대통령령으로 정하는 약간의 위원으로 구성되고 회의는 국가안전보장에 관련되는 대외정책, 군사정책 및 국내정책의 수립에 관하여 대통령의 자문에 응하는 기능을 담당함을 규정(동법 제2조, 제3조).

「국가안전보장회의법」에서 위임된 사항과 그 시행에 필요한 사항을 규정하고 있는 「국가안전보장회의 운영 등에 관한 규정」에서는 상임위원회의 기능으로 국가안전보장에 관련되는 대외정책, 대북정책, 군사정책 및 국내정책에 관한 사항을 협의토록 하고 있다. 이러한 규정에 의거 국가안전보장회의는 「국가위기관리기본지침」을 대통령훈령으로 제정하고 국가위기관리 표준매뉴얼을 작성·시달하여 각 중앙행정기관이 실무매뉴얼을 작성토록 하는 등 조정·통제 및 평가를 실시하고 있다.

3) 통합방위법

① 「통합방위법」은 적의 침투·도발이나 그 위협에 대응하기 위하여 국가 총력전의 개념을 바탕으로 국가방위요소를 통합·운용하기 위한 통합방위대책을 수립·시행하기 위하여 필요한 사항을 규정함을 목적으로 하는 법

② 정부는 국가방위요소의 육성 및 통합방위태세의 확립을 위하여 필요한 시책을 마련하여야 하며, 통합방위정책에 관한 사항을 심의하기 위하여 국무총리 소속으로 중앙통합방위협의회를 두고 시·도지사 소속으로 지역통합방위협의회를 두도록 규정(동법 제3조, 제4조, 제5조).

③ 합동참모본부에 통합방위본부를 설치하여 통합방위 정책의 수립·조정, 통합방위대비태세의 확인·감독, 통합방위작전 상황의 종합분석 및 대비책의 수립, 통합방위작전, 훈련지침 및 계획의 수립과 그 시행의 조정·통제, 통합방위 관계기관 간의 업무협조 및 사업집행사항의 협의·조정에 관한 사무분장을 규정하고 있다.

④ 이외에도 통합방위사태의 선포와 통합방위작전 통제구역 설정 및 대피명령 등에

대하여 규정하고 있다.

4) 민방위기본법

「민방위기본법」은 민방위에 관한 기본적인 사항과 민방위대의 설치·조직·편성과 동원 등에 관한 사항을 규정하기 위해 제정한 법(1975. 7. 25, 법률 제2776호)으로 1975년 제정된 뒤 2004년 3월 법률 제7186호까지 11차례 개정되었다. 국가와 지방자치단체는 적의 침공이나 전국 또는 일부지방의 안녕질서를 위태롭게 할 재난을 가리키는 민방위 사태로부터 국가와 지역사회의 안전을 보장하고, 국민의 생명과 재산을 보호하기 위한 계획을 수립·시행해야 한다.

「민방위기본법」은 전시·사변 또는 이에 준하는 비상사태나 국가적 재난으로부터 주민의 생명과 재산을 보호하기 위하여 민방위에 관한 기본적인 사항과 민방위대의 설치·조직·편성과 동원 등에 관한 사항을 규정한 법이다. 동법 제3조에서는 국가·지방자치단체의 의무를 규정하고 있다. 즉, 국가 및 지방자치단체는 민방위사태로부터 국가와 지역사회의 안전을 보장하고 국민의 생명과 재산을 보호하기 위한 계획을 수립·시행하여야 하며, 민방위사태를 신속히 수습·복구하여야 하는 것이 주요 내용이다. 또한 동법 제5조를 통하여 「민방위기본법」은 민방위에 관하여 다른 법률에 우선하여 적용되고, 다만 군사적 필요에 따라 제정된 법률은 「민방위기본법」에 우선하여 적용됨을 규정하고 있다. 동법 제6조에서는 민방위에 관한 국가의 중요 정책을 심의하기 위하여 국무총리 소속으로 중앙민방위협의회를 둔다고 규정하고 있다.

동법 제10조에서는 민방위 계획의 종류(기본 계획, 집행 계획, 특별시·광역시·도 계획, 시·군·구 계획)를 규정하고 있다. 민방위 기본 계획에는 적의 침공, 풍·수·설해, 지진 등 자연재해와 화재 등 사회적 재난, 한해·병충해 등 농업재해, 화학재난, 전염병 등 생물학 재난, 방사능 재난, 공업재난, 산림재해, 기타 민방위를 위하여 필요한 사항에 대하여 주민의 생명과 재산을 보호하기 위한 예방, 통제, 보호 및 복구 등을 포함하여 작성토록 규정하고 있다.

이와 같은 「민방위기본법」은 위에서 서술한 바와 같이 적의 침공에 대비하는 기능과 재난에 대비하는 기능을 목적으로 하고 있어 「비상대비자원 관리법」과 목적이 서로 유사하거나 중복되어 있다.

5) 계엄법

「계엄법」은 계엄(戒嚴)의 선포와 그 시행 및 해제 등에 필요한 사항을 정함을 목적으로 제정되었다. 동법 제2조에서는 계엄의 종류(비상계엄, 경비계엄)에 대해 규정하고 있다.

비상계엄은 대통령이 전시·사변 또는 이에 준하는 국가비상사태 시 적과 교전상태에 있거나 사회질서가 극도로 교란되어 행정 및 사법기능의 수행이 현저히 곤란한 경우에 군사상 필요에 따르거나 공공의 안녕질서를 유지하기 위하여 선포한다.

경비계엄은 대통령이 전시·사변 또는 이에 준하는 국가비상사태 시 사회질서가 교란되어 일반 행정기관만으로는 치안을 확보할 수 없는 경우에 공공의 안녕질서를 유지하기 위하여 선포한다.

「계엄법」은 특히 제9조에서 계엄사령관의 특별조치권을 규정하고 있는데 구체적인 내용은 다음과 같다.

㉠ 비상계엄지역에서 계엄사령관은 군사상 필요할 때에는 체포·구금·압수·수색 거주·이전·언론·출판·집회·결사 또는 단체행동에 대하여 특별한 조치를 할 수 있다. 이 경우 계엄사령관은 그 조치내용을 미리 공고하여야 한다.

㉡ 비상계엄지역에서 계엄사령관은 법률에서 정하는 바에 따라 동원 또는 징발을 할 수 있다.

㉢ 필요한 경우에는 군수로 제공할 물품의 조사·등록과 반출금지를 명할 수 있다.

㉣ 비상계엄지역에서 계엄사령관은 작전상 부득이한 경우에는 국민의 재산을 파괴 또는 소각할 수 있다.

참 고

* 계엄[戒嚴]

계엄권은 국가긴급권에 속하며, 이에 관한 법률로는 <계엄법>이 있다. 우리나라 헌법상의 계엄선포권은 제정헌법에서부터 인정되었다. 최초의 계엄선포는 1948년 10월 17일 제주도 일원에 내려졌다. 그 뒤 여순반란, 6·25전쟁, 4·19혁명, 5·16군사정변, 6·3사태, 10월 유신, 부마사태, 10·26사태, 5.18 광주민주화항쟁 등 건국 후 아홉 차례 계엄이 선포되었다.

* 계엄법의 규정은 계엄이란 특수상황에서 국민기본권을 침해할 수 있는 남용의 소지가 다분한 법 규정이라 할 수 있으므로 신중하게 접근되어야 한다.

6) 비상대비에 관한 법률

「비상대비에 관한 법률」 제1조에서는 전시·사변 또는 이에 준하는 비상시에 국가의 인력·물자 등 자원을 효율적으로 활용할 수 있도록 이에 대비한 계획의 수립·자원 관리·교육 및 훈련 등에 필요한 사항을 규정함을 목적으로 하는 법임을 명시하고 있다.

동법 제3조에서는 정부는 비상사태에 대비하여 국가의 인력자원과 물적자원을 효율적으로 활용하기 위하여 이 법 또는 다른 법령에서 정하는 바에 따라 필요한 계획을 수립하고 실시함을 규정하고 있다.

국무총리를 보좌하는 역할을 담당하는 국가비상기획위원회의 기능은 비상대비업무에 관한 기본정책의 수립, 비상대비계획의 수립·시행, 비상대비자원의 조사, 비상대비교육·훈련, 비상대비업무에 대한 확인·평가, 비상대비업무에 관한 국제협력, 전시 전쟁수행의 지원을 한다.

기타 비상대비와 관련된 업무 등을 규정하고 있으며, 비상대비조치로서 계획의 수립, 중점관리대상자원의 지정·비축 그리고 교육훈련에 관한 사항 등이다.

3. 우리나라 위기관리체계의 문제점

1) 위기 개념의 시대적 변화 미반영 및 인식 미비

위기관리에 있어 중요한 주체인 정부는 다양하고 복잡하게 위기 개념을 사용하고 있다. 즉, 부처별로 정부가 관리하고 있는 위기나 재난의 개념과 특징의 차이로 인해 무엇을 위기로 인식해야 할 것인가라는 문제인식에서 출발하여 어떤 특징을 가진 위기를 국가의 관리대상인 위기로 보아야 할 것인가라는 의문점에 이르기까지의 문제를 해결하는 것은 매우 어렵다. 위기관리의 혼선은 자칫 위기를 이해하고 관리해야 하는 사람들 간에 위기의 의미를 오해하도록 하고 위기관리에 혼신을 초래할 가능성을 높게 만들기도 한다.

위기 개념에 대한 시대적 변화를 정부 관련부처 및 국민들이 신속하게 받아들이지 못하는 것이 위기에 대한 개념을 명확히 확립하는데 어려움을 주고 있다. 또한 안보의 개념이 포괄적 안보의 개념으로 확대되고 있는 것과 같이 위기의 개념도 광의의 포괄적 위기 개념으로 확대되고 있다.

위기의 개념은 학문영역별로 다양하게 논의되고 있으며, 세계의 위기관리 추세에 따라 변화하고 있다. 근본적으로는 남북이 대치한 가운데 정전상태가 장기간 지속됨에 따라 안보에 대한 중요성을 망각하고 인식이 낮아진 것이 크게 작용하였다고 볼 수 있다.

위기분야에서도 위기에 대한 인식의 미흡으로 인하여 발생 초기에 안이하게 대처함으로써 많은 인명손실과 함께 피해를 키우는 결과가 되었다. 위기관리에 대한 인식의 미흡이 국가위기관리조직체계가 효율적으로 발전하지 못하게 된 가장 큰 요인이 되었다고 볼 수 있다.

2) 법령의 분산

대표적인 현행 국가위기관리 관련법규는 「헌법」, 「비상대비에 관한 법률」, 「민방위기본법」, 「국가안전보장회의법」, 「통합방위법」, 「계엄법」 등의 법령들이 각 정부부처별로 분산되어 국가위기 시 체계적이고 효과적인 대응을 어렵게 하고 있다.

천안함, 연평도 포격사건 등에 비춰볼 때 향후 북한 위협의 고조와 각종 도발의 가능성이 예견되는 상황에서 현행법령 체계 및 대처능력으로는 효율적인 통합방위작전 및 지원, 신속한 주민의 생명과 재산 보호, 조기 복구 및 수습 조치에 취약할 가능성이 농후하다.

아래의 〈표 4-8〉과 같이 각 분야별 다양한 법령을 제정하여 적용하고 있다. 이와 같이 분산된 법체계는 위기발생 시 중앙부처 간 유기적인 협조와 신속한 자원 동원 그리고 현장 지휘 통제 및 기능별 통합대응 등에 있어서 많은 문제점을 가지고 있다. 또한 지방자치단체의 입장에서 보면 수개의 중앙부처에 의한 업무 지시와 통제 그리고 감독을 받는 구조이기 때문에 업무 중복과 혼란 초래가 불가피하여 비효율성을 낳게 된다.

표 4-8 위기관리 법령 분산 실태

구 분	비상대비 분야	민방위 분야	통합방위 분야	국가위기관리 분야
관계법령	비상대비에 관한 법률	민방위기본법	통합방위법, 계엄법	국가안전보장회의법, 대통령훈령

자료 : http://www.lawnb.com 재구성

표 4-9 위기관리 주요 법령 현황

<table>
<tr><th rowspan="2">구 분</th><th rowspan="2">전쟁</th><th colspan="5">평상위기</th></tr>
<tr><th>국지 도발</th><th>테러</th><th>치안</th><th>사회적 재난</th><th>자연 재난</th></tr>
<tr><td>민방위기본법</td><td colspan="6">민방위 사태(침공, 재난)</td></tr>
<tr><td>재난 및 안전관리 기본법</td><td></td><td></td><td></td><td></td><td colspan="2">재난</td></tr>
<tr><td>통합민방위법</td><td colspan="2">통합방위사태</td><td></td><td></td><td></td><td></td></tr>
<tr><td>대테러지침</td><td></td><td></td><td>테러</td><td></td><td></td><td></td></tr>
<tr><td>계엄법</td><td>비상계엄</td><td></td><td></td><td>경비계엄</td><td></td><td></td></tr>
<tr><td>비상대비에 관한 법률</td><td>비상사태</td><td></td><td></td><td></td><td></td><td></td></tr>
</table>

자료 : 정찬권, 「21세기 포괄안보시대의 국가위기관리론」, 대왕사, 2012. 재구성

3) 효율적 컨트롤 타워의 부재

국가 위기를 총괄하여 조정·통제할 수 있는 조직이 존재하여 그 역할을 수행했더라면 법·제도측면에서의 문제점들은 상당수 해소될 수 있다.

최근까지 우리나라 국가위기관리 조직체계에서 분산된 위기관리조직을 조정·통제할 수 있는 컨트롤 타워는 국가안보실 뿐이다. 이러한 컨트롤 타워의 부재는 실제 발생하는 여타 문제점의 상당부분과 직·간접적으로 관련이 있다고 보아도 과언은 아니다.

컨트롤 타워의 부재는 결국 분야별로 전담부처·기관이 분산되어 동시다발 및 복합위기

상황에서 효율적인 대처가 곤란한 구조로 되어있고, 위기상황 발생 시 신속한 정보 전달, 부처 간 연계 미흡, 단시간에 발생하는 복잡·다양한 상황 대처에 한계가 있다.

4) 위기관리 매뉴얼 통계

「재난 및 안전관리 기본법」제34조의5에 따라 위기관리 표준매뉴얼, 위기대응 실무매뉴얼, 현장조치 행동매뉴얼 3가지 종류로 구분되며 작성 후 승인 절차를 거친다.

(1) **위기관리 표준매뉴얼** : 국가적 차원에서 관리가 필요한 재난에 대하여 재난관리체계와 관계 기관의 임무와 역할을 규정한 문서로 위기대응 실무매뉴얼의 작성 기준이 되며, 재난관리주관기관의 장이 작성한다. 다만, 다수의 재난관리주관기관이 관련되는 재난에 대해서는 관계 재난관리주관기관의 장과 협의하여 행정안전부장관이 위기관리 표준매뉴얼을 작성할 수 있다.

(2) **위기대응 실무매뉴얼** : 위기관리 표준매뉴얼에서 규정하는 기능과 역할에 따라 실제 재난대응에 필요한 조치사항 및 절차를 규정한 문서로 재난관리주관기관의 장과 관계 기관의 장이 작성한다. 이 경우 재난관리주관기관의 장은 위기대응 실무매뉴얼과 제1호에 따른 위기관리 표준매뉴얼을 통합하여 작성할 수 있다.

(3) **현장조치 행동매뉴얼** : 재난현장에서 임무를 직접 수행하는 기관의 행동조치 절차를 구체적으로 수록한 문서로 위기대응 실무매뉴얼을 작성한 기관의 장이 지정한 기관의 장이 작성하되, 시장・군수・구청장은 재난유형별 현장조치 행동매뉴얼을 통합하여 작성할 수 있다. 다만, 현장조치 행동매뉴얼 작성 기관의 장이 다른 법령에 따라 작성한 계획・매뉴얼 등에 재난유형별 현장조치 행동매뉴얼에 포함될 사항이 모두 포함되어 있는 경우 해당 재난유형에 대해서는 현장조치 행동매뉴얼이 작성된 것으로 본다.

행정안전부 자연재난실에서 발표한 자료에 따르면, 현재까지 작성된 전체 매뉴얼은 총 10,598건이며, 재난 유형별로 나누면 아래와 같다.

표 4-10 국가위기관리 매뉴얼 통계(2025년 5월 기준)

재난 유형	전체 수량	표준 매뉴얼	실무 매뉴얼	행동 매뉴얼
자연재난	4,070건	15건	167건	3,888건
사회재난	6,528건	67건	320건	6,141건
총계	10,598건	82건	487건	10,029건

자료 : 행정안전부

기본 매뉴얼은 위기관리에 대한 최상의 매뉴얼로서 선언적이고 개략적으로 작성되었기 때문에 그것을 관리하는 부서나 조직은 이를 다시 세분화해서 발전시켜야 한다. 이와 관련된 문제점은 기본 매뉴얼을 토대로 실제 현장지휘를 하는데 있어서 매뉴얼이 너무 개괄적이어서 지휘체계 확립에 도움이 되지 못하고 있다. 또한 너무 다양한 위기관리 매뉴얼이 작성되어 있어 업무수행 시 혼란을 가중시킬 우려가 있다.

4. 우리나라 위기관리체계 구축 방안

위기관리체계 구축 방안은 단순히 재난 발생 시 대응하는 것을 넘어, 예방-대비-대응-복구의 전 과정을 유기적으로 연계하고, 사회의 복잡성을 반영하여 보완하는 것이 핵심이다.

1) 제도 및 정책적 측면

- 포괄적 위기관리법 제정 : 현재 분산되어 있는 재난 및 안전관리 관련 법률들을 통합하거나, 최소한 상호연계성을 강화하는 포괄적 위기관리 기본법을 제정하여 위기관리의 정의와 범위를 명확히 하고, 부처 간의 역할 분담과 협력체계를 법적으로 확립할 필요가 있다.
- 국가위기관리위원회 기능 강화 : 대통령실 산하에 컨트롤타워 역할을 할 수 있는 국가위기관리위원회를 상설화하고, 위원회의 의사결정 권한과 집행력을 강화해야 한다. 이를 통해 위기 상황 발생 시 여러 부처가 각자의 역할을 수행하는 것을 넘어, 위원회를 중심으로 신속하고 일원화된 지휘가 가능하도록 해야 한다.
- 민간 부문과의 협력 활성화 : 통신, 에너지, 금융 등 국가 핵심 인프라를 운영하는 민간 기업들을 위기관리 체계에 공식적으로 포함시키고, 이들과의 정보공유 및 협력에 대한 제도적 기반을 마련해야 한다.

2) 기술 및 인프라 측면

- 첨단 기술 기반의 예측 시스템 구축 : 인공지능(A)I, 빅데이터, IoT(사물인터넷), MR(혼합현실), 드론 기술 등을 활용해 재난 예측 및 감지 시스템을 고도화해야 한다. 예를 들어, 인파 밀집도를 실시간으로 분석해 사고를 예방하는 시스템, 드론을 활용한 산불 및 홍수 감지 시스템, 그리고 국가 기간 통신망에 대한 사이버 위협을 실시간으로 모니터링하는 체계를 강화해야 한다.
- 통합 재난정보 플랫폼 구축 : 각 부처와 지자체가 보유한 재난 정보를 단일 플랫폼

으로 통합하여, 위기 상황 시 관련 정보를 실시간으로 공유하고 분석할 수 있는 시스템을 구축해야 한다. 이 플랫폼은 위기 대응 인력에게 필요한 모든 정보를 한 눈에 제공하여 신속한 판단을 돕는 역할을 해야 한다.

- 재난 복구 인프라의 디지털화 : 재난 발생 후 피해 상황을 신속하게 파악하고 복구 계획을 수립하기 위해 위성사진, 드론 촬영 등을 활용한 디지털 피해 지도를 구축해야 한다. 이를 통해 보다 정확하고 효율적인 복구지원이 가능해진다.

3) 인력 및 역량 강화 측면

- 전문가 양성 및 활용 : 위기관리 분야의 전문성을 높이기 위해 재난안전 분야의 전문가를 체계적으로 양성하고, 위기관리 의사결정 과정에 이들이 적극적으로 참여할 수 있는 통로를 마련해야 한다.
- 국민 참여 및 교육 확대 : 재난 발생 시 정부의 역할뿐만 아니라 국민 개개인의 역할을 강조하는 교육을 강화해야 한다. 가정 내 비상물품 준비, 응급처치 교육 등을 정규 교육 과정이나 사회 교육 프로그램에 포함시켜, 위기 상황에 대한 국민의 대응 역량을 높여야 한다.
- 실전 중심의 훈련 시스템 도입 : 형식적인 매뉴얼 교육을 넘어, 실제 위기 상황과 유사한 환경에서 실전과 같은 훈련을 정기적으로 실시해야 한다. 예를 들어, 복합 재난 상황을 가정한 대규모 훈련을 통해 여러 기관의 협력과 소통 문제를 사전에 파악하고 개선해야 한다.

미국 국토안보부

미국 국토안보부(Department of Homeland Security)는 2001년 9.11테러 이후, 미국 본토에 대한 위협에 대처하기 위해 조지 W. 부시(George Walker Bush) 대통령의 결정에 따라 기존의 22개 국내 안보관련 조직들을 통합하여 2002년 11월에 창설되었다. 국토안보부는 장래 발생 가능한 테러 공격으로부터 국가 및 미국민의 보호가 1차적 임무이다. 그리고 정보 및 위협요소를 분석하고, 국경 및 수송부문 보안, 화학·생물·방사능·핵 등에 대한 대응조치, 국가재난 등 비상상황 대처 및 대응조치, 연방·주·지방 정부부서 및 민간부문과의 공조 등을 담당한다. 국토안보부장관 밑에 1명의 부장관 및 정보·분석, 국가 방어, 과학·기술, 행정 등을 담당하는 4명의 차관이 있다.

제 2 절 외국의 위기관리체계

1. 미국

1) 전통적 전시위기관리조직

미국의 전통적 전시위기관리조직으로는 국가안전보장회의(NSC : National Security Council)가 담당하고 있다. 냉전시대 구소련을 봉쇄하는데 국무부(State Department)만으로는 부족하다는 내각의 결정에 따라, 1947년 창설(위원: 대통령, 국무장관, 국방장관, 육·해·공군 참모총장, National Security Resources Board 의장)되어 1953년 주요 위원을 변경하였다.

이후 2003년까지 행정부마다 위원을 변경해오던 중, 9.11 테러이후 백악관에 국토안보협의회(Homeland Security Council : HSC)를 창설 NSC와 별도로 유지해오다가 2009년 오바마 대통령의 지시로 HSC의 백악관 참모를 NSC에도 겸직하도록 하여 오늘에 이르고 있다.

현 조직의 의장은 대통령이 맡고 있으며, 상임위원으로는 부통령, 국무장관, 국방장관, 국가안보보좌관 등이며 사안에 따라 백악관과 내각에서 비상임위원을 지정하고 있다. 주요 기능으로는 국가안보와 대외정책에 대해 대통령을 보좌 및 조언하고 이와 같은 분야에 관한 다양한 정부기관의 정책에 관한 부처 간 공동이익을 검토하여 대통령에게 보고하고 있다.

2) 평시 위기관리조직

미국의 평시 위기관리조직으로는 국토안보부(DHS : Department of Homeland Security)에서 수행하고 있다. DHS는 9.11테러 이후 국·내외 테러 위협으로부터 미국을 보호하고 자연재해에 효과적으로 대응하기 위하여 2002년 11월 25일에 창설되었다.

미국 의회의 주도에 따라 약 26만명(2025년 8월 기준) 인원이 통합된 조직으로 행정부처 중 국방부에 이어 2번째로 큰 조직이다. 국토안보부장관은 국방부, 법무부장관과 같은 지위로 미국 내 테러 위협과 관련된 모든 정보에 대한 접근권을 갖고 있으며, 평시와 전시를 구분하지 않고 24시간 기능하며 대통령의 지휘를 받고 있다. 현 조직도는 〈표 4-11〉과 같다.

표 4-11 미국 국토안보부 현황

구 분	내 용
설립일	2002년 11월 25일(업무 개시 : 2003년 3월 1일)
직원 수	약 26만명 이상(2025.8 기준)
예산 규모	1,124억 달러(2028.8 기준)
주요 역할	테러 방지 및 국가 안보 강화, 국경 관리 및 이민법 집행, 사이버 보안, 재난 대응 및 복구
본부	워싱턴 D.C. 세인트 엘리자베스 서부 캠퍼스
5개 본부	연방·지방 연락 본부 국토 인프라스트럭처 위협·위험분석 본부 감시·경고 본부 국경 및 화학·생물·방사능·핵(核)·강화 고성능 폭약(爆藥) 병기의 위협분석 본부 국토환경 위협분석 본부
산하기관	연방재난관리청(FEMA) : 재난 대비, 대응, 복구 총괄 미국 세관국경보호국(CBP) : 국경 및 항만 관리 미국 이민세관집행국(ICE) : 이민 및 세관 관련 법률 집행 미국 비밀경호국(USSS) : 대통령 및 주요 인사 경호, 금융 범죄 수사 교통안전청(TSA) : 공항 등 교통시설 보안 미국 해안경비대(USCG) : 해양 안보 및 안전 (평시) 사이버보안 및 인프라 보안국(CISA) : 사이버 위협 방어 및 중요 인프라 보호
웹사이트	http://www.dhs.gov/

3) 위기관리훈련

미국의 평시 위기관리훈련으로는 주로 지진, 홍수, 허리케인 발생우려 지역의 자연재해 대응연습 및 핵 시설이 위치한 지역의 대응연습과 같이 특정상황 발생이 우려되는 지역에서 국토안보부, 군, 해당지자체가 참여하는 형태로 연습이 진행되고 있으며, 참가기관, 훈련주기와 내용 등은 관련법에 명시되어있다. 예를 들어, 핵 시설에 대한 위기대응연습은 3년에 1회 국토안보부, 연방위기관리국(Federal Emergency Management Agency), 지방자치단체 위기대응 인원이 참가하도록 되어있으며, 참고로 범국가적 차원의 본토방어를 위한 전시위기관리훈련은 실시하지 않고 있다.

연방재난관리청(FEMA)

연방재난관리청(Federal Emergency Management Agency, FEMA)은 미국 국토안보부의 기관으로, 1978년 만들어졌다. 지방정부나 주 정부만으로는 처리하기 힘든 재난에 대응하는 것이 주목적이다. 푸에르토리코와 같은 미국의 해외 영토에 대해서도 서비스를 제공한다. 주지사의 비상사태선언이 있어야만 개입하나, 1995년의 오클라호마 폭탄테러나 2003년의 컬럼비아 우주왕복선 공중분해사고와 같은 연방 재산이나 자산에 대한 응급상황이나 재난에도 대응하고 있다. 재난 복구를 위한 현장지원이 주 역할이지만, 주 정부와 지방정부에 전문가를 지원하고, 복구와 구호를 위한 자금을 모금하기도 한다. -Daum 백과사전-

> **국토안보부의 문제점**
>
> ㉠ 미국 의회가 의도하고 있던 CIA와 FBI의 통합은 CIA의 카운터 테러리즘 센터와 FBI의 테러리스트 스크리닝 센터가 종래와 같이 독자적인 권한을 보유하고 있는 채로 행동, 기능하고 있기 때문에 조직 통합이 성공하지 못했다.
>
> ㉡ 2003년 3월에 연방긴급사태관리국(FEMA)이 대통령 직할기관에서 국토안보부의 하위기관이 됨에 따라 권한과 규모가 축소되었다. 그 때문에 2005년에 잇따라 미국을 강타했던 허리케인 재해에의 대응이 적절히 행해지지 못했다고 존재 의의가 추궁 당했다. 또한 부시대통령의 대(對) 테러 편중 정책에 대한 비판도 쏟아졌다.
>
> ㉢ 9.11테러 사건 이후, 각종 조사기관에 의해서 행해지고 있는 전화 회선이나 컴퓨터네트워크의 감청, 그리고 우편물의 검열이 문제되고 있다. 개봉된 우편물 등은 국토안보부의 봉함이 있으므로 용이하게 판별할 수 있지만 근거 없는 무작위의 조사로 인해 고통을 받는 사람들도 있다. 건국 정신인 '자유·평등'을 표방하는 미국에서 위화감을 무의식 중에 견딜 수 없는 사람들이 항의를 하고 있으며, 또한 동성애를 검열대상으로 넣은 이유를 물어도 '단지 개봉한 것뿐이다'라고 애매한 대답을 해 의문을 불러일으키고 있다.

2. 러시아(Russian)

1) 전통적 전시위기관리조직

러시아의 전통적 전시위기관리조직으로는 국가안전보장법('92.3)에 의거 안보분야에 대한 대통령의 결정사항을 준비하기 위한 헌법기관으로 평시 비상설적으로 국가안보회의(NSC)를 운영하고 있다.

국가안보회의 임무와 관련 중장기 국가발전 전략수립, 국가안보체제 강화, 국가 경쟁력 제고방안 모색 등을 주요 과제로 제시하고 안보회의 조직을 기존 상임위원 5명에서 11명으로 늘리는 등 지속적으로 개편하여 위상을 강화하고 있는 중이다.

국가안보회의의 주요 임무 및 기능으로는 외교·안보분야의 최고 정책을 수립하고 안보·군사관련 대내외 정책의 기획·조정 및 부처 간 활동조정 등의 임무를 수행하고 있으며, 의장(대통령)과 서기 및 의결권이 있는 상임위원, 의결권이 없는 위원 등으로 구성되며, 산하에 부처 간 조정위원회, 과학아카데미 학자들로 구성된 전문가위원회와 실무국·실 등의 사무처가 포함되어있으며, 〈표 4-12〉와 같이 조직이 구성되어 있다.

표 4-12 안보회의 조직 구성도

위원장	대통령
	국가안보회의 서기
상임위원(11명)	하원의원, 상원의원, 총리, 외무부장관, 국방장관, 내무부장관, 해외정보국장, 연방보안국장, 제1부총리(1), 제1부총리(2), 대통령 행정실장 ※ 러시아는 제1부총리가 2명임

위원장	대통령
위원(13명)	비상사태부장관, 재무장관, 법무부장관, 총참모장, 검찰총장, 과학 아카데미원장, 북서관구 전권대표, 극동관구 전권대표, 남방관구 전권대표, 시베리아관구 전권 대표, 우랄관구 전권대표, 중앙관구 전권대표, 프리블가관구 전권대표

2) 평시 위기관리조직

러시아의 평시 위기관리조직으로는 국토가 넓고 다양한 재해·재난이 발생하고 있어 평시부터 비상시를 대비하여 비상사태부(EMERCOM: Emergency Control Ministry)를 운영하고 있다.

비상사태부는 구소련시대에는 국방부에서 비상사태 임무를 수행하였으나 '90. 12. 러시아 구조대창설(국가위원회급), '91. 11 민방공, 재해·재난복구 국가위원회로 명칭 변경 후 '94.1 민방공, 재해·재난복구부(비상사태부, EMERCOM)로 승격되어 민방위, 위기사태 및 재난구조 활동을 통합관리하고 있다.

비상사태부의 주요 기능으로는 민방공, 재해·재난복구에 관한 정부시책 수립 및 시행, 비상사태 관련정부의 주요정책 수행 및 주무역할, 각 부처 간 협조 및 국제협력 도모, 재난관리체계 개선 및 발전에 관한 임무 수행, 민방위 및 구조업무 총괄, 대규모 사건, 재난 및 비상사태 진정을 위한 작전 감독, 방사능물질 오염사고 시 연방정부, 지방정부, 관련기관 및 업체와의 협조, 연방정부지원 자산 분배 및 관리 통제업무를 주요 기능으로 수행하고 있다.

본부에는 장관 및 9명의 차관이 근무하고 예하부서로 위기관리지휘소, 탐색구조대, 민방공부대, 공중기동구조대, 특별구조대, 민방공 및 재난구조연구소, 기상예보 모니터센터, 민방공대학, 구조사 양성센터, 재난대응군단, 잡지 "민방공" 발행소 등을 두고 있다.

비상사태부의 특징으로는 러시아 내 정부부서로서 국방부 다음으로 큰 부서이며, 독자적인 예산과 인력으로 구조 활동을 실시하고, 관련부서와의 협의, 분야별 임무부여 등 업무를 총괄·조정하고 있으며 비상사태부장관은 국가안보회의 위원으로 임무를 수행한다.

3) 위기관리훈련

러시아는 국가차원의 전통적 전시위기관리훈련은 실시하지 않으나, 매년 비상사태부 주관으로 지역 내 모든 요소들이 참가한 대규모 합동훈련 및 연합훈련과 대테러훈련을 실시하고 있다.

3. 이탈리아(Italy)

1) 전통적 전시위기관리조직

이탈리아의 전통적 전시위기관리조직으로는 국가안보회의(CSD)와 합동작전사령부(COI)로 나뉘어져 수행하고 있으며, 국가안보회의법(헌법 제87조 및 법령)에 근거를 명시하고 있다.

국가안보회의(CSD)는 대통령, 외교, 내무, 재경부, 국방, 경제개발부, 국방총장, 내각위원회 정무차관, 대통령 안보보좌관, 국가안보회의 사무국장(필요시 육·해·공·헌병군 총장 참석 가능)으로 구성되어 있다.

연 2회 이상 정기회의를 통해 국방, 안보관련 정부 정책 및 방향 보고, 국방, 안보관련 사안 심의 및 토의, 안보분야 대통령 및 총리 역할에 대한 지침과 방향 설정, 각 부 장관 및 국방장관과 국방총장에 대한 안보정책수립 방향을 지시하고 있다.

합동작전사령부(COI)의 경우 국방참모총장 지휘 하에 모든 군사작전계획 및 지휘통제가 이루어지고 있다. 합작사 사령관은 중장급, 부사령관 및 참모장은 소장급, 3개국(작전국, 기획국, 지원국)의 각 참모본부는 준장급 장군으로 구성되고 군 합동작전 교리 발전, 작전계획 시행·지휘·통제와 NATO 및 타 국제기구와 연합하여 교리 연구, 전략 및 작전상황시뮬레이션 개발의 기능을 수행한다.

2) 평시 위기관리조직

이탈리아의 평시 위기관리조직으로는 총리실 산하에 자연재해, 인위적 재난에 대한 예방, 대비, 대응, 복구활동을 총괄하고 관련기관의 활동을 조정·통제하는 시민보호국(DCP : Department of Civil Protection)에서 기능을 수행하고 있으며 시민보호국 조직은 그림 4-4와 같다.

시민보호국은 자연재해 및 인위적 재난으로부터 국민·영토·환경을 보호할 목적으로 1966년 피란체 홍수범람사태 이후 설립되었다. 특히 Irpinia 지진(1980년) 시 대규모 자원봉사대원 그룹의 활동으로 태동하였으며, 국가시민보호국 설립관련 법률을 기본법으로 근거하여 국가차원, 州 차원, 조례 및 일반규정, 총리차원의 맞춤형 법률을 신속히 제정·발령하고 집행하고 있다.

시민보호국의 주요 활동으로는 비상사태 시 취해야할 행동 요강, 과학기술 장비를 이용한 위험지역 예측, 감시 예측과 천재지변이 일어날 가능성에 기초하여 이를 사전에 차단하거나 피해 방지, 산불위험지역 지도제작 등의 지속적인 예방활동, 국가 재난·재해 시 국가기관을 조정·통제하여 구조 및 안정화 활동을 전개, 국제협력을 통한 시민보호 임무 수행과 국가 간 정보망 개발을 통해 수리지질학 분야의 중·장기 예방업무 등이다.

그림 4-4 시민보호국 조직도

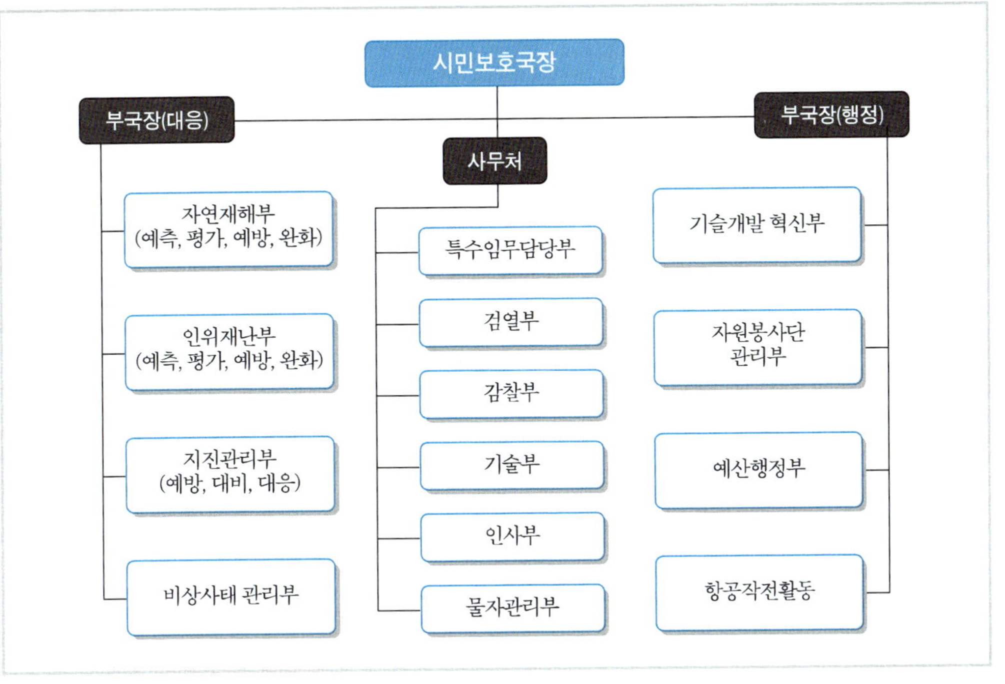

3) 위기관리훈련

이탈리아의 경우 군사적 분쟁이나 전쟁과 관련하여 별도의 전통적 전시위기관리훈련은 실시하지 않고 있다. 평시 위기관리훈련 및 시뮬레이션 승인법률과 시민보호국 지침서 규정에 따라 전국적 또는 각 지역별 훈련으로 실시하고 국내 연습, 훈련과 EU 회원국 연합연습, 훈련으로 나뉘어 실시되고 있다.

국내 연습, 훈련은 각 지역의 훈련 필요성과 요청에 따라 시민보호국에서 승인하며 지진, 홍수, 산사태, 산불, 수중구조, 테러 대비, 항공기 추락 등 재해 및 재난 관련 비상대비 훈련이 시행되며 훈련프로그램은 매년 유동적이다.

EU회원국 연합 연습, 훈련은 훈련 참여국가 시민보호국에서 계획·조직하며 유럽위원회의 승인과 재정적 지원을 받아 시행되고 있다.

'08년 말~'10년까지 12회 정도 다국적 훈련이 실시되었으며 '10년 말~'11년 초까지 대규모 화산폭발, 해일, 홍수, 지진 등 총 5회의 훈련이 실시되었다. 최근 실시된 위기관리 연습, 훈련 현황은 〈표 4-13〉과 같다.

표 4-13 재해·재난 대비 연습/훈련 현황

구분	주관기관/참여국가	훈련일시/내용
국가적 훈련	시민보호국 계획 하에 지방정부와 합동훈련	• '09.1.16~18 : 롯카지역 지진 대비훈련 • '10.5.14~16 : IVREA 수중 구조훈련 • '10.6.18~28 : 캄파니아 테러공격 대비훈련
지역별 훈련	각 지방정부	• '10.5.8~9 : 라퀼라 비상사태 대비훈련 • '10.5.28~30 : 바를렛타 홍수 대비훈련 • '10.6.25 : 레죠 칼라브리아 州 지진 대비훈련 • '10.6.25~27 : 아체라 지역 테러대비 및 항공기 추락비상 훈련
EU 회원국 연합 훈련	이탈리아, 프랑스, 포르투갈, 스웨덴	• '06.10.18~23 : 모의 화산폭발 비상사태훈련
	이탈리아, 루마니아, 말타	• '08.10.15~17 : 메시나 해협 지진 대비훈련
	헝가리, 이탈리아, 슬로바키아, 슬로베니아, 폴란드	• '10.5월 : 헝가리 홍수 대비훈련
	이탈리아, 불가리아, 영국, 그리스	• '10.5.26~31 : 그리스 홍수 대비훈련
	이탈리아, 벨기에, 체코, 독일, 헝가리, 룩셈부르크, 포르투갈, 스페인	• '10.5.31~6.3 : 프랑스 EU 지진 통제사령부 훈련
	이탈리아, 프랑스, 슬로바키아, 크로아티아, 오스트리아, 러시아	• '10.11.25~28 : 伊토스카나 지역 지진 대비훈련
	이탈리아, 포르투갈, 스페인, 프랑스	• '11년 : 프랑스 지진 대비훈련(예정)

4. 프랑스

1) 전통적 전시위기관리조직

프랑스의 전통적 전시위기관리조직으로는 국방안보사무처(Secretariat general de la defense et de la se curite nationale)에서 주관하고 있다.

1962년 총리 직속의 국방사무처(SGDN-Secretariat general de la defense nationale)가 창설되어, 국방을 초월한 포괄적인 안보 업무를 위임받았다.

2009년 신국방백서('08. 6) 및 '09~'14 군사계획법에 따라 테러위협에 대비한 국내안보가 강조되어 이를 반영하여 기존의 국방사무처(SGDN)에서 국방안보사무처(Secretariat general de la defense et de la securite nationale)로 기관명이 개칭되었다. 현 조직도는 그림 4-5와 같이 구성되어 있다.

프랑스의 국방안보사무처의 주요 업무내용으로는 다음과 같다.

㉠ 국방안보정책과 관련하여 정부부처 간 업무를 조정하고 국방안보정부기획안 수립 및 수행

㉡ 국방기밀보호정책을 입안하고 시행

그림 4-5 국방안보사무처 현 조직도

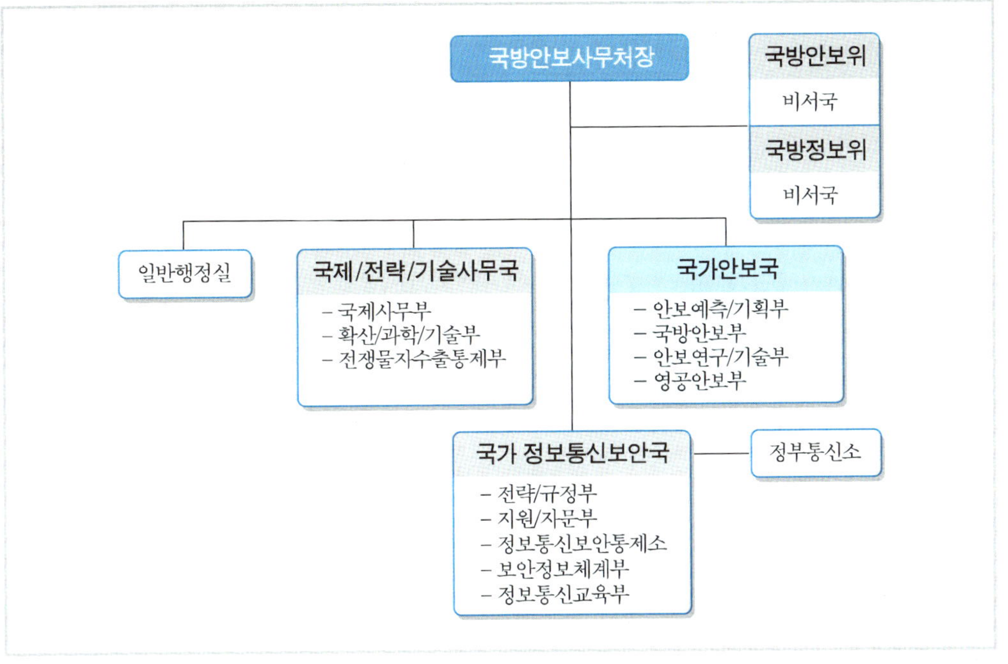

㉢ 정부의 정보통신 체계 보안정책 수립 및 시행

㉣ 국가안보위 및 국가정보위 비서국 운영, 국가정보조율위원업무 지원

㉤ 국방안보관련 과학기술연구정책의 감독

㉥ 무기수출 및 기술 이전 통제, 국방연구 및 교육 지원 등을 주요 업무로 수행하고 있으며, 본부(350여명) 및 정부통신센터에 100여명이 근무하고 있다.

2) 평시 위기관리조직

프랑스의 평시 위기관리조직으로는 국방안보사무처(SGDSN)와 내무부 산하의 시민보호안보처(DDSC : Direction de la Defense et de la Securite civiles)에서 주관하고 있으며, 민, 군, 경제, 방위를 포괄하는 국방안보훈련과 주로 재해에 대비 시민 및 재산보호 훈련의 2가지 유형의 훈련이 실시되고 있다.

훈련은 분야별로 소관기관, 즉 총리예하 해양사무처, 외교부장관, 국방부장관, 경제산업부장관이 주관하고, 관련부처가 참가하는 식으로 이루어지고 있다.

정보통신 보안훈련은 국방안보사무처(SGDSN)에서 주관하고 있으나, 주요 대규모 훈련은 국방안보사무처(SGDSN)에서 각 부의 제안을 받아 결정, 주도하고 다수의 부처가 참여하여 실시되고 있다.

상기 각 부처는 매년 10월에 향후 2년간의 훈련 기획안을 국방안보사무처(SGDSN)에 제출하고, 동 사무처에서 훈련 기획안을 결정하여 총리의 재가를 받은 후, 각 부처 및 방위관구지사에게 하달하여 시행하고 있다.

국방안보사무처(SGDSN)는 훈련 시행 후 결과보고서 및 개선안을 작성하고, 각 부처 대표가 참석한 가운데 채택하여 총리실, 각 부처 장관 및 방위관구지사에게 통보하여 개선 사항을 반영토록 하고 있다.

두 번째 훈련으로는 주로 재해에 대비하여 시민 및 재산 보호 훈련으로, 내무부장관이 매년 훈련 계획을 수립하여 국방안보사무처 및 각 부처 장관과 지자체에 하달하는 시민 보호 훈련으로 내무부 산하의 시민보호안보처(DDSC : Direction de la Defense et de la Securite civiles)에서 주관하며, 주 단위(지방) 또는 도 단위로 실시하고 있다.

3) 위기관리훈련

프랑스의 위기관리훈련은 냉전종식 후, 전면전 가능성을 배제하고 있어 대규모 전쟁발발에 대비한 전시대비 훈련 및 동원기획은 실시하지 않고 있다.

국방법규상으로는 유사 시 각료회의 결정을 통해 인적자원 및 물자동원 가능성을 언급하고 있으나 실제로 이에 대한 기획은 하지 않고 있으며, 평시 위기관리훈련은 주로 국내 테러 위협(화생방 테러, 항공 테러, 상해 테러, 에너지 분야 공격, 사이버 테러 등)에 대한 국가의 대응체계를 점검하고 시민 안전, 구조 훈련으로서 국방안보사무처(SGDSN) 주관으로 연간 4회의 훈련을 실시하고 있다.

4) 프랑스의 국방안보훈련

대테러차원의 정부 대비(안)를 확인하고 민/군 위기관리체계 및 효율성 점검을 목적으로 대테러 경계령, 생물학테러, 화학테러, 핵/방사능테러, 해양보호경계령, 영공보호경계령, 정보통신보안 경계령, 해외체류국민보호 경계령 등 분야별로 대비하고 있다.

예를 들어 Plan Biotox(생물학 테러)는 항생제, 해독제, 천연두 백신, 요오드 알약 등이 준비되고, Plan Piratox(화학테러)는 기동정화반이 투입되고, 구조는 긴급의료구조대(SAMU)에서 담당하는 식으로 기획되고 있다.

5. 독일(Germany)

1) 전통적 전시위기관리조직

독일의 전통적 전시위기관리조직으로는 연방안보회의(BSR, Bundessicherheitsrat)에서 담당하고 있으며 1955년 "연방국방회의"라는 명칭으로 최초 설립되어 1966년 이래 현재의 명칭을 유지하고 있다.

제2차 세계대전 이후 독일에 주둔하였던 연합군이 1955년 철수함에 따라 서독의 안보정책 수립 및 유지를 위한 非상설기구의 필요성이 대두되어 당시 콘라드 아데나워 총리가 발의하여 설립되었다.

냉전 상황이 첨예하던 1960~70년대에는 국가안보를 위한 핵심기구였으며, BSR 결의로 부처 간 공동위원회를 설립할 수 있을 정도로 높은 위상을 유지하였으나, 1980년대 이후 위상이 급속히 축소되어 현재는 주요 방산물자의 수출 여부를 협의·승인하는 비정기 회의의 성격을 띠고 있다.

BSR을 구성하고 있는 인원은 총 9명으로 총리가 회의를 주재하며 찬-반 동수일 경우 캐스팅보드를 행사하고 수상청장, 외교, 국방, 재무, 내무, 법무, 경제협력개발부 장관과 합참의장 및 기타 타부처 장관은 사안에 따라 필요 시 자문을 위해 참석하고 있다.

2) 평시 위기관리조직

독일의 평시 위기관리조직으로는 연방 시민보호 재난구호청(BBK : Bundesamt fur Bevolkerungsschutz und Katastrophenhilfe)으로 내무부 산하기관으로 2004년 5월에 설립되었다.

BBK는 자연재해 등 재난대비 및 훈련을 총괄하고 실제 재난발생 시에는 해당 州 내무부 소관으로 재난구호 시스템이 운영되며, 여러 州에 동시에 재난이 발생할 경우 연방 내무부, 州 내무부 통합 위험대비 시스템이 가동·운영된다.

3) 위기관리훈련

독일의 평시 위기관리훈련으로는 LUKEX(Lander Ubergreifende Krisenmanaement-Ubung/Exademie)라는 명칭으로 실시하고 있으며, 연습 약 18개월 전 AKNZ(Akademie fur Krisenmanagement, Notfallplanung und Zivilschutz)에서 연습 주제를 선정하고 준비기간 중 수차례의 워크숍 및 실무회의, 세미나, 해당기관 간 협의를 거쳐 연습 시나리오 및 기준을 설정하고 있다. 또한 연습의 개연성 및 사실감을 높이기 위해 가상 TV방송, 신문기사 등 방송 언론매체의 가상활동 등도 연습에 포함시켜 실시하며, 연습 종료 후 결과보고서를 통해 연습 성과를 평가하는 등 우리나라의 을지연습과 유사하게 진행하고 있다.

참가인원도 연방정부 및 각 주정부 위기관리팀(Krisenstab) 등 약 3,000여 명이 참가하고 연습별 주제로는 단전, 테러 공격, 유행성 전염병, 오염폭탄(화생방 무기), IT보안 등 매년 발생 가능한 여러 가지의 주제를 가지고 위기관리 연습을 실시하고 있으며, LUKEX 연습은 군 대상이 아닌 민간차원의 위기관리 연습으로 해당기관의 위기관리 전문가만 참석하여 실시한다.

6. 스위스(Switzerland)

스위스는 전통적 전시위기관리조직이 아닌 평시 위기관리조직을 운영하고 있다. 위기관리 임무는 국방·민방위·체육부(DDPS, Federal Department of Defence, Civil Protection and Sport)가 관장하고 운용하고 있으며, 담당부서로는 국방부 예하 민방위청(FOCP, Federal Office for Civil Protection)으로 민방위청(FOCP)의 주요 임무는 자연 또는 인위적 재난 및 위기상황 시 인명 및 재산보호와 무력충돌(전시) 시에는 인명 및 재산, 문화재 보호 임무를 책임지고 있으며, 국경지역 재난 발생 시 인접국가와의 협력 및 조정 등의 임무를 수행하고 있다.

그림 4-6 국방·민방위·체육부(DDPS) 조직도

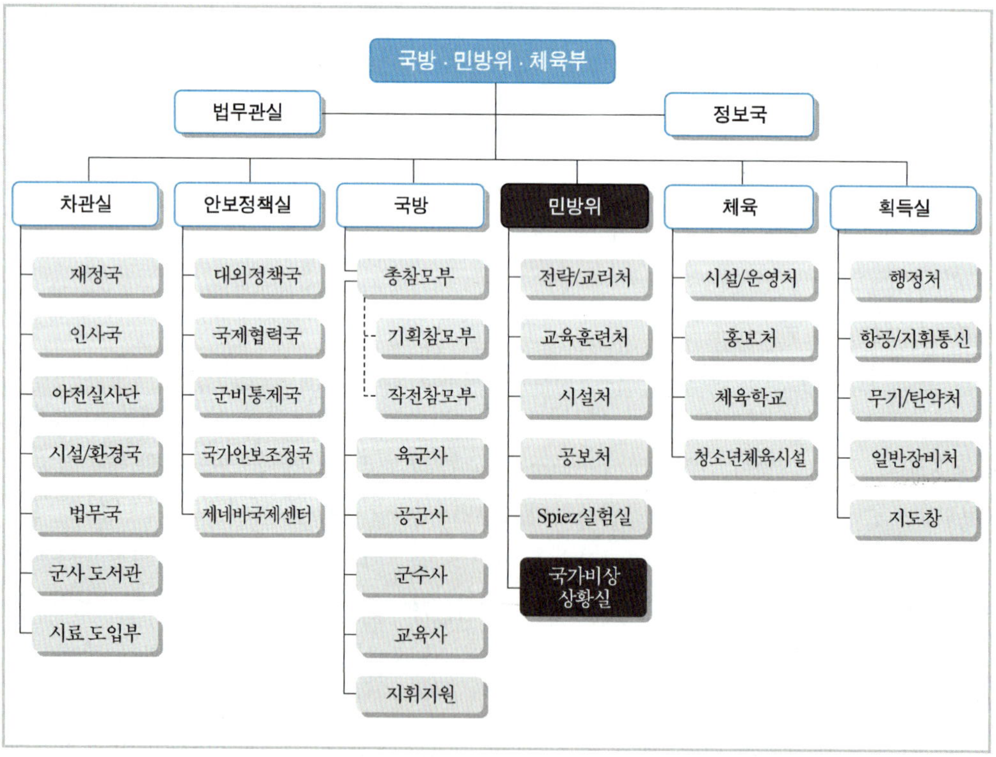

특히 민방위청 예하조직인 국가비상상황실(비상사태 시 정부의 각 기능을 통합·운영할 수 있도록 만든 연방정부 차원의 비상대비조직 : NEOC, National Emergency Operations Centre)은 방사능 사고, 원자폭탄 폭발, 화학물질 사고, 테러, 댐 붕괴, 인공위성 자국 내 추락사고 등에 대한 대비업무를 수행하고 있으며, 국방·민방위·체육부 조직도는 그림 4-6과 같다.

국방부 예하 담당부서인 민방위청(FOCP)은 냉전의 종결과 베를린 장벽의 붕괴를 기점으로 대대적으로 변화되었으며, 특히 군 개혁21의 전환과 함께 민방위 요원을 대대적으로 감축(28만 명 → 12만 명)하고 민방위의 개념 또한 종전의 『무력충돌 시의 인명과 재산보호』가 아닌 방위시스템에서 민간 관련기관 간 연계된 통합시스템으로 바뀌었는데, 이는 유럽의 안보 상황(위협과 위험요소)이 냉전의 종결과 함께 바뀌어서 기존의 전통적인 군사위협이 의미를 상실하고 스위스 국내·외에서 과거의 무력충돌이 급작스럽게 발생할 가능성이 희박해졌기 때문인 것으로 해석된다.

스위스의 위기관리(전시 및 재난대비) 훈련은 주로 위기상황 진압과 예방차원의 지역안보, 주변국과의 위기관리 공동협력에 관한 것으로 매년 상이한 비상대비훈련을 실시하고 있다.

현재는 국가차원의 전시위기관리 훈련은 실시하고 있지 않으며, 평시 위기관리훈련도 국가차원이 아닌 주정부(칸톤)의 주관 아래 실시하고 있다.

연방 민방위청에서는 민방위 관계자에 대한 소집교육을 매년 실시하고 있다. 주관부서는 민방위청 내 [민방위 훈련센터]이고, 교관요원은 전문가 80여명으로 구성되고 교육과정은 연중 총 44주 간 교육프로그램이 진행된다.

민방위 조직체 근무자 소집교육(2~3일), 민방위 간부 재교육(12일), 문화재 보호교육(5일) 등이 있다.

POLYCOM(스위스 국가안보망 체계) 훈련은 연방 및 각 주정부(칸톤)의 재난구조와 안보기관 및 단체들 간에 원활한 통신소통 보장을 위한 훈련 등을 실시하며, POLYCOM 훈련은 군(국경감시단), 연방경찰, 소방대원, 의무요원, 민방위 대원을 대상으로 4개의 교육과정으로 나누어 진행된다.

표 4-14 POLYCOM 훈련 과정

훈련 과정	훈련 내용	기간
과정 1	스위스 국가안보망 체계 / 운영방법	1일
과정 2	무전기, 핸디 등 통신장비 사용 및 관리	1.5일
과정 3	사례별 작전 수행 시 통신 운용능력	1.5일
과정 4	중앙상황실 운용	1.5일

7. 대만

1) 전통적 전시위기관리조직

대만은 최근 양안관계의 호전과 포괄적 안보개념의 확대 필요성에 의해 전시뿐만 아니라 다양한 분야의 위협을 포함한 포괄적 안보개념이 확대되고 있다. 이에 따라 다양한 위기상황을 상정하여 훈련을 계획하고 시행하고 있으며, 기존 조직에 확대된 업무를 추가적으로 부여하여 담당하도록 하고 있다.

대만 정부의 전통적 전시위기관리조직으로는 국가안전회의(國家安全會議)가 있으며 중화민국 헌법 제2조 제4항의 규정에 의거 국가안전에 관련된 사무에 대하여 총통의 자문기관 역할을 수행하며, 국방, 외교, 양안관계 및 국가사변과 관련된 사안을 담당하고 있다.

2) 평시 위기관리조직

대만의 평시 위기관리조직으로는 사건 발생 유형에 따라 나누어지고 있는데, 테러 등에 대한 전반적인 안보실무 업무는 안전국(국정원 역할)에서 수행하고 있고, 재해·재난방재 업무는 행정원 재해방지구조위원회(행정원 예하 소방서의 업무를 지휘)에서 업무를 담당하고 있다.

안전국은 1955년 3월 1일 국방회의에 소속되어 운용되다가 1967년 국방회의의 해산과 동시에 국가안전회의에 설립 예속되어 임무를 수행해오다 1993년 12월 30일 총통령 '국가안전회의 조직법' 및 '국가안전국 조직법'이 공포되고, 1995년 2월 5일 총통령에 따라 국가안전국에 각 정보기관의 국가정보 업무에 대한 통합 지휘기능이 추가되었다.

안전국의 현 조직도 및 각 부서별 임무 및 기능은 〈표 4-15〉와 같이 구성되어 있다.

표 4-15 국가안전국 조직 및 각 부서별 임무·기능

구분	정보업무처						정보지원 단위						3개 센터			임무편조 단위		
단위명칭	제1처	제2처	제3처	제4처	제5처	제6처	인사처	회계처	정풍처	비서실	전산실	총무실	특종근무지휘센터	컴퓨터과학기술지원센터	훈련센터	공공관계실	독찰실	정보공개센터
업무 및 임무	국제정보업무	대륙정보업무	대만지역안보정보업무	국가전략정보연구분석업무	과학기술정보 및 통신안전업무	비밀번호 및 장비관리 및 연구개발업무	정보행정지원							컴퓨터과학기술정보	교육훈련	국회연락 및 매체연락업무	내부반정보업무	정보공개관련사항

재해·재난방지 업무를 담당하고 있는 "행정원 재해방지구조위원회(재난방지 기구)"는 재해방지구조 업무의 종합적인 수행을 위해 행정원을 지원한다.

재해방지구조법(災害防救法) 제7조 제2항 규정에 의거한 1990년 8월 15일 『행정원 재해방지구조위원회 설치 요점』에 따라 8월 25일 설립되었다. 조직 구성은 그림 4-7과 같다.

그림 4-7 행정원 재해방지구조위원회 조직도

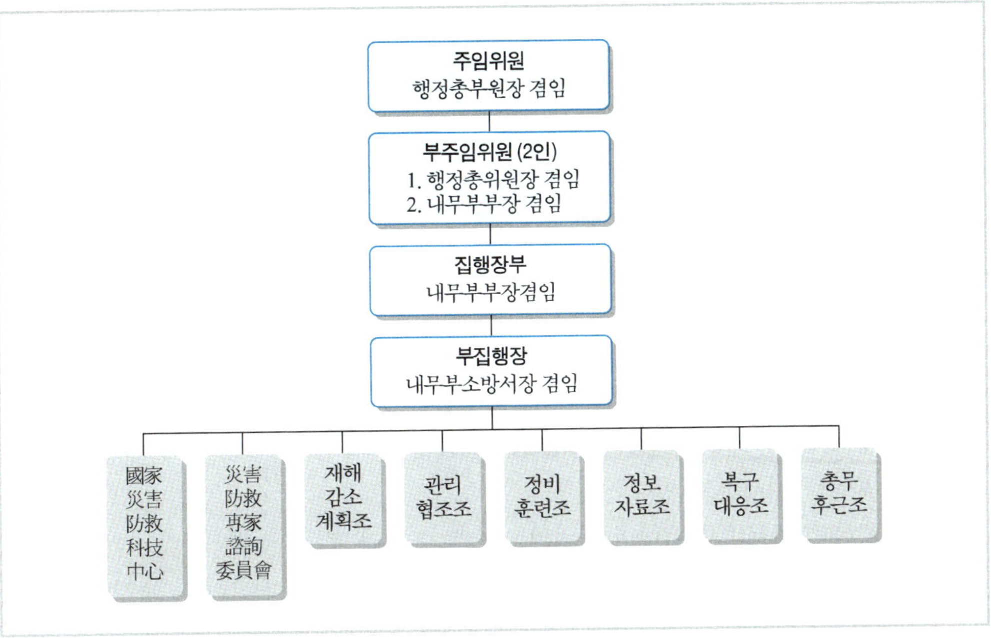

행정원 재해방지구조위원회의 구성은 재해감소 계획조, 관리협조조, 정보자료조, 정비훈련조, 재건대책조 및 총무후근조로 편성되었으며, 위원의 구성은 23인의 위원을 두고, 그 중 1인의 주임위원과 행정원의 부원장이 겸임하고, 부주임위원은 2명으로 행정원 정무위원 및 내정부 부장이 겸임토록하고 있으며, 집행장과 부집행장은 각각 1명으로 행정원 부장과 내정부(內政部)소속 소방서 서장이 겸임하고 있다.

행정원의 주요 임무는 〈표 4-15〉와 같다.

표 4-16 행정원의 주요 임무

업무담당별	세부 임무
총무후근조	- 공공관계, 문서처리, 서무 등 後勤에 관한 사항 - 긴급인원의 업무편람 및 자료 등의 준비에 관한 사항 - 평상 시 긴급물자의 준비, 배치 또는 비축에 관한 사항 - 재해발생 시 긴급조정, 지원 또는 업무관련 총무사항

업무담당별	세부 임무
복구대응조	- 긴급대책 체계의 설립, 검토에 관한 사항 - 재해 후 복구 재건설 실시와 업무집행의 추진에 관한 사항 - 중앙재해대책센터의 설립에 관한 사항
정보자료조	- 예비경보, 통보, 결심시스템의 설립 및 지원 사항 - 재해방지구조 정보체계의 설립과 응용에 관한 사항 - 재해방지구조 정보의 연구개발, 관리 및 서비스에 관한 사항 - 재해대비 의식, 위험도 평가 및 재해 모의상황의 추진
정비훈련조	- 평상 시 안전 및 중대재해방지 대응훈련, 교육 홍보에 관한 사항 - 국지적 연습 / 훈련에 관한 사항
관리협조조	- 재해예방 지구조 업무의 협조, 지원, 평가에 관한 사항 - 재해예방 조치 및 각 부의 연구계획 및 집행을 감독, 협조 - 재해방지업무의 종합, 협조에 관한 사항
재해감소 계획조	- 재해방지 기본방침, 재해방지구조 기본계획의 입안에 관한 사항 - 각 부회의 대응·대책 협조, 복구업무의 표준작업계획 입안에 관한 사항 - 재해방지구조 관련법규 제정 촉진에 관한 사항

3) 위기관리훈련

대만의 전통적 전시위기관리훈련으로는 정부기관 및 삼군합동통합훈련으로 아래 〈표 4-17〉과 같이 실시하고 있으며, 평시 위기관리훈련으로는 만안연습(萬安演習)이라는 명칭으로 훈련을 실시하고 있다.

연습 배경을 살펴보면 전쟁대비 성격의 군사뿐 아니라 정치, 경제, 심리, 과학기술 등 제 방면의 총체적 역량이 요구함에 따라 전민(全民) 국방의식을 제고하고, 평시 재해지원과 전시 군사작전의 지원을 강화하며, 중국군의 군사적 위협 및 자연재해, 인적재해 발생에 대비, 전 국민 방위동원 체계와 재해 예방, 민방, 의료, 핵 안전사고 및 테러공격 등에 대한 긴급사태대응체계를 결합한 훈련의 성격을 띠고 있다.

전 국민 방공(防空)활동 검증, 중요 기초건설의 안전한 방호태세 검증, 전 국민 방위동원 정비효과 내실화, 테러공격에 대응, 다양한 재해 대비 및 구조 훈련을 목적으로 실시

표 4-17 정부기관 및 삼군합동통합훈련 현황

훈련 명칭	훈련 내용
한강(漢江) 훈련	- 전반기 : 삼군합동 컴퓨터 War게임으로 진행 - 후반기 : 국방부 등 정부기관, 참모본부 합동 중요 사안별 워게임 및 각 전략 단위별 도상 워게임, 야전부대 실병 훈련 실시
준비(後備) 동원 훈련 (주기 : 1년 6개월)	- 만안(萬安) 훈련 : 전 국민 방위동원 훈련(지역별) - 동심(同心) 훈련 : 民 물자동원 훈련
화생 방호연습 (주기 : 1년 6개월)	- 핵안(核安)연습 : 국민 핵 재난·재해 대비 훈련 - 화안(化安)연습 : 국민 화생방 대비 훈련

되고 있다.

훈련 시기는 매년 1회(5월~10월 중) 전국을 북·중·남·동·금문(金門)·마조(馬祖)지구 등 6개 지역으로 구분, 훈련 일자 및 훈련 중점을 선정·시행하고 지휘소 연습, 전민 방공(30분), 종합실습 등 3단계 훈련으로 실시하고 있다.

8. 일본

일본은 위치, 지형, 지질, 기상과 같은 자연조건을 볼 때 지진, 태풍, 호우, 화산 분화 등에 의한 재난이 발생하기 쉬운 국가이다. 일본은 1962년 이래 종합적·계획적인 방재 행정을 정비하고 집행할 것을 규정하는 재해대책 기본 법률을 운영해오고 있다. 특히 1995년 1월 코베시 지진으로 6,310명의 사망과 2011년 3월에 9.0지진과 쓰나미로 23,000 여명이 사망하거나 실종되었다. 이러한 재해·재난을 겪으면서 국가안전관리에 대한 법률과 정책이 수정되고 보강되었다.

1) 국가안전관리를 위한 정책

(1) 중앙정부 차원

일본은 총리의 리더십이 발휘되기 쉬운 방향으로 권한이 강화되었다. 심각한 비상재해인 경우 총리가 각료회의를 개최하여 긴급재해대책본부를 설치할 수 있게 하고, 수상에게 중앙행정기관의 장에 대한 지시 권한을 인정하고 있다. 또한 방재기본계획을 전체적으로 수정하고 그 내용을 더욱 충실하게 구성했다.

재해대책기본법의 개정으로 수상에게 현지 대책본부를 설치할 수 있는 권한을 부여했고, 자위대가 방재정책 네트워크에 깊이 관여하게 되었으며, 방재정보 연락체계도 강화했다.

방재 기본계획을 수정하여 해상재해, 항공재해, 철도재해, 도로재해, 원자력재해, 위험물재해와 같이 자연재난 이외의 사고재해에 대한 대응을 방재 기본계획에 포함시켰다.

(2) 지방정부 차원

지역방재계획의 개정작업을 통해 방재 담당자의 정책 커뮤니티가 강화되었는데, 대표적으로 도도부현과 시정촌 간의 연계를 확실하게 구축했다.

방재 담당자의 정책 형성 및 결정능력이 향상하는 등 정책 메뉴가 확대되었고 지자체 내의 초동체계가 강화되었다. 또한 주민을 방재정책 네트워크 속에 포함시켰다는 점이 특이하다.

그림 4-8 일본의 재난관리시스템

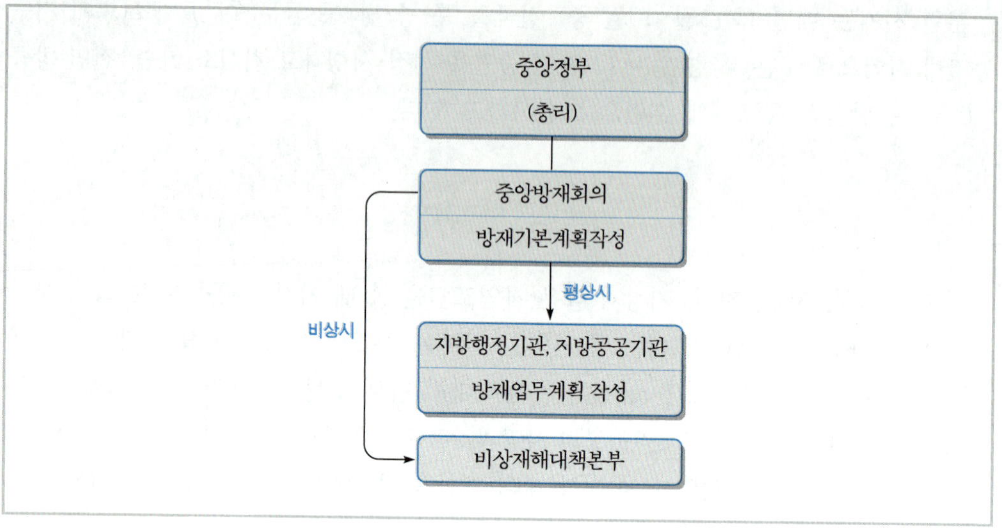

일본의 시민방재센터

일본은 시민들도 각종 재해를 모의 체험할 수 있도록 시민방재센터를 운영하고 있다. 만일의 사태에 대비하여 시민들이 실제로 각종 재해를 모의 체험하면서 재해 예방에 대한 지식·기술·행동력을 익힐 수 있도록 후쿠오카 시민방재센터를 만들었다. 강풍이나 호우 등 재해의 위력, 화재와 그 원인 및 순간적인 진화방법, 진도 수에 따른 지진의 강도, 인공호흡과 응급조치방법, 재난 예방시스템, 피난방법, 소방용 설비 소개 등 각종 재해에 관한 지식을 배울 수 있도록 강풍 체험, 지진 체험, 소방훈련, 화재 체험, 수해·지진대책 등 약 13개의 다양한 체험관으로 구성되어 있다.

* 도도부현(都道府懸) : 우리나라의 광역자치단체인 특별시, 광역시, 도, 특별자치도, 특별자치시와 같은 자치단체

* 시정촌(市丁村) : 우리나라의 기초자치단체인 시, 군, 구와 같은 자치단체

(3) 방재행정의 관점

언제 발생할지 모르는 대지진 및 대도시 지진대책은 정부차원에서 중점적으로 대처하며, 대규모 지진을 가정한 지진 방재시설의 정비 상황은 충분하지 않다.

자조, 공조 역할을 중시하고 평소부터 주민, 기업, 비영리조직(NPO)과 같은 다양한 주체가 방재대책에 참여한다. 또한 인명피해를 줄이기 위해 주택·건축물의 내진화, 지진·쓰나미 정보 전달, 피난체계를 중점적으로 정비한다. 아울러 성과 중시 행정의 운영을 방재 분야에 적극 도입하고 대규모 재난은 민·관·군 모두가 공동의 노력으로 적극 대처해 나간다.

2) 일본의 안전관리 법률체계

일본의 재해대책 관계법률은 〈표 4-17〉과 같다.

표 4-18 일본의 재해대책 관계법률

범 주	법 률	소관 성청
기본법 관계	재해대책기본법	내각부, 소방청
	대규모지진대책특별조치법	내각부, 소방청
	원자력재해대책특별조치법	문부과학성/경제산업성/국토교통성
	동남해·남해지진에 관한 지진방재대책 추진에 관한 특별조치법	내각부
	석유콤비나트 등 재해방지법	소방청, 경제산업성
	해양오염 및 해상재해 방지에 관한 법률	해상보안청, 환경성
재해응급대책관계	소방법	소방청
	수방법	국토교통성
	재해구조법	후생노동성
조직관계	소방조직법	소방청
	해상보안청법	해상보안청
	경찰법	방위청
	자위대법	경찰청
	일본적십자사법	후생노동성

3) 일본의 안전관리조직과 역할

일본의 방재조직체계는 아래와 같다.

표 4-19 일본의 방재조직체계

차원	기관	역할
국가 차원	내각총리대신	방재계획의 수립·실시·종합 조정
	중앙방재회의	방재기본계획의 수립·실시
	지정행정기관	방재업무계획의 수립·실시
	지정공공기관	방재업무계획의 수립·실시
도도부현(都道府懸) 차원	도도부현지사	방재계획의 수립·실시·종합 조정
	도도부현방재회의	도도부현 지역방재계획의 수립·실시
	지정지방행정기관	방재업무계획의 수립·실시
	지정지방공공기관	방재업무계획의 수립·실시
시정촌(市丁村) 차원	시정촌장	방재계획의 수립·실시
	시정촌방재회의	시정촌 지역방재계획의 수립·실시
주민 차원	시민활동(NPO)	방재조직에 참여

(1) 국가방재체제

① 중앙정부의 역할

중앙정부는 재난대책의 종합성을 확보하고 방재관련 중요사항을 심의하기 위한 조직으로서 재해대책기본법에 중앙방재회의 설치를 규정하고 있다.

중앙정부는 방재담당 장관을 본부장으로 하는 비상재해대책본부 또는 내각총리대신을 본부장으로 하는 긴급재해대책본부를 설치함으로써 재해응급대책을 신속하고 정확하게 집행할 수 있도록 하고 있다.

② 내각부 역할

내각부는 특명담당 장관으로 방재담당 장관이 있으며, 내각부 정책총괄관(방재담당부국)이 장관을 보좌하고, 방재에 관한 기본적 정책사안과 대규모 재난 발생에 대처하기 위한 기획 수립·종합 조정을 담당하고 있다.

내각부는 재해·재난이 발생한 경우에 정보수집과 같은 긴급대응을 내각관방과 긴밀하게 연계하여 통합적으로 대처하고 있다.

내각부는 경제재정정책, 소비자·물가, 종합과학기술정책, 방재, 남녀 공동 참가, 시민활동(NPO), 원자력위원회 등으로 구성되어 종합조정기능을 담당하고 있다.

③ 중앙방재회의의 역할

중앙방재회의는 내각총리대신이나 방재담당대신으로부터의 자문을 위해 의견을 제출하는 등 심의회 기능과 방재기본계획의 작성 및 실시와 같이 집행기관으로서의 성격을 갖는다.

중앙방재회의는 내각의 중요정책에 관한 회의의 하나이며, 종합적인 재해 대책을 추진하기 위해 내각총리대신을 회장으로 하는 방재담당 장관 이외의 전 각료, 지정공공기관의 대표자, 학식경험자가 위원으로 구성되어 있다.

방재기본계획 및 지진방재계획의 작성 및 실시와 비상재해 시의 긴급 조직에 관한 계획 작성 및 그 실시 추진 그리고 내각총리대신·방재담당 장관의 자문에 따라 방재에 관한 중요사항의 심의(방재의 기본방침, 방재에 관한 시책의 종합 조정, 재해긴급사태의 포고 등), 방재에 관한 중요사항에 관해 내각총리대신 및 방재담당 장관에게 의견을 제출한다.

중앙방재회의의 간사회는 관계 부성청 간의 연락, 조정 및 중앙방재회의의 결정의 실시를 위해 중앙방재회의에 회장 및 위원을 도와주는 역할을 하며, 중앙방재회의에 제출된 사항은 간사회의 심의를 거치게 되어 있다. 또한 중앙방재회의는 전문적 사항을 조사하기 위해 전문조사회의를 설치할 수 있다.

(2) 지방자치단체

광역자치단체인 도도부현과 기초자치단체인 시정촌에서는 지정지방행정기관, 경찰·소방기관, 지정공공기관 등의 장 또는 지명된 직원으로 구성되는 도도부현 방자회의, 시정촌 방재회의가 설치되어 여기서 결정한 지역방재계획에 의한 각종 재해대책을 실시하고 있다.

재해대책기본법에 독립행정법인, 인가법인, 특수법인 및 민간회사 중에서 내각총리대신(수상)이 지정하는 것을 지정공공기관으로 하고 재해대책에 관한 각종 책무를 부과하고 있다. 재해대책기본법에 의한 재해 시의 응급대응조직은 도도부현은 도도부현 지사를 본부장으로, 시정촌은 시정촌장으로 하는 재해대책본부를 운영하고 있다.

제3절 국가위기관리 훈련

1. 교육훈련 관리에 대한 이론적 고찰

1) 교육훈련 관리의 개념

교육훈련 관리란 전·평시 기관에 부여된 임무를 성공적으로 완수할 수 있도록 제한된 인원, 시설, 물자, 시간, 예산을 효율적으로 활용하여 훈련목표를 달성하기 위해 시행되는 조직적인 활동 또는 과정이라고 정의할 수 있다.

교육훈련은 통상적으로 훈련관리 체계에 따라 이루어지는데 각급 기관장과 담당공무원이 훈련을 계획-준비-실시-평가 등 일련의 순환활동과정으로, 계획단계에서는 임무분석을 하여 다음 훈련을 계획한다.

준비단계에서는 당면한 훈련을 준비하며, 실시 및 평가단계에서는 계획된 일정에 따라 훈련을 실시하고 성과를 분석한다. 성과분석 결과는 차기 훈련 계획, 준비, 실시, 평가에 반영하여야 한다.

우리나라는 현재 을지연습을 비롯한 대부분의 국가위기관리훈련은 업무담당자의 전문성과 경험 부족과 조직과 예산의 미약으로 인해 위와 같은 절차가 잘 지켜지지 않고 있다.

2) 훈련관리 체계

훈련관리 체계는 훈련임무분석-훈련계획 및 준비-훈련실시·통제-훈련평가 및 사후처리 형태로 이뤄진다.

그림 4-9 훈련관리 체계

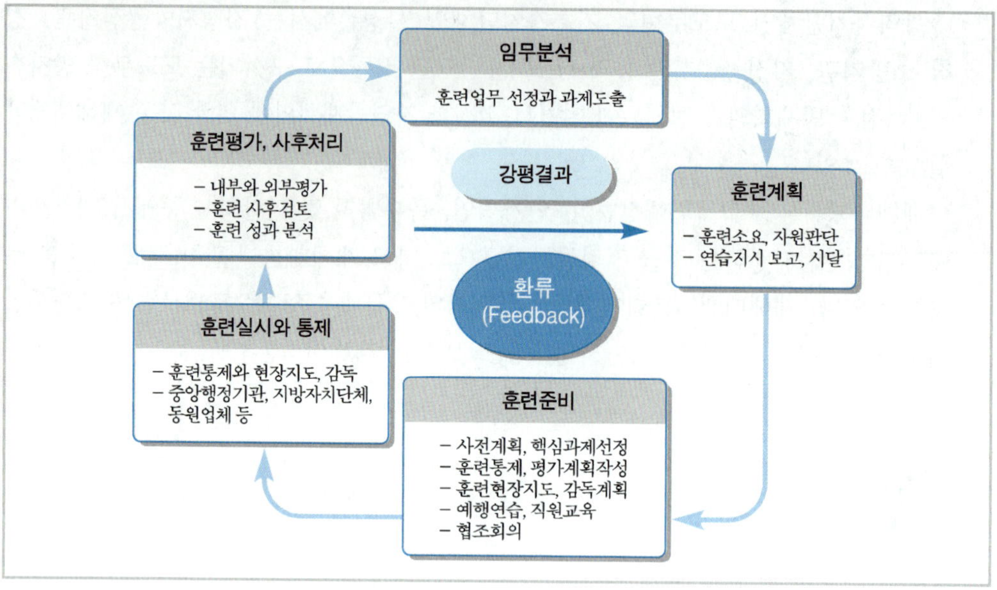

3) 훈련 임무분석

임무분석이란 기관에 부여된 명시된 과업과 추정하여 시행해야 할 과업을 이해하는 활동을 지칭하는 것으로, 훈련계획단계에서 훈련소요 도출을 위해 실시하는 필수적인 과정이라 할 수 있다. 이 단계에서는 개인과 기관의 훈련임무는 각 기관별 전시 대비·재난·테러 등과 같은 자체 위기대비계획과 예규 및 법규, 상급기관 및 소속기관장의 훈련지침 등에서 염출(捻出 : 방법 따위를 애를 써서 생각해냄)해야 한다.

임무분석은 여러 기관이 하나의 기구로 통·폐합되거나 새로운 기구설치 그리고 기관이나 개인의 임무가 변경되거나 새로이 부여될 때를 제외하고는 매년마다 실시할 필요는 없다.

훈련업무를 도출하는 과정은 아래 그림 4-10과 같다.

그림 4-10 훈련과제 도출 절차

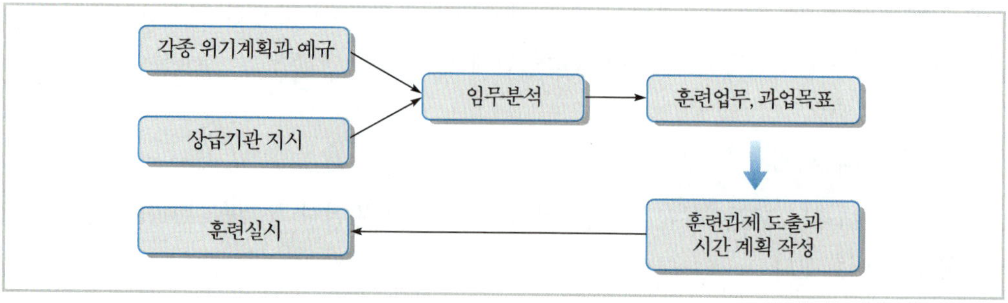

4) 훈련계획 및 준비

당해 연도에 훈련할 소요와 가용자원을 판단하고 훈련계획을 수립하는 단계로 무엇을 어떻게 훈련시킬 것인가를 구체화시키는 단계이다.

전년도 훈련결과에 나타난 문제점과 보완·발전시킬 사항 그리고 변화된 안보환경, 각종 위기관련 국내·외 정세 등을 반영하여 당해 연도 훈련소요를 결정하여 훈련계획을 발전시키는 과정이다.

훈련계획은 전년도 훈련성과 분석, 기관 및 개인의 훈련 수준, 공무원의 인사주기, 인력순환률 그리고 인간의 망각현상 등을 종합적으로 고려하여 수립해야 한다.

우리나라는 담당자들의 잦은 인사 교체와 전문성 부족으로 전년도 계획을 모방·답습하는 행태가 반복되고 있다.

훈련준비단계는 훈련계획에 따라 효율적인 훈련을 실시하기 위해 예산·인력·장비 등 인적·물적 자원의 획득 및 제공, 유관기관 협조회의, 직원교육, 연습각본 작성, 훈련통제 및 평가분비, 기관장 현장지도·감독, 훈련준비상태 확인 등 훈련준비를 위한 모든 활동을 말한다.

훈련준비과정에서 실무자는 소속기관이나 산하기관 및 업체 등에 대한 불필요한 통제와 간섭을 지양하고, 행정소요를 최소화하도록 관심과 노력을 하여야 한다.

5) 훈련실시 및 통제

이 단계는 현장지도와 확인·점검함으로써 위기 시 기관 및 기관에게 부여된 임무를 수행할 수 있도록 도상연습과 실제훈련 그리고 토의형 연습을 통해 위기관리능력을 배양시키는 핵심단계라고 할 수 있다.

훈련통제부는 원활한 훈련통제와 진행을 위해 분야별·일정별 통제 계획목표를 작성하고, 실시부 요원들에게 사전계획 및 각종 사태 선포 등과 같은 훈련통제 상황을 사전에 노출되지 않도록 유의해야 한다. 통제관은 훈련계획과 훈련현장 전반에 대한 이해와 관계기관과 긴밀한 협조체제 등은 필수적인 구비조건이라고 할 수 있다.

4) 훈련평가 및 사후처리

훈련평가는 훈련목적의 달성도 또는 성과를 얼마나 달성했는지를 알아보는 것이며, 평가목적 달성여부를 확인하기 위해서는 계량적인 객관적 근거를 중심으로 이뤄져야 한다.

평가는 내부평가와 외부평가로 이뤄지며, 전 과정을 대상으로 한다. 또한 사후처리는 기관별로 강평과 성과분석을 실시한 이후에 문제점을 선정하여 그 처리계획을 수립하고, 훈련결과보고서 작성 그리고 차기 훈련계획 반영 등을 하는 매우 중요한 과정이다.

왜 그런 결과가 나왔으며, 어떻게 하면 더 효과적인 훈련이 될 수 있는가를 각자가 스스로 발견하게 해주는 토의방법인 사후 검토로 하는 것이 효과적이다. 이러한 방법의 강평이 이뤄지려면 강평 진행자가 위기관리 훈련에 대한 전문적인 지식과 경험을 고루 갖추어야 가능하다.

2. 국가위기관리 훈련 실태

1) 위기관리 법령 · 제도의 문제점

우리나라의 위기관련 법령은 기능별로 각각 분산되어 있어 국가위기관리 훈련이나 교육에 대한 일원화된 지침이나 기준을 제시하지 못하고 있다. 훈련 총괄담당기관도 지정되어 있지 않아 평시 위기관리 훈련도 각각 실시할 수밖에 없어 비효율적일 뿐만 아니라 파생되는 문제점도 적지 않다.

법령분산으로 포괄적인 안보환경의 조성을 위한 정비와 교육훈련이 필요함에도 여전히 개선되지 않고 있다. 혹자들은 위기관리 법령의 일원화가 어려운 것은 공직사회의 현실인식 부족, 부처 이기주의, 관성적인 업무처리(path dependency) 성향 때문이라는 지적도 있다.

* 2008년 7월 금강산 관광객 피습사건 발생 시 늦장 보고와 대응 조치를 위한 관계 장관회의 및 외교안보정책조정회의 지연 개최 등으로 물의를 일으킨 사례에서 알 수 있는 바와 같이 체계적이고 효율적인 위기대응 조치를 구조적으로 곤란하게 하고 있다는 점이다.

현행 위기관리 훈련관련 법령은 전시대비 분야의 비상대비자원관리법, 재난분야의 재난 및 안전관리기본법, 국지 도발 및 사회혼란 분야는 민방위법과 통합방위법, 그리고 국가위기대응은 국가위기관리지침 등으로 각각 분산되어 있는데 아래 〈표 4-19〉를 참조할 수 있다.

표 4-20 국가위기관리 훈련 관련법령 현황

구분	전시대비 훈련	재난 훈련	민방위 훈련	통합방위/ 향토예비군 훈련
관계법규	비상대비에 관한 법률	재난 및 안전관리 기본법	민방위기본법	통합방위법 / 향토예비군설치법
주무기관	행정안전부	행정안전부 / 소방청	행정안전부 / 소방청	국방부·합참

자료 : 정찬권, "국가위기관리 훈련 발전방안 연구", 한국위기관리논집 4-2, 2008. 재구성

2) 분산 · 중복된 연습훈련

전·평시 훈련의 분산 실시로 비효율적이라는 점이다. 즉, 개별법에 따라 상이한 훈련기준과 일정 그리고 방법과 내용을 전국적 혹은 지역단위로 연중 불규칙하게 실시하고 있어 통합성과 효율성이 별로 높지 않다는 것이다.

중앙부처는 소관훈련을 1회만 실시하면 되지만, 지자체는 부처별로 주관하는 훈련에 매번 참여할 수밖에 없는 구조로 선택과 집중이 곤란하다.

특히 비상대비, 민방위, 재난 등 업무를 담당공무원 1명이 담당하는 시·군·구는 보여주기식 훈련 그 이상 그 이하도 아닌 훈련이며 훈련 참여를 기피하고, 중앙정부에 대한 불만도 크다.

유사 중복되는 훈련을 분산하여 연중 실시하는 비상대비훈련을 통합하여 훈련 성과도 높이고 지자체의 훈련 부담을 경감시켜주는 방향으로 개선할 필요가 있다.

현행 기관별로 실시하고 있는 비상대비훈련 현황은 다음의 〈표 4-20〉과 같다.

표 4-21 기관별 비상대비훈련 현황

구분	전시대비 훈련	재난대응 안전한국 훈련	민방공 훈련	화랑 훈련	위기대응 훈련
주무	행정안전부	행정안전부	행정안전부	국방부	행정안전부
훈련시기	8월 (3~5일)	5월, 10월 (2~3일)	매월 1회	5, 8, 10월 (각 1주일)	을지연습과 병행
훈련내용	전시자원 동원	재난 / 안전관리 분야	민방위 사태	적 침투 / 국지 도발	안보 / 재난 / 핵심기반 분야
훈련방법	실제 / 도상연습	좌동	실제훈련 중심	실제훈련 위주	실제 / 도상훈련
참가규모	전국 단위	지역 단위	전국	전국 / 지역단위	위기유형별 주무 / 관련기관

※ 위기대응 훈련은 2008년부터 을지연습에 포함하여 도상연습 중심으로 실시하고 있음.

위기관리 훈련과 습관

2009년 1. 15일 미국 뉴욕에서 극적인 위기관리 능력을 보여준 사례가 있었다. 바로 노스캐롤라이나 주의 샬럿으로 가기 위해 US에어웨이 소속 1549편 여객기가 뉴욕 라과디아 공항에서 이륙하자마자 허드슨 강에 불시착하며 승무원과 탑승객 155명이 전원이 무사한 사고였다.
수많은 항공사고가 많았지만 전 세계 항공전문가들은 이 사고를 두고 위기관리 대처의 극대화를 보여준 사고라고 일컬었다. 이륙직후 불가피하게 새떼에 들어간 여객기는 곧 엔진이 멈춰버렸고 이후 동력을 잃은 여객기는 낙하를 하고 있었다. 하지만 기장 셀렌버거가 보여준 리더십과 위기관리 대처능력은 타고난 성향이나 지식, 경험 따위가 아니었다. 그가 보여준 위기관리 능력은 다름 아닌 매뉴얼이었다. 그는 항상 비행 전 위기상황에 대한 의식과 대처에 관해 반복 숙지를 한다고 했었다. 따라서 셀렌버거 기장의 대처능력은 매뉴얼에 따른 여객기 비상착륙 조치였다. 항상 위기상황이 발생한다면 매뉴얼에 따라서 어떤 절차와 어떤 조치방법을 취할까라는 상황에 대해 반복연습이 습관으로 나타난 사례이다.

3) 체계적인 훈련관리가 미흡

체계적인 훈련관리가 미흡하여 훈련 성과가 저조하다는 점이다. 체계적인 훈련관리란 임무분석을 통해 훈련계획을 수립하고, 훈련에 필요한 사항을 준비하며, 계획된 훈련을 평가하고 성과를 분석하여 그 결과를 차기 훈련계획에 반영하는 절차와 체계를 의미한다. 그러나 현재 비상대비훈련은 각 훈련과정이 단절되거나 적용이 미흡하여 실질적인 훈련과 성과 향상이 제한되고 있다. 특히 평가단계에서 국방대 학생을 이용한 평가는 고육지책이라고 여겨지나, 훈련계획 및 준비과정에 참여하지 않고 소개 수준의 교육을 받고 현장에 투입하여 평가를 하는 것은 수박 겉핥기식 평가를 하겠다는 것과 다름없다. 이러한 평가로는 훈련의 문제점과 발전시킬 사항 도출이 어렵기 때문에 훈련 결과를 차기 훈련계획에 반영하는 이른바 환류(feedback)가 되지 못해 유명무실한 훈련 실시를 고착화하는 문제점이 있다.

4) 과거 답습주의(SOP) 훈련

기관장 등 의사결정권자들의 무관심과 참여 부족, 훈련 결과 및 사후처리계획 등의 연습감 내지 대통령에 미보고 등이 어우러져 비상대비훈련은 그저 해마다 실시하는 연례행사로 전락하고 있다. 그럼에도 불구하고 현재의 법과 제도 하에서는 자조적인 표현으로 형식적이고 연례답습적인 '제자리 뛰기 반복 행태'를 근절시킬 수 없다는 것이다. 또한 행정기관이나 중점관리지정업체는 비상계획관실 중심으로 훈련하거나 일부 권력기관들의 훈련 불참 행태도 훈련 분위기를 심각하게 저해하고 있다. 이러한 상황에서 훈련 성과를 높이거나 훈련기법을 발전시킨다는 것은 사실상 불가능하다고 본다. 그러므로 차제에 현상유지에 급급한 경로의존적(path dependence) 훈련 행태를 단절시키고, 비상 시 대응능력 배양을 위해서 현 훈련체제를 원점(zero base)에서 재검토하여 재정비해야 한다.

5) 전문인력 부족

교육훈련에서 이론적으로나 실무적으로 경험을 가진 전문가를 확보하는 것은 매우 중요하다. 이런 측면에서 위기관리분야 담당자들의 전문성이 필수적으로 요구됨에도 불구하고, 현실은 정반대의 현상이 나타나고 있다.

위기관리분야는 공무원 사회에서 소위 3D로 인식하여 부서 보직을 기피하고, 1~2년 단위 순환근무인사제도로 인하여 담당자들이 전문지식과 경험을 쌓을 기회를 제도적으로 가로막고 있다. 그 결과 중장기 계획과 전략 수립, 정책 홍보, R&D사업 타당성 검증, 위기관리매뉴얼을 적용한 훈련실시 등은 고사하고, 과거 업무사례를 따라하기도 벅찬 실정이다.

비상대비교육(위기관리교육)은 중앙공무원교육원, 중앙소방학교, 국립재난안전연구원 등에서 신규 임용 내지 승진한 전 공무원을 대상으로 실시하는 것이 아니라, 현재 비상대비담당업무에 보직된 공무원과 비상계획관을 대상으로 신규 임용자, 실무자, 중급관리자 과정을 운용하고 있다. 대부분 교육과정이 1주 미만의 직무 소개와 재교육 수준이기 때문에 전문성 배양에 한계가 있다. 비상대비정책 및 홍보의 전문성 제고노력이 미약하다. 안보환경 변화에 부합된 정책수립과 홍보를 위해서는 국내·외 정세와 기후 변화, 남북관계 등에 대해 많은 정보와 지식을 쌓아야 한다.

표 4-22 공공교육 훈련기관별 교육과정 현황

교육기관	교육과정	교육내용
자치행정연수원	재해·재난관리자 양성	재해·재난 민방위
중앙소방학교	수난구조반, 소방안전관리자반	소방, 위험물질
경찰대학	테러/인질범죄 수사과정	치안, 범죄
경찰종합학교	CIA국제테러과정	치안, 범죄, 국제 대테러
중앙경찰학교	사이버수사요원과정	치안, 범죄
기상청	방재기상과정	방재기상 등

자료 : 정찬권, 2008 재구성

3. 국가위기관리 교육훈련 발전방향

1) 일원화된 법 · 제도 개선 추진

현행 분산된 법령체계를 하나로 묶어 일원화시켜야 되는데 가칭 "국가위기관리기본법"과 같은 단일화된 법을 만들어 전시 대비, 재난, 핵심기반보호 등 제 위기를 망라한 연습훈련을 실시하도록 법적으로 뒷받침을 해주어야 한다.

2) 교육훈련관리 체계 정착 노력

교육훈련체계 단계별로 정착시켜야 할 사항을 구체적으로 알아보면 다음과 같다.

(1) 위기관리 훈련의 계획수립과 준비단계에서 개선할 사항

임무분석에 대한 개념을 도입하여야 하고 매년 위기관련 훈련소요 제기 시 각급 기관은 기관 및 개인의 전·평시 임무를 기초로 염출하여 실질적인 연습을 실시할 수 있도록 해야 한다. 또한 기관장의 연습에 대한 관심이 필요하다.

(2) 훈련 실시·통제로서 체계적이고 짜임새 있는 도상 연습

훈련 전에 통합운용도표를 작성하여 기관과 개인의 행동절차를 숙달시키고 노력을 통합하는 과정을 거쳐야 하고 사이버전 위협에 대비한 훈련을 실시해야 한다.

전장상황은 불확실성이 상존하기 때문에 사전에 준비한 계획 이외에도 우발계획을 준비하여 융통성을 확보해야 하며 각급 기관의 종합상황실은 24시간 상황보고 및 전파체제를 유지해야 한다. 또한 각급 기관 통제부 기능이 제대로 발휘되도록 편성 운용을 재검토해야 하고, 비상사태 선포 등 경보 발령과 전파절차와 단계별 조치사항을 숙달할 기회가 요구된다.

(3) 평가단계에서 발전 방향

기관별로 구체적이고 평가요소별 배점, 감점, 가중치 등 기준을 구체화하고 계량화하여 세분화된 평가가 되도록 해야 할 것이다.

객관적인 현장 중심의 확인평가체제 도입을 해야 한다. 이런 경우 외부에 용역을 맡기는 것이 훨씬 효과적이다. 중요한 것은 객관적인 평가결과에 따라 신상필벌이 이루어져야 한다.

(4) 강평 및 사후처리단계에서 방향

훈련을 발전시키고 성과를 높이는 것은 기관별 자체강평과 정부차원의 종합강평 결과 나타난 문제점과 보완 발전사항을 차기나 차후에 반영하도록 환류시키는 것이 중요하며, 현행 관행처럼 되어버린 의례적인 강평을 하고, 그 결과를 차기 위기대비계획과 훈련에 반영하지 않는 것을 시정해야 한다.

---

* 사이버스톰 훈련(Cyber Storm Exercise)

9.11테러 이후 미국 국토안전부가 주관해 격년으로 실시하는 것으로 민관군이 참여해 전력, 통신, 교통 등 주요 국가기반시설을 공격한 뒤 공공기관이나 기업의 대응 속도를 점검하는 것을 말한다. 2008년 1차로 115개의 정부기관, 민간단체 등이 참가해 에너지·운송·통신분야를 점검한데 이어 2차 훈련에는 100여개 기관과 마이크로소프트, 맥아피 등 40여개 기업 등이 참여해 IT, 교통, 화학분야에서 실전 수준의 훈련을 했었다. 한국은 미국과의 협상절차가 원만하게 마무리 되어 일본과 함께 2010년 10월 3차 훈련부터 참가하고 있다.

3) 위기관리훈련 연계 · 통합 및 전 · 평시 자원 호환 활용

위기관리훈련의 연계·통합 실시가 필요하고 전·평시 위기대비자원의 상호 호환적 활용이 필요하다.

4) 위기관리훈련 전문인력 양성

우리나라는 교육전문가의 체계적 양상이 구조적으로 어려운 경우가 많다. 부처차원에서 이루어지고 있는 교육은 중앙소방학교, 국립재난안전연구원, 경찰대학 등에서 주로 개론수준 정도의 강의와 직무수행관련 실무교육(OJT)을 실시하고 있다.

민간연구소, 군, 국내대학이 연계하여 위기관리 교육과정을 연계시켜야 하며, 국정원과 경호실처럼 특정직 공무원으로 전환시켜 중앙과 지방근무를 순환 보직하는 것도 중요하다.

PART 5 재난관리체계

제 1 장 | 재난관리체계의 의미

제1절 재난관리체계의 목적과 특징

1. 재난관리체계의 목적

재난관리체계(Disaster Management System)는 재난을 예방하고 그 위험으로부터 국민의 생명과 재산을 보호하고 재난위험시설의 안전관리와 재난의 조기수습 대응체계를 구축해 재난발생 시 신속한 초동 대처로 각종 피해의 최소화를 목표로 하는 행정체계이다.

재난관리는 재난이 발생하지 않도록 사전에 예방하고, 재난이 발생한 경우 발생할 수 있는 위험으로부터 안전하고 보다 효율적으로 관리하는 행정으로, 재난 발생에 대비하여 인간의 생명과 재산을 보호할 목적으로 관련 기관들과의 협조와 조정을 통해 문제해결을 하려는 체계라고 정의하였다.

재난관리에 대한 연구의 논점은 재난 자체에 대한 문제에서 그것을 다룰 수 있는 체계의 문제로, 그리고 체계를 효과적으로 움직이기 위한 정부와 지역사회의 전반적인 능력 향상으로 그 중심이 점점 이동하고 있다. 재난관리체제의 목적은 알려진 또는 알려지지 않은 위험으로부터 주민의 생명과 재산을 보호하는 것이다.

모든 정부의 기본적 존재이유는 주민의 생명과 재산을 보호하는 것이므로 재난관리행정체제는 가장 기본적인 정부 기능을 담당하는 체제의 하나이다.

우리나라 헌법에도 "국가는 재해를 예방하고 그 위험으로부터 국민을 보호하기 위하여 노력하여야 한다(제34조 제6항)"라고 명시하여 국가의 재해 예방이 헌법적 의무로 규정되고 있다.

재난관리체계는 지금까지 재난에 대한 피해자이지만 준비 및 대응면에서 수동적이었던 지역사회의 역할이 중요하게 부각되어 개별적인 재난보다는 취약성의 개념을 중요하게 인식하였다.

관련요소 정리

* **재난관리체계(災難管理體系)**

관련법으로는 민방위기본법, 자연재해대책법, 재난 및 안전관리기본법이 있으며, ① 인위재난관리체계에 있어서 국가차원의 중앙안전관리위원회와 중앙재난안전대책본부를 설치·운영하고 있으며, 지역차원의 지역위원회와 지역재난안전관리대책본부를 설치·운영하고 있다. ② 긴급구조체제에 있어서 중앙응급구조는 중앙긴급구조통제단(소방청장), 지역응급구조는 지역긴급구조통제단(소방서장)으로 구성되어 있다.

* **재난관리체계의 변화**

재난(hazards) → 취약성(vulnerability)
수동적(reactive) → 적극성(proactive)
단일기관(single agency) → 파트너십(partnership)
과학기술적 접근(science driven) → 학제 간 접근(multidisciplinary approach)
대응관리(response management) → 위험관리(risk management) 지역사회를 위한 계획(planning for communities) → 지역사회가 참여하는 계획(planning with communities)
일방향적 의사소통(communicating to communities) → 양방향적 의사소통(communicating with communities)

* **지자체, 3명 이상 사망 재난현장 통합지휘소 가동**

1) 인명피해가 3명 이상 사망 또는 20명 이상 부상당한 재난현장에 해당 지방자치단체가 현장 지휘와 통합 대응하는 '통합지휘소'를 가동한다.
2) 재난에 효율적으로 대응하기 위한 기관별 임무와 역할에 대한 표준행동절차도 만들도록 하였다.
3) 안전책임관은 재난과 안전사고 발생 시 현장을 총괄적으로 지휘하는 컨트롤타워 역할을 한다. 정부 중앙부처는 기획조정실장을, 지자체는 안전담당 실·국장을, 공공기관은 안전담당 부사장 등 임원을 각각 안전책임관으로 임명했다.
4) 행정안전부는 우선 재난발생 때 지방자치단체 중심으로 유관기관 통합지휘체계를 확립할 수 있도록 부단체장을 소장으로 한 재난현장 통합지휘소 설치·운영 표준조례를 작성해 각 시·군·구에 배포, 지역 사정에 알맞은 조례를 제정토록 했다.
5) 통합지휘소는 재난 현장의 상황 파악과 보고, 관계기관 간 공조협력체계, 재난관리책임기관의 임무 조정과 인력장비 동원, 경보와 대피명령 등을 담당하게 된다.
6) 상황관리 총괄, 긴급생활 안전지원, 재난현장 환경정비, 긴급통신지원, 시설 응급복구, 에너지 기능 복구, 재난수습 홍보, 물자관리 및 자원지원, 교통대책, 의료방역, 자원봉사관리, 사회질서 유지, 수색·구조 구급 등 기능별 표준행동절차 구축이 목표이다.

자료 : 연합뉴스(2013. 10.2)

2. 재난관리체계의 특징

1) 복잡 · 연계성

(1) 네트워크체제

재난관리체제는 자연적, 사회적 재난에 대응하기 위하여 존재하는 하나의 네트워크 체제로서 구성요소들 간의 연계관계를 통하여 재난관리 기능을 수행한다.

(2) 다양한 참여자

네트워크체제는 정부 간 관계를 포함할 뿐만 아니라 이질적 분야의 조직들이 관여된다. 즉, 지방정부 때로는 국제기구와 적십자사 등의 비정부조직, 그리고 사기업 등을 포함하는 광범위한 연계체제이다.

(3) 계층화의 어려움

재난대응의 완전한 조직(재난관리 전범위의 임시조직)은 그 전체가 어떤 정점을 중심으로 완전히 계층화되기는 불가능하다. 왜냐하면 중심대응조직에 지원 또는 통합되는 각 기능별 지원조직은 각각의 계층제를 가지고 있으며 대응활동에 참가하는 구성원 또한 민간인에서 기술자, 전문 관료 등 다양성을 띠고 있기 때문이다.

2) 체제 경계의 유동성

(1) 영역의 확장

재난관리행정체제의 경계는 매우 유동적이다. 재해발생 이전과 비교할 때 재해발생 이후 단계에서 그 영역이 대폭 확장된다.

(2) 복수기관의 협력

예방단계와는 달리 재해발생 이후에는 정책결정뿐만 아니라 정책집행도 복수의 기관이 협력하여 이루어진다.

(3) 반 격자형태의 조직 구조

재난관리체제의 전체 구성원들은 단일의 상관이 아니라, 여러 명의 직속상관 또는 기관을 갖는 반 격자형태의 조직 구조를 가진다.

(4) 잠정적인 프로젝트 조직의 성격

사후관리를 위해 경계가 크게 확장된 재난관리체제는 목적이 완료됨과 동시에 경계가 축소되어 팀이 해체되거나 구성원들이 본래의 집단으로 돌아가므로 그 존속기간이 잠정적인 프로젝트 조직의 성격도 가지고 있다.

(5) 구성원들 간의 유기적 관계 중요

재난관리의 전 과정에서 여러 구성원들 간에 신속한 정보의 교환, 그리고 상호협조 조정 및 지휘 통솔이 매우 중요한 과제이다.

3) 가외성(redundancy)

재난관리체제가 담당하여야 할 업무의 환경은 불확실성의 상황이 지배하고 있으므로 재난관리체제의 활동과 제반업무는 일반 행정조직에 적용되는 경제적 능률성의 논리와는 대립되는 경계성(Alertness)의 원리에 따라 계획되고 평가되어야 하며 상당한 정도의 가외성이 확보되어야 한다.

① 중첩성(overlapping) : 하나의 기능이 여러 기관에 의해 혼합적(상호의존적)으로 수행
예) 음식물이 여러 소화기관 경유

② 반복성(duplication) : 한 기관의 역할은 다른 기관의 역할과 완전분리 내지 독립(대신 동일한 기능을 여러 기관이 독립하여 수행)
예) 자동차 브레이크(이중 브레이크), 다수의 정보기관을 두는 경우

③ 동등잠재력(equipotentiality, 등전위현상) : 주된 조직이 제 기능을 수행하지 못할 때 보조기관이 대신 수행하는 수평적 교체현상
예) 주엔진과 보조엔진, 스페어타이어, 정전에 대비한 자가 발전기, 대통령 유고 시 국무총리가 권한 대행

*** 가외성이 정당화되는 근거**

① 정책결정의 불확실성 상태 : 모든 행위의 오류 대비
② 조직의 신경구조성 : 광범위하고 복잡한 통신망 등의 잡음이나 위험성 및 미비점을 보완
③ 조직의 체제성 : 특정 하위체제의 불안정성이 전체로 파급되는 것을 차단할 수 있다.
예) 부품의 불완전성이나 이탈 가능성에 대한 보완
④ 협상의 사회 : 협상은 단 한 번의 의사표시로 이루어지지는 않는 것이며, 이는 중복성과 가외성을 내포, 조직의 다양한 이해관계의 조정, 갈등과 의견 불일치에 대비하여 행정의 종합성, 융통성을 확보할 수 있다.

4) 일상적 대응능력의 열세

(1) 규모의 탄력성

재난은 그 규모면에서 극히 탄력적이다. 수명의 사상자만 존재하는 소규모 사고에서부터 수천, 수만의 사상자와 수천억 원의 재산피해를 발생시키는 대재난에 이르기까지 그 규모는 예측하기 어렵다.

(2) 대응능력의 열세

대규모의 재난 시에는 항상 일상적 대응능력(소방과 같은 상설 대응조직)의 열세성을 띤다. 이 경우 상설적 대응조직은 관련 기능을 가진 주변자원을 임시로 보충·통합하여 대응하는 임시적 성격을 띤다. 이러한 특성 때문에 재난관리체제에 있어 대응계획과 훈련의 중요성이 강조된다.

제2절 재난관리체계의 바람직한 구조와 특징

재난의 일반적인 속성과 그 발발의 원인 및 배경에 관한 네 가지 대표적인 이론적 접근을 종합하여 재난관리체계를 설계함에 있어 그 구조적 당위성을 추출해 보면 조직구조의 통합적 구조, 학습적 구조, 협력적 구조, 유기적 구조를 들 수 있다.

1. 통합적 구조

1) 기능별 조정과 통제

미국 FEMA(Federal Emergency Management Agency) 창설의 이론적 근거로 제시된 통합관리방식은 재난관리의 전체 과정(예방–준비–대응–복구)을 종합적으로 관리한다는 의미를 지닌다. 그것은 모든 재난은 피해범위, 대응자원, 대응방식에 있어서 유사하다는 데 그 이론적 근거를 삼고 있다. 여기서 통합적 관리방식은 모든 자원을 통합관리한다는 것이 아니라 기능별 통합기관을 지정하고 그것을 조정, 통제한다는 것이다.

2) 주어진 목적에 적합

재난관리체계의 통합성은 다양한 부문과 차원에서 전문가적 결정과 판단이 독립적으로 이루어지지만 그러한 결정과 판단이 주어진 목적에 적합하도록 상승작용을 유도하는 통합성 하에서 이루어지는 것을 의미한다.

3) 유기적 상호 연결

통합성의 실현은 내적으로 유기적인 시스템의 기능화를 통해 구체화할 수 있다. 이렇게 볼 때 재난관리체계는 하위체계가 유기적으로 상호 연결된 체계이어야 한다.

4) 소관기관별로 조정과 총괄

재난관리체계의 유기적 통합성을 단일기관이 재난관리 업무를 전담해서 처리해야한다는 의미가 아니라 어느 한 기관이 소관기관별로 이루어지는 재난관리 업무를 유기적으로 조정하고 총괄하는 것으로 정의하는 것이 바람직하다.

5) 총괄·조정 기능

모든 재난은 피해범위, 대응자원, 대응방식에 있어서 유사하기 때문에 특정한 지역에서 발생하는 모든 재난을 하나의 재난관리주체가 예방, 준비, 대응, 복구 등 전 과정에 걸쳐서 종합적으로 관리하며, 다양한 관련기관들을 조정·통제하는 방식이다.

6) 통합시스템 구축

재난신고체계의 일원화가 필요하고, 상황관리체계의 통합이 필요하다.

7) 의사소통이 중요

의사소통의 부재는 단순한 정보의 부재가 아니라 많은 정보를 처리하기엔 한정된 능력이 의사소통을 어렵게 한다. 또한 재난관리 조직 간의 네트워크에 있어 분열이 생긴 경우 네트워크를 통한 정보의 흐름을 구조화·통제·규제할 권위를 가진 단일한 관리기관이 부재한 경우에도 의사소통이 어렵게 된다.

8) 통합형 조직의 당위성을 보완

모든 재난이 상호작용한다는 수많은 요인들이 누적된 결과로 발생한다면, 각각의 요인들을 책임지고 관리하는 개별적인 부처들의 관찰만으로는 재난의 발생을 예측하는데 어려움이 있으리라는 것은 쉽게 예측할 수 있다. 따라서 재난관리의 포괄적 책임을 지는 특정 정부조직이 개별적인 관리주체와 적극적인 정보교류를 통해 재난의 누적을 모니터할 수 있게 해야 한다.

2. 학습적 구조

1) 유기적 환경에 대응

조직을 둘러싼 환경의 특성이 복잡하고 불안한 경우에는 환경을 능동적으로 설정함으로써 적응하는 학습과정이 필요하다.

2) 사이버네틱 시스템

시스템으로서의 조직은 지능적이며 자기규제적인 일종의 사이버네틱스(cybernetic)라고 할 수 있다. 사이버네틱 시스템은 학습능력을 필요로 하게 되는데, 이는 환경의 중요한 측면을 감지, 조정, 탐색하는 능력, 규범으로부터의 심각한 이탈을 찾아내는 능력, 차이가 발견되었을 때 이를 수정할 수 있는 행위를 즉각 실행할 수 있는 능력 등을 의미한다.

3) 경험에 대한 지속적인 검증

조직에서 학습이란 경험에 대한 지속적인 검증을 통해 이 경험들을 지식으로 전환하여 전체 조직이 공유하고, 이를 조직의 핵심적 목표에 활용할 수 있도록 하는 일련의 행위를 의미한다.

4) 재난사후의 분석과 성찰

재난관리체계의 운영에 있어서 재난사후의 분석과 성찰이 이후의 예방과 준비의 계획에 실효성 있게 환류되는 것이 대단히 중요하다. 왜냐하면 재난이라는 경험으로부터 가능하면 많은 교훈을 얻어 향후의 재난관리에 반영해야 하기 때문이다.

5) 폐기학습이 중요

낡은 행동패턴을 바꾸거나 새로운 행동을 창안할 수 없기 때문에 이런 학습의 의식적인 과정 없이는 조직구성원 개인의 행동은 기존과 동일할 가능성이 크고 나아가 이런 학습이 없다면 행태에 있어 아무런 변화도 발생하지 않고 조직행태도 기존과 동일하게 될 것이다.

6) 학습조직의 구축 효과

(1) 정보의 신뢰성과 오류 수정

여러 조직과 여러 수준의 정부에 의한 즉각적인 정보 검색이 가능해져서 정보의 신뢰성이 고양되고 그에 따라 신속한 오류 수정이 이뤄진다.

(2) 위기를 예상하고 수단을 조처

위기가 일어난 후에 대응하는 것이 아니라 실제 위기발생 전에 어려움을 예상하고 정확한 수단을 조처하게 된다.

(3) 문제해결과 문제인지 향상

조직 내 학습뿐만 아니라 조직 간 학습이 이뤄질 경우엔 정보 획득에 있어 광범위한 참여를 통해 문제해결의 관심이 증대되고 위험에 대한 인지가 향상된다.

7) 학습지식의 한계

(1) 과거의 경험은 때론 미래의 장애요인

위기 시의 경험은 미래의 위기에 대한 적응에 있어 장애요인이 될 수 있다는 지적도 있다. 왜냐하면 동태적인 사회 환경 하에서는 과거 위기에서 배운 지식에 집착할 경우에는 오히려 적응을 방해할 수 있기 때문이다.

(2) 자기중심적·이기적

학습에 대한 잠재력을 창조했던 위기 때 분출될 강력한 심리적 · 정치적 힘은 나중에서는 자기중심적이고, 이익추구적인 행태로 귀결될 수도 있다. 따라서 편견을 버리는 것은 학습 그 자체보다도 오히려 더 어려운 과제일 수 있는 것이다.

8) 학습조직의 방향성

(1) 개방체제

재난관리체제는 하나의 경직되고 폐쇄적인 행정체제가 아니라 현장과 경험이 축적되는 가운데 계속해서 체제가 발전되어가야 한다는 것이다.

(2) 조직구조의 변화

학습을 통해 새롭게 펼쳐지는 환경에 적응하며 환경을 제어해나가는 능력을 구비하도록, 즉 학습에 유리하도록 조직의 구조를 변화시켜야 한다.

(3) 적은 수의 경험으로부터 많은 교훈

재난은 불확실하고 또 반복적으로 일어나는 현상이 아니므로, 관리조직이 적은 수의 경험으로부터 많은 교훈을 도출하고자 하는 스스로의 학습지향성이 높아야 한다는 것이다.

관련요소 정리

* 재난관리체계의 변화

결과적으로 재난이라는 정책 대상은 그 본질이 예측과 통제가 극히 제한적인 대상이다. 이렇게 극히 유동적인 환경을 관리하는 데에는 그에 가장 적절하게 적응하며 조직의 목표를 기능적으로 올바로 구현해내는 전문화된 구성원들의 능동적인 활동이 필수적이다. 상명하달식의 폐쇄적인 체계, 경직되고 복잡한 관료제의 시스템으로는 이러한 기능을 충실히 수행할 수 없다. 물론 이념형식으로 완전유기적인 조직을 현실에서 구축할 수는 없을 것이다. 그러나 통제 불능의 재난들의 능동적인 활동을 보장함으로써 기존의 소위 관료제적인 굼뜸과 경직성으로 인해 발생하는 비효율과 손실을 최소화하기 위해서 노력해야 한다.

* 위기 인식의 전환

최근 조직학습을 연구하는 학자들은 위험 자체에 안전이 존재한다는 적극적인 사고를 바탕으로 창조적 긴장, 창조적 혼란 등의 개념으로 위기를 조직학습 활동을 촉진하는 핵심변수로 인식하고 있다. 즉, 위기는 오히려 조직에게 학습을 할 수 있는 동인을 제공하는 것이며 어떠한 조직이든 간에 위기를 경험하지 않으면 학습할 유인을 가지지 못한다.

* Comfort(1985)의 통합된 위기관리체제의 특성
통제보다는 혁신, 현존 질서의 재강화보다는 학습, 권력에 대한 탐색보다는 정보에 대한 지속적 탐색이 그것이다. 특히 Comfort에 의하면 이런 통합된 재난관리체제의 구축에는 조직구조의 개편이나 막대한 자원의 배분·할당을 필요로 하지 않는다. 단지 조직우선권의 재개념화, 조직기능의 재설계, 시간의 재할당(정보검색·분석·의사소통), 그리고 개인 및 조직학습과정의 인식과 그런 과정의 결과에 근거한 행동에 대한 지지가 요구된다.

* 재난관리표준(災難管理標準)
지진·해일 등 대형 재난이 발생할 경우 원활하게 정보를 공유하고 효율적으로 구호활동을 하기 위한 ISO 표준 재난관리시스템에서 무선 식별 시스템(RFID), USN 등 IT 시스템의 비중이 높아진다는 점을 감안하여 국제재난관리표준에 대응하고 기관별로 산재된 재난관리시스템을 표준화하여 국내는 물론 국제적으로 발생하는 대형 재난사고에 능동적으로 대처하기 위해 ISO 산하 재난관리위원회가 재난관리 가이드라인 초안을 발표하였다.

* 학습조직의 중요성
환경의 속성상 늘 예측 불가능한 위기의 상황이 가장 심화되어 있는 국가재난관리체계의 경우 이러한 학습조직으로의 구조화는 필수 불가결한 것이다. 즉, 학습을 통해 새롭게 펼쳐지는 환경에 적응하며 환경을 제어해나가는 능력을 구비하도록, 즉 학습에 유리하도록 조직의 구조를 변화시켜야 한다. 특히 재난이 복잡하고 또 반복적으로 일어나는 현상이 아니므로 관리조직이 적은 수의 경험으로부터 많은 교훈을 도출하고자 하는 학습지향성이 높아야 한다.

* 번즈와 스토커(Burns & Stalker)
기술적 환경과 조직구조를 관련시켜 유기적 구조와 기계적 구조라는 개념을 내놓았다. 이들은 공식화된 규범이나 중앙집중적 의사체계 및 위계구조를 지닌 보다 관료적인 특성을 지니는 조직을 기계적 조직이라고 유형화했고, 중앙집중도나 공식화의 정도가 낮고 구성원의 활발한 참여가 이루어지는 특성의 조직을 유기적 조직이라고 명명했다.

3. 협력적인 구조

1) 다수조직의 협력

환경이 매우 복잡하고 예측 불가능한 상황에서 발생된 재난에 대한 단일 조직의 대응은 실효성이 떨어질 수 있다. 그러므로 현실적으로 재난관리체계 또한 그것이 처한 환경적 특성상 다양한 수준의 조직적, 기관적 연계활동을 통해서만 그 목적을 달성할 수 있다.

2) 조직적인 연계적 협력

특히 재난관리체계의 환경은 극도로 복잡하고 예측 불가능하기 때문에 재난관리체계는 정부기관, 지방자치단체, 시민단체 등과 조직적인 연계활동을 모색해야만 한다.

3) 민간부문과의 협력

오늘날의 재난은 수습 및 대응, 그리고 복구과정에 많은 시간이 소요될 뿐만 아니라 다양한 분야의 인력과 장비가 요구되기 때문에 필연적으로 민간부문과의 협력이 필요하다.

4) 임시적 조직의 활용

대체로 위기관리조직을 임시 통합된 조직, 수평적 조정을 중심으로 임시적으로 상호 관련된 기관들끼리 협조·조정하여 위기를 해결하는 조직, 결정적인 변화를 유발할 가능성이 있는 자연·사회재해에 즉각적인 대응 행동을 취하기 위하여 상호 유관된 기관들끼리 협조와 상호조정을 통하여 문제를 해결하려는 임시적 성격을 가진 조직이라고 이해하는 이유가 그것이다.

5) 임시조직의 단기 운영성

국가재난관리체제의 임시조직들은 임무가 완료됨과 동시에 팀이 해체되거나 원래의 조직이나 집단으로 되돌아가게 된다. 그 존속기간은 잠정적인 형태를 취하고 신속한 행동이 중요하며 정책결정과 집행이 분리된 이중구조를 지니게 된다. 이때 정책결정은 물론이고 집행에서도 한 기관에 의해서 결정된다기보다는 복수기관의 협동에 의해서 해결된다.

4. 유기적 구조

1) 분권적 기능화

통합된 조직구조를 통한 통합적 기능의 실현은 내적으로 유기적인 시스템의 분권적 기능화를 통해 구체화될 수 있다.

2) 관리체계의 신축적이고 유기적인 적응력이 필요

진행과정에 있어 기계적인 성격보다는 유기적·진화적 성격을 지닌 재난은 매우 불확실한 시계 하에서 급격하고 복잡하게 전개된다. 이런 상황에선 관리체계의 신축적이고 유기적인 적응력이 필요하다.

3) 조직 간의 연계성 요구

재난발생 전의 예방·완화단계에서 발생 가능성을 감소시키기 위해서는 조직 간의 연계성이 요구되게 된다.

4) 일몰법적 개념 도입

재난관리체제에서 요구되는 유기적인 적응력은 기본적으로 즉각적인 정보검색과정을 전제로 하며 조직의 영속성에 대한 합리적인 회의와 그에 근거한 임시직 인원의 채용 및 조직에 있어서의 일몰법적 개념의 도입 등을 그 내용으로 한다.

5) 상호작용에 의한 끊임없는 재규정

유기적 조직에 있어서 과제들의 수행방식, 임무 또는 권위관계 등의 공식적 규정은 매우 약하다. 따라서 그것은 과제를 수행하는 과정에서 다른 사람들과의 밀접한 상호작용에 의해 끊임없이 재규정된다.

6) 의사소통의 활성화

상호작용은 수직적으로 이루어질 뿐만 아니라 수평적으로 활발히 이루어지며, 상이한 위계구조상에 구성원들 간의 의사소통방식도 수직적 명령하달식이라기보다 수평적 자문과 유사한 방식으로 이루어진다.

7) 유기적 구조의 의미

(1) 중첩성

이는 고도신뢰이론의 관점을 가지고, 개인과 조직의 학습능력을 높이기 위해 그 구조를 중첩화한 것을 의미한다. 즉, 다소 비효율적으로 보이지만 중첩적인 구조를 만들어서 오히려 가외적 장치를 적절하게 활용하는 것이다. 또한 중첩적인 조직 구조는 하나의 조직에만 국한되는 것이 아니라 조직 간의 관계에서도 적용될 수 있다. 이렇게 되면 다양한 원천에 의한 다양한 정보의 흐름과 그에 기반한 다양한 관점이 양립 가능하고 조직구성원들도 문제해결과 지식창출에 보다 적극적으로 참여하게 된다.

(2) 분권성

분권화가 될수록 조직구성원들의 활동 몰입도를 향상시키고 업무에 대한 강한 책임감을 유도한다. 왜냐하면 개인이 갖는 몰입은 개인이 문제해결에 참여하고 업무에 대한 강한 책임감에 의해 좌우되므로 분권화된 조직 구조를 가진 조직에서 구성원들은 높은 몰입수준을 보이고, 따라서 조직 수준의 학습이 활발하게 이루어지기 때문이다.

표 5-1 재난관리체계의 구조와 전략적 효과

구 조	전략적 효과
통합적 구조	통합화, 체계화, 효율화, 통합된 중재 기능
학습적 구조	상황중심적 대응력 향상, 지식축적 기반 확충
협력적 구조	수평적 협력체제, 외적 협력네트워크 구축, 복합 협력적 관리 지향
유기적 구조	중첩화, 분권화, 몰입감 및 책임감 강화, 내부요소 간 소통 활성화

제 2 장 | 재난관리체계의 연혁과 제도

제1절 재난관리체계의 연혁

1. 고려시대

고려시대에는 인구 및 밀집가옥의 증가와 잦은 병란으로 삼국시대와 통일신라시대보다 화재가 많이 발생하였는데, 민가가 200호 이상 소실된 화재만도 20건 이상(고려사 전 53) 달한 것으로 기록되어 있다.

별도의 금화관서와 금화조직은 없었으며 각 관아에서는 금화하는 일을 엄격히 하도록 하고 화재사고가 있을 때에는 이를 규찰하며 대창(미곡을 비축한 곳으로 다양하게 활용)에는 금화를 담당하는 관리를 배치하고 화재를 방어케 하기 위하여 지하에 창고를 쌓았고 사요(私窯; 개인 가마로 도자기나 기와를 굽는 곳)를 설치하여 기와집(瓦屋)을 짓게 하는 등의 제도가 있었다.

2. 조선시대

소방 활동에 관한 우리나라 최초의 규정은 금화령(禁火令)으로 1417년(태종 17년)에 공포되었다. 이에 따라 우리나라 최초의 소방행정기관이라 할 수 있는 금화도감이 1426년(세종 8년) 병조 내에 설치되었다.[1] 이후 금화도감은 같은 해 수성금화도감[2]으로 개칭되었으나, 34년 간 존속되다가 1460년(세조 6년)에 폐지되었고, 이후 약 300년 간은 큰 변화가 없다가 갑오경장을 계기로 소방행정은 획기적인 발전을 하였다.

1895년 4월 9일 경무청 직제를 개정하여 경무청 내 총무국에서 수화소방(水火消防)에

---

1 금화도감(禁火都監)은 조선 전기 서울에 설치하여 방화 업무를 맡게 한 관청을 말한다. 조선 전기에 한양을 건설한 후 화재가 빈발하였으므로, 이를 방지할 목적으로 1426년(세종 8) 가옥 사이에 방화장(防火墻)을 쌓고, 요소에 우물을 파서 방화기구를 설치하였는데, 이를 총괄하는 임무를 맡았던 관청이다. 제조(提調) 7명, 사(使) 5명, 부사(副使)·판관(判官) 각각 6명의 관원이 있었다.

2 수성금화도감(修城禁火都監)은 조선시대에 궁성과 도성, 도로 따위의 수축과 궁성, 관아, 각 방(坊)의 소방(消防)을 맡아보던 관아. 세종 8년(1426)에 성문도감과 금화도감을 합쳐서 만들었다. 성종 때 수성금화사로 고쳤다.

관한 사무를 분장하였으며, 같은 해 5월 3일 경무청[3] 처무세칙을 만들었고 이때 소방이라는 용어가 처음 사용되었다.

3. 일제강점기 시대

일제 침략기에 들어와서도 1910년 6월(명치 43년) 일제 경무총감부가 설치되었다. 1925년 경성조방서(현 종로소방서)가 설치되었다.

4. 미군정시대(과도기 1945~1948) : 자치소방제도 실시

1946년 4월 10일 군정법 제66호로 미군정은 소방부 및 소방위원회를 설치하고 마침내 소방행정을 경찰에서 분리하여 중앙소방위원회, 도 소방위원회, 시·읍·면 소방부, 그리고 소방서의 체제로 자치화하였다.

1947년 남조선 과도정부로 개칭된 이후 동위원회의 집행기구로 소방청을 설치하여 총무과, 소방과, 예방과를 두었다.

5. 정부수립 이후(초창기 1948~1970) : 국가소방체제

1948년 대한민국정부가 수립되자, 그해 9월 중앙소방위원회를 인수한 내무부는 11월 4일 내무부 직제를 확정, 소방행정을 경찰행정체제로 흡수시켜 중앙은 치안국(소방과)에, 각 도의 소방청(서울은 소방국, 청주는 소방과)은 지방경찰국에 두는 등 미군정 하의 소방청과 자치소방기구는 경찰기구에 인수되어 소방행정은 다시 경찰행정체제 속에 흡수되었다.

1958년 3월 소방법이 제정('67. 4 풍·수·설해에 관한 규정 삭제)되었다. 1970년 8월 3일에 내무부 업무 중 소방업무가 삭제되었다.

---

3 경무청(警務廳)은 갑오개혁으로 설치되어, 한성부의 경찰·감옥업무를 총괄한 관청이다.
1894년(고종 31) 종래의 포도청을 폐지하고 내무아문(內務衙門) 산하에 일본식 경찰제도를 본뜬 경무청을 설치하여 5개의 경무지서(警務支署:후에 경무서로 개칭)와 50개의 순검번소(巡檢番所)를 관장하였다. 이와 함께 종래의 전옥서(典獄署)를 폐지하고 감옥서를 설치하여 경무청 소속 아래 두었다. 설치 당시에는 경무사·경무부관(警務副官) 각 1명과 경무관·서기·총순(總巡)·순검 각각 약간명씩을 두고 청내에 총무국을 설치하였다. 이 당시의 경무청 업무는 경찰·감옥업무 외에도 출판물 판매허가, 호구조사, 시장, 전염병 예방, 종두(種痘), 변소 구조와 분뇨 수거, 음료수, 매장(埋葬), 광견(狂犬) 단속 등 오늘날의 보건업무도 겸하였다.
1900년 경부(警部)로 승격되면서 경무청의 관할지역은 한성부에서 전국으로 확대되었다. 1907년 경시청으로 개칭되어 본격적으로 일본경찰화하였다.

6. 발전기(1971~1992) : 국가·자치 2원 소방체제

서울과 부산에 있어서 소방사무를 자치사무로 하도록 하였으나, 자치사무를 수행하기 위한 제도적 근거가 마련되지 않아 경찰국 내에서 소방사무를 취급해오다가 1972년 6월 서울과 부산에 소방본부를 설치하여 소방사무를 관장하게 하였다.

도의 경우는 경찰국의 소방과에서 관장하였으나, 1973년 2월 지방공무원법이 제정되어 소방공무원의 신분이 국가공무원은 경찰공무원으로, 지방공무원은 지방소방공무원으로 그 신분이 이원화되는 등 지방소방공무원제도로 인하여 소방행정체제에 큰 변화를 가져왔다.

1975년 인도지나 반도 사태[4]로 빚어진 국내·외 정세의 긴장 국면에서 북한의 남침에 대비한 국민총력 태세의 확립 차원에서 동년 7월 정부조직법 및 민방위기본법이 개정 및 제정되어 내무부에 민방위본부를 설치하여 종전의 치안본부 소방과를 개편하여 민방위본부 내 민방위국과 소방국을 설치하였으며, 민방위본부장은 관리관으로, 민방위국장은 이사관 또는 부이사관으로, 소방국장은 별정직 2급 갑류 상당 국가공무원으로 보하도록 하였다.

1978년 7월에는 소방학교[5]가 설치(1995년 중앙소방학교로 개칭)되었으며, 1983년에는 119구급대가 설치되었다.

7. 광역자치 정착기(1992~2004. 5. 31.) : 광역 시·도 자치소방체제

1992년 1월 국가소방과 자치소방의 이원화된 소방제도를 광역자치 소방체제로 전환하고 정부조직법 제3조의 국가기관인 특별지방행정기관을 지방자치법 제104조에 근거하여 지방자치단체의 직속기관으로 설치하고, 9개도에 소방본부를 일제히 설치하여 16개 시·도 중심의 광역자치제제로 전환되었다.

---

4 1975년 베트남 전쟁 종결로 인도차이나 반도(베트남)가 공산 월맹에 의해 완전 승리로 남베트남을 전부 통일시킨 사태를 말한다.

5 소방학교(消防學校) : 소방공무원의 교육훈련을 위하여 운영하는 교육훈련기관으로 행정안전부장관 또는 시장·도지사의 소속 하에 운영되고 있다. 교육훈련기관. 소방학교는 현직 소방공무원 및 소방공무원 임용 예정자에게 소방직무에 관한 학술과 기술 및 응용능력을 습득시키고 소방행정의 발전을 위한 조사·연구를 행하게 하기 위하여 설치되었다. 소방학교에는 교장 1인을 두는데, 중앙소방학교의 교장은 소방정감(消防正監)으로, 지방소방학교의 교장은 소방정(消防正)으로 보한다. 그 산하에 서무과와 교학과를 두고 있으며, 특히 중앙소방학교에는 소방연구실과 중앙119구조대를 함께 설치해두고 있다. 2013년 현재 충청남도 천안시에 1개의 중앙소방학교와 서울시·충청남도·경상북도·경기도·광주광역시·부산광역시·강원도 등에 지방소방학교가 있다.

한편 "시·군 소방서직제"와 "소방시설 설치에 관한 규정"을 통·폐합하여 1991년 12월 대통령령 제13561호로 "소방기관 설치 및 정원에 관한 규정"을 제정하여 소방기관 설치규정을 제정하였으며, 지방세법 및 동시행령을 개정하여 시군세인 소방공동시설세를 도세로 전환하고 모든 소방 재산은 시장·군수가 도지사에게 무상 대여하여 도지사가 관리하게 하는 등 1992년 1월 1일을 기하여 광역자치소방으로 전환되어 시·도지사의 책임으로 일원화되는 체계를 이루었다.

본격적인 지방자치제의 실시로 1995년 1월 1일을 기해 소방국 직원과 16개 시·도 소방본부장 및 학교장을 제외한 서장이 국가직에서 지방직으로 바뀌게 됨으로써 계급체계가 이원화되어 내무부 소방국장과 중앙소방학교장, 서울 및 부산소방본부장은 소방정감(현 소방감)으로, 내무부의 과장과 기타 시·도 본부장은 소방감(현 소방준감)으로 지방소방학교장은 소방감(현 소방준감) 또는 소방정으로 보하게 되었으며, 기타 시·도 직원은 전원 지방직화되었다. 여기에다 성수대교 붕괴사고와 삼풍백화점 대참사 등 잇따른 대형 재난이 발생함에 따라 정부는 1995년 7월 18일 재난관리법을 제정하고 응급단계의 응급구조 및 구난 기능의 지휘통제권을 소방관서장에게 부여함에 따라 소방조직에서 정부의 긴급구조구난 기능을 주도적으로 수행할 수 있도록 하였다.

1995년 11월에는 내무부 민방위 본부를 민방위재난통제본부로 확대 개편하면서 재난관리국과 소방국 내 장비통신과를 신설하였으며 1995년 12월 6일 소방총감(현 소방정감) 계급을 신설한 다음해 12월 21일 내무부와 그 소속기관 직제를 개정, 소방국장의 직급을 소방총감(현 소방정감) 또는 소방정감(현 소방감)으로 상향 조정하였다. 그리고 1998년 2월 행정자치부가 출범하면서 다시 재난관리국이 민방위국에 흡수되어 민방위재난관리국으로 통합되었으며, 그 후 공공부문의 구조 조정이 가속화되면서 다시 방재국이 방재관으로 축소되고 소방국 내 장비통신과도 폐지되었다.

1995년 이후 나타난 소방행정 변화의 특징은 삼풍백화점 붕괴 등 대형 사고를 계기로 재난관리법이 제정되면서 1995년 10월 19일자로 중앙119구조대가 신설되고 2001년 중앙고속도로 구급대가 설치되어 국가에서도 소방업무의 기획, 지도, 조언, 권고, 조정, 교육 등 업무 외에 국내·외 대형 사고현장에 직접 출동하여 인명을 구조하는 업무를 실질적으로 수행하게 되었고, 1999년 5월 24일 정부조직법을 개정, 행정자치부 사무에 소방사무를 부활시킴으로써 일정부분에 소방행정 책임을 국가에서도 관장하게 됨으로써 국가와 광역자치소방의 2원체제로 되었다고 보아야 할 것이다.

8. 조직독립기(2004. 6. 1~현재) : 국가+광역시·도 자치 2원 소방체제

대구지하철 전동차 화재 참사를 계기로 정부조직법(법률 제7186호 2004.3.11)을 개정하여 2004년 6월 1일 소방청을 설립, 행정자치부 외청으로 독립하여 화재, 민방위 업무를 비롯한 재난의 예방, 대비, 대응, 복구의 중심역할과 기능을 수행하게 되었다.

국가와 광역자치 소방체계를 정착시키는 전기를 마련함으로써 소방역사의 새로운 지평을 열게 되었으나, 국가·지방의 연계성이 미흡한 점은 향후 보완할 과제로 남게 되었다.

2013년 3월 22일 개편된 정부조직은 국가안보 및 국가위기관리를 책임지는 국가위기관리실을 국가안보실[6]로 강화·개편하였다. 2014년 11월 19일 정부조직법 개편에 따라 국민안전처에 소방청을 중앙소방본부로 개칭하여 이관하였다.

9. 국민안전처 신설

2014년 11월 19일에 국무총리 소속 국민안전처를 설치하였다. 행정자치부의 재난안전총괄·조정, 구소방방재청의 소방·방재, 해양경찰청의 해양경비·안전·오염방제 및 해상에서 발생한 사건의 수사 기능 등을 통합하여 국무총리 소속으로 국민안전처를 설치하였다.

국민안전처장관은 국무위원으로 보하고, 안전 및 재난에 관하여 국무총리의 명을 받아 관계 중앙행정기관을 총괄·조정하도록 한다. 국민안전처에 소방 사무를 담당하는 본부장과 해양경비·안전·오염방제 및 해상에서 발생한 사건의 수사에 관한 사무를 담당하는 본부장을 각각 두고, 본부장은 차관급으로 한다.

국민안전처와 각 부처의 유기적 연계를 위하여 특정직공무원을 국민안전처의 보조기관 및 보좌기관에 보할 수 있도록 하며, 구소방방재청의 소방·방재 기능을 국민안전처로 이관한다.

해양경찰청의 수사·정보 기능(해상에서 발생한 사건의 수사 및 정보에 관한 사무는 제외)을 경찰청으로, 해양에서의 경비·안전·오염방제 및 해상에서 발생한 사건의 수사 기능을 국민안전처로 이관하였다.

---

6 국가안보실(國家安保室)은 국가안보에 관한 대통령의 직무를 보좌하는 대한민국의 중앙행정기관이다. 2013년 3월 23일 발족하였으며, 외교·안보·통일·국방 분야의 '컨트롤타워'로서 국가안보에 관해 대통령을 보좌하는 역할을 맡는다. 구체적으로 △각 분야의 중장기 정책과 전략기획·조정·관리 △국가안보 관련 제반정보 융합, 그리고 △위기 관련 상황 관리·대응에 관한 사항이 안보실의 주된 업무이다.

10. 2017년 5월 국민안전처를 폐지하고 소방청과 해양경찰청 설립

11. 우리나라 재난관리체계의 변천

(1) 1961년 8월 - 국토건설청 소속 하에 임시 수해복구사업소(사무소 설치)

(2) 1961년 12월 - 「하천법」이 제정·공포됨.

(3) 1962년 9월 - 건설부장관 소속 하에 순천 수해복구본부를 설치

(4) 1963년 7월 - 건설부 수자원국에 방재과를 설치

(5) 1967년 2월 - 「풍수해대책법」이 제정·공포

(6) 1968년 2월 - 방재기본계획 수립

(7) 1969년 5월 - 대구홍수통제소 개소, 건설부, 수방통신용 모사전송기가 개통

(8) 1974년 7월 - 한강홍수통제소 개소

(9) 1981년 12월 - 재해대책본부를 중앙재해대책본부로 개칭

(10) 1990년 12월 - 풍수해 대책업무가 건설부장관에서 내무부장관으로 변경됨.

(11) 1991년 4월 - 중앙재해대책본부 업무 기능이 건설부로부터 내무부로 이관

(12) 1994년 12월 - 지방자치시대에 부응하도록 방재계획관을 방재국으로 확대 개편

(13) 1995년 7월 - 「재난관리법」이 제정되어 인적재난을 담당하는 재난관리국이 신설

(14) 1995년 12월 - 「풍수해대책법」을 「자연재해대책법」으로 전문 개정하여 재해 예방, 응급대책, 재해복구의 3단계 방재체제 구축 및 재해영향평가제를 도입

(15) 1998년 2월 - 「정부조직법」 개정에 따라 내무부가 행정자치부로 변경

(16) 1999년 5월 - 2차 「정부조직법」 개정에 따라 방재국과 민방위재난국을 통·폐합하여 민방위방재국으로 개편

(17) 2000년 6월 - 다시 방재관실을 분리하고 하부에 방재계획담당관실, 재해대책담당관실, 재해복구담당관실을 설치

(18) 2004년 3월 - 기존의 「자연재해대책법」과 「재난관리법」을 통합하고 타 법령과 유기적인 관계설정을 위하여 「재난 및 안전관리기본법」이 제정됨.

(19) 2005년 1월 - 재난의 예방·대비·대응·복구에 관한 기본원칙과 고통 내용을 규정하였으며, 「재난 및 안전관리기본법」에 방재계획·중앙재난안전대책본부·특별재난지역 선포를 포함시킴.

(20) 2007년 1월 - 내진설계 설치대상에 통신설비 추가, 해일위험지구 지정 및 해일피해경감 계획 수립 등

(21) 2014년 11월 - 「세월호법」이 신설되고, 「정부조직법」 개정으로 국민안전처가 신설(소방청과 해양경찰청이 국민안전처로 이관됨)

(22) 2017년 5월 - 국민안전처 폐지, 소방청, 해양경찰청 신설

제2절 재난관리 법·제도

1. 재난 및 안전관리기본법

1) 발전과정

우리나라의 재난관리체계는 1960년대 초부터 1990년대 초까지는 주로 자연재해관리를 기반으로 형성되었다. 그러나 급격한 산업화와 도시화 현상에 따른 사회 환경의 변화로 1990년 이후부터 각종 인적재난이 빈발하게 되면서 인적재난관리에 관한 각종 규정이 생겨나게 되었다.

우리나라의 인적재난에 관한 법령은 1993년 7월 23일에 제정된 국무총리 훈령 제280호 「재해의 예방 및 수습에 관한 훈령」을 기점으로 형성되었다.

2004년 이후에는 통합체계의 중요성을 인식하여 통합재난관리체계가 강구되고 체계화되어가고 있다.

표 5-2 재난 및 안전관리 법체계의 발전 내역

구 분	내 역
시작단계	한국전쟁 이후 1970년대까지(전쟁의 아픈 기억으로 인해 민방위기본법 등 사회적 재난 관련 법령 등장)
분화단계	1980~90년대(자연재난 및 인위재난과 관련된 농어업재해대책법, 소방법, 철도법, 도로법, 건축법 등 개별법 등장)
통합단계	1990년대 후반부터 각종 재해와 재난이 빈번하게 발생(다양한 재난관련 개별법의 통합 시도로 자연재해대책법과 재난관리법으로 통합)
체계화단계	2004년 3월 11일 재난 및 안전관리기본법으로의 체계화(재난의 특성상 기존의 법체계의 다원화와 법률 간 연계성 부족 등의 문제점을 해결하기 위해 통합 필요성 대두)

재해와 재난

* 재해(災害: Accident)
1. 정의 : 계획, 예견할 수 없는 바람직하지 않은 사람의 상해나 비자발적 감염을 동반하는 사건
2. 특징 : 발생의 예측과 관리가 재난보다 상대적으로 용이하고 지속적이고 반복적
3. 업무 : 보호기준 설정, 조사수행, 예방프로그램 추진
4. 관리 : 기술(engineering), 교육(education), 규제(enforcement)

* 재난(災難: Disaster)
1. 정의 : 사회적 기본조직 및 정상 기능을 와해시키는 일상적인 절차나 정부 지원으로는 관리할

> 수 없는 심각하고 큰 재해
> 2. 특징 : 발생의 예측과 관리가 매우 어렵고 간헐적이고 비반복적이다.
> 3. 업무 : 재난대응, 복구, 최소화, 리스크 저감, 예방, 준비 등
> 4. 관리 : 완화(mitigation), 대비(preparedness), 대응(response), 복구(recovery)

2) 재난 및 안전관리 기본법의 의의

(1) 피해의 최소화

재난 및 안전관리기본법은 재난을 예방하고 재난이 발생하는 경우 그 피해를 최소한으로 줄이는 것이 국가 및 지방자치단체의 기본적 의무임을 확인한다.

(2) 국민의 생명 및 신체의 안전과 재산보호

모든 국민과 국가, 지방자치단체가 국민의 생명 및 신체의 안전과 재산보호에 관련된 행위를 하는 때에는 안전을 우선적으로 고려함으로써 국민이 재난으로부터 안전한 사회에서 생활할 수 있도록 함을 기본이념으로 한다.

(3) 재난의 유형과 용어 정리

이 법의 적용대상이 되는 "재난"이라 함은 국민의 생명·신체 및 재산과 국가에 피해를 주거나 줄 수 있는 것으로서 자연재해로는 태풍, 홍수, 호우(豪雨), 강풍, 풍랑, 해일(海溢), 대설, 한파, 낙뢰, 가뭄, 지진, 황사(黃砂), 조류(藻類) 대발생, 조수(潮水), 화산활동, 소행성·유성체 등 자연우주물체의 추락·충돌, 그 밖에 이에 준하는 자연현상으로 인하여 발생하는 재해가 있다.

사회재난은 화재·붕괴·폭발·교통사고(항공사고 및 해상사고를 포함한다)·화생방사고·환경오염사고 등으로 인하여 발생하는 대통령령으로 정하는 규모 이상의 피해와 에너지·통신·교통·금융·의료·수도 등 국가기반체계의 마비, 「감염병의 예방 및 관리에 관한 법률」에 따른 감염병 또는 「가축전염병예방법」에 따른 가축전염병의 확산 등으로 인한 피해가 있다.

해외재난은 대한민국의 영역 밖에서 대한민국 국민의 생명·신체 및 재산에 피해를 주거나 줄 수 있는 재난으로서 정부차원에서 대처할 필요가 있는 재난이다.

"재난관리"란 재난의 예방·대비·대응 및 복구를 위하여 하는 모든 활동이며, "안전관리"란 재난이나 그 밖의 각종 사고로부터 사람의 생명·신체 및 재산의 안전을 확보하기 위하여 하는 모든 활동을 말한다.

"안전기준"이란 각종 시설 및 물질 등의 제작, 유지관리과정에서 안전을 확보할 수 있도록 적용하여야 할 기술적 기준을 체계화한 것이며, "재난관리책임기관"이란 재난

관리업무를 하는 다음 각 목의 기관이다.

가. 중앙행정기관 및 지방자치단체(「제주특별자치도 설치 및 국제자유도시 조성을 위한 특별법」 제15조 제2항에 따른 행정시를 포함한다)

나. 지방행정기관·공공기관·공공단체(공공기관 및 공공단체의 지부 등 지방조직을 포함한다) 및 재난관리의 대상이 되는 중요시설의 관리기관 등으로서 대통령령으로 정하는 기관

"재난관리주관기관"은 재난이나 그 밖의 각종 사고에 대하여 그 유형별로 예방·대비·대응 및 복구 등의 업무를 주관하여 수행하도록 대통령령으로 정하는 관계 중앙행정기관이다. "긴급구조"란 재난이 발생할 우려가 현저하거나 재난이 발생하였을 때 국민의 생명·신체 및 재산을 보호하기 위하여 긴급구조기관과 긴급구조지원기관이 하는 인명구조, 응급처치, 그 밖에 필요한 모든 긴급한 조치를 말한다.

"긴급구조기관"이란 소방청·소방본부 및 소방서를 말한다. 다만, 해양에서 발생한 재난의 경우에는 해양경찰청·지방해양경찰청 및 해양경찰서를 말한다.

"긴급구조지원기관"이란 긴급구조에 필요한 인력·시설 및 장비, 운영체계 등 긴급구조능력을 보유한 기관이나 단체로서 대통령령으로 정하는 기관과 단체를 말한다.

"국가재난관리기준"이란 모든 유형의 재난에 공통적으로 활용할 수 있도록 재난관리의 전 과정을 통일적으로 단순화·체계화한 것으로서 행정안전부장관이 고시한 것을 말한다.

"안전문화활동"이란 안전교육, 안전훈련, 홍보 등을 통하여 안전에 관한 가치와 인식을 높이고 안전을 생활화하도록 하는 등 재난이나 그 밖의 각종 사고로부터 안전한 사회를 만들어가기 위한 활동을 말한다.

"재난관리정보"란 재난관리를 위하여 필요한 재난상황정보, 동원가능 자원정보, 시설물정보, 지리정보를 말한다.

"재난안전통신망"이란 재난관리책임기관·긴급구조기관 및 긴급구조지원기관이 재난관리 업무에 이용하거나 재난 현장에서의 통합지휘에 활용하기 위하여 구축·운영하는 무선통신망을 말한다.

(4) 통합관리

기존의 다원화된 재난 관련 법체계를 통합하고, 재난 법령들의 상위법이자 모범이 된다는 측면에서 법률 간의 연계성을 시도하고 있다는 것 등에서는 좀 더 바람직하다고 할 수 있다.

(5) 체계적 접근

기존의 재난관련 법들의 한계를 극복한 재난의 단계별, 즉 예방, 대비, 대응, 복구의 단계별로 세세하게 규정하고 있는 등 재난에 관해 체계적인 접근을 시도했다는 측면에서 의의가 있다.

3) 재난 및 안전관리 기본법의 주요 내용

(1) 총칙

① **목적** : 재난으로부터 국토를 보존하고 국민의 생명·신체 및 재산을 보호하기 위한 목적 규정

② **이념** : 국민이 재난으로부터 안전한 사회에서 생활할 수 있도록 함을 기본이념으로 함.

③ **국가와 국민의 책무 규정** : 국가는 국민을 보호할 책무와 국민은 협조할 책무

④ **안전관리헌장** : 중앙안전관리위원회 위원장은 재난업무에 종사한 자가 지켜야 할 사항을 헌장으로 제정·고시

⑤ **다른 법률과의 관계** : 재난 및 안전관리에 관하여 다른 법률을 제정하거나 개정하는 경우에는 이 법의 기본이념에 맞도록 함.

(2) 안전관리기구 및 기능

① 재난 및 안전관리에 관한 다음 각 호의 사항을 심의하기 위하여 국무총리 소속으로 중앙안전관리위원회(중앙위원회)를 둔다.

② **중앙안전관리위원회 심의기능**

㉠ 재난 및 안전관리에 관한 중요 정책에 관한 사항

㉡ 국가안전관리기본계획에 관한 사항

㉢ 재난 및 안전관리사업 관련 중기사업계획서, 투자우선순위 의견 및 예산요구서에 관한 사항

㉣ 중앙행정기관의 장이 수립·시행하는 계획, 점검·검사, 교육·훈련, 평가 등 재난 및 안전관리업무 조정에 관한 사항

㉤ 안전기준관리에 관한 사항

㉥ 재난사태의 선포에 관한 사항

㉦ 특별재난지역의 선포에 관한 사항

㉧ 재난이나 그 밖의 각종 사고가 발생하거나 발생할 우려가 있는 경우 이를 수습하기 위한 관계기관 간 협력에 관한 중요사항

㉧ 중앙행정기관의 장이 시행하는 대통령령으로 정하는 재난 및 사고의 예방사업 추진에 관한 사항

㉨ 그 밖에 위원장이 회의에 부치는 사항

③ 중앙위원회의 위원장은 국무총리가 되고, 위원은 대통령령으로 정하는 중앙행정기관 또는 관계기관·단체의 장이 된다.

④ 중앙위원회의 위원장은 중앙위원회를 대표하며, 중앙위원회의 업무를 총괄한다.

⑤ 중앙위원회에 간사 1명을 두며, 간사는 행정안전부장관이 된다.

⑥ 중앙위원회의 위원장이 사고 또는 부득이한 사유로 직무를 수행할 수 없을 때에는 행정안전부장관, 대통령령으로 정하는 중앙행정기관의 장순으로 위원장의 직무를 대행한다.

⑦ 행정안전부장관 등이 중앙위원회 위원장의 직무를 대행할 때에는 행정안전부의 재난안전관리사무를 담당하는 본부장이 중앙위원회 간사의 직무를 대행한다.

⑧ 중앙위원회는 사무가 국가안전보장과 관련된 경우에는 국가안전보장회의와 협의하여야 한다.

⑨ 중앙위원회의 위원장은 그 소관 사무에 관하여 재난관리책임기관의 장이나 관계인에세 자료의 제출, 의견진술, 그 밖에 필요한 사항에 대하여 협조를 요청할 수 있다. 이 경우 요청을 받은 사람은 특별한 사유가 없으면 요청에 따라야 한다.

참 고

* 국무총리 역할

국무총리는 국가의 안전관리 업무에 관한 기본계획의 수립 지침을 작성하여 이를 관계 중앙행정기관의 장에게 시달하여야 한다.

* 중앙대책본부장의 역할

중앙대책본부장은 재난의 발생으로 인하여 국가의 안녕 및 사회질서의 유지에 중대한 영향을 미치거나 당해 재난으로 인한 피해의 효과적인 수습 및 복구를 위하여 특별한 조치가 필요하다고 인정되는 경우에는 중앙위원회의 심의를 거쳐 당해 지역을 특별재난지역으로 선포할 것을 대통령에게 건의할 수 있으며, 특별재난지역이 선포되는 경우 응급대책 및 재난구호와 복구에 필요한 행정·재정·금융·의료상의 특별지원을 할 수 있다.

⑩ **중앙재난조사평가위원회의 구성·운영** : 중앙위원회의 위원장은 재난관련 분야 전문기관이나 단체 등이 참여하는 중앙재난조사평가위원회를 구성하여 운영

⑪ **지역위원회** : 지역별 안전관리에 관한 중요정책의 심의 및 총괄·조정, 지역별 안전관리업무의 협의·조정, 그 밖에 이 법에서 정하는 지역별 안전관리에 필요한 사항을 시행하기 위하여 특별시장·광역시장·특별자치시장·도지사·특별자

치도지사 소속으로 시·도 안전관리위원회를 두고, 시장·군수·구청장 소속으로 시·군·구 안전관리위원회를 두며 심의사항은 아래와 같다.

㉠ 해당 지역에 대한 재난 및 안전관리정책에 관한 사항

㉡ 안전관리계획에 관한 사항

㉢ 해당 지역을 관할하는 재난관리책임기관(중앙행정기관과 상급지방자치단체는 제외한다)이 수행하는 재난 및 안전관리업무의 추진에 관한 사항

㉣ 재난이나 그 밖의 각종 사고가 발생하거나 발생할 우려가 있는 경우 이를 수습하기 위한 관계기관 간 협력에 관한 사항

㉤ 다른 법령이나 조례에 따라 해당 위원회의 권한에 속하는 사항

㉥ 그 밖에 해당 위원회의 위원장이 회의에 부치는 사항

⑫ **중앙재난안전대책본부** : 대통령령으로 정하는 대규모 재난의 예방·대비·대응·복구 등에 관한 사항을 총괄·조정하고 필요한 조치를 하기 위하여 행정안전부에 중앙재난안전대책본부(중앙대책본부)를 둔다.

⑬ **중앙대책본부장(중앙본부장)의 임무**

가. 국내·외에서 발생한 재난 사례 및 수습체계의 분석

나. 재난유형별 수습 시나리오의 작성

다. 재난유형별 전문가의 데이터베이스 구축 및 상시연락체제 구축

라. 재난유형별 물적 자원의 파악 및 데이터베이스 구축

마. 재난유형별 사고조사기법·인력 및 장비의 개발

바. 그 밖에 재난수습을 효율적으로 하기 위하여 대통령령으로 정하는 사항

⑭ **지역안전대책본부** : 시·도지사는 시·도재난안전대책본부(시·도 대책본부)를 둘 수 있고, 시장·군수·구청장은 시·군·구재난안전대책본부(시·군·구대책본부)를 둘 수 있다. 다만, 해당 재난과 관련하여 중앙대책본부를 두는 경우 시·도지사나 시장·군수·구청장은 시·도대책본부나 시·군·구대책본부(지역대책본부)를 두어야 한다.

⑮ **재난신고** :누구든지 재난의 발생이나 재난이 발생할 징후를 발견하였을 때에는 즉시 그 사실을 시장·군수·구청장·긴급구조기관, 그 밖의 관계 행정기관에 신고하여야 한다.

⑯ **종합상황실 등의 설치·운영** : 행정안전부장관, 시·도지사, 시장·군수·구청장 및 소방서장은 재난 정보의 수집·전파, 신속한 지휘 및 상황 관리를 위하여 상시 종합상황실을 설치·운영하여야 한다.

⑰ **재난상황의 보고** : 시·군·구청장, 시·도지사, 행정안전부장관, 관계 중앙행정기

관 보고

(3) 안전관리계획

① **국가안전관리기본계획의 수립** : 국무총리는 대통령령으로 정하는 바에 따라 국가의 안전관리업무에 관한 기본계획(국가안전관리기본계획)의 수립 지침을 작성하여 관계 중앙행정기관의 장에게 시달하여야 한다.

② **집행계획** : 관계 중앙행정기관의 장은 시달 받은 국가안전관리기본계획에 따라 그 소관 업무에 관한 집행계획을 작성하여 행정안전부장관과 협의한 후 국무총리의 승인을 받아 확정한다.

③ **시·도안전관리계획의 수립** : 행정안전부장관은 국가안전관리기본계획과 집행계획에 따라 시·도의 안전관리업무에 관한 계획(시·도안전관리계획)의 수립지침을 작성하여 이를 시·도지사에게 시달하여야 한다.

④ **시·군·구안전관리계획의 수립** : 시·도지사는 확정된 시·도안전관리계획에 따라 시·군·구의 안전관리업무에 관한 계획(시·군·구안전관리계획)의 수립 지침을 작성하여 시장·군수·구청장에게 시달하여야 한다.

(4) 예방 및 대비

① **국가기반시설의 지정** : 관계 중앙행정기관의 장은 소관 분야의 기반시설 중 국가기반체계를 보호하기 위하여 계속적으로 관리할 필요가 있다고 인정되는 시설(국가기반시설)을 다음 각 호의 기준에 따라 중앙위원회의 심의를 거쳐 지정할 수 있다.

가. 다른 기반시설이나 체계 등에 미치는 연쇄효과

나. 둘 이상의 중앙행정기관의 공동대응 필요성

다. 재난이 발생하는 경우 국가안전보장과 경제·사회에 미치는 피해규모 및 범위

라. 재난의 발생 가능성 또는 그 복구의 용이성

② **재난관리책임기관의 장의 재난예방조치**

㉠ 재난관리책임기관의 장은 재난예방조치를 효율적으로 시행하기 위하여 필요한 사업비를 확보하여야 한다.

㉡ 재난관리책임기관의 장은 다른 재난관리책임기관의 장에게 재난을 예방하기 위하여 필요한 협조를 요청할 수 있다. 이 경우 요청을 받은 다른 재난관리책임기관의 장은 특별한 사유가 없으면 요청에 따라야 한다.

㉢ 재난관리책임기관의 장은 재난관리의 실효성을 확보할 수 있도록 안전관리체계 및 안전관리규정을 정비·보완하여야 한다.

㉣ 재난관리책임기관의 장은 소관 관리대상 업무의 분야에서 재난 발생을 사전에 방지하기 위하여 다음과 같은 조치를 하여야 한다.
가. 재난에 대응할 조직의 구성 및 정비
나. 재난의 예측과 정보전달 체계의 구축
다. 재난 발생에 대비한 교육·훈련과 재난관리 예방에 관한 홍보
라. 재난이 발생할 위험이 높은 분야에 대한 안전관리체계의 구축 및 안전관리규정의 제정
마. 지정된 국가기반시설의 관리
바. 특정관리대상시설 등의 지정·관리 및 정비
사. 재난방지시설의 점검·관리
아. 재난관리자원의 비축 및 장비·인력의 지정
자. 그 밖에 재난을 예방하기 위하여 필요하다고 인정되는 사항

③ **특정관리대상시설 등의 관리와 지방자치단체의 지원**

④ **재난관리체계 등의 정비·평가** : 행정안전부장관은 대통령령으로 정하는 바에 따라 다음 각 호의 사항을 정기적으로 평가할 수 있다.
가. 대규모 재난의 발생에 대비한 단계별 예방·대응 및 복구과정
나. 재난관리책임기관의 재난대응 조직의 구성 및 정비 실태
다. 안전관리체계 및 안전관리규정

⑤ **재난관리 실태 공시** : **시장·군수·구청장**은 다음 각 호의 사항이 포함된 재난관리 실태를 매년 1회 이상 관할지역 주민에게 공시하여야 한다.
가. 전년도 재난의 발생 및 수습 현황
나. 재난예방조치 실적
다. 재난관리기금의 적립 현황
라. 그 밖에 대통령령으로 정하는 재난관리에 관한 중요사항

⑥ **재난예방을 위한 긴급안전점검** : 행정안전부장관 또는 재난관리책임기관의 장은 대통령령으로 정하는 시설 및 지역에 재난이 발생할 우려가 있는 등 대통령령으로 정하는 긴급한 사유가 있으면 소속공무원으로 하여금 긴급안전점검을 하게하고, 행정안전부장관은 다른 재난관리책임기관의 장에게 긴급안전점검을 하도록 요구할 수 있다. 이 경우 요구를 받은 재난관리책임기관의 장은 특별한 사유가 없으면 요구에 따라야 한다.

긴급안전점검을 하는 공무원은 관계인에게 필요한 질문을 하거나 관계서류 등을 열람할 수 있으며, 긴급안전점검의 절차 및 방법, 긴급안전점검 결과의

기록·유지 등에 필요한 사항은 대통령령으로 정한다. 또한 긴급안전점검을 하는 공무원은 그 권한을 표시하는 증표를 지니고 이를 관계인에게 보여주어야 하고 행정안전부장관은 긴급안전점검을 하면 그 결과를 해당 재난관리책임기관의 장에게 통보하여야 한다.

⑦ **재난예방을 위한 긴급안전조치** : 행정안전부장관과 재난관리책임기관의 장은 다음 각 호의 안전조치를 할 것을 명할 수 있다.

가. 정밀안전진단(시설만 해당한다)

나. 보수(補修) 또는 보강 등 정비

다. 재난을 발생시킬 위험요인의 제거

⑧ **재난예방 교육·홍보** : **재난관리책임기관의 장**은 대통령령으로 정하는 바에 따라 국민의 안전의식 고취 및 재난관리를 위한 교육·홍보계획을 수립·시행할 수 있다.

⑨ **국가재난관리기준의 제정·운용** : 행정안전부장관은 재난관리를 효율적으로 수행하기 위하여 다음 각 호의 사항이 포함된 국가재난관리기준을 제정하여 운용하여야 한다.

가. 재난분야 용어 정의 및 표준체계 정립

나. 국가재난 대응체계에 대한 원칙

다. 재난경감·상황관리·자원관리·유지관리 등에 관한 일반적 기준

라. 그 밖의 대통령령으로 정하는 사항

⑩ **안전분야 위기관리 매뉴얼 작성·운영**

㉠ 재난관리책임기관의 장은 재난을 효율적으로 관리하기 위하여 재난유형에 따라 다음 각 호의 위기관리 매뉴얼을 작성·운용하여야 한다.

가. 위기관리 표준매뉴얼

국가적 차원에서 관리가 필요한 재난에 대하여 재난관리체계와 관계 기관의 임무와 역할을 규정한 문서로 위기대응 실무매뉴얼의 작성기준이 되며, 재난관리주관기관의 장이 작성한다.

나. 위기대응 실무매뉴얼

위기관리 표준매뉴얼에서 규정하는 기능과 역할에 따라 실제 재난대응에 필요한 조치사항 및 절차를 규정한 문서로 재난관리기관의 장과 관계기관의 장이 작성한다.

다. 현장조치 행동매뉴얼

재난현장에서 임무를 직접 수행하는 기관의 행동조치 절차를 구체적으

로 수록한 문서로 위기대응 실무매뉴얼을 작성한 기관의 장이 지정한 기관의 장이 작성한다. 다만, 시장·군수·구청장은 재난유형별 현장조치 행동매뉴얼을 통합하여 작성할 수 있다.

ⓛ 행정안전부장관은 재난유형별 위기관리 매뉴얼의 작성 및 운용기준을 정하여 관계 중앙행정기관의 장 및 재난관리책임기관의 장에게 통보할 수 있다.

ⓒ 재난관리주관기관의 장이 작성한 위기관리 표준매뉴얼은 행정안전부장관과 협의·조정하여 이를 확정하고, 위기대응 실무매뉴얼과 연계하여 운용하여야 한다.

ⓡ 행정안전부장관은 재난유형별 위기관리 매뉴얼의 표준화 및 실효성 제고를 위하여 대통령령으로 정하는 위기관리 매뉴얼협의회를 구성·운영할 수 있다.

ⓜ 재난관리주관기관의 장은 소관분야 재난유형의 위기대응 실무매뉴얼 및 현장조치 행동매뉴얼을 조정·승인하고 지도·관리를 하여야 하며, 소관분야 위기관리 매뉴얼을 새로이 작성하거나 변경한 때에는 이를 행정안전부장관에게 통보하여야 한다.

ⓑ 시장·군수·구청장이 작성한 현장조치 행동매뉴얼에 대하여는 시·도지사의 승인을 받아야 한다. 시·도지사는 현장조치 행동매뉴얼을 승인하는 때에는 재난관리주관기관의 장이 작성한 위기대응 실무매뉴얼과 연계되도록 하여야 하며, 승인 결과를 재난관리주관기관의 장 및 행정안전부장관에게 보고하여야 한다.

ⓢ 행정안전부장관은 위기관리 매뉴얼의 체계적인 운용을 위하여 관리시스템을 구축·운영할 수 있으며, 위기관리 매뉴얼의 작성·운용 등 필요한 사항은 대통령령으로 정한다.

ⓞ 행정안전부장관은 재난관리업무를 효율적으로 하기 위하여 대통령령으로 정하는 바에 따라 위기관리에 필요한 표준화된 매뉴얼을 연구·개발하여 보급할 수 있다.

⑪ 안전기준의 등록 및 심의

ⓖ 행정안전부장관은 안전기준을 체계적으로 관리·운용하기 위하여 안전기준을 통합적으로 관리할 수 있는 체계를 갖추어야 한다.

ⓛ 중앙행정기관의 장은 관계 법률에서 정하는 바에 따라 안전기준을 신설 또는 변경하는 때에는 행정안전부장관에게 안전기준의 등록을 요청하여야 한다.

ⓒ 행정안전부장관은 안전기준의 등록을 요청받은 때에는 안전기준심의회의 심의를 거쳐 이를 확정한 후 관계 중앙행정기관의 장에게 통보하여야 한다.

㉣ 중앙행정기관의 장이 신설 또는 변경하는 안전기준은 국가재난관리기준에 어긋나지 아니하여야 한다.

㉤ 안전기준의 등록방법 및 절차와 안전기준심의회 구성 및 운영에 관하여는 대통령령으로 정한다.

(5) 대응대책

① **물자·자재의 비축** : 재난관리책임기관의 장은 소관 업무와 관계되는 재난응급대책을 수립·시행하고 재난복구에 필요한 물자 및 자재를 비축하며 대통령령으로 정하는 재난방지시설을 정비하여야 한다.

② **재난사태 선포** : 행정안전부장관은 대통령령으로 정하는 재난이 발생하거나 발생할 우려가 있는 경우 사람의 생명·신체 및 재산에 미치는 중대한 영향이나 피해를 줄이기 위하여 긴급한 조치가 필요하다고 인정하면 중앙위원회의 심의를 거쳐 다음 각 호의 구분에 따라 국무총리에게 재난사태를 선포할 것을 건의하거나 직접 선포할 수 있다. 다만, 중앙본부장은 재난상황이 긴급하여 중앙위원회의 심의를 거칠 시간적 여유가 없다고 인정하는 경우에는 중앙위원회의 심의를 거치지 아니하고 국무총리에게 재난사태를 선포할 것을 건의하거나 직접 선포할 수 있다.

행정안전부장관은 재난사태를 선포한 경우에는 지체 없이 중앙위원회의 승인을 받아야 하고 승인을 받지 못하면 선포된 재난사태를 즉시 해제해야 한다. 행정안전부장관은 재난으로 인한 위험이 해소되었다고 인정하는 경우 또는 재난이 추가적으로 발생할 우려가 없어진 경우에는 선포된 재난사태를 즉시 해제해야 한다.

③ **응급조치** : 시·도 긴급구조통제단 및 시·군·구 긴급구조통제단의 단장과 시장·군수·구청장은 재난이 발생할 우려가 있거나 재난이 발생하였을 때에는 즉시 관계 법령이나 시·도 또는 시·군·구의 안전관리계획에서 정하는 바에 따라 수방(水防)·진화·구조 및 구난(救難), 그밖에 재난 발생을 예방하거나 피해를 줄이기 위하여 필요한 다음 각 호의 응급조치를 하여야 한다. 다만, 지역통제단장의 경우에는 나호 중 진화에 관한 응급조치와 라호 및 바호의 응급조치만 하여야 한다.

가. 경보의 발령 또는 전달이나 피난의 권고 또는 지시

나. 진화·수방·지진 방재, 그 밖의 응급조치와 구호

다. 피해시설의 응급복구 및 방역과 방범, 그 밖에 질서 유지

라. 긴급수송 및 구조수단의 확보

마. 급수 수단의 확보, 긴급피난처 및 구호품의 확보

바. 현장지휘통신체계의 확보

사. 그 밖에 재난 발생을 예방하거나 줄이기 위하여 필요한 사항

④ **위기경보의 발령**

㉠ 재난관리주관기관의 장은 대통령령으로 정하는 재난에 대한 징후를 식별하거나 재난발생이 예상되는 경우에는 그 위험 수준, 발생 가능성 등을 판단하여 그에 부합되는 조치를 할 수 있도록 위기경보를 발령할 수 있다. 다만, 다수의 재난관리주관기관이 관련되는 재난에 대해서는 행정안전부장관이 위기경보를 발령할 수 있다.

㉡ 위기경보는 재난 피해의 전개 속도, 확대 가능성 등 재난상황의 심각성을 종합적으로 고려하여 관심 · 주의 · 경계 · 심각으로 구분할 수 있다. 다만, 다른 법령에서 재난 위기경보의 발령 기준을 따로 정하고 있는 경우에는 그 기준을 따른다.

㉢ 재난관리주관기관의 장은 심각 경보를 발령 또는 해제할 경우에는 행정안전부장관과 사전에 협의하여야 하지만, 긴급한 경우에 재난관리주관기관의 장은 우선 조치한 후 지체 없이 행정안전부장관과 협의하여야 한다.

㉣ 재난관리책임기관의 장은 위기경보가 신속하게 발령될 수 있도록 재난과 관련한 위험정보를 얻으면 즉시 행정안전부장관, 재난관리주관기관의 장, 시 · 도지사 및 시장 · 군수 · 구청장에게 통보하여야 한다.

⑤ **재난 예보·경보체계 구축** : 시장·군수·구청장이 시·도지사에게 제출

㉠ 시장·군수·구청장은 위험구역 및 자연재해위험개선지구 등 재난으로 인하여 사람의 생명·신체 및 재산에 대한 피해가 예상되는 지역에 대하여 그 피해를 예방하기 위하여 시·군·구 재난 예보·경보체계 구축 종합계획을 5년 단위로 수립하여 시·도지사에게 제출하여야 한다.

㉡ 시·도지사는 시·군·구종합계획을 기초로 시·도 재난 예보·경보체계 구축 종합계획을 수립하여 행정안전부장관에게 제출하여야 하며, 행정안전부장관은 필요한 경우 시·도지사에게 시·도종합계획의 보완을 요청할 수 있다.

㉢ 시·도종합계획과 시·군·구종합계획에는 다음 각 호의 사항이 포함되어야 한다.

가. 재난 예보·경보체계의 구축에 관한 기본방침

나. 재난 예보·경보체계 구축 종합계획수립 대상지역의 선정에 관한 사항

다. 종합적인 재난 예보·경보체계의 구축과 운영에 관한 사항

라. 그 밖에 재난으로부터 인명 피해와 재산 피해를 예방하기 위하여 필요한 사항

㉣ 시·도지사와 시장·군수·구청장은 각각 시·도종합계획과 시·군·구종합계획에 대한 사업시행계획을 매년 수립하여 행정안전부장관에게 제출하여야 한다.

㉤ 시·도종합계획, 시·군·구종합계획 및 사업시행계획의 수립 등에 필요한 사항은 대통령령으로 정한다.

⑥ **동원명령** : 중앙대책본부장(국무총리)과 지역본부장이 조치

㉠ 중앙대책본부장과 시장·군수·구청장은 재난이 발생하거나 발생할 우려가 있다고 인정하면 다음 각 호의 조치를 할 수 있다.

가. 「민방위기본법」에 따른 민방위대의 동원

나. 응급조치를 위하여 재난관리책임기관의 장에 대한 관계 직원의 출동 또는 재난관리자원 및 지정된 장비·인력의 동원 등 필요한 조치의 요청

다. 동원 가능한 장비와 인력 등이 부족한 경우에는 국방부장관에 대한 군부대의 지원 요청

㉡ 필요한 조치의 요청을 받은 기관의 장은 특별한 사유가 없으면 요청에 따라야 한다.

⑦ **대피명령** : 시장·군수·구청장과 지역통제단장이 명령

㉠ 시장·군수·구청장과 지역통제단장은 재난이 발생하거나 발생할 우려가 있는 경우에 사람의 생명 또는 신체에 대한 위해를 방지하기 위하여 필요하면 해당 지역 주민이나 그 지역 안에 있는 사람에게 대피하거나 선박·자동차 등을 대피시킬 것을 명할 수 있다. 이 경우 미리 대피장소를 지정할 수 있다.

㉡ 대피명령을 받은 경우에는 즉시 명령에 따라야 한다.

⑧ **위험구역 설정** : 시장·군수·구청장과 지역통제단장이 설정

⑨ **강제대피 조치** : 시장·군수·구청장과 지역통제단장이 조치

㉠ 시장·군수·구청장과 지역통제단장은 대피명령을 받은 사람 또는 위험구역에서의 퇴거나 대피명령을 받은 사람이 그 명령을 이행하지 아니하여 위급하다고 판단되면 그 지역 또는 위험구역 안의 주민이나 그 안에 있는 사람을 강제로 대피시키거나 퇴거시킬 수 있다.

㉡ 시장·군수·구청장 및 지역통제단장은 주민 등을 강제로 대피 또는 퇴거시키기 위하여 필요하다고 인정하면 관할 경찰관서의 장에게 필요한 인력 및 장비의 지원을 요청할 수 있다. 요청을 받은 경찰관서의 장은 특별한 사유가 없는 한 이에 응하여야 한다.

⑩ **통행제한** : 시장·군수·구청장과 지역통제단장이 경찰관서의 장에게 요청

⑪ **응급부담** : 시장·군수·구청장과 지역통제단장은 그 관할구역에서 재난이 발생하거나 발생할 우려가 있어 응급조치를 하여야 할 급박한 사정이 있으면 해당 재난현장에 있는 사람이나 인근에 거주하는 사람에게 응급조치에 종사하게 하거나 대통령령으로 정하는 바에 따라 다른 사람의 토지·건축물·인공구조물, 그 밖의 소유물을 일시 사용할 수 있으며, 장애물을 변경하거나 제거할 수 있다.

⑫ **시·도지사가 실시하는 응급조치** : 시·도지사는 다음 각 호의 경우에는 응급조치를 할 수 있다.

㉠ 관할구역에서 재난이 발생하거나 발생할 우려가 있는 경우로서 대통령령으로 정하는 경우

㉡ 둘 이상의 시·군·구에 걸쳐 재난이 발생하거나 발생할 우려가 있는 경우

⑬ **재난관리책임기관의 장과 지역통제단장은 응급조치를 해야 함.**

* **지역통제단장의 권한** : 대피명령, 위험구역의 설정, 강제대피 조치, 통행제한, 응급부담, 응급조치, 긴급구조를 할 수 있다.

용 어 정 리

* 응원

① 시장·군수·구청장은 응급조치를 하기 위하여 필요하면 다른 시·군·구나 관할구역에 있는 군부대 및 관계 행정기관의 장에게 소속 공무원 등의 파견 등 필요한 응원(應援)을 요청할 수 있다. 이 경우 응원을 요청받은 군부대의 장과 관계 행정기관의 장은 특별한 사유가 없으면 요청에 따라야 한다.

② 응원에 종사하는 사람은 그 응원을 요청한 시장·군수·구청장의 지휘에 따라 응급조치에 종사하여야 한다.

* 응급부담

시장·군수·구청장과 지역통제단장은 그 관할구역에서 재난이 발생하거나 발생할 우려가 있어 응급조치를 하여야 할 급박한 사정이 있으면 해당 재난현장에 있는 사람이나 인근에 거주하는 사람에게 응급조치에 종사하게 하거나 대통령령으로 정하는 바에 따라 다른 사람의 토지·건축물·인공구조물, 그 밖의 소유물을 일시 사용할 수 있으며, 장애물을 변경하거나 제거할 수 있다.

(6) 긴급구조

① 중앙긴급구조통제단

㉠ 긴급구조에 관한 사항의 총괄 · 조정, 긴급구조기관 및 긴급구조지원기관이 하는 긴급구조활동의 역할 분담과 지휘 · 통제를 위하여 소방청에 중앙긴급구조통제단(이하 중앙통제단)을 둔다.

㉡ 중앙통제단의 단장은 소방청장이 된다.

㉢ 중앙통제단장은 긴급구조를 위하여 필요하면 긴급구조지원기관 간의 공조체

제를 유지하기 위하여 관계 기관·단체의 장에게 소속 직원의 파견을 요청할 수 있다. 이 경우 요청을 받은 기관·단체의 장은 특별한 사유가 없으면 요청에 따라야 한다.

㉣ 중앙통제단의 구성·기능 및 운영에 필요한 사항은 대통령령으로 정한다.

② **지역긴급구제통제단** : 시·도소방본부, 시·군·구긴급구조통제단을 둠.

③ **긴급구조** : 지역통제단장은 긴급구조 활동을 하게하며, 긴급구조기관으로는 소방청·소방본부 및 소방서를 말한다. 다만, 해양에서 발생한 재난의 경우에는 해양경찰청·지방해양경찰청 및 해양경찰서를 말한다. 긴급구조지원기관은 긴급구조에 필요한 인력·시설 및 장비, 운영체계 등 긴급구조능력을 보유한 기관이나 단체로서 대통령령으로 정하는 기관과 단체를 말한다.

지역통제단장이 긴급구조를 위하여 긴급구조지원기관의 장에게 요원 및 장비·물자를 지원 요청한 경우 특별한 사유가 없으면 즉시 요청에 따라야 한다.

④ **현장지휘** : ㉠ 재난현장에서는 시·군·구긴급구조통제단장이 긴급구조 활동을 지휘한다. 다만, 치안활동과 관련된 사항은 관할 경찰관서의 장과 협의하여야 한다.

㉡ 제1항에 따른 현장지휘는 다음 각 호의 사항에 관하여 한다.

가. 재난현장에서 인명의 탐색·구조

나. 긴급구조기관 및 긴급구조지원기관의 인력·장비의 배치와 운용

다. 추가 재난의 방지를 위한 응급조치

라. 긴급구조지원기관 및 자원봉사자 등에 대한 임무의 부여

마. 사상자의 응급처치 및 의료기관으로의 이송

바. 긴급구조에 필요한 물자의 관리

사. 현장접근 통제, 현장 주변의 교통정리, 그 밖에 긴급구조 활동을 효율적으로 하기 위하여 필요한 사항

⑤ **긴급구조대응계획의 수립** : 긴급구조기관의 장은 재난이 발생하는 경우 대통령령으로 정하는 바에 따라 재난의 규모와 유형에 따른 긴급구조대응계획을 수립·시행하여야 한다.

⑥ 해상에서 발생한 선박이나 항공기 등의 조난사고의 긴급구조 활동에 관하여는 「수상에서의 수색·구조 등에 관한 법률」 등 관계 법령에 따른다.

⑦ **항공기 등 조난사고 시의 긴급구조** : ㉠ 소방청장은 항공기 조난사고가 발생한 경우 항공기 수색과 인명구조를 위하여 항공기 수색·구조계획을 수립·시행하여야 한다.

㉡ 항공기의 수색·구조에 필요한 사항은 대통령령으로 정한다.

㉢ 국방부장관은 항공기나 선박의 조난사고가 발생하면 관계법령에 따라 긴급구조업무에 책임이 있는 기관의 긴급구조 활동에 대한 군의 지원을 신속하게 할 수 있도록 다음 각 호의 조치를 취하여야 한다.

가. 탐색구조본부의 설치·운영

나. 탐색구조부대의 지정 및 출동 대기태세의 유지

다. 조난 항공기에 관한 정보 제공

관련내용 정리

* 재난대비능력 보강

① 국가와 지방자치단체는 재난관리에 필요한 인력·장비·시설의 확충, 통신망의 설치·정비 등 긴급구조능력을 보강하기 위하여 노력하고, 필요한 재정상의 조치를 마련하여야 한다.

② 긴급구조기관의 장은 긴급구조 활동을 신속하고 효과적으로 할 수 있도록 긴급구조지휘대 등 긴급구조체제를 구축하고, 상시 소속 긴급구조요원 및 장비의 출동태세를 유지하여야 한다.

③ 긴급구조업무와 재난관리책임기관(행정기관 외의 기관만 해당한다)의 재난관리업무에 종사하는 사람은 대통령령으로 정하는 바에 따라 긴급구조에 관한 교육을 받아야 한다. 다만, 다른 법령에 따라 긴급구조에 관한 교육을 받은 경우에는 이 법에 따른 교육을 받은 것으로 본다.

④ 행정안전부장관은 제3항에 따른 교육을 담당할 교육기관을 지정할 수 있다.

* 긴급구조지원기관 능력에 대한 평가

① 긴급구조지원기관은 대통령령으로 정하는 바에 따라 긴급구조에 필요한 능력을 유지하여야 한다.

② 긴급구조기관의 장은 긴급구조지원기관의 능력을 평가할 수 있다. 다만, 상시 출동체계 및 자체평가제도를 갖춘 기관과 민간 긴급구조지원기관에 대하여는 대통령령으로 정하는 바에 따라 평가를 하지 아니할 수 있다.

③ 긴급구조기관의 장은 제2항에 따른 평가결과를 해당 긴급구조지원기관의 장에게 통보하여야 한다.

* 긴급구조대응활동 및 현장지휘에 관한 규칙 제6조(긴급구조체제의 구축)

긴급구조기관의 장이 구축하여야 하는 긴급구조체제에는 다음 각 호의 사항이 모두 포함되어야 한다.

1. 종합상황실과 재난 관련 방송요청을 받은 방송국 간의 긴급방송체제
2. 중앙대책본부장, 지역대책본부장, 통제단장 및 긴급구조지원기관의 장과의 비상연락통신체제
3. 아마추어무선통신(HAM) 등 긴급구조 보조통신체제
4. 비상경고체제
5. 긴급구조관련기관에 대한 제7조에 따른 통합지휘조정통제센터
6. 자원관리체제
7. 자원지원수용체제. 다만, 긴급구조대응계획에 자원지원수용체제에 관한 사항이 포함되어있는 경우 또는 자원관리체제가 구축되어있는 경우에는 자원지원수용체제를 생략할 수 있다.
8. 표준현장지휘체계
9. 종합상황실과 해양경찰관서 상황실 간의 연계체제

(7) 재난의 복구

① **특별재난지역의 선포 건의 :** 중앙대책본부장(행정안전부장관)은 대통령령으로 정하는 재난의 발생으로 인하여 국가의 안녕 및 사회질서의 유지에 중대한 영향을 미치거나 그 재난으로 인한 피해를 효과적으로 수습 및 복구하기 위하여 특별한 조치가 필요하다고 인정하면 중앙위원회의 심의를 거쳐 해당 지역을 특별재난지역으로 선포할 것을 대통령에게 건의할 수 있다.

② **특별재난지역의 선포** : 특별재난지역의 선포를 건의 받은 대통령은 해당 지역을 특별재난지역으로 선포할 수 있으며, 이때 재난관리책임기관의 장은 특별재난지역이 선포되면 재난복구계획을 수립·시행할 수 있다.

③ **특별재난지역에 대한 지원** : 국가나 지방자치단체는 특별재난지역으로 선포된 지역에 대하여는 대통령령으로 정하는 바에 따라 응급대책 및 재난구호와 복구에 필요한 행정상·재정상·금융상·의료상의 특별지원을 할 수 있다.

④ **재난합동조사단 :** 중앙본대책본부장은 대규모 재난이 발생하면 관계 재난관리책임기관과 합동으로 재난합동조사단을 편성하여 재난 피해상황을 조사하고, 재난복구계획을 수립할 수 있다.

(8) 재정 및 보상

① **비용의 부담** : 재난관리에 필요한 비용은 이 법 또는 다른 법령에 특별한 규정이 있는 경우 외에는 이 법 또는 그 시행의 책임이 있는 자가 부담한다. 다만, 시·도지사나 시장·군수·구청장이 다른 재난관리책임기관이 시행할 재난의 응급조치를 시행한 경우 그 비용은 그 응급조치를 시행할 책임이 있는 재난관리책임기관이 부담한다.

② **응급지원에 필요한 비용** : 응원을 받은 자는 그 응원에 드는 비용을 부담하여야 하며, 응급조치로 인하여 다른 지방자치단체가 이익을 받은 경우에는 그 수익의 범위에서 이익을 받은 해당 지방자치단체가 그 비용의 일부를 분담하여야 한다.

③ **치료 및 보상** : ㉠ 재난 발생 시 응급조치나 긴급구조 활동을 하다가 부상을 입은 경우에는 치료를 실시하고, 사망(부상으로 인하여 사망한 경우를 포함한다)하거나 신체에 장애를 입은 경우에는 그 유족이나 장애를 입은 사람에게 보상금을 지급한다. 다만, 다른 법령에 따라 국가나 지방자치단체의 부담으로 같은 종류의 보상금을 받은 사람에게는 그 보상금에 상당하는 금액을 지급하지 아니한다.

㉡ 재난의 응급대책·복구 및 긴급구조 등에 참여한 자원봉사자의 장비 등이 응

급대책·복구 또는 긴급구조와 관련하여 고장 나거나 파손된 경우에는 그 자원봉사자에게 수리 비용을 보상할 수 있다.

④ 재난지역에 국고보조 등의 지원

국가는 재난관리를 원활하게 실시하기 위하여 필요하면 대통령령으로 정하는 바에 따라 그 비용의 전부 또는 일부를 국고에서 부담하거나 지방자치단체, 그 밖의 재난관리책임자에게 보조할 수 있다.

㉠ 국가는 재난의 원활한 복구를 위하여 필요하면 대통령령으로 정하는 바에 따라 그 비용의 전부 또는 일부를 국고에서 부담하거나 지방자치단체, 그 밖의 재난관리책임자에게 보조할 수 있다. 다만, 대피명령을 방해하거나 위반하여 발생한 피해에 대하여는 그러하지 아니하다.

㉡ 재난복구사업의 재원은 대통령령으로 정하는 재난의 구호 및 재난의 복구비용 부담기준에 따라 국고의 부담금 또는 보조금과 지방자치단체의 부담금·의연금 등으로 충당하되, 지방자치단체의 부담금 중 시·도 및 시·군·구가 부담하는 기준은 총리령으로 정한다.

㉢ 국가와 지방자치단체는 재난으로 피해를 입은 시설의 복구와 피해주민의 생계 안정을 위하여 다음 각 호의 지원을 할 수 있다.

가. 사망자·실종자·부상자 등 피해주민에 대한 구호

나. 주거용 건축물의 복구비 지원

다. 고등학생의 학자금 면제

라. 관계 법령에서 정하는 바에 따라 농업인·임업인·어업인의 자금 융자, 농업·임업·어업 자금의 상환기한 연기 및 그 이자의 감면 또는 중소기업 및 소상공인의 자금 융자

마. 세입자 보조 등 생계안정 지원

바. 관계법령에서 정하는 바에 따라 국세·지방세, 건강보험료·연금보험료, 통신요금, 전기요금 등의 경감 또는 납부유예 등의 간접지원

사. 주 생계수단인 농업·어업·임업·염생산업(鹽生産業)에 피해를 입은 경우에 해당 시설의 복구를 위한 지원

아. 공공시설 피해에 대한 복구사업비 지원

자. 그 밖에 중앙재난안전대책본부회의에서 결정한 지원

㉣ 지원기준은 자연재난에 대해서는 대통령령으로 정하고, 사회재난으로서 특별재난지역으로 선포된 지역의 재난에 대해서는 관계 중앙행정기관의 장과의 협의 및 중앙재난안전대책본부회의의 심의를 거쳐 중앙대책본부장이 정하며,

사회재난으로서 특별재난지역으로 선포되지 아니한 지역의 재난에 대해서는 지역재난안전대책본부회의의 심의를 거쳐 지역대책본부장이 정한다.

ⓜ 국가와 지방자치단체는 재난으로 피해를 입은 사람에 대하여 심리적 안정과 사회 적응을 위한 상담활동을 지원할 수 있다. 이 경우 구체적인 지원 절차와 그 밖에 필요한 사항은 대통령령으로 정한다.

⑤ 지방자치단체의 재난관리기금 적립

㉠ 지방자치단체는 재난관리에 드는 비용에 충당하기 위하여 매년 재난관리기금을 적립하여야 한다.

㉡ 재난관리기금의 매년도 최저적립액은 최근 3년 동안의 「지방세법」에 의한 보통세의 수입결산액의 평균연액의 100분의 1에 해당하는 금액으로 한다.

㉢ 재난관리기금의 운용·관리

ⓐ 시·도지사 및 시장·군수·구청장은 전용 계좌를 개설하여 매년 적립하는 재난관리기금을 관리하여야 한다.

ⓑ 시·도지사 및 시장·군수·구청장은 매년도 최저적립액의 100분의 15 이상의 금액을 금융회사 등에 예치하여 관리하여야 한다. 다만, 의무예치금액의 누적금액이 해당 연도를 기준으로 매년도 최저적립액의 10배를 초과한 경우에는 해당 연도의 의무예치금액을 매년도 최저적립액의 100분의 5로 낮추어 예치할 수 있다.

ⓒ 재난관리기금은 남은 금액과 그 이자를 초과할 수 없다. 다만, 「재난구호 및 재난복구비용 부담기준 등에 관한 규정」에 따른 국고지원 대상 피해기준금액의 5배를 초과하는 피해가 발생한 경우에는 의무예치금액의 일부를 사용할 수 있다.

ⓓ 재난관리기금의 운용·관리에 필요한 사항은 해당 지방자치단체의 조례로 정한다.

⑥ 안전문화진흥을 위한 시책의 추진

㉠ 중앙행정기관의 장과 지방자치단체의 장은 소관 재난 및 안전관리업무와 관련하여 국민의 안전의식을 높이고 안전문화를 진흥시키기 위한 다음 각 호의 안전문화 활동을 적극 추진하여야 한다.

가. 안전교육 및 안전훈련

나. 안전의식을 높이기 위한 캠페인 및 홍보

다. 안전행동요령 및 기준·절차 등에 관한 지침의 개발·보급

라. 안전문화 우수사례의 발굴 및 확산

마. 안전 관련 통계 현황의 관리·활용 및 공개
바. 안전에 관한 각종 조사 및 분석
사. 그 밖에 안전문화를 진흥하기 위한 활동

㉡ 행정안전부장관은 안전문화 활동의 추진에 관한 총괄·조정업무를 관장한다.

㉢ 국가와 지방자치단체는 국민이 안전문화를 실천하고 체험할 수 있는 안전체험시설을 설치·운영할 수 있다.

㉣ 국가는 지방자치단체 및 그 밖의 기관·단체에서 추진하는 안전문화 활동을 위하여 필요한 예산을 지원할 수 있다.

(9) 보칙

① 재난상황의 기록 관리

㉠ 재난관리책임기관의 장은 소관시설·재산 등에 관한 피해상황을 포함한 재난상황 등을 기록하고, 이를 보관하여야 한다. 이 경우 시장·군수·구청장을 제외한 재난관리책임기관의 장은 그 기록사항을 시장·군수·구청장에게 통보하여야 한다.

㉡ 행정안전부장관은 매년 재난상황 등을 기록한 재해연보 또는 재난연감을 작성하여야 한다.

㉢ 행정안전부장관은 제2항에 따른 재해연보 또는 재난연감을 작성하기 위하여 필요한 경우 재난관리책임기관의 장에게 관련 자료의 제출을 요청할 수 있다. 이 경우 요청을 받은 재난관리책임기관의 장은 요청에 적극 협조하여야 한다.

㉣ 재난관리주관기관의 장은 특별재난지역으로 선포된 사회재난 또는 재난상황 등을 기록하여 관리할 특별한 필요성이 인정되는 재난에 관하여 재난수습 완료 후 수습상황 등을 기록한 재난백서를 작성하여야 한다. 이 경우 관계 기관의 장이 재난대응에 참고할 수 있도록 재난백서를 통보하여야 한다.

㉤ 재난관리주관기관의 장은 재난백서를 신속히 국회 소관 상임위원회에 제출·보고하여야 한다.

㉥ 재난상황의 작성·보관 및 관리에 필요한 사항은 대통령령으로 정한다.

② **안전문화 활동의 육성·지원** : 국가와 지방자치단체, 행정안전부장관이 육성·지원

③ **재난 및 안전관리에 필요한 과학기술의 진흥** : 정부 및 행정안전부장관

④ **재난 및 안전관리기술개발종합계획의 수립** : 행정안전부장관, 행정기관장

⑤ **기술료의 징수 및 사용** : 행정안전부장관은 연구개발사업의 성과를 사업화함으

로써 수익이 발생할 경우에는 사업자로부터 그 수익의 일부에 해당하는 금액(이하 "기술료"라 한다)을 징수할 수 있다.

⑥ **재난대비훈련** : 행정안전부장관, 시·도지사, 시장·군수·구청장 및 긴급구조기관의 장은 대통령령으로 정하는 바에 따라 정기 또는 수시로 재난관리책임기관·긴급구조지원기관 및 군부대 등 관계 기관과 합동으로 재난대비 훈련을 실시할 수 있다.

⑦ **재난관리의 표준화** : 행정안전부장관은 재난관리업무를 효율적으로 하기 위하여 대통령령으로 정하는 바에 따라 재난관리에 필요한 표준화된 매뉴얼을 개발하여 보급할 수 있다.

⑧ **재난관리정보의 공동이용(제74조 2)** : 재난관리책임기관·긴급구조기관 및 긴급구조지원기관은 재난관리정보의 공동 이용

㉠ 재난관리책임기관·긴급구조기관 및 긴급구조지원기관은 재난관리업무를 효율적으로 처리하기 위하여 수집·보유하고 있는 재난관리정보를 다른 재난관리책임기관·긴급구조기관 및 긴급구조지원기관과 공동 이용하여야 한다.

㉡ 공동 이용되는 재난관리정보를 제공하는 기관은 해당 정보의 정확성을 유지하도록 노력하여야 한다.

㉢ 재난관리정보의 처리를 하는 재난관리책임기관·긴급구조기관·긴급구조지원기관 또는 재난관리업무를 위탁받아 그 업무에 종사하거나 종사하였던 자는 직무상 알게 된 재난관리정보를 누설하거나 권한 없이 다른 사람이 이용하도록 제공하는 등 부당한 목적으로 사용하여서는 아니 된다.

㉣ 공유 대상 재난관리정보의 범위, 재난관리정보의 공동이용절차 등에 관하여 필요한 사항은 대통령령으로 정한다.

⑨ **안전관리자문단의 구성·운영** : 지방자치단체의 장은 민간전문가로 구성된 안전관리자문단을 구성·운영할 수 있다.

⑩ **재난 관련 보험 등의 개발·보급** : 국가는 국민과 지방자치단체가 자기의 책임과 노력으로 재난에 대비할 수 있도록 재난 관련 보험·공제를 개발·보급하기 위하여 노력

⑪ **재난관리에 대한 문책 요구** : 행정안전부장관, 시·도지사 및 시장·군수·구청장은 재난응급대책·안전점검·재난상황관리 등의 업무를 수행할 때 지시를 위반하거나 부과된 임무를 게을리 한 재난관리책임기관의 공무원 또는 직원의 명단을 그 사실을 입증할 수 있는 관계 자료와 함께 그 소속기관 또는 단체의 장에게 통보할 수 있다.

⑫ **권한의 위임 및 위탁 :** 행정안전부장관의 권한은 그 일부를 대통령령으로 정하는 바에 따라 시·도지사에게 위임할 수 있다.

⑬ **안전책임관**

㉠ 국가기관과 지방자치단체의 장은 해당 기관의 재난 및 안전관리업무를 총괄하는 안전책임관 및 담당직원을 소속 공무원 중에서 임명할 수 있다.

㉡ 안전책임관은 해당 기관의 재난 및 안전관리업무와 관련하여 다음 각 호의 사항을 담당한다.

가. 재난이나 그 밖의 각종 사고가 발생하거나 발생할 우려가 있는 경우 초기대응 및 보고에 관한 사항

나. 위기관리 매뉴얼의 작성·관리에 관한 사항

다. 재난 및 안전관리와 관련된 교육·훈련에 관한 사항

라. 그 밖에 해당 중앙행정기관의 장이 재난 및 안전관리업무를 위하여 필요하다고 인정하는 사항

㉢ 안전책임관의 임명 및 운영에 필요한 사항은 대통령령으로 정한다.

국가와 지방자치단체의 지원

이재민의 생계를 위해 다음 각 호의 지원을 할 수 있다.

가. 이재민의 구호

나. 중학생 및 고등학생의 학자금 면제

다. 농업·임업·어업 자금의 상환기한 연기 및 그 이자의 감면

라. 정부양곡의 무상지급

마. 그 밖에 중앙재난안전대책본부회의에서 결정한 사항

(10) 벌칙

① **79조 벌칙 :** 다음 각 호의 어느 하나에 해당하는 자는 1년 이하의 징역 또는 500만 원 이하의 벌금에 처한다.

가. 정당한 사유 없이 긴급안전점검을 거부 또는 기피하거나 방해한 자

나. 안전조치명령을 이행하지 아니한 자

다. 정당한 사유 없이 위험구역에 출입하는 행위나 그 밖의 행위의 금지명령 또는 제한명령을 위반한 자

② **80조 벌칙 :** 다음 각 호의 어느 하나에 해당하는 자는 200만 원 이하의 벌금에 처한다.

가. 정당한 사유 없이 토지·건축물·인공구조물, 그 밖의 소유물의 일시 사용

또는 장애물의 변경이나 제거를 거부 또는 방해한 자

나. 직무상 알게 된 재난관리정보를 누설하거나 권한 없이 다른 사람이 이용하도록 제공하는 등 부당한 목적으로 사용한 자

③ **양벌규정** : 법인의 대표자나 법인 또는 개인의 대리인, 사용인, 그 밖의 종업원이 그 법인 또는 개인의 업무에 관하여 관련법률 위반 시 그 행위자를 벌하는 외에 그 법인 또는 개인에게도 해당 조문의 벌금형을 과(科)한다. 다만, 법인 또는 개인이 그 위반행위를 방지하기 위하여 해당 업무에 관하여 상당한 주의와 감독을 게을리 하지 아니한 경우에는 그러하지 아니하다.

④ **과태료** : 다음 각 호의 어느 하나에 해당하는 사람에게는 200만 원 이하의 과태료를 부과하며, 과태료는 대통령령으로 정하는 바에 따라 시·도지사 또는 시장·군수·구청장이 부과·징수한다.

가. 대피명령을 위반한 사람

나. 위험구역에서의 퇴거명령 또는 대피명령을 위반한 사람

다. 위기상황 매뉴얼을 작성·관리하지 아니한 소유자·관리자 또는 점유자

라. 개선명령을 이행하지 아니한 소유자·관리자 또는 점유자

2. 재난 및 안전관리 기본법 시행령

1) 긴급구조지원기관 – 제4조

"대통령령으로 정하는 **긴급구조지원**기관과 단체"란 다음의 기관과 단체를 말한다.

(1) 교육부, 교육부, 과학기술정보통신부, 국방부, 산업통상자원부, 보건복지부, 환경부, 국토교통부, 해양수산부, 방송통신위원회, 경찰청, 산림청, 질병관리청 및 기상청

(2) 국방부장관이 탐색구조부대로 지정하는 군부대와 그 밖에 긴급구조지원을 위하여 국방부장관이 지정하는 군부대

(3) 「대한적십자사 조직법」에 따른 대한적십자사

(4) 「의료법」에 따른 종합병원

(5) 「응급의료에 관한 법률」에 따른 응급의료기관, 응급의료정보센터 및 구급차 등의 운용자

(6) 「재해구호법」에 따른 전국재해구호협회

(7) 긴급구조기관과 긴급구조 활동에 관한 응원협정을 체결한 기관 및 단체

(8) 그 밖에 긴급구조에 필요한 인력과 장비를 갖춘 기관 및 단체로서 총리령으로 정

하는 기관 및 단체

* **긴급구조기관** : 소방청·소방본부 및 소방서를 말한다. 다만, 해양에서 발생한 재난의 경우에는 해양경찰청·지방해양경찰청 및 해양경찰서

2) 재난 및 사고 예방사업의 범위 – 제7조

"대통령령으로 정하는 재난 및 사고의 예방사업"이란 다음 각 호의 사업을 말한다.

(1) 「기상관측표준화법」 기상관측의 표준화를 위하여 시행하는 사업

(2) 「농어촌정비법」 농업생산기반 정비사업 중 수리시설(水利施設) 개수·보수 사업, 농경지 배수(排水) 개선사업, 저수지 정비사업, 방조제 정비사업

(3) 「댐건설 및 주변지역지원 등에 관한 법률」 댐의 관리를 위한 사업

(4) 「도로법」 도로공사 중 재난 및 안전관리를 위하여 시행하는 사업

(5) 「산림기본법」 산림재해 예방사업

(6) 「사방사업법」 사방사업(砂防事業)

(7) 「어촌·어항법」 어항정비사업

(8) 「연안관리법」 연안정비사업

(9) 「지진·화산재해대책법」 기존 공공시설물의 내진보강사업

(10) 「하천법」 하천공사사업

(11) 「항만법」 항만공사 중 재난 예방을 위한 사업

(12) 그 밖에 중앙위원회의 위원장이 정하는 사업

(13) 실무위원회의 구성·운영 등 – 제10조

① 실무위원회 심의사항

1. 재난 및 안전관리를 위하여 관계 중앙행정기관의 장이 수립하는 대책에 관하여 협의·조정이 필요한 사항
2. 재난 발생 시 관계 중앙행정기관의 장이 수행하는 재난의 수습에 관하여 협의·조정이 필요한 사항
3. 그 밖에 실무위원회의 위원장(실무위원장)이 회의에 부치는 사항

② 실무위원장은 행정안전부의 재난안전관리사무를 담당하는 본부장이 된다.

③ 실무위원회의 위원은 다음 각 호의 어느 하나에 해당하는 사람 중에서 성별을 고려하여 행정안전부장관이 임명하거나 위촉하는 사람으로 한다.

1. 관계 중앙행정기관의 고위공무원단에 속하는 공무원 또는 3급 상당 이상에 해당하는 공무원 중에서 해당 중앙행정기관의 장이 추천하는 공무원
2. 재난 및 안전관리에 관한 지식과 경험이 풍부한 사람

3. 그 밖에 실무위원장이 필요하다고 인정하는 분야의 전문지식과 경력이 충분한 사람

④ 실무위원회의 회의(실무회의)는 위원 5명 이상의 요청이 있거나 실무위원장이 필요하다고 인정하는 경우에 실무위원장이 소집한다.

⑤ 실무회의는 실무위원장과 실무위원장이 회의마다 지정하는 25명 내외의 위원으로 구성한다.

⑥ 실무회의는 구성원 과반수의 출석으로 개의(開議)하고, 출석위원 과반수의 찬성으로 의결한다.

⑦ 실무위원회의 구성 및 운영에 필요한 사항은 행정안전부장관이 정한다.

(14) 중앙민관협력위원회의 구성·운영 - 제12조 3

① 중앙안전관리민관협력위원회(중앙민관협력위원회)는 공동위원장 2명을 포함하여 35명 이내의 위원으로 구성한다.

② 중앙민관협력위원회의 공동위원장은 행정안전부의 재난안전관리사무를 담당하는 본부장과 위촉된 민간위원 중에서 중앙민관협력위원회의 의결을 거쳐 행정안전부장관이 지명하는 사람이 된다.

③ 중앙민관협력위원회의 공동위원장은 중앙민관협력위원회를 대표하고, 중앙민관협력위원회의 운영 및 사무에 관한 사항을 총괄한다.

④ 중앙민관협력위원회의 위원은 다음 각 호의 사람이 된다.

1. 당연직 위원

가. 행정안전부 안전정책실장

나. 행정안전부 재난관리실장

다. 행정안전부 재난안전조정관

2. 민간위원: 다음 각 목의 어느 하나에 해당하는 사람 중에서 성별을 고려하여 행정안전부장관이 위촉하는 사람

가. 재난 및 안전관리 활동에 적극적으로 참여하고 전국 규모의 회원을 보유하고 있는 협회 등의 민간단체 대표

나. 재난 및 안전관리분야 유관기관, 단체·협회 또는 기업 등에 소속된 재난 및 안전관리 전문가

다. 재난 및 안전관리분야에 학식과 경험이 풍부한 사람

⑤ 민간위원의 임기는 2년으로 하며, 위원의 사임 등으로 새로 위촉된 위원의 임기는 전임위원 임기의 남은 기간으로 한다.

⑥ 제1항부터 제5항까지에서 규정한 사항 외에 중앙민관협력위원회의 구성·운영에 필

요한 세부사항은 중앙민관협력위원회의 의결을 거쳐 행정안전부장관이 정한다.

3) 중앙재난안전대책본부

(1) 중앙재난안전대책본부의 구성 - 제15조

① 중앙대책본부에는 차장·총괄조정관·대변인·통제관·부대변인 및 담당관을 둔다.

② 행정안전부장관이 중앙대책본부장이 되는 경우에는 다음 각 호의 사람이 차장·특별대응단장등·총괄조정관·대변인·통제관·부대변인 및 담당관이 된다.

1. 차장·총괄조정관·대변인·통제관 및 담당관 : 행정안전부 소속 공무원 중에서 행정안전부장관이 지명하는 사람
2. 특별대응단장등 : 해당 재난과 관련한 민간전문가 중에서 행정안전부장관이 위촉하는 사람
3. 부대변인 : 재난관리주관기관 소속 공무원 중에서 소속 기관의 장이 추천하여 행정안전부장관이 지명하는 사람

③ 해외재난의 경우에는 외교부장관이 소속 공무원 중에서 지명하는 사람이 차장·총괄조정관·대변인·통제관·부대변인 및 담당관이 되고, 외교부장관이 해당 재난과 관련한 민간전문가 중에서 위촉하는 사람이 특별대응단장등이 된다.

④ 국무총리가 중앙대책본부장의 권한을 행사하는 경우 특별대응단장등·총괄조정관·대변인·통제관·부대변인 및 담당관은 다음 각 호의 사람이 된다.

1. 특별대응단장등 : 차장이 해당 재난과 관련한 민간전문가 중에서 추천하여 국무총리가 위촉하는 사람
2. 총괄조정관·통제관 및 담당관 : 차장이 소속 중앙행정기관 공무원 중에서 지명하는 사람
3. 대변인 : 차장이 소속 중앙행정기관 공무원 중에서 추천하여 국무총리가 지명하는 사람
4. 부대변인 : 재난관리주관기관 소속 공무원 중에서 소속 기관의 장이 추천하여 국무총리가 지명하는 사람

⑤ 국무총리가 필요하다고 인정하여 지명하는 중앙행정기관의 장이 공동으로 차장이 되는 경우에는 다음 각 호의 사람이 특별대응단장등·총괄조정관·대변인·통제관·부대변인 및 담당관이 된다.

1. 특별대응단장등 : 공동 차장이 각각 해당 재난과 관련한 민간전문가 중에서 추천하여 국무총리가 위촉하는 사람
2. 총괄조정관·통제관 및 담당관 : 공동 차장이 각각 소속 중앙행정기관 공무

원 중에서 지명하는 사람
3. 대변인 및 부대변인 : 공동 차장이 각각 소속 중앙행정기관 공무원 중에서 추천하여 국무총리가 지명하는 사람

⑥ 실무반은 행정안전부 소속 공무원과 관계 재난관리책임기관에서 파견된 사람으로 편성한다.
1. 행정안전부, 외교부(해외재난의 경우에 한정한다) 또는 원자력안전위원회(「원자력시설 등의 방호 및 방사능 방재 대책법」방사능재난의 경우에 한정한다) 소속 공무원
2. 국무총리가 중앙행정기관의 장을 공동 차장으로 지명한 경우 해당 중앙행정기관 소속 공무원
3. 관계 재난관리책임기관에서 파견된 사람

⑦ 중앙대책본부의 구성 및 운영 등에 필요한 사항은 행정안전부령으로 정한다.

(2) 중앙재난안전대책본부회의의 심의·협의사항 - 제17조

1) 재난예방대책에 관한 사항
2) 재난응급대책에 관한 사항
3) 국고지원 및 예비비 사용에 관한 사항
4) 그 밖에 중앙재난안전대책본부장이 회의에 부치는 사항

4) 수습지원단의 구성 및 임무 등 - 제18조

수습지원단은 재난유형별로 관계 재난관리책임기관의 전문가 및 민간 전문가로 구성한다. 다만, 해외재난의 경우에는 따로 수습지원단을 구성하지 아니하고 「119구조·구급에 관한 법률」에 따른 국제구조대로 갈음할 수 있다.

수습지원단의 단장은 수습지원단원 중에서 중앙대책본부장이 지명하는 사람이 되고, 단장은 수습지원단원을 지휘·통솔하며 운영을 총괄한다. 수습지원단은 다음 각 호의 업무를 수행한다.

1. 지역대책본부장 등 재난 발생지역의 책임자에 대하여 사태수습에 필요한 기술자문·권고 또는 조언
2. 중앙대책본부장에 대하여 재난수습을 위한 재난현장 상황, 재난발생의 원인, 행정적·재정적으로 조치할 사항 및 진행상황 등에 관한 보고

중앙대책본부장은 신속한 재난상황의 파악, 현장 지도·관리 등을 위하여 수습지원단을

현지에 파견하기 전에 중앙대책본부 소속 직원을 재난현장에 파견할 수 있다. 수습지원단의 구성 및 운영에 필요한 사항은 중앙대책본부장이 정한다.

5) 특수기동구조대의 편성 및 파견 - 제18조의 2

① 중앙대책본부장은 특수기동구조대("특수기동구조대"라 한다)의 대원을 소방청 중앙119구조본부 및 해양경찰청 중앙해양특수구조단 소속 공무원 중에서 선발하고, 특수기동구조대 대장을 특수기동구조대의 대원 중에서 지명한다. 이 경우 중앙대책본부장은 재난유형별로 필요한 전문 인력을 추가할 수 있다.

② 중앙대책본부장은 다음 각 호의 어느 하나에 해당하는 경우 특수기동구조대를 재난현장에 파견할 수 있다.

1. 각급 통제단장 또는 중앙구조본부의 장, 광역구조본부의 장, 지역구조본부의 장이 중앙대책본부장에게 요청하는 경우
2. 중앙대책본부장이 구조·구급·수색 등의 활동을 신속하게 지원하기 위하여 필요하다고 인정하는 경우

③ 외교부장관 또는 원자력안전위원회 위원장은 중앙대책본부장의 권한을 행사하는 경우 특수기동구조대를 파견하기 위해서는 행정안전부장관과 협의하여야 한다.

④ 특수기동구조대는 재난현장에서 구조·구급·수색 등의 활동에 관하여 각급통제단장의 지휘·통제를 따른다. 다만, 해양에서 발생하는 재난에 관하여는 중앙구조본부의 장, 광역구조본부의 장, 지역구조본부의 장의 지휘·통제를 따른다.

⑤ 특수기동구조대의 편성 및 파견에 필요한 사항은 중앙대책본부장이 정한다.

6) 지역재난안전대책본부회의 - 제21조 2

1) 지역재난안전대책본부장은 다음 각 호의 사항을 심의·확정하기 위하여 지역재난안전대책본부회의를 구성·운영할 수 있다.
   (1) 자체 재난복구계획에 관한 사항
   (2) 재난예방대책에 관한 사항
   (3) 재난응급대책에 관한 사항
   (4) 재난에 따른 피해지원에 관한 사항
   (5) 그 밖에 지역대책본부장이 필요하다고 인정하는 사항
2) 지역대책본부회의의 구성 및 운영에 관한 사항은 해당 지방자치단체의 조례로 정한다.

7) 재난안전상황실

1) 재난안전상황실의 설치·운영 – 제23조

(1) 재난안전상황실은 다음 각 호의 요건을 모두 갖추어야 한다.

① 신속한 재난정보의 수집·전파와 재난대비 자원의 관리·지원을 위한 재난방송 및 정보통신 체계

② 재난상황의 효율적 관리를 위한 각종 장비의 운영·관리 체계

③ 재난안전상황실 운영을 위한 전담인력과 운영규정

④ 그 밖에 행정안전부장관이 정하는 사항

(2) 행정안전부장관, 특별시장·광역시장·특별자치시장·도지사·특별자치도지사, 시장·군수·구청장 및 소방서장은 재난으로 인하여 재난안전상황실이 그 기능의 전부 또는 일부를 수행할 수 없는 경우를 대비하여 대체상황실을 운영할 수 있다.

2) 재난상황의 보고 – 제24조

재난상황의 보고 및 통보에는 다음 각 호의 사항이 포함되어야 한다.

(1) 재난 발생의 일시·장소와 재난의 원인

(2) 재난으로 인한 피해내용

(3) 응급조치사항

(4) 대응 및 복구활동사항

(5) 향후 조치계획

(6) 그 밖에 해당 재난을 수습할 책임이 있는 중앙행정기관의 장이 정하는 사항

3) 시장·군수·구청장이 보고하여야 하는 재난의 구체적인 종류와 규모 등은 총리령으로 정한다.

8) 안전관리계획

(1) 국가안전관리기본계획 수립 – 제26조

① 국무총리는 국가의 재난 및 안전관리업무에 관한 기본계획을 수립하기 위하여 필요한 경우 관계 기관 및 전문가 등의 의견을 들을 수 있다.

② 관계 중앙행정기관의 장은 국가안전관리기본계획을 이행하기 위하여 필요한 예산을 반영하는 등의 조치를 해야 한다.

③ 행정안전부장관은 통보받은 국가안전관리기본계획을 행정안전부의 인터넷 홈페이지에 공개해야 한다.

(2) 집행계획의 작성 및 제출 – 제27조

관계 중앙행정기관의 장은 매년 10월 31일까지 집행계획을 작성하여 행정안전부장관에게 통보하여야 한다.

행정안전부장관은 집행계획을 효율적으로 수립하기 위하여 필요한 경우에는 집행계획의 작성 지침을 마련하여 관계 중앙행정기관의 장에게 통보할 수 있다.

관계 중앙행정기관의 장은 집행계획을 작성하는 경우에 필요하면 세부집행계획을 작성하여야 하는 재난관리책임기관의 장에게 집행계획의 작성에 필요한 자료의 제출을 요청할 수 있다.

중앙행정기관의 장은 확정된 집행계획에 변경사항이 있을 때에는 그 변경사항을 행정안전부장관과 협의한 후 국무총리에게 보고하여야 한다. 다만, 다음 각 호의 어느 하나에 해당하는 경미한 사항은 보고를 생략할 수 있다.

① 집행계획 중 재난 및 안전관리에 소요되는 비용 등의 단순 증감에 관한 사항
② 다른 관계 중앙행정기관의 재난 및 안전관리에 영향을 미치지 않는 사항
③ 그 밖에 행정안전부장관이 집행계획의 기본방향에 영향을 미치지 않는 것으로 인정하는 사항

(3) 시·도안전관리계획 및 시·군·구 안전관리계획의 작성 – 제29조

시·도지사는 시·도지사 및 시장·군수·구청장은 소관 안전관리계획에 대하여 실무위원회의 사전검토 및 심의를 거칠 수 있다.

시·도지사는 전년도 12월 31일까지, 시장·군수·구청장은 해당 연도 2월 말일까지 소관 안전관리계획을 확정하여야 한다. 재난관리책임기관의 장이 작성하는 그 소관 안전관리업무에 관한 계획에는 다음 각 호의 사항이 포함되어야 한다.

① 소관 재난 및 안전관리에 관한 기본방향
② 재난별 대응 시 관계 기관 간의 상호협력 및 조치에 관한 사항
③ 소관 재난 및 안전관리를 위한 사업계획에 관한 사항
④ 그 밖에 재난 및 안전관리에 필요한 사항

9) 재난의 예방

(1) 재난 사전방지 조치 – 제29조 3

행정안전부장관은 재난 발생을 사전에 방지하기 위하여 다음 각 호의 사항이 포함된 재난 발생 징후 정보를 수집·분석하여 관계 재난관리책임기관의 장에게 미리 필요한 조치를 하도록 요청할 수 있다.

① 재난 발생 징후가 포착된 위치
② 위험요인 발생원인 및 상황
③ 위험요인 제거 및 조치사항
④ 그 밖에 재난 발생의 사전 방지를 위하여 필요한 사항을 요청할 수 있다.

(2) 재난 징후 정보관리시스템을 운영 – 제29조 3

행정안전부장관은 재난 징후 정보의 효율적 조사·분석 및 관리를 위하여 재난 징후 정보관리시스템을 운영할 수 있다.

(3) 국가핵심기반의 지정 – 제30조

관계 중앙행정기관의 장은 소관 재난관리책임기관의 장이나 해당 시설 관리자의 의견을 들어 국가기반시설을 지정하여야 한다.

관계 중앙행정기관의 장은 국가기반시설을 지정하려는 경우에는 미리 행정안전부장관과 협의를 거쳐 조정위원회에 심의를 요청하여야 한다.

(4) 특정관리대상지역의 지정 – 제31조

중앙행정기관의 장 또는 지방자치단체의 장은 특정관리대상지역을 지정하기 위하여 소관 지역의 현황을 매년 정기적으로 또는 수시로 조사하여야 한다.

중앙행정기관의 장 또는 지방자치단체의 장은 다음 각 호의 어느 하나에 해당하는 지역을 특정관리대상지역의 지정 · 관리 등에 관한 지침에서 정하는 세부지정기준 등에 따라 특정관리대상지역으로 지정하거나 그 지정을 해제하여야 한다.

1. 자연재난으로 인한 피해의 위험이 높거나 피해가 우려되는 지역
2. 재난예방을 위하여 관리할 필요가 있다고 인정되는 지역으로서 별표 2의2에 해당하는 지역
3. 그 밖에 재난관리책임기관의 장이 재난의 예방을 위하여 특별히 관리할 필요가 있다고 인정하는 지역

중앙행정기관의 장 또는 지방자치단체의 장은 제2항에 따라 특정관리대상지역을 지정하거나 해제할 때에는 행정안전부령으로 정하는 바에 따라 그 사실을 특정관리대상지역의 소유자 · 관리자 또는 점유자에게 알려주어야 한다.

(5) 재난 발생의 위험성을 제거하기 위한 장기·단기계획의 수립·시행 – 제33조

(가) 중앙행정기관의 장에게 제출할 내용

재난관리책임기관의 장은 특정관리대상시설 등으로부터 재난발생의 위험성을

제거하기 위한 다음 각 호의 사항이 포함된 장기·단기계획을 수립하여 관계 중앙행정기관의 장에게 제출하여야 한다.

① 특정관리대상시설 등의 정비·관리에 관한 기본 방침
② 특정관리대상시설 등의 연도별 정비·관리계획에 관한 사항
③ 개별 특정관리대상시설 등의 세부 정비·관리계획에 관한 사항
④ 그 밖의 재원대책 등 필요한 사항

(나) 세부사항

장기·단기 계획의 수립 및 시행에 필요한 세부사항은 관계 중앙행정기관의 장이 정한다.

(다) 특정관리대상시설 등의 안전등급 및 안전점검 – 제34조 2

① 재난관리책임기관의 장은 지정된 특정관리대상시설 등을 특정관리대상시설 등의 지정·관리 등에 관한 지침에서 정하는 안전등급의 평가기준에 따라 다음 각 호의 어느 하나에 해당하는 등급으로 구분하여 관리하여야 한다.

가. A등급: 안전도가 우수한 경우
나. B등급: 안전도가 양호한 경우
다. C등급: 안전도가 보통인 경우
라. D등급: 안전도가 미흡한 경우
마. E등급: 안전도가 불량한 경우

② 재난관리책임기관의 장은 D등급 또는 E등급에 해당하거나 D등급 또는 E등급에서 상위 등급으로 조정되는 특정관리대상시설 등에 관한 다음 각 호의 사항을 해당 기관에서 발행하거나 관리하는 공보 또는 홈페이지 등에 공고하고, 이를 행정안전부장관에게 통보하여야 한다. D등급 또는 E등급에 해당하는 특정관리대상시설 등의 지정이 해제되는 경우에도 또한 같다.

가. 특정관리대상시설 등의 명칭 및 위치
나. 특정관리대상시설 등의 관계인의 인적사항
다. 해당 등급의 평가 사유(D등급 또는 E등급에 해당하는 특정관리대상시설 등의 지정이 해제되는 경우에는 그 사유를 말한다)

③ 정기안전점검

가. A등급, B등급 또는 C등급에 해당하는 특정관리대상시설 등: 반기별 1회 이상
나. D등급에 해당하는 특정관리대상시설 등: 월 1회 이상

다. E등급에 해당하는 특정관리대상시설 등: 월 2회 이상

④ 수시안전점검 : 재난관리책임기관의 장이 필요하다고 인정하는 경우

⑤ 행정안전부장관은 특정관리대상시설 등을 체계적으로 관리하기 위하여 정보화시스템을 구축·운영할 수 있다.

⑥ 재난관리책임기관의 장은 제4항에 따라 운영되는 정보화시스템을 이용하여 특정관리대상시설 등을 관리하여야 한다.

10) 재난방지시설의 범위 - 제37조

"대통령령으로 정하는 재난방지시설"이란 다음 각 호의 어느 하나에 해당하는 시설을 말한다.

(1) 「소하천정비법」 소하천부속물 중 제방·호안·보 및 수문

(2) 「하천법」 하천시설 중 댐·하구 둑·제방·호안·수제·보·갑문·수문·수로터널·운하 및 수문조사시설 중 홍수발생의 예보를 위한 시설

(3) 「국토의 계획 및 이용에 관한 법률」 방재시설

(4) 「하수도법」에 따른 하수도 중 하수관로 및 공공하수처리시설

(5) 「농어촌정비법」 농업생산기반시설 중 저수지, 양수장, 우물 등 지하수이용시설, 배수장, 취입보(取入洑), 용수로, 배수로, 웅덩이, 방조제, 제방

(6) 「사방사업법」에 따른 사방시설

(7) 「댐건설 및 주변지역지원 등에 관한 법률」 댐

(8) 「어촌·어항법」 유람선·낚시어선·모터보트·요트 또는 윈드서핑 등의 수용을 위한 레저용 기반시설

(9) 「도로법」 도로의 부속물 중 방설·제설시설, 토사유출·낙석 방지시설, 공동구, 터널·교량·지하도 및 육교

(10) 「재난 및 안전관리기본법」 재난 예보·경보시설

(11) 「항만법」 항만시설

(12) 그 밖에 행정안전부장관이 정하여 고시하는 재난을 예방하기 위하여 설치한 시설

11) 긴급안전점검 대상 시설 - 제38조

(1) 긴급안전점검의 대상이 되는 시설 및 지역은 특정관리대상시설 등과 그 밖에 행정안전부장관, 시·도지사 또는 시장·군수·구청장이 긴급안전점검이 필요하다고 인정하는 시설 및 지역으로 한다.

(2) 긴급안전점검이 필요한 긴급한 사유는 다음과 같다.

1. 사회적으로 피해가 큰 재난이 발생하여 피해시설의 긴급한 안전점검이 필요하거나 이와 유사한 시설의 재난예방을 위하여 점검이 필요한 경우
2. 계절적으로 재난 발생이 우려되는 취약시설에 대한 안전대책이 필요한 경우

(3) 행정안전부장관과 재난관리책임기관의 장은 긴급안전점검을 실시할 때에는 미리 긴급안전점검 대상 시설 및 지역의 관계인에게 긴급안전점검의 목적·날짜 등을 서면으로 통지하여야 한다. 다만, 서면 통지로는 긴급안전점검의 목적을 달성할 수 없는 경우에는 말로 통지할 수 있다.

(4) 행정안전부장관 또는 재난관리책임기관의 장은 긴급안전점검을 실시하였을 때에는 총리령으로 정하는 긴급안전점검 대상 시설 및 지역의 관리에 관한 카드에 긴급안전점검 결과 및 안전조치 사항 등을 기록·유지하여야 한다.

(5) 안전조치명령 – 제39조

(가) 행정안전부장관 또는 재난관리책임기관의 장은 안전조치에 필요한 사항을 명하려는 경우에는 다음 각 호의 사항이 적힌 총리령으로 정하는 안전조치명령서를 시설 및 지역의 관계인에게 통지하여야 한다.

① 안전점검의 결과
② 안전조치를 명하는 이유
③ 안전조치의 이행 기한
④ 안전조치를 하여야 하는 사항
⑤ 안전조치 방법
⑥ 안전조치를 한 후 관계 재난관리책임기관의 장에게 통보하여야 하는 사항

(나) 작성·제출하여야 하는 이행계획서에는 다음 각 호의 사항이 포함되어야 한다.

① 안전조치를 이행하는 관계인의 인적사항
② 이행할 안전조치의 내용 및 방법
③ 안전조치의 이행 기한

(다) 행정안전부장관 또는 재난관리책임기관의 장은 안전조치 결과를 통보받은 경우에는 안전조치 이행 여부를 확인하여야 한다.

(6) 안전관리전문기관 – 제40조

(가) 「소방산업의 진흥에 관한 법률」 한국소방산업기술원
(나) 「한국농어촌공사 및 농지관리기금법」에 따른 한국농어촌공사
(다) 「고압가스 안전관리법」에 따른 한국가스안전공사
(라) 「전기사업법」에 따른 한국전기안전공사

(마) 「에너지이용 합리화법」에 따른 에너지관리공단
(바) 「한국산업안전보건공단법」에 따른 한국산업안전보건공단
(사) 「시설물의 안전관리에 관한 특별법」에 따른 한국시설안전공단
(아) 「교통안전공단법」에 따른 교통안전공단
(자) 「도로교통법」에 따른 도로교통공단
(차) 「자연재해대책법」에 따른 한국방재협회
(카) 「소방기본법」에 따른 한국소방안전협회
(타) 「승강기시설 안전관리법」에 따른 한국승강기안전관리원
(파) 그 밖에 행정안전부장관이 안전관리에 관한 자료를 요구할 필요가 있다고 인정하여 고시하는 기관

12) 국가재난관리기준에 포함될 사항 - 제43조의 4

1. 재난에 관한 예보·경보의 발령 기준
2. 재난상황의 전파
3. 재난 발생 시 효과적인 지휘·통제체제 마련
4. 재난관리를 효과적으로 수행하기 위한 관계기관 간 상호협력 방안
5. 재난관리체계에 대한 평가기준이나 방법
6. 그 밖에 재난관리를 효율적으로 수행하기 위하여 행정안전부장관이 필요하다고 인정하는 사항

13) 재난의 대비 - 위기관리 매뉴얼의 작성·운용(제43조 7)

(1) 행정안전부장관은 관리시스템을 구축·운영하기 위하여 재난관리책임기관의 장에게 관련 자료의 제출을 요청하거나 관리시스템을 통하여 위기관리 매뉴얼을 관리하도록 요청할 수 있다.

(2) 행정안전부장관은 위기관리에 필요한 표준화된 매뉴얼을 연구·개발할 때에는 다음 각 호의 사항을 고려하여야 한다.
1. 재난유형에 따른 국민행동요령의 표준화
2. 재난유형에 따른 예방·대비·대응·복구단계별 조치사항에 관한 연구 및 표준화
3. 재난현장에서의 대응 및 상호협력 절차에 관한 연구 및 표준화
4. 그 밖에 위기관리 매뉴얼의 개선·보완에 필요한 사항

(3) 위기관리 매뉴얼의 작성 및 운용에 관하여 필요한 사항은 행정안전부장관이 정한다.

14) 재난의 대응

(1) 중앙통제단의 기능 - 제 54조

① 국가긴급구조대책의 총괄·조정
② 긴급구조 활동의 지휘·통제
③ 긴급구조지원기관 간의 역할분담 등 긴급구조를 위한 현장 활동계획의 수립
④ 긴급구조대응계획의 집행
⑤ 그 밖에 중앙통제단의 장이 필요하다고 인정하는 사항

(2) 중앙통제단의 구성 및 운영 - 제55조

① 중앙통제단장은 중앙통제단을 대표하고, 그 업무를 총괄한다.
② 중앙통제단에는 부단장을 두고 부단장은 중앙통제단장을 보좌하며 중앙통제단장이 부득이한 사유로 직무를 수행할 수 없을 경우에는 그 직무를 대행한다.
③ 부단장은 소방청 차장이 되며, 중앙통제단에는 총괄지휘부·대응계획부·자원지원부·긴급복구부 및 현장지휘대를 둔다.
④ 중앙통제단의 구성 및 운영에 필요한 사항은 행정안전부령으로 정한다.

(3) 긴급구조 활동에 대한 평가 - 제62조

긴급구조지원기관의 활동에 대한 종합평가는 다음과 같다.

① 긴급구조 활동에 참여한 인력 및 장비
② 긴급구조대응계획의 이행 실태
③ 긴급구조요원의 전문성
④ 통합 현장대응을 위한 통신의 적절성
⑤ 긴급구조교육 수료자 현황
⑥ 긴급구조 대응상의 문제점 및 개선이 필요한 사항

종합평가 결과를 통보받은 긴급구조지원기관의 장은 평가결과에 따라 보완 등 적절한 조치를 하여야 하며, 긴급구조 활동 평가에 대한 사항은 총리령으로 정한다.

(4) 긴급구조대응계획의 수립 - 제63조

긴급구조기관의 장이 수립하는 긴급구조대응계획은 기본계획, 기능별 긴급구조대응계획, 재난유형별 긴급구조대응계획으로 구분하되, 구분된 계획에 포함되어야 하는 사항은 다음 각 호와 같다.

① **기본계획**

기본계획은 긴급구조대응계획의 목적 및 적용범위, 긴급구조대응계획의 기본방침과 절차, 긴급구조대응계획의 운영책임에 관한 사항이 포함된다.

② **기능별 긴급구조대응계획**

가. 지휘통제: 긴급구조체제 및 중앙통제단과 지역통제단의 운영체계 등에 관한 사항

나. 비상경고: 긴급대피, 상황 전파, 비상연락 등에 관한 사항

다. 대중정보: 주민보호를 위한 비상방송시스템 가동 등 긴급공공정보 제공에 관한 사항 및 재난상황 등에 관한 정보통제에 관한 사항

라. 피해상황 분석: 재난현장상황 및 피해정보의 수집·분석·보고에 관한 사항

마. 구조·진압: 인명수색 및 구조, 화재진압 등에 관한 사항

바. 응급의료: 대량 사상자 발생 시 응급의료서비스 제공에 관한 사항

사. 긴급오염 통제: 오염 노출 통제, 긴급 감염병 방제 등 재난현장 공중보건에 관한 사항

아. 현장통제: 재난현장 접근 통제 및 치안 유지 등에 관한 사항

자. 긴급복구: 긴급구조 활동을 원활하게 하기 위한 긴급구조차량 접근 도로 복구 등에 관한 사항

차. 긴급구호: 긴급구조요원 및 긴급대피 수용주민에 대한 위기 상담, 임시 의식주 제공 등에 관한 사항

카. 재난통신: 긴급구조기관 및 긴급구조지원기관 간 정보통신체계 운영 등에 관한 사항

③ **재난유형별 긴급구조대응계획**

가. 재난 발생 단계별 주요 긴급구조 대응활동 사항

나. 주요 재난유형별 대응 매뉴얼에 관한 사항

다. 비상경고 방송메시지 작성 등에 관한 사항

④ **긴급구조지휘대 구성·운영 - 제65조**

㉠ 긴급구조지휘대는 다음 각 호의 사람으로 구성하여야 한다.

1. 상황분석요원
2. 자원지원요원
3. 통신지휘요원
4. 안전담당요원

5. 경찰관서에서 파견된 연락관
6. 권역응급의료센터에서 파견된 연락관

㉡ 긴급구조지휘대는 소방서현장지휘대, 방면현장지휘대, 소방본부현장지휘대 및 권역현장지휘대로 구분하되, 구분된 긴급구조지휘대의 설치기준은 다음 각 호와 같다.

1. 소방서현장지휘대: 소방서별로 설치·운영
2. 방면현장지휘대: 2개 이상 4개 이하의 소방서별로 소방본부장이 1개를 설치·운영
3. 소방본부현장지휘대: 소방본부별로 현장지휘대 설치·운영
4. 권역현장지휘대: 2개 이상 4개 이하의 소방본부별로 소방청장이 1개를 설치·운영

㉢ 긴급구조지휘대의 세부 운영기준은 행정안전부령으로 정한다.

⑤ 「긴급구조 대응활동 및 현장지휘에 관한 규칙」 - 기능별 재난대응체제

[별표 10] 기능별 재난대응체제(제34조 제1항 관련)

기능	구분	내 용
비상경고체제	구축사항	1. 확성기·긴급방송시스템·텔레비전방송시스템·방송차량·일제전화시스템·유인물 및 인터넷 등 지역주민에 대한 비상경고 전파수단 2. 비상경고 임무를 담당하는 상황요원 3. 기상청 기상예보 모니터링시스템 4. 재난유형별 및 단계별 비상 경고메시지의 예시 5. 인접 긴급구조기관 및 긴급구조지원기관의 비상연락시스템 6. 긴급구조 자원봉사자의 비상연락시스템 7. 다중이용시설물에 대한 비상통지 연계시스템 8. 경찰순찰차·소방차 및 구급차 등 방송이 가능한 차량을 이용한 비상경고전파체계 9. 청각장애인 및 외국인에 대한 비상경고 수단 10. 그 밖에 신속한 긴급대피를 위하여 필요한 비상경고 전파수단
	대비사항	1. 비상경고임무를 담당할 직원의 지정 및 교육훈련 2. 비상경고체제의 운용 연습 3. 그 밖에 비상경고체제의 효율적 운영을 위한 능력 향상
대중정보제공체제	구축사항	1. 대중정보센터 설치·운영계획 2. 긴급구조를 위한 실종자 정보의 수집 및 신고접수 체제 3. 유언비어 통제계획 4. 방문자 관리계획 5. 보도자료의 작성 및 정보제공계획 진행 및 예견되는 위험요인과 위험범위 / 인명 및 재산의 피해 현황 / 재난발생 원인 및 재난대처요령 / 긴급구조 활동 상황 / 유언비어 통제 및 해명 정보 / 실종자 신고방법 6. 언론기관의 재난현장 취재활동의 관리계획

피해 상황 분석 체제	구축 사항	1. 긴급구조기관 및 긴급구조지원기관이 확보한 재난상황 정보의 수집 및 종합분석계획 2. 효율적 상황분석을 위한 표준상황분석 기법 및 서식 3. 안정적이고 효과적인 정보통신체계 4. 정보수집 및 상황분석을 위한 연습계획
구조 진압 체제	구축 사항	1. 재난현장 표준작전절차의 수립 및 관리 2. 긴급구조지휘대 요원 및 출동대원의 교육훈련 3. 현장지휘통신수단의 확보 4. 그 밖에 구조·진압활동에 필요한 사항

15) 재난의 복구

(1) 특별재난의 범위 및 선포 - 제69조

"대통령령으로 정하는 규모의 재난"이란 다음 각 호의 어느 하나에 해당하는 재난을 말한다.

(가) 자연재난으로서 「재난구호 및 재난복구 비용 부담기준 등에 관한 규정」에 따른 국고지원 대상 피해기준금액의 2.5배를 초과하는 피해가 발생한 재난

(나) 사회재난의 재난 중 재난이 발생한 해당 지방자치단체의 행정능력이나 재정능력으로는 재난의 수습이 곤란하여 국가적 차원의 지원이 필요하다고 인정되는 재난

(다) 그 밖에 재난 발생으로 인한 생활기반 상실 등 극심한 피해의 효과적인 수습 및 복구를 위하여 국가적 차원의 특별한 조치가 필요하다고 인정되는 재난

* 대통령이 특별재난지역을 선포하는 경우에 중앙대책본부장은 특별재난지역의 구체적인 범위를 정하여 공고하여야 한다.

(2) 특별재난지역에 대한 지원 - 제70조

국가가 재난과 관련하여 특별재난지역으로 선포한 지역에 대한 특별지원의 내용은 다음 각 호와 같다.

(가) 「재난구호 및 재난복구 비용 부담기준 등에 관한 규정」 제7조에 따른 국고의 추가지원

(나) 「재난구호 및 재난복구 비용 부담기준 등에 관한 규정」 제4조에 따른 지원

(다) 의료·방역·방제(防除) 및 쓰레기 수거 활동 등에 대한 지원

(라) 「재해구호법」에 따른 의연금품의 지원

(마) 농어업인의 영농·영어·시설·운전 자금 및 중소기업의 시설·운전 자금의 우선 융자, 상환 유예, 상환 기한 연기 및 그 이자 감면과 중소기업에 대한 특례보증 등의 지원

(바) 그 밖에 재난응급대책의 실시와 재난의 구호 및 복구를 위한 지원

16). 안전문화 진흥

(1) 안전문화 활동에 대한 총괄·조정 - 제73조 5

행정안전부장관과 지방자치단체의 장은 안전문화 활동과 그 밖에 안전문화의 진흥에 필요한 사업을 효율적으로 추진하기 위하여 안전문화 관련 기관 및 단체로 구성된 중앙협의체 또는 지역협의체를 각각 구성·운영할 수 있다.

중앙협의체 또는 지역협의체의 구성·운영에 필요한 사항은 행정안전부장관 또는 해당 지방자치단체의 장이 각각 정한다.

(2) 안전점검의 날 - 제73조 6

안전점검의 날은 매월 4일로 하고, 방재의 날은 매년 5월 25일로 한다. 재난관리책임기관은 안전점검의 날에는 재난취약시설에 대한 일제점검, 안전의식 고취 등 안전 관련 행사를 실시하고, 방재의 날에는 자연재난에 대한 주민의 방재의식을 고취하기 위하여 재난에 대한 교육·홍보 등의 관련 행사를 실시한다.

안전점검의 날 및 방재의 날 행사 등에 필요한 사항은 행정안전부장관이 정한다.

(3) 지역축제 안전관리계획 - 73조 9의2

지역축제 안전관리계획에는 각각 다음 각 호의 사항이 포함되어야 한다.

(가) 지역축제의 개요

(나) 축제장소·시설 등을 관리하는 사람 및 관리조직과 임무에 관한 사항

(다) 화재예방 및 인명피해 방지조치에 관한 사항

(라) 안전관리인력의 확보 및 배치계획

(마) 비상 시 대응요령, 담당기관과 담당자 연락처

(4) 안전신고 통합정보시스템 구축、운영 - 제73조 12

행정안전부장관은 안전신고 통합정보시스템을 통하여 다음 각 호의 업무를 수행한다.

1. 안전신고 중 법령 위반행위 신고를 위한 전자신고 창구의 운영
2. 「민원 처리에 관한 법률」에 따른 안전신고의 접수・이송・관리 및 점검
3. 안전신고 통합정보시스템에 접수된 안전신고 정보의 분석 및 활용
4. 안전신고의 효율적인 접수・이송・관리 및 점검을 위한 안전신고 통합정보시스템의 개선
5. 그 밖에 제1호부터 제4호까지와 유사한 업무로서 안전신고 통합정보시스템을 통한 안전신고의 접수・이송・관리 및 점검에 필요한 사항

행정안전부장관은 안전신고 통합정보시스템의 구축 · 운영 등을 위하여 필요한 경우에는 관계 중앙행정기관 · 지방자치단체 소속의 공무원 및 관계 관 · 단체 등의 직원의 파견을 요청할 수 있다.

(5) 재난관리기금의 운용·관리 – 제75조

시·도지사 및 시장·군수·구청장은 전용계좌를 개설하여 매년 적립하는 재난관리기금을 관리하여야 한다.

시·도지사 및 시장·군수·구청장은 매년도 최저적립액의 100분의 15 이상의 금액(이하 이 조에서 "의무예치금액"이라 한다)을 금융회사 등에 예치하여 관리하여야 한다. 다만, 의무예치금액의 누적금액이 해당 연도를 기준으로 매년도 최저적립액의 10배를 초과한 경우에는 해당 연도의 의무예치금액을 매년도 최저적립액의 100분의 5로 낮추어 예치할 수 있다.

용도로 사용할 수 있는 재난관리기금은 남은 금액과 그 이자를 초과할 수 없다. 다만, 「재난구호 및 재난복구 비용 부담기준 등에 관한 규정」에 따른 국고지원 대상 피해기준금액의 5배를 초과하는 피해가 발생한 경우에는 의무예치금액의 일부를 사용할 수 있다.

재난관리기금의 운용·관리에 필요한 사항은 해당 지방자치단체의 조례로 정한다.

(6) 정부합동 재난원인조사단의 편성·운영 –제75조 2의5

정부합동 재난원인조사단은 조사단장을 포함한 50명 이내의 조사단원으로 편성한다.

행정안전부장관은 다음 각 호의 사람 중에서 조사단원을 선발한다. 이 경우 제4호 및 제5호에 해당하는 조사단원이 과반수가 되도록 해야 한다.

1. 행정안전부 소속 재난 및 안전관리업무 담당 공무원
2. 관계 중앙행정기관 소속 재난 및 안전관리업무 담당 공무원 중에서 해당 중앙행정기관의 장이 추천하는 공무원
3. 국립재난안전연구원에서 해당 재난 및 사고분야의 업무를 담당하는 연구원
4. 발생한 재난 및 사고분야에 대하여 학식과 경험이 풍부한 사람
5. 그 밖에 재난원인조사의 공정성 및 전문성을 확보하기 위하여 행정안전부장관이 필요하다고 인정하는 사람

재난원인조사는 행정안전부령으로 정하는 바에 따라 예비조사와 본조사로 구분하여 실시할 수 있으며, 본조사의 경우 조사단장은 재난발생지역 지방자치단체 또는 관계 기관 등에 정밀분석을 하도록 하거나 관계 기관과 합동으로 조사 또는 연구를 실시할 수 있다.

재난원인조사단은 최종적인 조사를 마쳤을 때에는 다음 각 호의 사항을 포함한 조사결과보고서를 작성하여야 하고, 조사결과의 공정성 및 신뢰성을 확보하기 위하여 지방자치단체, 관계 기관 및 관계 전문가 등을 참여시켜 그 조사결과보고서를 검토하게 할 수 있다.

1. 조사목적, 피해상황 및 현장정보
2. 현장조사 내용
3. 재난원인 분석 내용
4. 재난대응과정에 대한 조사·분석·평가에 대한 내용
5. 권고사항 및 개선대책 등 조치사항
6. 그 밖에 재난의 재발방지 등을 위하여 필요한 내용

(7) 민감정보 및 고유식별정보의 처리 - 제88조

국가 및 지방자치단체(해당 권한이 위임 · 위탁된 경우에는 그 권한을 위임 · 위탁받은 자를 포함한다)는 다음 각 호의 사무를 수행하기 위하여 불가피한 경우 「개인정보 보호법 시행령」에 따른 범죄경력자료에 해당하는 정보나 주민등록번호 또는 외국인등록번호가 포함된 자료를 처리할 수 있다.

1. 피해주민의 지원에 관한 사무, 공인재난관리사 자격시험에 관한 사무
2. 재난안전의무보험의 평가에 관한 사무
3. 재난안전의무보험 종합정보시스템의 구축 · 운영에 관한 사무
4. 보험 또는 공제의 가입관리에 관한 사무

공공기관, 보험사업자 또는 「보험업법」에 따른 보험 관계 단체의 장 등은 행정안전부장관으로부터 요청받은 자료를 제공하기 위하여 불가피한 경우 「개인정보 보호법 시행령」에 따라 주민등록번호 또는 외국인등록번호가 포함된 자료를 처리할 수 있다.

3. 자연재해대책법(自然災害對策法)

재난 및 안전관리기본법과 자연재해대책법은 겹치는 부분이 많아 이를 통합하는 것이 향후 바람직하다.

1) 총칙

(1) 목적

태풍, 홍수 등 자연현상으로 인한 재난으로부터 국토를 보존하고 국민의 생명·신체

및 재산과 주요 기간시설(基幹施設)을 보호하기 위하여 자연재해의 예방·복구 및 그 밖의 대책에 관하여 필요한 사항을 규정함을 목적으로 한다.

(2) **용어의 정의**

① **"재해"란** 「재난 및 안전관리기본법」에 규정된 재난으로 인하여 발생하는 피해를 말한다.

② **"자연재해"란** 자연현상으로 인하여 발생하는 재해를 말한다.

③ **"풍수해"(風水害)란** 태풍, 홍수, 호우, 강풍, 풍랑, 해일, 조수, 대설, 그 밖에 이에 준하는 자연현상으로 인하여 발생하는 재해를 말한다.
*풍수해보험법에서는 위의 풍수해에다가 지진과 지진해일을 포함하고 있다.

④ **"재해영향성검토"란** 자연재해에 영향을 미치는 각종 행정계획 및 개발 사업으로 인한 재해 유발 요인을 예측·분석하고 이에 대한 대책을 마련하는 것을 말한다.

⑤ **"풍수해저감종합계획"이란** 지역별로 풍수해의 예방 및 저감(低減)을 위하여 특별시장·광역시장·특별자치시장·도지사·특별자치도지사(이하 "시·도지사"라 한다) 및 시장·군수가 지역안전도에 대한 진단 등을 거쳐 수립한 종합계획을 말한다.

⑥ **"우수유출저감시설"이란** 우수(雨水)의 직접적인 유출을 억제하기 위하여 인위적으로 우수를 지하로 스며들게 하거나 지하에 가두어두는 시설을 말한다.

⑦ **"수방기준"(水防基準)이란** 풍수해로부터 시설물의 수해 내구성(耐久性)을 강화하고 지하공간의 침수를 방지하기 위하여 관계 중앙행정기관의 장 또는 행정안전부장관이 정하는 기준을 말한다.

⑧ **"침수흔적도"란** 풍수해로 인한 침수 기록을 표시한 도면을 말한다.

⑨ **"재해복구보조금"이란** 중앙행정기관이 재해복구사업을 위하여 특별시·광역시·특별자치시·도·특별자치도(시·도) 및 시·군·구(자치구)에 지원하는 보조금을 말한다.

⑩ **"지구단위 홍수방어기준"이란** 상습 침수지역이나 재해위험도가 높은 지역에 대하여 침수 피해를 방지하기 위하여 행정안전부장관이 정한 기준을 말한다.

⑪ **"재해지도"란** 풍수해로 인한 침수 흔적, 침수 예상 및 재해 정보 등을 표시한 도면을 말한다.

⑫ **"방재관리대책대행자"란** 사전재해영향성검토 등 방재관리대책에 관한 업무를 전문적으로 대행하기 위하여 행정안전부장관에게 등록한 자를 말한다.

⑬ **"방재기술"이란** 자연재해의 예방·대비·대응·복구 및 기후변화에 신속하고 효율

적인 대처를 통하여 인명과 재산 피해를 최소화시킬 수 있는 자연재해에 대한 예측·규명·저감·정보화 및 방재 관련 제품생산·제도·정책 등에 관한 모든 기술을 말한다.

⑭ **"방재산업"이란** 방재시설의 설계·시공·제작·관리, 방재제품의 생산·유통, 이와 관련된 서비스의 제공, 그 밖에 자연재해의 예방·대비·대응·복구 및 기후변화 적응과 관련된 산업을 말한다.

(3) 책무

국가는 기본법 및 이 법의 목적에 따라 자연현상으로 인한 재난으로부터 국민의 생명·신체 및 재산과 주요 기간시설을 보호하기 위하여 자연재해의 예방 및 대비에 관한 종합계획을 수립하여 시행할 책무를 지며, 그 시행을 위한 최대한의 재정적·기술적 지원을 하여야 한다.

2) 자연재해의 예방 및 대비

(1) 자연재해의 경감 협의 및 자연재해위험개선지구 정비

① 재해영향성검토 협의 : 관계 중앙행정기관의 장, 시·도지사, 시장·군수·구청장 및 특별지방행정기관의 장

② **재해영향성검토 협의대상**

가. 국토·지역 계획 및 도시의 개발

나. 산업 및 유통단지 조성

다. 에너지 개발

라. 교통시설의 건설

마. 하천의 이용 및 개발

바. 수자원 및 해양 개발

사. 산지 개발 및 골재 채취

아. 관광단지 개발 및 체육시설 조성

자. 그 밖에 자연재해에 영향을 미치는 계획 및 사업으로서 대통령령으로 정하는 계획 및 사업

③ **재해영향성검토 협의 이행의 관리·감독** : 중앙대책본부장 또는 지역대책본부장으로부터 협의 결과를 통보받은 관계행정기관의 장은 특별한 사유가 없으면 이를 해당 행정계획 또는 개발사업에 반영하기 위하여 필요한 조치를 하여야 하며, 조치한 결과 또는 향후 조치계획을 중앙대책본부장이나 지역대책본부장에

게 통보하여야 한다.

④ 개발사업의 사전 허가 등의 금지, 방재분야 전문가의 개발 관련 위원회 참여, 재해 원인 조사·분석, 재해경감대책협의회의 구성

⑤ 명령이나 위임·위탁을 받은 자는 타인의 토지의 출입이 가능

⑥ **시장·군수·구청장은 매년(1년)** 자연재해위험개선지구를 지정, 정비계획, 정비사업계획을 수립 및 실시계획의 수립·공포

⑦ 시장·군수·구청장은 자연재해위험개선지구 내 건축, 형질 변경 등의 행위 제한

(2) **풍수해**

① **풍수해저감종합계획의 수립 :** 시장·군수는 풍수해의 예방 및 저감을 위하여 5년마다 시·군 풍수해저감종합계획을 수립하여 시·도지사를 거쳐 대통령령으로 정하는 바에 따라 행정안전부장관의 승인을 받아 확정하여야 한다.

② **지역별 방재성능목표 설정·운용 :** 행정안전부장관

③ **방재시설에 대한 방재성능 평가 :** 특별시장·광역시장·시장 및 군수

④ **방재기준 가이드라인의 설정 및 활용 :** 중앙대책본부장

⑤ **수방기준의 제정·운영**

㉠ 수방기준 중 시설물의 수해 내구성을 강화하기 위한 수방기준은 관계 중앙행정기관의 장이 정하고, 지하공간의 침수를 방지하기 위한 수방기준은 행정안전부장관이 관계 중앙행정기관의 장과 협의하여 정한다.

㉡ 수방기준을 정하여야 하는 시설물 및 지하 공간은 다음 각 호의 시설 중에서 대통령령으로 정한다.

Ⓐ 시설물

가. 「소하천정비법」에 따른 소하천부속물

나. 「하천법」에 따른 하천시설

다. 「국토의 계획 및 이용에 관한 법률」에 따른 기반시설

라. 「하수도법」에 따른 하수도

마. 「농어촌정비법」에 따른 농업생산기반시설

바. 「사방사업법」에 따른 사방시설

사. 「댐건설 및 주변지역지원 등에 관한 법률」에 따른 댐

아. 「도로법」에 따른 도로

자. 「항만법」에 따른 항만시설

Ⓑ 지하 공간

가. 「국토의 계획 및 이용에 관한 법률」에 따른 기반시설 및 공동구(共同溝)
나. 「시설물의 안전관리에 관한 특별법」에 따른 시설물
다. 「대도시권 광역교통관리에 관한 특별법」에 따른 광역철도
라. 「건축법」에 따른 건축물

ⓒ 수방기준제정대상을 설치하는 자는 그 시설물을 설계하거나 시공할 때에는 수방기준을 적용하여야 한다.

ⓡ 지방자치단체의 장은 수방기준제정대상의 준공검사 또는 사용승인을 할 때에는 행정안전부장관이 정하는 바에 따라 수방기준 적용 여부를 확인하고, 수방기준을 충족하였으면 준공검사 또는 사용승인을 하여야 한다.

⑥ **지구단위 홍수방어기준의 설정 및 활용 :** 행정안전부장관

⑦ **우수유출저감대책 수립(제19조)**

㉠ 특별시장·광역시장·특별자치시장 및 시장·군수는 관할구역의 지역특성 등을 고려하여 우수의 침투 또는 저류를 통한 재해의 예방을 위하여 우수유출저감대책을 5년마다 수립하여야 한다.

㉡ 우수유출저감대책을 특별시장·광역시장·특별자치시장은 행정안전부장관에게 제출하여야 하며, 시장·군수는 도지사를 경유하여 행정안전부장관에게 제출하여야 한다.

㉢ 우수유출저감대책에는 다음 각 호의 사항이 포함되어야 한다.

가. 우수유출저감 목표와 전략
나. 우수유출저감대책의 기본 방침
다. 우수유출저감시설의 연도별 설치에 관한 사항
라. 우수유출저감시설 설치를 위한 재원대책
마. 재해의 예방을 위한 우수유출저감시설 관리방안
바. 유휴지, 불모지 등을 이용한 우수유출저감대책
사. 그 밖에 특별시장·광역시장·특별자치시장 및 시장·군수가 필요하다고 인정하는 사항

㉣ 시·도지사 또는 시장·군수는 우수유출저감대책을 풍수해저감종합계획에 반영하여야 한다.

⑧ **우수유출저감시설 사업계획의 수립 :** 특별시장·광역시장·특별자치시장 및 시장·군수

⑨ **우수유출저감시설 설치대상 개발사업**

㉠ 관계 중앙행정기관의 장 또는 지방자치단체의 장은 침수 피해가 발생하였거

나 발생할 위험이 높은 도심지역의 침수 피해를 방지하기 위하여 다음 각 호의 어느 하나에 해당하는 공공기관이 소유·관리하는 운동장·주차장·공원 등 공공시설물의 지하공간에 우수유출저감시설을 설치할 필요가 있는 경우에는 해당 공공기관의 장에게 우수유출저감시설의 설치에 필요한 범위에서 토지의 사용을 요청할 수 있다.

가. 국가 및 지방자치단체의 기관

나. 국립·공립학교

다. 「공공기관의 운영에 관한 법률」에 따른 공공기관

라. 「지방공기업법」에 따라 설립된 지방공사 또는 같은 법에 따라 설립된 지방공단

㉡ 관계 중앙행정기관의 장 또는 지방자치단체의 장이 토지의 사용을 요청할 때에는 시설계획, 안전관리계획 등 관련 계획을 제출하여야 하며, 요청을 받은 공공기관의 장은 공익성, 안전성 등을 검토하여 특별한 사유가 없으면 이에 협조하여야 한다.

가. 국토·지역 계획 및 도시의 개발

⑩ **우수유출저감시설 설치 대상 개발사업**

가. 국토·지역 계획 및 도시의 개발

나. 산업 및 유통단지 조성

다. 관광지 및 관광단지 개발

라. 그 밖에 우수유출에 영향을 미치는 사업으로서 대통령령으로 정하는 사업

⑪ **우수유출저감시설에 관한 기준**

㉠ 우수유출저감시설은 풍수해 및 가뭄피해 경감을 위하여 우수의 순간유출량을 저감하는 기능을 갖추어야 한다.

㉡ 우수유출저감시설은 설치 지역의 연간강수량 및 지형적·지리적 조건, 집수 및 배수계통, 안전성 등을 고려하여 설치하여야 한다.

㉢ 그 밖에 우수유출저감시설의 종류·설치·구조 및 유지관리 등에 필요한 기준은 대통령령으로 정한다.

㉣ 관계 중앙행정기관의 장은 사업별 특성에 적합한 우수유출저감기법을 개발·보급하여야 한다.

⑫ **내풍설계기준의 설정** : 관계 중앙행정기관의 장

㉠ 관계 중앙행정기관의 장은 태풍, 강풍 등으로 인하여 재해를 입을 우려가 있는 다음 각 호의 시설 중 대통령령으로 정하는 시설에 대하여 관계 법령

등에 내풍설계기준을 정하고 그 이행을 감독하여야 한다.

가. 「건축법」에 따른 건축물

나. 「항공법」에 따른 공항시설

다. 「관광진흥법」에 따른 유원시설(遊園施設)

라. 「도로법」 및 「국토의 계획 및 이용에 관한 법률」에 따른 도로

마. 「궤도운송법」에 따른 삭도시설

바. 「산업안전보건법」에 따른 크레인 및 리프트

사. 「옥외광고물 등 관리법」에 따른 옥외광고물

아. 「전기사업법」 및 「전원개발 촉진법」에 따른 송전·배전시설

자. 「항만법」에 따른 항만시설

차. 「철도산업발전 기본법」에 따른 철도시설

카. 그 밖에 대통령령으로 정하는 시설

ⓛ 관계 중앙행정기관의 장이 내풍설계기준을 정하였을 때에는 중앙대책본부장에게 통보하여야 하며 중앙대책본부장은 필요하면 보완을 요구할 수 있다.

ⓒ 지방자치단체의 장은 내풍설계 대상시설물에 대하여 허가 등을 할 때에는 내풍설계기준 적용에 관한 사항을 확인하고 그 기준을 충족하였으면 허가 등을 하여야 한다.

⑬ **각종 재해지도의 제작·활용** : 중앙행정기관의 장 및 지방자치단체의 장

㉠ 관계 중앙행정기관의 장 및 지방자치단체의 장은 하천 범람 등 자연재해를 경감하고 신속한 주민 대피 등의 조치를 하기 위하여 대통령령으로 정하는 재해지도를 제작·활용하여야 한다. 다만, 다른 법령에 재해지도의 제작·활용에 관하여 특별한 규정이 있는 경우에는 그 법령에서 정하는 바에 따라 재해지도를 제작·활용할 수 있다.

ⓛ **지방자치단체의 장**은 침수 피해가 발생하였을 때에는 침수, 범람, 그 밖의 피해 흔적(이하 "침수흔적"이라 한다)을 조사하여 침수흔적도를 작성·보존하고 현장에 침수흔적을 표시·관리하여야 한다.

ⓒ 중앙대책본부장은 관계 중앙행정기관의 장 및 지방자치단체의 장이 작성한 재해지도를 자연재해의 예방·대비·대응·복구 등 전 분야 대책에 기초로 활용하고 업무추진의 효율성을 증진하기 위한 **재해지도통합관리연계시스템을 구축·운영**하여야 한다.

㉣ 중앙대책본부장은 재해지도통합관리연계시스템의 구축을 위하여 필요한 자료를 관계 중앙행정기관의 장 및 지방자치단체의 장에게 요청할 수 있다.

이 경우 요청을 받은 관계 중앙행정기관의 장 및 지방자치단체의 장은 특별한 사유가 없으면 이에 따라야 한다.

ⓜ 재해지도 및 침수흔적도의 작성·보존·활용, 침수흔적의 설치장소, 표시방법 및 유지·관리 등에 관한 세부사항과 재해지도통합관리연계시스템의 표준화, 각종 재해 관련 지도의 통합·관리, 재해지도의 유형별 분류 등에 관한 세부사항은 대통령령으로 정한다.

⑭ **재해 상황의 기록 및 보존 :** 지방자치단체의 장

⑮ **해일 피해 경감을 위한 조사·연구**

중앙대책본부장, 지역대책본부장 및 관계 중앙행정기관의 장은 해일 피해 경감을 위한 조사·연구를 위하여 해일 관련 자료를 소장하고 있는 관계 기관의 장이나 기상관측 연구기관의 장에게 협조를 요청할 수 있다. 이 경우 요청을 받은 관계 기관의 장 및 기상관측 연구기관의 장은 특별한 사유가 없으면 요청에 따라야 한다.

⑯ **해일위험지구의 지정 :** 시장·군수·구청장

㉠ 시장·군수·구청장은 해일로 인하여 침수 등 피해가 예상되는 다음 각 호의 지역을 해일위험지구로 지정·고시하고, 그 결과를 시·도지사를 거쳐 행정안전부장관과 관계 중앙행정기관의 장에게 보고하여야 한다.

가. 폭풍해일로 인하여 피해를 입었던 지역

나. 지진해일로 인하여 피해를 입었던 지역

다. 해일 피해가 우려되어 대통령령으로 정하는 지역

㉡ 지역대책본부장은 지정된 해일위험지구를 관할하는 관계 기관 또는 그 지구에 속해 있는 시설물의 소유자·점유자 또는 관리인(관계인)에게 총리령으로 정하는 바에 따라 재해 예방에 필요한 한도에서 점검·정비 등 필요한 조치를 할 것을 요청하거나 명할 수 있다.

㉢ 재해 예방에 필요한 조치를 하도록 요청받거나 명령받은 관계 기관 또는 관계인은 필요한 조치를 하고 그 결과를 지역대책본부장에게 통보하여야 한다.

㉣ 지역대책본부장은 해일 피해를 입었던 지역 등 대통령령으로 정하는 해일위험지구에 대하여 직권으로 조치를 하거나 소유자에게 그 조치에 드는 비용의 일부를 보조할 수 있다.

ⓜ 시장·군수·구청장은 정비사업 시행 등으로 해일 피해의 위험이 없어진 경우에는 관계 전문가의 의견을 수렴하여 해일위험지구 지정을 해제하고 그 결과를 고시하여야 한다.

⑰ **해일피해경감계획의 수립·추진 :** 시장·군수·구청장

㉠ 시장·군수·구청장은 지정·고시된 해일위험지구에 대하여 해일피해경감계획을 수립하여 시·도지사에게 제출하여야 한다.

㉡ 시·도지사는 해일피해경감계획을 받아 행정안전부장관에게 제출하여야 하며, 행정안전부장관은 필요하면 시·도지사에게 그 보완을 요청할 수 있다.

㉢ 해일피해경감계획에는 다음 각 호의 사항이 포함되어야 한다.

가. 해일 피해 경감에 관한 기본방침

나. 해일위험지구 지정 현황

다. 해일위험지구 정비를 위한 예방·투자 계획

라. 해일 대비 비상대처계획

마. 그 밖에 해일 피해 경감에 관하여 대통령령으로 정하는 사항

㉣ 시장·군수·구청장은 해일피해경감계획을 수립할 때에는 그 지역의 풍수해저감종합계획, 개발계획 등을 종합적으로 고려하여야 한다.

㉤ 시장·군수·구청장은 해일피해경감계획을 효율적으로 추진하기 위하여 필요하다고 판단하면 정비계획과 사업계획에 해일피해경감계획을 포함하여 추진할 수 있다.

㉥ 해일피해경감계획의 수립·추진 등에 필요한 사항은 대통령령으로 정한다.

(3) 설해

① **설해의 예방 및 경감 대책 : 재난관리책임기관의 장**

㉠ 재난관리책임기관의 장은 설해 발생에 대비하여 설해 예방대책에 관한 조사 및 연구를 하여야 하며, 설해로 인한 재해를 줄이기 위한 대책을 마련하여야 한다.

㉡ 재난관리책임기관의 장은 다음 각 호의 설해 예방 및 경감 조치를 하여야 한다.

가. 설해 예방조직의 정비

나. 도로별 제설 및 지역별 교통대책 마련

다. 설해 대비용 물자와 자재의 비축·관리 및 장비의 확보

라. 고립·눈사태·교통두절 예상지구 등 취약지구의 지정·관리

마. 산악지역 등산로의 통제구역 지정·관리

바. 설해대책 교육·훈련 및 대국민 홍보

사. 농수산시설의 설해 경감대책 마련

아. 그 밖에 설해 예방 및 경감을 위하여 필요한 조치

㉢ 재난관리책임기관의 장은 설해 예방 및 경감 조치를 위하여 필요하면 다른 재난관리책임기관의 장에게 협조를 요청할 수 있다. 이 경우 협조 요청을 받은 재난관리책임기관의 장은 특별한 사유가 없으면 요청에 따라야 한다.

② **상습설해지역의 지정 :** 시장·군수·구청장

㉠ 시장·군수·구청장은 대설로 인하여 고립, 눈사태, 교통두절 및 농수산시설물 피해 등의 설해가 상습적으로 발생하였거나 발생할 우려가 있는 지역을 상습설해지역으로 지정·고시하고, 그 결과를 시·도지사를 거쳐 행정안전부장관과 관계 중앙행정기관의 장에게 보고하여야 한다.

㉡ 시장·군수·구청장은 **상습설해지역을 지정하려면** 그 지역 공공시설물을 관할하는 관계 기관의 장과 협의하여야 한다. 이 경우 협의 요청을 받은 관계 기관의 장은 특별한 사유가 없으면 요청에 따라야 한다.

㉢ 행정안전부장관은 설해가 상습적으로 발생할 우려가 있는 지역을 상습설해지역으로 지정·고시하도록 해당 시장·군수·구청장에게 요청할 수 있다.

㉣ 시장·군수·구청장은 중장기대책 시행 등으로 설해 위험이 없어졌으면 관계 전문가 등의 의견을 수렴하여 상습설해지역 지정을 해제하고, 그 결과를 고시하여야 한다.

㉤ 상습설해지역의 지정 및 해제의 요건, 절차, 관리방법에 관한 세부사항은 대통령령으로 정한다.

③ **상습설해지역 해소를 위한 중장기 대책 :** 상습설해지역에 대하여 시장·군수·구청장 또는 그 지역 공공시설물을 관할하는 관계 기관의 장

④ **내설설계기준의 설정 :** 관계 중앙행정기관의 장

㉠ 관계 중앙행정기관의 장은 대설로 인하여 재해를 입을 우려가 있는 다음 각 호의 시설 중 대통령령으로 정하는 시설에 대하여 관계 법령 등에 내설(耐雪) 설계기준을 정하고 그 이행을 감독하여야 한다.

가. 「건축법」에 따른 건축물

나. 「항공법」에 따른 공항시설

다. 「관광진흥법」에 따른 유원시설

라. 「도로법」에 따른 도로

마. 「국토의 계획 및 이용에 관한 법률」에 따른 도시·군계획시설

바. 「궤도운송법」에 따른 삭도시설

사. 「옥외광고물 등 관리법」에 따른 옥외광고물

아. 「전기사업법」에 따른 전기설비
자. 「항만법」에 따른 항만시설
차. 「철도산업발전 기본법」에 따른 철도 및 철도시설
카. 「도시철도법」에 따른 도시철도 및 도시철도시설
타. 「농어업재해대책법」에 따른 농업용 시설, 임업용 시설 및 어업용 시설
파. 그 밖에 대통령령으로 정하는 시설

㉡ 관계 중앙행정기관의 장은 내설설계기준을 정하였으면 중앙대책본부장에게 통보하여야 하며 중앙대책본부장은 필요하면 보완을 요구할 수 있다.

㉢ 지방자치단체의 장은 내설설계 대상시설물에 대하여 허가 등을 할 때에는 내설설계기준 적용에 관한 사항을 확인하고 그 기준을 충족하였으면 허가 등을 하여야 한다.

⑤ **건축물 관리자의 제설 책임** : 건축물의 소유자·점유자 또는 관리자로서 그 건축물에 대한 관리 책임이 있는 자

(4) 가뭄

① **가뭄 방재를 위한 조사·연구** : 재난관리책임기관의 장

② **가뭄 극복을 위한 제한 급수·발전** : 관계 중앙행정기관의 장, 지방자치단체의 장 및 한국수자원공사의 사장 등 수자원을 관리하는 자는 가뭄으로 인한 재해를 극복하기 위하여 제한 급수 및 제한 발전(發電) 등의 조치를 할 수 있다.

③ **가뭄 극복을 위한 시설의 유지·관리** : 재난관리책임기관의 장

④ **상습가뭄재해지역 해소를 위한 중장기 대책** : 시장·군수·구청장은 가뭄 재해가 상습적으로 발생하였거나 발생할 우려가 있는 지구(地區)를 상습가뭄재해지역으로 지정·고시하고, 그 결과를 시·도지사를 거쳐 행정안전부장관과 관계 중앙행정기관의 장에게 보고하여야 한다.

3) 재해정보 및 비상지원 등

(1) **재해정보체계의 구축** : 재난관리책임기관의 장

(2) **중앙긴급지원체계의 구축** : 중앙행정기관의 장은 자연재해가 발생하거나 발생할 우려가 있는 경우에는 신속한 국가 지원을 위하여 다음 각 호의 사항 중 소관 사무에 해당하는 사항에 대하여 **긴급지원계획을 수립**하여야 한다.

1. **미래창조과학부**: 재해발생지역의 통신 소통 원활화 등에 관한 사항
2. **국방부**: 인력 및 장비의 지원 등에 관한 사항

3. **문화체육관광부:** 재해 수습을 위한 홍보 등에 관한 사항
4. **농림축산식품부:** 농축산물 방역 등의 지원 등에 관한 사항
5. **산업통상자원부:** 긴급에너지 수급 지원 등에 관한 사항
6. **보건복지부:** 재해발생지역의 의료서비스, 위생, 감염병 예방 및 방역 지원 등에 관한 사항
7. **환경부:** 긴급용수 지원, 유해화학물질의 처리 지원, 재해발생지역의 쓰레기 수거·처리 지원 등에 관한 사항
8. **국토교통부:** 비상교통수단 지원 등에 관한 사항
9. **해양수산부:** 해운물류 지원 등에 관한 사항
10. **조달청:** 복구자재 지원 등에 관한 사항
11. **경찰청:** 재해발생지역의 사회질서 유지 및 교통 관리 등에 관한 사항
12. **행정안전부:** 이재민의 수용·구호, 긴급재정 지원, 정보의 수집·분석·전파 등에 관한 사항
13. **해양경찰청** : 해상에서의 각종 지원 및 수난(水難) 구호 등에 관한 사항
14. 그 밖에 대통령령으로 정하는 부처별 긴급지원에 관한 사항

(3) **재난관리책임기관의 장은 지역긴급지원체계의 구축, 각종시설물 등의 비상대처계획 수립**

(4) **방재관리대책 업무대행 비용의 산정기준** : 행정안전부장관은 대행자의 업무 대행에 필요한 비용 등의 산정기준을 정하여 고시

(5) **대행자 실태 점검** : 행정안전부장관

(6) **방재관리대책 정보체계의 구축** : 행정안전부장관

(7) **재해유형별 행동요령의 작성·활용** : 재난관리책임기관의 장

4) 재해복구

(1) **재해복구계획의 수립·시행** : 재난관리책임기관의 장은 소관시설 또는 업무에 관계되는 자연재해가 발생하였을 때에는 이 법 또는 다른 법령에 특별한 규정이 있는 경우를 제외하고는 즉시 자체복구계획을 수립·시행하여야 한다.

(2) **재해대장의 기록과 보관** : 지방자치단체의 장과 관계행정기관의 장

(3) **지구단위종합복구계획 수립** : 중앙대책본부장은 해당 지방자치단체의 의견을 들은 후 지방자치단체 소관시설에 자연재해가 발생한 지역 중 다음 각 호에 해당하는 지역에 대하여 지구단위종합복구계획(지구단위종합복구계획)을 수립할 수 있다.

1. 도로·하천 등의 시설물에 복합적으로 피해가 발생하여 시설물별 복구보다는 일

괄 복구가 필요한 지역

2. 산사태 또는 토석류로 인하여 하천 유로변경 등이 발생한 지역으로서 근원적 복구가 필요한 지역
3. 복구사업을 위하여 국가차원의 신속하고 전문적인 인력·기술력 등의 지원이 필요하다고 인정되는 지역
4. 피해 재발방지를 위하여 기능 복원보다는 피해지역 전체를 조망한 예방·정비가 필요하다고 인정되는 지역
5. 자연재해의 근원적 복구와 예방이 필요한 지역으로서 대통령령으로 정하는 지역

(4) **중앙합동조사단** : 중앙대책본부장

(5) **재해조사 담당공무원의 육성** : 중앙대책본부장과 관계 행정기관의 장

(6) **복구공사 발부계약방법** : 지방자치단체장은 일괄 입찰방식으로 발주·계약 가능

(7) **복구비의 선지급** : 시장·군수·구청장은 복구 이전에 복구비 지원

(8) **복구용 자재 등의 우선공급과 부당행위로 인한 복구비 반환 요청**

(9) **복구사업의 관리 : 중앙대책본부장 및 시·도 본부장**

(10) **자연재해복구에 관한 연차보고 :** 정부는 자연재해에 관한 연차보고서를 매년 작성하여 다음 연도 정기국회 전까지 국회에 제출하여야 한다. 연차보고서에는 다음 각 호의 내용이 포함되어야 한다.

1. 피해 현황 및 복구 개요
2. 사유시설 복구추진 현황
3. 공공시설 복구추진 현황
4. 재해복구사업 추진관리에 필요한 사항
5. 부처별·사업별 예산집행내역(지방자치단체의 실집행 내역을 포함한다)
6. 그 밖에 대통령령으로 정하는 사항

방재대행자

* 방재관리대책 업무의 대행

다음 각 호의 업무를 수행하는 자는 기초·타당성 조사, 분석, 기본·실시 설계 등 전문성이 요구되는 사항에 대하여 방재관리대책대행자(이하 "대행자"라 한다)로 하여금 대행하게 할 수 있다. 〈개정 2013.8.6〉

1. 사전재해 영향성 검토 협의
2. 정비계획 및 사업계획의 수립
3. 풍수해저감종합계획의 수립
4. 우수유출저감대책의 수립
5. 비상대처계획의 수립

6. 재해복구사업의 평가
7. 그 밖에 대통령령으로 정하는 방재관리대책에 관한 업무

* 대행자 등록의 결격 사유
1. 금치산자 또는 한정치산자
2. 파산선고를 받고 복권되지 아니한 사람
3. 이 법을 위반하여 징역 이상의 실형을 선고받고 그 형의 집행이 끝나거나 집행을 받지 아니하기로 확정된 후 2년이 지나지 아니한 사람
4. 임원 중 제1호부터 제3호까지의 어느 하나에 해당하는 사람이 있는 법인

* 대행자의 준수사항
1. 다른 방재관리대책 업무의 대행 내용을 복제하지 아니할 것
2. 방재관리대책의 내용을 보존할 것
3. 방재관리대책 업무수행의 기초가 되는 자료를 거짓으로 작성하지 아니할 것

* 대행자는 등록증이나 명의를 다른 사람에게 빌려주거나 도급받은 방재관리대책 업무를 한꺼번에 하도급하지 아니하여야 한다. 〈개정 2013.8.6〉

* 대행자의 등록 취소

소방청장은 대행자가 다음 각 호의 어느 하나에 해당하면 그 등록을 취소하거나 6개월 이내의 기간을 정하여 업무의 전부 또는 일부의 정지를 명할 수 있다. 다만, 제1호부터 제3호까지의 어느 하나에 해당하는 경우에는 그 등록을 취소하여야 한다. 〈개정 2013.8.6〉

1. 대행자 등록 결격사유의 어느 하나에 해당하는 경우. 다만, 법인의 임원 중에 제39조 제1호부터 제3호까지의 결격사유에 해당하는 사람이 있는 경우 6개월 이내에 그 임원을 바꾸어 임명하는 경우는 제외한다.
2. 거짓이나 그 밖의 부정한 방법으로 등록한 경우
3. 최근 1년 이내에 2회의 업무정지처분을 받고 다시 업무정지처분 사유에 해당하는 행위를 한 경우
4. 다른 사람에게 등록증이나 명의를 빌려주거나 도급받은 방재관리대책 업무를 한꺼번에 하도급한 경우
5. 록 요건을 갖추지 못하게 된 경우
6. 방재관리대책 등을 거짓으로 작성하거나 고의 또는 중대한 과실로 방재관리대책 등을 부실하게 작성한 경우
7. 등록 후 2년 이내에 방재관리대책 대행 업무를 시작하지 아니하거나 계속하여 2년 이상 방재관리대책 업무대행 실적이 없는 경우

5) 방재기술의 연구 및 개발

(1) 정부의 역할

① 방재기술의 연구·개발 및 방재산업의 육성

② 방재기술을 실용화하고 방재신기술의 지정·활용

③ 방재기술 및 방재산업에 관한 국제공동연구를 추진하고 방재기술정보를 보급

④ 자연재해복구사업을 위해 국고보조

(2) 소방청장의 역할

① 방재기술진흥계획의 수립, 방재기술개발사업 추진

② 방재제품 및 방재분야 산업체의 분류 및 방재산업의 수요 조사 및 공개

③ 방재산업 관련 비영리법인의 육성

④ 공무원 및 기술인 등의 교육

(3) 방재시설의 유지·관리 평가 : 재난관리책임기관의 장

(4) 방재분야 전문 인력 양성 : 국가, 지방자치단체, 행정안전부장관

(5) 지역자율방재단의 구성 : 시장·군수·구청장

(6) 주민의사의 정책반영 : 행정안전부장관과 지방자치단체장

(7) 손실보상, 법률 등을 위반한 자에 대한 처분

(8) 압류의 금지 : 지급된 복구비용·구호금품 및 이를 지급받을 권리는 압류할 수 없다.

(9) 중앙대책본부장의 평가 및 포상

(10) 벌칙

① 대행자 등록을 하지 아니하고 방재안전대책 업무를 대행한 자는 1년 이하의 징역 또는 1천만 원 이하의 벌금에 처한다.

② 비상대처계획을 수립하지 아니한 자는 500만 원 이하의 벌금에 처한다.

③ 양벌규정

법인의 대표자나 법인 또는 개인의 대리인, 사용인, 그 밖의 종업원이 그 법인 또는 개인의 업무에 관하여 위반행위를 하면 그 행위자를 벌하는 외에 그 법인 또는 개인에게도 해당 조문의 벌금형을 과(科)한다. 다만, 법인 또는 개인이 그 위반행위를 방지하기 위하여 해당 업무에 관하여 상당한 주의와 감독을 게을리 하지 아니한 경우에는 그러하지 아니하다.

④ 과태료

㉠ 다음 각 호의 어느 하나에 해당하는 자에게는 300만 원 이하의 과태료를 부과한다.

가. 자연재해위험개선지구의 재해 예방을 위한 점검·정비 명령을 이행하지 아니한 자

나. 우수유출저감시설을 설치하지 아니한 자

다. 침수흔적 등의 조사를 방해하거나 무단으로 침수흔적 표지를 훼손한 자

라. 해일위험지구의 재해 예방을 위한 점검·정비 명령을 이행하지 아니한 자

마. 준수사항을 위반한 자

바. 신고를 하지 아니하고 사업을 휴업하거나 폐업한 자

사. 실태 점검을 거부·기피·방해하거나 거짓 자료를 제출한 대행자 및 방재관리대책 업무를 대행하게 한 자

㉡ 과태료는 대통령령으로 정하는 바에 따라 행정안전부장관, 시·도지사, 시장·군수 또는 구청장이 부과·징수한다.

자연재해대책법 시행규칙 제14조(재해유형별 행동요령에 포함되어야 할 세부사항)

1. 예방단계
   가. 자연재해위험개선지구·재난취약시설 등의 점검·정비 및 관리에 관한 사항
   나. 방재물자·동원장비의 확보·지정 및 관리에 관한 사항
   다. 유관기관 및 민간단체와의 협조·지원에 관한 사항
   라. 그 밖에 행정안전부장관이 필요하다고 인정하는 사항

2. 대비단계
   가. 재해가 예상되거나 발생한 경우 비상근무계획에 관한 사항
   나. 피해 발생이 우려되는 시설의 점검·관리에 관한 사항
   다. 유관기관 및 방송사에 대한 상황 전파 및 방송 요청에 관한 사항
   라. 그 밖에 행정안전부장관이 필요하다고 인정하는 사항

3. 대응단계
   가. 재난정보의 수집 및 전달체계에 관한 사항
   나. 통신·전력·가스·수도 등 국민생활에 필수적인 시설의 응급복구에 관한 사항
   다. 부상자 치료대책에 관한 사항
   라. 그 밖에 행정안전부장관이 필요하다고 인정하는 사항

4. 복구단계
   가. 방역 등 보건위생 및 쓰레기 처리에 관한 사항
   나. 이재민 수용시설의 운영 등에 관한 사항
   다. 복구를 위한 민간단체 및 지역 군부대의 인력·장비의 동원에 관한 사항
   라. 그 밖에 행정안전부장관이 필요하다고 인정하는 사항

4. 재해경감을 위한 기업적 자율활동 지원에 관한 법률

1) 개요

(1) 목적

재난이 발생하는 경우 기업활동이 중단되지 아니하고 안정적으로 유지될 수 있도록 하기 위하여 기업의 재해경감활동을 지원함으로써 국가의 재난관리 능력을 증진함을 목적으로 한다.

(2) 용어의 정의

(가) "기업"이란 영리를 목적으로 「상법」에 따라 법인설립등기를 마친 기업 또는 「소득세법」 및 「부가가치세법」에 따라 사업자등록을 한 기업을 말한다.

(나) "해경감활동계획"이란 기업이 재난으로부터 피해를 최소화하기 위하여 수립하는 전략계획, 경감계획, 사업연속성확보계획, 대응계획 및 복구계획을 말한다.

(다) "재난관리표준"이란 기업의 재해경감활동계획 수립을 위하여 「재난 및 안전관리기본법」에 따른 중앙재난안전대책본부의 본부장이 작성·고시하는 표준을 말한다.

(라) "재해경감활동계획 수립 대행자"란 기업의 재해경감활동을 위하여 계획수립 및 활동 등을 전문적으로 대행하는 법인 또는 단체를 말한다.

(마) "재해경감 우수기업"이란 우수기업 인증서를 발급받은 기업을 말한다.

(3) 국가 등의 책무

국가 및 지방자치단체는 기업이 재난으로부터 안정적인 기업활동을 유지할 수 있도록 재해경감활동을 지원할 수 있다.

(4) 기업의 재난관리표준 준수

기업은 재난으로부터 안정적인 사업을 유지할 수 있도록 재난관리표준에 따라 기업시설·종업원 등에 대한 재해경감을 위하여 노력하여야 한다.

기업은 「재난 및 안전관리기본법」에 따른 재난관리책임기관의 재난관리와 관련된 업무수행에 적극적으로 협조하여야 한다.

2) 재난관리표준

(1) 재난관리표준의 고시

① 「재난 및 안전관리기본법」 제14조에 따른 중앙재난안전대책본부의 본부장은 기업의 재해경감활동계획 수립을 위한 재난관리표준을 작성·고시하여야 한다. 재난관리표준을 변경하거나 폐지하는 때에도 또한 같다.

② 재난관리표준에는 다음 각 호의 사항이 포함되어야 한다.

가. 재해경감활동 조직·체계 등의 구성에 관한 사항

나. 재해경감활동 관계 법령 준수·절차 및 이행에 관한 사항

다. 위험요소의 식별, 위험평가, 영향분석 등 재난 위험요소의 경감에 관한 사항

라. 자원관리 및 기업과 재해경감 관련 단체와의 협정에 관한 사항
마. 재해경감을 위한 전략계획, 경감계획, 사업연속성확보계획, 대응계획 및 복구계획의 수립에 관한 사항
바. 재해경감활동과 관련된 지시·통제·협의조정 등 비상 시 의사소통 및 상황 전파체계에 관한 사항
사. 교육·훈련을 통한 자체평가 및 개선에 관한 사항
아. 그 밖에 재난관리표준에 필요하다고 인정하여 대통령령으로 정하는 사항

(2) 재난관리표준의 운영

① 중앙재난안전대책본부장은 필요한 경우에는 기업의 재해경감활동계획 등에 대한 조사·분석 및 평가를 실시하고 그 결과를 재난관리표준에 반영할 수 있다. 이 경우 기업의 재해경감활동계획에 대한 조사·분석 및 평가의 실시 시기 및 절차 등에 필요한 사항은 대통령령으로 정한다.
② 중앙재난안전대책본부장은 기업에 대하여 재난관리표준에 대한 홍보 및 교육을 실시하여야 한다.

3) 재해경감 우수기업의 인증 및 업무대행

(1) 재해경감활동에 대한 인증

① 재해경감 우수기업으로 인증 받고자 하는 기업은 중앙재난안전대책본부장에게 신청하여야 한다.
② 중앙재난안전대책본부장은 신청한 기업의 재해경감활동에 대하여 대통령령으로 정하는 기준에 따라 평가를 실시하고 우수기업 인증서를 발급할 수 있다.
③ 평가 및 인증서 발급에 소요되는 비용은 신청하는 자가 부담하며, 평가의 실시 및 인증서 발급 등에 관하여 필요한 사항은 대통령령으로 정한다.

(2) 우수기업 인증의 취소

① 중앙재난안전대책본부장은 인증을 받은 우수기업이 다음 각 호의 어느 하나에 해당하는 때에는 인증을 취소할 수 있다. 다만, 가의 경우에는 인증을 취소하여야 한다.
가. 거짓이나 그 밖의 부정한 방법으로 인증을 받은 경우
나. 인증평가기준에 미달되는 경우
다. 양도·양수·합병 등에 의하여 인증 받은 요건이 변경된 경우
② 인증 취소의 기준, 그밖에 필요한 사항은 대통령령으로 정한다.

4) 기업의 재해경감활동계획 수립

(1) 계획 수립

① 우수기업으로 인증을 받고자 하는 기업은 재난관리표준의 범위에서 대통령령으로 정하는 기준에 따라 재해경감활동계획을 수립·시행하여야 한다.

② 기업은 재해경감활동을 위하여 필요하다고 인정하는 때에는 제12조에 따라 등록된 재해경감활동계획 수립 대행자에게 재해경감활동계획의 수립 등을 의뢰할 수 있다.

③ 기업은 기업의 종사자 등에 대하여 재해경감활동 능력을 높이기 위하여 필요한 교육 등을 실시할 수 있다.

(2) 우수기업 및 대행자의 준수사항

① 다른 기업의 재해경감활동계획서의 내용을 복제하지 아니할 것

② 기업의 재해경감활동계획 작성의 기초가 되는 자료를 거짓으로 작성하지 아니할 것

③ 대행자의 경우에는 등록증이나 명의를 다른 사람에게 대여하지 아니할 것

5) 재해경감활동 기반조성

(1) 재해경감활동 촉진을 위한 연구개발사업의 육성

① 행정안전부장관은 기업의 재해경감활동 촉진을 위하여 대통령령으로 정하는 바에 따라 다음 각 호의 어느 하나에 해당하는 기관·단체 또는 사업자로 하여금 재해경감활동 연구개발사업을 실시하게 할 수 있다.

가. 국·공립연구기관

나. 「특정연구기관 육성법」의 적용을 받는 연구기관

다. 「정부출연연구기관 등의 설립·운영 및 육성에 관한 법률」 또는 「과학기술분야 정부출연연구기관 등의 설립·운영 및 육성에 관한 법률」에 따라 설립된 정부출연 연구기관

라. 「고등교육법」에 따른 학교

마. 「민법」 또는 다른 법률에 따라 설립된 것으로 자연재해업무와 관련된 분야의 비영리법인

바. 그밖에 기업의 재해경감활동과 관련하여 대통령령으로 정하는 기관·단체 또는 사업자

② 연구개발사업에 필요한 비용은 정부 또는 정부 외의 자의 출연금, 그 밖에 재해

경감활동과 관련된 기업의 연구개발비로 충당한다.

③ 행정안전부장관은 연구개발사업을 추진하기 위하여 제1항에 따라 연구개발사업을 실시하는 연구기관 등에 출연금을 지급할 수 있다.

④ 출연금의 지급·사용 및 관리에 필요한 사항은 대통령령으로 정한다.

(2) 재해경감활동 비용의 충당

① 기업은 직전 사업연도의 법인세 또는 소득세 차감 전 순이익의 일부를 재해경감활동에 사용되는 비용으로 충당할 수 있다.

② 재해경감활동 비용의 충당 및 용도·운용·관리에 필요한 사항은 대통령령으로 정한다.

(3) 교육 및 훈련

① 중앙재난안전대책본부장은 기업이 재해경감활동을 위하여 기업의 종사자 등에 대한 재난관리표준 및 재해경감활동 우수사례의 교육·훈련 등을 실시하거나 관련된 계획을 운영하도록 지원할 수 있다.

② 교육 및 훈련 등에 관하여 필요한 사항은 대통령령으로 정한다.

6) 벌칙

(1) 다음 각 호의 어느 하나에 해당하는 자는 500만 원 이하의 벌금에 처한다.

① 재해경감활동 평가에 필요한 자료를 거짓으로 작성하여 제출한 자

② 재해경감 우수기업의 인증을 받지 아니하였음에도 불구하고 거짓으로 이를 표시하거나 인증에 관하여 거짓 광고를 한 자

(2) 우수기업이 재해경감활동 평가에 필요한 자료를 거짓으로 작성하여 제출한 자, 재해경감 우수기업의 인증을 받지 아니하였음에도 불구하고 거짓으로 이를 표시하거나 인증에 관하여 거짓 광고를 한 자 중 어느 하나에 해당하는 경우에는 우수기업의 인증 및 지원 등을 취소하여야 한다.

(3) 과태료

① 보고 또는 자료의 제출을 하지 아니하거나 거짓으로 한 자 또는 검사를 거부·방해 또는 기피한 자에게는 300만 원 이하의 과태료를 부과한다.

② 과태료는 대통령령으로 정하는 바에 따라 행정안전부장관이 부과·징수한다.

제 3 장 | 재난관리체계

제1절 재난관리 행정체계

1. 재난관리 행정체계의 개념

재난관리 행정목표를 달성하기 위한 재난관리 행정체계는 재난관리를 담당하는 조직으로 구성된 체계이다.

재난 발생이라는 환경에 대비해 주민의 생명과 재산을 보호할 목적으로 재난과 관련된 기관과의 상호 협조와 조정을 통해 재난을 예방하고 준비하며 재난 발생 시 대응하고 복구하는 행정체계이다. 재난관리 행정체계는 가장 기본적인 정부 기능을 담당하는 행정체계의 하나인 것이다.

2. 재난관리 행정체계의 기능

재난관리 행정체계는 일반 행정체계의 하위 체계로서 재난관리의 목표를 효율적으로 달성하기 위해 기구를 구성하고 유지하며 환경과 끊임없이 상호작용하는 하나의 체계인 것이다. 재난관리 행정체계는 재난환경에 적응하는 기능과 조직 내부의 부문 요소들의 활동을 원활히 조직화하고 요소들 간의 활동을 상호조정·통합하는 기능을 수행하게 된다.

3. 재난관리 행정체계의 특징

① 복잡성과 연계성

재난관리 행정체계는 복잡성과 연계성을 갖으며, 하나의 네트워크 체계로서 구성요소들 간의 연계관계를 통해 재난관리 기능을 수행한다.

② 경계의 유동성

재난 발생 이전과 비교할 때 재난 발생 이후의 단계에서는 그 영역이 대폭 확장하게 된다.

③ 경계성과 가외성

일반관리 행정체계는 능률성의 원리가 우선하지만, 행정관리체계는 경계성의 논리가 우선해야 한다. 최악에 대비하여 준비를 하고 쓰지 않도록 유도하는 경계성의 원리에 따라야 한다. 또한 재난관리 업무는 과업의 일상화, 표준화가 불가능할 뿐만 아니라 소관업무가 서로 중첩되어 있어야만 각종 재난 시 적절히 대응할 수 있으므로 가외성이 확보되어야 한다.

④ 규모의 열세성

재난의 피해규모는 예측하기 어려우며 발생 여부의 불확실성과 그로 인해 예산 배정이 개발 예산에 비해 그 우선순위가 낮고, 재난관리의 상설조직은 재난 발생 규모보다 조직의 대응 규모가 열세성을 띠게 된다.

4. 재난관리 행정체계의 한계

① 재난 정보 교류의 곤란

재난관리 행정체계는 여러 구성원들로 조직되어있기 때문에 재난 발생 시 신속하게 이루어져야 하는 재난 정보의 교류가 어렵다.

② 지휘·감독·조정의 어려움

재난관리 행정체계는 재난 발생 시 여러 부처의 우수한 요원이 파견되고 소속부처 간의 상호이해관계 때문에 지휘·감독·조정의 어려움이 발생된다.

③ 파벌주의 문화

재난관리 행정조직에 파벌주의(계파주의) 문화가 팽배해 있으면 재난 발생 시 집단 상호 간의 조정이 어려워 효율성 면에서 심각한 문제가 발생하게 된다.

④ 구성원의 통제의 어려움

재난관리 행정체계는 두 사람 이상의 상관이 존재한다. 하나는 직능조직의 상관이며, 다른 하나는 재난관리 행정체계의 상관이다. 이런 조직은 매트릭스의 형태를 띠게 되어 책임한계의 모호성과 군웅할거성(집단분파주의)을 가져온다.

⑤ 구성원들의 낮은 충성심

재난관리 행정체계의 구성원들은 조직에 대한 충성심이 낮다. 재난 시 신속하고 적극적인 대응을 요구받지만 임시조직(안전대책본부, 긴급구조통제단)의 성격을 지닌 구성원으로서 파견의 형태를 띠기 때문에 형식적 태도를 보일 가능성이 있다.

5. 재난관리체계

1) 행정안전부 재난관리체계도

그림 5-1 재난안전관리본부 구성도

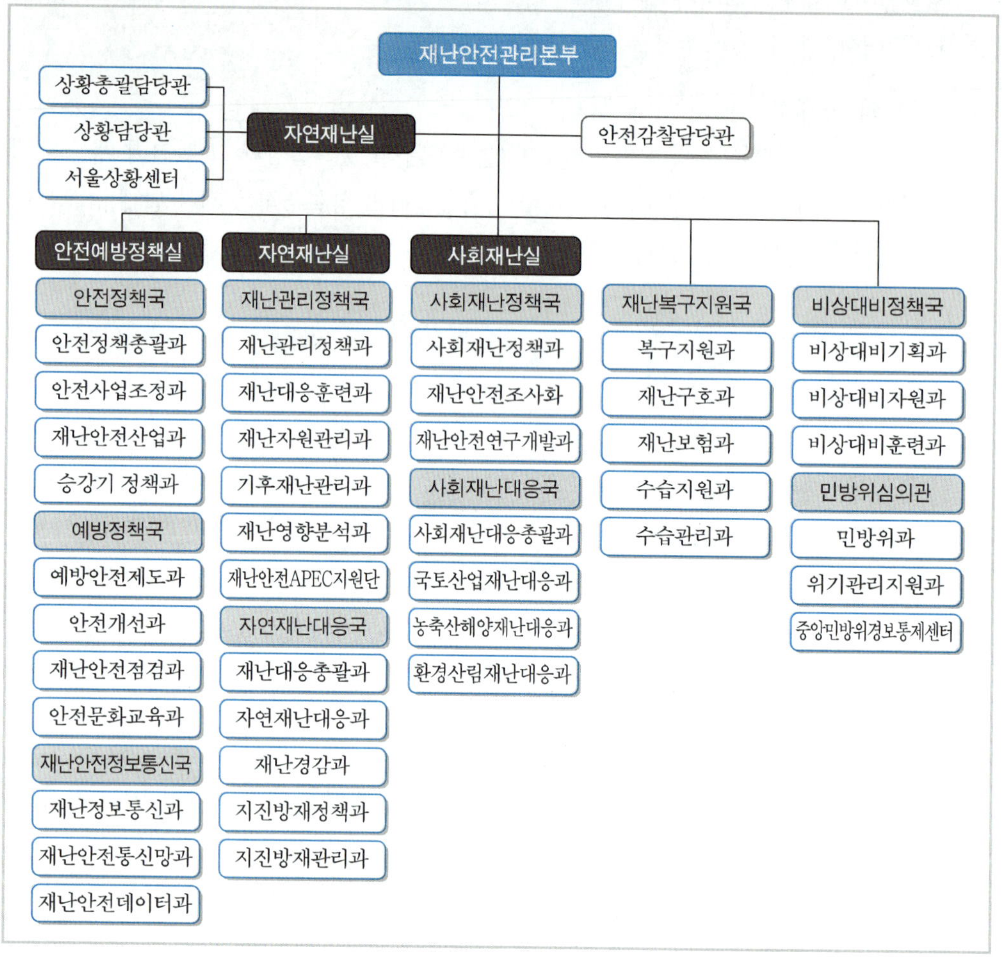

2014년 11월 19일에 신설된 국민안전처에 중앙소방본부(소방정책국, 119구조구급국)와 해양경비안전본부(해양경비안전국, 해양오염방재국, 해양장비기술국)를 두고 차관 밑에 안전감찰관과 중앙재난안전상황실을 두었다. 그러다가 2017년 5월에 문재인 정부에 들어서면서 국민안전처를 폐지하고 업무를 행정안전부로 이관하였다.

2) 기능별 통합관리방식

2004년 3월 11일에 재난 및 안전관리 기본법이 제정된 후에는 통합위기관리 방식으로 전환되었다. 아래의 표를 통해 변화과정을 파악해볼 수 있다.

표 5-3 재난 규모별 대응체계

구 분	주무기관	관할 책임자
대규모 재난	중앙안전관리위원회	국무총리
	중앙재난안전대책본부	행정안전부장관
중규모 재난	시·도 안전관리위원회	시·도지사
	시·도 재난안전대책본부	시·도지사
소규모 재난	시·군·구 안전관리위원회	시·군·구청장
	시·군·구 재난안전대책본부	시·군·구청장

재해대책본부와 사고대책본부가 재난안전대책본부로 일원화되었으며, 재난관리 전담 조직도 재난유형별 조직에서 재난과정별·기능별 조직으로 전면 개편하게 되었다.

표 5-4 재난관리 방식의 종류

구 분	분산관리 방식	통합관리 방식
관련법률	자연재해대책법, 재난관리법	재난 및 안전관리 기본법
심의조직	자연재난 : 재해대책위원회 사회재난 : 안전대책위원회	안전관리위원회
수습조직	자연재난 : 재해대책본부 사회재난 : 사고대책본부	재난안전대책본부

3) 중앙재난안전대책본부(중앙대책본부)의 역할

(1) 중앙재난안전대책본부의 구성 - 재난 및 안전관리 기본법 시행령 제15조

중앙재난안전대책본부장은 행정안전부장관이이 되며, 차장·총괄조정관·대변인·통제관·부대변인 및 담당관을 둔다.

(2) 중앙재난안전대책본부회의의 구성 – 재난 및 안전관리 기본법 시행령(제16조)

중앙재난안전대책본부회의는 다음 각 호의 사람 중에서 중앙대책본부장이 임명 또는 위촉하는 사람으로 구성한다.

1. 다음 각 목의 기관의 고위공무원단에 속하는 일반직공무원(국방부의 경우에는 이에

상당하는 장성급(將星級) 장교를, 경찰청 및 해양경찰청의 경우에는 치안감 이상의 경찰공무원을, 소방청의 경우에는 소방감 이상의 소방공무원을 말한다) 중에서 소속기관의 장의 추천을 받은 사람

① 기획재정부, 교육부, 과학기술정보통신부, 외교부, 통일부, 법무부, 국방부, 행정안전부, 문화체육관광부, 농림축산식품부, 산업통상자원부, 보건복지부, 환경부, 고용노동부, 여성가족부, 국토교통부, 해양수산부 및 중소벤처기업부

② 조달청, 경찰청, 소방청, 국가유산청, 산림청, 질병관리청, 기상청 및 해양경찰청

③ 그 밖에 중앙대책본부장이 필요하다고 인정하는 행정기관

2. 재난의 대응 및 복구 등에 관한 민간전문가

국무총리가 중앙대책본부장의 권한을 행사하는 경우의 중앙대책본부회의는 다음 각 호의 사람 중에서 국무총리가 임명 또는 위촉하는 사람으로 구성한다.

1. 제1항제1호 각 목의 기관의 장
2. 재난의 대응 및 복구 등에 관한 민간전문가

(3) 특수기동구조대의 편성 및 파견 등 – 재난 및 안전관리 기본법 시행령(제18조 2)

① 중앙대책본부장은 특수기동구조대의 대원을 소방청 중앙119구조본부 및 해양경찰청 중앙해양특수구조단 소속 공무원 중에서 선발하고, 특수기동구조대 대장을 특수기동구조대의 대원 중에서 지명한다. 이 경우 중앙대책본부장은 재난유형별로 필요한 전문인력을 추가할 수 있다.

② 중앙대책본부장은 다음 각 호의 어느 하나에 해당하는 경우 특수기동구조대를 재난 현장에 파견할 수 있다.

1. 각급통제단장 또는 「수상에서의 수색·구조 등에 관한 법률」 제7조에 따른 중앙구조본부의 장, 광역구조본부의 장, 지역구조본부의 장이 중앙대책본부장에게 요청하는 경우
2. 중앙대책본부장이 구조·구급·수색 등의 활동을 신속하게 지원하기 위하여 필요하다고 인정하는 경우

③ 외교부장관 또는 원자력안전위원회 위원장은 중앙대책본부장의 권한을 행사하는 특수기동구조대를 파견하기 위해서는 행정안전부장관과 협의하여야 한다.

④ 특수기동구조대는 재난현장에서 구조·구급·수색 등의 활동에 관하여 각급통제단장의 지휘·통제를 따른다. 다만, 해양에서 발생하는 재난에 관하여는 「수상에서의 수색·구조 등에 관한 법률」 제7조에 따른 중앙구조본부의 장, 광역구조본부의 장, 지역구조본부의 장의 지휘·통제를 따른다.

⑤ 제1항부터 제4항까지에서 규정한 사항 외에 특수기동구조대의 편성 및 파견에 필요한 사항은 중앙대책본부장이 정한다.

(4) 중앙대책본부장의 권한

① 중앙대책본부장은 대규모 재난을 효율적으로 수습하기 위하여 관계 재난관리책임기관의 장에게 행정 및 재정상의 조치, 소속 직원의 파견, 그 밖에 필요한 지원을 요청할 수 있다. 이 경우 요청을 받은 관계 재난관리책임기관의 장은 특별한 사유가 없으면 요청에 따라야 한다.

② 제1항에 따라 파견된 직원은 대규모 재난의 수습에 필요한 소속기관의 업무를 성실히 수행하여야 하며, 대규모 재난의 수습이 끝날 때까지 중앙대책본부에서 상근하여야 한다.

4) 중앙안전관리위원회

(1) 정의

중앙안전관리위원회는 안전관리에 관한 중요정책의 심의 및 총괄·조정, 안전관리를 위한 관계 부처 간의 협의·조정, 그 밖에 안전관리에 필요한 사항을 시행하기 위하여 설치된 대한민국 국무총리실 소속의 행정위원회이다. 주관부처는 행정안전부이고, 위원회 성격은 심의위원회이다.

(2) 설치 근거 : 재난 및 안전관리 기본법 - 제9조

(3) 심의와 기능

재난 및 안전관리에 관한 다음 각 호의 사항을 심의하기 위하여 국무총리 소속으로 중앙안전관리위원회를 둔다.

① **심의사항**

㉠ 재난 및 안전관리에 관한 중요 정책에 관한 사항

㉡ 국가안전관리기본계획에 관한 사항

㉢ 중앙행정기관의 장이 수립·시행하는 계획, 점검·검사, 교육·훈련, 평가, 안전기준 등 재난 및 안전관리업무의 조정에 관한 사항

㉣ 재난사태의 선포에 관한 사항

㉤ 특별재난지역의 선포에 관한 사항

㉥ 재난이나 그 밖의 각종 사고가 발생하거나 발생할 우려가 있는 경우 이를 수습하기 위한 관계 기관 간 협력에 관한 중요 사항

ⓐ 중앙행정기관의 장이 시행하는 대통령령으로 정하는 재난 및 사고의 예방사업 추진에 관한 사항
ⓞ 「재난안전산업 진흥법」에 따른 기본계획에 관한 사항
ⓩ 그 밖에 위원장이 회의에 부치는 사항

② 기능

㉠ 중앙위원회의 위원장은 국무총리가 되고, 위원은 대통령령으로 정하는 중앙행정기관 또는 관계 기관·단체의 장이 된다.
㉡ 중앙위원회의 위원장은 중앙위원회를 대표하며, 중앙위원회의 업무를 총괄한다.
㉢ 중앙위원회에 간사 1명을 두며, 간사는 행정안전부장관이 된다.
㉣ 중앙위원회의 위원장이 사고 또는 부득이한 사유로 직무를 수행할 수 없을 때에는 행정안전부장관, 대통령령으로 정하는 중앙행정기관의 장 순으로 위원장의 직무를 대행한다.
㉤ 행정안전부장관 등이 중앙위원회 위원장의 직무를 대행할 때에는 행정안전부장관이 중앙위원회 간사의 직무를 대행한다.
㉥ 중앙위원회는 사무가 국가안전보장과 관련된 경우에는 국가안전보장회의와 협의하여야 한다.
㉦ 중앙위원회의 위원장은 그 소관 사무에 관하여 재난관리책임기관의 장이나 관계인에게 자료의 제출, 의견 진술, 그 밖에 필요한 사항에 대하여 협조를 요청할 수 있다. 이 경우 요청을 받은 사람은 특별한 사유가 없으면 요청에 따라야 한다.
㉧ 중앙위원회의 구성과 운영 등에 필요한 사항은 대통령령으로 정한다.

(4) 운영 – 재난 및 안전관리 기본법 시행령(제8조)

① 중앙위원회의 회의는 위원의 요청이 있거나 위원장이 필요하다고 인정하는 경우에 위원장이 소집한다.
② 중앙위원회의 회의는 재적위원 과반수의 출석으로 개의(開議)하고, 출석위원 과반수의 찬성으로 의결한다.
③ 위원장은 회의 안건과 관련하여 필요하다고 인정하는 경우에는 관계 공무원과 민간전문가 등을 회의에 참석하게 하거나 관계 기관의 장에게 자료 제출을 요청할 수 있다. 이 경우 요청을 받은 관계 공무원과 관계 기관의 장은 특별한 사유가 없으면 요청에 따라야 한다.

④ 제1항부터 제3항까지에서 규정한 사항 외에 중앙위원회의 운영에 필요한 사항은 중앙위원회 의결을 거쳐 위원장이 정한다.

그림 5-2 안전관리위원회 기구 구성

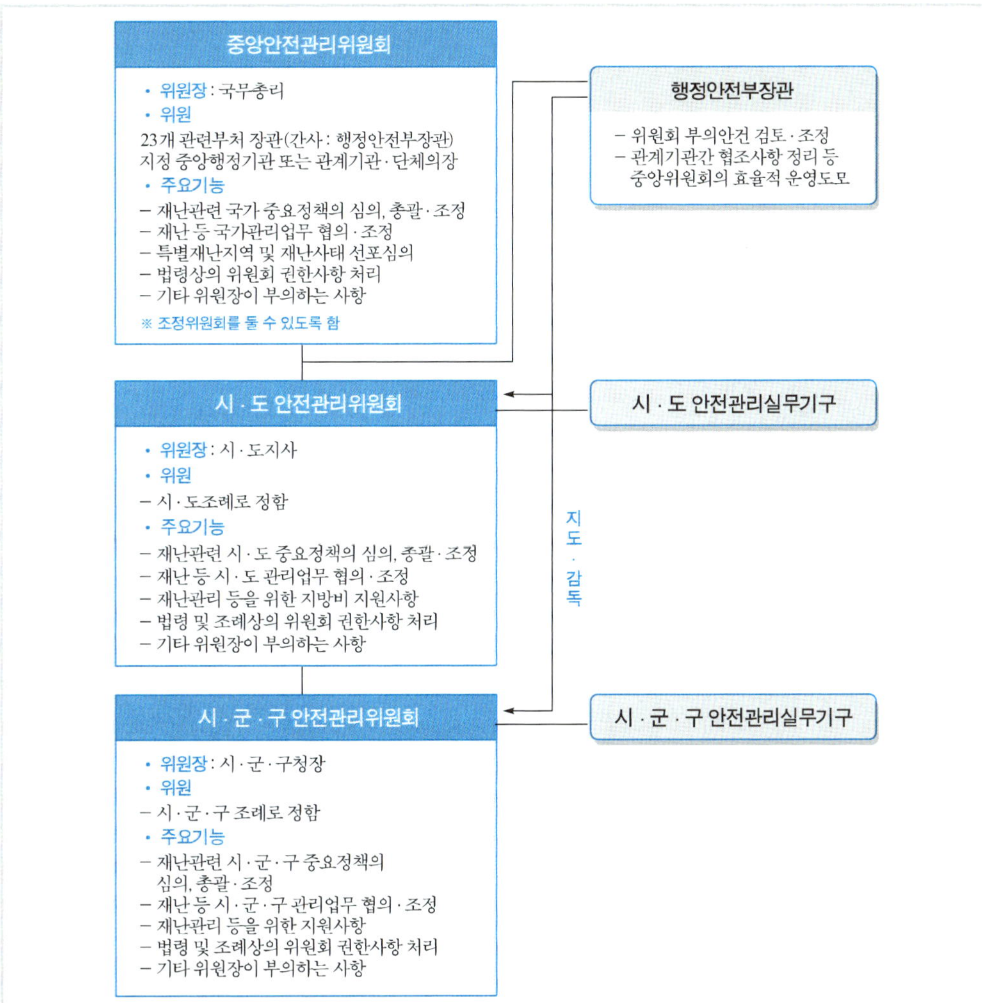

*** 시·도안전관리위원회 및 시·군·구안전관리위원회**

지역별 재난관리에 관한 중요정책의 심의 및 총괄·조정 등의 업무를 시행하기 위해 시·도지사 소속 하에 시·도 안전관리위원회를 시장·군수·구청장 소속 하에 시·군·구 안전관리위원회를 두고 있으며 주요 기능은 다음과 같다.

(가) 당해 지역에 있어서의 안전관리정책의 심의 및 총괄·조정

(나) 당해 지역에 있어서의 안전관리계획안의 심의

(다) 당해 지역에 소재하는 재난관리책임기관(중앙행정기관 및 상급지방자치단체를 제외한다)이 수행하는 안전관리 업무의 협의·조정

(라) 다른 법령 또는 조례에 의하여 당해 지역위원회의 권한에 속하는 사항의 처리

(마) 그 밖에 지역위원회의 위원장이 부의하는 사항의 처리

5) 재난의 대응 및 복구체계도

(1) 재난 발생 시 대통령을 중심으로 국무총리, 행정안전부장관, 소방청장, 시·도 및 시·군·구가 상호 면밀한 관계를 가지고 대응해나가야 한다.

그림 5-3 재난의 대응 및 복구체계도

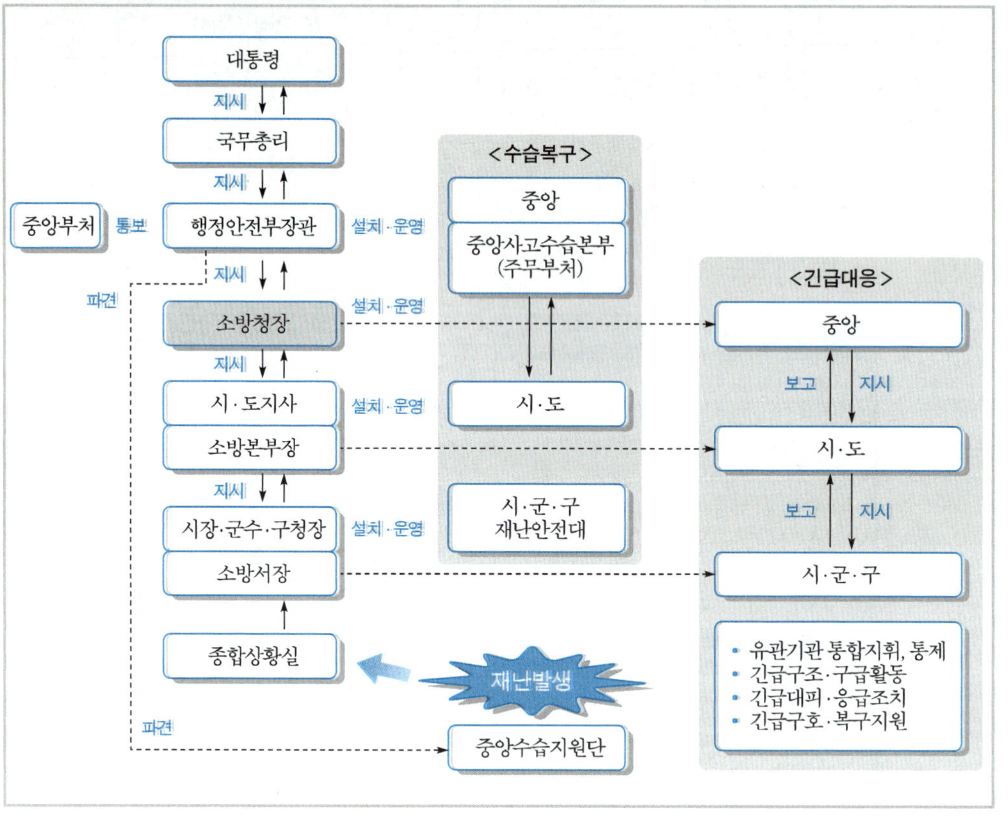

*** 중앙사고수습본부**

대규모 재난으로 인해 중앙재난안전대책본부를 편성했을 때는 주무부처의 장 소속 하에 중앙사고수습본부를 편성하여 운영하게 된다. 또한, 재난유형별로 관계 재난관리책임기관의 전문가와 민간 전문가로 구성된 중앙수습지원단은 재난 발생 지역의 책임자인 지역재난안전대책본부장에게 사태 수습에 필요한 기술 자문과 재난 수습을 위한 행정·재정적인 조치를 취하도록 하고, 재난의 현장 상황과 발생원인 및 재난 진행 전망 등에 대해 중앙재난안전대책본부장에게 보고하는 업무를 담당하게 된다.

(2) 재난의 복구에도 유관기관 간의 긴밀한 협조와 노력이 필요하며, 민간조직과의 유기적 협력체계를 구축하는 것도 매우 중요하다.

6) 재난의 상황관리

(1) 중앙재난안전상황실의 설치 운영

① 설치·운영권자

재난에 대하여 그 정보의 수집·전파, 신속한 지휘 및 상황관리를 위하여 재난 및 안전관리 기본법 제18조에서는 행정안전부장관, 시·도지사, 시장·군수·구청장 및 소방서장은 상시 종합상황실을 설치·운영하도록 하고 있으며, 행정안전부장관은 국가기반체계의 상황실을 설치·운영하도록 규정하고 있다.

그림 5-4 재난안전대책본부 기구 구성

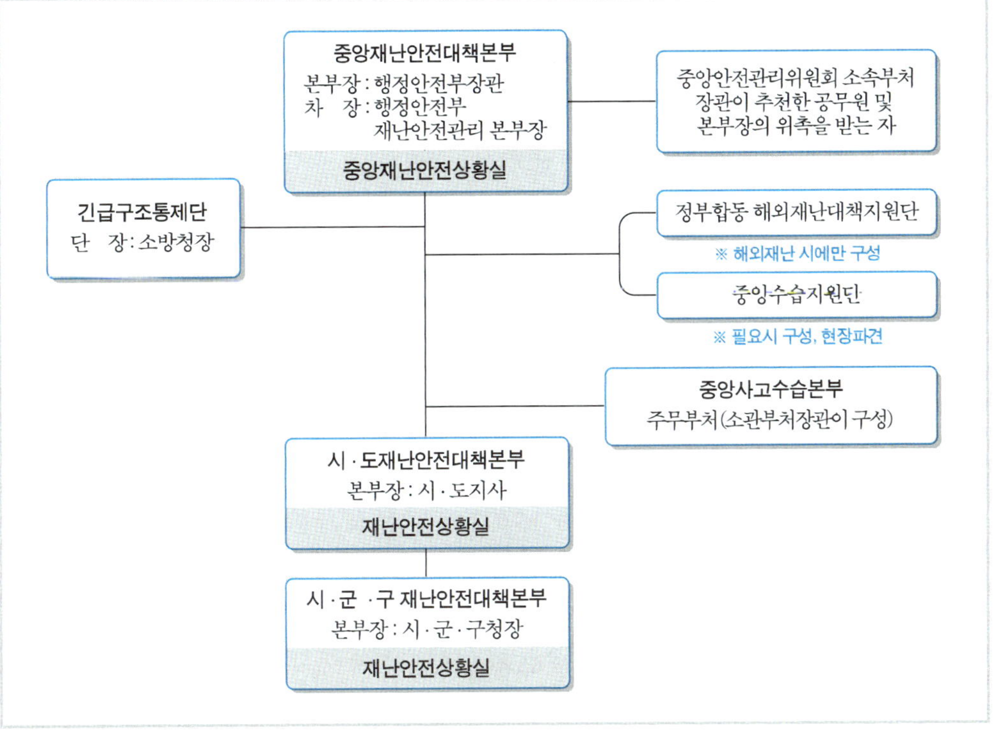

* 재난의 신고

재난 및 안전관리기본법 제18조(재난 신고) ① 누구든지 재난의 발생이나 재난이 발생할 징후를 발견하였을 때에는 즉시 그 사실을 시장·군수·구청장·긴급구조기관, 그 밖의 관계 행정기관에 신고하여야 한다.
② 제1항에 따른 신고를 받은 시장·군수·구청장과 그 밖의 관계 행정기관의 장은 관할 긴급구조기관의 장에게, 긴급구조기관의 장은 그 소재지 관할시장·군수·구청장에게 통보하여 응급대처방안을 마련할 수 있도록 조치하여야 한다.

② 구비요건

(가) 신속한 재난정보의 수집·전파와 재난대비 자원의 관리·지원을 위한 재난

방송 및 정보통신체계
(나) 재난상황의 효율적 관리를 위한 각종 장비운영·관리체계
(다) 그 밖에 행정안전부장관이 정하는 사항

③ **대체상황실의 운영**

행정안전부장관, 특별시장·광역시장 또는 도지사, 시장·군수·구청장 및 소방서장은 재난으로 인하여 종합상황실의 기능의 전부 또는 일부를 수행할 수 없는 경우를 대비해 대체 상황실을 운영할 수 있다.

④ **재난의 최초 접수자의 임무**

(가) 재난안전상황실에 근무하는 상황근무자로서 재난을 최초로 접수한 자는 즉시 긴급구조기관에 긴급구조 활동에 필요한 출동을 지령하고, 즉시 재난발생상황을 통제단장에게 보고함과 동시에 긴급구조관련기관에 통보하여야 한다.

(나) 다만 재난의 규모 등을 판단하여 종합상황실을 설치한 기관에서 자체 대응이 가능하거나 소규모 재난인 경우에는 긴급구조관련기관에의 통보를 늦추거나 하지 아니할 수 있다.

(2) 재난상황보고

① **보고책임**

(가) 일반적인 재난

㉠ 시장·군수·구청장 → 시·도지사 → 행정안전부장관 및 관계 중앙행정기관의 장에게 보고

㉡ 다만 대규모 재난, 중앙긴급구조통제단에서 긴급구조 활동에 대한 지휘·통제가 필요할 것으로 예상되는 재난, 그 밖에 중앙재난안전대책본부장이 재난의 신속한 수습을 위하여 필요하다고 인정하는 사항에 대해서는 긴급구조기관의 장 또는 시장·군수·구청장이 행정안전부장관에게 직접 보고하여야 한다.

㉢ 재난관리책임기관의 장은 소관 업무에 관계되는 재난이 발생한 때에는 즉시 그 재난의 상황과 응급조치 및 수습의 내용을 관계 중앙행정기관의 장 및 시장·군수·구청장에게 보고 또는 통보하여야 하고, 시장·군수·구청장은 보고 또는 통보받은 사항 중 대규모 재난 등에 관하여는 시·도지사를 거쳐 행정안전부장관에게 보고하여야 한다.

㉣ 시장·군수·구청장 또는 소방서장은 재난이 발생한 때 또는 재난발생을

신고 받거나 통보받은 때에는 즉시 이를 관계 재난관리책임기관의 장에게 통보하여야 한다.

* **현장지휘관 등의 임무(긴급구조대응활동 및 현장지휘에 관한 규칙 제4조)**

1. 현장지휘관은 재난이 발생한 경우에 재난의 종류·규모 등을 통제단장에게 보고하여야 한다. 이 경우 보고 받은 통제단장은 통제단의 설치·운영과 지원출동 여부를 결정하여야 한다.
2. 현장지휘관은 재난현장 조치상황과 재난현장지원에 필요한 사항 등을 수시로 통제단장에게 보고하여야 한다.
3. 시·군·구긴급구조통제단장 또는 시·도긴급구조통제단장은 보고를 받은 경우 상급기관의 지원이 필요한 때에는 시·군·구긴급구조통제단장은 시·도긴급구조통제단장에게, 시·도긴급구조통제단장은 중앙통제단장에게 각각 보고하여 시·도 또는 중앙의 긴급구조지원활동이 신속히 이루어질 수 있도록 하여야 한다.

(나) 해양재난의 경우

㉠ 해양경찰서장은 해양에서 재난이 발생하거나 발생할 우려가 있는 때에는 즉시 그 재난의 상황과 응급조치 및 수습의 내용을 해양경찰청장에게 보고하여야 한다.

㉡ 해양경찰서장은 대규모 재난, 중앙통제단에서 긴급구조 활동에 대한 지휘·통제가 필요할 것으로 예상되는 재난 및 그 밖에 중앙본부장이 재난의 신속한 수습을 위하여 필요하다고 인정하는 재난의 경우에 한하여 관계 중앙행정기관의 장 및 행정안전부장관에게 통보하여야 한다.

(다) 해외재난의 경우

재외공관의 장은 관할구역에서 해외재난이 발생하거나 발생할 우려가 있는 때에는 즉시 그 상황을 외교부장관에게 보고하여야 한다. 보고 받은 외교부장관은 즉시 그 상황을 행정안전부장관 및 관계 중앙행정기관의 장에게 통보하여야 한다.

① 보고사항(재난상황)

(가) 재난 발생의 일시·장소와 재난의 원인

(나) 재난으로 인한 피해내역

(다) 응급조치사항

(라) 대응 및 복구활동사항

(마) 향후 조치계획

(바) 그밖에 당해 재난을 수습할 책임이 있는 중앙행정기관의 장이 정하는 사항

재난상황보고 및 응급조치내용 보고 구분

(가) 재난상황보고

시·도지사, 시장·군수·구청장 또는 긴급구조기관의 장이 하는 재난상황보고는 최초보고·중간보고 및 최종보고로 구분하되 그 내용은 다음과 같다.

1) 최초보고

인명피해 등 주요 재난발생 시 지체 없이 서면·모사전송·전화 중 가장 빠른 방법으로 하는 보고를 말한다.

2) 중간보고

전산시스템 등을 활용하여 재난의 수습기간 중에 수시로 하는 보고를 말한다.

3) 최종보고

재난의 수습이 종료되거나 소멸된 후 보고사항을 종합하여 하는 보고를 말한다.

(나) 응급조치내용 보고

시·도지사, 시장·군수·구청장 또는 긴급구조기관의 장이 하는 응급조치내용 보고는 응급복구 조치사항 및 응급구호 조치사항으로 구분하여 재난기간 중 1일 2회 이상 보고하여야 한다.

7) 지방재난안전대책본부의 체계도(서울)

그림 5-5 서울소방재난본부 조직도

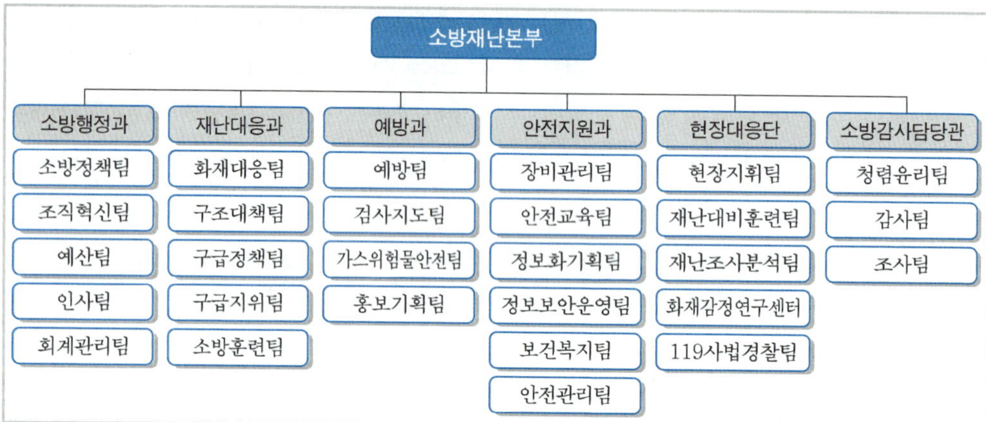

표 5-5 부서별 주요 업무

부서	주요 업무
소방행정과	소방행정과 업무 총괄
재난대응과	재난대응과 업무 총괄
예방과	예방과 업무총괄, 2권역 방면본부장, 긴급구조통제단 3단계 긴급복구부장
안전지원과	안전지원과 업무 전반 관리
현장대응단	현장대응단 업무 총괄
소방감시담당관	- 소방감사담당관 업무 총괄 - 소방재난본부 청렴자율준수담당관 - 소방재난본부 행동강령책임관 - 소방재난본부 이해충돌방지담당관 등

8) 민방위협의회 – 법정 심의기관

(1) 민방위기본법 제6조(중앙민방위협의회)

① 민방위에 관한 국가의 중요 정책을 심의하기 위하여 국무총리 소속으로 중앙민방위협의회를 둔다.

② 중앙민방위협의회의 구성・조직・운영, 그 밖에 필요한 사항은 대통령령(중앙민 방위협의회에는 위원장과 부위원장 각 1명을 두되, 위원장은 국무총리가 되고, 부위원장은 행정안전부장관이 된다)으로 정한다.

③ 중앙민방위협의회는 필요에 따라 분과위원회를 둘 수 있다.

(2) 중앙민방위협의회의 기능 – 민방위기본법 시행령 제4조

① 민방위기본계획의 심의

② 민방위에 관한 각 중앙관서 간의 업무 조정

③ 민방위대 조직 대상 연령 연장의 심의

④ 수습 및 복구를 위하여 필요한 사항의 심의

⑤ 그 밖에 위원장이 회의에 부의하는 사항의 심의

지역안전관리위원회와 지역재난안전대책 본부

* 지역안전관리위원회

- 시·도 지역안전관리위원회는 안전관리정책·안전관리계획안·안전문화운동 추진계획 등의 심의, 재난관리책임기관이 수행하는 재난관리 업무의 협의·조정 등을 담당하기 위해 특별시장·광역시장·도지사 소속 하에 구성하여 운영하게 된다.
- 시·군·구 안전관리위원회는 해당 지역별 안전관리에 관한 중요한 심의와 지역별 안전관리 업무의 협의·조정 등 안전관리에 필요한 사항을 이행하기 위해 시장·군수·구청장 소속하에 시·군·구 안전관리위원회를 구성·운영한다.
- 이와 더불어 시·도안전관리위원회와 시·군·구 안전관리위원회에 부의되는 의안을 검토하고 관계 기관 간의 협조사항을 정리하는 등 지역안전관리위원회의 효율적 운영을 도모하기 위해 각각의 지역안전관리위원회별로 별도의 실무위원회를 둔다.

*지역재난안전대책 본부

- 지역재난안전대책 본부는 해당 관할구역 안에서 재난의 예방·대비·대응·복구 등에 관한 사항을 총괄·조정하고 필요한 조치를 수행하게 되며, 시·도지사는 시·도 재난안전대책 본부를, 시장·군수·구청장은 시·군·구 재난안전대책 본부를 구성해 운영하게 된다.
- 재난과 관련하여 중앙재난안전대책 본부를 설치하는 경우에는 시·도지사 또는 시장·군수·구청장은 시·도 재난안전대책 본부 또는 시·군·구 재난안전대책 본부를 반드시 설치·운영해야 된다. 본부장은 각각 자치단체장이 된다.

(3) 민방위기본법 제7조(지역민방위협의회)

① 민방위 업무에 필요한 사항을 심의하기 위하여 지역민방위협의회를 두되, 특별시장 · 광역시장 · 도지사 · 특별자치도지사 소속으로 특별시 · 광역시 · 도민방위협의회를, 시장 · 군수 · 구청장 소속으로 시 · 군 · 구민방위협의회를, 읍 · 면 · 동장 소속으로 읍 · 면 · 동민방위협의회를 각각 둔다.

② 지역민방위협의회의 구성 · 조직 · 운영, 그 밖에 필요한 사항은 행정안전부령으로 정한다.

제2절 재난관리 경찰체계

1. 경찰의 재난관리체계

1) 경찰의 재난 담당부서 및 기능

(1) 경찰청에서 재난관리를 담당하는 부서는 경비국으로서 경비국에는 경비과, 대테러위기관리과, 경호과, 항공과를 두고 국장과 그 밑에 심의관 1인을 두고 있다.

(2) 경찰청 경비국에서는 경비1과에서 재난관련 업무를 전담하고 있으며, 지방경찰청에서는 경비교통과 경비계에 담당부서가 설치되어 있고, 경찰서에는 경비과 경비계에 전담부서가 설치되어 있다.

(3) 경찰청 경비국 경비1과에는 재난관리를 전담하는 요원이 배치되어 있다.

(4) 지방경찰청에는 재난을 전담하는 인원은 없고 경비과 경비계에서 다른 업무와 병행하여 업무를 수행하고 있다.

(5) 경찰서 역시 전담요원이 없이 경비교통과 경비계에서 다른 경비업무와 병행하여 수행하고 있다.

2) 경찰청의 조직 구성도

(1) 경찰은 청장을 중심으로 1차장 1본부 8국 12관 54과 3팀으로 구성되어 있다.

(2) 구체적으로 생활안전교통국이 민생치안을, 수사기획조정관·수사인권담당관·수사국·형사국·안보수사국이 소속된 국가수사본부가 수사를 담당하고, 경비국·치안정보국·범죄예방대응국·국제협력관이 사회질서 유지를, 대변인·감사관·기획조정관·경무인사기획관·미래치안정책국이 행정지원을 각각 담당하고 있다.

그림 5-6 경찰청 조직도

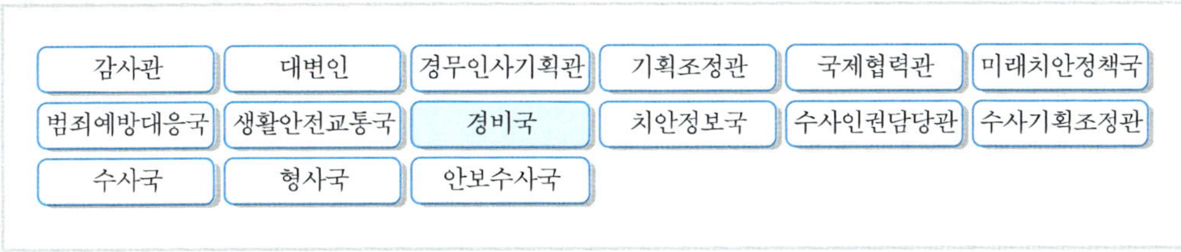

표 5-6 경찰 경비국의 체계

과	부서명	담당업무
경비과	경비기획계	경비 기획·예산·조직업무, 성과관리
	경비안전계	집회시위 대책 및 상황유지, 경찰부대 운영·교육
	경비지원계	국가중요행사·선거 및 경찰 부대 현장안전장비 개발·구매 보급
	기동경찰관리계	경찰관기동대 인사조직·교육훈련·복무관리
대테러 위기관리과	위기관리계	재해·재난 및 민방위 등 위기관리 업무
	대테러재난기획계	대테러 기획·예산·장비 구매, 보급
	대테러안전계	경찰특공대 운영·국가중요시설, 테러취약시설 관리
	작전계	경찰작전·청원경찰·독도경비등 해안경계 업무
경호과	경호계	경찰 경호업무 계획수립·조정·통제, 경호처 등 경호유관과 업무협조, 전국 시·도경찰청 경호행사 인력 및 장비지원 등
항공과	항공운영계	- 항공 기획, 헬기도입, 항공요원 인사·채용 등 - 항공 안전관리(전문교육, 결함조치 등), 항공 운항관리(헬기배치, 운항통제, 항공업무 전산시스템 관리 등)
	항공정비대	항공기 감항검사, 무선국검사, 영상전송시스템 설치 및 관리 등

2. 재난 발생 시 경찰의 일반 업무

1) 부상자와 위기에 빠진 사람의 구조

(1) **피난자 수용시설 마련** : 경찰은 최우선적으로 부상자를 위한 응급처치 등 의료지원을 해야 하고 재난 발생에 의한 피난자를 위한 수용시설을 마련해야 한다.

(2) **주민보호와 사체 관리** : 재난의 여파로 붕괴 우려가 있는 건물과 같은 위험지역에 있는 주민들을 안전한 곳으로 대피하도록 해야 하고 사망자의 후송 및 사체 보호 및 관리를 해야 한다.

2) 현장 주변 통제 및 질서 유지

(1) **경찰통제선** : 재난발생 현장에서 주변 통제를 위해 경찰통제선(police line)을 설치한다.

(2) **현장출입 통제** : 원활하고 신속한 구조인력과 장비의 출입을 위해 인가자 외 현장 출입을 통제해야 한다.

3) 교통관리

재난발생현장에 대한 차량접근을 통제하거나 차량을 우회시켜야 한다. 정해진 일정한 거리에 있는 재난현장 주변에 대해서도 원거리 교통 혼잡 예상지역에 대한 교통관리를 실시해야 한다.

4) 각종 범죄 예방

재난 발생 현장은 극도로 혼잡하고 무질서한 상황에 처해있기 때문에 혼잡을 틈탄 약탈 범죄나 이재민들이 대피한 건물에서의 강도나 절도, 사상자의 소지품과 현장 유류품 등에 대한 강도, 절도 예방에 힘써야 한다.

5) 재난현장 주변 경비

(1) **장소 경비** : 재난발생 현장 주변에 설치된 의료소와 임시 영안실, 사상자가 수송된 병원 주변에 대한 경비

(2) **물품 경비** : 각종 유관기관 합동 현장지휘소와 구조인력 수송 차량과 구조장비 보관소 등에 대한 경비 활동을 실시

6) 범죄 관련 여부에 대한 수사 · 정보활동

(1) **증거확보** : 재난 발생에 대한 범죄와의 관련 여부를 조사하기 위해 재난 발생 증거의 수색 및 수집과 보호활동을 펼쳐야 함.

(2) **목격자 탐문** : 목격자 탐문을 통한 범죄자의 체포 및 수사활동을 펼쳐야 함.

(3) **유가족 동향 파악** : 재난 피해로 인해 흥분한 피해자 유가족에 대한 동향을 파악해야 함.

참 고

* 경찰의 의무

경찰 하명에 의하여 부과된 공법상의 의무를 말한다. 경찰 목적의 달성을 위해서는 경찰 강제에 의하여 실력으로써 필요한 상태를 실현하는 것이 가장 신속한 것이나, 인권보장의 취지에 따라 특별한 경우를 제외하고는 경찰 의무를 명령하는 방법에 의하는 것이 원칙이다. 의무의 부과형식으로는 직접 법규에 의하는 경우와 행정처분에 의하는 경우가 있다. 경찰 의무는 일반 공법상의 의무와 같이 그 내용에 따라 작위 의무·부작위 의무(不作爲義務)·급부 의무 및 수인 의무로 나눌 수 있다.

(1) 작위 의무는 장해방지라는 경찰의 소극적인 성질 때문에 그 예가 드물지만 장해방지를 위해 적극적 행위가 필요한 경우도 있다.
(2) 부작위 의무는 가장 일반적인 것으로서 이를 경찰금지라 하며, 절대적 금지와 허가보류의 금지로 구분된다. 금지방법에는 행정처분에 의하는 경우와 직접 법령 또는 명령에 의하는 경우가 있다.
(3) 금전 또는 물건의 급부 의무로는 경찰 허가에 대한 수수료나 집행벌로써의 과태료 또는 경찰의무 이행의 담보로서의 보증금공탁의무(保證金供託義務)를 들 수 있다.
(4) 수인 의무는 경찰강제에 따라 신체·재산 또는 가택에 실력을 가하는 경우에 국민이 이를 수인하고 저항해서는 안 되는 의무이다. 경찰 의무를 이행하지 않은 경우에는 경찰상 강제집행의 대상이 되고, 경찰 의무의 위반자는 경찰벌의 대상이 된다.

* 경찰의 응급구호 · 복구활동 사례

(1) 2025년 산불 대응—경찰의 역할

2025년 3월 21일부터 5월 15일까지 전국적으로 발생한 2025년 대한민국 최악의 산불사태(의성–안동에 집중)는 수많은 인명 피해, 대규모 대피, 역사문화재 파괴 등 막대한 피해를 초래했다. 경찰의 주요 대응 활동은 다음과 같다.

- **재난 지역 지정 및 행정 지원** : 행정안전부 · 경찰은 경북 · 울산 지역을 중심으로 재난지역으로 지정해, 현장 통제와 인명구조를 지원했다.
- **대규모 대피 협조** : 철도 · 고속도로 통제, 교도소 수감자 대피(청송 · 안동 교도소 등) 등 대피 협조에 경찰이 핵심적으로 참여했다.
- **현장 인력 배치 및 통제** : 군인, 소방관 등과 협력하여 대응 인력의 25% 이상을 현장에 배치하고, 헬기 운용 등 집중적인 지원을 수행했다.
- **문화재 보호 지원** : 우신사 등 유서 깊은 사찰의 유물을 대피시키거나 수습하는 데 있어 경찰이 교통 통제, 현장 경비 등을 지원했다.

(2) 이태원 참사 방지 계획 : 예측 시스템 도입

경찰은 2022년 이태원 핼러윈 참사 이후, 대형 인명 재난 방지를 위해 재난 예측 시스템 도입을 추진했다.

- 112 신고 증가 패턴, 교통량, 군중 밀집도 등을 실시간 분석해 위험 경고를 경찰과 소방 당국에 즉시 전달하는 시스템을 구축 중이다.
- 또한, 현행법 개정을 통해, 경찰이 긴급 상황 발생 시 강제 출입 또는 대피 명령 권한을 갖도록 법적 근거를 마련했다.

(3) 특수훈련 사례 - 포항 핵발전소 CBR 대응

2025년 8월, 포항방호교도구속사령부주도 아래, 월성 원전에서 CBR(화학 · 생물 · 방사능) 재난 대응 훈련이 실시되었다.

- 경찰과 군 · 원전 관계자 등이 참여하여 테러, 드론 통한 CBR 위협 등 복합 상황에 대비한 대응력 강화를 목표로 했다.
- 경찰은 사고 발생 시 현장 안정 확보, 시민 인명 구조 · 이송 지원, 출입 통제 등을 수행했다.

3. 재난 발생 시 경찰의 초동 조치

1) 최초 신고접수자

(1) **지구대나 경찰지령실의 역할** : 재난 발생에 관한 최초의 신고접수자인 지구대나 경찰지령실은 정확한 발생장소 및 규모를 우선적으로 파악하여 접수 즉시 무전으로 상황을 전파하고 현장 인근 112순찰차나 교통경찰을 우선적으로 출동시켜야 한다.

(2) **빠른 정보전달** : 지구대장이나 상황실장에 보고해야할 뿐만 아니라 인접 경찰서 및 유관기관에 통보하고 상사로부터 지시사항을 전달하고 이행 여부를 확인하며, 현장출동 근무자와 상황 유지, 사태 추이를 파악하여 보고하고 전파해야 한다.

2) 최초 현장 임장(臨場) 근무자

(1) **인명구조** : 재난 발생상황을 전파 받은 근무자는 최대한 신속하게 재난 현장에 도착하여 재난 사태 유형 및 피해 정도, 지원 병력·장비의 필요 여부를 상황실에 신속하게 보고한 후 우선적으로 인명구조를 실시

(2) **교통통제** : 재난 현장 주변의 차량에 대한 교통 통제 기타 현장에서 요구되는 제반 조치를 수행해야 한다.

3) 지구대장 등 최초 임장 간부

(1) **조치의 적절성 검토** : 재난 현장에 최초로 도착한 지구대장 등과 같은 간부는 재난 상황 및 시행된 조치의 적절 여부를 검토

(2) **재난 현장 지휘** : 향후 재난 상황을 전망하여 현장 지휘본부의 설치나 추가 인력과 장비에 대해 요청하고 지휘관이 도착하기 전까지 재난 현장의 제반활동 및 후속 도착 경력을 지휘해야 한다.

4) 교통 외근 간부

교통 외근 간부는 다음과 같은 요인 때문에 외근 요원을 배치하여야 한다.

(1) 재난 발생 현장의 추가적인 인명피해를 예방하고 긴급차량의 현장 진입로를 확보

(2) 긴급차량과 지휘차량 등이 위치할 주차장을 확보

(3) 비상 출동로를 확보

5) 상황실장

(1) 일과 시간 내의 경우

① 상황접수 즉시 112순찰차와 교통순찰차, 5분 대기부대, 형사기동대 등에게 현장 출동하도록 지시

② 지휘관 및 상급기관에 보고하고 유관기관에 통보

③ 현장근무자의 요청사항을 검토하여 후속 조치를 취함.

(2) 일과 시간 외의 경우

① 긴급 현장상황반을 대동하여 현장에 출동한 후 현장 간부와 협의하여 현장 지휘본부를 설치

② 현장지휘관이 도착하기 전까지 경찰 활동을 전개

4. 재난 발생 시 경찰의 현장 조치

1) 긴급종합상황실의 설치

(1) 경찰의 긴급종합상황실은 사망 5명 이상, 부상 10명 이상

(2) 물적 피해액 5억 원 이상의 중대한 화재사고

(3) 사망 5명, 부상 10명 이상의 대형 교통사고

(4) 폭발물·갱 낙반·건물붕괴·등반사고·산사태로 인한 인명피해 및 교통두절 시

(5) 항공기의 납치·추락·비상착륙 등의 제반사고

(6) 대형 열차사고와 같은 사건·사고가 발생했을 때 설치

2) 편성 및 임무

(1) 종합상황반의 유형

① 긴급 현장상황반 : 긴급 중요 사건 발생 시 현장에 출동하여 현장 초동 조치 임무를 수행

가. 상황발생 시 즉시 반장인 상황실장은 5분 대기대 등을 대동하여 현장으로 출동하고 사고현장이 도서, 산악 오지일 경우는 헬기나 선박 등 이동수단을 활용하여 현장으로 진출, 초동 조치 임무를 수행한다.

나. 상황파악 받은 일반 기능요원을 사태 발생 신고접수 후 즉시 현장 출두, 상황 처리, 보고 통보, 협조 요청 등의 업무를 수행하고, 시간대별 경력 출동·도착 및 조치사항 등 단계별 대비 조치를 파악·보고하고, 사망·실종·

부상자 등 인적사항과 피해액을 정확히 파악한다.

다. 전파 받은 상황의 발생 및 진행 내용에 대한 자료를 취합하여 보고, 통보, 전파하는 기능을 담당한다.

라. 통신반은 유·무선망을 구성하여 각급 지휘관이 현장상황반과 직접 전화할 수 있는 통신망을 최대한 신속히 구성한다.

마. 홍보반은 대형 사건사고 발생 시 초동 조치 및 구조 활동 상황 등 대민활동 심리전 홍보를 전개한다.

② 긴급 종합상황반 : 경찰서 내에서 상황실 중심의 임무를 수행

가. 사건·사고에 대한 제반사항을 기록, 보고, 협조, 연락체계를 유지하는 요원을 말한다.

나. 긴급 종합상황반의 임무는 반장의 경우 지방경찰청 경찰서의 초동 조치를 확인하고 상황에 따라 지방청 지휘부 및 주무 기능 참모 등에 긴급상황반 현지 파견 여부를 신속히 보고 후 필요한 조치를 취한다.

다. 접수반, 상황파악반, 전파반, 통신반, 홍보반 요원들은 긴급 현장상황반과 연계하여 그 이무를 수행하고 종합반은 각 기능의 전반적인 부분의 공백을 보강해 주는 역할을 한다.

3) 재난 발생 시 경찰의 기능별 임무

(1) **경무 기능** : 경찰차량 동원 및 응급구조장비 등을 확보한다.

(2) **경비 기능** : 필요 시 헬기 지원, 5분 대기대, 기동대 등 구조경력 지원 및 경비활동 등을 한다.

(3) **방범 기능** : 폭발물 보관 및 관리, 유실물 보관 및 관리, 주민대피 및 소산(疏散), 구조활동 등의 임무를 수행한다.

(4) **교통 기능** : 재난 현장 주변의 교통 소통을 위한 교통요원을 배치하고 위험지역에 대한 교통차단 임무를 수행한다.

(5) **정보 기능** : 유관기관과 협조체계를 구축, 현장인근 병원, 소재지와 수용능력, 병실 확보, 의료진 비상대기 조치 등을 한다.

(6) **형사 기능** : 사고의 원인 등을 조사하여 고의 또는 과실로 사고를 야기한 자를 적벌하여 사법처리하고 사상자 신원 파악, 수사본부 설치 운용, 불순분자의 개입 여부에 대한 수사 등을 한다.

(7) **통신 기능** : 현장의 유·무선 통신장비운용 및 현장이 무선통신 사각지대일 경우 유·무선 통신장비 가설까지 헬기 또는 유인 중계 긴급통신대책 등을 강구한다.

5. 재해경비경찰의 현장 조치

1) 경고 및 초동 조치

경찰은 재난이 발생하거나 또는 발생할 우려가 있는 경우에는 필요한 한도 내에서 경보를 전달하고 재해 예방에 협조 또는 직접 조치를 취한다.

2) 경찰관의 비상소집과 부대편성

재난 경비 활동은 계획상에 명시된 내용과 절차에 의해 실시하나 주요 착안점은 부대편성 시 소수단위로 편성하여 여러 장소에 분산 배치하는 것이 효과적일 수도 있다.

3) 피난조치 및 이재민 구호

경찰은 재해지역 범죄의 예방조치, 적절한 피난경고의 발동시기 및 범위 산정, 지시 및 경고의 정확한 전달, 피난 시의 혼란 방지, 피난 경로상의 위험지역표시 설치 등과 같은 사항을 충분히 고려해야 한다.

4) 피해조사와 보고

피해의 상황을 모르고서는 적정한 대책을 수립할 수 없기 때문에 피해조사와 보고는 통상 별도로 조사 및 보고조를 편성 운영한다. 그 이유는 피해조사와 보고 때문에 구조활동이 지연되거나 지체되면 안 되기 때문이다.

5) 구조활동

인명구조가 우선이며 피구조자의 신속한 발견이 선행되어야 한다. 하지만 기술적·환경적 여건상 어려움이 따르는 경우가 많으므로 평소에 사전교육이 필요하다.

6) 교통대책 수립

사전에 재해 예상지에 대해서는 예비 교통로 및 우회로를 선정하고 교통경찰을 현장에 배치하여 교통 소통을 위한 대책을 수립한다.

7) 범죄의 단속

재해지역에서의 범죄는 물건의 소유권 싸움, 폭리 행위, 혼란을 이용한 사기, 구호물자를 둘러싼 부정사범 등을 예상할 수 있고, 이재민들의 재산에 대한 절도도 예상되므로 경비를 강화하고 이재민의 통제를 철저히 해야 한다.

제 3 절 재난관리 소방체계

1. 소방방재조직의 목적

1) 국민의 생명·신체 및 재산을 보호

소방방재조직은 소방공무원 등과 관련 직렬의 전문가 집단의 집합체로서 계급제적 계층구조 아래 소방기본법 제1조 규정에 의해 화재를 예방·경계·진압하고, 재난·재해 및 그 밖의 위급한 상황에서의 구조·구급활동을 통하여 국민의 생명·신체 및 재산을 보호

2) 공공의 안녕질서 유지와 복리 증진에 이바지

공공의 안녕질서 유지와 복리 증진에 이바지함을 목적으로 잘 훈련된 전문 인력과 최첨단 전산정보시스템, 정비된 소방장비, 소방용수를 효율적으로 활용하여 소방 목적을 달성하는 조직체라고 할 수 있다.

3) 구조·구급활동

재해·재난 그 밖의 위급한 상황에서의 구조·구급활동은 사회적 재난이나 자연재난을 불문하고 모든 위급한 상황 하에서의 구조·구급활동을 수행하는 적극적인 행위를 의미하는 것으로, 소방기관은 국민이 원하는 곳이면 어디든지 언제나 가장 신속하게 달려가 국민의 귀중한 생명·신체 및 재산을 보호해야할 중심조직으로 자리 잡게 되었다.

그림 5-7 소방의 목적

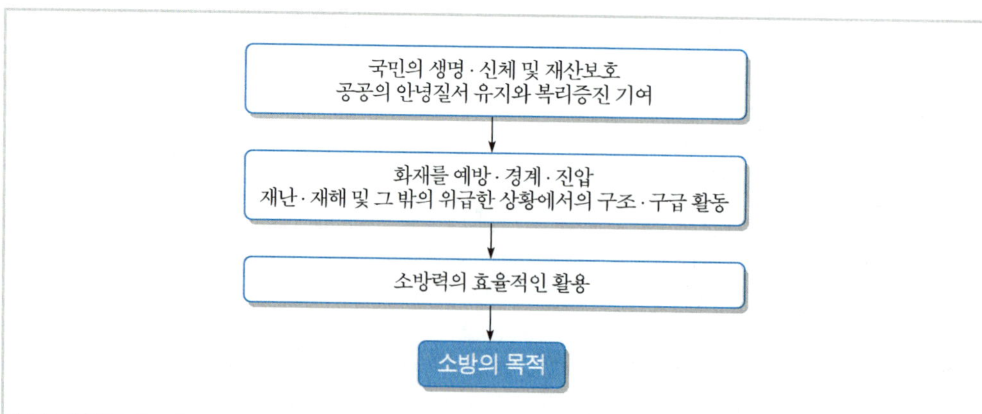

2. 소방업무의 특성

소방업무는 일반 행정과는 다른 고유의 특성을 지니고 있다.

1) 긴급성

재해나 재난 시 신속하게 처리하지 못할 경우 대형사고로 이어질 가능성이 높기 때문에 신속한 출동이 요구된다.

2) 위험성

각종 재난사고 현장에는 돌발적인 위험성이 내재하고 있다. 항시 대원들은 위험에 노출되어있기 때문에 위험에 대비하면서 사고를 처리해야 한다.

3) 결과성

(1) 소방은 절차나 과정보다는 대형 재난으로 인명과 재산 피해가 커지면 책임을 면하기 어렵고, 화재 등 각종 대형 재난 발생 시 관계자의 책임을 물어 문책과 처벌이 따르는 경우가 종종 있다.

(2) 소방은 위기상황에서는 규칙이나 절차에 따라 행동하는 것보다 결과를 강조하는 특수성이 있다.

4) 가외성(redundancy)

소방조직은 불확실한 상황에 대비하는 특성을 지니고 있기 때문에 가외성의 논리에 따라 인원과 장비가 항상 여유 있게 갖추어져 있어야 한다.

5) 전문성

소방업무는 상황이 불확실하고 유동적이다 보니 다양한 지식을 필요로 하는 전문분야이다. 화재·가스·건축·전기·태풍·홍수 등 진압과 인명구조를 위해 전문성은 필연적으로 요구한다.

6) 위기 대응성

재해·재난은 예고 없이 찾아오는 경우가 대부분이기 때문에 인명과 재산 피해를 최소화하기 위해서 충분한 현장인력과 장비를 보유하고 24시간 상시출동 태세를 유지해야 한다.

7) 규제성

소방업무는 구조·구급 및 각종 서비스의 제공뿐만 아니라 화재 발생 시 안전을 확보하기 위해 인·허가 업무 처리 등 규제의 기능도 수행함으로써 업무의 효율성 및 처리과정의 합리성을 추구하고 있다.

3. 재난관리 소방체계

2004년 6월 1일 소방·방재·민방위 운영 및 안전에 관한 최초의 재난관리 전담기구인 소방청을 설립하였으나 2014년 11월 19일「정부조직법」개정으로 인해 국민안전처 소속 중앙소방본부로 개편되었다. 그러다가 2017년 5월 문재인 정부의 탄생과 더불어 소방청이 신설되고 행정안전부 소속으로 바뀌었다.

① 첨단 IT기술을 활용한 국가소방 관리시스템의 효율적인 추진을 위해 각종 정보시스템 연계·표준화 및 국가소방관리 종합정보시스템을 구축
② 관 주도 방재체계에서 민간주도 자율방재체제로 전환하기 위해 재난보험제도의 도입, 민관 협력체계의 구축·지원
③ 어린이·청소년 안전보호대책을 강화하고 폭설 등 돌발성 재난, 사고 원인이 다양한 복잡성 대형 재난 등 특수 재난관리 강화
④ 소방의 유형별·단계별 가상 시나리오 설정에 의한 실용적인 대응 매뉴얼을 개발·보급

그림 5-8 소방청 조직도(2025년 9월 현재)

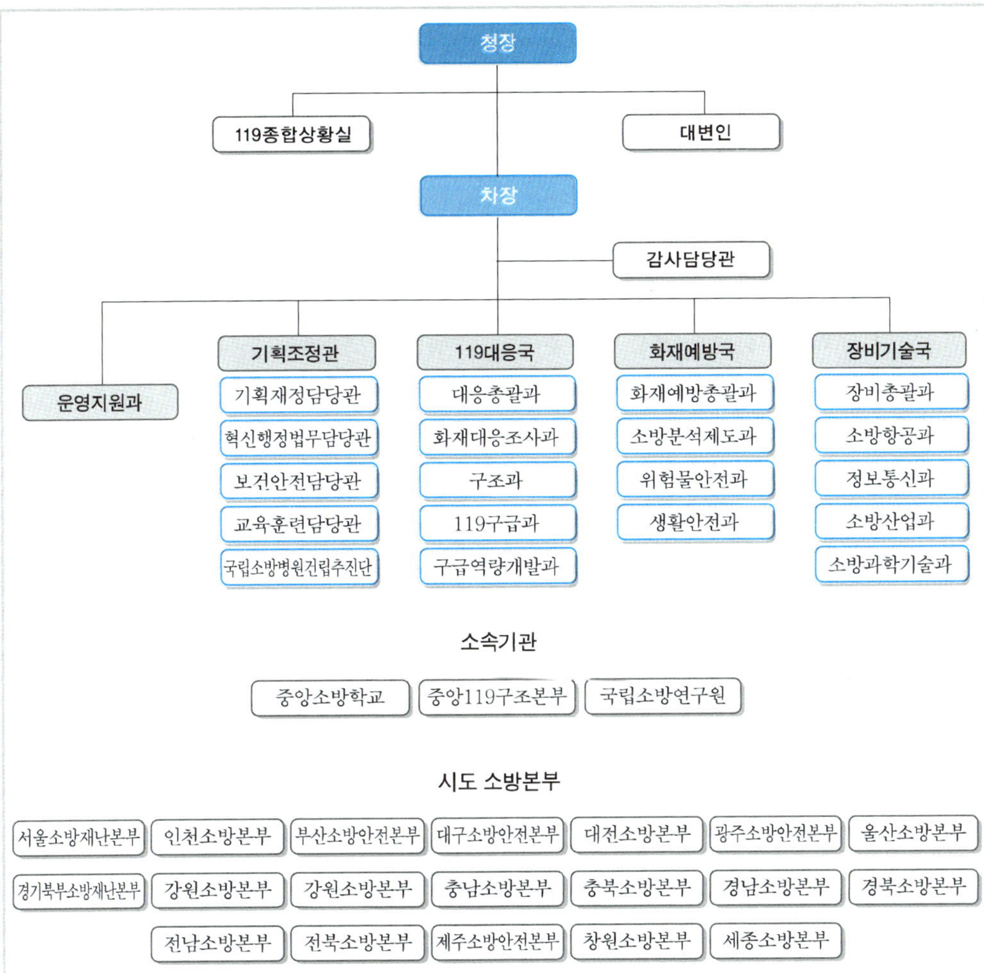

4. 재난현장지휘체계 조직과 인력배치

1) 의의

재난현장지휘체계는 효과적이고 효율적인 재난관리를 위하여 공통의 조직구조 내에서 시설, 장비, 인력, 절차, 통신을 조합하여 작동하도록 고안된 것이다. 재난현장지휘체계는 다음과 같은 요소들로 구성되어있다.

(1) 인력, 시설, 장비, 조직상 직위, 운영절차 등에 관하여 공통의 용어를 사용한다.

(2) 전 재난과정을 통하여 공통의 조직구조를 가진다.

(3) 위에서 아래로 조직이 구성되며 재난 유형 및 자원의 양에 따라 자유롭게 조직을

재구성할 수 있다.

(4) 재난 목적 달성을 위하여 대응활동계획(작전계획)을 세운다.

(5) 모든 참여기관과 자치단체들이 통합시설을 사용한다.

(6) 기관 상호 간 및 자치단체 상호 간에 통합 의사교환이 가능해야 한다.

(7) 재난현장지휘체계의 기본적 전제는 소규모 재난에서 매우 복잡한 재난까지, 단기간의 재난에서부터 장기간의 재난까지 그리고 인적재난으로부터 자연재해에 이르기까지 모든 재난에 활용할 수 있다.

(8) 기초자치단체에서부터 중앙정부까지 공공기관은 물론 사적영역에서도 활용할 수 있다. 그리고 경찰, 소방, 보건분야 등 어떠한 분야에서든 사용할 수 있다.

(9) 재난현장지휘체계는 재난에 대응하기 위한 지휘, 통제, 조정을 위한 표준체계이다.

(10) 지휘, 현장 활동, 계획 수립, 자원 지원과 긴급 복구의 주요 기능을 갖도록 조직되며, 재난의 성격에 따라 정보 기능을 독립적으로 수행하는 부서를 두는 경우도 있다.

소방 본연의 목적 달성을 위한 업무 범위

- 화재의 예방·경계·진압 : 소방기본법에 의한 활동
- 응급환자에 대한 구급활동 : 소방기본법에 의한 활동
- 재난현장에서의 구조·구급활동 : 소방기본법 및 재난 및 안전관리 기본법에 의한 활동
- 산악구조 : 소방기본법에 의한 활동(경찰은 치안활동과 병행 수행)
- 내수면에서의 수난사고(구조) : 소방기본법 및 수난구호법에 의한 활동
- 산불화재 : 서울특별시의 경우 시장지시 제295호('98.12.28) 및 결재 제62호('99.1.23)에 의거 산불진압 업무를 소방방재본부에서 주관
- 일상생활에서의 위급한 구조상황 처리 : 소방기본법에 의한 활동
- 재난의 예방·대비·대응·복구활동 중심기관(소방청)

소방 목적 달성을 위한 업무한계에 대한 논쟁

화재·재난·각종사고에 의한 행방불명자(행방이 확실하지 않지만 생존해있을 가능성이 있는 자)의 수색은 국민의 생명·신체보호를 위하여 필요한 업무이다. 이에 대하여 사체(이미 사망하였다고 추정된 자)의 수색은 인도적 견지에서 소방기관이 봉사적으로 행하는 일이 많다. 이미 사망한 자에 대해서는 기본적으로 경찰기관의 업무로 해석되나 인도적 및 민심의 수습을 위하여 생명을 구조할 여지는 없다고 하더라도 사회통념상 방치할 수 없는 경우 행방불명자의 수색과 밀접하게 관련하여 행하는 경우가 많고 실제로는 이를 불가분의 관계로 보는 것이 적당할 것이다.

2) 특징

(1) 재난현장지휘체계 조직의 가장 큰 특징은 재난의 규모에 따라 그 확장 및 축소가 가능하다는 점이다.

(2) 재난현장지휘체계 조직은 현장지휘관이 자신의 책임을 이행하기 위하여 위에서부

터 아래로(top down) 조직하는 방식이다.

(3) 대부분의 재난의 경우 모든 부서에 인력이 배치되는 것은 아니며, 하나 혹은 일부 부서에만 인력이 배치된다. 이러한 경우, 현장지휘관은 인력이 배치되지 않은 부서의 역할을 담당하여 수행한다.

(4) 실제 재난현장 필요에 맞게 재난현장지휘체계의 조직을 확장해야 할 필요성이 있을 때에는 조직의 단위개념을 고려하여야 한다.

① 조직형태는 임무나 기능에 맞게 설정

② 임무수행에 필요한 기능적 요소에만 인력을 배치

③ 통솔의 범위를 준수하고, 조직요소가 더 이상 필요가 없게 되면 그 부분의 활동을 정지시켜야 함.

3) 현장지휘관

(1) 전술적 우선 고려사항

① 인명구조 및 대피와 부상자 응급조치

② 재난의 안정화 및 생명보호

③ 재산 및 환경보호

④ 대원의 안전책무와 복지에 관한 배려

(2) 현장지휘관의 주요 기능

① 지휘권을 선언하고 효과적인 지휘 위치(현장지휘소) 설정

② 신속한 상황평가

③ 의사교환의 시작, 유지, 통제

④ 전략선언, 대응활동계획 수립, 출동대 임무 부여

⑤ 지휘체계 설립

⑥ 전술목표 제공

⑦ 전술상황표(재난현황보고서 SRP 201) 작성 및 관리

⑧ 대응활동계획에 대한 재검토, 평가와 수정(필요하다면)

⑨ 지휘권의 유지, 이양 및 종료

*** 현장지휘관은 위와 같은 현장지휘관의 모든 기능들에 대하여 책임을 진다.**

현장지휘관

소규모 또는 일상적인 재난의 경우, 현장지휘관 한사람이 모든 필요한 재난현장지휘체계 기능을 수행할 수 있다. 대규모 재난이거나 보다 복잡한 재난의 경우, 현장지휘관은 필요한 부서를 가동하고, 이들 부서에 인력을 배치한다. 재난의 규모와 복잡성에 상관없이 현장지휘관은 언제나 존재한다.

현장지휘관은 반드시 재난대응목표 및 전략적 목표를 달성해야 한다. 이러한 목적들을 달성하기 위해, 현장지휘관은 기관 및 부서별 방침에 대한 이해가 있어야 한다. 또한 활동상 제약요인, 환경적 제약요인과 권한의 내재적 한계를 파악하고 있어야 한다. 기관 및 부서별 방침은 재난대응목표 설정에 영향을 줄 수 있다.

현장지휘관은 재난대응목표를 결정하고, 이를 달성하기 위한 전략적 목표를 수립할 책임이 있다. 현장지휘관은 또한 전략적 목표를 달성하기 위한 운영상(전술적)의 지침을 정한다.

지휘권 선언

현장 도착 즉시 무전기를 통해서 현장 도착을 출동대들에게 알려야 한다. 지휘권을 선언한다는 것은 현장에 추가적으로 도착한 출동대들이 누구에게 현장 도착 보고를 하고 지시를 받아서 행동할 것인가를 명확하게 해준다. 즉, 현장에서 명령통일의 원칙과 명령계통의 원칙을 적용하는데 있어서 가장 중요한 요소이다.

이는 지휘권을 선언한 그 순간부터 대응활동의 전략과 전술에 있어서 책임을 지게 된다는 의미이다. 지휘권을 선언한 순간부터 출동대들의 활동상황이 마음에 들지 않을 경우 즉각 이를 변경할 수 있다. 바꾸어 말하면, 현장에 도착한 상급간부가 현장 활동에 변화를 주기를 원하면 그는 지휘권을 선언해야 한다는 의미이다.

중대운영지침

중대는 다음 절차에 의거해서 설립되어야 한다.

- ○ 지휘관은 중대 설립의 필요성이 생길 때 중대를 설립하고 임무를 부여한다. : 임무부여는 특정지역에 대한 책임이나 또는 특정기능(배연 등)에 대한 것이다.
- ○ 화재현장을 지역적으로 분할할 때 논리적으로 쉽게 인식이 되도록 분할해야 한다. 이 사항은 중대명칭을 지역적인 위치로 명명하거나 동서남북 등의 방향을 고려한 명칭 또는 기능적인 명칭을 이용할 때 가능해진다.(예 : 3층 분대, 동쪽 분대, 수손피해방지 분대 등)
- ○ 지휘관은 각 중대에 특정한 전술목표를 부여해야 한다. 시간이 허락하는 한 각 중대장이 자기에게 부여된 전술목표를 달성함으로써 전체 전략 중 어떠한 부분이 달성되는지 또한 전체적인 작전은 어떻게 전개되는지에 이해를 할 수 있도록 해야 한다.
- ○ 중대에 소속된 출동대수는 중대지역 상황에 맞게 배치가 되게 될 것이다. 지휘관은 중대 내에서 활동하는 출동대 수와 능력이 부여된 전술임무를 효과적으로 수행할 수 있는지를 항상 인지하고 검토해야 한다.

신속한 상황평가

일반적인 화재에서 널리 사용되고 있는 상황평가절차로는 미국 소방의 RECEO(Rescue Exposure Confinement Extinguishment) 절차가 있다. 상황평가의 첫 번째 우선순위는 Rescue, 즉 인명구조작전을 수행할 필요성이 현재 시점에 있는가이다. 두 번째 우선순위의 Exposure는 발화건물 이외에 다른 건물이나 재산으로 화재가 확대될 우려가 있는가에 대한 평가이다. 세 번째 Confinement는 건물 내부의 연소 확대 우려에 대한 평가이다. 네 번째 Extinguishment는 화재진압을 하기 위해 무엇이 필요한가에 대한 평가이다.

4) 현장지휘소 설립

지휘 차에 설치된 현장지휘소와 텐트를 이용해서 설치하고 현장지휘소가 설치되지 않았다면 현장지휘소의 위치를 지정한다.

5) 신속한 상황평가

재난상황에서는 다음과 같은 상황평가 요인들을 고려하는 것이 유용할 수 있다.

(1) 어떤 재난이 발생했는가?

(2) 현재 무슨 위험성이 있는가?

① 시민과 대응요원을 위협하는 요인은 무엇인가?

② 위험경보발령이 필요한가?

③ 치료나 도움이 필요한 부상자가 있는가?

④ 긴급 대피가 필요한가?

(3) 얼마나 넓은 지역이 영향을 받고 있는가?

(4) 재난지역이 어떻게 통제될 수 있을 것인가?

(5) 자원대기소의 최적 위치는 어디인가?

(6) 대응활동과 장비의 안전이 확보되는 재난현장으로 최적의 진·출입로는 어떻게 설정될 수 있는가?

6) 의사교환의 시작, 유지, 통제

현장지휘대 내에서 활동하는 단위지휘관(소대장, 중대장, 반장)은 의사교환 시 다음 내용을 기본으로 해서 진행상황 보고를 하는 것이 좋다.

① 본인 위치

② 본인을 둘러싸고 있는 상황

③ 상황을 타개하기 위한 본인 휘하 출동대의 활동상황

④ 현재까지 대응활동 진행상황

⑤ 추가 자원이나 추가 작전(배연작전 등) 필요 여부

⑥ 현재까지 대원안전 이상 없음.

7) 전략선언

전략은 다양한 종류가 있으며, 사전에 정의하고 이를 활용하는 것이 필요하다. 사용할 수 있는 전략의 종류는 다음과 같다.

(1) 공격적 작전(전략)

소방대원이 호스를 연장하여 건물 내부에 진입하여 화재진압 및 인구조 활동을 전개하는 것을 말함.

(2) 한계적 작전(전략)

화세가 소방력보다 우세함에도 불구하고 건물 내부의 요구조자를 구출하기 위해 건물 내부에서 방어적 작전으로 전환할 준비를 하면서 화재진압 및 인명구조 활동을 전개하는 것을 말함.

(3) 방어적 작전(전략)

건물 내부에 진입하여 화재를 진압하는 것이 불가능하여 건물 외부에서 연소 확대 저지에 주력하면서 화재를 진압하는 것을 말함.

8) 대응활동계획

대응활동계획은 정해진 작전기간 내에서 수행되어야 하는 작전 및 각종 자원, 절차들을 체계적으로 정리한 것이다.

9) 지휘체계 설립

(1) 현장지휘관의 역할

현장지휘관은 다음과 같은 경우에 중대를 설립하고 임무를 부여해야 한다.

① 현장지휘관의 통솔범위를 넘는 출동대가 현장에 출동하거나 출동 중인 상황
② 출동대가 복잡한 진압작전을 수행하게 될 때(화재건물 내부의 면적이 넓거나 화재의 범위가 큰 경우, 위험물과 관련된 화재, 고층건물, 특별한 기술을 요하는 구조작전 등)
③ 출동대들이 지휘관의 시야에서 벗어나서 진압활동을 수행해야 할 때
④ 화재상황이 위험물과 관련된 상황임을 나타내고 주의 깊은 진압작전의 수행이 필요 할 때(예 : 붕괴되기 쉬운 건물, 화재화중이 높은 건물 등 갑자기 요구조자가 있다는 상황으로 변화될 때), 중대를 설립할 때 지휘관이 반드시 부여해야 할 사항이다.

(2) 중대장의 역할

일반적으로 중대장은 다음의 사항을 수행해야 한다.

① 지휘관으로부터 부여받은 전술목표의 달성
② 본인 소속의 중대원에 대한 책임
③ 안전한 화재진압작전에 대한 보장
④ 진압작전 활동상황 감독
⑤ 필요에 따라 출동대의 진압활동 재조정
⑥ 인접중대에 영향을 줄 수 있는 진압활동은 인접 중대장과 협의
⑦ 대원의 안전보장
⑧ 필요에 따라 추가적인 자원의 요청
⑨ 지휘관에게 주기적인 진압작전 진행경과 및 중요한 정보보고
⑩ 중대 내의 자원에 대한 재배치 및 필요에 따라 중대인원의 휴식 조치

※ 주의 : 중대장은 중대지역 내에서 다른 중대원들이 쉽게 인지할 수 있는 장소에 위치하여야 한다.

10) 지휘참모

(1) 지휘참모의 기능

지휘는 현장지휘관과 지휘침모에 의하여 이루어진다. 이러한 직위에는 안전담당, 연락공보담당, 대응계획부장, 현장지휘대장, 자원지원부장, 긴급복구부장이 있으며, 이것이 가장 일반적인 형태이다. 그러나 재난의 성격, 범위, 복잡성, 장소에 따라서 필요하다면 현장지휘관이 다른 직위를 둘 수 있다.

(2) 연락공보담당

연락공보담당은 재난관련 정보에 대해서 일반시민, 언론매체와 기타 기관들과 상호 접촉하는 역할을 수행한다. 공보담당은 재난 원인, 규모, 현재 상황, 참여인력과 장비, 기타 사회적 관심사항에 대한 정보를 정확하게 파악하여야 한다. 또한 재난정보에 대한 모니터링도 실시한다. 현장지휘관은 다음과 같은 경우 공보담당을 지정한다.

① 재난이 시민들의 지대한 관심을 끌거나 매우 민감한 경우
② 언론매체의 정보 요구로 인해 현장지휘관의 지휘 능력이 방해받는 경우
③ 언론매체의 독자적 정보 수집 역량이 증대되는 경우
④ 다양한 정보원이 정보를 제공함으로써 위험성이 있는 경우
⑤ 현장지휘관은 다음의 경우 연락담당을 지정하게 된다.

가. 각 기관들이 현장에서 활동 중인 그들 기관의 자원들을 지원하기 위하여 기관 대표를 파견하거나 파견할 계획을 수립한 경우

나. 현장지휘관이 시간제약상 더 이상 각 기관대표들과 개별적인 조정을 할 수 없게 되는 경우

다. 재난이 2개 이상의 관할구역에 걸쳐 발생하고, 재난현장에서 상호접촉이 필요하다고 판단되는 경우

*** 공보담당과 연락담당을 합하여 연락공보담당을 두게 되면, 연락공보담당이 두 가지 업무를 수행하게 된다.**

(3) 안전담당

① 안전담당은 현장 활동을 모니터링하고 현장 대원의 건강과 안전을 비롯한 작전에 관련된 모든 문제에 관해서 현장지휘관을 보좌한다.

② 안전담당은 명령계통을 따라서 위험상황을 시정조치 한다. 안전담당은 대원들이 급박하고 생명을 위협하는 위험에 노출된 경우, 긴급권한을 발동하여 명령계통과 관계없이 직접 위험한 작업을 멈추게 할 수 있다.

③ 다수 기관이나 부서가 참여한 재난의 경우에는 안전담당을 보좌할 수 있는 보좌관을 각 기관에서 온 사람들 중에서 임명할 수 있다.

④ 안전담당은 현장지휘부장, 대응계획부장과 대응활동상의 안전문제와 대원의 건강과 안전문제에 대하여 긴밀하게 협조하여야 한다.

⑤ 각 기관, 관할구역, 민간기관들과 안전관리에 관한 문제를 잘 조정하여야 한다.

(4) 보좌관

대형재난의 경우, 지휘참모들은 그들의 임무를 효과적으로 수행하기 위하여 보좌관을 두어 업무를 분담하여 수행할 수 있다.

제4절 재난관리 응급의료체계

1. 대량 환자발생 요인

대량 환자를 발생시키는 요인은 크게 자연적 요인과 인적 요인으로 분류할 수 있다.

1) 자연적 요인

자연적 요인의 재난 중 대량 환자를 발생시키는 재난유형은 홍수와 폭풍, 지진 등이다. 자연재난이 불러일으키는 문제는 여러 가지가 있겠지만 무엇보다도 대량 환자의 발생과 피해주민이 광범위하다는 점이다.

2) 인적 요인

대량 환자 발생의 인적 요인으로는 교통사고와 위험물 사고가 대표적이며, 기타 국소지역 전투 및 전쟁, 시민 폭동, 테러 등도 대량 환자를 발생시키는 중요한 요인이다.

2. 응급의료체계 운영원리

1) 대량 환자 발생 시의 의료체계 운영상의 문제

대량 환자 발생 시 의료체계 운영상 문제의 가장 근본적인 이유는 환자들이 일시에 대량으로 발생됨으로써 의료서비스의 수요가 공급능력을 초과하는데서 비롯된다. 이러한 의료서비스의 수요와 공급을 더욱 악화시키는 요소들을 살펴보면 대개 다음과 같다.

(1) 중증도 분류에 대한 인식 부족

재난 시 구급활동에 참가하는 사람들이 중증도 분류에 대한 이해가 부족하다. 그러므로 촌각을 다투는 재난 현장에서 중증도 분류작업은 실용성이 없는 번거로운 것으로 받아들여진다.

(2) 병원의 수용능력 미고려

대부분의 부상자들은 이용 가능한 병원에 합리적으로 분산 배치되지 않고 있다. 이 경우 수용능력을 초과할 정도의 많은 환자들이 특정병원에 이송되는 경우가 있고, 부상정도에 따라 수용 가능한 병원으로 이송시키지 못하는 경우가 있다.

(3) 광역재난현장에서 중증도 분류체계 적용의 어려움

자연재난의 대부분은 넓은 지역에서 산발적으로 인명피해가 발생된다는 특징 때문에 광역 재난현장에서의 중증도 분류체계의 적용은 비현실적인 일이 될 수도 있다.

(4) 구급차 외의 수송수단 이용

중증도 분류체계를 운용하는 응급의료체계(Emergency Medical System: EMS)가 직면하게 되는 어려움들 중의 하나는 많은 부상자들이 응급의료체계(EMS)에 속하지 않은 수송수단에 의해 이송된다는 것이다. 구급차 외의 일반차량에 의해 통제 불가능한 이송수단에 의한 환자 이송은 결국 의료체계의 문제를 야기시키는 원인이 된다.

(5) 부상자의 감정과 개별적 판단

공식대응기관의 구급차량이 즉시 제공되지 않는다면 환자들은 구하기 쉬운 운송수단으로 스스로 병원에 갈 것이고, 병원 선정은 근접한 병원이나 친숙한 병원 또는 가장 신뢰하는 병원을 선택할 것이다. 이러한 경향은 재난현장의 응급의료체계를 더욱 복잡하게 만든다.

(6) 위치홍보의 부적절

현장 응급의료소가 잘 운영되지 않는 데는 위치가 잘 알려지지 않거나 많은 사람들이 응급처치의 중요성에 대한 인식이 부족하기 때문이다. 이러한 현상은 특히 광역적 재난에 있어 두드러지게 나타난다.

(7) 외부참가자 문제

해당지역 외부로부터 온 대응자들은 응급의료체계의 통제를 받지 않기 때문이다. 이것은 규모가 큰 재난이나 도시지역의 재난에서 종종 발생되는 현상이다.

(8) 수색 및 구조활동과 관련된 문제

수색구조팀과 응급의료체계 간의 협조관계 유지도 부상자들을 체계적으로 관리하는데 중요한 영향을 미치게 된다. 공무원이 아닌 자원봉사자들이나 가족 또는 이웃에 의해 수색과 구조 활동이 응급의료지식을 가진 전문가에 의해 행해지는 것은 아니기 때문이다.

(9) 기타

조직 간 대응계획의 미비, 재난상황의 평가부족 그리고 현장과 병원 간 통신부족 및 현장감독의 부족

2) 중증도 분류체계

(1) 중증도 분류체계의 개념

중증도 분류체계(Triage system)는 대량 환자 발생사고 시 긴급을 요하며, 생존율이 높은 환자를 등급별로 분류해냄으로써 환자치료의 효율성을 극대화시키기 위한 체계이다. 따라서 중증도 분류의 기본목표는 대량 환자발생 사고에서 최대 다수의 부상자에 대한 최대의 응급의료적 효과를 위한 행위이다.

(2) 중증도 분류체계가 가지는 장점

(가) 분류기능

중증도 분류(Triage)는 신속히 치료받지 않으면 사망할 가능성이 있거나 불구가 될 가능성이 농후한 부상자를 선별해낼 수 있다.

(나) 치료의 우선권

중증도 분류는 또한 경상환자를 분류해냄으로써 응급의료시설이나 응급의료체계에 동원된 조직들의 긴급부담을 경감시켜주게 된다. 대량 환자발생 사고에의 평균 10~15%만이 입원이 절실할 만큼 심각한 환자이다.

(다) 분산 배치

환자들을 이용 가능한 병원의 수용능력을 고려하여 거기에 맞게 분산 배치함으로써 각 병원이 관리 가능한 범위 내에서 환자들을 치료할 수 있도록 병원의 부담을 최대한 줄여 준다.

(3) 우리나라의 중증도 분류체계

(가) 중증도 분류체계

중증도 분류체계는 2~5개 모형이 있으나 우리나라는 4단계 분류체계를 채택하고 있다. 4단계 분류체계는 주로 응급의료체계가 정착단계에 있는 선진국에서 많이 사용하는 모형이다.

표 5-7 4단계 재난분류체계

치료순서	색 깔	부상 정도	특 성
1	적색 (RED)	Critical 긴급	기도, 호흡, 심장 이상, 조절 안 되는 출혈, 개방성 흉부, 복부손상, 심각한 두부손상, 쇼크, 기도화상, 내과적 이상
2	황색 (YELLOW)	Urgent 응급	척추손상, 다발성 주요 골절, 중증의 화상, 단순 두부손상
3	녹색 (GREEN)	Minor 비응급	경상의 합병증 없는 골절, 외상, 손상, 화상, 정신과적인 문제
4	흑색 (BLACK)	Dead 사망	사망, 생존불능

(나) 응급환자 분류표

① 중증도 분류표는 부상자들의 치료 우선순위를 나타내주는 것이다.
② 각각의 꼬리표에는 부상형태와 부상부위, 맥박, 혈압, 환자의 인적사항 등과 같은 내용을 기록하도록 하고 있다.
③ 분류표는 총 3장으로 되어있다.
④ 환자의 상태는 분류표 하단의 색상으로 표시되는데, 분류표 하단을 잘라내어 해당되는 환자의 상태가 최하단에 있도록 하여 사용한다.
⑤ 예를 들어, 기도 화상을 입은 긴급(적색) 환자인 경우 분류표 하단의 황색과 녹색 칸의 색지를 잘라내고 적색을 남겨두면 되는 것이다.
⑥ 제작방법은 3장으로 만들되 각 장이 동시에 기록될 수 있도록 제작하며 일련번호는 연번으로, 환자의 분류부분은 떼어낼 수 있도록 제작한다.

(4) 중증도 분류의 효과적 운용체계

(가) 유관기관들과의 상호협조체계

중증도 분류체계의 효과적인 운영은 공식적인 응급의료체계 내의 대응자들 뿐만 아니라 다른 협조기관들에 의해서도 좌우된다. 대체로 재난현장에서의 부상자 구조는 수색 및 구조 활동기간 동안에 발견된다. 비록 최초의 수색과 구조 활동이 인근 주민에 의해 수행된다하더라도 소방조직과 기타 관련기관들의 정규 구조·구급대에 의해 인계되었을 때 중증도 분류체계는 더욱 효과적으로 이행될 수 있다.

(나) 병원과의 협조체제

① 정보 제공

재난발생 장소, 성격, 규모, 부상자수, 부상형태, 부상의 심각성 등과 관련된 정보를 해당 지역병원에 제공한다.

② 수용능력의 평가

다수의 부상자를 합리적으로 분산 이송하기 위해 해당지역 병원의 수용능력에 대한 최신정보를 입수해야 한다. 이러한 정보는 통신요원과 병원 담당자 간의 긴밀한 연락체계를 유지함으로써 가능하다.

③ 현장 의료활동의 협조

현장 의료활동의 협조를 위한 하나의 지휘모형이 사고지휘체계의 변경모형으로 제시될 수 있다. 이것은 동시다발적 의료소 운영지역들을 관리하기 위해 사고지휘체계의 확장조립방법이 적용된다.

그림 5-9 응급환자분류표

응급환자분류표	NO.
	#
이름 : 연령 : 성별 : 주소 및 전화 발견된 장소	
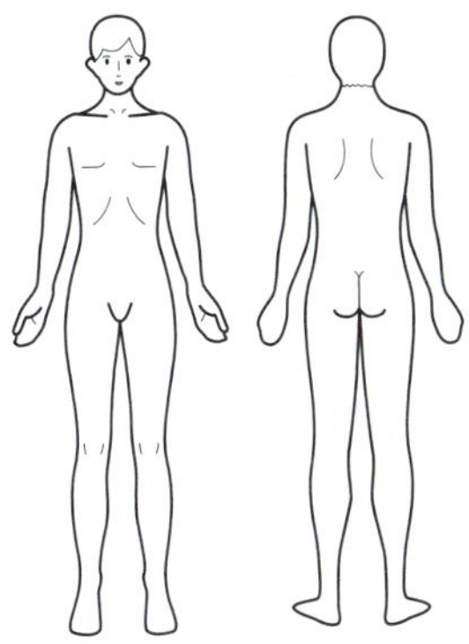 부상부위도	주요손상명
구급대 · 대원명	
이송의료기관	
이 송 시 간	

3. 응급의료소 운영

보통 대량 환자 발생사고 시에 긴급구조기관이 직면하는 즉각적 조치사항은 탐색구조와 재난의 진압이라고 할 수 있다. 많은 요구조자를 구조한 후에는 즉각적인 환자에 대한 의료 활동이 우선적으로 필요하지만 환자가 많은 경우 환자분류(Triage) – 응급처치(Treatment) – 이송(Transportation)의 3단계 의료체계가 가동되도록 하여야 한다. 의사와 응급구조사, 간호사들은 이와 같은 사고현장에서 중요한 역할을 수행하게 될 것이며, 특히 그들이 현장지휘체계 내에서 적절히 임무를 할당받아 이행한다면 극히 유용한 자원이 될 수 있을 것이다.

1) 응급의료소 운영

(1) 환자 분류(Triage)

현장 응급처치능력을 초과하거나, 병원에서의 즉각적 치료능력을 초과하였을 경우 현장에서는 다음과 같은 몇 단계의 기준(절차)에 의해 환자 분류작업을 시행한다.

① 즉각적으로 치료가 필요한 환자(생명이 위독하지만, 의료적 도움에 의해 생존가능성이 있는 환자)
② 즉각적인 생명의 위협은 없고, 의료적 도움을 받는 환경 하에서 약간의 응급치료의 지연에 견딜 수 있는 심각한 부상을 입은 환자
③ 걸을 수 있을 정도의 부상환자
④ 사망한 자 또는 심각한 부상으로 의료적 환경 하에 놓이더라도 사망할 가능성이 많은 환자

*** 위와 같은 각각의 분류기준에 따라 환자들을 분류하고 응급환자 분류표를 환자의 가슴(또는 잘 보이는 곳)에 부착한다.**

(2) 응급처치(Treatment)

① 일단 분류팀이 환자를 중증에 따라 분류해내면 그 다음에는 처치팀이 치료우선순위(긴급환자–중상환자–지연환자 및 경상환자)에 따라 응급처치를 시행한다.
② 의료팀의 배치는 가장 전문성이 있는 의료팀을 중증도 분류팀으로 하고, 그 다음 수준의 의료팀이 긴급환자 치료팀, 그리고 다음 수준의 의료팀이 중증환자 등의 순으로 배치하는 것이 바람직하다.
③ 도착순서도 이와 같은 임무의 중요도에 따라 인력을 배치하는 기준이 된다. 이 경우에는 비록 보다 높은 수준의 의료팀이 제일 늦게 도착할지라도 지연 환자의 치료팀에 배치하도록 한다.

(3) 이송(Transportation)

① 구급 이송수단을 적정장소에 대기시키고 유형별로 분류해놓는 것은 적절한 이송체계를 유지하기 위해 필요하다.
② 긴급환자의 경우 이송 중에 보다 향상된 생명연장을 위한 지속적인 응급처치를 시행해야 할 경우도 있으므로 원칙적으로 구급차 1대당 한사람을 이송한다.
③ 환자의 이송순위는 긴급환자–중상환자–지연환자 및 경상환자의 순으로 하고, 경상(비응급)환자의 경우 가까운 장소에서 간단한 치료를 위해 대기시킨다.
④ 구급차를 통제할 수 있는 유일한 방법은 하나 이상의 구급차 대기소의 개념을 적용하는 것이다.
⑤ 사고현장으로 들어오는 모든 차량은 대기소에서 통제를 받도록 한다.
⑥ 병원과의 통신을 통하여 환자 중증별 수용인원을 파악하여 한 병원으로 환자가 집중되는 것을 방지한다.
⑦ 병원 또한 의료 인력과 입원실 등을 고려하여 수용 가능한 환자 수를 일러준다.

⑧ 효과적인 분산 배치를 위해서는 훈련받은 전담요원이 필요하다. 대량 환자발생 사고에서 가장 중요한 임무는 이와 같은 환자 분산과 현장에서의 중증도 분류 임무이다.

⑨ 경우에 따라 비응급환자의 치료를 위해 현장 간이병원(응급의료소와 별도의 치료시설 또는 비응급환자 치료팀이 이 기능을 수행하도록 하는 것이 바람직하다)을 설치해야 할 경우도 있다.

2) 현장응급의료소 운영체계

대량 환자 발생사고 시의 응급의료적 대응절차들은 일상적 사고 시의 그것과 다르며, 현장지휘체계와 연계된 특별한 대응조직구조를 필요로 한다. 이러한 대응구조는 현장에서의 의료소 운영체계와 현장과는 떨어진 지역 및 광역단위의 운영체계(지역 및 국가단위의 의료체계)가 상호 연계될 때 효과적으로 운영될 수 있다.

> *** 수용능력 고려**
> 비록 이용 가능한 구급차 등의 이송수단이 남아있더라도 대량 환자가 발생한 경우에는 그들을 병원으로 이송함으로써 병원의 수용능력을 초과하는 것은 바람직하지 않다.

(1) 현장 응급의료소의 설치

① 통제단장은 재난현장에서 발생한 사상자의 응급처치 및 의료기관으로 이송을 위하여 사상자의 수에 따라 적정한 현장 응급의료소를 설치·운영하여야 한다.

② 지역본부장으로부터 응급의료소의 설치에 필요한 인력, 시설 및 기본 물품과 장비 등을 지원받아 구급차의 접근이 용이하고 유독가스 등으로부터 안전한 장소에 응급의료소를 설치한다.

③ 응급의료소에는 소장 1인을 두고 그 밑에 분류반, 응급처치반 및 이송반을 두며, 응급의학전문의를 포함한 의사 3인과 간호사 4인 및 보조요원 1인 이상으로 편성한다(다만, 통제단장은 필요한 의료인 등의 수를 조정하여 요청할 수 있음).

④ 응급의료소의 소장은 관할보건소장이 되고, 통제단장의 지휘를 받아 의료소의 운영 전반에 관하여 지휘·감독한다.

⑤ 응급의료소의 각 반에는 반장을 두되, 응급의료소 요원 중에서 소장이 임명하고, 소장은 "의료소장"이 표시된 흰색조끼를 입고, 각 반원은 반별 구분이 가능하도록 표시하여야 한다.

(가) 분류반의 임무

① 분류반은 재난현장에서 발생한 사상자를 검진하여 응급처치표를 작성하고 사상자의 상태에 따라 사망·긴급·응급 및 비응급의 4단계로 분류한다.

② 사상자에 대한 검진 및 분류를 위하여 의사를 배치하여야 하며, 분류된 사상자에게 응급환자분류표를 가슴 부위에 부착하여 긴급·응급환자는 응급처치반으로 인계하고, 사망자와 비응급환자는 이송반으로 인계한다.

(나) 응급처치반의 임무

① 응급처치반은 분류반이 인계한 부상자에 대한 응급처치를 담당한다. 이 경우 부상자를 이동시키지 아니하고 응급처치반 요원이 이동하면서 응급처치를 할 수 있다.

② 응급처치반장은 우선순위를 정하여 부상자에 대한 응급처치를 실시하고 현장에서의 수술 등을 위하여 의료인 등이 추가로 요구되는 경우에는 의료소장에게 지원을 요청한다.

③ 응급처치반은 응급처치에 필요한 기구 및 장비를 갖추어야 하고(응급처치에 필요한 기구 및 장비를 탑재한 구급차를 배치한 경우에는 처치기구의 일부를 비치하지 아니할 수 있음), 응급처치사항을 응급환자분류표에 기록하고 응급환자분류표와 함께 신속히 이송반에게 인계한다.

(다) 이송반의 임무

① 이송반은 사상자를 이송할 수 있도록 구급차 및 영구차를 확보 또는 통제하고, 각 의료기간과 긴밀한 연락체계를 유지하면서 분류반 및 응급처치반이 인계한 사상자를 이송 조치한다.

② 사상자의 이송순위는 긴급환자, 응급환자, 사망자, 비응급환자 순으로 한다. 응급환자를 이송한 구급대원과 그밖에 구급차 등의 운전자는 사상자 이송현황을 지체 없이 이송반에 제출하여야 하며 응급환자분류표 및 구급일지를 기록·보관한다.

③ 이송반장은 다수 사상자가 발생한 재난 시 병원별 수용능력표에 따라 사상자를 분산이송 배치하여야 하며, 병원별 수용능력표는 매년 1회 이상 재조사하여 작성하여야 한다.

④ 이송반장이 재난현장에의 도착이 지연되어 이송반장의 임무를 수행할 수 없을 때에는 먼저 도착한 긴급구조지휘대에 파견된 응급의료 연락관이 이를 대행한다.

(2) 의료소 설치에 관한 협조요청 및 지원

통제단장은 종합병원 및 응급의료기관에 응급의료기구의 지원 및 의료요원의 출동을 요청할 수 있으며, 재난발생 시 의료소의 원활한 업무수행이 가능하도록 구급차 대기소 및 통행로를 지정·확보하고 의료소 설치구역의 질서를 유지하여야 하고, 경찰공무원으로 하여금 지원하게 할 수 있다. 또한 소장으로부터 의료소 운영에 필요한 인력, 시설 및 장비 등의 요구가 있을 때는 지체 없이 지원하여야 한다.

(3) 통제단장 및 보건소장의 사전대비업무

① 지역 통제단장은 응급처치·이송·안치 등 재난현장 활동의 방법에 관한 지침을 수립하고, 재난 발생 시 응급의료소 설치에 필요한 물품을 확보·관리하여야 한다.

② 보건소장은 항상 응급의료소 조직을 편성·관리하여야 하며, 관할 소방서장의 요구가 있을 때에는 이를 통보하여야 한다.

* 관할 소방서장의 요구 시 보건소장의 통보사항

(가) 병원별 전문과목 및 전문의사, 간호사, 응급구조사, 간호조무사 확보 현황
(나) 구급차 및 응급의료장비의 확보 현황
(다) 일반·응급실 병상, 중환자 병상, 예비병상 및 수술실의 확보 현황
(라) 당직의사 및 응급실 근무 의료인(간호조무사 포함) 현황
(마) 일반외과 및 정형외과 등 응급의료관련 전문의사, 일반의사 비상연락망
(바) 특수의료장비 보유 현황
(사) 영안실 현황
(아) 병원별 수용능력표

제5절 재난관리 구조 · 구급체계

1. 구조체계

1) 구조 활동

(1) 인명구조 활동이란?

구조는 각종 재난과 사고 등으로 인해 인명 및 인체에 위협이 있거나 고립되어 스스로 피난 및 탈출을 할 수 없는 사람을 발견하고, 안전한 장소로 옮기는 일체의 행동을 말한다.

(2) 구조 활동의 순서

① 구조 현장에서의 안전 확보와 명령통일은 구조 활동의 원칙이며, 구조대원의 능력과 신속한 대응(Always Keep it Simple)을 필요로 한다. 구조 활동의 우선순위는 구명이 최우선되어야 하며, 신체구출, 고통경감(정신적, 육체적), 피해의 최소화(재산보호) 순이다.

② 인명구조 순서는 피난유도 → 인명검색(구명) → 인명구출 → 환자 응급처치 → 의료기관에 이송 순이다. 또한 초기대응단계에서는 상황파악(Location), 접근(Access), 상황안정화(Stabilization), 후송(Transport) 절차에 따라 대응하여야 한다.

③ 인명구조 활동의 숙지사항

㉠ 인명구조 활동 방침을 결정한다.
㉡ 인명구조 활동 시 사고방지에 유념한다.
㉢ 인명구조 행동을 안전, 정확, 신속하게 한다.
㉣ 인명구조방법을 확실하게 한다.
㉤ 각 지시에 맞는 초동(사전)판단을 한다.
㉥ 출동할 때에 사고방지에 유념해야 한다.
㉦ 현정에 도착하였을 시 정보수집과 현장상황판단을 한다.

④ 인명검색

㉠ 인명에 대한 정보는 불확실한 것이라도 반드시 확인한다.
㉡ 검색범위를 분담하여 중복이나 사각지대가 없도록 한다.
㉢ 검색장소는 발하층 상부를 우선하고 창문, 막다른 통로, 승강기, 계단실, 출입구, 화장실, 방구석 등에 초점을 두고 검색한다.
㉣ 요구조자가 많을 때는 스스로 대피가 곤란한 사람을 우선 대피시키고, 대피 가능한 사람은 피난방향, 피난장소 등을 알려주어 대피하도록 한다.
㉤ 요구자가 혼란에 빠졌을 때에는 확성기 등을 사용하여 안정시키고 침착하게 행동하도록 한다.

⑤ 현장 및 인명검색

화재현장 및 인명구조는 화점층(화재층) – 화재 직상승 – 화재 직하층 순이다.

2) 구조 활동의 절차

(1) 신고접수와 출동명령

① **상황파악** : 상황파악은 출동명령을 받음과 동시에 시작한다.

② **출동명령을 통해서 얻을 수 있는 정보**

㉠ 사고발생 장소

㉡ 사고의 종류 및 개요

㉢ 도로상황과 건물상황

㉣ 요구조자의 숫자와 상태

㉤ 사고의 확대 등 위험요인

㉥ 구조 활동 장애요인 여부 등

③ **출동구조대의 조치**

㉠ 정보를 통해 구출방법을 검토한다.

㉡ 사용기자재를 선정하고 필요장비를 추가로 적재한다.

㉢ 현장으로의 출동경로와 진입로를 결정한다.

㉣ 필요한 경우 유관기관에 교통 및 인파의 통제를 요청한다.

인명구조 활동 10대 기본원칙

1. 현장 활동대원은 현장지휘관(자)의 명을 받아 행동한다.
2. 현장지휘관(자)은 모든 현장상황을 최선을 다해 신속히 파악하고 안전 확보를 최우선으로 하여 지휘한다.
3. 대원은 안전상 문제(정보)가 발생할 때 이를 즉시 전파하고 보고한다.
4. 현장에서는 반드시 2인 이상이 1조로 활동한다는 원칙을 준수한다.
5. 현장 활동이 이루어지는 곳에서는 누구라도 반드시 보호 장구를 착용하여야 하며, 미리 대피로와 제1·제2 대피장소를 설정한다.
6. 현장 활동 시 반드시 1명의 대원이 전체 활동상황을 파악하고, 현장 활동대원과 통신을 유지하며, 위험요인을 경고하여야 한다.
7. 내부진입 또는 야간에는 조명을 충분히 밝힌 상태에서 활동한다.
8. 병균, 방사능, 유해화학물질 등에 노출되지 않도록 유의한다.
9. 밀폐지역 및 육안식별이 곤란한 내부진입 시에는 공기호흡기 착용과 손전등 등을 휴대하고, 안전로프를 이용하여 진입자 표시를 하고 진입한다.
10. 붕괴, 낙하, 추락, 폭발 등 위험요소에 대한 안전평가를 반드시 실시한 후 현장에 진입한다.

④ **출동 도중 조치**

㉠ 지령실과 통신유지로 현장상황에 관한 추가정보를 획득한다.

㉡ 기존 상황판단 수정과 필요한 응원을 요청한다.

⑤ **지금까지와 다른 중요한 정보를 입수한 경우**

㉠ 모든 대원에게 상황전파를 한다.
㉡ 구출방법·사용 장비의 변경 등의 조치를 시행한다.
㉢ 선착대의 정보를 기초로 각 구조대원에게 필요한 임무를 부여한다.
㉣ 상황에 따라 자기대의 현장 도착 예정시간 및 보유 장비 등의 정보를 선착대에 제공한다.

(2) 실태(상태)파악

구조대 지휘관은 현장에 도착하면 사고와 현장상황을 파악해 구출방법을 결정한다.

① **현장상황**

㉠ 사고발생 장소 ㉡ 사고규모 ㉢ 진입장애여부 등

② **요구조자의 상황**

㉠ 요구조자의 수 및 위치 ㉡ 부상부위 등 상태
㉢ 요구조자에게 가해지는 위험요인의 형상, 재질, 구조, 중량 등

③ **활동장애와 2차 재해위험**

㉠ 감전 ㉡ 유독가스 ㉢ 낙하
㉣ 붕괴 ㉤ 전략위험 등

④ **진입경로와 수단**

㉠ 적절한 진입경로의 선택 ㉡ 수단을 선택

⑤ **필요한 장비**

㉠ 가스 등 측정용 장비 ㉡ 인명탐색용 장비 ㉢ 조명장비 등 필요한 장비

⑥ **관계자의 정보**

㉠ 사고발생의 원인 ㉡ 구조대 도착 전에 취한 조치
㉢ 구조에 필요한 상황을 파악

(3) 상황(현장)보고

① 보고를 할 때는 정확한 상황과 확인된 사항을 보고한다.
② 과도한 억측에 의한 내용은 회피한다.
③ 정확한 판단이나 정보에 의한 향후 상황전개에 대한 예측내용을 포함한다.
④ 직접 확인하지 않은 정보는 정보원도 함께 보고한다.
⑤ 보고는 간결·명료하고 전문적인 용어는 설명을 포함한다.
⑥ 사생활에 관한 내용과 사회적인 영향이 예측되는 때에는 상급지휘관의 지시에 따른다.

보고의 종류

㉠ 도착보고
ⓐ 구조대가 현장에 도착하여 파악한 상황과 관계자로부터 청취한 사항을 보고
ⓑ 사고 발생장소와 사고개요
ⓒ 요구조자 및 부상자의 상태와 수
ⓓ 주위의 위험상태
ⓔ 추가 구조대의 필요성
ⓕ 기타 구조 활동에 필요한 사항

㉡ 현장보고
ⓐ 현장홍보와 현장상황보고가 있다
ⓑ **현장상황보고의 내용**
㉮ 사고상황 및 원인
㉯ 요구조자 및 부상자의 상태와 주요 내용
㉰ 구조대 및 기타 관련기관의 대응상황
㉱ 현재의 구조상황 및 기타 필요한 사항

(4) 구조 활동과정

① 구조 활동의 준비

㉠ **차량부서**(차량의 주차위치를 결정하는 것)
- ⓐ 구조 활동에 방해가 되지 않고 교통사고의 위험이 없는 안전한 장소에 차량을 비치
- ⓑ 차량의 통행이 빈번한 곳에서는 경광등과 사이렌을 켜두는 등 교통사고를 미리 방지
- ⓒ 가스폭발 또는 붕괴 등 2차 사고의 영향을 받지 않는 곳에 부서
- ⓓ 후속대 차량의 공간 확보
- ⓔ 교통사고현장은 진행하는 차량들이 연쇄 추돌할 가능성이 크므로, 사고현장후미에 구조·구급차량을 비치하여 구조작전 중인 대원들의 안전을 확보

㉡ 구조대의 현장 도착 시 차량의 방송설비를 사용, 구조대 도착사실을 알려 당사자와 주민이 안심할 수 있도록 조치

㉢ 사고와 관련된 관계자를 찾는다.

㉣ 사고현장 주위의 주민과 관계자에게 위험이 있다고 판단될 때에는 안전한 장소로 대피 유도

㉤ **경계구역을 설정 :** ⓐ 위험지역 ⓑ 경고지역 ⓒ 안전지역

㉥ **구조 활동에 필요한 장비 준비**
구조대원은 다음 개인안전장구 휴대기준에 맞는 장비를 준비하여야 한다.

ⓐ 검색봉(절연용) 1개 ⓑ 카라비너 5개 ⓒ 로브(개인용) 1개
ⓓ 안전벨트 1개 ⓔ 8자하강기 1개 ⓕ 방독면
ⓖ 가죽장갑 1조 ⓗ 손전등(연기투시용 랜턴) 1개
ⓘ 공기호흡기 1조 ⓙ 방호복 1착
ⓚ 개인 안전장구보관용 배낭 1개 ⓛ 안전헬멧 1개
ⓜ 우의 1착 ⓝ 만능도끼 1개 ⓞ 방진마스크 1개
ⓟ 요대(장비착용용) 1개 ⓠ 다목적 칼 1개 ⓡ 안전용 경보기 1개
ⓢ 보호안경 1개

② 구조방법의 결정

㉠ 구조대 지휘관은 상황판단을 기초로 구조방법과 사용 장비를 결정, 대원별 임무부여

㉡ 사고내용, 규모 및 특성과 구조대의 능력을 종합·분석하여 구조 우선순위와 구출방법을 결정, 사용할 장비 및 대원의 임무를 수정·변경

㉢ 구조대의 활동만 한정하지 말고, 유관기관 및 관련 전문가를 활용하여 구체적 구조방법 결정

㉣ **구조방법**

ⓐ 현장의 상황 및 특성에 적합하고 안전, 신속하며 실패 가능성이 가장 적은 방법을 선택한다.

ⓑ 구조방법 결정 시 2차 재해발생이 예상되는 방법을 회피한다.

ⓒ 구조 전체를 고려하지 않고 부분적인 상황판단에 의한 구조결정은 실패 가능성이 있다.

③ 구조 활동의 우선순서

㉠ 요구조자의 생명을 구한다(구명).
㉡ 요구조자의 신체를 구출한다(신체구출).
㉢ 요구조자의 육체적·정신적 고통을 경감시켜준다(고통경감).
㉣ 요구조자의 재산을 보호한다(재산보호).

④ 구조작업의 실시 순서

우선 구조대원의 안전이 확보된 상태에서 구조작업이 이루어져야 한다.

㉠ 진입 시에 장애가 되는 요인들을 제거한다.
㉡ 2차재해 및 사고의 발생을 배제한다.
㉢ 요구조자의 생명을 구하기 위한 응급처치를 실시한다.

㉣ 요구조자의 부상당한 상처의 증상이 악화되지 않도록 조치를 한다.
㉤ 안전구역으로 요구조자들을 구출할 수 있도록 활동을 전개한다.
㉮ 진입장애 및 2차재해의 발생위험 제거
ⓐ 장애물을 제거할 때 필요한 장비 준비 및 대원의 안전 확보
ⓑ 요구조자의 생명과 신체위험이 큰 장애물부터 시작
ⓒ 주위에서 중심부로 향하여 순차적으로 제거
㉯ 요구조자의 생명보호
㉰ 신체 등 상태의 악화 방지에 필요한 조치
㉱ 본격적인 구조 활동 개시

인명구조와 현장지휘소

1. 인명구조의 우선순위

긴급환자(적색) – 응급환자(황색) – 비응급환자(녹색) – 지연(사망)환자(흑색)

2. 요구조자가 다수인 경우의 구조

1) 큰 소리로 아픔을 호소하는 자보다 의식이 없는 자 쪽의 정도가 중하다고 판단한다.
2) 생명위기의 정도가 같은 경우 구출이 용이한 자부터 구출한다.
3) 생명위기의 정도가 같은 경우 약자(어린이, 노인, 신체장애자, 여성 등)를 우선한다.
4) 생명위기의 정도가 같은 경우 고통을 호소하는 사람부터 구출한다.

3. 구조 활동의 전개 우선순위

1) 가장 심하게 위협을 받는 곳
2) 가장 많은 인원수가 있는 곳

4. 출입문 개방 시의 안전 확보

출입문은 조심스럽게 천천히 개방하여야 하며, 열기를 확인하기 위하여 문을 먼저 만져보아야 한다. 문의 정면에 위치해서는 안 되며, 한쪽으로 비켜선 낮은 자세를 유지하며 천천히 문을 열어야 한다. 이렇게 함으로써 문 뒷면에 있는 화염과 연소생성물이 머리 위로 지나갈 수 있게 할 수 있다. 출입문을 안쪽으로 열기가 힘들다고 해서 문을 발로 차지 말아야 한다. 왜냐하면 요구조자가 대피하기 위해 문 근처에 있는 경우 더 큰 부상을 당할 수도 있기 때문이다.

*** 구조 활동의 원칙 : 안정성, 신속성, 확실성**

5. 현장지휘소

1) 일반적으로 지휘차 또는 구조대차가 현장지휘소 역할을 담당
2) 사고 규모가 크거나 상황이 복잡할 때는 별도의 구조현장지휘소 설치
3) 현장지휘소 위치(3UP)
ⓐ 높은 곳에 위치 ⓑ 풍상측 ⓒ 상류측

6. 현장 환경 판단과 출동 전의 조치에 대한 사항

1) 사고정보를 통하여 구출방법을 검토한다.
2) 사용할 장비를 선정하고 필요한 장비가 있으면 추가로 적재한다.
3) 필요시 진입로 확보를 위한 조치를 요청한다(유관기관의 교통, 인파 통제 및 특수 장비의 지원 요청 등).
4) 출동경로와 현장진입로를 결정한다. 이때의 출동경로는 지도상의 최단거리가 아니라 현장에 도착하는 시간이 적게 소요되는 경로를 택한다.

* 구조 활동에 있어서 8대 원칙

㉠ 정확하고 신속하게 사고의 상황을 평가한다.
㉡ 구조대원과 요구자의 안전을 확보한다.
㉢ 사고현장의 안전을 확보한다.
㉣ 요구자에게 접근한다.
㉤ 응급처치를 실시한다.
㉥ 요구조자를 구조한다.
㉦ 요구조자의 이송 준비를 한다.
㉧ 응급의료기관으로 요구조자를 이송한다.

(5) 응원 요청

① 추가 구조대의 출동 요청

㉠ 현장에 도착한 구조대의 지휘관은 추가 구조대원이나 특수차량 또는 장비가 필요한 경우

㉡ 특수한 지식과 기술이 필요한 경우

㉢ 기타 상황으로 미루어 보아 필요하다고 판단된 경우

② 지휘대의 요청

다음과 같은 경우는 보고하여 상급지휘관의 지휘를 받아야 한다.

㉠ 사고 상황이 2개 대 이상의 구조대 또는 구급대의 대처가 필요한 경우

㉡ 5명 이상의 부상자가 발생한 경우

㉢ 관계기관과 출동하여 함께 활동하는 경우

㉣ 대규모이거나 사고 양상이 특이하여 정보의 수집이 곤란한 경우

㉤ 고도의 판단을 필요로 하는 경우

㉥ 경계구역설정이 필요하다고 인정된 경우

㉦ 소방홍보상 필요하다고 인정된 경우

㉧ 구조대원, 의용소방대원, 지원봉사자, 일반인 및 관계자 등의 부상사고가 발생한 경우

㉨ 제3자의 행위에 의한 중대한 활동장애가 있는 경우

㉧ 기타 행정적·사회적 영향이 예상되는 경우

③ **구급대의 지원 요청**

㉠ **추가적인 구급대가 필요한 경우**

사고 개요, 부상자 수와 상태 및 정도를 참조하여 필요한 구급대의 출동을 요청한다.

㉡ **필요한 구급대의 수**

ⓐ 중증 또는 심각한 부상환자 1명당 1대

ⓑ 중상은 2인당 1대

ⓒ 경상은 환자의 상태를 판단하여 필요한 구급대 수를 판단한다.

④ **의료진의 지원 요청**

㉠ 의료진의 필요여부는 구급대 지휘자의 판단에 의하는 것이 원칙이다.

㉡ **의료진을 현장에 요청**

ⓐ 부상자를 병원으로 이송하면 생명에 위험이 있다고 판단되는 때

ⓑ 다수의 요구조자가 발생한 때

ⓒ 대량출혈 및 가스중독 등이 있다고 판단되는 때

ⓓ 요구조자가 병자, 노인, 유아 등 체력이 저하된 상태일 때

ⓔ 구출에 장시간이 필요한 때

ⓕ 구조대원의 안전과 구조 활동에 의학적 조언이 필요한 때

ⓖ 구조작업 중 부상 또는 약품 등에 의한 오염이 예상되는 때

ⓗ 요구조자의 이송가부 판단이 곤란한 때

(6) 군중통제

사고현장에서는 사람들의 호기심과 걱정 때문에 사고 주변에 많은 사람들이 모여든다. 이러한 많은 사람들로 인한 활동장애가 발생할 수 있어서 특별한 통제가 필요하다.

① **통제구역의 설정**

㉠ 적절한 통제는 사고현장에서의 혼란을 막을 수 있다.

㉡ 현장지휘관은 사고현장에서의 안전을 확보하고 적절한 통제를 하여야 한다.

㉢ 통제구역의 경계는 구조대원의 필요한 공간과 위험도 및 지형을 고려하여 설정한다.

㉣ 경계구역(위험, 경고, 안전)을 구분한 경우에는 안전지역의 바깥이 경계가 된다.

㉤ 통제구역이 결정이 되면 Fire Line이나 수관 및 밧줄 등을 이용하여 표시한다.

② **관계자에 대한 배려**

㉠ **목격자 인터뷰**

ⓐ 구조대원이 우선시 하여야 하는 것은 상황을 목격한 사람의 증언을 듣는 것이다.

ⓑ 목격했던 현장에서 면담을 실시하는 것이 목격자가 정확한 기억을 되살릴 수 있다.

ⓒ 경청하는 자세를 가지고 끝까지 들어주는 것이 바람직하다.

㉡ **유족과의 관계**

ⓐ 희생자의 유족인 경우에는 공손한 자세를 취하고 자극적인 표현은 피한다.

ⓑ 유족이나 친지들을 고려하여 구조현장에서 구조대원은 소리 내어 웃거나 자극적인 농담은 피한다.

㉢ **기타 이해관계자의 설득**

ⓐ 건물주 등의 이해관계인은 재산보호에 관심을 갖는다. 따라서 구조상황에 관한 적절한 설명을 관계인을 안심시켜 오해나 마찰이 생기지 않도록 한다.

ⓑ 관계인이 말할 때는 가능한 한 경청하는 자세를 가지며 사고 경과, 구조활동 조언, 기술, 기자재 등에 관한 조언을 들어준다.

ⓒ 구조를 위해 재산을 파괴해야 하는 경우에는 그 소유자 등에게 취지를 설명하여 승인을 얻는다.

㉣ **보도기관에 대한 대응**

ⓐ 대형사고일 경우에는 언론의 많은 관심을 받는다. 정확한 보도가 될 수 있도록 정보를 알려주어야 하지만, 소방활동에 방해가 되어서는 아니 된다.

ⓑ 인터뷰는 요점만 설명한다.

(7) 응급처치

① 기도 확보

② 인공호흡 및 심폐소생술 및 지혈

③ 쇼크환자의 신체적·심리적 안정 유도

④ 부목을 사용한 경추 및 요추 및 환부 고정

⑤ 체온유지 및 고통경감을 위한 체위 조정

⑥ 생명유지와 악화 방지를 위한 긴급한 조치와 의료인의 지시에 의한 조치를 할 수 있다.

(8) 구조현장의 안전관리 및 각 절차의 내용과 주의사항

① 요구조자가 히스테리나 패닉 등의 상황에 빠지면 구조의 지연뿐만 아니라 요구조자와 구조대원의 안전이 위협받을 수 있기 때문에 요구조자의 심리를 안정시키고 쇼크를 예방하는 것이 중요하다.

② 상처 부위에 구조장비, 오염된 장갑 등이 닿지 않도록 보호하고, 전염병 환자의 경우 구조대원의 전염방지 조치를 해야 한다.

③ 유독가스 등이 발생한 경우에는 요구조자에게 보조호흡기를 착용시키고, 구조활동으로 인한 부상방지를 위한 조치를 취한다.

④ 요구조자가 물 등 음식물을 요구하면 의료인의 지시를 받아 제공 여부를 결정하고, 요구조자가 일반인이나 매스컴 등에 지나치게 노출되지 않도록 주의한다.

> *응급처치의 중요성
> 요구조자의 상태와 현장상황을 고려하여 합리적으로 판단해야 한다. 환자의 생명보호와 악화의 방지를 우선적으로 고려하고, 요구조자가 심각한 부상을 입은 경우는 구출보다 먼저 또는 구조와 병행하여 응급처치를 취해야 한다. 현장에서 수행하는 주요한 응급처치는 의식을 잃은 요구조자는 기도를 확보하고, 호흡과 맥박을 확인한 뒤 심폐소생술의 시행여부를 결정하며, 추락이나 교통사고 등으로 물리적 충격이 가해진 경우 경추 및 요추의 보호조치와 대량 출혈환자는 지혈을 한 뒤 구조를 한다.

(9) 구조 활동의 원칙

① 현장의 안전 확보　　② 명령통일

③ **현장 활동의 우선순위 준수**

㉠ 인명의 안전　　㉡ 사고의 안정화

㉢ 재산가치의 보존

(10) 구조 활동의 성패를 좌우하는 요인

① 구조대원의 능력　　② 신속한 대응

③ 구조 활동의 우선순위

㉠ 구명　　㉡ 신체구출

㉢ 정신적, 육체적 고통 경감　　㉣ 피해의 최소화

(11) 기타 확인사항

① **무선정보를 통해 확인할 사항**

㉠ 사고발생 장소와 무선정보 등에 의한 출동지령 장소에 변경이 없는가를 확인

㉡ 선착대(사고 현장에 최초로 도착한 소방대)의 행동내용 및 사용기자재 등을 파악하여 자기대의 임무와 활동요령을 검토

㉢ 추가 정보에 의해 파악된 사고개요 및 규모 등이 초기에 판단하였던 구출방법 및 임무분담 등 결정에 부합되는지를 재확인

㉣ 관계기관 등에 연락을 취하였는지와 이에 따른 조치상황을 확인

② **정보의 재검토 및 대응에 관한 사항**

㉠ 도로나 교통사정 등으로 현장에 신속히 도착하기 곤란할 것으로 예상되면 유·무선통신망을 활용하여 상부에 보고하고 우회도로를 선택할 수 있도록 상황을 전파한다.

㉡ 선착대로부터 취득하는 정보는 가장 신뢰할 수 있는 최신정보임을 인식하여 사고 개요, 규모 등을 확실히 청취하고 선착대의 행동내용 등으로부터 자기 임무 등을 확인한 후 대원에게 필요한 임무를 부여한다. 또한 상황에 따라 자기대의 현장 도착 예정시간 및 사용가능한 기자재 보유상황 등 정보를 선착대에 제공한다.

㉢ 청취한 정보에서 관계기관 또는 의료진 등이 대응하고 있는 경우에는 해당 부서와의 연계활동요령에 대하여 미리대원에게 주지시킨다.

㉣ 출동지령 이후 장소의 변경이 있는 경우 또는 사고의 영향에 의한 교통폭주 등이 있는 경우에는 출동경로, 진입로 등을 재검토하여 조기에 현장에 도착하도록 노력한다.

㉤ 출동 시 결정한 판단의 변경 또는 수정을 요하는 정보를 입수한 경우 즉시 전 대원에게 상황을 전파하여 주지토록하고 이에 따라 구출방법, 사용기자재 변경 등 필요한 조치를 취한다.

③ **차량부서 선정에 관한 사항**

㉠ 구급대를 비롯하여 나중에 도착하는 특수차의 부서 위치를 고려한다.

㉡ 현장상황에 눈을 떼지 않고 안전운전에 주의하여 부서한다.

㉢ 구조 활동을 안전하고 원활하게 실시할 수 있는 작업공간을 확보한다.

㉣ 사고가 발생한 장소가 도로 또는 도로주변인 경우 적색회전등 또는 비상정지등, 기타 등화를 유효하게 활용하여 주행하고 있는 일반차량의 주의를 촉구하여 교통사고를 방지한다.

㉤ 부서 위치는 가스폭발 또는 붕괴 등 2차 사고의 영향을 받지 않는 장소로 한다. 특히 교통사고의 경우 후속 차량들이 연쇄 추돌할 위험이 있으므로 현장에 출동한 구조·구급차량은 원칙적으로 사고차량의 후미 쪽에 부서토록

하여 작업 중인 대원들의 안전을 확보한다.

3) 구조대원의 임무

평소에 체력과 기력의 강화와 지식 및 기술향상을 위해 노력해야 한다.

(1) 구조대장의 임무

① 신속한 상황판단 ② 대원의 안전 확보
③ 구조작업 지휘 ④ 유관기관 등과의 협조

(2) 구조대원의 임무

① 구조대원은 체력과 기술을 단련하고 장비의 점검 및 정비
② 지휘명령을 준수하며, 자의적인 행동은 삼가
③ 위험요수 및 상황변화에 주목
④ 상황을 시기적절하게 구조대장에게 보고
⑤ 항상 대원의 안전에 주의하여 활동

(3) 사전대비

① 구조훈련 ② 학습과 연구 ③ 신뢰와 협동

*관계기관에 협조를 요청할 경우 주의사항

㉠ 감전위험이 있는 경우 전력회사에 전원차단 조치를 의뢰한다.
㉡ 가스누설 등으로 대원, 요구조자 및 일반인 등의 안전 확보를 위해 필요한 경우 가스관계자에게 조치를 의뢰한다.
㉢ 급수 차단 등이 필요하다고 판단되면 수도관계자에게 조치를 의뢰한다.
㉣ 교통규제와 일반인의 유도 등이 필요하다고 판단되는 때에는 경찰관 등에게 규제 범위와 그 이유 등을 명시하여 요청한다.
㉤ 현장에 의사가 있는 경우에 필요한 때에는 요구조자의 부상정도, 증상 등 의학적 판단 및 구조활동상의 주언 등을 구한다.
㉥ 여타의 관계기관 등에서 보유한 장비, 차량 및 기술 등의 활동이 구출수단으로서 가장 효과적이라고 판단될 때에는 지원 협조를 요청한다.

4) 구조대의 편성·운영

(1) 편성·운영자

① 구조대의 편성·운영자는 행정안전부장관·소방청장·소방본부장 또는 소방서장이다.

② 행정안전부장관은 국외에서 화재, 재난·재해 그 밖의 위급한 상황이 발생한 경우로서 재외국민의 보호나 국제협력이 필요하다고 인정되는 경우에는 국제구조대를 편성하여 운영할 수 있다.

③ 국제구조대에는 구조반·탐색반·의료반·시설관리반·안전평가반·항공반이 있으며, 국제구조대 편성·운영에 관하여 필요한 사항은 대통령령에 정한다.

(2) 종류

① 일반구조대 : 화재·재난 등 위급한 상황에서 사람의 생명 등을 안전하게 구조하기 위하여 소방서마다 1개대 이상 편성·운영(다만, 소방서가 설치되지 아니한 시·군·구의 경우 소방안전센터에 편성·운영)

② 특수구조대 : 소방서 단위마다 설치, 화학·수난·고속국도·산악구조대를 편성함.

㉠ 화학구조대 : 화학공장이 밀집한 지역

㉡ 수난구조대 : 내수면 지역

㉢ 고속국도구조대 : 고속국도

㉣ 산악구조대 : 국립공원 등 산악지역

③ 항공구조대 : 소방청과 소방본부에 각각 1개대 이상 편성·운영, 비행조정시간은 1일 8시간을 초과할 수 없다.

④ 직할구조대의 편성·운영자 : 소방청장·소방본부에 설치하며, 소방본부의 경우 구체적인 사항은 시·도 조례에 의한다.

⑤ 국제구조대 : 국제구조대에는 구조반·탐색반·의료반·시설관리반·안전평가반·항공반을 두어야 한다. 소방방재에만 설치, 탐색·구조·의료·시설관리·안전평가·항공반을 두며, 편성·운영 등에 관한 구체적인 사항은 소방청장이 정한다.

⑥ 구조대의 편성·운영 : 구조대가 설치되는 지역의 인구·소방대상물·재난발생빈도 및 지역특성을 고려하여 행정안전부령으로 정한다.

(3) 구조대원의 임명

구조대원은 소방공무원으로서 다음 각 호의 어느 하나에 해당하는 자 중에서 소방청장·소방본부장 또는 소방서장이 임명한다.

① 총리령이 정하는 구조업무에 관한 교육을 받은 자

② 소방청장이 실시하는 인명구조사 교육을 수료하고 교육수료시험에 합격한 자

③ 국가·지방자치단체·공공기관에서 구조관련 분야의 근무경력이 2년 이상인 자

④ 응급의료에 관한 법률 제36조의 규정에 의하여 응급구조사의 자격을 취득한 자

(4) 구조대원의 자격 기준

① 일반적 기준

㉠ 총리령이 정하는 구조업무에 관한 교육을 받은 자(시·도에 두는 소방교육대에서 전문기술훈련〈구조기술·구조장비 조작요령 및 구조훈련〉과 기초훈련〈체력단련 및 극기훈련〉을 4주 이상 마친 자)

㉡ 소방청장이 실시한 인명구조사 교육을 수료하고 교육수료시험에 합격한 자

㉢ 국가·지방자치단체공공기관에서 구조관련 분야의 근무경력이 2년 이상인 자

㉣ 응급의료에 관한 법률 제36조의 규정에 의하여 응급구조사의 자격을 취득한 자

② 연령기준(소방청장·소방본부 직할구조대에 소속된 소방령·지방소방령 이상 제외) - 구조대장의 연령은 50세 이하 / - 대원의 연령은 48세 이하

*구조대원의 신체적 요건

㉠ 폐활량 : 3천 5백cc 이상

㉡ 혈압

- 수축기혈압이 100수은주밀리미터(mmHg) 이상 140수은주밀리미터(mmHg) 이하
- 이완기혈압이 60수은주밀리미터(mmHg) 이상 90수은주밀리미터(mmHg) 이하

㉢ 맥박 : 100미터를 20초 이내에 달린 후 평상시의 맥박으로 5분 이내 회복될 것

㉣ 악력(握力) : 좌우 40킬로그램 이상일 것

㉤ 나안시력 : 좌우 0.7 이상일 것

(5) 구조대원의 수난사고

익수자는 물에 빠진 사람을 말한다. 익수자에게는 우선 구명환이나 로프를 던져야 하며 사람이 직접 수영하여 구하는 것은 최후의 수단이다. 구조자는 긴급 시 환자를 구출하면서 수면 위에서도 인공호흡을 하여야 하며 잠수몰리에서 알아두어야 할 일반 상식은 다음과 같다.

① 소리 : 4배 정도 빨리 들리며 소리의 방향을 파악하기 힘들다.

② 압력 : 수심 10m마다 1기압씩 올라간다.

③ 물체 : 물속에서는 물체가 25% 정도 크게 보인다.

④ 열 : 물은 공기보다 열을 약 25배 빨리 전달하므로 빨리 추워진다.

(6) 구조요청의 거절

① 구조대원은 구조를 요하는 자(이하 "요구조자"라 한다)의 상태 및 현장상황을 종합적으로 평가하여 인명구조, 응급조치 등 긴급구조 활동을 수행하여야 한다.

② 구조대원은 다음 각 호의 비긴급상황에 해당하는 경우에는 구조요청을 거절할

수 있다. 다만, 다른 수단에 의한 조치가 불가능한 경우에는 그러하지 아니한다.

㉠ 단순 문 개방

㉡ 시설물에 대한 단순 안전조치 및 장애물의 단순 제거

㉢ 동물의 단순처리 포획 및 구조

㉣ 가정폭력 절도 등 단순 범죄사건

㉤ 주민생활 불편해소 차원의 단순 민원 등 긴급구조 활동의 필요성이 없다고 인정할만한 상당한 이유가 있는 비긴급상황

㉥ 구조요청을 거절한 구조대원은 구조거절확인서를 작성한 후 구조를 요청한 자에게 그 내용을 구두로 알려주어야 한다.

㉦ 구조거절확인서를 작성한 구조대원은 소방관서장에게 이를 보고하여야 한다.

㉧ 구조거절확인서는 당해 구조대원의 소속 소방관서에 3년간 보관하여야 한다.

2. 구급(救急)

1) 용어의 정리

(1) 응급환자

① 응급환자란 위급한 상황에 놓인 환자를 말하며, 분만, 질병, 각종 사고 및 재해로 인한 부상자를 말한다.

② 응급환자는 위급한 상태로 즉시 필요한 응급처치를 받지 아니하면 생명을 보존할 수 없는 환자를 말한다.

③ 보건복지부령이 정하는 자로서 상태가 매우 위급하여 심신상의 중대한 위해가 초래될 가능성이 있는 환자를 말한다.

(2) 응급의료종사자

응급환자에 대한 응급의료를 제공하는 의료인과 응급구조사로서 관계 법령이 정하는 바에 의하여 취득한 면허 또는 자격이 있는 자를 말한다.

(3) 응급처치

① 응급처치란 다친 사람이나 급성질환자에게 사고 현장에서 즉시 조치를 취하는 것을 말한다. 응급의료행위의 하나로서 응급환자에게 행하여지는 기도의 확보를 말한다.

② 응급처치는 기도의 확보, 심장박동의 회복, 기타 생명의 위험이나 증상의 현저

한 악화를 방지하는 긴급 처치행위이다.

(4) 응급의료

응급의료란 응급환자 또는 불의의 재해 등이 발생했을 때 최대한 빠른 시간 내에 적절한 진료를 행할 수 있도록 하기 위한 것으로서 생명의 위험에서 회복되거나 심신상의 중대한 위해가 제거되기까지의 과정에서 응급환자를 위해서 행하여지는 구조·이송·상담·응급처치·진료 등의 조치를 말한다.

(5) 증상(symptom)

환자가 느끼는 주관적인 느낌으로 통증이나 어지러움 등을 호소하는 것을 말한다.

(6) 징후(sign)

징후란 의료인 또는 응급구조사가 환자의 호흡, 맥박, 혈압, 체온 등을 관찰하거나 의학적인 검사를 통해 얻은 의료 정보를 일컫는다.

(7) 구급차 등

구급차란 응급환자의 이송 등 응급의료의 목적에 이용되는 항공기·선박 및 자동차 등의 이송수단을 말한다.

(8) 응급의료기관(의료법 제3조 규정)

중앙응급의료센터, 지역응급의료센터 및 지역응급의료기관, 권역응급의료센터, 전문응급의료센터 등을 말한다.

(9) 응급환자 이송 업무

주된 업무가 구급차 등을 이용하여 응급환자 등을 이송하는 행위를 하는 것을 말한다.

(10) 의료인

의사·치과의사·한의사·조산사 및 간호사를 말한다.

2) 응급처치의 일반적 원칙[7]

(1) 응급처치(應急處治)의 정의

응급처치는 전혀 생각지도 못한 장소나 때에 발생한 외성에 대해서 응급적으로 간단하게 치료하는 것을 말한다. 주요 응급처치로는 심폐소생술 방법, 호흡 및 심장박동 확인방법, 기도의 유지방법, 인공호흡, 심장마사지, 의식이 없는 질식 환자의 처치, 의식이 있는 질식 환자의 처치, 쇼크(Shock) 증상 처치 등이 있다.

(2) 응급환자를 처치하는데 지켜야 할 원칙

① 긴박한 상황에서도 구조대원 자신의 안전에 주의를 한다.

② 신속하고 침착하게 절차에 따라 처치하고, 긴급한 환자부터 처치한다.

③ 응급구조사는 환자의 생사 판정은 하지 않는다(의사에게 맡김).

④ 부상상태에 따라 긴급한 경우 의료기관에 연락하여 응급처치의 도움을 받거나 지원을 요청한다.

⑤ 쇼크예방 처치를 하며, 환자평가 요령에 따라 평가와 확인을 한다.

⑥ 의식이 없는 환자, 심한 출혈환자, 복부 부상환자의 경구에 아무 것도 투여하지 않는다.

⑦ 응급구조사는 원칙적으로 의약품의 사용을 피한다(다만, 긴급 상황에서 의사 지시가 없을 때는 사용할 수 있다.)

⑧ 부상자를 옮길 때에는 적절한 운반법을 사용한다.

⑨ 사전에 보호자 또는 당사자의 이해와 동의를 얻어 실시하는 것을 원칙으로 한다(환자의 의식불명, 망상에 빠져 있거나 신체적으로 무동의 시 주변 사람에게 알린 후〈묵시적 동의로 인정〉 도움을 받아 실시한다).

⑩ 부상상태에 따라 긴급한 경우 응급처치와 함께 관계 기관인 119구급대(119구급차는 무료로 이용), 119구조대, 경찰, 병원 등에 응급구조를 요청한다.

***응급처치의 중요성**

① 응급처치는 환자의 생명을 구하고 유지한다.
② 질병 등 병세의 악화를 방지한다.
③ 환자의 고통을 경감시킨다.
④ 환자의 치료, 입원기간을 단축시킨다.
⑤ 기타 불필요한 의료비의 지출 등을 경감시킨다.

---

7 자료는 보건복지부 홈페이지를 참조

3) 응급처치의 일반적 순서[8]

(1) 환자평가 및 도움요청

① 제일 먼저 환자의 의식 상태를 확인한다.
② 의식이 있어 환자가 반응하면 환자의 신체를 그대로 유지한다.
③ 환자를 규칙적으로 관찰한다.
④ 필요하다면 주위 사람에게 도움을 요청한다.

(2) 기도유지

① 기도유지방법으로 많이 이용되는 것이 두부후굴-하악거상법(head tilt-chin lift)이다. 이것은 머리를 뒤로 제치고 턱을 들어주면 하악골의 상승으로 이완된 혀의 근육이 더욱 당겨져 올라가므로 기도가 열리게 된다.
② 외상환자의 경우에는 경추가 손상될 수 있으므로 두부후굴을 시행하지 않고 하악거상법만 시행하는 것이 바람직하다.
③ 기도를 유지하기 위한 기구로는 기도삽관튜브, 경비기도기, 인후마스크, 경구기도기 등이 있다.
④ 혼수상태인 경우에는 기노입관을 시행하며, 그 외의 경우에는 기도기를 이용한다.
⑤ 경부손상이 의심되거나 기도 폐쇄의 상황에서는 윤상갑상막 절개술이 권장된다.

*도움요청 전에 심폐소생술이 필요한 경우
㉠ 외상환자 ㉡ 익수환자 ㉢ 소아환자 ㉣ 이물에 의한 기도 폐쇄
㉤ 심장충격이 필요한 환자이고 심장충격기가 비치된 경우

*두부후굴-하악거상법
① 두부후굴 조작을 하기 위해서 한손을 이마에 놓고 손바닥으로 머리를 뒤쪽으로 세게 밀어 머리가 뒤로 경사지게 만든다.
② 두부후굴 하악거상 조작을 위해 다른 손의 손가락들을 하악골 아래 부위에 위치시키고 턱을 앞으로 당겨 이빨이 거의 닫히도록 한 후 하악을 받치고 두부가 뒤쪽으로 경사지도록 한다.
③ 기도 폐쇄의 위험 때문에 손가락으로 턱 아래 연부조직을 깊이 눌러서는 안 된다.
④ 엄지는 턱을 위로 당기는데 사용해서는 안 되며 구강 대 구강호흡을 할 수 있도록 입은 완전히 닫혀서는 안 된다.
⑤ 틀니는 제거한다(자세를 유지하기 어려울 시).

8 자료는 보건복지부와 소방청 홈페이지 참조

(3) 경부고정

① 모든 외상환자에게는 경부고정장비를 이용하여 경부고정을 우선적으로 시행한다.

② 외상환자의 경우 기도확보와 동시에 경부고정을 시행한다.

③ 경추골절이 있는 환자를 함부로 다루면 체위 변화에 의하여 경추손상(cervical spine injury)이 되고 호흡부전이 유발될 수 있다.

④ 방사선 촬영으로 경부손상이 없다고 확진되거나, 기관삽관술을 위하여 경부고정장비를 꼭 제거하지 않을 경우를 제외하고는 경부고정을 계속 유지한다.

⑤ 오토바이 사고환자로 헬멧을 착용한 경우에도 방사선 촬영상 경부손상이 없다고 확진되거나, 기도유지를 위하여 꼭 제거하지 않을 경우를 제외하고는 함부로 헬멧을 제거하지 않는다.

(4) 호흡기능 유지

① 일반적으로 성인 환자에게 인공호흡을 시행할 때는 구강 대 구강법을 이용하여 하게 되는데 인공호흡 1회에 800~1200ml의 공기를 1.5초~2초에 걸쳐 불어넣는다.

② 공기를 불어넣은 후에는 1.5초~2초 간 환자가 숨을 내쉴 시간을 부여한다.

③ 호기와 흡기의 비율이 50 대 50 정도가 되게 한다.

④ 공기를 불어넣을 때에는 일정한 압력으로 불어넣는다.

⑤ 너무 많은 양을 불어넣거나 너무 강한 압력으로 불어넣는 경우, 위가 팽만하여 내용물이 구강 내로 역류하거나 구토물이 폐로 유입될 가능성이 있음으로 주의한다.

(5) 순환기능 유지

① 순환기능은 심박동음이 청진되지 않거나 경동백이 촉진되지 않는 경우에는 흉부압박을 시행하여 순환을 유도하여야 한다.

② 흉부압박을 시행하기 전에 우선 올바른 압박점을 선정하는 것이 매우 중요하다.

③ 정확한 흉부 압박점은 흉골 체부의 하부 1/2지점으로서, 흉골의 검상돌기에서 머리 방향으로 두 손가락 넓이 가량 위쪽이지만 최근에는 비만의 경우처럼 검상돌기나 흉골의 위치를 정확히 찾기 어려운 경우가 많기 때문에 양쪽 유두를 이은 가상선의 하부(흉골 하부 1/2에 해당)를 손바닥에 놓도록 한다.

*경추손상이 호흡계와 순환계에 미치는 영향
① 3에서 5번 경추손상 시는 횡경막 신경의 마비로 횡경막 운동이 저하된다.
② 흉수의 늑간신경이 마비되어 늑간근 운동이 저하된다.
③ 신경성 폐부종이 유발될 수 있다.
④ 척수손상 시 교감신경계의 기능 저하로 혈관이 확장되어 혈압이 저하된다.
⑤ 심장박동반사가 소실되어 서맥이 유발된다.

4) 응급의료의 단계

(1) 현장단계

사고현장에서 환자를 응급처치하는 단계를 말한다.

(2) 이송단계

응급환자를 사고현장으로부터 의료기관까지 이송하는 단계를 말한다(이송의 종류: 지상이송, 수상이송, 항공이송).

(3) 병원단계

응급환자가 의료기관에 도착하여 전문적인 응급처치를 받는 단계를 말한다.

5) 구급대원의 자격

구급대원이 태만이나 업무상 중대한 과실이 있으면 법적 제재를 받을 수 있으며, 국민의 생명을 보호하기 위해 최선을 다하여야 하며, 긴급 시 구급대원의 역할이 매우 중요하다.

(1) 구급대의 편성과 운영

① 구급대원의 편성과 운영자는 소방청장·소방본부장 또는 소방서장 등이다.
② 구급대의 편성·운영에 관한 필요한 사항은 대통령령으로 정하고, 구급대의 편성·운영 등에 관한 구체적인 사항은 관할구역의 인구·소방대상물·재난 발생빈도 및 지역특성에 따라 총리령으로 정한다.

(2) 구급대원의 자격

① 행정안전부령이 정하는 구급 업무에 관한 교육을 받은 자
② 의료법 제2조 제1항의 규정에 의한 의료인
③ 의료법에 의거 간호조무사의 자격을 취득한 자
④ 응급의료에 관한 법률의 규정에 의하여 응급구조사의 자격을 취득한 자

(3) 구급차의 배치기준

① 소방서 직할의 소방안전센터 : 2대

② 일반 소방안전센터, 119구조대 및 소방지역대 등 : 1대

③ 고속국도 구급대 : 1대

(4) 응급구조사

① 응급구조사의 자격

㉠ 1급 응급구조사

ⓐ 대학 또는 전문대학에서 응급구조학을 전공하고 졸업한 자

ⓑ 보건복지부장관이 인정하는 외국의 응급구조사 자격인정을 받은 자

ⓒ 2급 응급구조사로서 응급구조사의 업무에 3년 이상 종사한 자

㉡ 2급 응급구조사

ⓐ 보건복지부장관이 지정하는 응급구조사 양성기관에서 대통령령이 정하는 양성과정을 이수한 자

ⓑ 보건복지부장관이 인정하는 외국의 응급구조사 자격인정을 받은 자

② 응급구조사가 할 수 있는 업무범위

㉠ 1급 응급구조사

ⓐ 심폐소생술의 시행을 위한 기도유지 및 기도기(airway)의 삽입, 기도삽관(intu-bation), 후두마스크 삽관 등

ⓑ 정맥로의 확보

ⓒ 인공호흡기를 이용한 호흡 유지

ⓓ **약물투여** : 저혈당 혼수 시 포도당의 주입, 흉통 시 니트로글리세린의 혀 아래(설하) 투여, 쇼크 시 일정량의 수액 투여, 천식 발작 시 기관지 확장제 흡입

ⓔ 2급 응급구조사의 업무를 할 수 있다.

㉡ 2급 응급구조사

ⓐ 구강 내 이물질의 제거

ⓑ 기도기(airway)를 이용한 기도 유지

ⓒ 기본 심폐소생술

ⓓ 산소 투여

ⓔ 부목·척추 고정기·공기 등을 이용한 사지 및 척추 등의 고정

ⓕ 외부출혈의 지혈 및 창상의 응급처치

ⓖ 심박·체온 및 혈압 등의 측정
ⓗ 쇼크방지용 하의(MAST) 등을 이용한 혈압의 유지
ⓘ 자동심장충격기를 이용한 규칙적 심박동의 유도
ⓙ 흉통 시 니트로글리세린의 혀 아래(설하) 투여
ⓚ 천식 발작 시 기관지 확장제 흡입(환자가 해당 약물을 휴대하고 있는 경우)등

기도폐쇄 시 응급처치

㉠ 환자가 의식이 있는 경우(일어선 경우)
ⓐ 환자의 뒤에 서서 양팔로 허리를 감싼다.
ⓑ 구조자의 한쪽 손을 쥐고 환자의 명치부분에 댄다.
ⓒ 다른 손으로 주먹을 감싼 후에 상복부를 후상방으로 강하게 밀쳐 올리는 것을 반복한다(임산부나 비만환자는 흉부를 밀쳐 올린다).

㉡ 의식이 없는 경우(환자가 누워있는 경우)
ⓐ 환자의 얼굴을 마주볼 수 있도록 자세를 바로 눕힌다.
ⓑ 무릎을 꿇고 앉아 명치 위에 손바닥을 대고 손깍지를 끼운다.
ⓒ 환자의 상복부를 45회 정도 강하게 밀쳐 올린다.

㉢ 체구가 작은 소아의 경우
ⓐ 소아의 머리를 아래로 향하게 한다.
ⓑ 등을 45회 정도 두드린다.
㉣ 입을 여는 모양 : 의식이 없는 환자의 입안에 있는 이물질을 제거하려면 우선 환자의 입을 열어야 한다. 입을 열 때는 첫째와 둘째 손가락을 교차시키는 방법으로 한다.

㉣ 이물질을 제거하는 요령
ⓐ 손가락으로 이물을 제거할 때는 환자의 입 속을 훑어내듯이 한다.
ⓑ 입 속에 있는 이물은 눈으로 확인되는 경우에만 제거토록 한다.
ⓒ 눈에 보이지 않는 이물질을 손가락으로 잘못 건드릴 경우 오히려 더욱 깊숙이 밀어 넣을 위험이 있기 때문이다.

6) 구급대원의 태도 및 자세

(1) 구급대원은 우선적으로 자신의 안전을 확보한다.
(2) 처치원은 환자나 부상자에 대한 생사의 판정은 하지 않는다.
(3) 비전문가인 처치원은 원칙적으로 의약품을 사용하지 않는다.
(4) 구급대원은 어디까지나 응급처치로만 그치고, 그 다음은 전문의료요원의 처치에 맡긴다.
(5) 구급대원은 원칙적으로 응급환자에게 응급의료에 관하여 설명하고 이에 대한 동의를 얻어야 한다.

7) 착한 사마리아인법(Good Samaritan Law)

(1) 착한 사마리아인법은 고통 받는 사람을 기꺼이 도울 수 있도록 일정한 경우 과실에 대해 책임을 묻지 않는 것을 내용으로 한다.

(2) 구조대원이나 구급대원 등 도움을 주는 사람이 위급상황에서 올바른 신념과 선의로, 보상을 바라지 않고, 부상자에게 악의에 찬 행동을 하거나 지나친 과실을 범하지 않은 경우 일정한 범위 안에서 책임을 면해주는 것이 착한 사마리아인법의 요지이다.

8) 구급요청의 거절 - 이송 거절사유

민간구급차 또는 다른 교통수단에 의한 이송이 곤란한 경우는 거절사유가 아니다. 다만 아래와 같은 경우는 거절할 수 있다.

(1) 만성질환자로서 검진 또는 입원목적의 이송 요청자

(2) 술에 취한 자. 다만, 강한 자극에도 의식의 회복이 없거나 외상이 있는 경우를 제외한다.

(3) 구급대원에게 폭력행사를 시도하는 환자. 다만, 폭력행사를 저지할 수 있는 보호자 또는 관계공무원이 동승한 경우를 제외한다.

(4) 그리 심하지 않는 단순 치통환자

(5) 병원 간 이송 또는 자택으로의 이송 요청자. 다만, 의사가 동승한 응급환자의 병원 간 이송을 제외한다.

(6) 단순 감기환자. 다만, 섭씨 38도 이상의 고열이 있거나 호흡곤란이 동반되는 경우를 제외한다.

(7) 단순 열상 또는 찰과상으로 지속적인 출혈이 없는 외상환자

(8) 혈압 등 생체징후가 안정된 타박상 환자

(9) 그 밖에 「응급의료에 관한 법률」 규정에 의한 응급환자가 아닌 자

9) 구급환자의 중증도 분류

(1) 중증도 분류(triage)는 응급처치와 환자이송 우선순위를 결정해 환자를 증상별로 구분한다.

(2) 환자는 중증도에 따라 긴급환자, 응급환자, 비응급환자, 지연환자의 4집단으로 분류한다.

(3) 분류등급을 신속하게 인지할 수 있도록 환장에게 ‘중증도 분류표(triage tag)’를

환자의 손목이나 의류에 부착한다.

(4) 멀리서도 식별이 용이한 크기로 하되 재질은 튼튼하고 물에 젖어도 변질되지 않는 것이 좋다.

10) 중증도 분류표에 기록할 사항

(1) 환자의 인적사항

이름, 나이, 성별, 주소, 전화번호

(2) 사고현장에 관한 정보

환자발견 장소, 자세, 사고와 관련된 정보

(3) 병력에 관한 사랑

알레르기, 현재 복용 중인 약물, 혈액형, 최종 식사시간, 손상 당시의 신체적 상황

(4) 신체손상에 관한 사항

생체적 증상과 징후 등

(5) 응급처치사항(시간별로 기재)

치료 내용, 투약 내용

(6) 중증도 분류(색상에 따라 4단계로 구분)

표 5-8 중증도 분류

분류	치료순서	색깔	심볼	특성 및 증상
Critical (긴급환자)	1	적색 (Red)	토끼 그림	수분, 수시간 이내의 응급처치를 요하는 중증 환자 · 혼수상태의 중증 두부손상 · 개방성 복부열상, 골반골절을 동반한 복부손상·기도폐쇄, 심한 호흡곤란, 호흡정지 · 심장마비의 순간이 인지된 심정지 · 개방성 흉부 열상, 긴장성 기흉, 연가양 흉부 · 대량출혈, 수축기 혈압이 80mmHg 이하의 쇼크 · 기도화상을 동반한 중증의 화상 · 경추손상이 의심되는 경우 · 원위부 맥박이 촉지되지 않은 경우 · 기타 심장병, 저체온증, 지속적인 천식, 경련 등

분류	치료순서	색깔	심볼	특성 및 증상
Urgent (응급환자)	2	황색 (Yellow)	거북이 그림	수시간 이내의 응급처치를 요하는 중증환자 · 중증의 출혈 · 다발성 골절 · 중증의 화상 · 경추를 제외한 부위의 척추골절
Minor (비응급환자)	3	녹색 (Green)	구급차 그림에 X표시	수시간, 수일 후 치료해도 생명에 관계가 없는 환자 · 경증의 열상 혹은 단순 골절 · 경증의 화상 혹은 타박상 · 소량의 출혈
Dead (지연환자)	4	흑색 (Black)	십자가 표시	사망하였거나 생존의 가능성이 없는 환자 · 두부나 몸체가 절단된 경우 · 심폐소생술도 효과가 없다고 판단되는 경우 · 20분 이상 호흡이나 맥박이 없는 환자

자료 : 보건복지부 홈페이지 참조

11) 중증도 분류의 시행횟수

(1) 재해현장에서의 중증도 분류는 일부 부정확할 수 있으므로, 재해 시 중증도 분류는 보통 2~4회 정도 시행한다. 그 이유는 응급환자의 상태는 시시각각 변화하기 때문이다.

(2) 경험이 많은 의료진이 중증도 분류를 시행하여도 정확성은 80%라고 보고되고 있으므로, 중증도 분류를 반복하는 것이 바람직하다.

(3) 보통 재해현장에서 1차 중증도를 분류하고 2차 중증도 분류는 환자 수집소에서 시행하며, 3차 중증도 분류는 이송된 병원에서 시행한다.

(4) 많은 환자가 병원으로 이송된 경우 다시 병원 내에서 4차 중증도 분류를 시행한다.

12) 중증도에 따른 조치

(1) 긴급환자와 응급환자는 응급차량이나 항공기로 신속히 이송한다.

(2) 중증도 분류에 의한 긴급환자, 응급환자, 비응급환자, 지연환자의 순서로 이송한다.

(3) 이송되는 환자와 현장에 남아있는 환자까지도 응급처치를 시행한다.

(4) 응급차량 이송

① 치료가 가능한 인근의 3차 병원으로 이송한다.

② 항공이송은 비교적 원거리인 외상센터나 특수의료기관으로 이송한다.

(5) 비응급환자는 버스, 승합차 등을 이용해서 병원 또는 임시 마련된 현장의료소로 이송한다.

(6) 사망자는 냉동차 등을 이용해 임시 영안소로 이송한다.

(7) 환자의 중증도별로 치료가능한 병원에 직접 이송한다.
(8) 일부 병원으로의 집중을 지양한다.
(9) 환자의 성명이나 분류번호를 적어서 병원 이송 시 기록한다.
(10) 경찰의 교통통제 등으로 응급차량의 운행시간을 단축한다.

13) 응급의료의 설명 및 동의

(1) 응급의료를 하려는 자는 원칙적으로 응급환자에게 응급의료에 관하여 설명하고 그 동의를 얻어야 한다.

(2) 동의를 얻지 않아도 되는 경우

① 응급환자가 의사결정능력이 없는 경우
② 설명 및 동의절차로 인하여 응급의료가 지체되어 환자의 생명에 위험 또는 심신상의 중대한 장애를 초래하는 경우

(3) 응급환자가 의사결정능력이 없는 경우

① 법정대리인에게 응급의료에 관하여 설명하고 동의를 얻음.
② 법정대리인이 동행하지 아니한 경우는 동행한 자에게 설명한 후 응급처치를 하고 의사의 의학적 판단에 따라 응급진료를 행할 수 있음.

(4) 응급의료에 관하여 설명하고 동의를 얻어야 할 내용

① 환자에게 발생하거나 발생 가능한 진단명
② 응급검사의 내용
③ 응급처치의 내용
④ 응급의료를 받지 아니하는 경우의 예상결과
⑤ 기타 응급환자가 설명을 요구하는 상황

*환자이동의 원칙

① 걸을 때에는 보폭이 어깨 넓이보다 크지 않도록 하고 균형을 유지하여 천천히 움직인다.
② 환자를 들어 올릴 때에는 중심이 치우치지 않고 근육이 긴장되지 않도록 한다.
③ 환자를 끌거나 밀 수 없는 경우에만 들어올린다.
④ 허리아랫부분에서 들어 올릴 때에는 무릎을 구부리고 허리를 편 상태에서 일어선다.
⑤ 환자를 들어 올릴 때에는 손의 힘만 이용하지 말고 신체의 가장 강한 근육들을 이용한다.
⑥ 환자의 머리는 나아가는 방향으로 두게 하고 계단이나 경사로를 오르내릴 때에는 진행방향에 관계없이 머리를 높여주도록 한다.
⑦ 방향을 바꿀 때에는 허리만 틀지 말고 가능하면 몸 전체를 돌린다.
⑧ 한쪽 발을 약간 앞으로 내고 발바닥을 바닥에 완전히 붙여서 환자의 체중이 양발에 균등하게 분산되도록 한다.

(5) 법정대리인이 동의하지 아니하는 경우

응급환자에게 반드시 응급의료가 필요한 것으로 판단되는 때에는 의료인 2인 이상의 동의를 얻어 응급의료를 할 수 있다.

14) 응급의료소의 운영

(1) 환자가 많은 경우

환자분류 → 응급처치 → 이송

(2) 현장응급의료소의 설치 등

① 통제단장은 응급의료관련 지원을 총괄, 지휘, 조정 통제하고 응급의료소를 설치 및 운영한다.

② 응급의료소

㉠ 소장 1인, 분류반, 응급처치반, 이송반을 둔다.

㉡ 의료소장은 의료소가 설치된 지역을 관할하는 보건소장이 된다.

㉢ 분류반, 응급처치반, 이송반에는 반장을 두되, 반장은 의료소 요원 중에서 의료소장이 임명한다.

㉣ 의료소는 응급의학전문의를 포함한 의사 3인, 간호사 4인 및 보조요원 1인 이상으로 편성한다.

제6절 재난관리 통신과 언론

1. 재난통신 운용

1) 주파수 운영

(1) 재난 시 전화통신은 신뢰성이 극히 제한되기 때문에 조직 간 통신은 쌍방향 무선통신망(Two-way Radio)이 효과적이다. 그러나 불행히도 공공안전 무선통신 주파수들은 이

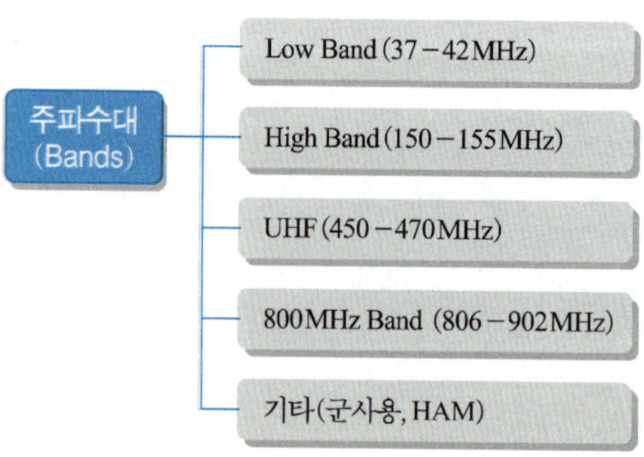

것을 매우 어렵게 하는 방식으로 할당되어 있다.

(2) 이와 같은 통신문제는 소방, 경찰, 응급의료체계, 그리고 기타 주요 재난서비스 분야 간에 정책적인 고려가 있어야 한다.

(3) 우리나라의 경우 경찰은 VHF를 사용하고 소방은 UHF을 사용하는 등 재난 시 무선 교신에 근본적인 장애가 놓여있다. 재난은 여러 기관 간 훈련과 대응활동을 요구한다. 그러나 주파수 사용의 비체계성은 전체적인 대응활동을 약화시킨다.

2) 통신체계 확보 방안

(1) 주파수 할당 및 공유체계

대형 재난 시 무선통신에서 사용할 수 있는 주파수의 수는 매우 중요하다. 조직 간 통신문제를 해결하기 위한 하나의 접근방법으로 무선주파수배당에 대한 합의를 이끌어내는 것이다. 이러한 주파수 배당협정은 일단의 관련 조직들이 허가된 통신주파수를 공유하는 상호 간 협정이다. 통신장비분야의 기술적 진전은 주파수 공유를 보다 더 쉽게 만든다. 수백 개의 다른 주파수를 사용할 수 있는 최신 무선장비(대역변환장치)가 최근 광범위하게 활용되고 있다.

재난통신의 중요성

재난대응에 있어 발생하는 문제점 중의 하나는 지휘통신체계가 원활히 운용되고 있지 않다는 것이다. 재난상황에서 통신의 어려움은 기관 간 협조문제와 밀접한 관련이 있는데, 조직 간의 협조시스템 구축은 통신망의 원활한 운영과 관련이 있으며 통신을 통하여 조직 간 정보공유가 가능하게 되는 것이다. 통신에 대한 문제는 일부 기술적 장애요소도 있겠지만 타 조직과의 통신을 꺼려하거나 소극적인 자세를 취하기 때문이다. 대부분의 통신문제는 통신과 정보공유의 필요성에 대한 상호이해의 바탕 위에 소수의 인력과 간단한 메커니즘을 구축함으로써 해결할 수 있을 것이다. 또한 현대사회에 있어 재난대응은 전자통신수단에 절대적으로 의존하고 있다. 이러한 통신수단이 기능을 상실했을 때 재난대응 업무는 난관에 봉착하게 된다. 통신시설은 재난에 의해 쉽게 파괴된다. 유선통신망은 재난으로 쉽게 두절되며, 그렇지 않은 경우에도 시민들에 의한 전화 폭주로 인해 쉽게 무용지물이 되는 경우가 발생한다. 지방 송·수신시설을 대신할만한 아마추어 무선가들(HAM)을 포함하여 인공위성을 경유하는 핸드폰도 지상통신시설 파괴에 대체할 수 있는 수단이 될 수 있을 것이다.

(2) 통신사용주파수

① 800MHz 주파수대(800MHz Frequency Band)

㉠ 지금까지 대부분의 재난관련기관들은 낮은 영역(30~50MHz)과 높은 영역(155MHz)의 VHF(Very High Frequency) 주파수대, 450MHz 영역의 UHF(Ultra Frequency) 주파수대를 사용하여 왔다.

㉡ 그러나 안전분야 통신 수요의 급격한 증가와 제한된 주파수 때문에 각각의 기관들은 채널을 지역별로 나누어 공유하고 있다.

㉢ 이것은 태풍, 홍수, 지진 등과 같은 광범위한 재난이 발생하여 모든 기관이 동시에 통신하여야 할 경우에 치명적일 수 있다.

㉣ 이런 상황은 새로운 800MHz 주파수대의 시대가 열림으로써 다소 완화될 수 있다. 이 새로운 주파수대는 컴퓨터를 이용한 정보전달기술(computeized-trunking technology)과 결합하였을 때 가장 효과적이라 할 수 있다.

② **주파수 공용통신(Trunked Radio)**

㉠ 대부분의 안전관련 기관들은 조직 내외의 다른 기관과 공유한 하나 또는 둘 이상의 주파수를 할당받고 있는데, 주파수공용 통신시스템은 같은 주파수대(VHF, UHF 또는 800MHz)의 20에서 50까지의 무선주파수 쌍 모두를 이용한다.

㉡ 이 시스템의 핵심은 각각의 Radio와 하나의 주파수로 작용하는 중앙컴퓨터 사이에 두 방법의 통신이 결합한 것이다.

㉢ 각각의 Radio는 하나의 특별 단위 인식부호(unique unitidentifier code)로 송신하게 한다. 컴퓨터는 여러 단체들을 모으게 프로그램 되어(인식된 부호 사용(identigied code)) 전용주파수로 통신하듯이 통신하게 한다.

(3) Radio Caches

다른 주파수대(周波數帶)를 사용함으로써 초래되는 조직 간 무선통신의 어려움은 주파수를 통하여 어느 정도 극복될 수 있다.

각각의 주파수는 여러 채널을 가지고 있으며 이러한 채널들은 조직 간 통신을 위해 비상협조채널 형태로 확대될 수 있다.

(4) 다중송수신장치

또 다른 방법은 다중송수신장치를 사용하는 방법이 있다. 이 수신 기능은 여러 주파수대(帶)의 통신내용을 수신할 수 있는 장치이다. 이 장치는 심지어 한쪽에서 UHF의 주파수대를 통하여 송신하고 있다면 또 다른 쪽에서는 VHF의 주파수대를 통하여 송신할 수도 있다.

(5) HAM(Amateur 무선통신)

① 우리나라 아마추어무선통신(HAM)은 전파법령에 의해 운영되고 있는데, HAM

의 특징은 언제 어디서나(국내외) 그 누구와도 정보교환이 가능하며 유·무선 불통지역의 유일한 통신수단이 될 수 있다.

② 한국아마추어무선연맹에서는 전국적으로 재난통신지원단을 설치·운영함으로써 아마추어 무선BAND의 비상주파수를 이용한 무선연락망을 전국적으로 구축, 재난발생으로 관계기관의 긴급통신망 구축 요청 시 통신 지원이 가능하도록 조직화되어 있다.

③ 유사 시 기능은 전 대원이 비상근무조로 편성되어 재해 상황에 대해 수시 보고하며, 유관기관의 통제 하에 긴밀한 협조체제를 유지한다.

(6) 참가기관과 현장지휘소 간 통신절차 마련

① 재난의 규모가 커질수록 통신의 문제도 증가하는데, 특히 상호지원협정에 의하여 요청되어 도착한 기관이 서로 주파수가 다를 때 문제는 심각해진다.

② 이런 어려움도 비상용으로 확보해둔 다량의 휴대용무전기를 하나의 주파수에 맞추어 요청된 현장지휘관에게 제공하거나, 도착한 기관의 지휘차 중 한대(또는 파견된 연락관)를 현장지휘본부의 통신차 옆에 주차시킴으로써 해결할 수 있다.

③ 이와 같은 수단은 사전에 마련된 기관 간 통신절차에 포함시킴으로써 더욱 현실화될 수 있다.

(7) 휴대용 전화기 및 팩스에 의한 통신

① 휴대용 이동전화기(휴대폰)는 현장요원이 현장 밖의 어느 개인과도 통신할 수 있게 함으로써 재난통신에 있어서 효과적인 역할을 하고 있다.

② 화학 위험물 자료와 같은 기술정보나 희생자 목록을 정확하게 교환하는데 유용하다. 지금은 팩스 기계에 110볼트 교류 전력을 공급할 수 있는 인버터(inverters)라는 것만 차량에 설치하면 팩스 기계를 휴대폰과 같이 사용할 수 있다.

(8) 이동통신지휘소

① 비상사태 시 작전을 원활하게 하는 가장 유용한 설비들 중 하나가 차량에 의한 이동지휘소이다.

② 처음에는 통신을 조정하기 위한 취지에서 사용되었으나 최근에는 현장의 지휘관과 참모들에게 회의와 기획을 위한 장소를 제공하는데 초점이 맞추어지고 있다.

③ 이동지휘소는 휴대폰, 기상감시장치(또는 기상자료 전송자치), 휴대용 컴퓨터, 휴대용 복사기 그리고 위험물 자료 등을 이용하여 전방 통신부와 후방의 회의소

를 하나로 연결하는데 이용된다.

2. 재난과 언론

1) 언론의 역할

(1) 언론의 순기능

대중매체는 재난의 피해를 줄일 수 있는 중요한 역할을 할 수 있다. 임박한 태풍, 집중호우, 홍수, 해일, 방사능오염, 그리고 화산 폭발 등의 경보를 아주 잘 전파할 수 있다. 재난에 있어 대중매체가 정부 재난관련 공직자와 긴급구조기관, 그리고 국민들에게 필요한 중요한 정보를 전달하는 순기능적인 측면은 다음과 같다.

① 대중매체는 대중에게 어떻게 재난의 영향을 줄이고 다룰 수 있는지에 대한 방법을 전달할 수 있다.

② 대중매체는 신속한 복구를 지원할 수 있는 다른 지역으로부터의 지원(과잉 동원되지 않도록 적절히 통제된다면)을 유발시킬 수 있을 것이다.

③ 대중매체는 자연적이고 인적인 위험(technological hazard)에 대해 사회적 관심을 이끌어낼 수 있을 것이고 재난을 방지하거나 완화시키는 작용에의 공공지원을 자극할 것이다.

④ 대중매체는 재난의 규모와 심각성에 대한 정확한 정보제공과 생존자의 명단을 발표함으로써 호기심이 많은 사람들의 많은 문의를 최소화하는데 도움을 줄 수 있다.

⑤ 다른 통신수단이 무용지물이 되었을 때 대중매체는 긴급구조와 복구활동을 위한 재난현장 간 통신과 대인적 통신에 사용될 수 있다.

⑥ 대중매체는 뉴스를 대중에 보도하는 것이 위험하다고 여겨지면 종종 그 뉴스를 보류하기도 한다. 대중매체는 종종 재난기간동안 재난관련 공무원들의 요구에 의해 정보를 숨기기 위해 서로 협력한다. 비록 그러한 요구가 없다고 할지라도, 정보가 해롭다고 느껴질 때 대중매체가 솔선해서 정보를 보도하지 않는 경우도 있다.

⑦ 재난에 관한 대중매체의 적절한 방송은 장래의 예산배정, 성금 또는 재난관리와 관련된 사람의 선거당선 등을 촉진하는 정치적 요인이 된다.

(2) 언론의 역기능

재난관리자들은 대중매체의 작용에 대해 심한 반감을 표현하기도 한다. 대중매체가 당장의 작업을 복잡하게 하며, 사상자 치료, 탐색 및 구조, 그리고 긴급대피와 같은 급박한 문제로부터 언론대응활동으로 그들의 관심을 돌리게 한다고 느낀다.

① 자원·시설제공 등 불필요한 사항 요구

재난 발생 시 대중매체는 통신시설, 교통수단, 전력공급, 업무공간 그리고 정보를 제공하거나 그들을 안내해줄 담당공무원의 배치와 같은 요구사항을 포함하여 사고의 초기단계에 있어 별로 유용하지 않은 특별한 정보를 요구하면서 공무원들을 어렵고 곤혹스럽게 한다. 또한, 재난에 대한 정확한 인명피해, 재산피해를 제시하라는 압력을 주고, 피해규모가 일치하지 않거나 일관성이 없는 것으로 판명날 경우 해당 조직이 무능하다는 것으로 묘사하려고 한다.

② 사실의 왜곡

언론은 공포심으로 인하여 주민들이 대피한다는 막연한 상황 가정과 약탈 소문 등을 각색하여 보도해 왔다. 또한 드라마틱한 것에 몰두한 나머지 피해정도를 과장하곤 한다. 뉴스장면이나 신문매체의 사진은 파괴 장면에 초점을 맞추지만, 주위의 파괴되지 않은 지역은 그렇지 않다. 청취자들은 종종 경미한 피해를 집중적인 취재에 의해 전체 지역이 폐허에 묻혀있다고 믿게 된다.

③ 재난대응작전에 대한 방해와 간섭

㉠ 과장된 보도의 결과

과장된 대중매체의 취재보도는 자신의 가족과 친지 그리고 친구들에 대한 관심과 걱정을 유발시킴으로서 유선통신망의 과부화의 원인이 되게 하며, 관심 있는 사람들에 대한 불필요한 참가를 유도한다.

㉡ 의사결정에 대한 간섭

대중매체는 공무원들이 무엇을 할 것인가를 결정할 준비를 하기 전에 어떤 조치를 취하도록 압력을 가하면서 지역적 재난현장대응지휘결정에 있어 방해원인으로 작용하기도 한다. 때로는 대중매체가 예정된 조치에 대해 실제보다 더 자세하게 보도한다.

㉢ 긴급구조와 복구활동의 방해

재난지역에서 대중매체기자들의 지나친 취재경쟁은 재난대응과 복구활동을 방해한다. 1995. 6 삼풍백화점 붕괴사고에서는 지나친 취재경쟁으로 사망자 이송들것을 넘어뜨리게 하는 등 진압과 구조 활동에 장애를 유발하였다.

㉣ 정보 확인절차의 생략

대중매체는 재난상태를 보도하기 위해 정규방송프로그램을 하지 않는다. 공식적인 정보공급원이 확장된 뉴스보도시간을 채우기에 충분하지 않을 때 뉴스매체는 공식적, 비공식적 모든 정보원으로부터 들어오는 뉴스를 정상적인 확인절차를 거치지 않고(비록 상반된 정보라도) 방송되는 수가 있다.

2) 재난 시 언론의 활용

(1) 능숙한 현장대변인 지정

안전대책본부장은 현장대변인을 지정하여 구조 활동상황 등을 보도 안내하도록 한다. 현장대변인은 매일 정기적으로 상황을 발표하고 특수상황 발생 등 필요 시 수시로 발표할 수 있다.

대부분의 뉴스보도기관들은 당해 재난과 관련된 기술적인 전문지식을 가진 기자들과 자문위원들을 확보하지 못하고 있으며, 재난의 기술적 측면을 평가하고 다양한 정보원에 접근하는데 상당한 어려움을 가지고 있다. 그러므로 전문기술적인 용어를 평범한 말로 바꾸어주고, 정확하게 발표할 수 있는 현장대변인을 지정하여 운용하는 것은 아주 중요한 일이다.

(2) 보도지원창구의 일원화

보도에 있어서는 재난관련기관의 창구 일원화뿐만 아니라 언론기관에서도 공동취재단을 구성하여 사고현장에 출입할 수 있는 취재단의 규모 및 취재장소 등을 미리 협의하여 효율적이고 정확한 취재와 보도가 이루어지도록 하여야 한다. 공동취재단은 신문·방송(유선방송을 포함)·통신사가 서로 협의하여 구성하고, 사고현장에 출입할 수 있는 취재단의 규모 및 취재장소 등은 현장대변인과 협의하여 통제단장이 정한다.

(3) 대중매체의 재난 대비

만약 지방 대중매체가 재난 시 그들의 지정된 기능을 수행할 수 있기 위해서는 자연적 재해위험에 취약하지 않고 예비발전기를 갖춘 방송국과 송신기 위치의 중요성도 고려되어야 한다.

방송국과 재난관련기관의 비상연락망에 대한 통신수단도 유선망에만 의존해서는 안된다. 또한 숙식 수단과 스텝진의 호출, 그리고 교대 근무할 스텝 등 부차적인 것들이 고려되어야 한다.

(4) 재난관리에 관한 이해

재난대응기관들의 경우와 같이 대중매체의 기능은 취재보도 참여자들이 적당한 재난에 관한 기초지식을 가지고 있을 때 가장 잘 수행된다. 재난의 대중매체에 대한 교육은 부정확한 뉴스보도를 경감시키는데 도움이 된다. 뉴스캐스터들은 재난이 발생하지 않은 지역에서의 방송의 중요성을 알아야 하며, 정확한 뉴스보도는 재난지역에서의 통화건수를 줄인다는 효과를 알아야 한다. 마지막으로 기자들은 재난의 발생초기에 사망자, 부상자, 피해액 그리고 발생 원인에 대한 정확한 정보와 통계를 공무원들에 강요하는 것은 비현실적인 기대일 수 있다는 것을 알아야 한다.

(5) 재난현장 보도지원 관리

재난에 관한 공식적인 정보를 제공받는 대중매체는 주민들에게 시기적절하고 일관성 있으며, 정확한 정보를 제공해줄 수 있다. 그러므로 현장지휘체계에서 이러한 점을 감안하여 특별한 언론관리 절차를 개발하여야 한다.

① 대중매체의 특성과 공동정보제공방식

대중매체는 다음과 같은 몇몇 특징 때문에 공동정보제공방식을 선호한다.

㉠ 대중매체는 정보를 공유하는 경향이 있다.

㉡ 대중매체는 정보를 공식적인 것으로 이야기하길 좋아한다.

㉢ 뉴스마감시간 때문에 대중매체는 신속하고 편하게 최대한 많은 뉴스를 얻을 수 있는 곳에 모인다.

㉣ 대중매체는 단지 보도자료가 공통적으로 일괄 제공되는 공식적인 장소에서의 기자회견에만 나타나는 것이 아니라 종종 기자회견을 요구할 때도 있다.

*보도지원창구 일원화의 중요성

모든 유형의 대중매체에 있어서 뉴스의 가장 중요한 원천은 재난관련 공무원들이고, 재난에 대한 많은 뉴스들은 이러한 재난관련 공무원들의 의견에 따라 보도되는 경향이 있다. 사실, 대중매체의 주요 보도는 발표 권한이 있는 공무원들의 성명이 기록될 수 있는 기자회견에 의존한다. 이것은 대응기관들이 공공정보 제공을 위한 일원적인 보도지원관리(이렇게 함으로써 기관 상호 간 조정된 언론발표가 가능해진다)를 더욱 용이하게 한다.

② 정보자료의 적절성

공동정보제공방식은 보도기관 취재요원들이 정확하고 시기적절하게 필요한 정보에 접근하도록 해주느냐에 따라 성공적인 운영여부가 좌우된다. 이것을 위해서는 모든 대응기관들이 가지고 있는 또는 발표해야 할 정보가 통합현장지휘소 보도지원반에서 취합되고 조정과 협의를 거쳐 발표되도록 하고, 조직 간 정보흐름의 기능적인 효율성이 전제되어야 한다. 통합현장지휘체계 채택은 그와 같은 과정을 용이하게 하는 한 방법이 될 수 있다.

(6) 기자회견 방법

① 준비 철저

언론이 질문할 수 있는 몇 가지 질문은 예상할 수 있으므로 미리 답변을 준비한다. 답변에 있어 보도자료, 그래프, 차트 그리고 사례는 큰 도움이 될 수 있다.

② 비공식논평의 자제

기자들은 말하는 모든 것과 그들이 보는 모든 것들이 특별한 반대의사를 보이지 않는 한 공식적이고 명백한 것으로 가정한다. 그러므로 직접 또는 전화상으로 언론에 말을 할 때는 어떤 것이라도 공표될 수 있다고 생각하여야 한다. 만일 제공하는 정보가 익명이어야 한다고 느낀다면 차라리 인터뷰를 하지 않는 편이 훨씬 더 낫다.

③ 정직한 인터뷰

실수를 감추고 언론을 속이거나 재난에 대한 비판적인 정보를 숨기는 것은 화를 자초할 수 있다.

④ 애매한 표현의 자제

재난은 불확실성으로 특징지을 수 있다. 종종 파괴정도, 대중 안전에 대한 위험성, 사고의 원인 그리고 다른 대중매체의 관심사에 관한 정확한 정보는 짧은 시간 내에 간단히 분석되어 이용할 수 있어야 하며, 답변을 숙고해서는 안 된다. 대신에 그런 사실을 실제적으로 빨리 결정하고 이 정보를 이용할 수 있게 하겠다고 이야기하여야 한다.

⑤ 시청자의 고려

전문가인 시청자에게 이야기하는 것이 아니므로 기술적인 전문용어의 사용을 삼간다. 이러한 용어는 대중을 혼란스럽게 하고 무엇인가 숨기고 있다고 생각하게 만들 수 있다. 말로 시청자들을 꼼짝 못하게 하려하지 말고 전문적이고 비공식적이며 판에 박힌 어조는 삼간다.

⑥ 주도권 장악

인터뷰에 응하는 사람은 말하고자 하는 바를 말하여야 하며 기자의 질문에 단지 답변만 하여서는 안 된다. 만일 질문의 내용이 분명하지 않으면 기자에게 다시 질문을 요구해야 하며 잘못되거나 부정확한 논평이나 설명을 그냥 넘어가게 해서는 안 된다. 질문 중 잘못된 정보는 수정한다. 잘못된 정보가 수정되기 전에 지체되면 될수록 그것은 신뢰를 더욱 잃게 된다. 잘못된 정보에 대해 정중하게 반박하고, 설명은 간단히 하고나서 자신이 다루기 원하는 주제로 넘어간다.

⑦ **텔레비전 출연 준비**

전문가들은 시청자들이 종종 회견내용은 망각하고, 출연자의 용모, 태도 그리고 목소리와 같은 스타일을 기억한다고 이야기한다. 첫인상은 중요하며 절제된 색상과 디자인으로 출연자의 직업적 이미지를 나타낼 수 있어야 한다. 텔레비전은 20~30초 정도의 간결하고 쉬운 "머리기사 보도"에 의존하므로 정확성을 유지하면서 간단하게 대답하고 요점을 말한다.

⑧ **전화 인터뷰**

대답이 인터뷰를 하는 사람의 요구를 충족시킬 수 있게 하고 추후라도 중요한 정보나 수정문을 알릴 수 있는 전화번호를 확보한다. 언제, 어떻게 보도자료가 이용되고 시청자가 누구인지 파악한다. 말이 분명하게 들리지 않으면 인용이 잘못될 수 있으므로 요점을 간단한 말로 분명히 이야기하고 요점을 다시 한 번 이야기하도록 한다. 난해하거나 왜곡된 말은 나쁘게 해석될 수 있으므로 삼가고 단정적으로 말하지 말아야 한다.

참고문헌

강상준·조성한 (2014), 「환경재난으로부터 안전한 사회 조성을 위한 정책방향 기본연구」, 경기개발연구원, p.94.

강성현·강동진 (2012), 「해양오염과 지구환경」, 한국해양과학기술원, p.213.

국민안전보장회의 (2005). 「국가위기관리기본지침」.

국민안전처 (2015), 「풍수해보험실무」, 휴먼컬처아리랑, p.289.

김동준, 박현우, 강승구 (2025), 김동준 재난관리론, 화재공학연구소. p.654.

김상용·임동민·안형택 (2013), 「주파수 공유기술 적용을 통한 주파수 자원배분 방안 연구」, 정보통신정책연구원, p.120.

김석철 (2015), 「재난 반복사회: 대한민국에서 내 가족은 누가 지킬 것인가?」, 라온북, p.248.

김은성 (2009), 「불확실성에 대응하는 위험거버넌스: 신기술 및 신종재난을 중심으로」, 법문사, p.295.

김주찬·김태윤 (2002), "국가재해재난관리체계의 당위적 구조", 「한국화재·소방학회」, 16-1, pp.9~11.

김현철 (2024), "군중 시뮬레이션을 이용한 건축물의 재실자에 대한 감염증의 감염전파양상 분석 및 감염 위험도 평가", 한국안전학회지, Vol. 39, No. 3, pp. 50-59

Donald Hyndman, David Hyndman 지음 | 윤성효 옮김 (2013), 「인간과 자연재해: 전조현상과 대비책」 북스힐, p.580.

류석환 (2010), 「환경오염물질의 화학분석」, 울산대학교출판부, p.314.

류충 (2014), 「재난관리론」, 미래소방, p.455.

박명제·김영재·배익수·이상훈·이운근 (2007), 「인명구조 및 구급론」, 메드라인, p.202.

박준석 (2014), 「국가안보 위기관리 대테러론」, 백산출판사, p.357.

Bundesamt fur Bevolkerungsschutz, Katastrophenhilfe 지음 | 한형서 옮김 (2012), 「독일의 국가위기관리론」, p.260.

설재훈·이준 (2014), 「교통사고 응급대응 교통체계 구축에 관한 연구: 서울시를 중심으로」, 한국교통연구원, p.114.

양기근·김인범·류상일·송윤석·이동규·이주호·홍영근 (2014), 「재난관리론」, 대영문화사, p.267.

오카다 코세이 지음 | 김한수·최준영·이명권·정군식·최용준 옮김 (2015), 「군중의 인재 예방과 안전관리」, p.200.

윌리엄 H. 맥닐 지음 | 허정 옮김 (2009), 「전염병과 인류의 역사」, 한울, p.327.
유재웅 (2015), 「위기관리의 이해」, 커뮤니케이션북스, p.100.
이덕수 (2016), 「화재안전기준」, 시대고시기획, p.608.
이만종 (2015), 「테러리즘과 국가안보」, 진영사, p.509.
이민룡 (2013), 「국제위기와 한반도의 위기관리」, 양서각, p.338.
이수영·육현철·김기정·김성길·이현주 (2005), 「응급처치의 이해: 구조구급 안전을 위한 지침서」, 기문사, p.319.
이승환 (2025), "재난이 일상화된 시대, AI와 가상융합 기반 재난관리 패러다임 전환 필요"에코포커스.
이승훈 (2015), 「화재조사 이론과 실무」, 동화기술, p.516.
이용학, 강윤희, 이민호, 박성호, 강명주 (2020), 「위험사회 재난 안전 분야 대응을 위한 AI 조력자」 *Journal of Platform Technology*, Vol. 8, No. 3, pp.22-29.
이재수 (2012), 「자연재해의 이해」, 구미서관, p.624.
이재은 (2012), 「위기관리학」, 대영문화사, p.435.
임지혜 (2025), "행정안전부 AI 기반 재난관리 체계 구축 추진", 통일안보전략연구소.
일본 뉴턴프레스 (2012), 「원자력 발전과 방사능」, 뉴턴코리아, p.128.
임종인·심미나·백승조·이경복·장규현 (2011), 「디지털위험도 관리 및 디지털재난 대응 모델 개발방안 연구」, 정보통신정책연구원, p.246.
전영남 (2014), 「대기오염 방지기술」, 청문각, p.320.
정병도 (2015), 「재난관리론」, 동화기술, p.494.
정지범·이재열 (2009), 「재난에 강한 사회시스템 구축: 복원력과 사회적 자본」, 법문사, p.235.
정찬권 (2012), 「21세기 포괄안보시대의 국가위기관리론」, 대왕사, p.464.
정찬권 (2020), 「재난관리론」, 윤성사
조영갑 (2006), 「국가위기관리론」, 선학사, p.452.
최신봉 (2015), 「위기관리 커뮤니케이션」, 커뮤니케이션북스, p.110.
최혁 (2009), 「글로벌 금융위기: 현대인을 위한 금융특강」, 케이북스, p.297.
프란시스 쉐퍼 지음 | 김진홍 옮김 (2011), 「환경오염과 인간의 죽음」, 생명의 말씀사, p.107.
프리이코노미북스 편집부 (2014), 「미리 준비하는 위기관리 실천 매뉴얼」, 프리이코노미북스, p.164.
한국방재학회 (2015), 「재난관리론」, 구미서관, p.459.
한국방재협회 부설 방재 연수원 (2006), 「풍수해 저감종합계획수립의 이해」, 한국방재협회부설 방재연수원, p.347.

○ **외국문헌**

Block, Robert (2006), Disaster : Hurricane Katrina and the failure of Homeland Security / *OCLC*, p.333.

Boin, Arjen (2008), Crisis management. vol.3, *Sage library in business & management*, p.351.

Comfort, Louis K. (1985), "Integrating Organizational Action in Emergency Management; Strategies for Change", *Public Administration Review* 45.

Comfort, Louis K. (1988), "Designing Policy for action: The Emergency Management System", L. K. Comfort (ed.), Managing Disaster, Dorham, Duke University Press, North Carolina.

Dyson, William E (2012), Terrorism : an investigator's handbook, LCCN, p.504.

FEMA. (2017/2020). *National Incident Management System & NIMS Basic Guidance*…. (관리특성·지도원칙)

Fan Pu, Zihao Li, Yifan Wu, Chaolun Ma, Ruonan Zhao. (2025), "Recent Advances in Disaster Emergency Response Planning: Integrating Optimization, Machine Learning, and Simulation", arXiv.

Fishman, Joel S. (2011), "A disaster of another kind" : Zionism=racism, its beginning, and the war of delegitimization against Israel, *The Israel Journal of Foreign Affairs*. Vol 5(3), pp.75–92.

Hyndman, David W. (2011), Natural hazards and disasters, *LCCN* , p.571.

Klomp, Jeroen (2015), "Sovereign Risk and Natural Disasters in Emerging Markets". *Emerging Markets Finance & Trade*, Vol. 51 Issue 6, p1326–1341.

Jung-Ryel Choi, Jae-Hwan Kwak, Young-Hwan Kim, Moon-Se Lee, Sang-Won Lee. (2024), "Analysis of Nationwide Steep Slope Survey Results for the Proposal of Improvement Measures in Korea", Journal of the Korean Society of Hazard Mitigation, pp.57–69.

McIntosh, Mary (2008), Disaster, *Oxford bookworms library; Factfiles Stage 4*, p.88

Perrow, C. (1984), "National Accidents: Living with High Risk Systems", *Basic Books, New York*.

Petak, William J. (1985), "Emergency Management: A Challenge for *Public Administration Review*, Vol. 45.

Pidgeon, Nick. (1997), "The Limits to Safety? Culture, Politics, Learning and Man-Made

Disasters", Journal of Contingencies and Crisis Management, Vol. 5, No. 1.

Quarantelli, E. L. (1998), Disaster Related Social Behavior : Summaty of 50 Years of Research Findings, DRC Working Paper, *Disaster Research Center*, University of Delaware.

Schneider, Saundra K. (1992), "Governmental Response to Disaster: The Conflict Between Bureaucratic Procedures and Emergent Norms", *Public Administration Review* 52.

Segyo Seo, Saewoom Jang, Juchul Jung. (2022), "Analysis of Disaster Resilience Index using Regional Flood Damage Characteristics", Journal of the Korean Society of Hazard Mitigation(한국위기관리학회지), pp.55-67.

Soohyun Kim, Jongpyo Park, Changyeon Won, Jungmin Lee. (2022), "Development and Application of Urban Flood Prediction System for Smart Cities", Journal of the Korean Society of Hazard Mitigation, pp.69-77.

Turner, B. A. (1978), "Man-Made Disaster", *Wykeham Science Press*, London.

Yamamura, Eiji (2014), "Impact of Natural Disaster on Public Sector Corruption", *Public Choice*, December 2014, v.161, iss. 3-4, pp.385-405.

ㅇ 정부관련 기관 검색

행정안전부 (http://www.mois.go.kr)
소방청 (http://www.nfa.go.kr)

구분	각 시·도별 소방관련 본부
소방본부	충남〈http://cn119.go.kr〉, 충북〈http://cb119.net〉, 대전〈http://119.daejeon.go.kr〉, 강원〈https://fire.gwd.go.kr〉, 경남〈http://www.gnfire.go.kr〉, 경북〈http://www.gb119.go.kr〉, 전남〈http://www.jnsobang.go.kr〉, 전북〈http://www.sobang.kr〉, 울산〈http://fire.ulsan.go.kr〉
소방재난본부	서울〈http://fire.seoul.go.kr〉, 경기〈http://119.gg.go.kr〉
소방안전본부	부산〈http://119.busan.go.kr〉, 인천〈http://119.incheon.go.kr〉, 광주〈http://fire119.gwangju.go.kr〉, 대구〈http://119.daegu.go.kr〉 제주〈http://jeju119.go.kr〉

보건복지부 (http://www.mohw.go.kr)
기상청 (http://www.kma.go.kr)
경찰청 (http://www.police.go.kr)

ㅇ 관련 사이트 검색

서울종합방재센터 (http://www.119.seoul.g」o.kr)
국가재난정보센터 (http://www.safekorea.go.kr)
한국소방안전협회 (http://www.kfsa.or.kr)

저자소개

조 석 현

- 한양대학교 행정학(재해재난정책) 박사
- 저서: 재난관리론 2025, 사무관리론 2013, EBS 행정학 2004~2005, 행정사 행정학개론 2014~2022, 소방행정학 2025, 재난관리론 2016~2025, 소방행정실무 2025, 2004~2025 저서 및 논문 등 다수
- 전) 서울시 도시행정론 사무관 출제위원
- 전) 기획재정부 안전예산 분과위원회 간사
- 전) 유원대학교 경찰소방행정학부 교수
- 전) 한국생활안전연합 충북지부장
- 전) 충청북도 사전재해영향평가위원
- 전) 서울소방재난본부 골든타임 분과위원
- 현) DS재난안전연구소 소장
- 현) 세종사이버대학교 소방행정학과 외래교수

이 정 일

- 경영학박사, 행정학박사, 교육학박사
- 현) 스포츠산업안전보건원 연구원장
- 현) 겸임교수(한양대학교대학원 공학대학원, 세종사이버대학교, 경희사이버대학교, 사이버한국외국어대학교, 건양사이버대학교)
- 현) 외래교수(가천대학교 사회정책대학원, 경희대학교 공공대학원, 고려사사이버대학교
- 전) 소방청, 서울시립대학교연구소, 국민안전처 특수재난실, 중앙소방학교 전임교수
- 전) 겸임교수(수원대학교, 대전대학교, 호원대대학교, 서경대학교)
- 전) 외래교수(공주대학교대학원, 한양사이버대학교대학원, 광운대학교대학원, 한국방송통신대학교, 을지대학교, 대림대학교)

제5판 재난관리론 정가 27,000원

저자 : 조석현 · 이정일

발행인 : 임정대
발행처 : 도서출판 **화수목**

발행 : 2016년 3월 7일 초 판
2018년 1월 9일 제2판
2019년 1월 5일 제3판
2020년 1월 10일 제3판 수정판
2023년 1월 16일 제4판
2026년 1월 15일 제5판

등록 : 제2014-000166호
주소 : 서울시 마포구 신촌로 2길 5-15
전화 : 02-338-9119
팩스 : 02-335-2201

ISBN 979-11-89933-67-8 (93530)

파본이나 잘못된 책은 교환하여 드립니다.